기계와 시스템

신뢰성 공학

기계와 자동차 산업의
신뢰성 공학

Bernd Bertsche 지음
한국기계연구원 신뢰성평가센터 편역

시그마프레스

기계와 자동차 산업의 신뢰성 공학

발행일 | 2016년 3월 2일 1쇄 발행
2021년 8월 5일 2쇄 발행

저자 | Bernd Bertsche
편역자 | 한국기계연구원 신뢰성평가센터
발행인 | 강학경
발행처 | ㈜시그마프레스
디자인 | 송현주
편집 | 김성남

등록번호 | 제10-2642호
주소 | 서울특별시 영등포구 양평로 22길 21 선유도코오롱디지털타워 A401~402호
전자우편 | sigma@spress.co.kr
홈페이지 | http://www.sigmapress.co.kr
전화 | (02)323-4845, (02)2062-5184~8
팩스 | (02)323-4197
ISBN | 978-89-6866-515-8

Reliability in Automotive and Mechanical Engineering

저자 서문

품질과 함께 신뢰성 및 보전성은 오늘날 현대 기술과 수명에 있어서 3가지 핵심 요소라 해도 지나치지 않다. 기업 및 조직의 성공과 생존에 대한 이러한 기술 요소들의 영향은 이전 어느 때보다 더 중요하다. 비록 이러한 분야가 수익성이 없는 것처럼 보일 수 있으나, 산업계의 많은 경험으로부터 이러한 기술 요소들을 무시하였을 때 심각한 결과를 초래할 수 있음을 볼 수 있었다. 즉, 급격하게 증가하는 리콜 수와 같은 사례로 이 사실이 설명될 수 있으며, 지난 15년 동안 리콜 수가 3배 증가한 것이 사실이다.

근래에는 납 성분이 포함된 장난감에 대한 상당한 리콜이 발생하였었고, 자동차 산업에서의 리콜은 여러 가지 다양한 이유로 인하여 정기적으로 발생하고 있다. 제품은 좀 더 복잡하여지고 개발을 위한 가용시간은 지속적으로 줄어들기 때문에, 3가지 핵심 기술 요소(신뢰성, 보전성, 품질)에 대한 영향과 필요성은 미래에 지속적으로 증가하게 될 것이다. 복잡한 제품인 자동차의 사례에서 리콜 수치를 생각하면, 자동차 구매 고객에게 가장 중요한 항목이 '신뢰성'과 '품질'이라는 것은 놀라운 일이 아니다.

몇 년간 관측되고 확인된 이러한 추세로 신뢰성 기법의 연구와 이해에 대한 중요성과 요구가 함께 증대하였고, 이것이 나에게 동인이 되어 신뢰성과 보전성에 대한 책을 집필하게 되었다. 원래 이 책은 독일어로만 출판되었으나, 유럽과 미국의 기업 및 동료들의 요구로 영어판으로 번역하게 되었다. 이 책은 신뢰성 및 보전성의 기초와 포괄적인 연구 결과에 의해 밝혀진 추가 개선 및 향상 방법을 다루고 있으며, 이어지는 각 장에서는 핵심사항과 실용적인 실제 사례가 결합되어 독자들이 중요 주제에 대해 좀 더 상세한 안목을 가질 수 있도록 도와준다.

이 책은 아래에 언급한 분들의 도움이 없었다면 출간되기 어려웠을 것이다. 그분들께 지면을 빌려 감사의 마음을 전하고 싶다. 가장 먼저, 독일어판의 발기인인 Gisbert Lechner 교수님께 감사드린다. 독일어를 영어로 번역해 준 Alicia Schauz 양과 Karsten Pickard 군에게도 감사드린다. 그들의 헌신과 노력에 의해 이루어진 편집 작업으로 이 책이 완성될 수 있었다. 또한 그림 수정과 편집에 많은 수고를 하여 준 Andrea Dieter 양에게도 감사드린다. 특별히, 편집에 대한 유용한 조언으로 도움을 준 G. J. McNulty 씨에게도 감사드린다. 끝으로 이 책이 출판될 수 있도록 많은 도움을 준 Springer 출판사 직원분들께 감사의 말씀을 전하고 싶다.

2007년 가을, 슈투트가르트에서

B. Bertsche 교수

차례

제1장 서론   1

제2장 확률 및 통계 이론의 기초   9

2.1 확률 및 통계 이론의 기초   12
    2.1.1 고장 거동에 관한 통계적 설명과 도식 • 12
    2.1.2 여러 가지 통계량 • 29
    2.1.3 신뢰성 파라미터 • 31
    2.1.4 확률의 정의 • 33
2.2 신뢰성 공학에서 사용되는 다양한 수명 분포   36
    2.2.1 정규분포(Normal Distribution) • 36
    2.2.2 지수분포(Exponential Distribution) • 39
    2.2.3 와이블 분포(Weibull Distribution) • 41
    2.2.4 대수정규분포(Logarithmic Normal Distribution) • 54
    2.2.5 그 외의 분포 • 56
2.3 불 이론을 이용한 시스템 신뢰도의 계산   68
2.4 수명 분포에 관한 연습문제   72
2.5 시스템 계산에 관한 연습문제   76

제3장 변속기의 신뢰성 분석   81

3.1 시스템 분석   83
    3.1.1 시스템 구성품의 결정 • 83
    3.1.2 시스템 요소의 결정 • 84
    3.1.3 시스템 요소의 분류 • 86
    3.1.4 신뢰성 구조의 결정 • 87
3.2 시스템 요소의 신뢰도 결정   88
3.3 시스템 신뢰도의 계산   91

제4장 FMEA(고장 모드 및 영향 분석) 95

4.1 FMEA 방법론의 기본원칙과 일반적인 기초사항 97
4.2 VDA 86(FMEA 서식)에 따른 FMEA 100
4.3 VDA 86에 따른 설계 FMEA의 예 106
4.4 VDA 4.2에 따른 FMEA 109
  4.4.1 1단계 : 시스템 요소와 시스템 구조 • 115
  4.4.2 2단계 : 기능과 기능 구조 • 118
  4.4.3 3단계 : 고장 분석 • 121
  4.4.4 4단계 : 위험 평가 • 127
  4.4.5 5단계 : 최적화 • 133
4.5 VDA 4.2에 따른 시스템 FMEA 제품의 예 136
  4.5.1 1단계 : 변속기의 시스템 요소와 시스템 구조 • 136
  4.5.2 2단계 : 변속기의 기능 및 기능 구조 • 139
  4.5.3 3단계 : 변속기의 고장 기능 및 고장 기능의 구조 • 140
  4.5.4 4단계 : 변속기의 위험 평가 • 141
  4.5.5 5단계 : 변속기의 최적화 • 143
4.6 VDA 4.2에 따른 시스템 FMEA 공정의 예 143
  4.6.1 1단계 : 출력 샤프트의 제조 공정에 대한 시스템 요소와 시스템 구조 • 144
  4.6.2 2단계 : 출력 샤프트 제조 공정의 기능과 기능 구조 • 145
  4.6.3 3단계 : 출력 샤프트 제조 공정의 고장 기능과 고장 기능 구조 • 147
  4.6.4 4단계 : 출력 샤프트 제조 공정의 위험 평가 • 147
  4.6.5 5단계 : 출력 샤프트 제조 공정의 최적화 • 147

제5장 FTA(결함 나무 분석) 151

5.1 FTA의 일반적인 절차 153
  5.1.1 고장 모드 • 153
  5.1.2 기호 체계 • 154
5.2 정성적 FTA 155
  5.2.1 정성적 목표 • 155
  5.2.2 기본적인 절차 • 156
  5.2.3 FMEA와 FTA의 비교 • 158
5.3 정량적 FTA 159
  5.3.1 정량적 목표 • 159
  5.3.2 불 모델링(Boolean Modelling) • 159
  5.3.3 시스템에의 적용 • 164
5.4 신뢰성 그래프 170

5.5   사례   170

     5.5.1   기어 이 측면(Tooth Flank)의 균열 • 170

     5.5.2   반경 방향 씰 링(Radial Seal Ring)의 FTA • 173

5.6   결함 나무 분석의 연습문제   176

제6장   수명 시험 평가와 고장 데이터 분석   181

6.1   수명 시험 계획   183

6.2   순서 통계량과 분포   184

6.3   고장 시간의 그래프 분석   193

     6.3.1   와이블 라인의 결정(2모수 와이블 분포) • 193

     6.3.2   신뢰구간의 고려 • 196

     6.3.3   무고장 시간 t_0의 고려(3모수 와이블 분포) • 199

6.4   불완전(관측 중단) 데이터의 평가   204

     6.4.1   Type I과 Type II 관측 중단 • 204

     6.4.2   다중 관측 중단 데이터 • 207

     6.4.3   서든데스(Sudden Death) 시험 • 208

6.5   총합이 적은 경우의 신뢰구간   223

6.6   신뢰성 시험 평가를 위한 분석적 방법   225

     6.6.1   적률 추정법 • 225

     6.6.2   회귀분석 • 228

     6.6.3   최대 우도법 • 232

6.7   수명 시험 평가에 관한 연습문제   235

제7장   기계 부품의 와이블 모수   241

7.1   형상 모수 b 243

7.2   특성 수명 T 245

7.3   무고장 시간 t_0과 f_{tB} 인자   248

제8장   신뢰성 시험 계획   251

8.1   와이블 분포를 기반으로 한 시험 계획   253

8.2   이항분포를 기반으로 한 시험 계획   255

8.3   수명률   256

8.4   시험 고장 수에 관한 일반화   260

8.5   사전 정보의 고려(베이지안 방법)   262

8.5.1 베이어/로스터 절차 • 262

8.5.2 클라이너 등의 절차 • 265

8.6 가속 수명 시험   268

8.6.1 가속 계수 • 268

8.6.2 계단 스트레스 방법 • 270

8.6.3 HALT(초가속 수명 시험) • 271

8.6.4 열화 시험 • 273

8.7 신뢰성 시험 계획에 관한 연습문제   274

제9장   기계 부품의 수명 계산   277

9.1 외부 부하, 허용 부하와 신뢰도   279

9.1.1 정적 설계와 내구 강도 설계 • 280

9.1.2 피로 강도와 운용 피로 강도 • 284

9.2 부하   287

9.2.1 운용 부하의 결정 • 289

9.2.2 부하 스펙트럼 • 292

9.3 허용 부하, 뵐러 곡선, SN-곡선   304

9.3.1 응력과 변형률 제어 뵐러 곡선 • 304

9.3.2 뵐러 곡선의 결정 • 306

9.4 수명 계산   308

9.4.1 누적 손상 • 308

9.4.2 2모수 손상 계산 • 313

9.4.3 평균 응력 개념과 국부 개념 • 315

9.5 결론   317

제10장   보전과 신뢰성   321

10.1 보전의 기초   322

10.1.1 보전 방법 • 323

10.1.2 보전 수준 • 325

10.1.3 수리 우선순위 • 326

10.1.4 보전 능력 • 326

10.1.5 보전 전략 • 328

10.2 수명 주기 비용   329

10.3 신뢰성 모수(파라미터)   333

10.3.1 상태 함수 • 333

10.3.2 보전 모수(파라미터) • 335

10.3.3 가용도 모수(파라미터) • 338

10.4 수리(가능한) 시스템의 계산 모델   340
10.4.1 정기적인 보전 모델 • 341
10.4.2 마코프 모델 • 346
10.4.3 불-마코프 모델 • 354
10.4.4 일반 재생 과정 • 356
10.4.5 교대 재생 과정 • 360
10.4.6 세미 마코프 과정(SMP) • 368
10.4.7 시스템 수송 이론 • 369
10.4.8 계산 모델의 비교 • 373

10.5 수리 시스템에 관한 연습문제   375
10.5.1 이해력 문제 • 375
10.5.2 계산 문제 • 376

제11장 신뢰성 보증 프로그램   381

11.1 소개   382
11.2 신뢰성 보증 프로그램의 기본사항   383
11.2.1 제품 정의 • 383
11.2.2 제품 설계 • 385
11.2.3 생산 및 운용 • 388
11.2.4 제품 설계 주기에서 추가 작업 • 389
11.3 결론   389

제12장 기계류 부품의 신뢰성 평가 기법 13단계   391

제13장 공기압 실린더의 가속수명시험   421

해답 481

부록 543

찾아보기 559

제 1 장

서론

모든 결함을 예방하는 것은 불가능하지만
가능한 결함을 예방하는 것이 우리의 책임이다.
– Sir Karl R. Popper

B. Bertsche, *Reliability in Automotive and Mechanical Engineering*, VDI-Buch,
Doi: 10.1007/978-3-540-34282-3_1, © Springer-Verlag Berlin Heidelberg 2008

오늘날 신뢰성이라는 용어는 우리 일상 언어의 한 부분이 되었다. 특히 제품 기능에 대해 이야기할 때 그렇다. 신뢰성이 높은 제품이란 모든 운용 조건하에서 언제나 제품의 제 기능을 수행하는 제품을 의미한다. 신뢰성에 대한 기술적 정의는 이러한 일반적인 정의를 확률로 확장하면서 약간의 차이가 존재한다. 신뢰도(신뢰성)란 일정 기간 동안 주어진 기능 및 환경조건하에서 제품이 고장 나지 않는 확률을 말한다(VDI Guidelines 4001). 확률이란 용어는 다양한 고장 사건들이 우연히, 확률적으로 분포된 원인들에 의해 발생될 수 있음을 의미하며, 또한 확률은 단지 정량적으로만 설명될 수 있다. 이와 같이, 신뢰성은 제품의 고장을 포함하므로 제품 평가의 중요한 기준이 된다. 이 때문에 제품의 신뢰성 평가는 단순히 제품의 기능적 속성을 평가하는 것을 넘어선다.

제품 속성의 중요성에 관한 설문 조사에서 소비자는 신뢰성을 첫 번째로 중요한 속성으로 평가하였다(그림 1.1). 일부 사람들은 비용이 때때로 더 중요한 역할을 한다고 했지만 신뢰성이 최우선 혹은 차선의 선택 기준이었다. 신뢰성은 신제품에 있어서 중요한 관심사이기는 하지만 현재 통용되는 제품의 개발 단계에서는 신뢰성이 최우선 순위가 아니다.

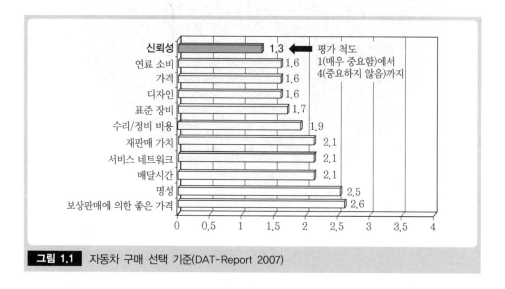

그림 1.1 자동차 구매 선택 기준(DAT-Report 2007)

설문 조사에 따르면, 소비자들은 신뢰성이 높은 제품을 원한다고 한다. 그렇다면 실제 제품 개발에서는 이러한 소비자들의 희망사항이 어떻게 반영되고 있을까? 당연히 기업들 스스로는 자사 제품의 신뢰성에 자신 있다고 말한다. 자사 제품의 신뢰성이 좋지 않다는 상황을 좋아할 기업은 어디에도 없을 것이다. 때로는 관련 보고서를 극비로 숨기기도 한다. 독일연방자동차국에서 발간한 통계 자료에 의하면 자동차 업계에서는 중요 안전 결함으로 인한 리콜(callback)이 지난 10여 년 사이에 3배가 증가하였다고 한다(1998년 55건 → 2006년 167건, 그림 1.2 참조). 관련 비용은 8배가 증가하였다. 보증 비용이 (경우에 따라 범위를 벗어나기도 하지만) 기업의 순이익 범위 내에 있다는 것은 잘 알려져 있으며, 이는 기업 매출액의 8~12%를 차지하고 있다. 제품 개발의 중요 3요소인 비용, 시간, 품질이 더 이상 균형 상태에 있지 않다. 제품에 대한 비용 감소, 개발 프로세스 및 개발 시간의 단축은 신뢰성 감소와 밀접한 연관이 있다.

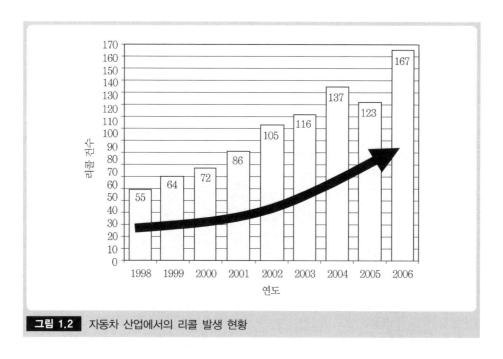

그림 1.2　자동차 산업에서의 리콜 발생 현황

　오늘날 최신 제품의 개발은 다양한 기능 추가에 대한 요구, 높은 복잡성, 하드웨어/소프트웨어/센서 기술의 통합, 제품 및 개발 비용의 감소와 같은 문제에 직면해 있다. 신뢰성에 영향을 주는 여러 요인들과 함께 위에서 언급된 요인들이 〈그림 1.3〉에 나타나 있다.

　고객 만족을 높이기 위해서는 신뢰성을 중요한 요인으로 생각하는 고객의 관점에서 제품 개발 주기 동안에 시스템 신뢰성을 검토해야만 한다. 이를 위해 적절한 조직적이고 내용과 관련한 조치가 취해져야 한다. 고장은 각 개발 단계에서 발생할 수 있기 때문에 모든 부서는 개발 체인에 따라 통합하는 것이 이익이다. 정량적 및 정성적인 신뢰성 방법론들은 이미 다양하게 존재하며, 상황에 맞게 수정될 수 있다. 제품 수명 주기를 기준으로 하여 각 상황에 적합한 방법론을 선택하고, 각 상황에 맞게 각 방법론을 조정하여 실행하는 것이 효과적이다(그림 1.4 참조).

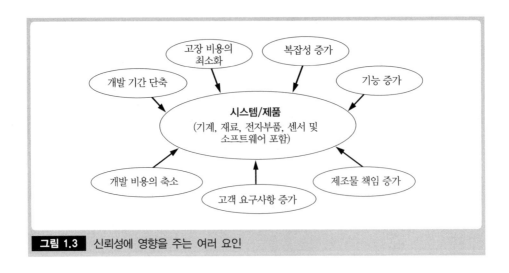

그림 1.3 신뢰성에 영향을 주는 여러 요인

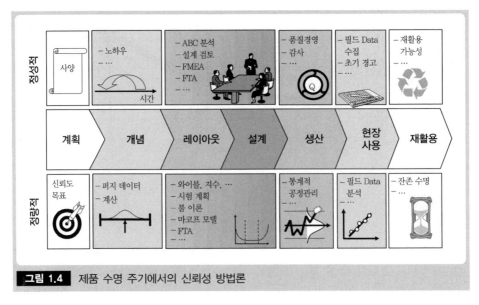

그림 1.4 제품 수명 주기에서의 신뢰성 방법론

오늘날에 많은 기업들은 신뢰성 방법론을 활용함으로써 매우 우수한 시스템 신뢰성을 달성할 수 있다는 점을 증명하였다.

제품 수명 주기에서 신뢰성 분석이 적용되는 시점이 빠르면 빠를수록 수익은 늘어난다. 잘 알려진 '10의 법칙(Rule of Ten)'은 이러한 내용을 매우 명확히 설명해 준다(그림 1.5 참조). 고장 비용과 제품 수명 주기의 관계를 보면, 제품 수명 주기의 후반부(리콜)의 사후 조치보다는 전반부의 예방 조치를 하는 것이 필요하다는 결론을 내릴 수가 있다.

고장이 이미 발견된 후 제품의 신뢰성을 결정하는 것이 가장 쉬운 방법이긴 하다.

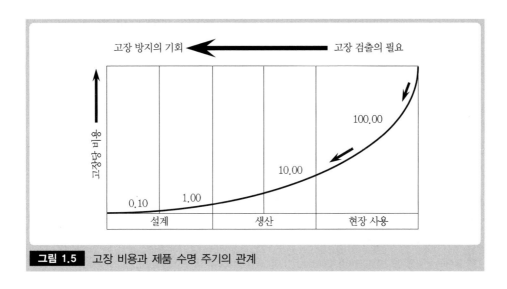

그림 1.5 고장 비용과 제품 수명 주기의 관계

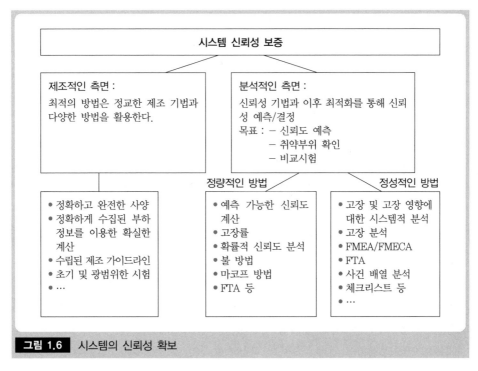

그림 1.6 시스템의 신뢰성 확보

물론 이러한 정보는 향후 신뢰성 설계 계획 단계에서 사용된다. 하지만 이미 언급한 것 처럼, 가장 흡족하고 필요한 해결책은 개발 단계에서 기대 수명(신뢰성)을 결정하는 것 이다. 적절한 신뢰성 분석을 함으로써, 제품의 신뢰성을 예상하고 약점을 발견하는 일이 가능하게 되며, 필요하다면 비교 시험도 실행할 수 있다(그림 1.6 참조).

　신뢰성 분석에는 정량적 방법이나 정성적 방법이 사용될 수 있다. 정량적 방법은 통계나 확률 이론에 사용되는 용어와 절차를 사용하고 있다. 2장에서는 통계와 확률 이론에서 가장 기본적인 용어들을 설명할 것이다. 또한 가장 일반적인 수명 분포를 설명할 것이며, 기계 공학에서 주로 사용하는 와이블 분포(Weibull distribution)를 자세히 설명할 것이다.

　3장에서는 단순 기어 변속기에 대한 신뢰성 분석 사례를 보여 줄 것이다. 여기서 기술된 절차들은 2장에서 이미 설명된 기본 원리와 방법들을 기초로 한다.

　가장 널리 알려진 정성적 신뢰성 기법은 FMEA(Failure Mode and Effects Analysis, 고장 모드 및 영향 분석)이다. 4장에서는 현재 자동차 산업에서 제시한 표준(VDA 4.2)에 따라서 필수 항목들을 제시할 것이다.

　5장에서 설명될 FTA(Fault Tree Analysis, 고장 나무 분석)는 정량적 또는 정성적 신뢰성 분석 기법으로 사용될 수 있다.

　6장에서는 이 책의 주안점 중에 하나인 수명 시험과 손상 통계의 분석을 다룰 것이다. 이러한 분석으로 고장 거동(failure behavior)과 관련한 타당성 있는 보고서가 작성될 것이다. 수명 분포는 기계 공학에서 가장 흔히 사용하는 와이블 분포를 사용한다. 고장 시간에 대한 그래프 분석 다음에는 수리적 분석과 이론적 기초를 논의할 것이며, 중요 용어인 '순서 통계량'과 '신뢰구간'을 상세히 설명할 것이다.

　기계 부품의 고장 거동과 관련된 정보는 거의 존재하지 않는다. 하지만 유사한 적용 조건하에서의 기대 수명(신뢰도)을 예측하기 위해서는 부품의 고장 거동에 관한 정보가 필수적이다. 시스템 이론의 도움으로 시스템에 기대되는 고장 거동을 계산하는 것 또한 가능하다. 7장에서는 기계 부품(기어 휠, 차축, 롤러 베어링)들에 관한 신뢰성 데이터베이스에서 얻은 결과들을 제시할 것이다. 많은 경우 이 책에서 선택된 와이블 모수들을 우선적으로 사용할 수 있음을 보여 주고 있다.

　제품 생산 전에 신뢰성을 증명하기 위해서 적절한 시험을 수행해야 하는 것은 너무나 당연하다. 이 책에서는 시험 샘플의 수, 필요한 시험 기간, 달성 가능한 신뢰 수준이 관심의 대상이다. 8장에서는 신뢰성 시험의 계획을 설명할 것이다.

　각각의 정량적 신뢰성 기법은 진보된 피로 강도 계산의 한 종류를 보여 준다. 9장에는 기계 부품에 대한 수명 계산의 기본 원리가 요약되어 있다.

　시스템(수리 가능한 부품 포함)의 신뢰성과 가용성은 여러 계산 모델을 통해서 결정될 수 있다. 10장에서는 수리 가능한 부품들에 대한 평가와 상이한 복잡성이 존재하는 방법들을 설명하고 있다.

　시스템의 신뢰성을 높이기 위해서는 통합된 프로세스가 필수적이다. 이를 위해서 신뢰성 안전 프로그램을 개발하였으며, 이 프로그램은 11장에서 프로그램의 기본 요소들과 함께 설명될 것이다. 11장에서는 최적의 신뢰성 프로세스에 관한 전체 개요를 제공한다. 마지막으로 12장과 13장에서는 한국기계연구원 신뢰성평가센터에서 적용하고 있는 기계류 부품에 대한 신뢰성 평가 기법 절차와 공기압 실린더의 가속 수명 시험 방법론에 대해 설명하고 있다.

일부 장의 마지막에는 연습문제가 있으며, 뒷부분에서 문제에 대한 해답이 제공된다.

제 2 장

확률 및 통계 이론의 기초

B. Bertsche, *Reliability in Automotive and Mechanical Engineering*, VDI-Buch,
Doi: 10.1007/978-3-540-34282-3_2, ⓒ Springer-Verlag Berlin Heidelberg 2008

정 성적 신뢰성 분석(qualitative reliability analysis)은 특정 부품과 시스템에 대한 신뢰 정도에 대한 개념적 기초를 제공하며 또한 부품 변경을 위한 설계 초기 단계에서 적용하는 것이 좋다. 정량적 신뢰성 분석(quantitative reliability analysis)은 통계적 기법을 기반으로 하여 부품의 확률적 평가를 제공해 준다. 이 장에서는 정성적 및 정량적 신뢰성 방법(그림 2.1)에 대해 설명한다.

〈그림 2.2〉와 〈그림 2.3〉은 뵐러(Wöhler) 시험의 결과이다. 비록 동일한 조건과 부하에서 시험한 결과일지라도 고장 시간(down times)이 다르게 나타난다[2.15].* 이러한 결과를 고려하면, 하나의 부품에 허용할 수 있는 하나의 고장 시간(사이클)을 할당하는 것은 가능하지 않다. 고장 사이클 n_{LC}나 수명 t는 확률변수(random variable)로 볼 수 있으며, 이 확률변수들은 통계적 변동[2.1, 2.5, 2.23, 2.29, 2.33]을 가진다. 신뢰성의 측면에서 보게 되면, 고장 시간뿐 아니라 $n_{LC, min}$과 $n_{LC, max}$의 구간도 관심의 대상이 된다. 이 때문에 수명 값들이 어떻게 분포되어 있는지를 알아야 한다.

확률 및 통계 이론의 용어(terms)와 절차(procedures)는 임의의 사건(random event)으로 관측된 고장 시간에 대해서 사용할 수 있다. 따라서 확률 및 통계 이론에서 가장 중요한 용어들과 기본 원리들을 2.1절에서 다룰 것이다.

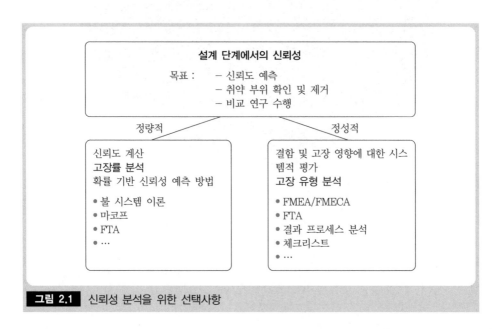

그림 2.1 신뢰성 분석을 위한 선택사항

---

* 편집자 주 : 본문의 [ ] 안 숫자는 장 말미의 관련 참고문헌 번호이다.

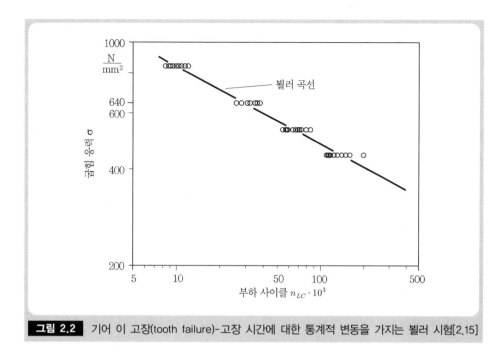

그림 2.2 기어 이 고장(tooth failure)-고장 시간에 대한 통계적 변동을 가지는 뵐러 시험[2.15]

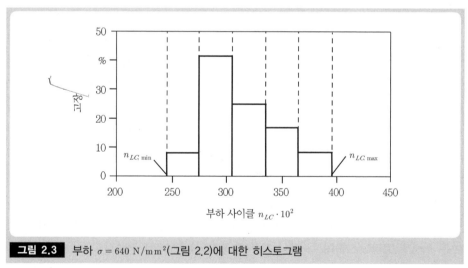

그림 2.3 부하 $\sigma = 640\ \text{N}/\text{mm}^2$(그림 2.2)에 대한 히스토그램

일반적으로 사용되는 수명 분포에 대한 소개와 설명은 2.2절에서 한다. 이 절에서는 기계공학에서 가장 많이 사용되는 와이블 분포를 설명할 것이다.

2.3절에서는 불(Boolean) 이론을 통해 부품 신뢰도와 시스템 신뢰도를 결합한다. 이러한 불 이론은 기초적인 시스템 이론으로 이해될 수 있으며, 다른 시스템 이론들은 10장에서 설명할 것이다.

2.1 확률 및 통계 이론의 기초

부품과 시스템의 고장 거동(failure behavior)은 다양한 통계 절차와 함수를 이용하여 그래프로 표현될 수 있다. 이번 장에서는 그 방법과 절차에 관한 설명을 할 것이다. 그리고 완전한 고장 거동이 개별적인 특성 값으로 변환될 수 있는 '수치값(values)'을 다룰 것이다. 그러한 결과(수치)는 고장 거동에 대해 매우 압축적이면서도 단순화된 설명이 될 것이다.

2.1.1 고장 거동에 관한 통계적 설명과 도식

다음 절에서는 고장 거동을 표현할 수 있는 4가지 함수를 소개할 것이다. 이 개별 함수들은 관측된 고장 시간을 기반으로 하고 있으며, 다른 함수에도 영향을 줄 수 있다. 이 개별 함수를 이용하여 고장 거동에 관련된 보고서도 만들 수 있다. 그러므로 어떤 함수를 사용할 것인지에 대한 문제는 어떠한 질문이 제기되느냐에 따라 결정된다.

2.1.1.1 히스토그램과 확률밀도함수

고장 거동을 그래프로 보여 주는 가장 간단한 방법은 고장 도수의 히스토그램을 작성하는 것이다(그림 2.4 참조).

〈그림 2.4a〉의 고장 시간은 특정 기간 내에서 무작위로 발생한 것이다. 〈그림 2.4b〉는 고장 시간들을 정렬한 후의 결과이다.

〈그림 2.4b〉는 데이터의 밀도가 더 높을수록 특정 시간 내에서 더 많은 고장이 발생한다는 의미이다. 이 내용을 그래프로 보여 주기 위해서 고장 도수에 대한 히스토그램(그림 2.4c)을 작성한다.

그래프의 가로축에는 계급(class)을 의미하는 시간의 간격이 나타나 있다. 각 계급에 대한 고장 수가 결정되며, 만일 고장이 두 계급 사이의 중간에 정확하게 위치하게 되면, 이는 절반의 고장(0.5개)이 두 계급 모두에 포함되는 것으로 간주한다. 하지만 이러한 상황은 계급 간격을 결정할 때 주의를 기울이면 충분히 피할 수 있다. 또한 각 계급의 고장 수는 다양한 높이의 막대로 나타나 있다.

각 막대의 높이(혹은 y축)를 구하기 위해 절대도수(absolute frequency)

$$h_{abs} = \text{단일 계급 내에서의 고장 수} = n_A \tag{2.1}$$

또는 상대도수(relative frequency)를 더 보편적으로 사용할 수도 있다.

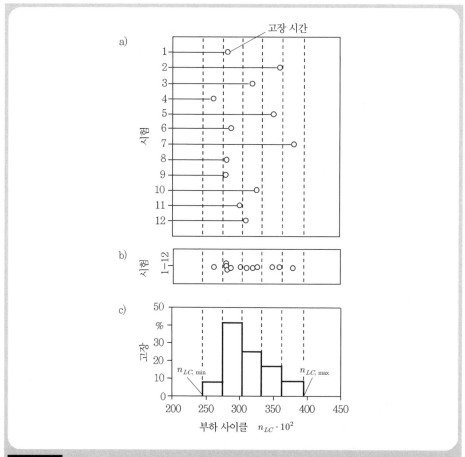

그림 2.4 〈그림 2.2〉의 스트레스 $\sigma = 640$ N/mm²에 대한 고장 시간과 고장 도수의 히스토그램. a) 시험에서 수집된 고장 시간, b) 정렬된 고장 시간, c) 경험적 확률밀도함수 $f^*(t)$와 고장 도수 히스토그램

$$h_{rel} = \frac{\text{단일 계급 내 고장 수}}{\text{총 고장 수}} = \frac{n_A}{n} \tag{2.2}$$

〈그림 2.4c〉의 막대 높이는 y축이 백분율로 표시되어 있는 것으로 보아 상대도수를 사용한 것을 알 수 있다.

시간 축(x축)을 여러 계급으로 분리하는 것과 개별 계급에 고장 시간을 할당하는 것을 등급화(classification)라고 한다. 이러한 등급화 과정에서 특정 고장 값은 구간 내의 정확한 고장 시간과는 별개의 하나의 도수로 취급되기 때문에 정보를 손실하게 된다. 이러한 등급화 과정을 통해서 특정 계급 내에서 각 고장은 해당 계급의 평균값으로 할당하게 된다. 하지만 정보 손실은 등급화를 잘하여 만회할 수 있다.

계급의 개수를 결정하는 일은 쉽지 않다. 만약 계급 수가 너무 적으면 정보의 손실이 크게 된다. 매우 극단적인 경우이기는 하지만 한 개의 막대만이 생성될 수도 있으며, 이 경우 전체를 표현하는 정보가 전혀 없게 된다. 또한 계급 수가 너무 많은 경우, 시간 축을 따라 작은 공백이 발생하게 된다. 이러한 공백은 고장 거동의 연속성을 방해하여 정확한 표현을 하지 못하게 한다.

아래의 식 (2.3)은 계급 수를 결정하는 개략적인 근사법이며, 계급 수에 대한 최초 추정 값이다[2.30].

$$계급 수 \approx \sqrt{\overline{고장 개수 혹은 실험 개수}}$$
$$n_c \approx \sqrt{n} \tag{2.3}$$

계급 수와 계급 폭을 계산하는 대안은 [2.30]에 제공된다.

$$n_c \approx 1 + 3.32 \cdot \log n \tag{2.4}$$

$$n_c \approx 2 \cdot \sqrt[3]{n} \tag{2.5}$$

$$n_c \approx 5 \cdot \log n \tag{2.6}$$

샘플 크기 $n = 50$까지의 결과는 비슷하지만 그보다 큰 샘플 크기에 대해서는 매우 다른 결과를 보인다. 도수분포의 계급 폭인 b를 추정하는 대략적인 방법은 범위 R과 샘플크기 n에 의해 결정된다.

$$b \approx \frac{R}{1 + 3.32 \cdot \log n} \tag{2.7}$$

여기서 범위 R은 샘플 내에서 최댓값과 최솟값의 차이를 의미한다.

$$R = n_{LC,\max} - n_{LC,\min} \tag{2.8}$$

히스토그램 대신에 고장 거동은 '경험적 (확률)밀도함수(empirical density function) $f^*(t)$'로도 설명될 수 있다(그림 2.5 참조).

확률밀도함수는 히스토그램의 막대 중간 지점들을 직선으로 연결하고 있다. 이러한 방식으로 고장 시간과 고장 도수 사이의 함수를 나타내고 있다. 확률밀도함수에서 '경험적'이라는 용어는 시험 샘플이나 제한된 고장 수에 의해 확률밀도함수가 결정된다는 점을 의미한다.

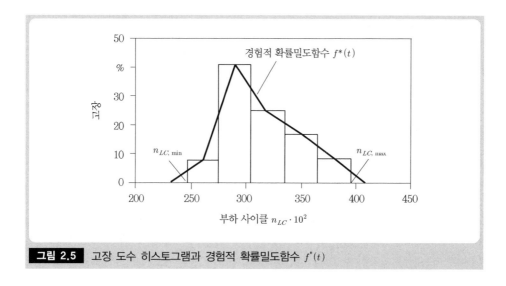

그림 2.5 고장 도수 히스토그램과 경험적 확률밀도함수 $f^*(t)$

실제 '이상적인' 확률밀도함수는 샘플 크기 n이 무한히 증가되었을 때 실현된다. 그런 다음에 계급 수는 간단한 식 (2.3)에 의해 증가된다. 다시 말하면 도수(y좌표)는 상대적으로 변화가 되지 않는 반면에 계급 폭은 점차 줄어들게 된다는 의미이다. 샘플 크기 n이 무한대(∞)가 되면 히스토그램의 윤곽선은 더 부드럽고 연속적인 곡선을 나타낸다 (그림 2.6 참조).

이 극한 곡선(limit curve)은 실제 확률밀도함수 $f(t)$를 의미한다. 〈그림 2.6〉은 〈그림 2.5〉와 비교해 보면 y축의 비율(scale)이 변경된 것을 볼 수 있는데, 이는 계급 폭의 감소로 인하여 각 계급의 고장 횟수가 줄어들었기 때문이다.

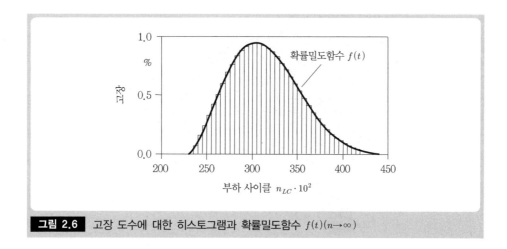

그림 2.6 고장 도수에 대한 히스토그램과 확률밀도함수 $f(t)\,(n \to \infty)$

샘플 크기 n이 무한대(∞)가 된다는 의미는 모든 부품을 시험하여 정확한 고장 거동이 확인된다는 것이다. 그러므로 실험을 통해 결정된 도수를 이론적 확률로 변경하는 것이 가능하다. 이것에 대한 기초적인 내용은 대수의 법칙에 의해 설명될 수 있다. 이러한 이론적 연관성을 2.1.3절에서 더욱 자세히 설명할 것이다.

경험적 밀도함수 $f^*(t)$는 큰 변동을 가지는데 특히 샘플 수가 적은 경우에 그러하며, 이상적인 확률밀도함수 $f(t)$와 비교했을 때 큰 차이를 가진다. 경험적 밀도함수는 $f(t)$로부터 추출된 정보로부터 결정된다(6장에서 설명).

만약 y축이 상대도수가 사용된다면, 확률밀도함수 $f(t)$ 아래의 면적은 1이 된다.

확률밀도함수뿐 아니라 도수의 히스토그램은 시간의 함수로서 고장 수를 설명한다. 이와 같이 확률밀도함수와 히스토그램은 고장 거동을 보여 주기 위한 가장 명확하고 단순한 가능성을 제공한다. 고장 시간의 산포 범위는 물론이고, 고장이 가장 많이 발생하는 구간도 표현할 수 있다.

〈그림 2.7〉에는 확률밀도함수 $f(t)$와 함께 뵐러 곡선(또는 SN 곡선)이 3차원의 '산맥 (mountain range)' 모양으로 표시된다. 각각의 응력과 그에 상응하는 시간에 따른 고장 도수가 나타난다.

〈그림 2.8〉은 상용 자동차 변속기에 대한 확률밀도함수의 한 예를 보여 주고 있다. 여기서는 2,115번의 고장이 관측되었으며 82개의 계급으로 분류되었다[2.28].

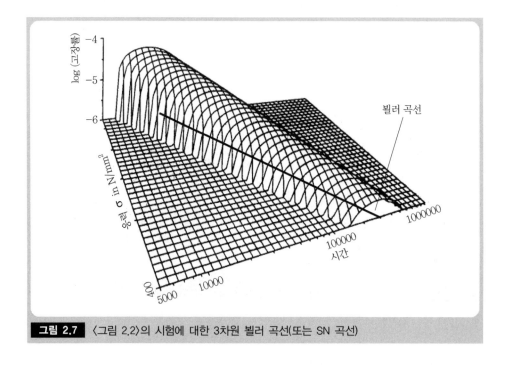

그림 2.7 〈그림 2.2〉의 시험에 대한 3차원 뵐러 곡선(또는 SN 곡선)

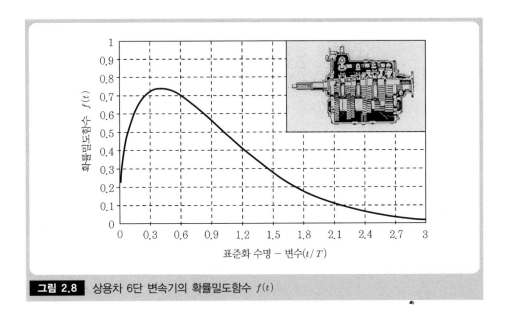

그림 2.8 상용차 6단 변속기의 확률밀도함수 $f(t)$

　분포는 좌측에서 대칭을 보이고 있다. 고장이 주로 초기에 발생한다는 의미이다. 그러한 고장들은 복잡한 시스템에서 흔히 발생하는 소재(material) 혹은 조립(assembly) 고장이라는 것을 알 수 있다.

　〈그림 2.9〉에서는 또 다른 확률밀도함수 예를 볼 수 있다. 사망자 수는 사망 나이의 함수로 볼 수 있다. 우선 어린이 사망자 구간을 볼 수 있고, 두 번째로는 사망자 수가

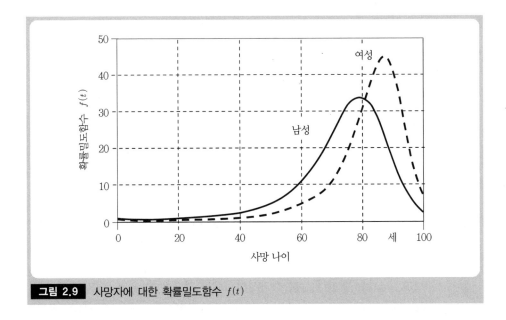

그림 2.9 사망자에 대한 확률밀도함수 $f(t)$

적은 15~40세 사이의 사망자에 대한 구간을 볼 수 있으며, 뒤를 이어 연령대가 증가할수록 사망자 수도 늘어나는 것을 볼 수가 있다. 남자의 경우 80세에 가장 많은 사망자가 발생하는 것을 볼 수 있으며, 여자의 경우 이보다 늦은 시기에 가장 많이 발생하고 있다.

2.1.1.2 분포함수 또는 고장 확률

많은 경우, 특정 시간 혹은 특정 구간에서의 고장 수는 관심사항이 아니며, 오히려 특정 시간 혹은 특정 구간까지 전체 부품 중에 고장 수가 몇 개인지에 대해 관심이 많다. 이러한 질문에 대해 누적도수(cumulative frequency) 히스토그램으로 답할 수 있다. 〈그림 2.10a〉에서 볼 수 있듯이 관측된 고장은 각각의 누적 구간에 모두 더해진다. 이 결과는 〈그림 2.10b〉에서 누적도수 히스토그램으로 나타난다.

계급 m에 대한 누적도수 $H(m)$은 다음과 같이 계산할 수 있다.

$$H(m) = \sum_{i=1}^{m} h_{rel}(i), \quad i: \text{계급 번호} \tag{2.9}$$

고장 수의 합은 2.1.1.1절의 확률밀도함수와 같은 함수로 표현할 수 있다. 이 함수를 '경험적 (누적)분포함수 $F^*(t)$'라 부른다(그림 2.10b).

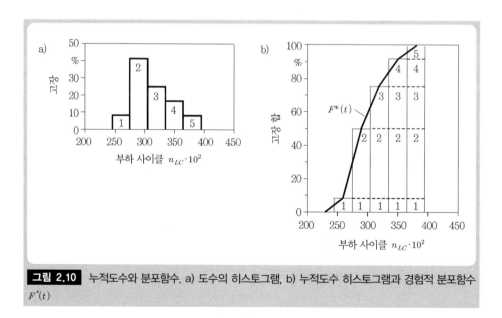

그림 2.10 누적도수와 분포함수. a) 도수의 히스토그램, b) 누적도수 히스토그램과 경험적 분포함수 $F^*(t)$

실제 분포함수 $F(t)$는 실험 횟수를 증가시킴으로써 결정할 수 있다. 이와 같이 계급 폭은 계속해서 감소하게 되고, n이 무한대(∞)인 경우에 히스토그램의 윤곽선은 부드러운 곡선이 된다. 이에 대한 결과가 〈그림 2.11〉의 분포함수 $F(t)$로 나타나 있다.

분포함수는 $F(t)=0$에서 항상 시작하여 단조증가(monotonic increase)하게 되는데, 그 이유는 매 시간 혹은 매 구간마다 관측된 고장 도수인 양수 값이 더해지기 때문이다. 분포함수는 모든 부품이 고장 난 이후에는 언제나 $F(t)=1$로 끝난다.

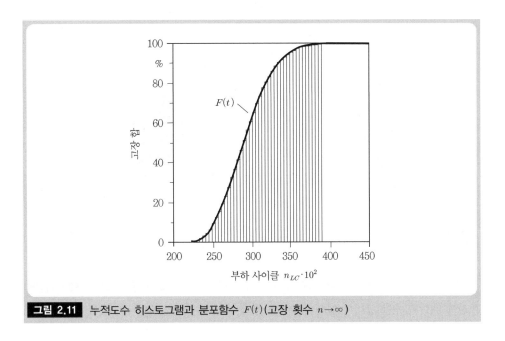

그림 2.11 누적도수 히스토그램과 분포함수 $F(t)$(고장 횟수 $n \to \infty$)

식 (2.9)의 극한값이 되는 분포함수는 확률밀도함수의 적분으로 나타난다.

$$F(t) = \int f(t)dt \qquad (2.10)$$

이와 같이 확률밀도함수는 분포함수로부터 파생된다.

$$f(t) = \frac{dF(t)}{dt} \qquad (2.11)$$

신뢰성 이론에서 분포함수 $F(t)$는 '고장 확률(failure probability) $F(t)$'라고도 불린다. $F(t)$ 함수는 t시점에 발생하는 고장 확률을 설명하므로 적절하다고 할 수 있다.

비록 고장 확률이 확률밀도함수보다 시각적으로 덜 명확하더라도, 시험(trial)을 평가하는 데 사용할 수 있다. 그래서 고장 확률은 6장에서 가장 많이 사용되는 함수이다.

여기서 다시 한 번, 고장 확률의 예제로 상용차의 6단 기어 변속기가 사용되었다(그림 2.12). 표준화된 수명으로 인하여, 단지 정성적인 평가만 가능하다. 예를 들면, $F(t)=10\%$

에 해당하는 B_{10} 수명은 0.2라는 것만 알 수 있다. 이 말은 수명 시간이 $0.2 \cdot T$일 때, 변속기의 10%는 고장이라는 의미이다.

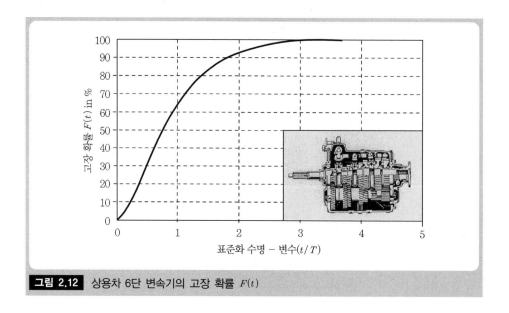

그림 2.12 상용차 6단 변속기의 고장 확률 $F(t)$

〈그림 2.13〉은 사망자 수에 해당하는 고장 확률 $F(t)$를 보여 주고 있다. 예를 들면, $F(t)$에 대한 함수를 통하여 남성의 15%는 60세 이전에 세상을 떠난다는 것을 알 수 있다.

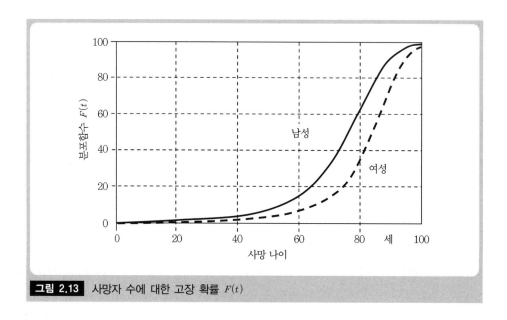

그림 2.13 사망자 수에 대한 고장 확률 $F(t)$

2.1.1.3 신뢰도(함수) 또는 생존 확률

2.1.1.2절에서 고장 확률은 시간의 함수로서 고장 수의 합을 설명한다. 하지만 많은 예에서 여전히 정상적으로 작동하는(고장이 없는) 부품 혹은 기계의 합에 관심이 있다.

정상적인 부품의 합은 〈그림 2.14〉에서와 같이 생존 도수의 히스토그램으로 표현할 수 있다. 이 히스토그램은 부품 혹은 기계의 전체 개수에서 결함이 있는 개수를 빼서 구한다. 〈그림 2.14〉에서 볼 수 있는 경험적 생존 확률(empirical survival probability) $R^*(t)$는 막대의 중간 지점을 직선으로 연결하여 생성된 것이다.

각 i번째 계급 혹은 시간 t의 어떤 시점에서 총 고장 수와 총 무고장 수의 합은 항상 100%가 된다. 그러므로 생존 확률(신뢰도 함수) $R(t)$는 고장 확률 $F(t)$의 여사건이 된다.

$$R(t) = 1 - F(t) \tag{2.12}$$

식 (2.12)를 사용하여 〈그림 2.10〉의 히스토그램에 적용하면 〈그림 2.14〉의 히스토그램을 생성할 수 있다. 생존 확률 $R(t)$는 항상 $R(t) = 100\%$에서 시작하는데, 그 이유는 $t = 0$에서는 고장이 발생하지 않기 때문이다. 함수 $R(t)$는 단조감소(monotonic decrease)하고, 모든 부품이 고장 난 이후에는 $R(t) = 0\%$로 끝난다.

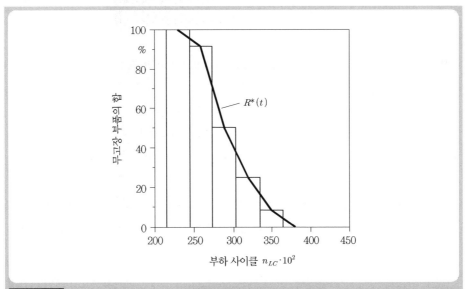

그림 2.14 〈그림 2.10〉의 고장 거동에 대한 생존 확률 히스토그램 또는 경험적 신뢰도 함수 $R^*(t)$ 표현

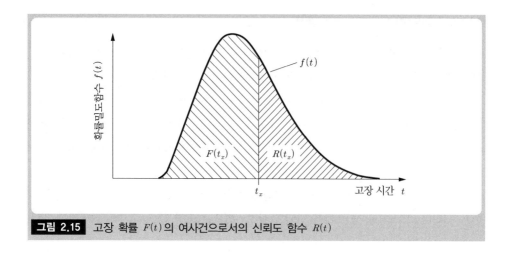

그림 2.15 고장 확률 $F(t)$의 여사건으로서의 신뢰도 함수 $R(t)$

〈그림 2.15〉는 확률밀도함수와 식 (2.10)의 도움으로 고장 시간 t_x에 대해 식 (2.12)의 시각적 표현을 보여 준다.

신뢰성 이론에서 생존 확률은 '신뢰도 함수 $R(t)$'라고 불린다. 신뢰도 함수 $R(t)$는 [2.2, 2.3, 2.36, 2.38]에 정의되어 있는 것처럼 신뢰도 용어에 해당한다.

> **신뢰도**란 주어진 기능적 및 환경적 조건하에서 정의된 기간 동안 제품이 고장 없이 정상적으로 작동될 확률을 의미한다.

이와 같이 신뢰도 함수 $R(t)$는 무고장(non-failure)에 대한 시간 의존적 확률이다. 제품 신뢰도에 관한 평가서를 작성하기 위해서는 고려되는 기간뿐만 아니라 정확한 기능적 및 환경적 조건도 특히 요구된다는 점을 주목해야 한다.

상용차 변속기의 경우, 〈그림 2.16〉에서처럼 표준화된 수명 0.2는 신뢰도 함수 $R(t) =$ 90%임을 보여 주고 있으며, 이는 고장 확률 $F(t) = 10\%$에 해당한다. 그러므로 변속기의 90%는 $0.2 \cdot T$에서 정상적으로 작동한다.

〈그림 2.17〉을 보는 바와 같이 남성의 신뢰도 함수의 경우, 60세 사망자에 대한 신뢰도 함수 $R(t) = 85\%$이다. 이것은 〈그림 2.13〉처럼 고장 확률 $F(t) = 15\%$에 해당한다.

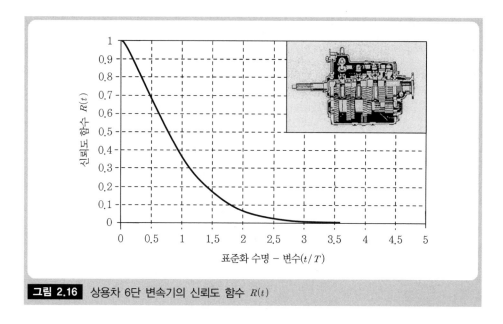

그림 2.16 상용차 6단 변속기의 신뢰도 함수 $R(t)$

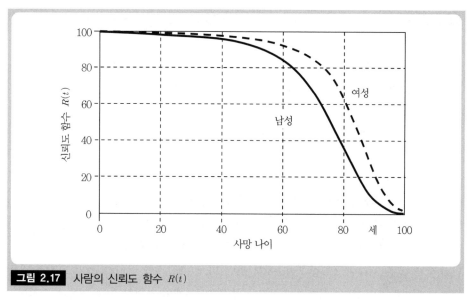

그림 2.17 사람의 신뢰도 함수 $R(t)$

2.1.1.4 고장률(고장률 함수)

고장률(failure rate) $\lambda(t)$로 고장 거동을 설명하기 위해서는 시간 t시점 혹은 i번째 계급의 고장 수를 총 고장 수로 나누는 것이 아니라 오히려 무고장 부품 수로 나눈다.

$$\lambda(t) = \frac{(\text{시간}\,t\,\text{또는}\,i\text{번째 계급의})\,\text{고장 수}}{(\text{시간}\,t\,\text{또는}\,i\text{번째 계급의})\,\text{무고장 부품 수}} \tag{2.13}$$

〈그림 2.18〉은 〈그림 2.4〉의 예제에 대한 경험적 고장률 함수 $\lambda^*(t)$와 고장률의 히스토그램을 보여 주고 있다. 마지막 계급에서는 무고장 부품이 더 이상 존재하지 않기 때문에 고장률은 불가피하게 ∞로 근접한다. 요컨대 식 (2.13)의 분모는 0으로 근접해 간다.

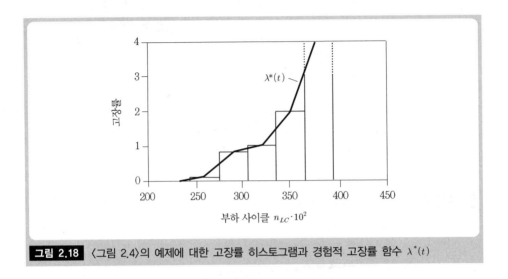

그림 2.18 〈그림 2.4〉의 예제에 대한 고장률 히스토그램과 경험적 고장률 함수 $\lambda^*(t)$

확률밀도함수 $f(t)$는 고장 수를 설명하며 신뢰도 함수 $R(t)$는 무고장 수를 설명한다. 그러므로 고장률 함수 $\lambda(t)$는 두 함수의 비로 계산된다.

$$\lambda(t) = \frac{f(t)}{R(t)} \tag{2.14}$$

〈그림 2.19〉는 고장 시간 t_x에 대한 수식 (2.14)를 그래프로 보여 주고 있다.

t시점에서의 고장률 함수란 t시점까지 부품이 살아 있다는 가정하에서 부품의 고장이 발생할 위험에 대한 비율로 해석될 수 있다. 특정 시점에서의 고장률 함수는 무고장인 부품 중 몇 개가 다음 시점에 고장을 일으킬 것인가를 구체적으로 명시해 준다.

고장률 함수 $\lambda(t)$는 〈그림 2.18〉에서 보인 마모 고장뿐만 아니라 초기 고장과 우발 고장을 설명하기도 한다. 여기서의 목표는 부품 및 기계의 완전한 고장 거동을 수집하는 것이다. 그 결과는 〈그림 2.20〉과 유사한 곡선 형태를 보인다.

이 곡선은 곡선의 모형에 참고하여 '욕조(모양) 곡선(bathtub curve)'이라 불린다[2.29, 2.34]. 욕조 곡선은 초기 고장(1유형), 우발 고장(2유형), 마모 고장(3유형)과 같이 3개의 영역으로 뚜렷이 구분된다.

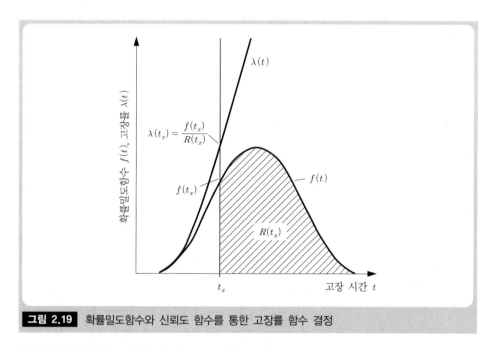

그림 2.19 확률밀도함수와 신뢰도 함수를 통한 고장률 함수 결정

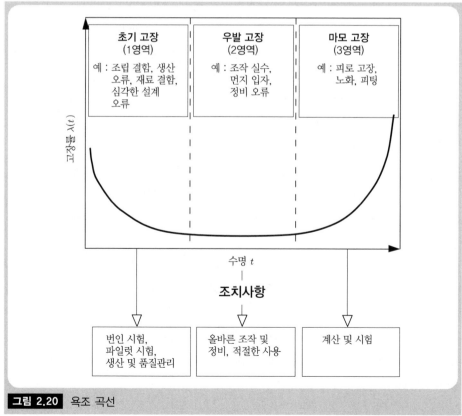

그림 2.20 욕조 곡선

1유형에서는 고장률이 감소하는 특징을 보인다. 부품이 고장 날 위험성은 시간이 지나면서 감소한다. 이러한 초기 고장은 주로 조립, 생산, 재료 부분에서의 고장이거나 혹은 명백한 설계 결함에 의해 유발된다.

2유형에서 고장률은 일정하다. 따라서 고장 위험은 동일하다. 대부분의 시간에서 이 위험은 상대적으로 낮게 나타난다. 보통 이러한 고장은 조작 방법, 유지 보수 문제로 인한 고장, 작은 먼지로 인한 고장들이다. 이러한 고장은 대체적으로 사전에 예측하기가 어렵다.

3유형(마모 고장)에서는 고장률이 증가한다. 부품의 고장 날 위험성은 시간 경과에 따라 증가한다. 마모 고장은 피로 고장, 노화, 피팅 등에 의해서 유발된다.

3개 유형 각각에는 서로 다른 고장 원인이 존재하며, 그 고장 원인에 대한 조치가 취해져야만 각 해당 유형에서 신뢰성 향상을 이룰 수가 있다(그림 2.20 참고). 1유형에서는 많은 시험과 파일럿 시험을 시행할 것을 권장하고 있으며 부품에 대한 생산과 품질도 관리되어야 한다. 2유형에서는 올바른 조작과 유지 보수가 이루어져야 하며 제품을 올바른 방법으로 사용하고 적용할 수 있어야 한다. 3유형은 부품에 대한 매우 정확한 계산이 필요하거나 혹은 그에 상응하는 실질적인 시험이 필요하다.

1유형과 2유형에서 취해질 조치는 설계 단계 초기에 적절한 단계를 따라야만 한다. 하지만 3유형의 개선은 구조적인 차원의 단계에서 나타난다. 따라서 설계자는 3유형에 큰 영향을 줄 수도 있다. 3유형은 신뢰성에 대한 가장 중요한 유형에 해당하는 한편, 신뢰도 예측을 도출할 수 있는 유일한 유형이다. 따라서 시스템 신뢰도 예측은 종종 이 유형에서만 이루어진다.

이러한 3가지 유형은 〈그림 2.21〉에서 볼 수 있듯이 사람의 기대 수명에 관한 예를 통해서 명확하게 알 수 있다. 고장률이 감소하는 1유형은 유아 사망에 대한 영역이다. 아이들이 나이가 들수록 질병으로 사망할 위험성은 더 줄어든다. 2유형의 갑작스런 죽음의 특징은 정확히 나타나지는 않는다. 3유형에서는 나이가 들수록 사망률도 급격히 증가하는 것을 볼 수 있다.

상용차 6단 변속기 예제를 나타내는 〈그림 2.22〉는 욕조 곡선이 모든 시스템에서 나타날 수 있는 현상이 아님을 보여 준다. 욕조 곡선의 개별적인 유형만 존재하는 것이 좀 더 일반적이다.

이와 같이 복잡한 시스템에서 나타나는 고장 거동은 욕조 곡선만으로 설명하는 것이 아니라, 특정 개별 유형의 다양한 고장 거동의 예가 되는 다른 고장 분포에 의해 훨씬 많이 설명된다.

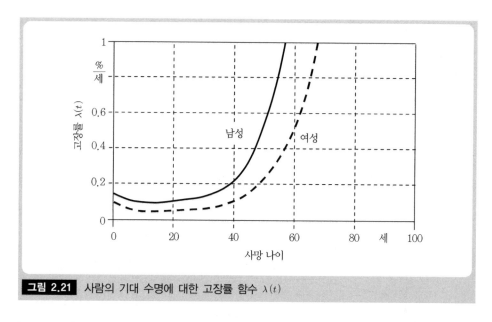

그림 2.21 사람의 기대 수명에 대한 고장률 함수 $\lambda(t)$

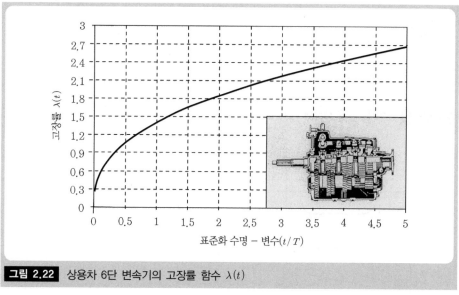

그림 2.22 상용차 6단 변속기의 고장률 함수 $\lambda(t)$

〈그림 2.23〉에서의 'A' 고장 거동은 3개의 유형(초기 고장, 우발 고장, 마모 고장)으로 구성되어 있는 전형적인 욕조 곡선을 보여 주고 있다. 'B' 고장 거동에서는 초기 고장이 발견되지 않으며, 3유형에서 마모 고장이 발생하기 전까지는 고장률은 일정하다. 'C' 고장 거동은 고장률이 점진적으로 증가하는 특징을 보이고 있으며 마모 고장을 구분해 내기는 쉽지 않다. 'D' 고장 거동을 가진 시스템은 가동 초기에는 낮은 고장률을 보이지만 이후 일정 수준까지 고장률이 급격하게 증가한다. 'E' 고장 거동은 전체 기간 동안에

일정한 고장률(우발 고장)을 나타낸다. 'F' 고장 거동은 초기 고장(번인)에 해당하는 첫 번째 유형에서 높은 고장률을 가지고 있다가 일정 수준까지 고장률이 감소한 후 나머지 기간 동안에는 고장률이 일정하게 유지된다.

〈그림 2.24〉에 정리한 다양한 고장 거동 곡선들에 나타난 빈도에 대한 연구 결과는 참고문헌 [2.32]에 요약되어 있다.

		고장률 형태	일반적인 특성	대표적인 예
마모 고장	A	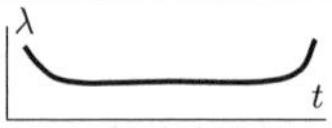	• 일반적이지 않은 곡선	• 오래된 스팀엔진 (18세기 후반~19세기 초반)
	B	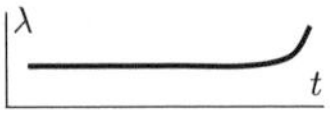	• 단순장치 • 잘못된 설계를 한 복잡한 기계(하나의 단일 고장유형)	• 자동차 워터펌프 • 구두끈 • 1974 베가 엔진
	C	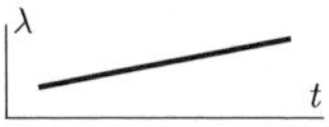	• 구조물 • 마모 요소	• 자동차 바디 • 항공기 및 자동차 타이어
우발 고장	D	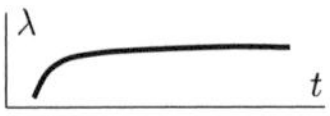	• 작동 이후 가혹한 스트레스 시험을 한 복잡한 기계	• 고압 릴리프 밸브
	E	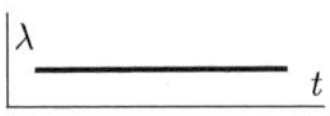	• 잘 설계된 복잡한 기계	• 회전 나침반 • 다중실링 고압 원심펌프
	F	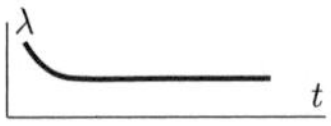	• 전자부품 • 사후정비 이후의 복잡한 부품	• 컴퓨터 마더보드 • 프로그램화가 가능한 제어

그림 2.23 다양한 고장 거동에 대한 예시[2.32]

		고장률 형태	1968 UAL	1973 Broberg	MSDP 연구	1993 SSMD
마모 고장	A	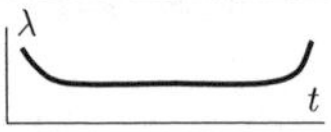	4 %	3 %	3 %	6 %
	B	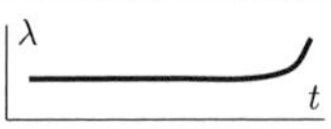	2 %	1 %	17 %	
	C	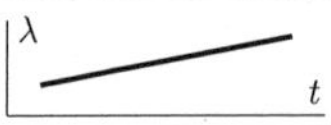	5 %	4 %	3 %	
우발 고장	D	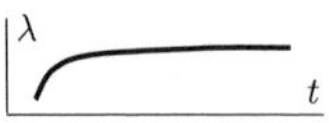	7 %	11 %	6 %	
	E	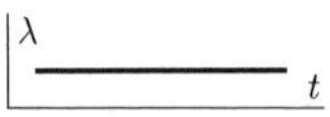	14 %	15 %	42 %	60 %
	F	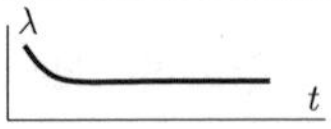	68 %	66 %	29 %	33 %

그림 2.24 다양한 수명 연구에 대한 비율[2.32]

　　민간항공사(1968 UAL)의 연구 보고서에 따르면 'A' 고장 거동은 4%, 'B'는 2%, 'C'는 5%, 'D'는 7%, 'E'는 14%, 'F'는 68%를 보였다. 'E' 고장 거동과 같은 상수 고장률의 경우 설계 단계에서부터 노력이 필요하다.

2.1.2 여러 가지 통계량

고장 거동은 2.1.1.1절부터 2.1.1.4절까지 설명된 함수들에 의해 세부적으로 설명될 수 있다. 하지만 원하는 함수를 결정하고 표현하는 데에 시간이 필요하다. 많은 경우, 고장 함수의 근사적인 '중심'을 알거나 얼마나 많은 고장 시간이 평균값으로부터 떨어져 있는 지를 알면 충분하다. 여기서 '중심경향과 통계적 변동의 측도'를 적용할 수 있으며 고장 시간을 이용하여 쉽게 계산할 수 있다. 여기서 계산된 값을 이용하여 고장 거동의 특성은 간단히 설명할 수 있지만 일부 정보 손실은 발생한다.

　　가장 기초적인 통계량으로는 평균, 분산, 표준편차가 있으며, 이 내용을 가장 먼저 다룰 것이다.

평균(Mean)

(경험적) 산술평균(mathematical mean)은 일반적으로 평균이라고 불리며, 고장 시간 $t_1, t_2, \ldots, t_n$에 대한 평균은 다음과 같이 도출된다.

$$t_m = \frac{t_1 + t_2 + \ldots + t_n}{n} = \frac{1}{n} \sum_{i=1}^{n} t_i \tag{2.15}$$

　　평균은 고장 시간의 중심이 대략 어디에 위치하고 있는지를 알려 주는 위치 모수를 나타낸다. 다수의 점으로 표현되어 있는 고장 시간(그림 2.4b)을 보면 이러한 점들 중에서 평균 t_m는 중심에 위치한다. 〈그림 2.4〉의 예제에서 평균 $t_m = 31{,}200$사이클을 나타낸다. 산술평균은 고장 시간이 극단적으로 짧거나 혹은 긴 경우를 나타내는 '이상치'에 민감하며, 평균도 크게 영향을 받는다.

분산(Variance)

경험적 분산 s^2는 산술평균으로부터의 편차의 제곱 평균을 나타낸다. 다시 말해 경험적 분산은 평균 t_m에 대한 고장 시간들의 통계적 변동을 측정한다.

$$s^2 = \frac{1}{n-1} \sum_{i=1}^{n} (t_i - t_m)^2 \tag{2.16}$$

　분산을 계산하기 위해서는, 고장 시간들과 평균값의 편차를 구하고 제곱 합을 구한다. 편차들(양의 편차와 음의 편차)은 서로 상쇄되기 때문에 제곱하는 것이 필요하다.

표준편차(Standard Deviation)

경험적 표준편차 s는 분산의 제곱근이다.

$$s = \sqrt{s^2} \tag{2.17}$$

　분산과 비교하여 표준편차의 장점은 고장 시간 t_i와 동일한 단위를 사용한다는 것이다. 또 다른 주요 통계량으로는 중앙값과 최빈값이 있다.

중앙값(Median)

중앙값은 모든 고장 시간의 정확히 중심을 나타내는 고장 시간이다. 그러므로 중앙값은 고장 확률 $F(t)$로 가장 쉽게 구할 수 있다.

$$F(t_{median}) = 0.5 \tag{2.18}$$

　만약 고장 거동을 확률밀도함수 $f(t)$로 표현한다면 중앙값은 확률밀도함수 아래 면적을 식 (2.10)을 이용하여 동일하게 두 부분으로 나눈다.

　평균 t_m과 비교하여 중앙값의 가장 큰 장점은 극단치(extreme value)들에 민감하지 않다는, 즉 짧거나 긴 고장 시간들이 중앙값에 큰 영향을 주지 않는다는 의미이다.

최빈값(Mode)

최빈값은 가장 많이 발생하는 고장 시간을 나타낸다. 그러므로 확률밀도함수 $f(t)$를 이용하여 최빈값 t_{mode}를 계산할 수 있다(t_{mode}는 확률밀도함수의 최댓값과 동일함).

$$f'(t_{\text{mode}}) = 0 \tag{2.19}$$

　예를 들면, 〈그림 2.9〉에서 남성에 대한 최빈값은 $t_{\text{mode}} \approx 78$세이다. 최빈값은 확률이론에서 중요한 역할을 한다. 만일 시험(trial)이 완료된다면 대부분의 부품이 최빈값에서 고장 난다는 의미다. 비대칭분포에서는 중심 경향의 측도인 평균, 중앙값, 그리고 최빈값은 〈그림 2.25〉에서 보는 바와 같이 일치하지 않는다.

　3가지 통계량은 확률밀도함수가 대칭분포일 때 일치하며, 2.2.1절에서 설명되는 정규분포가 대표적인 경우이다.

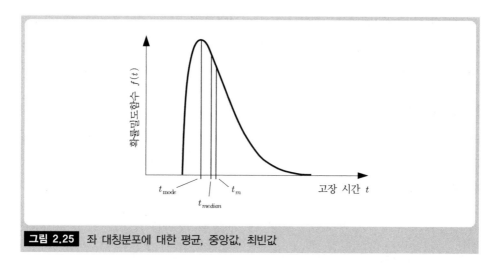

그림 2.25 좌 대칭분포에 대한 평균, 중앙값, 최빈값

2.1.3 신뢰성 파라미터

2.1.2절에 있는 통계량 이외에도 신뢰성 데이터의 특성을 설명하기 위해 신뢰성 공학에서 사용되는 파라미터들이 존재한다.

- $MTTF$(mean time to failure, 평균 고장 시간),
- $MTTFF$(mean time to first failure, 최초 고장까지의 평균 시간), $MTBF$(mean time between failure, 평균 고장 간격)
- 고장률(failure rate, λ), 고장 쿼터(quota, q)
- 백분율(percent, %), 천분율(per mill, ‰), 백만분율(parts per million, ppm)
- B_q 수명

이러한 파라미터들은 고장에 대한 추가 설명이나 신뢰성 특성치를 나타내기 위해 종종 사용된다.

MTTF

수리 불가능한 시스템의 수명을 표시할 수 있는 다양한 방법이 있다. 일정 기간 동안 고장이 없는 시간의 평균은 수명 t에 대한 기댓값이며, 일반적으로 평균 고장 시간(Mean Time To Failure)이라 불린다. $MTTF$는 식 (2.20)처럼 적분을 이용하여 계산이 가능하다(그림 2.26 참조).

$$MTTF = E(\tau) = \int_0^\infty t f(t) dt = \int_0^\infty R(t) dt \qquad (2.20)$$

고장 후 부품에 발생하는 것은 $MTTF$와 무관하다.

t_1에서 t_n까지 각 고장 시간들은 동일한 분포를 따르며 서로 독립이므로, 산술평균은 $MTTF$에 대한 좋은 추정치로 볼 수 있다[2.2].

MTTFF 및 MTBF

수리 가능한 부품에 대한 수명을 나타내기 위해서 $MTTFF$를 사용할 수 있다. 이때 $MTTFF$는 수리 가능한 부품의 최초 고장이 발생하기 이전까지의 평균수명을 뜻한다 (그림 2.26 참조).

$$MTTFF = \text{Mean Time To First Failure} \tag{2.21}$$

이와 같이 $MTTFF$는 수리 불가능한 부품의 $MTTF$에 해당한다.

최초 고장 이후의 부품 수명에 대한 추가적인 정의는 $MTBF$로 나타낼 수 있으며, 이 $MTBF$는 다음 고장이 발생(또는 수리)하기 전까지의 부품 평균수명을 결정한다.

$$MTBF = \text{Mean Time Between Failure} \tag{2.22}$$

정비가 끝난 부품이 신제품과 동일하다는 가정을 하면 평균 고장 간격($MTBF$)은 정비 이후의 $MTTFF$와 동일하다.

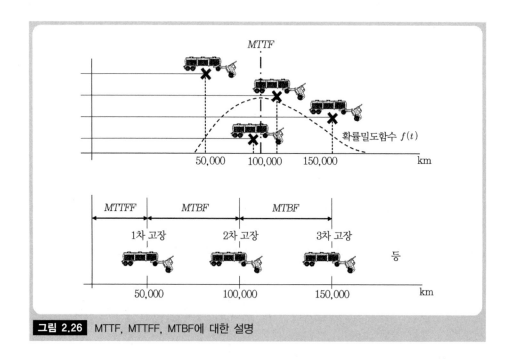

그림 2.26 MTTF, MTTFF, MTBF에 대한 설명

고장률(Failure Rate) λ과 고장 쿼터(Failure Quota) q

고장률 λ는 어떤 t시점까지 고장이 없을 때, 부품이 고장 날 위험을 나타낸다. 고장률은 일정 기간 동안의 고장 횟수를 무고장 부품 수의 합으로 나누어 결정한다.

고장 쿼터 q는 고장률 λ의 추정치라 할 수 있다. 고장률과는 대조적으로 고장 쿼터는 관측된 기간의 상대적 변화를 나타낸다.

$$q = \frac{구간 내 고장 수}{최초 부품 수 \cdot 구간 크기} \tag{2.23}$$

예를 들면, 한 시간에 50개 부품 중에서 5개가 고장 났다면, 고장 쿼터는 다음과 같다.

$$q = \frac{5}{50 \cdot 1\,시간} = 0.1/\text{hour}\,[2.8]$$

백분율(Percent), 천분율(Per Mill), 백만분율(PPM)

신뢰성 공학에서는 많은 상황들을 고장 밀도, 고장 확률, 신뢰도와 같은 비율로 나타낸다. 이러한 값들의 표현은 대부분 아래와 같다.

- 백분율 : 100개 중의 하나, 예 : 1/100 = 1%
- 천분율 : 1,000개 중의 하나, 예 : 1/1,000 = 1‰
- ppm : 100만 개 중의 하나, 예 : 1/1,000,000 = 1ppm

B_x 수명

B_x 수명은 모든 부품의 x%가 고장 나는 시점을 의미한다. B_{10} 수명은 부품들의 10%가 고장 나는 시점을 의미한다(그림 2.27 참조). 실제로, B_1, B_{10}, B_{50} 수명 값들은 제품의 신뢰성 측도로 이용되고 있다.

2.1.4 확률의 정의

앞에서 설명한 것처럼, 부품과 시스템의 고장 시간은 확률변수(random variable)라고 할 수 있다. 확률 이론의 용어나 법칙은 앞서 언급한 확률 사건(random event)에 적용할 수 있다. '확률'이라는 용어는 특히 중요하여 여러 가지 방법으로 설명될 것이다.

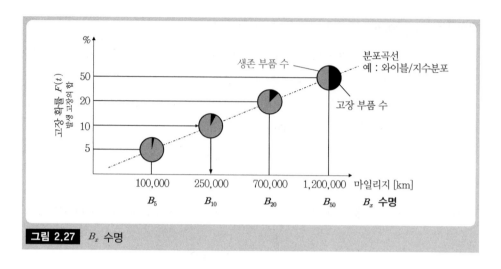

그림 2.27 B_x 수명

확률의 고전적 정의(Laplace, 1812)

확률 이론은 도박 게임에서 최적의 결과를 가져다줄 확률에 대해 관심을 가지고 있던 도박사들이 처음 관심을 갖기 시작했다. 도박 게임에서 사건 A가 발생할 "가능성이 얼마나 있는가?"에 대한 질문에 답을 하기 위해서 라플라스(Laplace)와 파스칼(Pascal)은 다음과 같은 정의를 내렸다.

$$확률\ P(A) = \frac{A에\ 속한\ 경우의\ 수}{모든\ 경우의\ 수} \tag{2.24}$$

예를 들면, 주사위를 던져서 6이 나올 확률(사건 A)은 다음과 같다.

$$P(6이\ 나올\ 확률) = \frac{1}{6} = 0.167$$

이 말은 주사위를 여러 번 던져서 6일 나올 확률은 16.7%가 된다는 뜻이다. 하지만 식 (2.24)의 정의는 보편적으로 유효한 것은 아니다. 이 식은 사건이 무한히 발생하지 않으며, 예상 가능한 모든 결과가 동일한 가능성을 가질 때만 유효하다. 일반적으로 이 식은 도박에서만 적용할 수 있다. 하지만 기술적 관점에서 보면 일반적으로 고장 가능성은 다양하게 발생한다.

확률의 통계적 정의(von Mises, 1931)

모든 구성 요소는 1회 시험에서 발생할 가능성이 동일한 상태에서 시료 크기가 n인 확률시험에서 m개의 고장이 기록된다.

상대 고장 도수(relative failure frequency)는 (2.1.1.1절과 비교해 볼 때) 다음과 같다.

$$\text{상대도수} \quad h_{rel} = \frac{m}{n} \tag{2.25}$$

만일 다른 확률 시험 시료를 가진 시험을 독립적으로 진행할 수 있다면 각기 다른 상대 도수를 구할 수 있을 것이다. 확률 시험의 시료 크기 n이 증가할수록 $h_{rel,n}$는 h_x의 값으로부터 흩어져 있는 정도는 줄어드는 것을 〈그림 2.28〉을 보면 알 수 있다.

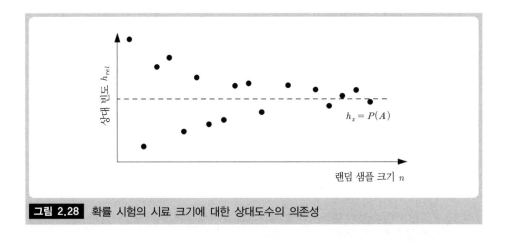

그림 2.28 확률 시험의 시료 크기에 대한 상대도수의 의존성

그러므로 A 고장에 대한 확률을 상대도수의 극한값으로 정의하는 것은 좋은 근사법이다.

$$\lim_{n \to \infty} \frac{m}{n} = P(A) \tag{2.26}$$

정확한 이론적 결과는 대수의 강·약 법칙(the weak and strong law of large numbers)뿐만 아니라 베르누이(Bernoulli)의 대수법칙에서도 찾아볼 수 있다[2.18, 2.25, 2.27].

불행히도, 식 (2.26)에 의한 확률의 정의는 정의 자체가 아니라 추정을 다루기 때문에 보편적이지 않다. 식 (2.26)을 근간으로 하는 포괄적인 확률 이론을 개발하려는 노력 덕분으로 수학적 어려움을 해소하며 납득할 만한 수준에 이르게 되었다.

하지만 기본적인 신뢰성 이론과 이 책의 범위를 고려해 본다면 식 (2.26)이면 충분하다. 이 식은 명확해서 계속해서 사용할 것이다.

확률의 공리(Kolmogoroff, 1933)

공리적 정의로 볼 때 '확률'은 엄격한 의미에서 정의하지는 않는다. 근대 이론에서의 확률은 특정 공리를 완성하는 기본 법칙으로 더 많이 사용된다.

콜모고르프가 제안한 확률의 공리는 다음과 같다.

1. 임의의 사건 A에 $0 \leq P(A) \leq 1$의 값을 가지는 실수 값을 $P(A)$에 할당하며, 이를 사건 A의 확률이라고 한다. (이 공리는 이전 절에서 언급한 상대도수의 특성과 비슷함)
2. 확실한 사건에 대한 확률 $P(E) = 1$이다. (표준 공리)
3. 만일 A_1, A_2, A_3, ...가 서로 배반인 임의의 사건이라면($A_i \cap A_j = 0$, 단, $i \neq j$)

   $P(A_1 \cup A_2 \cup A_3 \cup ...) = P(A_1) + P(A_2) + P(A_3) + ...$ (추가 공리)

이러한 공리는 불 양자 분야나 불 σ 분야로도 알려져 있는 단위 사건에 대한 표본 공간에 기반하고 있다.

전체의 확률 이론은 공리 1~3으로부터 유도 가능하다.

2.2 신뢰성 공학에서 사용되는 다양한 수명 분포

2.1절에서는 다양한 함수를 이용하여 고장 거동을 그래프로 표현하는 방법을 보여 주었다. 이번 절에서는 이러한 함수들이 특정한 경우에 나타내는 곡선이 정확히 어떠한 것인지 그리고 수학적으로 함수들을 어떻게 기술할 것인지에 대해 논의할 것이다. 필요한 '수명 분포'는 이번 절에서 다룰 것이다. 정규분포가 가장 널리 사용되고 있다. 하지만 정규분포는 신뢰성 공학에서는 거의 사용되지 않는다. 지수분포는 전자공학에서 주로 사용되는 반면에 와이블 분포는 기계공학에서 사용되는 가장 일반적인 수명 분포이다. 와이블 분포는 이 책에서 상세히 다루어질 것이다. 대수정규분포는 재료과학과 기계공학에서 가끔 사용된다.

2.2.1 정규분포(Normal Distribution)

정규분포는 〈그림 2.29〉와 같이 확률밀도함수 $f(t)$가 평균 $\mu = t_m$에 대해 대칭을 이루는 종 모양 형상을 가진다. 확률밀도함수의 대칭적 특성으로 인하여 평균 t_m, 중앙값 t_{median}, 최빈값 t_{mode}가 모두 동일하다.

정규분포는 모수 t_m(위치 모수)과 σ(척도 모수)를 포함한다(표 2.1 참조). 표준편차 σ는 고장 시간의 통계적 변동과 고장 함수의 형상을 설명한다. 표준편차가 작은 경우에는 분포의 형상이 좁고 높은 종 모양 형상을 가지며, 표준편차가 큰 경우에는 확률밀도 함수가 평평한 곡선의 형태를 나타낸다.

고장 함수 곡선의 경사는 표준편차로 인하여 변할 수는 없다. 대부분의 고장은 평균 부근에서 발생하며 평균을 중심으로 완전히 대칭 구조를 보이면서 감소한다. 이와 같이 고장 거동의 한 가지 유형만을 보여 줄 수밖에 없는데 이것은 정규분포의 중요한 약점 이다.

일반적으로 정규분포는 $t = -\infty$ 에서 시작한다. 고장 시간은 양의 값만을 가질 수 있기 때문에 음의 값을 가지는 고장 시간을 무시할 수 있는 경우에만 정규분포를 사용할 수 있다.

정규분포의 식 (2.28), (2.29), (2.30)은 기본적으로 적분 계산이 불가능하다. 따라서 고장 확률 $F(t)$와 신뢰도 $R(t)$를 결정하기 위해 표를 이용한다.

| **표 2.1** | 정규분포에 대한 수식들

확률밀도함수	$f(t) = \dfrac{1}{\sigma\sqrt{2\pi}}e^{-\frac{(t-\mu)^2}{2\sigma^2}}$	(2.27)
고장 확률	$F(t) = \dfrac{1}{\sigma\sqrt{2\pi}}\displaystyle\int_0^t e^{-\frac{(\tau-\mu)^2}{2\sigma^2}}d\tau$	(2.28)
신뢰도 함수	$R(t) = \dfrac{1}{\sigma\sqrt{2\pi}}\displaystyle\int_t^\infty e^{-\frac{(\tau-\mu)^2}{2\sigma^2}}d\tau$	(2.29)
고장률 함수	$\lambda(t) = \dfrac{f(t)}{R(t)}$	(2.30)

모수 :
t : 확률변수(부하 시간, 부하 사이클, 작동 횟수 등)($t > 0$)
μ : 위치 모수($\mu = t_m = t_{median} = t_{mode}$)
σ : 척도 모수($\sigma > 0$)

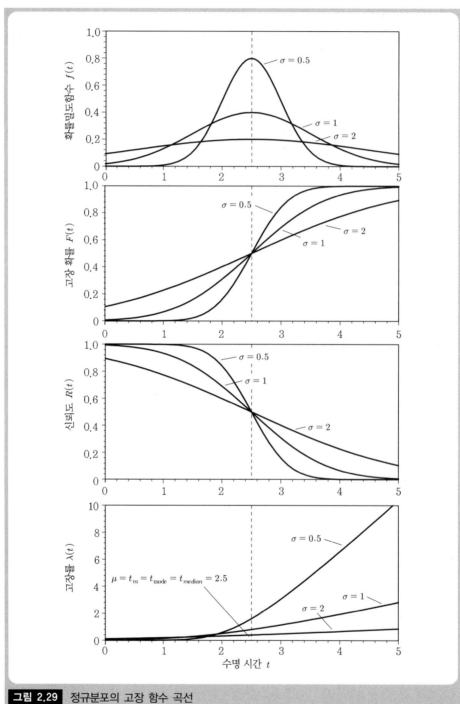

그림 2.29 정규분포의 고장 함수 곡선

2.2.2 지수분포(Exponential Distribution)

지수분포의 확률밀도함수는 역지수함수로서 시작점에서부터 단조감소한다(그림 2.30). 여기서 고장 거동은 고장 도수가 높은 지점에서 시작하여 점차 감소하는 것을 볼 수 있다.

〈표 2.2〉에 있는 지수분포의 함수들은 지수분포의 간단한 수학적 구조를 보여 주고 있다. 지수분포는 단 하나의 모수인 고장률 λ만을 가지고 있다. 이 고장률 λ는 평균 t_m와는 반비례한다.

$$\lambda = \frac{1}{t_m} \tag{2.31}$$

식 (2.33)과 (2.34)를 통해서 평균의 신뢰도 $R(t_m) = 36.8\%$이며 고장 확률 $F(t_m) = 63.2\%$임을 알 수 있다.

상수인 고장률 λ는 지수분포의 매우 중요한 특성이다. 또한 고장률 λ는 동일한 값을 가지며 시간에 독립적이다. 지수분포는 우발 고장에 사용되며, 지수분포는 잔존 부품 수에 비례하여 동일한 비율의 부품이 고장 나는 독특한 특징이 있다.

정규분포와 유사하게 지수분포는 특정 유형의 고장 거동에 대해서만 설명하는 것이 적합하다. 이러한 고장 거동은 높은 고장 도수에서 시작한 후 점차 낮아지는데 이러한 현상은 전자공학에서만 발견된다.

| 표 2.2 | 지수분포에 대한 수식들

확률밀도함수	$f(t) = \lambda e^{-\lambda t}$	(2.32)
고장 확률	$F(t) = 1 - e^{-\lambda t}$	(2.33)
신뢰도 함수	$R(t) = e^{-\lambda t}$	(2.34)
고장률 함수	$\lambda(t) = \lambda(상수)$	(2.35)

모수 :
t : 확률변수(부하 시간, 부하 사이클, 작동 횟수 등)($t > 0$)
λ : 위치 및 형상 모수$\left(\lambda = \frac{1}{t_m} > 0\right)$

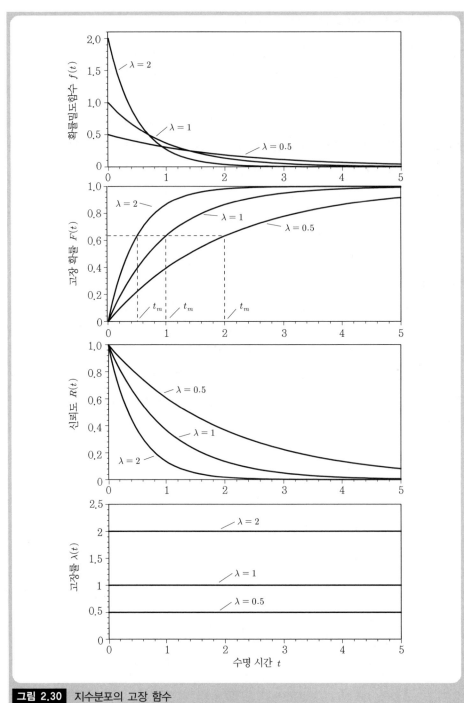

그림 2.30 지수분포의 고장 함수

2.2.3 와이블 분포(Weibull Distribution)

2.2.3.1 기초 용어 및 수식

와이블 분포의 경우 매우 다양한 고장 거동을 설명할 수 있다. 와이블 분포의 확률밀도 함수는 이에 대한 좋은 예가 될 수 있다(그림 2.31a 참조). 확률밀도함수는 형상 모수 b(β와 같은 의미임)에 따라 달라질 수가 있다. b 값이 1보다 작은 경우의 고장 거동은 지수분포와 마찬가지로 고장 도수가 매우 높은 지점에서 시작하여 점차 감소하는 모습을 보여 준다. $b = 1$인 경우 정확한 지수분포가 된다. b 값이 1보다 큰 경우의 확률밀도 함수는 항상 $f(t) = 0$에서 시작하여 시간이 지나면서 최댓값에 도달한 다음 다시 서서히 감소한다. b 값이 증가하는 경우에 확률밀도함수의 최댓값은 오른쪽으로 이동하게 된다. 정규분포의 경우 형상 모수 b는 근사적으로 3.5가 된다.

와이블 분포는 2모수 와이블 분포와 3모수 와이블 분포로 나뉜다(표 2.3 참조).

2모수 와이블 분포는 특성 수명 T(척도 모수)와 형상 모수 b를 가지고 있다. 특성 수명은 평균의 추정값이며 와이블 분포의 위치를 나타낸다. 형상 모수 b는 앞에서 언급한 것처럼 확률밀도함수의 형상과 고장 시간의 통계적 변동에 대한 측도이다(그림 2.31a 참조). 2모수 와이블 분포는 언제나 시간 $t = 0$에서 시작하여 이후에 고장이 발생한다.

모수 T와 b 이외에도, 3모수 와이블 분포는 무고장 시간을 의미하는 위치 모수 t_0를 추가로 가지고 있다. 위치 모수를 가지는 경우에는 t_0시간 이후에만 고장이 발생하는 것을 의미한다. 3모수 와이블 분포는 시간 변환을 통해서 2모수 와이블 분포로부터 유도해 낼 수 있다. 즉, 고장 시간 t는 $t - t_0$으로 대체되고 특성 수명 T는 $T - t_0$($t \rightarrow t - t_0$, $T \rightarrow T - t_0$)으로 대체된다. 보다 상세한 식은 〈표 2.3〉에 제시되어 있다.

와이블 분포의 신뢰도 함수 $R(t)$는 역지수함수에 해당한다. 2모수 와이블 분포의 경우, 이 지수함수의 누승지수는 (t/T)으로 정의되며 이는 또 다시 누승지수 b에 의해 달라질 수 있다. 다른 고장 함수들의 식들 또한 〈표 2.3〉에 나열되어 있다.

국제적으로 다양한 견해가 있는 3모수 와이블 분포에 대해 주목할 필요가 있다. 수식에서 일반적으로 척도 모수는 θ 혹은 η로 허용되지만 이 책에서는 독일이나 유럽의 3모수 와이블 분포에서 사용하는 $(T - t_0)$를 적용하였다. 이러한 접근법의 장점은 무고장 시간 t_0에 대한 정보뿐만 아니라 척도 모수 T에 대해서도 직접적으로 알 수 있다는 것이다. θ 혹은 η는 t_0시간에서 시작하는 반면 척도 모수 T는 원점에서 시작한 특성수명을 나타낸다(그림 2.31 참조).

| 표 2.3 | 와이블 분포에 대한 수식과 변수들

2모수 와이블 분포

신뢰도 함수 $\quad R(t) = e^{-\left(\frac{t}{T}\right)^{b}}$ (2.36)

고장 확률 $\quad F(t) = 1 - e^{-\left(\frac{t}{T}\right)^{b}}$ (2.37)

확률밀도함수 $\quad f(t) = \dfrac{dF(t)}{dt} = \dfrac{b}{T}\left(\dfrac{t}{T}\right)^{b-1} e^{-\left(\frac{t}{T}\right)^{b}}$ (2.38)

고장률 함수 $\quad \lambda(t) = \dfrac{f(t)}{R(t)} = \dfrac{b}{T}\left(\dfrac{t}{T}\right)^{b-1}$ (2.39)

3모수 와이블 분포

신뢰도 함수 $\quad R(t) = e^{-\left(\frac{t-t_0}{T-t_0}\right)^{b}}$ (2.40)

고장 확률 $\quad F(t) = 1 - e^{-\left(\frac{t-t_0}{T-t_0}\right)^{b}}$ (2.41)

확률밀도함수 $\quad f(t) = \dfrac{dF(t)}{dt} = \dfrac{b}{T-t_0}\left(\dfrac{t-t_0}{T-t_0}\right)^{b-1} e^{-\left(\frac{t-t_0}{T-t_0}\right)^{b}}$ (2.42)

고장률 함수 $\quad \lambda(t) = \dfrac{f(t)}{R(t)} = \dfrac{b}{T-t_0}\left(\dfrac{t-t_0}{T-t_0}\right)^{b-1}$ (2.43)

모수 :
t : 확률변수(부하 시간, 부하 사이클, 작동 횟수 등)$(t > 0)$
T : 특성 수명, '척도 모수'. $t = T$인 경우, $F(t) = 63.2\%$, $R(t) = 36.8\%$. $T > t_0$
b : 형상 모수 혹은 고장 기울기. 분포의 형상을 결정함$(b > 0)$
t_0 : 무고장 시간−위치 모수. 위치 모수 t_0는 고장이 발생하는 시작점을 결정한다. 시간 축에 따라 고장
　　거동을 이동하는 것이다. 만약 $t_0 > 0$이면 $t > t_0$이다.

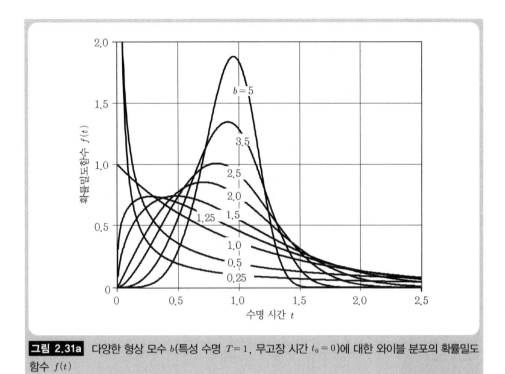

그림 2.31a 다양한 형상 모수 b(특성 수명 $T=1$, 무고장 시간 $t_0=0$)에 대한 와이블 분포의 확률밀도 함수 $f(t)$

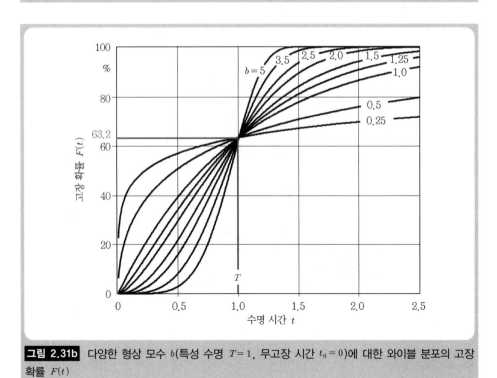

그림 2.31b 다양한 형상 모수 b(특성 수명 $T=1$, 무고장 시간 $t_0=0$)에 대한 와이블 분포의 고장 확률 $F(t)$

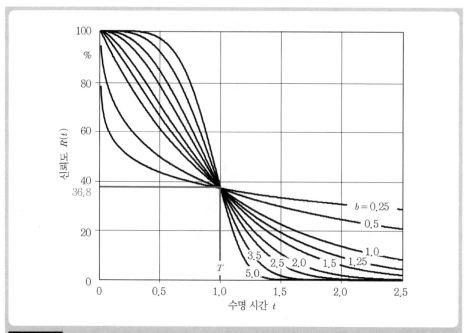

그림 2.31c 다양한 형상 모수 b(특성 수명 $T = 1$, 무고장 시간 $t_0 = 0$)에 대한 와이블 분포의 신뢰도 함수 $R(t)$

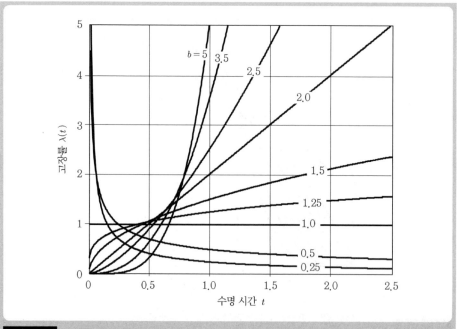

그림 2.31d 다양한 형상 모수 b(특성 수명 $T = 1$, 무고장 시간 $t_0 = 0$)에 대한 와이블 분포의 고장률 함수 $\lambda(t)$

〈그림 2.31d〉에서 볼 수 있는 것처럼 와이블 분포에 대한 다양한 고장률 함수들은 3가지 유형으로 나누며, 이는 2.1.1.4절의 욕조 곡선 3가지 유형과 동일하다.

- $b < 1$: 시간의 경과에 따라 고장률은 감소 : 초기 고장에 대해 설명함.
- $b = 1$: 고장률은 일정하다. 형상 모수 $b = 1$인 경우에는 욕조 곡선의 상수 고장률 에서 우발 고장을 나타내는 데 적합함.
- $b > 1$: 시간의 경과에 따라 고장률은 급격히 증가한다. 마모 고장은 b가 1보다 큰 값을 가질 때 설명될 수 있다.

와이블 분포의 수식들은 t/T 또는 $(t-t_0)/(T-t_0)$의 식에서 확률변수 t를 포함하고 있다. 따라서 시간 $t = T$이면 비율은 1이 되어 다음과 같은 고장 확률을 계산할 수 있다.

$$F(T) = 1 - e^{-1} = 0.632 \tag{2.44}$$

그러므로 특성 수명 T에서 신뢰도 $R(t) = 36.8\%$에 해당하며, 고장 확률 $F(t) = 63.2\%$ 가 된다. $F(t) = 50\%$인 중앙값과 비슷하게 특성 수명 T는 특별한 평균으로 해석될 수 있다(그림 2.32).

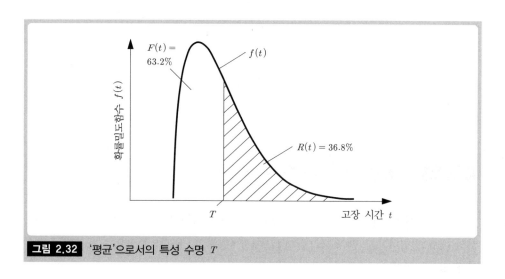

그림 2.32 '평균'으로서의 특성 수명 T

와이블 분포의 평균 t_m은 감마 함수(gamma function)를 이용하여 계산할 수 있다.

$$t_m = T \cdot \Gamma\left(1 + \frac{1}{b}\right) \tag{2.45}$$

$$\text{또는 } t_m = (T - t_0) \cdot \Gamma\left(1 + \frac{1}{b}\right) + t_0 \tag{2.46}$$

감마 함수에 대한 함수 값들은 부록의 〈표 A.5〉에 제공된다.

2.2.3.2 와이블 확률지

〈그림 2.31b〉의 고장 확률 $F(t)$는 s모양 곡선을 가진다. 특별한 '확률지'를 이용함으로써 2모수 와이블 분포의 고장 확률 $F(t)$를 직선으로 그리는 것이 가능하다(그림 2.33 참조). 이와 같이 고장 거동을 간단한 그래프로 표현할 수 있게 된다. 이러한 방식은 시험 평가를 하는 데 있어 유용한데 그 이유는 시험 데이터에 관한 최적의 적합선을 나타내기 때문이다(6장 참조).

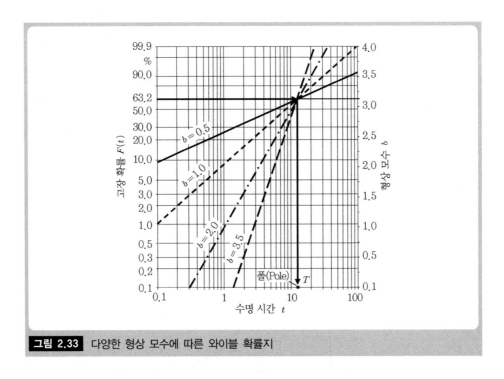

그림 2.33 다양한 형상 모수에 따른 와이블 확률지

여기서 다시 한 번 2.1.1.2절에서 소개되었던 상용 자동차 변속기 예제를 와이블 확률지의 예로 설명하고자 한다. 〈그림 2.12〉에서 s형태의 곡선이 직선으로 표시되는 것을 쉽게 알 수 있다.

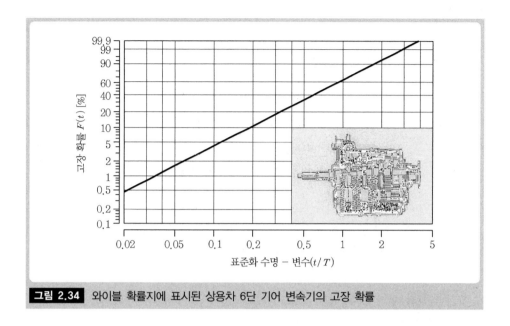

그림 2.34 와이블 확률지에 표시된 상용차 6단 기어 변속기의 고장 확률

곡선을 직선으로 변형하는 작업은 가로-세로 좌표를 스케일링(scaling : 비율을 개별적으로 수정)함으로써 가능해진다. 가로축은 로그를 취하고, 세로축은 이중 로그를 취해서 변환한다.

$$x = \ln t \tag{2.47}$$

$$y = \ln(-\ln(1 - F(t))) \text{ 또는 } y = \ln(-\ln(R(t))) \tag{2.48}$$

2모수 와이블 분포를 기준으로 한 축 변환 결과는 아래와 같다.

$$F(t) = 1 - e^{-\left(\frac{t}{T}\right)^b} \tag{2.49}$$

$$1 - F(t) = e^{-\left(\frac{t}{T}\right)^b} \tag{2.50}$$

$$\frac{1}{1 - F(t)} = e^{+\left(\frac{t}{T}\right)^b} \tag{2.51}$$

로그를 두 번 취한 결과는 다음과 같다.

$$\ln\left(\ln\frac{1}{1 - F(t)}\right) = b \cdot \ln\left(\frac{t}{T}\right) \tag{2.52}$$

$$\ln(-\ln(1 - F(t))) = b \cdot \ln t - b \cdot \ln T \tag{2.53}$$

식 (2.53)은 다음의 선형식에 해당하며

$$y = a \cdot x + c \tag{2.54}$$

이 식은 다음 변수들을 포함한다.

$$a = b \ (기울기) \tag{2.55}$$

$$c = -b \cdot \ln T \ (교차축 \ 혹은 \ 절편) \tag{2.56}$$

$$x = \ln t \, (x축 \ 변환) \tag{2.57}$$

$$y = \ln(-\ln(1 - F(t))) \, (y축 \ 변환) \tag{2.58}$$

이와 같이 모든 2모수 와이블 분포는 〈그림 2.33〉처럼 와이블 확률지에서 직선으로 나타낼 수 있다. 와이블 확률지의 직선 기울기는 형상 모수 b를 나타낸다. 형상 모수 b는 (그림 2.35의) 폴까지 직선을 평행이동시켜 〈그림 2.35〉의 오른쪽 y축에서 읽을 수 있다.

폴의 위치와 형상 모수 b를 구하기 위한 직선의 y축의 변환은 식 (2.55), (2.57)과 (2.58)로 결정할 수 있다.

$$b = \frac{\triangle y}{\triangle x} = \frac{\ln(-\ln(1 - F_2(t_2))) - \ln(-\ln(1 - F_1(t_1)))}{\ln t_2 - \ln t_1} \tag{2.59}$$

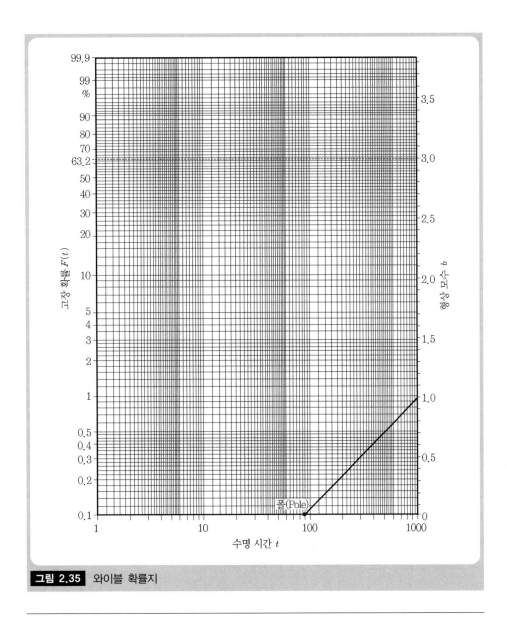

그림 2.35 와이블 확률지

예제 : 형상 모수 $b = 1.7$이며 특성수명 $T = 80,000$사이클인 2모수 와이블 분포가 와이블 확률지에 그려질 것이다. 주어진 데이터에 대한 고장확률 $F(t)$는 다음과 같다.

$$F(t) = 1 - e^{-\left(\frac{t}{80,000\,LW}\right)^{1.7}}$$

우선 〈그림 2.36〉처럼 보조선(assisting straight line)을 확률지의 기울기 $b = 1.7$에 그린다. 보조선은 폴에서 시작하여 오른쪽 y좌표 $b = 1.7$에서 끝난다. 이와 같이 우리가 원하는 와이블 직선의 기울기는 이미 완성되었다. 그 후 보조선은 x축의 특성 수명 $T = 80,000$사이클과 y축의 $F(t) = 63.2\%$인 지점이 교차할 때까지 평행이동시킨다. 최종적으로 〈그림 2.36〉의 와이블 직선은 기대했던 고장 확률 $F(t)$와 일치한다.

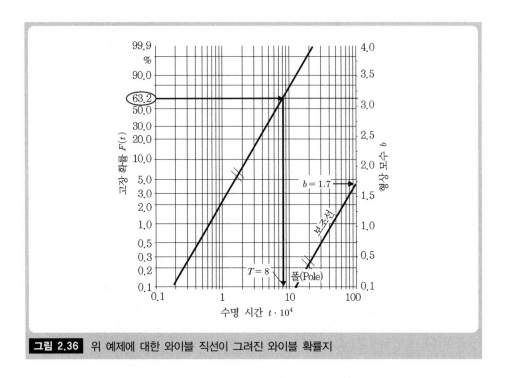

그림 2.36 위 예제에 대한 와이블 직선이 그려진 와이블 확률지

와이블 확률지에서 3모수 와이블 분포는 직선이라기보다는 오히려 볼록한 곡선 형태이다(그림 2.37 참조). 그럼에도 불구하고 t_0에 대한 x축 변환을 $(t - t_0)$로 수정하면 3모수 와이블 분포 역시 직선으로 나타내는 것이 가능해진다. 이러한 변환을 함으로써 3모수 와이블 분포가 2모수 와이블 분포로부터 유래됨을 알 수 있다.

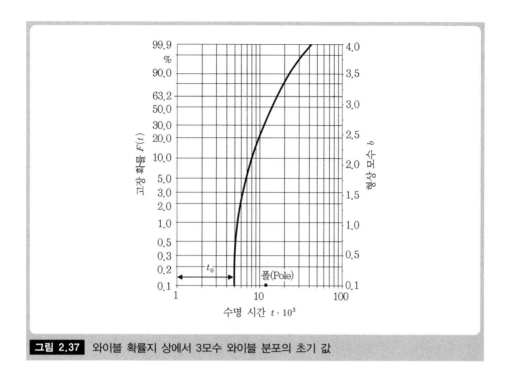

그림 2.37 와이블 확률지 상에서 3모수 와이블 분포의 초기 값

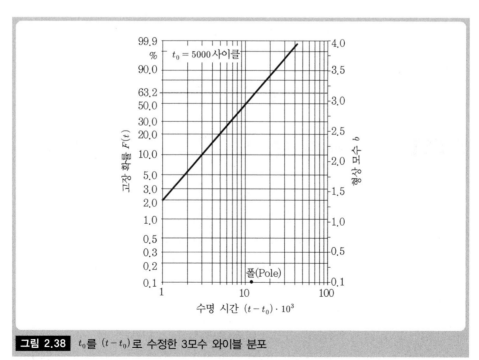

그림 2.38 t_0를 $(t-t_0)$로 수정한 3모수 와이블 분포

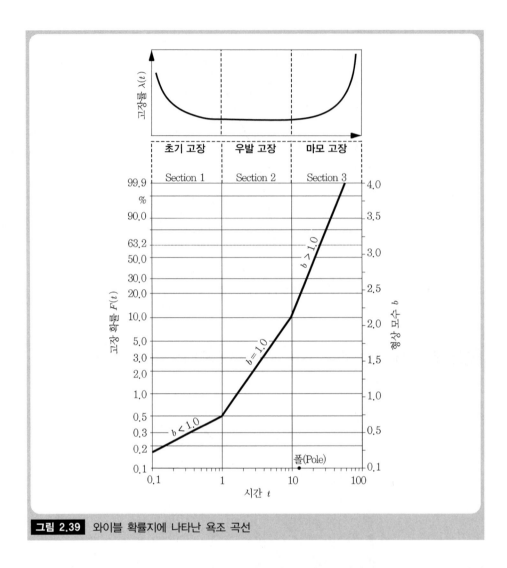

그림 2.39 와이블 확률지에 나타난 욕조 곡선

2.1.1.4절에서 이미 언급했던 것처럼, 고장률 함수 $\lambda(t)$를 가지는 부품 혹은 시스템의 전체 고장 거동은 욕조 곡선의 형태로 나타낼 수 있다. 여러 고장 거동을 설명하는 욕조 곡선의 3가지 유형은 와이블 확률지에 〈그림 2.39〉와 같이 나타낼 수 있다. 각 유형은 각각의 와이블 분포와 그에 대응하는 확률지의 형상 모수 b로 설명한다.

2.2.3.3 와이블 분포의 역사

1930년부터 1950년까지 와이블은 다양한 피로 수명 시험을 실시하였지만 당시까지 알려져 있던 수명 분포로는 고장 거동을 설명할 수 없었다. 그래서 그는 보편적인 수명 분포 개발에 착수하여 1951년에 구체적인 연구 결과를 발표하였다[2.40].

와이블은 분포함수를 다음과 같은 식으로 나타낼 수 있음을 가정하였다.

$$F(t) = 1 - e^{-\varphi(t)} \tag{2.60}$$

그는 또한 함수 $\varphi(t)$에 대한 최소 조건을 설정하였다.

- $\varphi(t)$는 양수이며 단조증가함수이다(따라서 연속적이며, 단조증가 분포함수를 위한 요구조건은 만족한다).
- 최소 수명 또는 무고장 시간을 고려하기 위해 t_0는 $\varphi(t) = 0$에 대한 하한치로 존재한다.

이러한 조건을 만족하는 가장 단순한 함수는 다음과 같다.

$$\varphi(t) = \left(\frac{t - t_0}{\tilde{T}}\right)^b \tag{2.61}$$

t_0시간 이전에는 식 (2.61)은 음수가 된다. 따라서 이 함수는 t_0시간 이전에는 정의되지 못한다. t_0시간부터 시작하여 $\varphi(t)$는 단조증가한다.

만약 $(T - t_0)$ 값이 참조 값 $\tilde{T}$을 대체한다면 모든 $t = T$에 대해서 $F(t) = 63.2\%$가 된다. 이와 같이 모든 조건을 충족하며 함수 계산이 쉬워진다.

식 (2.61)을 식 (2.60)에 대입하여 3모수 와이블 분포를 만들어 낼 수 있다.

$$F(t) = 1 - e^{-\left(\frac{t - t_0}{T - t_0}\right)^b} \tag{2.62}$$

이 함수가 수명 시험을 설명하는 데 적합한지에 대한 와이블의 가설은 어떤 확률 이론으로도 설명될 수 없었다.

2.2.3.4 와이블 분포에 대한 확률 이론 증명

와이블 분포는 확률 이론 중에서 '점근적 극한 분포(asymptotical extremum distribution)' 와 같은 특성을 가지고 있다. 이와 같은 분포는 피셔, 티펫[2.10], 그네덴코[2.14]가 이미 초기에 연구하였다. 와이블이 경험적으로 와이블 분포를 개발하여 소개한 이후에 프로 이덴탈, 검벨[2.11, 2.16, 2.17]과 최근에는 갈람보[2.13]가 확률 이론 관점에서 와이블 분포를 연구하였다. 이 모든 참고문헌들은 대부분 다음 정의를 포함한다.

와이블 분포는 샘플 크기 n(n이 무한대인 대표본의 경우)에 대한 첫 번째 순서 통계량의 점근적 극한 분포에 해당한다.

이 정의를 이해하기 위해서는 순서 통계량과 순서 통계량의 분포에 대한 용어를 먼저 이해해야 한다. 만일 이러한 용어에 익숙하지 않은 독자라면, 순서 통계량과 분포에 대한 자세한 설명이 있는 6.2절을 먼저 살펴보기 바란다.

하나의 모듈(component)이 n개의 부품(part)으로 나뉘어 있다고 가정하자.

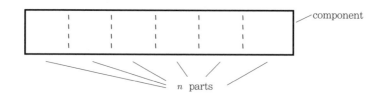

n개 부품에 대한 수명을 $t_1, t_2, \cdots t_n$으로 나타내면 모듈의 수명 $t_{component} = \min(t_1, t_2, \cdots t_n)$이 된다. 이 모듈의 고장은 가장 약한 고리에서 발생한다. 이와 같이 고장 시간 $t_{component}$는 샘플 크기가 n개 중에서 최단 고장 시간에 해당한다. 여기서 최단 고장 시간은 샘플 크기의 첫 번째(1차) 순서 통계량으로 정한다. 동일한 샘플 크기 n을 가진 유사한 모듈의 경우 $t_{component}$ 혹은 1차 순서 통계량은 조금 다를 수 있다. 따라서 이러한 순서 통계량에 대한 분포가 할당될 수 있다. 1차 순서 통계량(또는 n번째 순서 통계량)은 극한 순위를 의미하기 때문에 극한값으로 지정하며, 분포는 극한 분포로 정한다. 샘플 크기 n이 무한대가 되면 모듈의 수명은 와이블 분포가 된다[2.13, 2.18].

가장 약한 부품으로 인한 모듈의 고장은 체인의 최약 연결 이론에 해당한다. 실제 고장의 원인이 이러한 이론에 기초를 두고 있는 경우에만 와이블 분포로 고장 발생을 정확히 설명하는 것이 이론적으로 가능해진다. 하지만 와이블 분포의 보편성(그림 2.31 참조)으로 인하여 실전에서 주로 사용된다.

2.2.4 대수정규분포(Logarithmic Normal Distribution)

대수정규분포(단축형 : log normal distribution)는 2.2.1절의 정규분포를 기초로 하고 있다. 식 (2.27)~(2.30)의 확률변수 t는 $\log t$로 대체된다. 결국 $\log t$는 정규분포를 따르게 된다. 대수정규분포에 대한 식은 〈표 2.4〉에 요약되어 있다.

여기서 주의할 점은 대수정규분포의 식은 상용로그(lg)나 자연로그(ln)를 가질 수 있다는 점이다.

| **표 2.4** | 대수정규분포에 대한 수식들

확률밀도함수	$f(t) = \dfrac{1}{t \cdot \sigma \sqrt{2\pi}} e^{\frac{(\lg t - \mu)^2}{2\sigma^2}}$	(2.63)
고장 확률	$F(t) = \displaystyle\int_0^t \dfrac{1}{\tau \cdot \sigma \sqrt{2\pi}} e^{-\frac{(\lg \tau - \mu)^2}{2\sigma^2}} d\tau$	(2.64)
신뢰도 함수	$R(t) = 1 - F(t)$	(2.65)
고장률 함수	$\lambda(t) = \dfrac{f(t)}{R(t)}$	(2.66)

모수 :
t : 확률변수(부하 시간, 부하 사이클, 작동 횟수 등)$(t > 0)$
μ : 척도 모수. 대수정규분포의 평균은 $t_{median,\,LV} = 10^\mu$가 된다.
σ : 형상 모수, 통계적 변동$(\sigma > 0)$

정규분포와는 달리 대수정규분포는 매우 다양한 확률밀도함수를 만들어 낼 수 있다. 따라서 와이블 분포와 유사하게 대수정규분포를 가지고 다양한 고장 거동을 설명할 수 있다.

가장 완벽하게 개발된 분포인 정규분포의 절차를 대수정규분포에 적용할 수 있기 때문에 대수정규분포의 적용은 단순하다. 정규분포와 비슷하게 대수정규분포의 단점은 확률밀도함수를 제한적으로만 나타낼 수 있다는 것이며, 다른 함수들은 힘든 적분이나 표, 차트에 의해서 결정될 수 있다.

대수정규분포의 고장률은 시간이 경과함에 따라 점차 증가하다가 최고점에 도달한 후에는 감소하기 시작한다. 수명이 매우 짧은 경우의 고장률은 0에 근접하게 된다. 따라서 마모 고장에 대한 단조증가하는 고장률에만 (몇 가지 제약을 둔 채) 대수정규분포를 나타낼 수 있다. 반면에 장기간의 부하를 견딜 수 있는 강건하고 저항력을 가진 많은 부품들의 급격하게 증가하는 고장률로 시작하는 고장 거동을 대수정규분포는 잘 설명한다.

한편 많은 우연 요인들이 정규분포를 생성하는 데 함께 작용하는 반면, 대수정규분포에서는 이러한 우연 요인들의 곱으로 연결되어 있다. 이와 같이 각각의 우연 요인들은 서로 비례적으로 관련되어 있다. 이러한 특성은 마모 고장에서 볼 수 있는데, 부하로 인하여 발생하는 파손은 점차 확대되며 최종 파손이 일어나기 이전까지는 상당한 수의 균열이 발생하게 된다. 개별 단계에서의 균열 확산은 확률변수로 고려할 수 있으며, 이는 평균 균열 길이에 비례한다. 중심극한정리[2.18, 2.25, 2.27]를 이용하여 대수정규분포는 마모 고장을 나타내기 위한 분포로 사용할 수 있다[2.24].

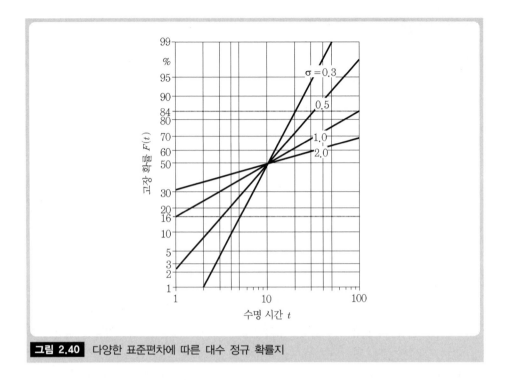

그림 2.40 다양한 표준편차에 따른 대수 정규 확률지

대수정규분포에 대한 확률지 또한 존재하는데, 고장 확률 $F(t)$는 직선으로 나타나기 때문에 시험 평가에 적합하다(그림 2.40).

확률지는 상용로그를 취하는 x축과 정규분포에서 사용한 y축을 가진다[2.18]. 중앙값 $t_{median} = 10^\mu$는 고장 확률 $F(t) = 50\%$와 교차하는 지점에 해당한다.

표준편차 σ는 아래와 같다.

$$\sigma = \lg \frac{t_{84\%}}{t_{50\%}} \quad 또는 \quad \sigma = \lg \frac{t_{50\%}}{t_{16\%}} \tag{2.67}$$

〈그림 2.40〉은 다양한 표준편차에 따른 대수 정규 확률지를 보여 준다.

대수정규분포는 와이블 분포와 유사하게 무고장 시간 t_0를 3번째 모수로 사용하는 3모수 대수정규분포를 가진다[2.18]. 하지만 이러한 3모수 대수정규분포는 매우 극소수의 경우에만 적용된다.

2.2.5 그 외의 분포

다음 절에서 소개되는 분포들은 현장에서 잘 적용되지는 않지만 경우에 따라 일부 장점이 있기 때문에 완벽함을 추구하는 의미에서 여기서 언급하기로 한다.

2.2.5.1 감마 분포(Gamma Distribution)

와이블 분포처럼 감마 분포는 2모수와 3모수 형식으로 존재한다. 일반화 감마 분포의 경우 4모수까지도 포함할 수 있다. 하지만 유연한 모형을 사용하여 통계적 데이터 분석을 하는 경우 매우 복잡해질 수 있으므로 4모수 감마 분포는 여기서 설명하지 않는다 [2.19].

2모수 감마 분포의 확률밀도함수는 아래와 같으며

$$f(t) = \frac{a^b t^{b-1} e^{-at}}{\Gamma(b)} \tag{2.68}$$

또한 3모수 감마 분포의 확률밀도함수는 다음과 같으며

$$f(t) = \frac{a^b}{\Gamma(b)} (t-t_0)^{b-1} e^{-a(t-t_0)} \tag{2.69}$$

여기서 a는 척도 모수($a \neq 0$), b는 형상 모수($b > 0$), t_0는 위치 모수이다. 한편, 부록의 〈표 A.5〉에서 볼 수 있는 감마 함수는

$$\Gamma(b) = \int_0^{+\infty} x^{b-1} e^{-x} dx \tag{2.70}$$

이며, 불완전 감마 함수는

$$\Gamma(b, at) = \int_0^{at} x^{b-1} e^{-x} dx \tag{2.71}$$

이며, 불완전 감마 함수는 브론스타인(Bronstein)[2.4]에 표로 만들어져 있다.

2모수 감마 분포를 따르는 확률변수의 고장 확률은 적분 형태로만 나타낼 수 있다.

$$F(t) = \frac{a^b}{\Gamma(b)} \int_0^t u^{b-1} e^{-au} du \tag{2.72}$$

여기서 신뢰도 함수는 다음과 같이 유도할 수 있다.

$$R(t) = 1 - \frac{a^b}{\Gamma(b)} \int_0^t u^{b-1} e^{-au} du \tag{2.73}$$

감마 분포의 고장률은 완전한 수식으로는 표현될 수 없지만 아래와 같은 식으로 기술할 수는 있다.

$$\lambda(t) = \frac{f(t)}{1 - F(t)} \qquad (2.74)$$

2모수 감마 분포의 평균과 분산은 다음과 같다.

$$E(t) = \frac{b}{a} \qquad (2.75)$$

$$Var(t) = \frac{b}{a^2} \qquad (2.76)$$

이전에 설명했던 것처럼, 3모수 감마 분포는 모수 a, b와 더불어 위치 모수 t_0을 가진다. 지수분포나 와이블 분포와 마찬가지로 t_0시점 이후에 처음 발생하는 고장을 이 모수로 나타낼 수 있다(예를 들면, 무고장 시간을 가지고 있는 고장).

3모수 감마 분포에 대한 평균은 다음과 같으며

$$E(t) = t_0 + \frac{b}{a} \qquad (2.77)$$

분산은 식 (2.76)과 동일한데, 즉 2모수 및 3모수 감마 분포의 분산은 같으며, t_0와 독립이라는 의미이다.

감마 분포는 와이블 분포처럼 다양한 고장 거동을 설명할 수 있다. 이러한 점은 〈그림 2.41〉과 같이 감마 분포의 확률밀도함수에서 잘 관찰된다. 이 확률밀도함수는 형상 모수 b에 따라 커다란 변화를 보인다. 감마 분포는 $b = 1$인 경우에 지수분포와 정확히 일치한다(그림 2.30).

만일 형상 모수 b가 양의 정수($b = 1, 2, \dots$)를 가진다면 감마 분포는 아래 2.2.5.2절에서 설명할 얼랑 분포가 된다.

확률밀도함수는 항상 $f(t) = 0$($b > 1$인 경우)에서 시작되며, 시간이 경과하면서 최댓값에 도달하며 그 이후에 계속 감소한다. 확률밀도함수의 최댓값은 〈그림 2.41〉처럼 형상모수가 증가함에 따라 오른쪽으로 이동하게 된다.

〈그림 2.41〉은 감마 분포에 대한 고장 확률과 신뢰도 함수를 보여 주고 있다. 〈그림 2.41〉에서 볼 수 있는 것처럼, 감마 분포의 고장률은 와이블 분포와 같이 고장률이 증가, 감소, 일정한 고장 거동을 나타내는 데에 적합하다. 고장률은 t가 증가함에 따라 척도 모수 a로 근접해 간다. 감마 함수의 고장률은 지수 인자 '$b-1$'을 가지고 있어 t의 증가에 따라 더 급격히 변하기 때문에 와이블 분포와 구별된다[2.19].

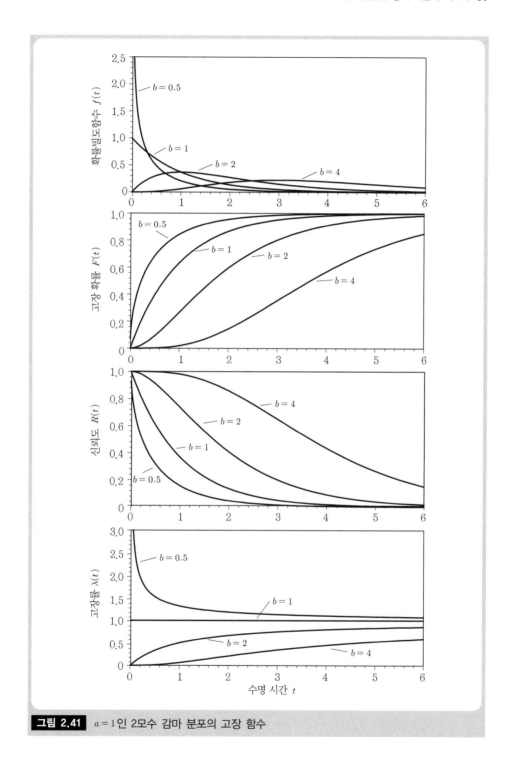

그림 2.41 $a = 1$인 2모수 감마 분포의 고장 함수

2.2.5.2 얼랑 분포(Erlang Distribution)

얼랑 분포는 감마 분포의 특별한 경우이다. 얼랑 분포는 형상 모수 b가 양수인 감마 분포로부터 직접 유도해 낼 수 있다. 이와 같이 감마 분포에 대해 설명된 모든 특성은 얼랑 분포에 적용 가능하다. 특히 얼랑 분포의 장점은 단순함과 모수 $b = 1$인 지수분포와의 연관성이다.

지수분포와의 연관성은 얼랑 분포의 중요한 사항이다. 얼랑 분포는 통계적으로 독립적인 n개의 확률변수 t_1, …, t_b의 합과 같으며, 각각의 확률변수는 동일한 지수분포를 가진다. 예를 들어, 단계적으로 발생하는 고장들과 b단계의 끝부분에서 발생하는 마지막 고장을 설명할 때 얼랑 분포는 매우 실질적으로 증명될 수 있다.

얼랑 분포의 확률밀도함수는

$$f(t) = \frac{a(at)^{b-1}e^{-at}}{(b-1)!} \tag{2.78}$$

고장 확률은 확률밀도함수를 적분하여 계산할 수 있다.

$$F(t) = 1 - \sum_{r=0}^{b-1} \frac{e^{-at}(at)^r}{r!} \tag{2.79}$$

신뢰도 함수에 대한 식은 아래와 같으며,

$$R(t) = \sum_{r=0}^{b-1} \frac{e^{-at}(at)^r}{r!} \tag{2.80}$$

고장률은 다음 식과 같다.

$$\lambda(t) = \frac{a(at)^{b-1}}{(b-1)!\sum_{r=0}^{b-1} \frac{(at)^r}{r!}} \tag{2.81}$$

참고문헌 [2.12]에 따라 얼랑 분포의 평균과 분산은 다음과 같다.

$$E(t) = \frac{b}{a} \tag{2.82}$$

$$Var(t) = \frac{b}{a^2} \tag{2.83}$$

〈그림 2.42〉는 식 (2.78)부터 (2.81)까지의 함수들을 그래프로 보여 주고 있는데 다양

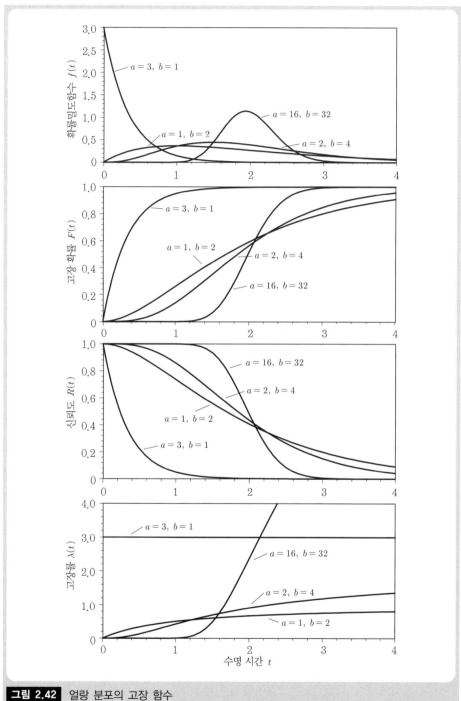

그림 2.42 얼랑 분포의 고장 함수

한 확률밀도함수가 나타나 있는 것을 볼 수 있다(좌대칭, 대칭, 감소). 이전에 설명했던 것처럼 얼랑 분포의 특성들은 감마 분포의 특성과 동일하다.

얼랑 분포에서의 고장률은 단조증가하며, $\lambda(0)=0$은 필수 요소이다.

$$\lim_{t \to \infty} \lambda(t) = a \tag{2.84}$$

다시 말하면, 얼랑 분포와 감마 분포의 고장률은 t가 무한대가 되면($t \to \infty$) 극한값으로 수렴한다. 반대로 와이블 분포는 형상 모수 b가 1보다 큰 경우에 무한대에 접근한다.

2.2.5.3 요르트 분포(Hjorth Distribution)

요르트 분포는 고장 추정과 확률 모델링 관계에 관한 요르트(U. Hjorth)[2.21]의 연구에서 시작되었다.

감마 분포, 와이블 분포와 마찬가지로 요르트 분포 역시 다양한 유형의 고장 거동을 기술할 수 있다. 그리고 전체 욕조 곡선을 요르트 분포로 나타낼 수 있는데, 즉 증가, 감소, 상수(일정) 그리고 욕조 형상의 고장 거동을 설명할 수 있다. 요르트 분포는 3가지 모수가 있다 : 척도 모수 β, 2개의 형상 모수 θ와 δ. 이와 같이 때로는 와이블 분포보다 고장 거동을 더 잘 설명할 수 있다. 예를 들면, 고장 거동이 변하거나 혹은 전체 욕조 곡선을 하나의 분포만으로 기술해야 하는 경우이다[2.21].

요르트 분포의 확률밀도함수는 아래와 같다.

$$f(t) = \frac{(1+\beta t)\delta t + \theta}{(1+\beta t)^{\frac{\theta}{\beta}+1}} e^{-\frac{\delta t^2}{2}} \tag{2.85}$$

이 식에서 $\delta \neq 0$와 $\beta \neq 0$이다. 고장 확률은 적분으로 계산할 수 있다.

$$F(t) = 1 - \frac{e^{-\frac{\delta t^2}{2}}}{(1+\beta t)^{\frac{\theta}{\beta}}} \tag{2.86}$$

신뢰도 함수는

$$R(t) = \frac{e^{-\frac{\delta t^2}{2}}}{(1+\beta t)^{\frac{\theta}{\beta}}} \tag{2.87}$$

와 같으며, 고장률은 아래와 같다.

$$\lambda(t) = \delta t + \frac{\theta}{1+\beta t} \tag{2.88}$$

요르트 분포의 평균과 분산은 수치상으로만 계산될 수 있다. 따라서 다음의 적분은 반드시 정의되어 있어야 한다.

$$I(a,b) = \int_0^\infty \frac{e^{-\frac{at^2}{2}}}{(1+t)^b} \tag{2.89}$$

식 (2.89)를 통하여 평균을 계산해 낼 수 있다.

$$E(t) = \frac{2}{\beta^2}\left(I\left(\frac{\delta}{\beta^2},\frac{\theta}{\beta}-1\right) - I\left(\frac{\delta}{\beta^2},\frac{\theta}{\beta}\right)\right) \tag{2.90}$$

그리고 분산은 아래와 같다.

$$Var(t) = \frac{2}{\beta^2}I\left(\frac{\delta}{\beta^2},\frac{\theta}{\beta}-1\right) - \frac{2}{\beta^2}I\left(\frac{\delta}{\beta^2},\frac{\theta}{\beta}\right) - \frac{1}{\beta^2}I^2\left(\frac{\delta}{\beta^2},\frac{\theta}{\beta}\right) \tag{2.91}$$

요르트 분포의 곡선들은 〈그림 2.43〉에 자세히 나타나 있다.

와이블 분포와 비교해 볼 때 요르트 분포의 또 다른 장점은 요르트 분포의 고장률을 와이블 분포의 고장률과 비교해 봄으로써 알 수 있다는 점이다. 형상 모수 $b < 1$이고 t 값이 작은 와이블 분포의 고장률은 무한대로 접근하는 반면에 요르트 분포의 고장률은 이러한 조건에서 형상 모수 θ로 접근해 간다(그림 2.43).

식 (2.88)은 고장률이 증가하는 항과 감소하는 항의 합으로도 해석할 수 있으며 이때 δt는 증가 항이며, $\frac{\theta}{1+\beta t}$는 감소 항이다. 예를 들어, 2개의 서로 다른 고장 모드와 같은 특성을 나타낼 수 있기 때문에 이점이 된다.

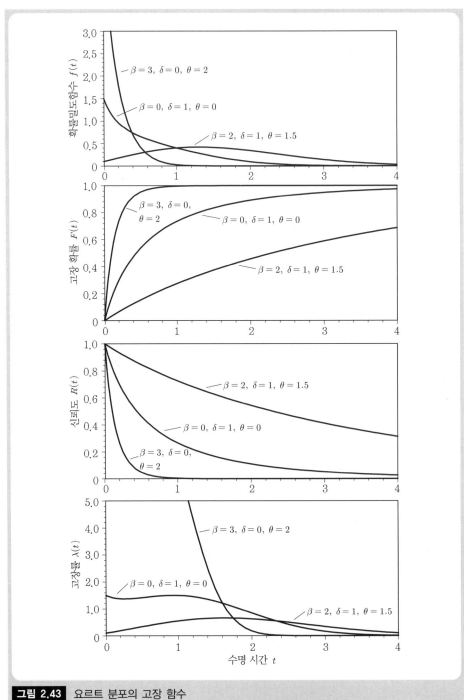

그림 2.43 요르트 분포의 고장 함수

2.2.5.4 사인 분포(Sine Distribution)

사인 분포는 $\arcsin \sqrt{P}$ 변환으로부터 유도되었다. 여기서 P는 파손 확률이다. $\arcsin \sqrt{P}$ 변환은 동적 피로 시험의 그래프 및 계산 평가를 위한 간단한 절차이다. 피셔에 의해 개발된 이 방법은 시험의 경제적 측면이 강조(비용이 낮게 유지되어야 하는)되는 동적 피로 시험에 대해서 광범위한 시험을 통해 간단하면서 강건하고 신뢰할 만한 평가 방법임이 증명되었다[2.6].

이 방법의 가장 큰 장점은 시험 샘플 크기 n 또는 $z = \arcsin \sqrt{P}$ 가 증가하는 경우에 변환 변수 z의 분산이 점근적으로 상수에 근접한다는 것이다. 따라서 변환 변수 z는 n과 독립적이다.

이전에 설명했던 것처럼, 사인 분포는 피로 강도 영역에서 최소 수명 추정뿐 아니라 변이 구간 동안의 내구 강도 추정에 사용된다. 회귀분석 방법에 따라 좌표 (σ, z)는 하나의 직선을 구성하며, 시험 샘플 크기에 따라 관측된 고장 수에 대한 변환 변수 $z = \arcsin \sqrt{P}$ 값은 표에서 찾을 수 있다.

최적의 직선 $\hat{\sigma} = a + bz$의 계수들은 회귀분석을 통해 결정된다.

$\arcsin \sqrt{P}$의 관련 내용은 그래프 평가에 유용하며, 참고문헌 [2.6, 2.7, 2.9]에 세부적인 내용이 포함되어 있다.

참고문헌 [2.26]에 의하면 이 변환에 대한 통계적 확률분포는 다음과 같다.

$$F(P) = a + b \arcsin \sqrt{P} \tag{2.92}$$

이때 P는 파손 확률을 의미한다.

다음의 고장 확률은 P에 대해 위의 식을 풀어서 얻는다.

$$F(t) = 1 - R(t) = \sin^2\left(\frac{t-a}{b}\right) \tag{2.93}$$

확률밀도함수는 식 (2.93)을 시간 t로 미분하여 얻을 수 있다.

$$f(t) = 2\frac{\sin\left(\dfrac{t-a}{b}\right)\cos\left(\dfrac{t-a}{b}\right)}{b} \tag{2.94}$$

따라서 고장률은 다음과 같다.

$$\lambda(t) = 2\frac{\sin\left(\dfrac{t-a}{b}\right)\cos\left(\dfrac{t-a}{b}\right)}{b\left(1-\sin\left(\dfrac{t-a}{b}\right)^2\right)} \tag{2.95}$$

사인 분포에서 확률밀도함수, 고장 확률, 신뢰도 함수는 특정 기간에 대해서만 정의된다. 그렇지 않을 경우, 그다음 사인 주기가 시작될 것이다. 또한 확률밀도함수는 대칭 형태만 될 수 있으며, 이와 같이 사인 분포는 기계공학에서는 비현실적이라 할 수 있다.

2.2.5.5 로짓 분포(Logit Distribution)

버크슨의 생물학 연구 방법론에서 파생된 로짓 함수는 참고문헌 [2.9]에 따라 아래의 고장 확률로 나타낼 수 있다.

$$F(t) = 1 - R(t) = \frac{1}{1+e^{-(\alpha+\beta t)}} \tag{2.96}$$

그에 상응하는 확률밀도함수는 다음과 같으며

$$f(t) = \frac{\beta e^{-(\alpha+\beta t)}}{\left(1+e^{-(\alpha+\beta t)}\right)^2} \tag{2.97}$$

고장률은 아래와 같다.

$$\lambda(t) = \frac{\beta e^{-(\alpha+\beta t)}}{\left(1+e^{-(\alpha+\beta t)}\right)^2\left(1-\dfrac{1}{1+e^{-(\alpha+\beta t)}}\right)} \tag{2.98}$$

이 식들은 $\beta \neq 0$이라는 점을 주목해야 한다. 로짓 함수는 동적 피로 시험의 근사법으로 사용될 수 있으며, $\arcsin\sqrt{P}$ 변환과 쉽게 비교할 수 있다. 이 비교는 도르프(Dorff) (참고문헌 [2.9])에 의해 이루어졌다.

이 비교에서 식 (2.96)은 $\arcsin\sqrt{P}$와 같이 선형식으로 변환된다.

로짓 변환을 하기 위해 참고문헌 [2.9]를 이용한 변환은 아래와 같다.

$$\text{logit } F = \ln\frac{F}{R} = \alpha + \beta t \tag{2.99}$$

모수들은 다시 한 번 회귀분석에 의해 결정된다. logit F항은 로짓 분포의 특성을 결정한다.

로짓 분포의 확률밀도함수는 뚜렷한 대칭을 보여 주기 때문에 로짓 분포는 기계제품의 고장 거동을 설명하기에는 적합하지 않다.

2.2.5.6 파레토 분포(Pareto Distribution)

파레토 분포는, 예를 들어 항공기 부품의 최소 수명의 추정과 재보험 분야의 중대 손상 모형화를 위해 사용된다.

참고문헌 [2.20, 2.22]에 의하면 파레토 분포의 확률밀도함수는 다음과 같다.

$$f(t) = \frac{1}{\alpha}\left(1 + \frac{\xi t}{\alpha}\right)^{-\left(\frac{1}{\xi}+1\right)} \tag{2.100}$$

여기서 α는 치수 모수(dimensioning parameter)를 의미하며 $t = 0$일 때 확률밀도함수의 초기 값을 정한다. 그리고 ξ는 고장 기울기를 설명하는 형상 모수를 나타낸다. $\alpha > 0$와 $\xi > 0$이 되어야 한다.

식 (2.100)을 적분하여 다음과 같이 고장 확률을 계산할 수 있다.

$$F(t) = 1 - \left(1 + \frac{\xi t}{\alpha}\right)^{-\frac{1}{\xi}} \tag{2.101}$$

따라서 신뢰도 함수는 다음과 같다.

$$R(t) = \left(1 + \frac{\xi t}{\alpha}\right)^{-\frac{1}{\xi}} \tag{2.102}$$

그리고 고장률은 아래와 같다.

$$\lambda(t) = \frac{1}{\alpha\left(1 + \frac{\xi t}{\alpha}\right)} \tag{2.103}$$

참고문헌 [2.20]에 의하면 평균은 다음과 같다.

$$E(t) = \frac{\alpha}{1-\xi} = const. \tag{2.104}$$

그리고 분산은 아래 식이 된다.

$$Var(t) = \frac{\alpha^2}{\xi^2}\left(\frac{1}{1-2\xi} - \frac{1}{(\xi-1)^2}\right) = const. \tag{2.105}$$

2.2.5.7 S_B 존슨 분포(S_B Johnson Distribution)

4개의 모수를 가지고 있는 S_B 존슨 분포는 초기, 우발 및 마모 고장을 가지면서 전체 수명기간 동안에 부품 혹은 시스템의 고장 거동을 나타낼 수 있다. 이와 같이 S_B 존슨 분포는 고장률의 '욕조 특성'을 완전히 표현할 수 있다.

참고문헌 [2.37]에 따라 S_B 존슨 분포의 확률밀도함수는 다음과 같다.

$$f(t) = \frac{\eta}{\sqrt{2\pi}} \cdot \frac{\delta}{(t-\epsilon) \cdot (\delta - t + \epsilon)} e^{\left(-\frac{1}{2}\left(\gamma + \eta \cdot \ln\left(\frac{t-\epsilon}{\delta - t + \epsilon}\right)\right)^2\right)} \tag{2.106}$$

여기서 ϵ는 확률변수의 좌측 한계 값이며, δ는 치수 모수이며, $\epsilon + \delta$는 확률변수의 우측 한계 값이다. 모수 η와 모수 γ는 모두 형상 모수이다. 일반적으로 모수들은 아래의 조건을 충족해야 한다.

$$\epsilon < x < \epsilon + \delta, \, \eta > 0, \, -\infty < \gamma < \infty, \, \delta > 0$$

S_B 존슨 분포의 고장 확률, 신뢰도 함수, 고장률, 평균과 분산은 수치상으로만 계산될 수 있다.

2.3 불 이론을 이용한 시스템 신뢰도의 계산

부품의 고장 거동을 기반으로 하며, 불 시스템 이론[2.2, 2.33, 2.35, 2.36, 2.39]을 이용하여 전체 시스템의 고장 거동을 계산하는 것이 가능하다. 개별 부품의 고장 거동은 2.1절에서 기술된 것처럼 모수 b, T, t_0를 가지는 와이블 분포를 이용하여 나타낼 수 있다.

불 이론(Boolean theory)을 적용하기 위해 몇 가지 전제 조건이 필요하다.

- 수리 불가능한 시스템이어야 한다. 즉, 시스템의 첫 번째 고장이 시스템의 수명이 된다. 이와 같이 수리 가능한 시스템의 경우에는 시스템의 첫 번째 고장 데이터만을 이용하여 신뢰도 계산이 가능하다.
- 시스템 구성요소의 상태는 '작동' 또는 '고장'만 존재한다.
- 시스템 구성요소는 독립적이다. 즉, 하나의 부품 고장은 다른 부품의 고장에 영향을 주지 않는다는 의미이다.

이러한 전제 조건하에서 불 이론을 이용하여 다양한 기계공학 제품을 다룰 수 있다.

또한 시스템 구성요소들을 이용하여 '신뢰성 블록도'를 작성할 수 있으며, 시스템의 신뢰성 구조를 파악할 수 있게 된다. 신뢰성 블록도는 전체 시스템에 대한 하나의 부품 고장의 영향(effect)을 보여 준다.

〈그림 2.44〉와 〈그림 2.45〉에서 신뢰성 블록도의 입력 I와 출력 O 간의 연결은 시스템의 작동 가능성을 나타낸다.

신뢰성 블록도에서 입력과 출력 간의 적어도 하나의 연결만 존재하면 시스템은 작동한다고 할 수 있다. 즉, 연결 부분에 존재하는 모든 부품은 정상이다. 직렬 구조의 경우(그림 2.44a) 임의의 한 부품 고장은 전체 시스템의 고장이 된다. 병렬 구조(그림 2.44b)인 경우 모든 부품이 고장 나기 이전까지 시스템은 고장 나지 않는다. 〈그림 2.44c〉는 직렬 구조와 병렬 구조가 결합한 형태이다.

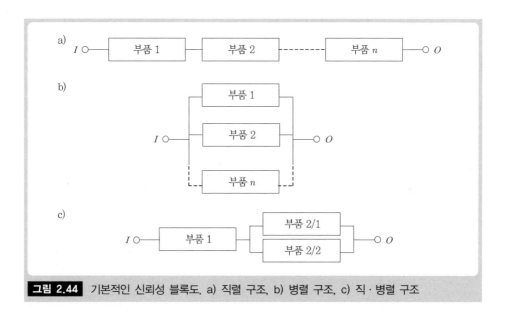

그림 2.44 기본적인 신뢰성 블록도. a) 직렬 구조, b) 병렬 구조, c) 직·병렬 구조

여기서 주목해야 할 것은 신뢰성 블록도의 구조가 설계상의 기계적 구조와 일치할 필요는 없다는 점이다. 또한 신뢰성 블록도에는 하나의 부품이 한 번 이상 표시될 수 있다.

〈그림 2.45〉는 신뢰성 블록도를 작성하는 예를 보여 주고 있다. 예제 시스템('프리 휠 클러치')은 3개의 샤프트(S1, S2, S3)로 구성되어 있으며 2개의 프리 휠 클러치(F1, F2)로 연결되어 있다(그림 2.45a/2.45b).

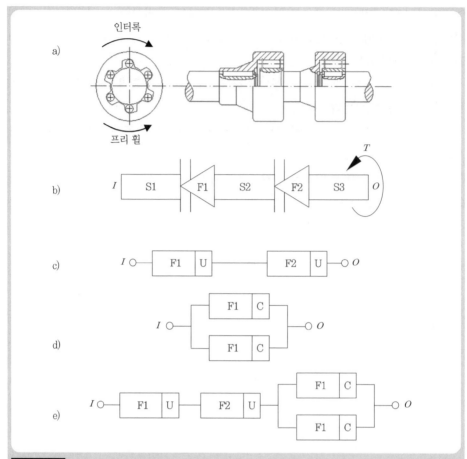

그림 2.45 신뢰성 블록도 작성방법. a) '프리 휠 클러치' 예제 시스템의 도면, b) 예제 시스템의 주요 스케치, c) 고장 원인 '중단'에 대한 직렬 구조, d) 고장 원인 '클램핑'에 대한 병렬 구조, e) 예제 시스템에 대한 최종 신뢰성 블록도

시스템 입력은 I로, 시스템 출력은 O로 표시되어 있다. 시스템의 기능으로는 한쪽 회전 방향에서의 토크 전달 기능과 다른 회전 방향에서의 I와 O 사이의 (프리 휠 클러치의 반응을 통한) 연결 차단 기능이 있는데, 이는 추가적인 토크 전달을 허용하지 않기 위함이다.

여기서 다루는 프리 휠 클러치에 대한 고장 원인은 중단(interruption)과 클램핑 (clamping : 조임) 중의 하나이다. 중단은 양쪽 회전 방향에서의 토크 전달을 막으며, 반면 클램핑은 양방향에서 샤프트의 회전운동이 생긴다. 〈그림 2.45c〉는 직렬 구조인 중단에 대한 신뢰성 블록도를 나타낸다. 즉, 하나의 프리 휠 클러치의 중단은 시스템의 작동을 멈추게 한다. 〈그림 2.45d〉는 클램핑의 경우이며, 첫 번째 프리 휠 클러치가 클램핑되

더라도 두 번째 프리 휠 클러치가 시스템의 추가적인 작동을 가능하게 하기 때문에 병렬 구조의 신뢰성 블록도를 나타낸다. 〈그림 2.45e〉의 신뢰성 블록도는 〈그림 2.45c〉와 〈그림 2.45d〉가 직렬로 연결된 것이다.

대부분 기계 제품의 시스템 구조는 직렬 구조를 가지고 있는데 이는 중복성(redundancy)이 고려되면 복잡해지기 때문이다. 특히 동일한 부품이 많이 사용되는 경우에 해당된다. 중요한 부품의 경우 상대적으로 높은 안전성과 더 큰 치수 기입이 중복 설계 대신에 수행된다. 이와 같이 고장은 단순한 방식으로 개선된다.

직렬 시스템의 신뢰도는 모든 부품의 신뢰도를 곱하여 계산된다.

$$R_s(t) = R_{C1}(t) \cdot R_{C2}(t) \cdot \dots \cdot R_{Cn}(t) \ \ \text{또는} \tag{2.107}$$
$$R_s(t) = \prod_{i=1}^{n} R_{Ci}(t)$$

각 부품들의 신뢰도($R_C(t) < 1$)를 가진 시스템의 신뢰도는 가장 약한 부품의 신뢰도보다 낮은 결과를 가진다. 또한 개별 부품을 추가함으로써 시스템 신뢰도는 낮아진다. 많은 부품을 가진 시스템의 경우, 비록 개별 부품의 신뢰도가 높다고 해도 시스템의 신뢰도는 낮아진다(그림 2.46 참조).

만약 부품의 고장 거동이 3모수 와이블 분포를 따른다면 부품 신뢰도 함수는 다음의 식을 사용할 수 있다.

$$R_C(t) = e^{-\left(\frac{t-t_0}{T-t_0}\right)^b} \tag{2.108}$$

식 (2.107)을 이용한 시스템 신뢰도 계산은 아래와 같다.

$$R_S(t) = e^{-\left(\frac{t-t_{01}}{T_1-t_{01}}\right)^{b_1}} \cdot e^{-\left(\frac{t-t_{02}}{T_2-t_{02}}\right)^{b_2}} \cdot e^{-\left(\frac{t-t_{03}}{T_3-t_{03}}\right)^{b_3}} \ \ \text{또는} \tag{2.109}$$

$$-\ln R_s(t) = \left(\frac{t-t_{01}}{T_1-t_{01}}\right)^{b_1} + \left(\frac{t-t_{02}}{T_2-t_{02}}\right)^{b_2} + \left(\frac{t-t_{03}}{T_3-t_{03}}\right)^{b_3}$$

몇 가지 예외를 제외하고는 특정 시스템 신뢰도 $R_S(t)$에 대응하는 시간 t는 반복을 통해서만 결정될 수 있다. $R_S(t) = 0.9$인 경우, 흔히 사용되는 시스템의 B_{10S} 수명을 결정하는 것이 가능하다.

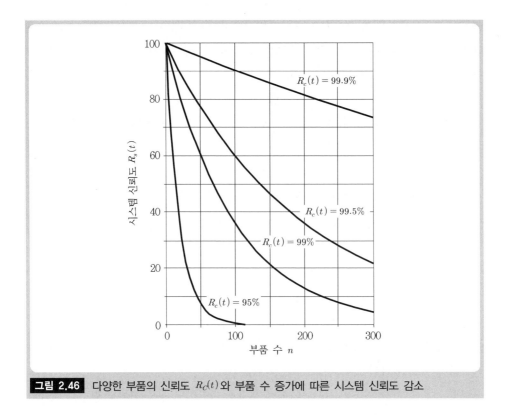

그림 2.46 다양한 부품의 신뢰도 $R_c(t)$와 부품 수 증가에 따른 시스템 신뢰도 감소

특별한 경우에 부품 신뢰도로부터 도출된 시스템 신뢰도 함수 $R_S(t)$가 정확한 와이블 분포를 따르기도 한다. 하지만 와이블 분포의 보편성으로 인하여 시스템 신뢰도는 거의 정확하게 특정 와이블 분포로 추정될 수 있다.

병렬 시스템의 신뢰도는 아래의 식으로 계산한다.

$$R_S(t) = 1 - (1 - R_1(t)) \cdot (1 - R_2(t)) \cdot \ldots \cdot (1 - R_n(t)) \text{ 또는} \tag{2.110}$$

$$R_S(t) = 1 - \prod_{i=1}^{n}(1 - R_i(t)) \tag{2.111}$$

여기서 n은 병렬 시스템의 부품 수이며, 시스템의 중복 정도를 의미한다.

2.4 수명 분포에 관한 연습문제

문제 2.1　매니그는 조그마한 노치(notch)가 있는 샤프트에 대한 동적 피로 시험을 실시하였다. 한편 샤프트는 사인곡선, 주기적 응력-변형 진동이 가해졌다[2.31].

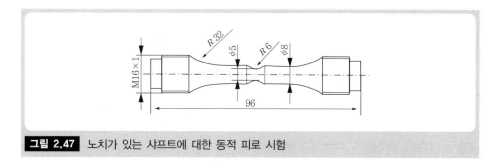

그림 2.47 노치가 있는 샤프트에 대한 동적 피로 시험

다음은 휨 응력 $= 380$ N/mm^{2}에서 시험한 20개 샤프트에 대한 고장 시간이다.

100,000 load cycles,	90,000 load cycles,	59,000 load cycles,
117,000 load cycles,	177,000 load cycles,	98,000 load cycles,
125,000 load cycles,	118,000 load cycles,	99,000 load cycles,
132,000 load cycles,	97,000 load cycles,	87,000 load cycles,
126,000 load cycles,	107,000 load cycles,	66,000 load cycles,
186,000 load cycles,	158,000 load cycles,	80,000 load cycles,
69,000 load cycles,	109,000 load cycles,	

a) 시험 결과를 등급화한 후 히스토그램
b) 확률밀도함수
c) 고장 확률
d) 신뢰도 함수
e) 고장률(함수)을 구하시오.

문제 2.2 문제 2.1의 시험 결과에 대한 더 구체적인 평가를 원한다면 다음을 계산하시오.

a) 중심 경향 측도(평균, 중앙값과 최빈값)
b) 통계적 변동(분산과 표준편차)

문제 2.3 아래의 모수를 가지는 와이블 분포에 대한 관련 그래프를 작성하시오.

a) 와이블 분포의 확률밀도함수

$b = 1.0$ $T = 2.0$ $t_0 = 1.0$

$b = 1.5$ $T = 2.0$ $t_0 = 1.0$

$b = 3.5$ $T = 2.0$ $t_0 = 1.0$

b) 와이블 분포의 고장 확률

$b = 1.0$ $T = 2.0$ $t_0 = 1.0$

$b = 1.5$ $T = 2.0$ $t_0 = 1.0$

$b = 3.5$ $T = 2.0$ $t_0 = 1.0$

문제 2.4 다음의 식은 균일 분포에 대한 확률밀도함수이다.

$$f(t) = \begin{cases} \dfrac{1}{b-a} & a \le t \le b\text{인 경우} \\ 0 & \text{그 외의 경우} \end{cases}$$

고장 확률 $F(t)$, 신뢰도 함수 $R(t)$, 고장률 $\lambda(t)$을 계산한 후 그 결과를 그래프로 나타내시오.

문제 2.5 부품에 대한 신뢰도 함수는 아래와 같다.

$$R(t) = \exp(-(\lambda \cdot t)^2), \ t \ge 0\text{인 경우}$$

확률밀도함수, 고장 확률, 고장률을 계산한 후 그 결과를 그래프로 나타내시오.

문제 2.6 부품의 수명은 $\mu = 5{,}850$시간과 $\sigma = 715$시간인 정규분포를 따른다.

a) 정규분포 확률지에 나타내시오.
b) 부품이 $t_1 = 4{,}500$시간까지 고장 나지 않을 확률은?
c) 부품이 $t_2 = 6{,}200$시간까지 고장 날 확률은?
d) 부품이 $\mu \pm \sigma$ 사이에서 고장 날 확률은?
e) 부품이 90%의 신뢰도를 가지는 시간 t_3는?

문제 2.7 펌프의 고장 거동은 대수정규분포($\mu = 10.1$시간과 $\sigma = 0.8$시간)로 잘 나타낼 수 있다.

a) 대수정규분포 확률지에 나타내시오.
b) $t_1 = 10{,}000$시간까지 펌프가 고장 나지 않을 확률은?
c) $t_2 = 35{,}000$시간까지 펌프가 고장 날 확률은?
d) 펌프가 t_1와 t_2 사이에 고장 날 확률은?
e) 펌프가 90%의 신뢰도를 가지는 시간 t_3는?

문제 2.8 전자 부품의 수명(시간)은 지수분포를 따르며, 확률밀도함수 $f(t) = \lambda \exp(-\lambda t)$ $t \geq 0$; $\lambda = 1/(500$시간$)$로 나타낼 수 있다.

a) $t_1 = 200$시간까지 전자 부품이 고장 나지 않을 확률은?

b) $t_2 = 100$시간까지 전자 부품이 고장 날 확률은?

c) 전자 부품이 $t_3 = 200$시간과 $t_4 = 300$시간 사이에 고장 날 확률은?

d) 부품이 90%의 신뢰도를 가지는 시간 t_5는? 부품이 최소한 90%의 신뢰도를 가지는 시간의 범위는?

e) 부품의 수명이 50시간에서 신뢰도가 90%가 되는 지수분포를 갖기 위한 모수 λ 값은?

문제 2.9 기계공학에서 발생하는 대부분의 고장 거동은 와이블 분포로 나타낼 수 있다. 아래의 모수 조합에 대해서 2모수 및 3모수 와이블 분포에 대한 평균($MTBF$ 혹은 $MTTF$)을 계산하시오.

a) $b = 1$, $T = 1,000$시간, $t_0 = 0$시간   b) $b = 0.8$, $T = 1,000$시간, $t_0 = 0$시간

c) $b = 4.2$, $T = 1,000$시간, $t_0 = 100$시간   d) $b = 0.75$, $T = 1,000$시간, $t_0 = 200$시간

참고사항 : 감마 함수를 사용하시오.

$$\Gamma(x) = \int_0^\infty e^{-t} \cdot t^{x-1} dt$$

문제 2.10 그루브 볼 베어링(grooved ball bearing)의 고장 거동은 와이블 분포로 잘 나타낼 수 있다. 형상 모수 $b = 1.11$, $f_{tB} = t_0 / B_{10} = 0.25$, B_{50} 수명$= 6,000,000$사이클이 주어진 상황에서 아래 질문에 대해 답하시오.

a) B_{10} 수명은 얼마인가?

b) 와이블 분포의 모수 T와 t_0를 결정하시오.

c) 부품이 $t_1 = 2,000,000$사이클과 $t_2 = 9,000,000$사이클 사이에 고장 날 확률은?

d) 부품이 99%의 신뢰도를 가지는 사이클 t_3는?

e) 부품의 수명이 5,000,000사이클에서 신뢰도가 50%가 되는 와이블 분포의 형상 모수 b는?

문제 2.11 $b > 1$인 경우에 대한 3모수 와이블 분포의 최빈값(mode) t_{mode}을 구하시오. 다음 모수($b = 1.8$, $T = 1,000$시간, $t_0 = 500$시간)에 대한 결과를 그래프로 확인하시오.

$$\text{힌트} : \frac{df(t_{\text{mode}})}{dt} = 0$$

문제 2.12 아래의 정보는 엔진의 고장 거동에 관한 것이며 이 고장 거동은 2모수 와이블 분포를 따른다. t_1시간에서 고장 확률은 x_1이며, t_2시간에서의 고장 확률은 x_2이다 ($t_1 < t_2$, $x_1 < x_2$). 수명 분포의 b와 T를 계산하시오.

2.5 시스템 계산에 관한 연습문제

문제 2.13 각 부품의 신뢰도가 $R_i(t)$인 시스템의 신뢰도 함수 $R_S(t)$를 구하시오.

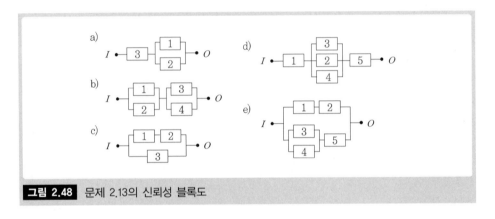

그림 2.48 문제 2.13의 신뢰성 블록도

문제 2.14 직렬 시스템의 고장 확률, 확률밀도함수, 고장률 간의 일반적인 관계를 기술하시오.

문제 2.15 ABS 시스템의 신뢰성 블록도는 아래와 같다.

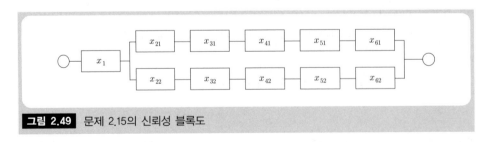

그림 2.49 문제 2.15의 신뢰성 블록도

11개 부품은 모두 지수분포를 따른다. 시간에 독립적인 고장률(1년)은 다음 〈표 2.5〉에 나타나 있다.

| 표 2.5 | 문제 2.15 시스템 부품의 고장률

부품 기호	부품명	고장률
x_1	전원	$\lambda_1 = 4 \cdot 10^{-3} a^{-1}$
x_{21}, x_{22}	케이블	$\lambda_{21} = \lambda_{22} = 7 \cdot 10^{-3} a^{-1}$
x_{31}, x_{32}	계전기	$\lambda_{31} = \lambda_{32} = 5 \cdot 10^{-3} a^{-1}$
x_{41}, x_{42}	센서	$\lambda_{41} = \lambda_{42} = 0.2 \cdot 10^{-3} a^{-1}$
x_{51}, x_{52}	전자장치	$\lambda_{51} = \lambda_{52} = 1.5 \cdot 10^{-3} a^{-1}$
x_{61}, x_{62}	제어벨브	$\lambda_{61} = \lambda_{62} = 0.3 \cdot 10^{-3} a^{-1}$

a) 부품의 신뢰도 함수 $R_i(t)$를 이용하여 시스템의 신뢰도 함수 $R_s(t)$를 구하시오.

b) 10년일 때의 신뢰도는 얼마인가? 100개의 ABS 시스템 중에서 이 시간 이후에 고장 난 시스템은 몇 개인가?

c) 시스템의 $MTBF$ 값을 구하시오.

d) 시스템 B_{10} 수명의 반복 계산(iterative calculation)을 위한 식을 결정하시오. 적절한 초기 값을 추정하시오.

e) $t_1 = 5$년 시점까지 시스템 고장은 발생하지 않았다. 이러한 정보를 가진 상태에서 앞으로 10년 동안의 신뢰도는 얼마인가?

문제 2.16 다음은 한 시스템에 대한 신뢰성 블록도이다. 모든 부품의 고장 거동은 지수 분포로 나타낼 수 있다. 고장률은 다음과 같다.

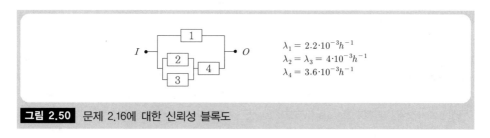

그림 2.50 문제 2.16에 대한 신뢰성 블록도

a) 100시간 작동 후의 시스템 신뢰도는 얼마인가?

b) 250개의 시스템 중에서 100시간 이후에 고장 나는 시스템은 몇 개인가?

c) 이 시스템의 $MTBF$ 값은 얼마인가?

d) 이 시스템 B_{10} 수명의 반복 계산을 위한 식을 결정하고 계산에 필요한 적절한 초기 값을 추정하시오.

문제 2.17 9개($n = 9$)의 동일한 기어가 직렬 구조로 구성된 시스템에 대한 수명 시험을 실시하였다. 기어의 고장 거동은 3모수 와이블 분포를 따른다. 이 시스템의 신뢰도 함수를 구하시오. 시스템의 B_{10} 수명(B_{10S})은 100,000사이클이다. 각 기어 휠은 형상 모수 $b = 1.8$, $f_{tB} = 0.85$라고 가정한다. 기어의 특성 수명 T는 얼마인가?

참고문헌

[2.1] Anderson T. Theorie der Lebensdauerprüfung. Kugellagerzeitschrift 217.

[2.2] Birolini A (2004) Reliability Engineering : theory and practice. Springer, Berlin, Heidelberg.

[2.3] Bitter P et al (1986) Technische Zuverlässigkeit. Herausgegeben von der Messerschmitt-Bölkow-Blohm GmbH, Springer, München.

[2.4] Bronstein I N, Semendjajew K A (2000) Taschenbuch der Mathematik - 5., überarb. und erw. Aufl. Verlag Harri Deutsch, Thun, Frankfurt am Main.

[2.5] Buxbaum O (1986) Betriebsfestigkeit. Verlag Stahleisen, Düsseldorf.

[2.6] Dengel D (1975) Die $\arcsin \sqrt{P}$ -Transformation - ein einfaches Verfahren zur graphischen und rechnerischen Auswertung geplanter Wöhlerversuche. Zeitschrift für Werkstofftechnik, 6. Jahrgang, Heft 8, S 253-258.

[2.7] Dengel D (1989) Empfehlungen für die statistische Absicherung des Zeit- und Dauerfestigkeitsverhaltens von Stahl. Materialwissenschaft und Werkstofftechnik 20, S 73-81.

[2.8] Deutsche Gesellschaft für Qualität (1979) Begriffe und Formelzeichen im Bereich der Qualitätssicherung. Beuth, Berlin.

[2.9] Dorff D (1966) Vergleich verschiedener statistischer Transformationsverfahren auf ihre Anwendbarkeit zur Ermittlung der Dauerschwingfestigkeit. Dissertation, TU-Berlin.

[2.10] Fisher R A, Tippett L H C (1928) Limiting forms of the frequency distribution of the largest or smallest members of a sample. Proc. Cambridge Phil. Soc. 24, p 180.

[2.11] Freudenthal A M, Gumbel E J (1954) Maximum Life in Fatigue. American Statistical Association Journal, Sept, pp 575-597.

[2.12] Gäde K W (1977) Zuverlässigkeit - Mathematische Methoden. Hanser-Verlag, München.

[2.13] Galambos J (1978) The Asymptotic Theory of Extreme Order Statistic. John Wiley & Sons Inc., New York.

[2.14] Gnedenko B V (1943) Sur la distribution limite du terme maximum d'une série aléatoire. Ann. Math., 44, S 423ff.

[2.15] Groß H R W (1975) Beitrag zur Lebensdauerabschätzung von Stirnrädern bei Zahnkraftkollektiven mit geringem Völligkeitsgrad. Dissertation.

[2.16] Gumbel E J (1956) Statistische Theorie der Ermüdungserscheinungen bei Metallen. Mitteilungsblatt für mathematische Statistik, Jahrg 8, 13. Mittbl., S 97-129.

[2.17] Gumbel E J (1958) Statistics of Extremes. Columbia University Press.

[2.18] Härtler G (1983) Statistische Methoden für die Zuverlässigkeitsanalyse. Springer Wien New

York.

[2.19] Härtler G (1983) Statistische Methoden für die Zuverlässigkeitsanalyse. VEB Verlag Technik, Berlin.

[2.20] Hipp C. Skriptum Risikotheorie 1. TH Karlsruhe.
http://www.quantlet.de/scripts/riskt/html/rt1htmlframe28.html

[2.21] Hjorth U (1980) A reliability distribution with increasing, decreasing, constant and bathtub-shaped failure rates. Technometrics 22, S 99-100.

[2.22] Jeannel D, Souris G (2001) Estimating Extremely Remote Values Of Occurrence Propability- Application To Turbojet Rotating Parts. In : Proceedings of ESREL, pp 709-716.

[2.23] Joachim F J (1982) Streuungen der Grübchentragfähigkeit. Antriebstechnik 21, Nr 4, S 156-159.

[2.24] Kao H K (1965) Statistical models in mechanical reliability. 11. Nat. Symp. Rel. & QC, p 240-246.

[2.25] Kapur K C, Lamberson L R (1977) Reliability in Engineering Design. John Wiley & Sons Inc., New York.

[2.26] Klubberg F (1999) Ermüdungsversuche statistisch auswerten. Materialprüfung 4, Heft 9.

[2.27] Kreyszig E (1982) Statistische Methoden und ihre Anwendungen. Vandenhoeck & Ruprecht, Göttingen.

[2.28] Lechner G, Hirschmann K H (1979) Fragen der Zuverlässigkeit von Fahrzeuggetrieben. Konstruktion 31, Heft 1, S 19-26.

[2.29] Lieblein J, Zelen M (1956) Statistical Investigations of the Fatigue Life of Deep-Groove Ball Bearings. Journal of Research of the National Bureau of Standards vol 57, No 5, Nov, pp 273-316 (Research Paper 2719).

[2.30] Lienert G (1994) Testaufbau und Testanalyse-5., völlig neubearb. und erw. Aufl. Beltz, Psychologie-Verl.-Union, Weinheim.

[2.31] Maennig W-W (1967) Untersuchungen zur Planung und Auswertung von Dauerschwingversuchen an Stahl in den Bereichen der Zeit- und der Dauerfestigkeit. VDI-Fortschrittberichte, Nr 5, August.

[2.32] Mercier W A (2001) Implementing RCM in a Mature Maintenance Program. Proceedings of the 2001 Annual Reliability and Maintainability Symposium (RAMS).

[2.33] Messerschmitt-Bölkow-Blohm GmbH (Hrsg.) (1971) Technische Zuverlässigkeit. Springer, Berlin.

[2.34] O'Connor P D T (2001) Practical Reliability Engineering. John Wiley & Sons.

[2.35] Reinschke K (1973) Zuverlässigkeit von Systemen mit endlich vielen Zuständen. Bd 1 : Systeme mit endlich vielen Zuständen, VEB Verlag Technik, Berlin.

[2.36] Rosemann H (1981) Zuverlässigkeit und Verfügbarkeit technischer Anlagen und Geräte. Springer, Berlin Heidelberg New York.

[2.37] SAS/QC User's Guide.
http://www.rz.tu-clausthal.de/sashtml/qc/chap4/sect10.htm

[2.38] Verein Deutscher Ingenieure (1986) VDI 4001 Blatt 2 Grundbegriffe zum VDI-Handbuch Technische Zuverlässigkeit. VDI, Düsseldorf.

[2.39] Verein Deutscher Ingenieure (1998) VDI 4008 Blatt 2 Boolesches Model. VDI, Düsseldorf.

[2.40] Weibull W (1951) A Statistical Distribution Function of Wide Applicability. Journal of Applied Mechanics, September, pp 293-297.

제 3 장

변속기의 신뢰성 분석

B. Bertsche, *Reliability in Automotive and Mechanical Engineering*, VDI-Buch,
Doi: 10.1007/978-3-540-34282-3_3, ⓒ Springer-Verlag Berlin Heidelberg 2008

신뢰성 업무에서 주목표는 가능한 빨리 제품의 예상되는 고장 거동을 확인하거나 예측하는 것이다. 그렇게 하여 설계의 취약점을 초기 단계에서 찾아내어 없앨 수 있다. 포괄적이며 시간 소모가 많이 발생하는 시험을 막기 위해 앞 장에서 설명된 통계학과 확률 이론을 기반으로 하는 계산 방법을 얻고자 노력한다. 만약 부품의 고장 거동이 상대적으로 잘 알려져 있다면 정확한 예측을 할 수 있다.

2.2.1.4절에서 이미 언급한 것처럼 욕조 곡선의 1구역과 2구역의 초기 고장과 우발고장은 미리 예측하기가 어렵다. 이러한 고장들은 확률 계산 방법에 부분적으로 유용하게 사용된다. 그러므로 다음의 신뢰도 결정은 많은 경우에서 가장 중요한 고장 원인인 마모 고장(욕조 곡선의 3구역)으로 제한한다. 설명된 계산 방법을 기반으로 하는 개발 절차는 참고문헌 [3.2, 3.3, 3.4, 3.5, 3.6, 3.7, 3.9]에 언급되어 있다.

여기서 사용되는 예제 시스템은 1단(single-stage) 변속기이며 〈그림 3.1〉에 표시되어 있다. 변속기의 입력 축(input shaft, IS)에는 작은 변속기 입력 기어가 있다. 동력은 변속기의 출력 축(output shaft, OS)에 붙어 있는 더 큰 기어에 의하여 전달된다. 축 베어링

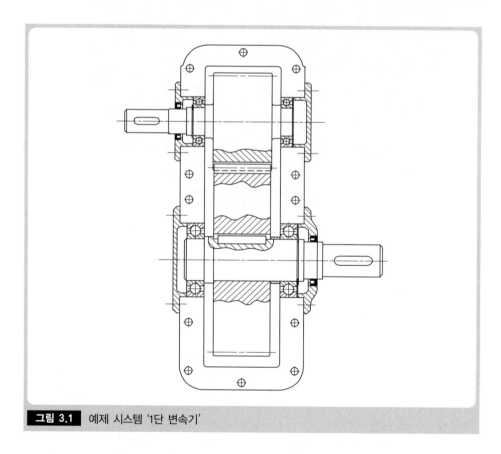

그림 3.1 예제 시스템 '1단 변속기'

외에도 변속기는 하우징 커버가 있는 변속기 하우징과 봉합용 컴파운드 혹은 방사 씰링에 의해 봉합되는 다양한 작은 베어링 커버들을 구성한다. 그러므로 변속기 예제는 간단한 입출력 장치와 변속기 구성요소 때문에 다루기 쉬운 시스템이다.

예상되는 시스템 신뢰도를 결정하기 위해서 〈그림 3.2〉에 있는 플로차트를 참고하는 것이 좋다. 시스템 분석의 주된 초점은 신뢰성과 관련 있는 구성품과 시스템의 신뢰성 구조를 결정하는 것이다. 그다음에는, 시스템 구성품들을 개별적으로 분류하여 신뢰도를 결정한 후 완성된 시스템의 신뢰도 계산으로 분석을 끝마친다. 다음 절에서는 이러한 3가지 단계를 자세히 설명할 것이다.

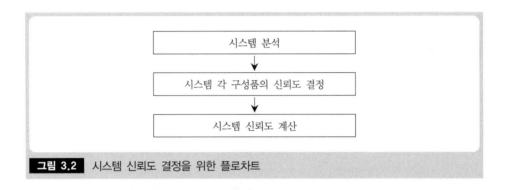

그림 3.2 시스템 신뢰도 결정을 위한 플로차트

3.1 시스템 분석

3.1.1 시스템 구성품의 결정

분석을 시작함에 있어서 시스템의 개요를 연구하기 위해서 〈그림 3.3〉처럼 모든 시스템 구성품을 확인하는 것이 유용하다. 구성품과 구성품의 경계점 모두 구성품으로 간주될 수 있다.

〈그림 3.4〉에 예제 시스템인 변속기의 모든 구성품이 나열되어 있다. 작고 다루기 쉬운 시스템도 이미 27개의 구성품들로 이루어져 있다. 열박음, 용접된 연결 부분 등은 구성품의 경계점들이다.

구성품 이외 이러한 경계점들 또한 시스템 신뢰도의 중요한 요소가 될 수 있다. 시스템의 모든 구성품은 〈그림 3.5〉에 있는 기능 블록 다이어그램에서 설명된다.

시스템의 구조적 요소를 결정한다.
(구조적 요소 = 구조적 부품 혹은 경계점)

계산되어야 하는 시스템 요소를 선택한다.
(시스템 요소 = 손상 유형별 요소)

시스템 요소를 분류한다.
(FMEA의 ABC 분류/FMECA 분석)

A와 B 시스템 요소를 가지고 신뢰도 구조(불 직렬 시스템)를 작성한다.
(옵션 : 출력의 흐름 사용)

그림 3.3 시스템 분석의 플로차트

housing	roll bearing 1	bearing cover 3
housing cover	roll bearing 2	bearing cover 4
housing bolts	roll bearing 3	bearing cover sealing 1
housing cover sealing	roll bearing 4	bearing cover sealing 2
input shaft	locking washer 1	bearing cover sealing 3
output shaft	locking washer 2	bearing cover sealing 4
gearwheel 1	spacer ring	shaft seal 1
gearwheel 2	bearing cover 1	shaft seal 2
fitting key connection	bearing cover 2	hex bolt 1–12

그림 3.4 예제 시스템인 '변속기'의 구성품

3.1.2 시스템 요소의 결정

구성품의 일부는 여러 가지 이유로 고장 날 수 있다. 예를 들어, 기어는 기어 이 고장, 피팅 또는 닳아서 생긴 손상으로 인하여 기능을 손실할 수 있다. 향후 계산을 위해 특정 요소의 독특한 손상 가능성을 고려하는 것이 추천된다. 그러므로 시스템 구성품들은 손상 종류에 따라 정의하고 분류된다. 앞의 예제에서 시스템은 28개의 구성요소로 확장된다. 2개의 구성품인 기어 1과 기어 2는 두 종류의 손상인 기어 이 고장과 피팅으로 다시 분류된다.

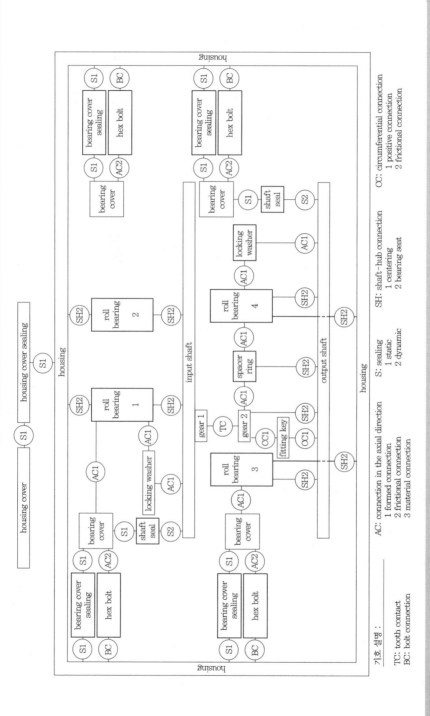

그림 3.5 예제 변속기의 기능 블록 다이어그램

3.1.3 시스템 요소의 분류

다양한 시스템 요소들은 여러 가지 기능을 수행하고, 이에 따라 시스템 신뢰도에 다양하게 기여한다. 그러므로 모든 시스템 요소를 동등하게 고려하는 것은 적절하지 않다. 이와 같이 시스템 요소들의 분류가 시행될 것이며, 구성요소들은 신뢰성 부품, 관련 있는 부품, 그리고 중립적인 부품으로 분류된다. 더군다나 부품이 정의된 부하를 받는지 혹은 부품의 스트레스가 부정확하게 수집될 수 있는지 다룰 필요가 있다. 개발된 시스템 요소의 ABC 분석은 이러한 측면들을 고려하고 있으며 〈그림 3.6〉과 같다. A 시스템 요소의 고장 거동은 계산하는 것이 가능한 반면 B 시스템 요소는 경험과 시험에 의존한다. 신뢰성과 관련 없는 C 시스템 요소는 향후 계산에 반영하지 않는다.

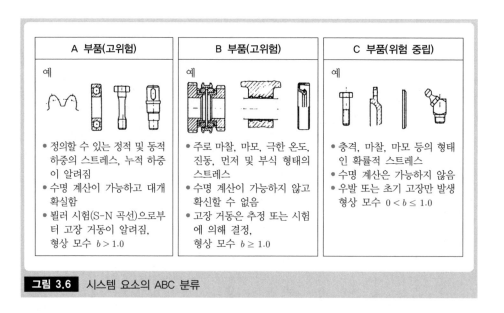

A 부품(고위험)	B 부품(고위험)	C 부품(위험 중립)
예	예	예
• 정의할 수 있는 정적 및 동적 하중의 스트레스, 누적 하중이 알려짐 • 수명 계산이 가능하고 대개 확실함 • 뵐러 시험(S-N 곡선)으로부터 고장 거동이 알려짐, 형상 모수 $b > 1.0$	• 주로 마찰, 마모, 극한 온도, 진동, 먼저 및 부식 형태의 스트레스 • 수명 계산이 가능하지 않고 확신할 수 없음 • 고장 거동은 추정 또는 시험에 의해 결정, 형상 모수 $b \geq 1.0$	• 충격, 마찰, 마모 등의 형태인 확률적 스트레스 • 수명 계산은 가능하지 않음 • 우발 또는 초기 고장만 발생 형상 모수 $0 < b \leq 1.0$

그림 3.6 시스템 요소의 ABC 분류

개발된 ABC 분류법은 작고 다루기 쉬운 시스템들에 적합하다. 새롭고 복잡한 시스템의 경우, 신뢰성에 중요한 영향을 미치는 구성요소는 완벽한 고장 모드 및 영향 분석(FMEA)에 의해 결정되어야 한다(4장 참조).

사전 계산, 유사한 변속기와 기술적 토론으로부터의 경험으로 예제 시스템인 '변속기'의 분류는 〈그림 3.7〉에 제시하고 있다.

28개의 시스템 구성품으로 이루어진 전체 시스템은 신뢰성과 밀접한 12개의 구성품으로 축소된다. 방사 씰링을 제외한 관련된 구성품들로는 동력 전달 부품인 입력/출력 축, 기어, 피팅 주요 연결부, 베어링이 있다.

A parts	B parts	C parts
input shaft	shaft seal 1	housing
ouput shaft	shaft seal 2	housing cover
gear 1 breakage		housing bolts
gear 2 breakage		housing cover sealing
gear 1/2 pittings		locking washer 1
fitting key connection		locking washer 2
roll bearing 1		spacer ring
roll bearing 2		bearing cover 1
roll bearing 3		bearing cover 2
roll bearing 4		bearing cover 3
		bearing cover 4
		bearing cover sealing 1
		bearing cover sealing 2
		bearing cover sealing 3
		bearing cover sealing 4
		hex bolt 1−12

그림 3.7 예제 시스템에 대한 시스템 요소의 ABC 분류

3.1.4 신뢰성 구조의 결정

분류 다음의 분석 단계는 시스템의 구조 결정이다(그림 3.3 참조). 신뢰성 개략도를 결정하기 위하여 기능 블록 다이어그램 또는 동력 흐름의 개략도를 이용하는 것을 추천한다. 이러한 2가지 종류의 다이어그램은 시스템 요소들이 어떻게 스트레스를 받고 구성품의 고장이 시스템의 나머지 부분에 어떻게 영향을 주는지를 보여 준다. 이러한 다이어그램 중에 하나로 시작하여 신뢰성 블록도는 아주 쉽게 작성될 수 있다.

만약 변속기의 기능 블록 다이어그램을 조사한다면 〈그림 3.5〉와 같이 표현할 수 있으며, 모든 시스템 요소는 시스템의 정상적인 작동을 위해 필요하다. 이와 같이 신뢰성 블록도는 〈그림 3.8〉처럼 단순한 직렬 구조이다.

불 직렬 시스템에 대한 시스템 신뢰도 R_s는 2.3절에 따라 모든 시스템 요소의 신뢰도인 R_E들의 곱으로 계산될 수 있다.

$$R_{system} = R_{IS} \cdot R_{OS} \cdot R_{gear1, tooth\ failure} \cdot R_{gear2, tooth\ failure} \tag{3.1}$$
$$\cdot R_{gear1/2, pittings} \cdot R_{fitting\ key} \cdot R_{bearing1} \cdot R_{bearing2} \cdot R_{bearing3}$$
$$\cdot R_{bearing4} \cdot R_{RSR1} \cdot R_{RSR2}$$

식 (3.1)은 신뢰성과 밀접한 시스템 요소들과 시스템 요소들의 기능적 의존성을 설명한다. 그러므로 이것은 시스템 분석의 실질적인 결과이다.

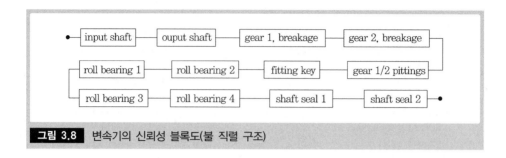

변속기의 신뢰성 블록도(불 직렬 구조)

3.2 시스템 요소의 신뢰도 결정

시스템의 분석 이후에 〈그림 3.9〉와 같이 시스템 신뢰성에 중요한 시스템 요소들의 알지 못하는 고장 거동을 찾는 것이 여전히 필요하다.

'A' 시스템 요소의 경우에는 비교적 정확한 부하 스펙트럼과 뵐러 곡선(SN 곡선)이 이미 존재한다. 이러한 자료를 이용하여 운용 피로 강도 계산과 시스템 요소의 수명 결

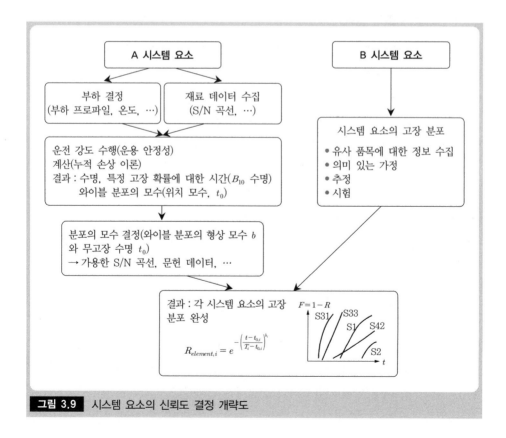

그림 3.9 시스템 요소의 신뢰도 결정 개략도

정이 가능하다. 대부분의 경우에서 계산된 수명은 B_{10} 및 B_1 수명에 해당하며, 따라서 특정 고장 확률과 관련되어 있다. B_{10} 및 B_1 수명을 특성 수명 T로 변환하는 것은 식 (7.1)과 (7.2)에 제공된다. 확률지에서 한 점 혹은 하나의 모수인 척도 모수를 결정할 수 있다. 분포의 다른 모수인 형상 모수 b와 필요하다면 무고장 시간 t_0(위치 모수)를 이용하여 시스템 요소의 완전한 고장 거동을 얻을 수 있다.

'B' 시스템 요소의 고장 거동 결정은 경험에 의하여 얻어지거나, 그렇지 않은 경우에는 고장 거동을 추정해야만 한다. 'B' 시스템 요소의 시험들은 신뢰도 결정에 효과적인 증명을 할 수 있다.

방사 씰링을 제외한 '변속기' 예제의 모든 요소는 고장 거동이 계산될 수 있는 'A' 시스템 요소들이다. 가정된 입력 부하 스펙트럼과 함께 'A' 시스템 요소에 중요한 스트레스 인자인 뒷면 굽힘 스트레스, 헤르츠 스트레스, 베어링 스트레스가 계산되었다.

빌러 곡선(SN 곡선)과 베어링 데이터를 포함하는 스트레스들은 〈그림 3.10〉에 요약된 수명으로 나타낸다.

input shaft	fatigue resistant
output shaft	fatigue resistant
gear 1 breakage	70,000 revolutions IS (B_1)
gear 2 breakage	120,000 revolutions IS (B_1)
gear 1/2 pittings	500,000 revolutions IS (B_1)
fitting key connection	fatigue resistant
roll bearing 1	1,500,000 revolutions IS (B_{10})
roll bearing 2	fatigue resistant
roll bearing 3	fatigue resistant
roll bearing 4	2,500,000 revolutions IS (B_{10})

그림 3.10 시스템 요소의 계산된 B_{10} 및 B_1 수명

정의에 따라 B_1 및 B_{10} 수명은 $F(t) = 1\%$ 및 $F(t) = 10\%$의 고장 확률과 연관되어 있다. B_1 및 B_{10} 수명은 식 (7.1)과 (7.2)를 이용하여 특성 수명 T로 변환할 수 있다. 이 결과로부터 고장 분포의 모수인 척도 모수가 알려진다. 분포의 나머지 2개 모수인 형상 모수 b와 무고장 시간 t_0는 7장에서 주어진 값에 따라 선택된다. 'A' 시스템 요소의 와이블 분포 모수는 〈표 3.1〉에 제시되어 있다.

2개의 'B' 시스템 요소인 방사 씰링 1, 2(RSR1, RSR2)는 고장 거동을 계산할 수 없다. 하지만 해당 요소들의 경우, 유사한 변속기의 고장 통계들은 알려져 있고, 해당 씰 고장

은 오로지 랜덤하게 발생(우발 고장)한다고 말할 수 있다. 그러므로 두 시스템 요소의
형상 모수 $b=1$로 할당된다. 특성 수명의 경우 유사한 변속기로부터 얻은 고장 통계
값으로부터 얻어졌으며 〈표 3.2〉와 같다. 고장 통계학에서 전형적인 우발 고장에 대한
무고장 시간 t_0 값을 찾아내는 것은 불가능하다.

| 표 3.1 | 'A' 시스템 요소의 와이블 분포 모수

	b	T	t_0	f_{tB}
gear 1 tooth failure	1.4	106,600	68,600	0.9
gear 2 tooth failure	1.8	185,000	114,500	0.85
gear 1/2 pittings	1.3	2,147,300	450,700	0.6
bearing 1	1.11	9,400,000	300,000	0.2
bearing 4	1.11	15,700,000	500,000	0.2

| 표 3.2 | 'B' 시스템 요소의 와이블 분포 모수

	b	T	t_0	f_{tB}
RSR 1	1.0	66,000,000	0	0
RSR 2	1.0	66,000,000	0	0

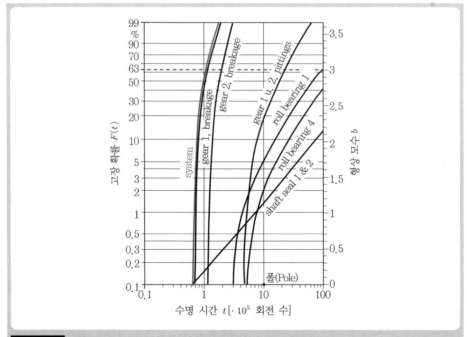

그림 3.11 시스템 및 시스템 요소의 고장 거동[시스템 : 점선으로 표시, $B_{10-System} = 76,000$ 회전(입력
샤프트)]

〈표 3.1〉과 〈표 3.2〉에 주어진 수치로 시스템 요소의 완전한 고장 거동을 〈그림 3.11〉 과 같이 제시할 수 있다.

3.3 시스템 신뢰도의 계산

시스템 신뢰도의 계산은 마지막 단계이다. 여기서 시스템 요소들의 할당된 신뢰도는 식 (3.1)에 포함된다(그림 3.12 참조).

만약 곡선이 여러 개의 변형 $R_s(t_s)$를 통해 이루어진다면, 완성된 시스템 거동은 그래 프로 표시할 수 있다. 〈그림 3.12〉에 있듯이 시스템 고장 곡선은 시스템 요소들의 고장 곡선 왼쪽에 위치한다. 대부분의 경우에 완성된 시스템의 고장 거동은 관심 대상이 아니 며 오히려 시스템 수명이 특정 시스템 신뢰도로 달성할 수 있는지 혹은 주어진 시스템 수명 동안에 시스템 신뢰도를 달성할 수 있는지에 관심이 있다. 이러한 수치는 반복 및 분석 솔루션에 의하여 시스템 수식으로 결정될 수 있다(그림 3.12 참조).

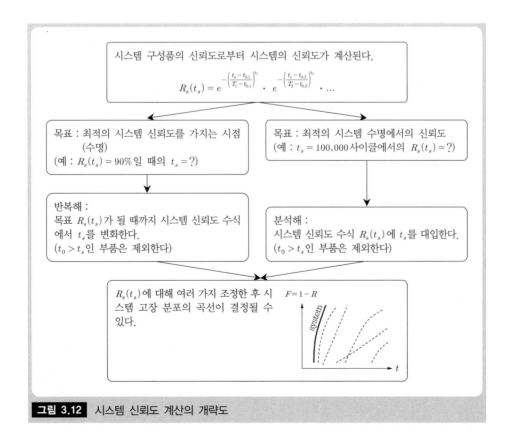

그림 3.12 시스템 신뢰도 계산의 개략도

시스템 신뢰도 계산을 위해, 시스템 요소들의 수명 분포가 2모수 와이블 분포인지 3모수 와이블 분포인지를 구별해야만 한다. 2모수 와이블 분포를 따르는 시스템 요소는 항상 시스템 신뢰도 계산에 고려되어야만 한다. 이때 $t = 0$ 수명에서 신뢰도는 이미 1보다 작은 값에 도달한다. 그러므로 2모수 와이블 분포를 따르는 각각의 시스템 요소의 추가는 시스템 신뢰도를 직접적으로 감소시킨다. 부품 추가로 인하여 시스템 신뢰도가 감소한다는 사실은 2모수 와이블 분포를 따르는 시스템 요소로 증명된다.

3모수 와이블 분포를 따르는 시스템 요소는 시스템 신뢰도를 계산할 때 언제나 고려해야만 하는 것은 아니다. 3모수 와이블 분포를 따르는 시스템 요소의 무고장 시간 t_0가 고려되는 수명 t보다 작아서 고장을 야기할 수 있는 경우에만 포함한다. 이와 같이 3모수 와이블 분포를 따르는 시스템 요소들은 식 (3.2)가 만족되면 시스템 수명 t_{xS}(또는 B_{xS})에 영향을 미친다.

$$t_0 < t_{xS} \tag{3.2}$$

만약 무고장 시간 t_0가 B_{10S} 수명보다 큰 경우에 3모수 와이블 분포를 따르는 시스템 요소가 추가된다면, 이러한 시스템 요소들은 시스템의 B_{10S} 수명에 영향을 주지 않는다. 이 상황에서 추가 부품의 수와 시스템 신뢰도 간에는 직접적인 연관성은 없다.

2모수와 3모수 와이블 분포를 따르는 시스템 요소를 모두 가지는 시스템의 경우, 시스템은 2모수 와이블 분포를 따른다. 이 뜻은 2모수 와이블 분포를 따르는 시스템 요소의 고장은 $t = 0$시점에서 이미 발생할 수 있다는 말이다.

예제 시스템 '변속기'는 주로 3모수 와이블 분포를 따르는 시스템 요소들이다. 단지 2개의 방사 씰링인 RSR1, RSR2는 2모수 와이블 분포를 따른다. 변속기 예제의 시스템 신뢰도 계산을 위해 고장 거동은 4가지 시스템 요소에 의해 정의된다. '기어1 이 고장', '기어2 이 고장', 'RSR 1', 'RSR 2'이다. 이 상황에서 시스템 신뢰도 공식은 다음과 같다.

$$R_{system} = R_{gear1,tooth\ failure} \cdot R_{gear2,tooth\ failure} \cdot R_{RSR1} \cdot R_{RSR2} \tag{3.3}$$

반복 솔루션의 도움으로, 입력 축의 B_{10S} 시스템 수명은 76,000회전 수이다(그림 3.11 참고).

많은 양의 고장들은 '기어1 이 고장' 시스템 요소에 의해 발생된다. 이러한 손상 유형을 가지는 시스템 요소는 시스템의 취약점을 나타낸다. '기어2 이 고장', 'RSR 1', 'RSR 2' 시스템 요소들과 함께 변속기의 전체 신뢰도가 정의된다. 나머지 부품들의 고장은 단지 나중에 생길 것으로 기대된다.

신뢰성과 관련 있는 4가지 시스템 요소는 시스템의 취약점이 고장 거동의 대부분 혹은 거의 독점적으로 설명하는 전형적인 예이다. 3모수 와이블 분포에서 부품 고장 거동의 부분 혹은 전체적인 설명을 이용한 광범위한 신뢰성 분석은 결과적으로 취약점 식별을 가능하게 해 준다[3.1].

개선된 절차는 참고문헌 [3.8, 3.10]에서 찾을 수 있으며, 수정된 방법론의 개요는 〈그림 3.13〉에 제공된다.

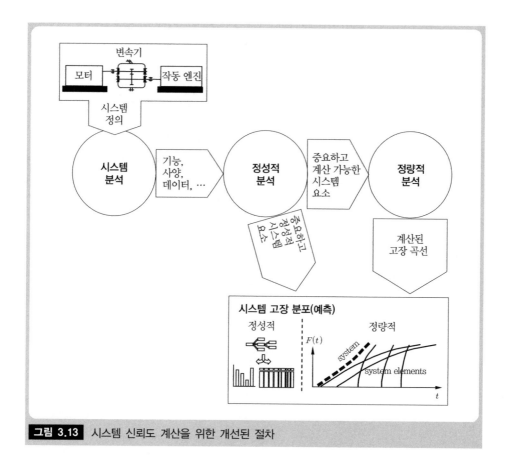

그림 3.13 시스템 신뢰도 계산을 위한 개선된 절차

참고문헌

[3.1] Bertsche B, Lechner G (1987) Einfluss der Teileanzahl auf die System-Zuverlassigkeit. Antriebstechnik 26, Nr 7, S 40-43.

[3.2] Birolini A (2004) reliability Engineering : theory and practice. Springer, Berlin, Heidelberg.

[3.3] Heis W (2002) Praxisbuch Zuverlässigkeit und Wartungsfreundlichkeit. Hanser Munchen

Wien.

[3.4] Kececioglu D (2002) Reliability engineering Handbook, Volume 2. Prentice Hall, cop. Engelwood Cliffs, N.J.

[3.5] Lechner G, Hirschmann K H (1979) Fragen der Zuverlässigkeit von Fahrzeuggetrieben. Konstruktion 1, S 19-26.

[3.6] Lewicki D G, Black J D, Savage M, Coy J J (1986) Fatigue Life Analysis of a Turboprop Reduction Gearbox. Journal of Mechanisms, Transmissions and Automation in Design, June, vol. 108, pp 255-262.

[3.7] O'Connor P D T (2001) Practical Reliability Engineering. John Wiley & Sons.

[3.8] Rzepka B, Schröpel H, Bertsche B (2002) Studie zur Anwendung von Zuverlässigkeitsmethoden in der Industrie. Tagug TTZ 2002, 10. und 11. Oktober 2002, Stuttgart/VDI-Gesellschaft Systementwicklung und Projektgestaltung, VDI-Berichte Nr. 1713, S 279-299.

[3.9] Savage M, Brikmanis C, Lewicki D G, Coy J J (1988) Life and Reliability Modeling of Bevel Gear Reductions. JK. Of Mechanisms, Transmissions And Automation in Design, June, vol. 110, pp 189-196.

[3.10] Verband der Automobilindustrie (2000) VDA 3.2 Zuverlässigkeitssicherung bei Automobilherstellern und Lieferanten. VDA, Frankfurt.

제 4 장

FMEA
(고장 모드 및 영향 분석)

B. Bertsche, *Reliability in Automotive and Mechanical Engineering*, VDI-Buch,
Doi: 10.1007/978-3-540-34282-3_4, © Springer-Verlag Berlin Heidelberg 2008

FMEA(Failure Mode and Effects Analysis)는 신뢰성 방법론 분야에서 가장 흔히 사용되고 또한 잘 알려진 정성적 신뢰성 방법론이다. FMEA는 시스템 변경이나 부품 변경을 위해 설계 단계에서 수행하는 예방 차원의 신뢰성 방법론이다. FMEA의 목적은 신뢰성 평가의 최적 기준을 달성하기 위해 경험적인 관점에서 부품을 분석하고 변경하는 것이다. 그 한 가지 중요한 기준이 이 장에서 설명하는 RPN(Risk Priority Number, 위험우선순위)이다.

FMEA는 1960년대 중반 미국항공우주국(National Aeronautics and Space Administration, NASA)에서 아폴로 프로젝트를 위해 개발되었다. 이후 FMEA는 항공우주 및 항공공학 분야의 절차에 적용되었다. FMEA의 문헌들은 대부분 미군의 표준규격인 MIL-STD-1629A [4.1]에서 나온 것이며, 항공우주 및 항공공학 분야의 모든 부품에 대한 승인 기준으로 요구된다. FMEA는 정교하고 세부적이며, 명확하게 정의된 절차를 가지고 있다. 또한 FMEA는 원자력 기술 분야와 자동차 산업 분야에까지 사용되고 있다. 미국 포드사는 자동차 업계 최초로 FMEA 방법을 자사의 품질보증 개념에 포함시켰다(그림 4.1 참조).

1963	NASA (아폴로 프로젝트)
1965	우주 항공학 (MIL-STD 1629A*)
1975	원자력 공학
1978	자동차 산업 (포드)
1980	독일에서의 산업 표준화
1986	자동차 산업에서의 적용 범위 확대
1990	전자 및 소프트웨어 산업에서의 적용
1996	시스템 FMEA의 확장

그림 4.1 FMEA의 유래

고객, 새로운 법 조항(제조물 책임법[4.5]), 그리고 규격(DIN ISO 9000 ff[4.2])에 의한 품질 요구사항의 증가, 제품의 복잡성 증가, 비용 증가, 개발 기간 단축에 대한 요구, 그리고 마지막으로 환경에 대한 인식이 높아지면서, FMEA는 오늘날의 품질보증에 있어 필수 구성요소가 되었다. 독일자동차협회(Verband der Automobilindustrie, VDA)[4.7]가 작성한 FMEA 절차는 독일에서 FMEA 분석의 방법적 적용을 위한 가장 일반적인 표준규격이다.

다음으로는 FMEA 방법론의 일반적인 기초와 기본 원칙, 그리고 VDA 86에 따른 FMEA

양식 절차에 대해 알아본다. 중점 부분은 4.4절에 설명된 VDA 4.2에 따른 FMEA이다. VDA 4.2에 따른 FMEA 절차는 특히 독일과 유럽의 자동차 업계에서 가장 널리 사용되는 절차이다.

4.1 FMEA 방법론의 기본 원칙과 일반적인 기초사항

FMEA는 'Failure Mode and Effects Analysis'의 약어다(그림 4.2 참조). FMEA 방법은 1980년 이래 DIN 25448[4.3]에 이 용어로 명시되어 있다.

F M E A?
- Failure Mode and Effects Analysis
- 고장 영향 분석(Failure Effects Analysis)(DIN 25488)
- (고장)거동 분석(Behaviour analysis)
- 고장 모드, 고장 영향 및 고장 원인 분석(Analysis of failure modes, failure effects and failure causes)

그림 4.2 FMEA 용어의 정의

FMEA는 시스템적 방법(systematical method)으로, 그 기본 아이디어는 시스템, 서브시스템 또는 부품에 대한 발생 가능한 모든 고장 모드를 결정하는 것이다. 동시에, 가능한 고장 영향 및 고장 원인이 제시된다. FMEA 절차는 최적화 조치를 위해 위험 평가와 설명으로 끝맺는다(그림 4.3 참조). 이 방법의 목표는 가능한 빨리 제품의 위험 및 약점을 파악하여 적시에 개선할 수 있도록 하는 것이다.

FMEA는 부품 혹은 시스템의 구성품을 위해 아래의 사항을 발견하는 방법이다.
- 잠재적인 고장 모드
- 잠재적인 고장 영향
- 잠재적인 고장 원인

위험을 평가하고 최적화를 위해 시정 조치가 결정된다.

그림 4.3 FMEA의 기본 아이디어

FMEA는 신제품의 개발 및 공정 계획에 통합된 위험 평가를 다룬다. 이는 새로운 생산 단계가 시작되기 전에 품질보증에 있어 중요한 요소이다. FMEA는 신뢰성 분석에 속하

며, 중간에 방해나 회피 없이, 또한 팀별로 하는 것이 아니라 체계적으로 수행되어야 한다.

FMEA와 유사한 FMECA(Failure Mode, Effects and Criticality Analysis)는 기존의 FMEA 에 위험 특성(risk characterization)을 포함한다.

FMEA는 평가되는 시스템의 유형 및 복잡성, 또는 의도하는 결과에 따라 다양한 절차를 구성한다. 〈그림 4.4〉에는 가장 흔히 사용되는 다양한 FMEA 유형이 나타나 있다.

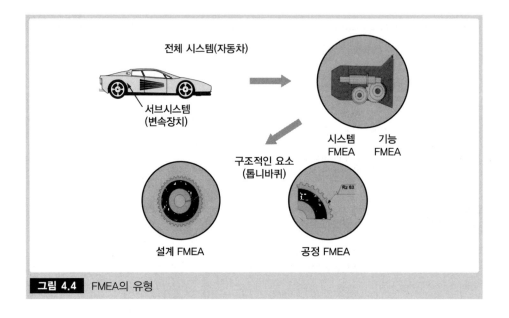

전체 시스템(자동차)

서브시스템
(변속장치)

구조적인 요소
(톱니바퀴)

시스템 기능
FMEA FMEA

설계 FMEA

공정 FMEA

그림 4.4 FMEA의 유형

FMEA의 실행은 다양한 부서(설계, 시험, 품질, 재무, 물류, 영업, 생산, 생산계획 등)에서 차출된 FMEA 팀에 의해 이루어진다. 분석에 의해 영향을 받는 모든 운영부서를 통합해야 하기 때문에 팀으로 FMEA를 시행하는 것은 적절하다. 실제로 FMEA 방법론에 정통한 FMEA 조정자의 지휘 아래 FMEA를 시행하는 것은 유익하다고 밝혀졌다. 이런 식으로 FMEA 방법에 관한 시간 소모적인 논의를 피할 수 있다.

일반적으로, FMEA 팀은 FMEA 방법론에 대해 잘 아는 한 명의 조정자와 분석하고자 하는 제품이나 프로세스에 대한 기술적인 지식을 잘 알고 있는 FMEA 팀원들로 이루어진다. 또한 해당 제품이나 프로세스에 관해 기본적 지식을 알 수 있는 조정자는 팀 구성원들이 FMEA 방법론에 대해 기본적 지식을 확실히 습득할 수 있게 해야 한다. FMEA 과제의 초반부에 간단한 교육을 제공하면 좋다. 설계 FMEA 팀은 다양한 분야의 전문가들로 구성되며(그림 4.5 참조), 최소한 〈그림 4.5〉에 X 표시가 된 분야, 즉 설계 및 생산계획 분야의 전문가를 포함해야 한다.

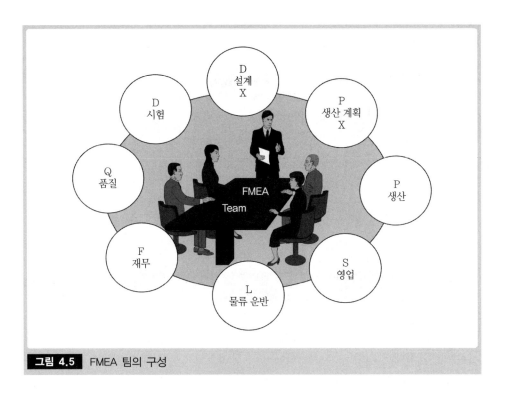

그림 4.5 FMEA 팀의 구성

다양한 분야의 기술적 지식과 FMEA 실행 방법론 간의 차이는 각 분야의 전문가들이 FMEA 방법론의 고려사항과 상관없이 오직 자신의 기술 지식만을 제공한다는 점이다. 그러므로 팀 내 전문가들은 FMEA에 대해 기본 지식만 가지고 있어도 충분하다.

FMEA 팀 구성원은 4~6명 사이가 가장 이상적이다. 만약 FMEA에 참석하는 팀원이 3~4명보다 적다면, 중요한 하위 부문이 간과되거나 적절히 처리되지 못할 위험이 있다. 반면, 팀원이 7~8명 이상으로 구성되면, 동적인 그룹 효과가 크게 약화되어 팀원들이 토론에 동참하고 있다는 느낌을 가지지 못하게 되고 결과적으로 FMEA 모임에 혼란을 줄 수 있다.

성공적인 FMEA를 위해 중요한 사항들은 아래와 같다.

- FMEA 작업을 눈에 보이게 명확하게 지원하는 관리자
- 좋은 방법론 지식과 의견을 조율하는 지식을 제공하는 조정자
- 제품과 밀접한 관련이 있는 팀원들로 구성된 소규모의 성공 지향적인 팀

FMEA 조직 구성에 대한 추가적 제안사항은 〈그림 4.6〉에 나와 있다.

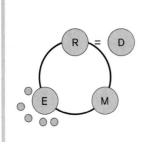

D : 부서
프로젝트 책임 관리자 (발기인)

R : FMEA 프로젝트 책임자
(설계자, 기획자, 도안자, 영업)

E : 전문가
(설계자, 도안자, 시험 엔지니어, 기획자, 생산자, 연구원, 자원 관리자, 시험 설계자, 기능공, 기계 운영자, 다른 지식인)

M : FMEA 방법 전문가
(전문가 또는 과제 책임자의 한 사람과 일치할 수도 있다)

그림 4.6 VDA 4.2에 따른 FMEA 팀

4.2 VDA 86(FMEA 서식)에 따른 FMEA

최초의 FMEA 절차는 서식을 이용하여 수행하였다. 작업 흐름은 서식의 왼쪽 열에서 오른쪽으로 계속해서 채워 나가도록 되어 있다. FMEA 절차는 설계 FMEA와 공정 FMEA로 나눈다. 서식의 첫 번째 행에는 부품과 그 기능에 대한 설명이 기록된다. 서식의 그 다음 부분은 서식의 대부분을 차지하는 위험 분석을 다룬다. 위험 분석 다음에는 많은 고장 원인들의 순위를 매기기 위한 위험 평가가 따른다. 서식의 마지막 단계는 위험 평가 분석에서 도출한 개념 최적화이다(그림 4.7 참조).

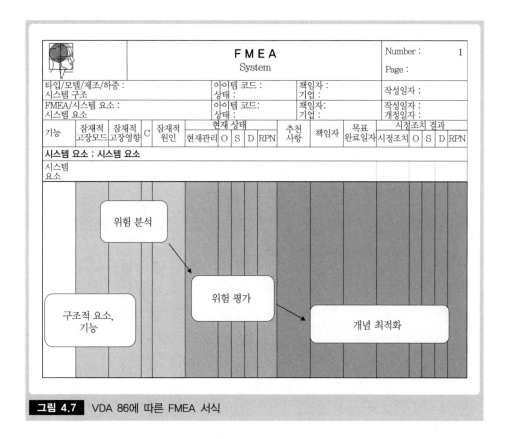

그림 4.7 VDA 86에 따른 FMEA 서식

각 부분의 진행 과정은 〈그림 4.8〉에 나타나 있다.

FMEA의 기초 단계는 가능한 모든 고장 모드를 찾는 것이다(제4열). 이 단계는 가장 주의를 기울여 실행해야 한다. 우리가 찾지 못한 고장 모드로 인해 위험한 고장 영향이 발생하여, 차후 엄청난 신뢰성 문제를 초래할 수 있다.

고장 모드를 찾기 위해 사용되는 옵션들은 〈그림 4.9〉에 나타나 있다. 여기서 반드시 지켜야 하는 원칙은 유사한 경우에서 이전에 발생했던 고장을 살펴보는 것이다. FMEA 모든 팀원들의 경험을 이용하여 고장 모드를 찾을 수 있다. 이 작업은 FMEA 조정자가 주도하는 팀 모임에서 수행된다. 긍정적인 그룹 효과가 고려되어야만 한다. 통상, 고장 모드를 찾는 데 보조 체크리스트가 사용된다. 특별히 위험한 경우에는 모든 고장 모드를 찾는 데 창의적인 수단을 사용하는 것이 도움이 된다. 한 가지 매우 시스템적인 접근방식은 고장 기능 및 고장 나무와 함께 모든 기능을 조사하는 것이다.

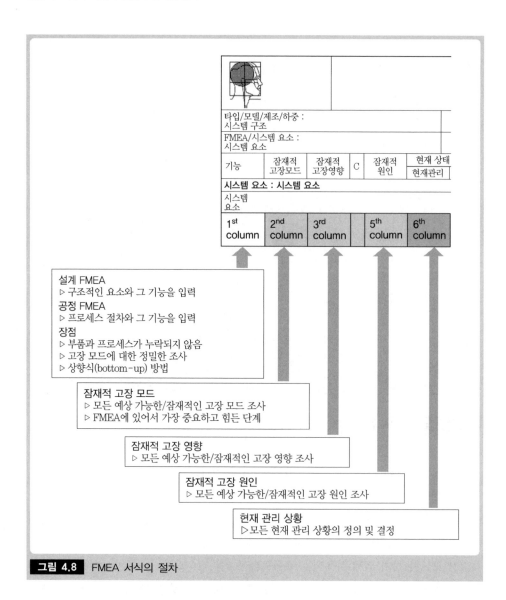

그림 4.8 FMEA 서식의 절차

- 손상 통계
- FMEA 참가자의 경험
- 체크리스트(고장 모드 리스트)
- 창의적 방법(브레인스토밍, 635, 델파이 기법, …)
- 기능 혹은 고장 기능에 대한 시스템적 분석(고장 나무)

그림 4.9 고장 모드 결정 방법

완성된 서식은 〈그림 4.10〉처럼 '나무 구조(tree structure)'로 나타난다. 특정 부품은 하나 이상의 기능과 일반적으로 다수의 고장 모드를 가진다. 각 고장 모드는 다시 여러 개의 고장 영향과 서로 다른 고장 원인을 가진다.

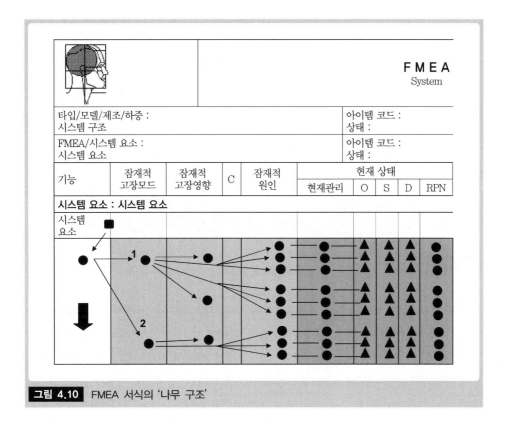

그림 4.10 FMEA 서식의 '나무 구조'

위험 분석 후에는 위험 평가가 따르는데, 발견된 많은 수의 고장 원인들 중에서 중대 위험은 순위를 매겨서 결정한다. 위험 평가는 3개 기준에 따라 수행된다. 발생도 O(= Occurrence)는 해당 고장 원인이 발생할 가능성이 얼마나 되는지 추정하는 값이다. 이는 고장이 가상인지 아니면 현장에서 이미 자주 발생하는지에 대한 물음에 답한다. 심각도 S(=Severity)는 고장 영향의 심각성을 나타낸다. 예를 들어, 사람이 위험에 처하면 심각 도는 더 높고, 반면에 쾌적함에 다소 제약이 있다면 심각도는 낮은 값을 가진다. 감지도 D(=Detection)는 고장 원인이 고객에게 전달되기 전에 얼마나 성공적으로 발견되는지 를 결정한다. 여기서 최고의 측도는 고객이다. 고장으로 인해 이미 추가 비용이 발생했 으나 고객이 신뢰할 수 없는 제품을 받지는 않는다. 3개의 개별적인 평가를 종합해 하나 의 평가 지표인 RPN(Risk Priority Number : 위험우선순위)이 나오게 되며 RPN은 O×S×D

가 된다(그림 4.11 참조). RPN을 사용하여 확인된 고장 원인들의 순위를 정하고 이들의 고장이 고장 영향과 연결된다. 즉, 고장 원인들의 우선순위는 RPN을 통해 가능하다.

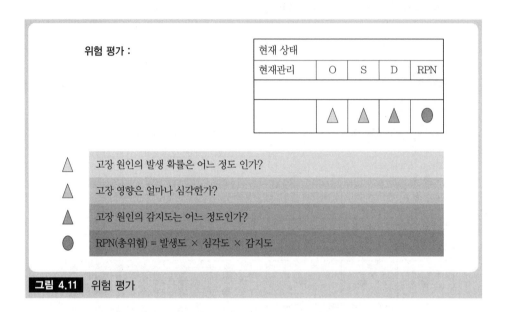

그림 4.11 위험 평가

위험 평가 값의 척도는 일반적으로 1에서 10까지의 정수이다. 평가 값 1(매우 낮은 발생도, 최소 심각도, 최적 감지도)은 제품이 신뢰할 수 있다고 긍정적으로 평가될 때 주어진다. 평가 값 10은 극도로 부정적으로 평가될 때 주어진다. 평가 값을 할당할 때 표와 차트가 유용한 자료로 종종 활용된다(4.4.4절의 VDA 표 참조). RPN은 1(1*1*1)부터 1000(10*10*10)까지 나올 수 있다. 평균 RPN은 일반적으로 125(5*5*5)이다(그림 4.12 참조).

위험 평가-값의 척도
- 값 척도는 1에서 10까지 가짐
  긍정적, 좋은 경우 = 1
  부정적, 나쁜 경우 = 10
- 평가 값은 표(VDA)를 이용하여 할당한다.
- 개별 평가 값들의 곱 = RPN(위험우선순위) : 확인된 잠재 고장 원인의 위험

그림 4.12 위험 평가에 대한 값의 척도

FMEA의 마지막 단계는 위험 평가 다음에 수행하는 최적화 단계이다. 먼저, 계산된 RPN 값들에 순서를 매긴다. 최적화는 RPN 값이 가장 큰 고장 원인들부터 시작하여 분석

의 복잡도, 특정한 하한, 혹은 파레토 원리에 의해 RPN 값들의 20~30%가 최적화된 후에 끝난다. 개별 평가 값이 큰 경우는 또한 RPN 값과 함께 고려되어야 한다. O>8인 값은 고장이 매우 자주 발생한다는 것이다. 당연히 이 경우도 최적화되어야 한다. S>8인 심각도는 안전 위험뿐 아니라 심각한 기능 손상을 나타내는 것이다. 그러한 경우들에 대해서도 보다 면밀히 검토되어야 한다. D>8인 값에서는 고장을 감지하기가 매우 어렵다. 그러므로 이러한 경우는 고객에게 전달되기 전에 고장이 해결되지 않는 상황이 발생한다(그림 4.13 참조).

- RPN 값에 따라 고장 원인의 순위 매김
- RPN 값이 가장 큰 고장 원인을 가지고 개념 최적화 시작
  - 미리 지정한 한계 RPN까지(예 : RPN = 125)
  - 혹은 고장 원인의 특정 양까지(파레토 원리에 따라 일반적으로 약 20~30%)
- 개별 측정값 O>8 혹은 S>8 혹은 D>8인 고장 원인
- **FMEA 결과**는 개별적으로 관측된다.

그림 4.13 개념 최적화 절차

신규 최적화 조치는 최적화된 고장 원인에 대한 서식의 오른편에 기입하며 책임자도 기록한다. D, O, 그리고 S에 할당되는 새로운 평가 값을 사용하여 개선된 상태에 대해 개선된 RPN을 계산한다(그림 4.14 참조).

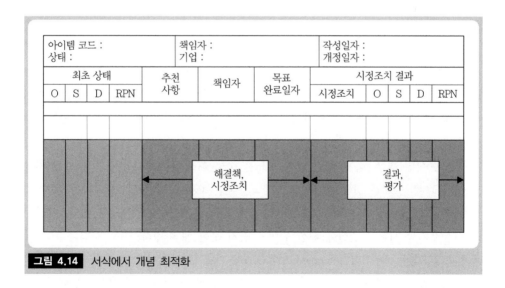

그림 4.14 서식에서 개념 최적화

이 절에서는 자동변속기 예제를 이용하여 전형적인 FMEA 절차에 대해 설명한다. 자동변속기에 실제로 발생한 손상이 분석을 위한 예로 사용되었다. 이 고장 모드만 고려하여 FMEA의 효과성을 보여 준다. 5단 기어 자동변속기의 다이어그램은 〈그림 4.15〉와 같다.

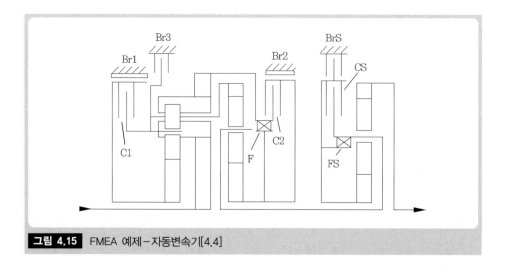

그림 4.15 FMEA 예제-자동변속기[4.4]

특정한 손상 경우의 분석을 위해서 변속기의 작은 부분인 앞 차축 베어링만 고려하는 것으로 충분하다(그림 4.16 참조).

이 베어링은 고정 스테이터 샤프트(fixed stator shaft)의 맞은편에 있는 외측 회전 클러치 플레이트 캐리어(outer rotating clutch plate carrier)를 지지한다. 축 베어링 레이스는 스테이터 샤프트를 따라 작동된다. 다른 레이스는 구동 디스크를 통해 실행된다. 스페이서도 축 베어링에 속하며 변속기에서 발생하는 축 방향 유격(axial play)을 균등하게 한다.

특정 손상인 경우, 즉 관측된 고장 모드는 구동 디스크와 스페이서 간의 교체이다. '부품의 교체'는 모든 단순 체크리스트에 포함되는 표준 고장 모드이다. 자동변속기의 경우, 이러한 교체는 베어링 파괴, 더 나아가 변속기 고장을 가져올 수 있다. 게다가 공장에서 기능 시험은 결함에 대한 원인을 찾지 못한 채 마쳤다. 기능 시험은 0.1 mm 폭의 뜨임 없는 스페이서(untempered spacer)가 견딜 수 있는 비교적 작은 부하를 가지고 수행되었다. 스페이서는 고부하에서 또는 장기 운전 시 심하게 변형되어 축 베어링과 변속기 전체를 차단한다. 그러므로 비교적 사소한 원인이 심각한 손상을 초래할 수 있다.

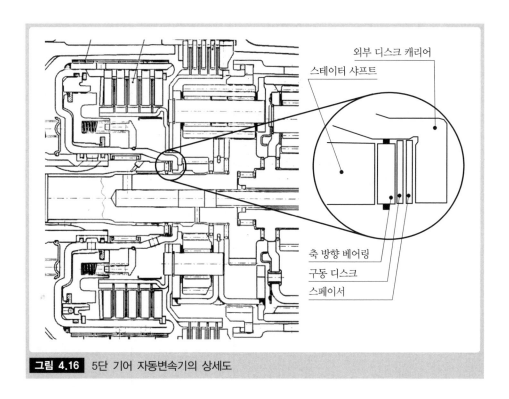

외부 디스크 캐리어
스테이터 샤프트
축 방향 베어링
구동 디스크
스페이서

그림 4.16 5단 기어 자동변속기의 상세도

FMEA를 이용하여 고장은 다음과 같이 분석된다. 고장의 발생 확률은 3~6 사이의 값이 주어진다(수동 조립품, 발생 가능한 고장). 이 고장으로 인하여 차량이 정지할 수 있으므로, 잠재적 영향의 심각도는 매우 심각한 등급인 9~10 사이의 값을 매긴다. 잠재 원인의 감지도는 매우 희박하므로 10이 주어진다. 이렇게 3개의 개별적인 값을 곱하면 RPN은 300~600 사이의 값이 된다. 이 값은 〈그림 4.17〉과 같이 최적화가 요구된다.

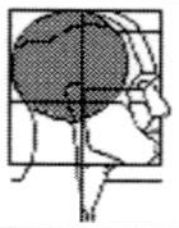

F M E A
System

Number : 1
Page :

| 타입/모델/제조/하중 :
시스템 구조 | 아이템 코드 :
상태 : | 책임자 :
기업 : | 작성일자 : 2004.12.15 |

| FMEA/시스템 요소 :
시스템 요소 | 아이템 코드 :
상태 : | 책임자 :
기업 : | 작성일자 : 2004.12.15
개정일자 : 2004.12.17 |

기능	잠재적 고장모드	잠재적 고장영향	잠재적 원인	현재관리	현재 상태				추천 사항	책임자	목표 완료일자	시정조치	시정조치 결과			
					O	S	D	RPN					O	S	D	RPN
시스템 요소 : spacer																
축 작용을 조정함	스페이서가 작동 디스크와 교체됨	[변속기] 베어링 파괴 → 베어링 장애 → 변속기 장애	[생산] 잘못된 수동 조립	P : 육안 검사 D : 기능 시험	6	10	10	600	P :	Smith	01.02.2005		3	10	5	(150)

그림 4.17 자동변속기의 FMEA 서식

4.4   VDA 4.2에 따른 FMEA

다음 절에서는 FMEA 절차를 VDA 가이드라인 4.2[4.7]에 따라 살펴본다.

기존의 FMEA는 상당히 개선되어 왔다. 이는 FMEA 적용의 증가와 기존의 절차에 있는 몇 가지 결함에 대한 인식의 결과이다. 새롭고 뛰어난 용어는 아래와 같이 '시스템 FMEA'로 정의한다.

System FMEA

FMEA 적용이 증가하는 데 영향을 미친 요인들은 다음과 같다.

- 고객의 품질 요구 증가
- 제품의 비용 최적화
- 생산자에게 요구되는 강제 배상 책임(제조물 책임)

시스템 FMEA가 추구하는 목표는 다음과 같다.

- 제품의 기능 안전과 신뢰성 증가
- 보증 비용 감소
- 개발 프로세스 단축
- 신규 생산의 원활한 개시
- 마감 준수의 개선
- 제품 생산의 경제성 제고
- 서비스 향상
- 내부 커뮤니케이션 향상

시스템 FMEA는 예방 차원의 신뢰성 방법이기 때문에 가능한 제품 설계 단계의 초기에 이 방법의 실행에 대한 결정을 내려야 한다. FMEA 방법론 적용을 기술 사양 단계에서 적용할 수 없으면, 늦어도 최초 설계 개발 시에 실행하거나 아니면 차후에 시스템 FMEA가 시행되어야 한다. FMEA의 실행은 설계 단계에서 이루어지는데, 이는 FMEA가 계속적으로 설계 프로세스에 맞게 수행되어야 하고 정적인(변화가 없는) 문서로 취급되지 않을 수 있음을 의미한다.

다음과 같은 이유 때문에 FMEA의 추가 개선이 이루어진다.

- 설계 FMEA에서 고장 분석은 주로 부품 수준에서 이루어지는데 이는 관측되는 부품 사이에 기능적 상호 작용은 포함하지 않는다는 말이다.
- 기존의 공정 FMEA에서 고장 분석은 각 프로세스 단계에 대해 수행된다. 전체 생산 프로세스에 대한 분석이 철저히 이루어지지 않는다. 예를 들어, 필요한 공구와 기계의 레이아웃은 고려되지 않는다.
- 설계 및 공정 FMEA는 서식을 이용하여 FMEA가 작성되며, 이는 시스템 내에 발생 가능한 고장 기능 관계뿐만 아니라 기능 관계에 대한 설명은 고려되지 않는다는 의미이다.

시스템 FMEA의 출발점으로서 새로운 접근 방법은 분석되는 시스템의 구조를 사용한다. 이것은 시스템 FMEA 제품과 시스템 FMEA 공정의 개발을 가져왔다. VDA 86의 구 서식은 개선되어 1996년에 새로운 서식 VDA 4.2가 도입되었다(그림 4.18 참조).

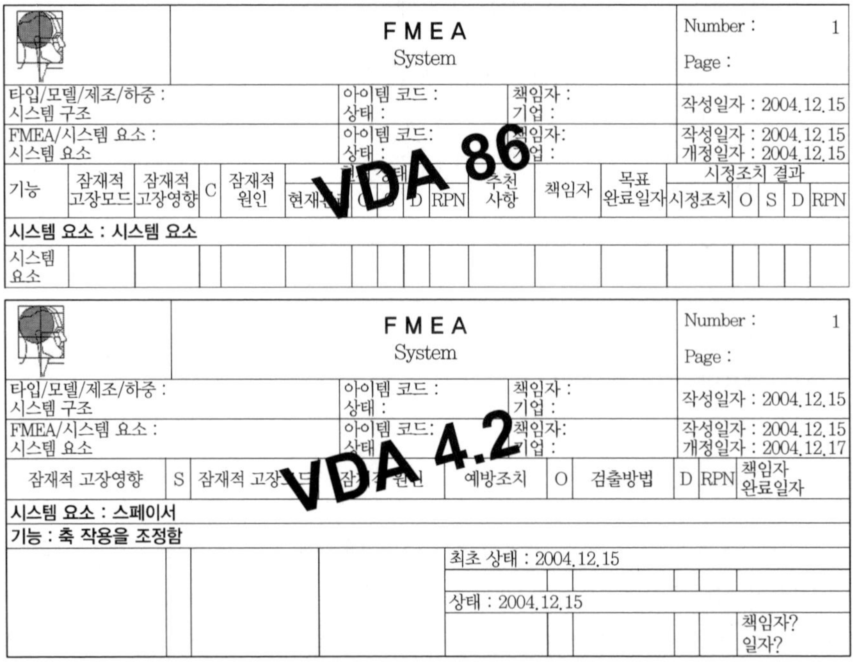

그림 4.18 FMEA 서식인 VDA 86과 VDA 4.2의 비교

새로운 절차에서는 추가적인 시스템 및 기능 관측이 필요하다. 그 세부 내용은 다음과 같다.

- 분석되는 제품을 시스템 요소를 가지는 하나의 시스템으로 구조화하고 이러한 시스템 요소들 간의 기능적 관계를 확인한다.
- 시스템 요소의 기능과 시스템 요소의 발생 가능한 고장 기능을 도출한다.
- 시스템 FMEA에서 잠재적 영향, 고장 모드 및 고장 원인을 설명하고 분석할 수 있도록 함께 속해 있는 다른 시스템 요소들의 고장 기능 간에 논리적 관계를 도출한다.

이제 '시스템'이라는 용어의 정의에 대해 보다 자세히 살펴볼 필요가 있다. 각각의 기술적인 개체(장비, 기계, 장치, 조립품 등)는 하나의 시스템으로 설명될 수 있다. 시스템은 아래와 같다.

- 주변 상황으로부터 자신을 배제한다. 이와 같이 시스템은 시스템 경계를 가지며, 시스템 경계를 가지는 접점은 입력과 출력이다.
- 부가 시스템 또는 시스템 요소로 나눌 수 있다.
- 다양한 계층 구조로 전개할 수 있다.
- 분석의 목적에 따라 상이한 시스템 유형으로 나눌 수 있다(예 : 조립품에서, 기능 그룹에서 등).
- 제품에 대한 추상적 설명이다.

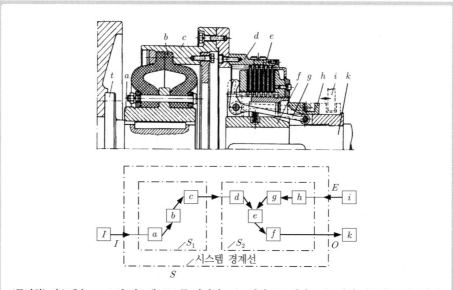

'클러치' 시스템은 $a \sim h$의 시스템 요소를 가지며, i는 연결 요소이며, S는 전체 시스템, S_1은 '탄성 연결' 서브시스템, S_2는 '분리 클러치' 서브시스템이다. I는 입력, O는 출력이다.

그림 4.19 참고문헌 [4.6]의 '클러치' 시스템

'시스템' 용어에 대한 설명은 〈그림 4.19〉에 나타나 있다. 이 그림의 단면도는 시스템 관점으로 변환되며, 즉 FMEA 방법론에 유용한 또 다른 추상적인 수준으로 변환된다.

시스템 FMEA와 관련하여 두 번째로 중요한 용어는 '기능(function)'이다. 기능은 기술적인 개체인 시스템에 대한 입력 및 출력 변수 간에 일반적이고 구체적인 관계를 설명한다. '블랙박스' 이미지는 추상적이고 중립적인 솔루션 수준의 작업 설명을 제공한다(그림 4.20).

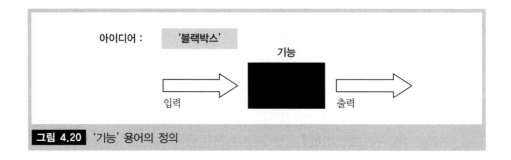

그림 4.20 '기능' 용어의 정의

기술적 시스템에서 기능의 예
- 변속기 → 토크/속도를 변환
- 전기 엔진 → 전기 에너지를 기계 에너지로 변환
- 압력 방출 밸브 → 압력을 제한
- RAM(Read Access Memory) → 신호를 저장

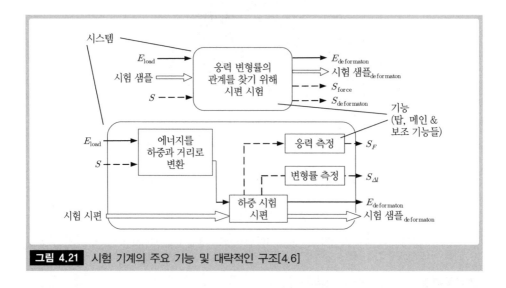

그림 4.21 시험 기계의 주요 기능 및 대략적인 구조[4.6]

〈그림 4.21〉에는 시험 기계를 조사함으로써 절차가 상세히 설명되어 있다. 시스템은 단계적으로 나뉜다. 첫 단계에서 전체 기능이 주요 기능과 보조 기능으로 나뉜다.

다음 단계에서 주요 기능 및 보조 기능이 포함된 상세 구조가 생성된다(그림 4.22 참조).

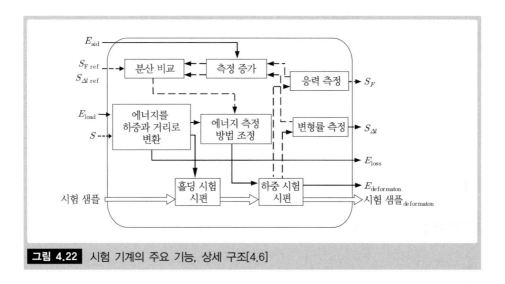

그림 4.22 시험 기계의 주요 기능, 상세 구조[4.6]

시스템 FMEA 제품(개요)

제품(기계, 기구, 장치 등)에 대한 고장 모드뿐 아니라 고장 기능들이 시스템 FMEA 제품에서 분석된다. 부품 레벨의 고장에 이르기까지 다양한 계층구조의 시스템 레벨에서 분석이 수행된다.

> 부품의 고장 기능은 파괴, 마모, 막힘, 클램프 등과 같은 물리적 고장 모드로 정의된다.

일반적으로 '고장 기능'이라는 용어는 고장 모드, 고장 유형 또는 고장을 의미한다. VDA 가이드라인 86에 따른 FMEA의 내용은 VDA 4.2용 FMEA 신규 서식에 완전히 통합된다(그림 4.23 참조). 〈그림 4.24〉에는 시스템 FMEA 제품에 대한 시스템 구조에 대한 레이아웃 예가 나타나 있다.

					현재 상태				추천	책임자	목표	시정조치 결과				
기능	잠재적 고장모드 F(M)	잠재적 고장영향 FE	C	잠재적 원인 FC	현재관리	O	S	D	RPN	사항		완료일자	시정조치	O	S	D	RPN

FMEA System — Number : 1, Page :

타입/모델/제조/하중 : **변속기** — 아이템 코드 : 상태 : — 책임자 : 기업 : — 작성일자 : 2004.12.15.

FMEA/시스템 요소 : **입력 샤프트** 시스템 요소(SE) — 아이템 코드: 상태 : — 책임자: 기업 : — 작성일자 : 2004.12.15. 개정일자 : 2004.12.15.

시스템 요소 : 시스템 요소

- 베어링 입력 샤프트 마모 / 변속기 기능이 방해를 받고, 기능 불능 / 베어링 시트의 경도가 낮음
- 구조적 요소에서 고장 기능 (물리적 고장 모드) / 변속기의 고장 기능 / 고장 기능 설계 (예 : 치수, 표면, 경도, 재질)

그림 4.23 이전 절차(VDA 86)에 따른 변속기의 설계 FMEA

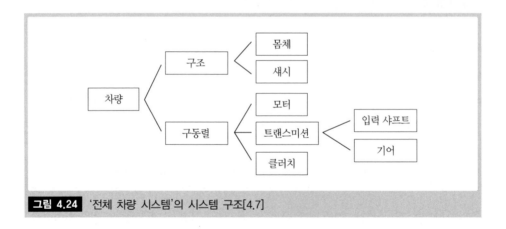

그림 4.24 '전체 차량 시스템'의 시스템 구조[4.7]

시스템 FMEA 공정(개요)

시스템 FMEA 공정을 통해 생산 프로세스(제조, 조립, 물류, 운송 등)에서 발생 가능한 모든 고장 기능이 관측된다. 프로세스는 시스템 설명에 따라 구축되며, 구조의 마지막 단계는 '4M's'(사람, 기계, 재료, 방법)와 '환경'으로 이루어진다(그림 4.25 참조).

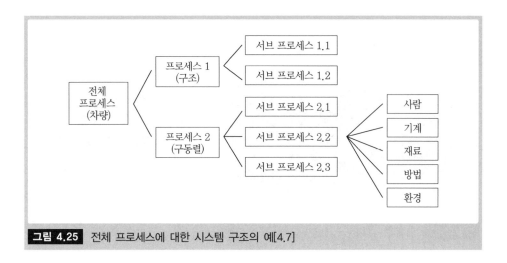

그림 4.25 전체 프로세스에 대한 시스템 구조의 예[4.7]

VDA 4.2에 따른 시스템 FMEA의 작성 절차는 5개의 주요 단계로 구성된다(그림 4.26 참조). 이 5단계에 대해서는 다음 절에서 자세히 다룬다.

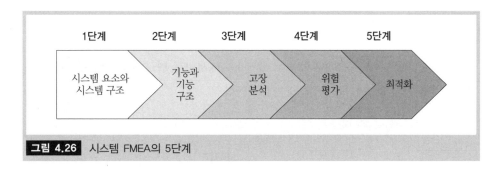

그림 4.26 시스템 FMEA의 5단계

4.4.1 1단계 : 시스템 요소와 시스템 구조

FMEA의 첫 번째 단계는 아래와 같은 부분 단계로 나뉜다.

1. 〈그림 4.27〉과 같이 시스템을 정의한다. 우선 시스템이 얼마나 복잡한지, 그리고 FMEA를 통해 어떤 부분이 분석되어야 하는지를 정한다. 여기에는 다음 사항이 포함된다.
   - (시스템 FMEA 제품의 경우) 설계 인터페이스의 정의
   - (시스템 FMEA 공정의 경우) 프로세스 인터페이스의 정의

그림 4.27 관측되는 시스템의 한정

2. 시스템을 개별 시스템 요소(SE)로 나눈다. 이러한 분할 작업은 아래와 같이 수행된다.
   - 조립품(서브시스템)
   - 기능 그룹(서브시스템)
   - 부품

3. 시스템 요소 구조(구조 나무 : structure tree)에서 시스템 요소를 계층구조에 따라 순서를 매긴다(그림 4.28 참조).

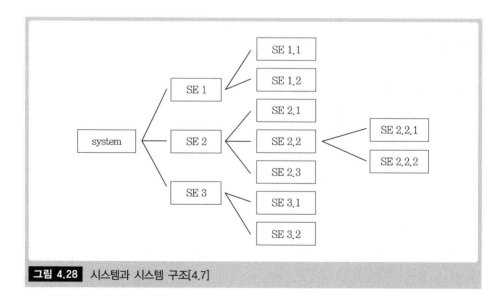

그림 4.28 시스템과 시스템 구조[4.7]

시스템 구조는 최상위 요소부터 시작하여 개별 시스템 요소들을 다양한 계층구조 레벨로 배열한다. 서브시스템은 다양한 레벨을 가지는 각 시스템 요소 다음에 추가로 배열할 수 있다. 원칙적으로, 시스템 구조를 설정하는 방식은 임의적이다. FMEA 제품의 경우, 조립품에 따른 배열이 일반적이며 이에 대한 예가 〈그림 4.29〉에 나와 있다.

시스템 구조를 작성할 때 다음 사항을 고려해야 한다.

- 계층구조의 레벨 수는 임의적이다.
- 각 시스템 요소는 한 번만 표시된다(유일성).
- 보다 나은 개요를 위해 각 시스템 요소는 구조화 작업에만 사용할 수 있다(일명 '더미 시스템 요소'). 이러한 시스템 요소는 차후 분석에서 중요하지 않다.

시스템 구조를 작성하기 위해 사용되는 몇몇 유용한 도구들이 〈그림 4.30〉에 나타나 있다. 예는 4.5.1절에서 설명된다.

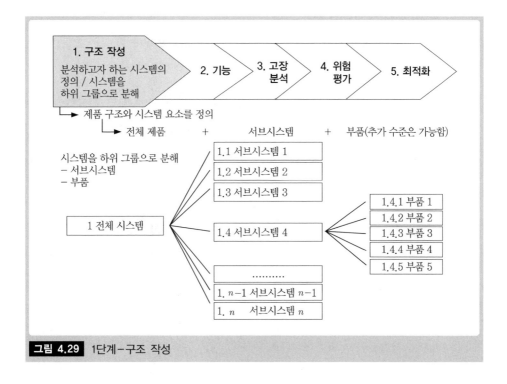

그림 4.29 1단계－구조 작성

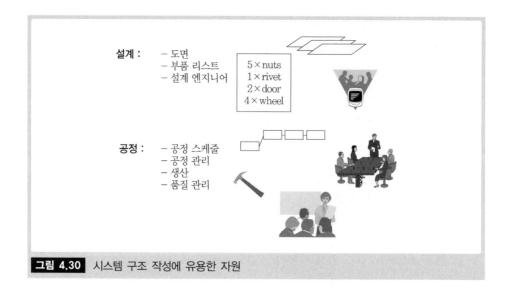

그림 4.30 시스템 구조 작성에 유용한 자원

4.4.2 2단계 : 기능과 기능 구조

시스템 요소(SE)의 배열과 시스템 구조(구조 나무)의 구축은 특정한 기능과 고장 기능을 결정하는 데 기본이 된다. 기능을 결정하는 데 아래의 작업들이 사용된다.

1. '하향식(top down)'으로 기능 작성. 즉, 시스템의 최상위 기능부터 시작하여 기능 (하위 시스템 요소에 기여하는 기능)이 생성된다(그림 4.31 참조).

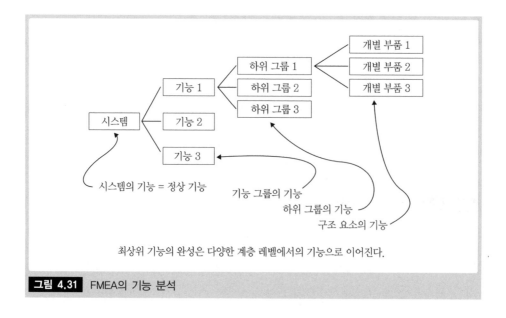

그림 4.31 FMEA의 기능 분석

2. 각 시스템 요소에 대한 개별적인 기능 작성. 여기서 적용 조건(예 : 부하, 고온성, 냉각성, 먼지, 비산수, 소금, 얼음, 진동, 전기적 오작동 등)에 관한 사양 정보에 대한 상당한 노하우가 필요하다.

두 경우 모두에 유용하게 사용되는 도구는 아래와 같다.

- '블랙박스' 관찰(그림 4.32 참조)
- 설계 방법론의 일반적인 '가이드라인' 참조(그림 4.33 참조)
  가이드라인이란 상위 개념의 용어를 포함한 검색 또는 제안 리스트이다. 이것은 중요사항이 간과되지 않도록 한다. 이와 같이 도출된 기능들이 전부라는 것이 확인된다.

기능 구조는 하나의 개별적이고 약화되는 기능에 대한 여러 시스템 요소의 기능들의 협력 관계를 나타낸다. 기능 네트워크 혹은 기능 구조에 대한 기능들의 조합이 가능하다. 최상위 기능은 전체 시스템 기능에 대해 결정되며, 품질 특성, 설계 사양, 혹은 이전 FMEA에서 얻은 정보와 같은 제품의 목표를 실현하기 위해 필수적이다. 최상위 기능은 부품 기능에 이르기까지 부가적인 시스템 기능과 서브시스템 기능으로 나뉜다(그림 4.34 참조). 예는 4.5.2절에 나타나 있다.

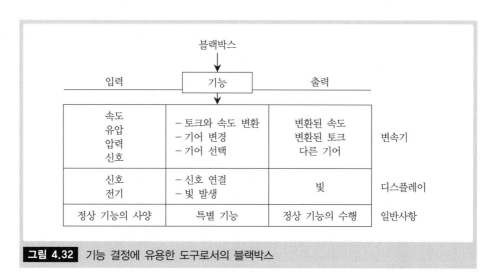

그림 4.32 기능 결정에 유용한 도구로서의 블랙박스

메인 범주	
기하학	치수, 높이, 폭, 길이, 직경, 요구 공간, 수량, 정렬, 연결, 확장 및 팽창
운동학	확장 및 팽창
힘	운동 타입, 운동 방향, 속도, 가속도, 힘 크기, 힘 방향, 힘 빈도, 무게, 하중, 변형률, 단단함, 스프링 특성, 안정성, 공명
에너지	힘, 효율 정도, 손실, 마찰, 환기, 상태 변수(예 : 압력, 온도, 습도, 열, 냉각, 관련 에너지, 저장, 작업량, 에너지 변환)
재료	입력 및 출력 제품의 물리적/화학적 특성, 보조 재료, 필요한 재료(관련 법규), 재료 흐름 및 수송
신호	입력 및 출력 신호, 디스플레이 모드, 작동 및 모니터링 장비, 신호 유형
안전성	직접적인 안전 기술, 보호 시스템 작동, 작업 및 환경 안전성
인간공학	사람-기계 관계, 작동, 작동 유형, 명석함, 불빛, 디자인
제조	생산 공장을 통한 제한, 최대 생산 치수, 선호하는 생산
제어	공정, 작업 시설, 가능한 품질 및 공차 측정 및 제어 옵션, 구체적인 규제(TÜV, ASME, DIN, ISO)
조립	구체적인 조립 규정, 조립, 설치, 공사장 조립, 토대
수송	인양 장치를 통한 제약, 경로, 크기와 무게에 따른 수송 경로, 발송 유형
사용	저소음 수준, 마모율, 적용/배포 지역, 설치 장소(열대, …)
보전(정비)	무정비, 정비 시간, 검사, 교체 및 수리, 페인팅, 청소
재활용	재사용, 재활용, 쓰레기 관리, 쓰레기 폐기, 처분
비용	최대 허용 생산 비용, 총비용, 투자 및 할부 상환
스케줄	개발 종료, 중간 단계를 위한 네트워크 계획, 배달 시간

Pahl/Beitz에 따름

그림 4.33 참고문헌[4.6]에 따른 사양 목록에 대한 가이드라인

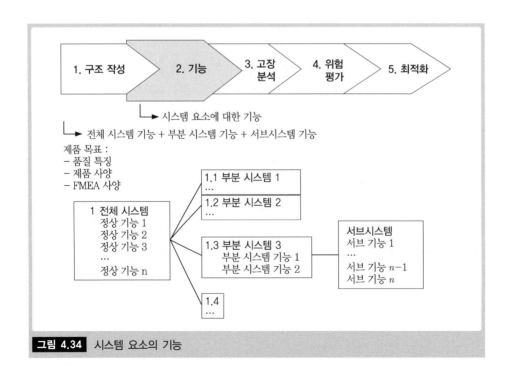

그림 4.34 시스템 요소의 기능

4.4.3 3단계 : 고장 분석

고장 분석은 각각의 시스템 요소에 대해 수행된다. 하지만 각각의 경우에 대해 어느 시스템 요소에 대해 고장 분석을 수행하는 것이 적절할지를 결정해야 한다. 고장 분석은 모든 잠재적 고장 기능을 결정하는 것을 의미한다. 이는 기능을 제한하거나 제 기능을 수행하지 못하게 하는 고장이 고려된다는 것이다.

추상적 기능의 경우, 〈그림 4.35〉에 나타난 사항들을 대신해서 고장 기능 목록이 작성될 수 있다.

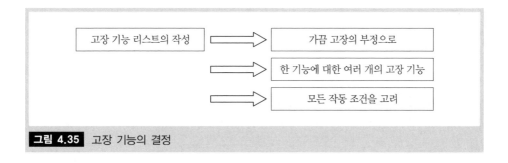

그림 4.35 고장 기능의 결정

부품 레벨에서의 고장 기능은 물리적 고장 모드이다.

| **표 4.1** | 잠재적 고장 모드의 대표적 사례

• 균열	• 파열	할 수 있는 조립이 아님)
• 크랙	• 감압	• 잘못된 위치(잘못된 조립
• 마모	• 잘못된 압력	측정)
• 거부	• 부식	• 역조립
• 벗겨짐	• 과열	• 교체(잘못된 조립 측정)
• 마모(베드인, 피팅, …)	• 탄화	• 반대편 위치가 잘못됨
• 충분치 않은 시간 특성	• 새까맣게 탐	• 잘못된 배치
• 썩음, (너무 이른)부패	• 막힘	• 먼지와 물의 발생
• 손상, 너무 일찍 닳음	• 과잉	• 잘못된 속도
• 진동	• 구부러짐, 늘어짐	• 잘못된 가속도
• 흔들림	• 비뚤어짐, 변형, 오목함	• 잘못된 스프링 특성
• 공명	• 이완, 헐거워짐, 흔들림	• 잘못된 무게
• 불쾌한 소리	• 클램프, 느림	• 효율 저하
• 소음	• 마찰이 너무 높거나 낮음	• 너무 지나친 정비
• 혼잡함	• 너무 큰 확장	• 교체하기 어려움
• 오염	• 부품 누락	• 더 이상 사용 불가
• 누설	• 잘못된 부품(안전하게 사용	

〈표 4.1〉은 완벽한 고장 분석을 보장하기 위해 사용되는 대표적인 고장 모드 목록이다. 이러한 고장 기능들은 부품 레벨에서 FMEA를 위한 대표적인 고장 모드들이다. 구조 나무의 고장 기능은 〈그림 4.36〉에 나타나 있다.

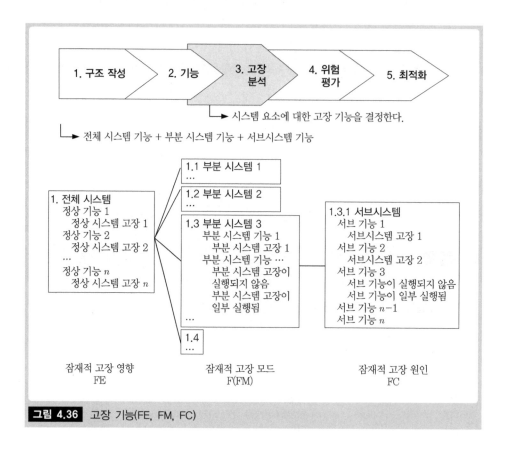

그림 4.36 고장 기능(FE, FM, FC)

최상위 시스템 고장이나 최상위 고장 기능은 최상위 기능으로부터 도출된다. 고장 분석의 정도는 시스템 구조의 구조화 레벨 정도에 따라 제한된다. 필요시 잠재적 고장 원인을 결정하기 위해 시스템 구조가 확장될 수 있다. 다음 방법들은 잠재적 고장 모드 (FM) 결정에 사용될 수 있다.

- 손상 통계
- FMEA 팀원들의 경험
- 체크리스트(예 : 표 4.1에 제시된 고장 모드들)
- 창의적 절차(브레인스토밍, 635, 델파이 기법 등)
- 기능 또는 고장 기능/고장 나무를 사용한 시스템적 방법

체크리스트는 고장을 찾는 데 매우 유용하다.

3단계의 고장 분석으로부터 다음과 같은 관련성이 존재한다.

- 관측되는 시스템 요소(SE)에 대한 잠재적 고장 모드(FM)는 결정된 기능에 의해 파생되고 설명되는 고장 기능이다. 예를 들어 고장은 기능 또는 제한된 기능을 이행하지 못한다.
- 잠재적 고장 원인(FC)은 시스템 구조에서 하위 시스템 요소와 인터페이스에 의해 할당된 시스템 요소의 발생 가능한 고장 기능이다.
- 잠재적 고장 영향(FE)은 시스템 구조에서 상위에 있는 시스템 요소와 인터페이스에 의해 할당된 시스템 요소의 고장 기능이다.

다음 사례의 경우, 서로 다른 고장들 간의 관련성에 대해 보다 면밀히 살펴보아야 한다.

- 잠재적 고장 모드 : 자동차 타이어의 갑작스런 압력 손실
- 잠재적 고장 원인 : 도로상의 날카로운 물체(예 : 못)
- 잠재적 고장 영향 : 차량 제어 능력 상실-사고 발생, 운전 불가능

〈표 4.2〉는 부품 레벨에서 몇 가지 전형적인 잠재적 고장 원인들을 나타낸다. 종종 차후 FMEA에서 다시 사용할 수 있도록 회사의 특정 리스트를 만드는 것은 적합하다.

| 표 4.2 | 부품 레벨에서 전형적인 잠재적 원인

• 치수 고장(외형, 안정성, 강성)	• 잘못된 공차 선택(허용 기준, 형상 & 위치 공차)
• 불량 재료(재료 특성 : 자성, 불균일, …)	• 공차 체인이 고려되지 않음
• 표면이 잘못 정의됨(경도, 형상, 파상도, 정확한 작동, 표면 거칠기)	• 혼란스럽게 조립됨
• 잘못된 기계 가공이 정의됨	• 잘못된 열처리가 정의됨

고장 분석의 실행은 다음과 같이 다양한 방식으로 수행될 수 있다.

1. 부품 기능에서 부품 레벨까지 기능의 정의 : → 부품 고장 기능=고장 모드. 질문 : "관측된 부품 기능에 대해 어떤 고장 모드가 발생할 수 있는가?" (그림 4.55의 슬리브 예 참조)
2. 조립품과 기능 그룹의 고장 기능에서 조립품 또는 기능 그룹 레벨[부품 기능='더

미(dummy)' 기능]까지 기능의 정의 : → 부품 고장 기능=물리적인 고장 모드. 질문 : "관측된 조립품 또는 기능 그룹의 고장 기능이 발생하려면 어떤 고장 모드가 필요한가?" (그림 4.55의 씰 예 참조)

결정된 고장 기능들은 고장 나무/고장 기능 나무 또는 고장 네트워크로 결합된다(그림 4.37 참조).

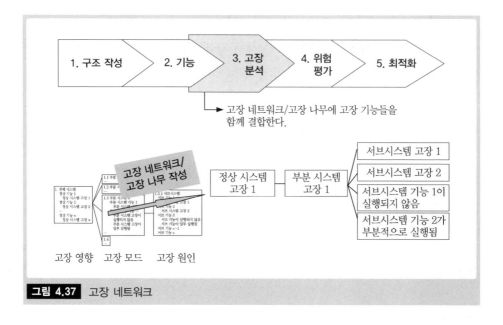

그림 4.37 고장 네트워크

〈그림 4.38〉은 슬리브 파손에 대한 고장 네트워크의 한 예를 보여 준다. 여기서 잠재적 고장 원인(FC), 잠재적 고장 모드(FM 또는 F), 그리고 고장 영향(FE) 사이의 관계가 분명히 나타난다.

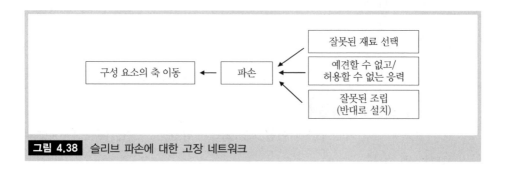

그림 4.38 슬리브 파손에 대한 고장 네트워크

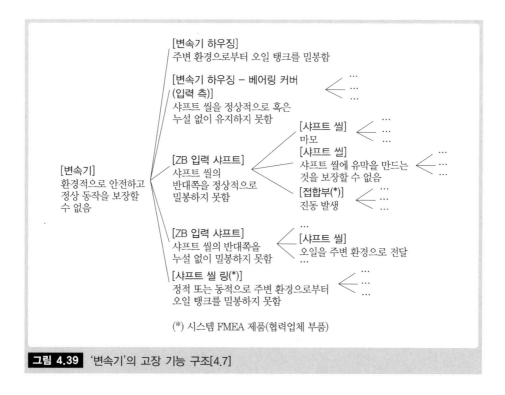

그림 4.39 '변속기'의 고장 기능 구조[4.7]

변속기에 대한 고장 기능 구조가 〈그림 4.39〉에 나타나 있다. 이 예제에서 시스템 FMEA 제품은 구입한 품목 또한 포함한다.

선택된 레벨에 따라 고장 기능 구조의 내용은 다음과 같이 VDA 4.2에 따른 FMEA 서식에 기입된다.

- '잠재적 고장 영향' FE
- '잠재적 고장 모드' FM
- '잠재적 고장 원인' FC

FMEA는 서로 다른 레벨에서 중복 수행된다. 상위 레벨의 잠재적 고장 모드는 다음 하위 레벨의 FMEA에서 잠재적 고장 영향으로 이어진다. 상위 레벨의 잠재적 고장 원인은 다음 하위 레벨에서 잠재적 고장 모드로 이어질 수 있다. 〈그림 4.40〉과 〈그림 4.41〉에는 이러한 겹치는 부분(overlapping)이 나타나 있다.

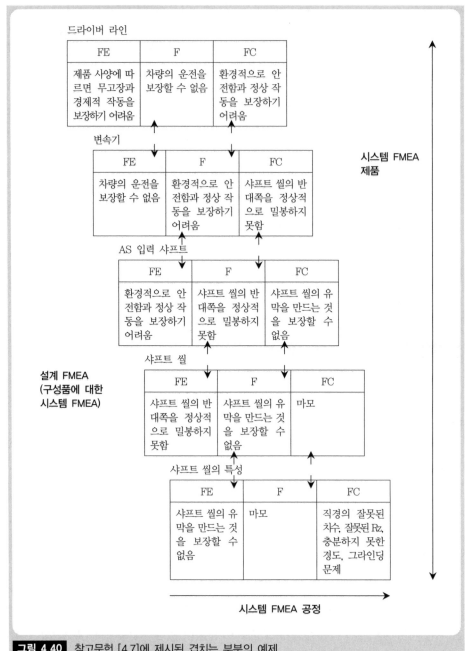

그림 4.40 참고문헌 [4.7]에 제시된 겹치는 부분의 예제

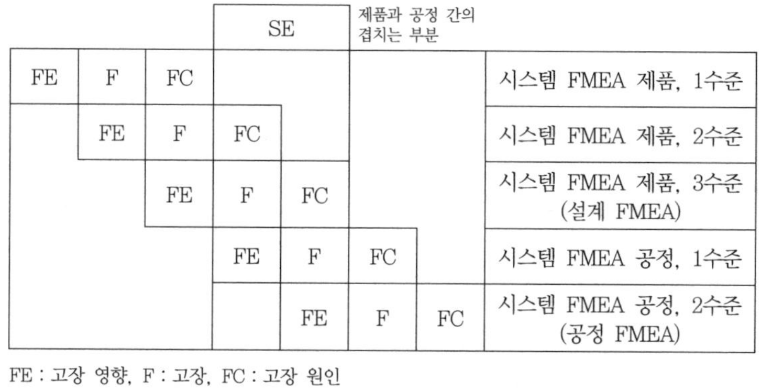

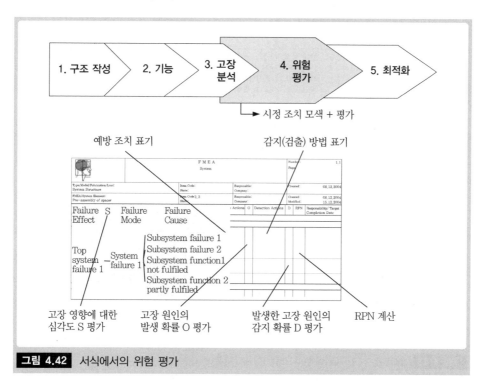

그림 4.41 참고문헌 [4.7]에 제시된 시스템 FMEA 제품과 시스템 FMEA 공정의 중복

4.4.4 4단계 : 위험 평가

위험 평가는 다음의 3가지 평가 기준을 사용해 수행한다.

- S : 잠재적 고장 영향의 심각도
- O : 고장 원인의 발생 확률

그림 4.42 서식에서의 위험 평가

- D : 발생한 고장 원인의 감지 확률

〈그림 4.42〉에는 서식에서의 위험 분석이 나타나 있다.

평가 값의 범위는 1에서 10까지의 정수이다. 평가를 위한 가이드라인으로는 VDA에 따른 표(그림 4.43 참조)나 회사별 표가 사용된다. 회사 특정 표는 이전 FMEA를 참조하여 작성할 수 있다.

심각도 S

심각도 S는 전체 시스템에 대한 고장 영향의 심각도를 평가한다. 이러한 평가는 항상 제품의 최종 사용자인 외부 고객의 관점에서 수행된다. 1은 매우 낮은 심각도를 나타내는 반면, 10은 매우 높은 심각도(예 : 사람이 위험에 처하는 경우)를 나타낸다. 일반적으로, 유사한 잠재적 고장 영향에는 유사한 값이 할당되어야 한다(그림 4.43 참조).

심각도 S에 대한 평가 점수		발생도 O에 대한 평가 점수		결함비율 (ppm)	감지도 D에 대한 평가 점수		시험 절차의 신뢰도
매우 높음		**매우 높음**			**매우 낮음**		
10 9	시스템의 전체 가동을 중단하거나 안전 메커니즘의 고장 또는 법적 규제 위반을 야기하는 심각한 고장	10 9	고장 원인이 매우 자주 발생하며, 이용할 수 없으며, 적합하지 않은 설계	500,000 100,000	10 9	발생된 고장 원인을 감지하기가 거의 불가능함, 조립 치수의 신뢰성이 증명되지 않았고 될 수도 없음, 증명된 절차도 불확실하며, 시험도 없음	90%
높음		**높음**			**낮음**		
8 7	시스템의 가동이 제한적이며, 즉각적인 정비가 필요하며, 중요한 서브시스템의 기능 제한이 있으며, 시스템의 안전 메커니즘은 손상되지 않았음	8 7	현재 설계가 문제를 야기하는 기존의 입증된 설계와 약간의 차이가 존재함, 고장 원인은 반복적으로 발생함	50,000 10,000	8 7	발생된 고장 원인의 감지가 어려우며, 감지되지 않은 고장 원인이 존재하며, 불확실한 시험	98%
보통		**보통**			**보통**		
6 5 4	시스템의 기능이 제한적이며, 즉각적인 정비가 반드시 필요하지는 않으며, 중요 작업과 편의 시설의 기능 제한이 있고, 고객이 시스템의 고장을 인지함	6 5 4	고장 원인은 가끔 발생하며, 설계가 정확하지 않음	5,000 1,000 500	6 5 4	발생된 고장 원인의 감지가 가능하며, 시험은 상대적으로 확실함	99.7%
낮음		**낮음**			**가능성 있음**		
3 2	시스템 기능에 약간의 제한이 있으며, 다음 정기 정비 시점에서 수리가 가능하며, 중요 작업과 편의 시설의 기능 제한이 있음	3 2	고장 원인의 발생이 적으며, 설계는 제대로 되어 있음	100 50	3 2	발생된 고장 원인의 감지가 매우 가능하며, 시험은 확실함. 예 : 서로 독립적인 여러 개의 시험	99.9%
매우 낮음		**매우 낮음**			**매우 가능성 있음**		
1	기능의 제한이 거의 없으며, 전문가에 의해 발견이 가능하며, 고객이 고장을 인지하지 못함	1	고장 발생이 거의 불가능함	1	1	발생된 고장 원인은 확실하게 감지될 것임	99.99%

그림 4.43 참고문헌 [4.7]에 따른 시스템 FMEA 제품에 대한 평가 기준

예방 조치와 발생도 O

발생도 O의 평가는 각각의 잠재적 고장 원인에 대해 취해지는 예방 조치의 효율성에
따라 수행된다. 고장 원인에 대한 시스템 FMEA에서 고장 분석이 상세하게 수행될수록
더욱더 차별화된 발생도(O) 평가가 이루어진다. 상위 시스템에 대한 시스템 FMEA의 경
우, 이전의 경험에 근거한 값이 고장 원인의 발생도(O) 평가에 유용할 수 있다(예 : 신뢰
도 평가).

만약 친숙한 서브시스템이 다른 시스템에 통합되는 경우, 적용 조건이 변경되었기 때
문에 다시 평가가 이루어져야 한다.

예방 조치는 잠재적 고장 원인의 발생을 제한하거나 방지하는 모든 조치(대부분의
시간을 예방)를 말한다. 그러한 한 예로 〈그림 4.44〉처럼 개발 단계에 예방 조치를 예상
한다.

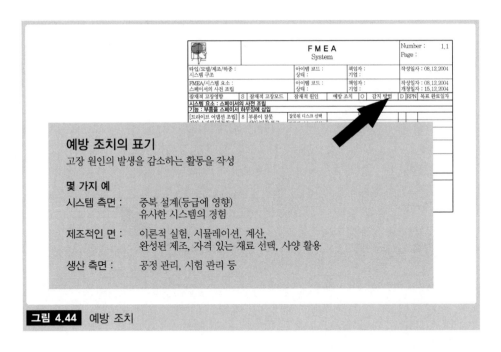

그림 4.44 예방 조치

잠재적 고장 원인의 발생 확률에 대한 평가는 모든 예방 조치들을 나열하여 수행된다
(그림 4.44 참조). 잠재적 고장 원인이 발생할 것 같으면 10이 할당되고, 잠재적 고장
원인이 발생할 확률이 매우 낮으면 1이 할당된다. 이와 같이 발생도(O) 평가는 특정 제
품 전체에 남아 있는 불량 부품의 양에 대해 설명한다.

감지 방법 및 감지도 D

감지도(D) 평가는 각각의 잠재적 고장 원인에 대해 취해지는 감지 방법의 효율성에 따라 수행된다. 고장 원인에 대한 시스템 FMEA에서 수행되는 고장 분석이 상세하게 수행될수록 보다 차별화된 감지도(D) 평가가 이루어진다. 상위 시스템에 대한 시스템 FMEA의 경우, 이전의 경험에 근거한 값이 고장 원인의 감지도(D) 평가에 유용할 수 있다.

만약 친숙한 서브시스템이 다른 시스템에 통합되는 경우, 적용 조건이 변경되었기 때문에 다시 평가가 이루어져야 한다.

감지 방법에서는 다음 두 개별 방법 간에 차이를 알아야 한다.

1. 개발 및 생산에서의 감지 방법 : 개발 및 생산 단계 동안 수행되며 개발 및 생산 동안에 이미 개념이나 제품에서 발생 가능한 잠재적 고장 원인을 가시적으로 보여 주는 감지 방법이다.
2. 작동 시/현장에서의 감지 방법 : 작동 시 제품(시스템)에 나타나거나 작업자(고객)가 인지하게 되는 감지 가능성. 이러한 감지 방법은 작동 시 발생한 잠재적 고장 또는 잠재적 고장 원인을 표시하고 추가로 발생할 수 있는 잠재적 고장 영향을 방지해야만 한다.

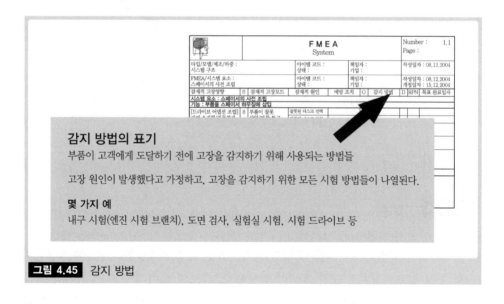

그림 4.45 감지 방법

감지 확률의 평가는 열거된 모든 감지 방법을 고려하여 수행된다. 감지 방법에서는 잠재적 고장 원인을 직접 식별하지 않으며 오히려 결과로 나타나는 잠재적 고장 원인을 고려한다(그림 4.45 참조). 감지 방법이 전혀 없을 경우, 10이 할당되며, 고객에게 전달되기 전에 고장의 감지 가능성이 매우 높은 경우에는 1이 할당된다. 이와 같이 감지도 (D) 평가에서는 한 특정 제품 전체에서 감지되지 않은 불량 부품의 양에 대해 설명한다.

위험우선순위 RPN(Risk Priority Number)

위험우선순위 RPN은 평가 값들을 모두 곱해서 계산한다(그림 4.46 참조). RPN은 시스템 사용자에 대한 총체적 위험을 나타내며, 최적화 조치가 필요하다는 의사 결정 기준으로서의 역할을 한다.

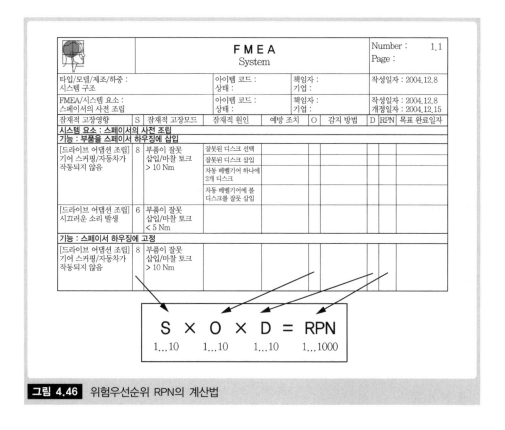

그림 4.46 위험우선순위 RPN의 계산법

RPN 원리에 따르면

- RPN이 클수록 설계 및 품질보증 조치를 통해 위험을 줄이려는 우선순위가 높다(그림 4.47 참조).
- 또한 심각도, 발생도, 감지도 각각의 값이 8보다 큰 경우에 대해서는 보다 면밀히 살펴보아야 한다.
- 제품에 대한 O×D 값은 결함을 가지고 있으나 감지가 되지 않은 부품이 고객에게

전달되는 확률에 대한 정보를 제공한다.

위험 평가는 이미 실행된 시정 조치들에 대해 수행된다. 위험을 더 낮추려면 대개 추가적인 조치가 필요하다.

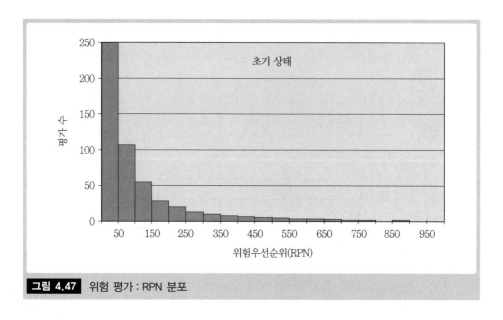

그림 4.47 위험 평가 : RPN 분포

위험우선순위(RPN) 분석

많은 경우, 최적화 작업의 출발점을 찾기 위해 RPN의 절댓값을 살펴보는 것만으로는 충분치 않다. 마찬가지로, 평가 기준의 환경이 각 FMEA마다 다르고, RPN 값이 작은 경우에 대해 간과할 수 있기 때문에 전사적으로 시정 조치 한계(예 : 250 이상의 모든 RPN에 대해 최적화 실시)를 고정 RPN으로 정의하는 것도 적합하지 않다. 다음 예에서 그러한 상황을 잘 보여 주고 있으며, 작은 RPN이라도 살펴보는 것이 합리적인 접근법이라는 것을 보여 준다.

| 표 4.3 | 평가 예제

예제	심각도(S)	발생도(O)	감지도(D)	RPN
1	10	2	10	200
2	5	10	2	100
3	3	10	5	150
4	1	1	1	1

상기 값들을 개별적으로 분석해 보면 다음과 같은 결과를 얻을 수 있다.

- 예제 1 : 잠재적 고장 원인이 부분적으로 발생했으나 발생 후 감지가 전혀 불가능하며, 고객에게 전달되는 경우 매우 심각한 고장 영향을 초래하는 경우이다. 이에, 비록 RPN의 절대치가 비교적 낮을지라도 적당한 조치가 필요하다.
- 예제 2 : 매우 자주 발생하는 잠재적 고장 원인이 고객의 관점에서 볼 때 비교적 심각한 고장 영향을 초래한다. 발생한 고장 원인이 항상 감지되는 것은 아니므로 가끔은 고객에게 전달된다. 여기서는 고장 예방 조치를 도입하는 것이 좋으며, 적당한 때에 이러한 예방 조치는 제안된 감지 방법으로 대체할 수 있다.
- 예제 3 : 잠재적 고장 원인이 매우 자주 발생하며, 종종 감지가 되지 않아서 고객에게 비교적 사소한 고장을 초래한다. 그러나 이러한 상황이 종종 고객의 클레임을 발생시키기 때문에 적절한 최적화 작업을 통해 개선되어야만 한다.
- 예제 4 : 잠재적 고장 원인이 거의 발생하지 않으며, 발생하더라도 고객에게 경미한 고장 영향을 초래한다. 하지만 이러한 고장 원인은 효과적 감지 방법을 통해 쉽게 예방할 수 있다. 이러한 평가가 나올 경우, 계획된 감지 방법을 검증하는 것이 적절하며, 만약 이러한 감지 방법에 대한 비용이 너무 많이 들면 필요시 축소할 수 있다.

상기(가상의) 예제에서는 RPN의 절대치에 상관없이 '하향식' RPN 분석이 적합하다는 것을 보여 주고 있다. 자세히 살펴보면, 아무리 낮은 RPN이라 해도 개념 최적화의 출발점을 제공할 수 있다.

4.4.5 5단계 : 최적화

최적화 조치는 RPN 값이 높은 경우와 개별 평가의 값이 큰 경우에 수행된다. 우선, RPN 값에 따라 순위를 매긴다(그림 4.48 참조). 최적화는 최대 RPN을 가지는 고장 원인부터 시작하며, 분석 범위에 따라 특정 최소치(예 : RPN=125)에서, 또는 파레토 원칙에 따라 RPN의 20~30%가 끝난 시점에서 최적화가 끝난다. 개별 평가 값이 높은 경우는 RPN과 함께 관측되어야 한다. 발생도(O) 값이 8보다 크면 대부분 고장이 발생한다는 것이다. 당연히 이는 개선되어야 한다. 심각도(S) 값이 8보다 큰 경우는 심각한 기능 장애 또는 심각한 안전상 위험을 나타낸다. 이러한 경우에 대해서도 면밀히 살펴보아야 한다. 감지도(D)가 8보다 큰 경우는 고장을 감지하기가 매우 어렵다. 그렇기 때문에 고장이 고객에게 전달될 위험은 커진다.

- RPN 값에 따라 고장 원인의 순위 매김
- RPN 값이 가장 큰 고장 원인을 가지고 개념 최적화 시작
  - 미리 지정한 한계 RPN까지(예 : RPN = 125)
  - 혹은 고장 원인의 특정 양까지(파레토 원리에 따라 일반적으로 약 20~30%)
- 개별 측정 값 O>8 혹은 S>8 혹은 D>8인 고장 원인
- FMEA 결과는 개별적으로 관측된다.

그림 4.48 개념 최적화 절차

최적화 조치는 FMEA 결과를 바탕으로 도입되는 추가적인 또는 신규 예방 및 감지 방법이다.

최적화 조치는

- 잠재적 고장 원인을 예방하거나 잠재적 고장의 발생을 감소시키는 조치이다. 이러한 조치는 설계나 프로세스를 변경함으로써 가능하다.
- 고장의 심각도를 낮추는 조치이다. 이는 제품에 대한 개념 변경(예로 중복 설계, 에러 신호 등)을 통해 이루어진다.
- 감지도를 높이기 위해 취하는 조치이다. 이러한 조치는 시험 절차, 설계, 또는 프로세스 변경을 포함한다.

최적화 조치는 다음의 우선순위에 따라 진행된다.

1. 개념 변경 : 잠재적 고장 원인을 제거하거나 심각도를 낮추기 위해서
2. 개념 신뢰성의 증가 : 고장 원인의 발생을 최소화하기 위해서
3. 효과적인 감지 방법 : 이러한 조치는 통상 비용이 매우 많이 들고, 품질 개선은 없기 때문에 최적화의 마지막 수단으로 해야만 한다.

최적화 조치는 발생도(O), 감지도(D), 책임자(R) 및 마감일(D)의 갱신된 평가를 포함하는 개정 상태의 서식에 기입한다(그림 4.49와 그림 4.50 참조). 개념을 변경하는 경우, 최적화 후에 FMEA의 5단계 모두를 다시 반복 수행해야만 한다(그림 4.50 참조).

새로운 예방 조치 및 감지 방법을 수립한 후에 이러한 조치에 대해 새롭게 평가가 이루어진다. 이 평가는 기대되는 잠재적인 개선에 대한 예측을 나타낸다. 최종 평가는 신규 조치가 실행되고 테스트를 거친 후에 수행된다.

〈그림 4.51〉에 제시된 그래프처럼 초기 상태와 개선된 상태를 비교하기 위해 양쪽 상태가 함께 표시된 그래프를 사용할 수 있다.

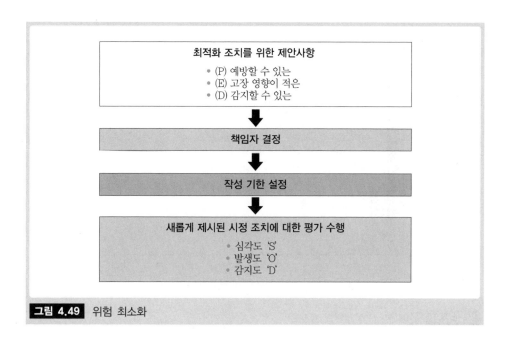

그림 4.49 위험 최소화

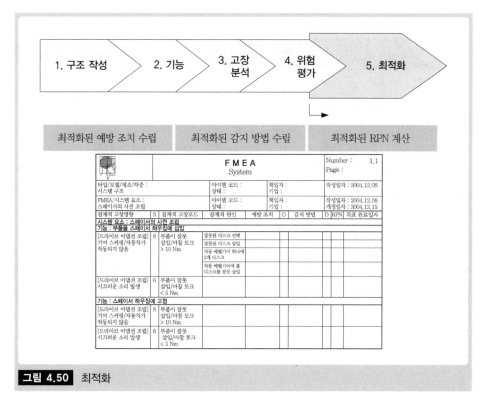

그림 4.50 최적화

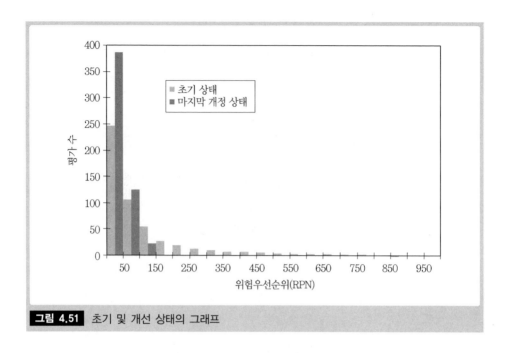

그림 4.51 초기 및 개선 상태의 그래프

4.5 VDA 4.2에 따른 시스템 FMEA 제품의 예

지금부터는 '변속기(adapting transmission)' 제품을 예로 들어 상세히 살펴볼 것이다.

피니언 기어(부품 1.2)는 입력 샤프트(부품 1.1) 위에 위치해 있다. 동력은 기어(부품 2.2)를 통해 출력 샤프트(부품 2.1)로 전해진다. 변속기는 샤프트용 베어링, 하우징 커버를 가지는 기어 하우징, 그리고 개스킷 혹은 반경 씰 링을 가지고 밀봉한 다양한 소형 베어링 커버들로 구성한다.

4.5.1 1단계 : 변속기의 시스템 요소와 시스템 구조

시스템 구조를 작성하는 첫 번째 단계를 위해 가능한 많은 단면도뿐만 아니라 기술 문서를 찾는 것도 적합하다. 이들은 시스템 구조 작성에 유용할 수 있다. 전통적인 단면도와 변속기에 대한 도식은 〈그림 4.52〉에 나타나 있다.

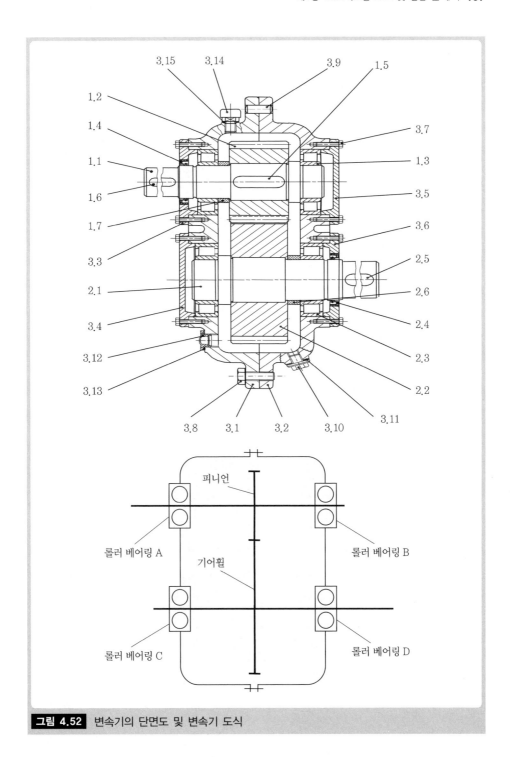

그림 4.52 변속기의 단면도 및 변속기 도식

다음의 부품 목록은 변속기의 기능에 따라 3개의 조립품으로 나뉜다(표 4.4 참조).

| 표 4.4 | 변속기의 조립품 및 단품 목록

조립품	부품 번호	수량	부품명	명칭
1 입력	1.1	1	입력 샤프트	IS
	1.2	1	피니언 기어	P
	1.3	2	롤러 베어링	RB1
	1.4	1	레이디얼 씰 링	RSR1
	1.5	1	피니언 기어 피팅 키	FK1
	1.6	1	연결부 피팅 키	FK2
	1.7	1	슬리브/스페이서	S1
2 출력	2.1	1	출력 샤프트	OS
	2.2	1	기어	G
	2.3	2	롤러 베어링	RB2
	2.4	1	레이디얼 씰 링	RSR2
	2.5	1	피팅 키	FK3
	2.6	1	슬리브/스페이서	S2
3 하우징	3.1	1	좌측 하우징	HL
	3.2	1	우측 하우징	HR
	3.3	1	베어링 커버	BC1
	3.4	1	베어링 커버	BC2
	3.5	1	베어링 커버	BC3
	3.6	1	베어링 커버	BC4
	3.7	16	베어링 커버 볼트	BB
	3.8	8	하우징 볼트	BH
	3.9	2	장부축 핀	DP
	3.10	1	오일 드레인 플러그	ODP
	3.11	1	3.10의 씰	S1
	3.12	1	검사 유리창	SG
	3.13	1	3.12의 씰	S2
	3.14	1	배기 장치	E
	3.15	1	3.14의 씰	S3

〈그림 4.53〉에는 변속기의 시스템 구조가 나타나 있다.

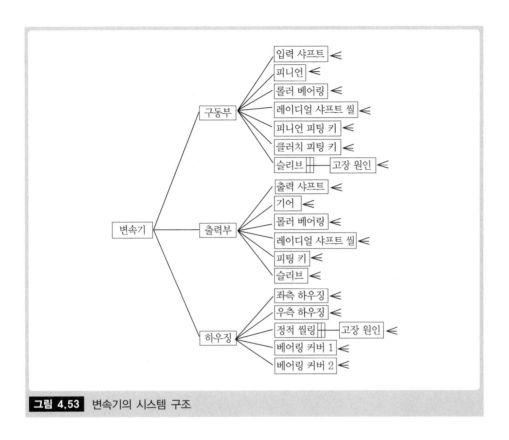

그림 4.53 변속기의 시스템 구조

4.5.2 2단계 : 변속기의 기능 및 기능 구조

기능 및 기능 구조 작성을 위해 블랙박스 연구와 참고문헌 [4.6]에 따른 사양 목록에 대한 가이드라인이 사용된다. 최상위 요소로부터 시작하여 각 조립품 및 부품에 대한 기능들이 결정된다. 그 결과로 나타난 '변속기'의 기능 구조 일부가 〈그림 4.54〉에 나타나 있다.

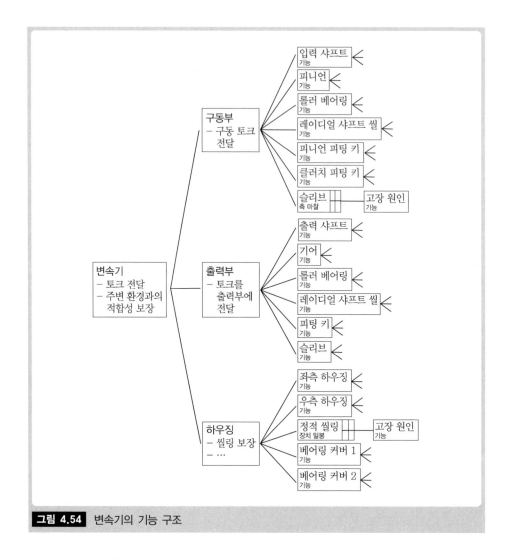

그림 4.54 변속기의 기능 구조

4.5.3 3단계 : 변속기의 고장 기능 및 고장 기능의 구조

모든 운용 조건을 고려하여 기능의 고장을 가정하고, 뒤따르는 고장 기능을 결정함으로 써, 최상위 레벨에서 최상위 고장 기능(잠재적 고장 영향)이 결정된다. 잠재적 고장 모드 를 결정하는 데 물리적 고장 모드에 대한 체크리스트를 참고할 수 있다. 마찬가지로, 잠재적 고장 원인에 대해 2.5.3절에 나온 체크리스트를 활용할 수 있다. 그렇게 결정된 고장 기능들이 〈그림 4.55〉에 나타나 있다.

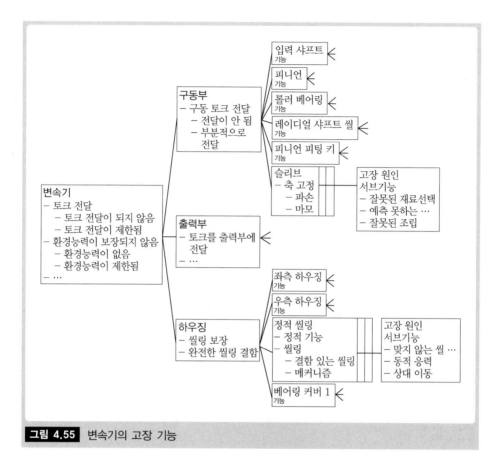

그림 4.55 변속기의 고장 기능

4.5.4 4단계 : 변속기의 위험 평가

변속기에 대한 위험 평가의 일부가 〈그림 4.56〉에 나타나 있다.

위험 평가 후에 RPN 결과를 분석한다. 이를 위해 빈도 분석이 이루어지며 파레토 원칙에 따라 최악의 RPN들 중에 가장 치명적인 30%가 결정된다. 추가적으로 8보다 큰 개별 평가 항목(S, O, D)의 값은 모두 추출한다. 분석 결과는 '강조(highlight)'하여 표시한다. RPN에 관해 강조한 부분과 전체 FMEA에서 매우 높은 개별 값들은 〈그림 4.57〉에 간단히 소개되어 있다. 이러한 강조 부분은 경영진의 정보로부터도 선택된다.

잠재적 고장 영향	S	잠재적 고장 모드	잠재적 고장 원인	예방 조치	O	감지 방법	D	RPN	책임자 / 목표 완료일자
시스템 : 변속기			코드 : 팀 : FMEA 팀 변속기					아이템 코드 : 작성일자 : 2005.8.20.	
시스템요소 : 슬리브		기능 : 축 고정							
구조적 요소의 축 이동 [변속기]	6	파손	재료의 잘못된 선택 [슬리브]	최초 상태 : 2005.8.20.					
				계산	2	재료 시험	4	48	Smith
			예측불가능한/ 허용할 수 없는 응력 [슬리브]	최초 상태 : 2005.8.20.					
				계산	2	기능 시험	6	72	Smith
			잘못된 조립 (반대) [슬리브]	최초 상태 : 2005.8.20.					
				조립 가이드라인	7	없음	10	420	Bertsche
증가되는 축 작동 [변속기]	3	마모	재료의 잘못된 선택 [슬리브]	최초 상태 : 2005.8.20.					
				리그 시험의 경험 활용	2	재료 시험	7	42	Smith
			예측불가능한/ 허용할 수 없는 응력 [슬리브]	최초 상태 : 2005.8.20.					
				리그 시험의 경험 활용	3	기능 시험	7	63	Smith

위험 평가

그림 4.56 변속기의 위험 평가

위험우선순위 RPN

1.4 2.4	레이디얼 샤프트 씰, 없거나 잘못된 전달 영향	540
1.7 2.6	슬리브, 파손	420
1.3 2.3	레이디얼 샤프트 씰, 마모	180

발생도 O

1.4 2.4	레이디얼 샤프트 씰, 없거나 잘못된 전달 영향	9
1.7	슬리브, 파손	7

심각도 S

1.1 2.1	입력 샤프트/출력 샤프트 과하중 파손/ 피로 파손	9

감지도 D

잘못된 레이아웃	10
예측할 수 없고, 허용할 수 없는 스트레스	10

그림 4.57 FMEA 결과로부터 얻은 변속기의 '강조' 부분

4.5.5 5단계 : 변속기의 최적화

이 단계에서는 잠재적 고장 원인의 위험을 최소화하기 위해 치명적이라고 식별된 사항들에 뒤따르는 예방 조치 및 감지 방법이 정의된다. 이러한 조치는 서식 형태로 문서화되며 새로운 위험 평가를 거친다.

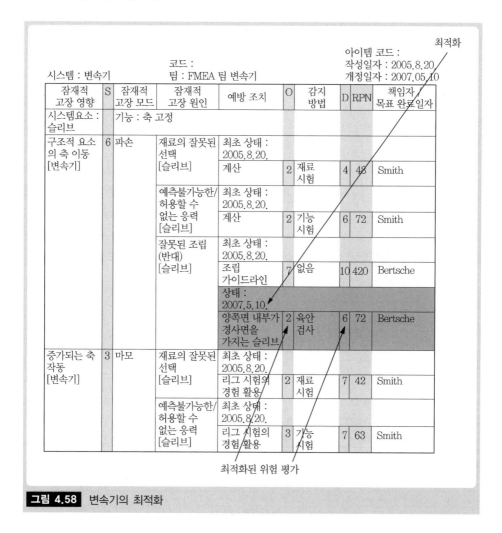

잠재적 고장 영향	S	잠재적 고장 모드	잠재적 고장 원인	예방 조치	O	감지 방법	D	RPN	책임자 목표 완료일자
시스템요소 : 슬리브		기능 : 축 고정							
구조적 요소 의 축 이동 [변속기]	6	파손	재료의 잘못된 선택 [슬리브]	최초 상태 : 2005.8.20.					
				계산	2	재료 시험	4	48	Smith
			예측불가능한/ 허용할 수 없는 응력 [슬리브]	최초 상태 : 2005.8.20.					
				계산	2	기능 시험	6	72	Smith
			잘못된 조립 (반대) [슬리브]	최초 상태 : 2005.8.20.					
				조립 가이드라인	7	없음	10	420	Bertsche
				상태 : 2007.5.10.					
				양쪽면 내부가 경사면을 가지는 슬리브	2	육안 검사	6	72	Bertsche
증가되는 축 작동 [변속기]	3	마모	재료의 잘못된 선택 [슬리브]	최초 상태 : 2005.8.20.					
				리그 시험의 경험 활용	2	재료 시험	7	42	Smith
			예측불가능한/ 허용할 수 없는 응력 [슬리브]	최초 상태 : 2005.8.20.					
				리그 시험의 경험 활용	3	기능 시험	7	63	Smith

최적화된 위험 평가

그림 4.58 변속기의 최적화

4.6 VDA 4.2에 따른 시스템 FMEA 공정의 예

다음에는 변속기에서 출력 샤프트 제조 공정이 매우 중요한 프로세스로 식별되었기 때문에 이 공정을 예로 살펴본다. 중요한 프로세스는 다음 사항에 초점을 두어 결정될 수 있다.

- 새로운 재료
- 부분적으로 새로운 가공 절차 또는 프로세스
- 전달되는 높은 토크

4.6.1 1단계 : 출력 샤프트의 제조 공정에 대한 시스템 요소와 시스템 구조

시스템 구조를 작성하는 데 부품의 도면(그림 4.59)과 공정 플로차트(그림 4.60)가 사용된다. 공정 플로차트에는 전체 생산 단계와 각 단계의 사이클 순서가 표시된다.

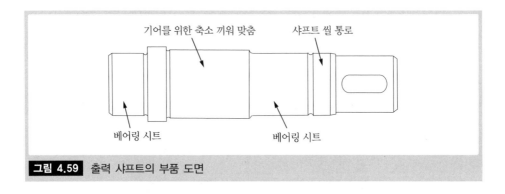

그림 4.59 출력 샤프트의 부품 도면

적용된 변속기				
설명 : 출력 샤프트 적용된 변속기			아이템 코드 : A 130.246.1	
AVO	KST	작업 공정	생산 수단	기타
열처리 전 가공				
10	XXX	크로스 커팅과 센터링	크로스 커팅과 센터링 기계	
20	XXX	선삭 및 밀링(키이 홈)	선반	외부 윤곽과 완화 홈
30	XXX	세척 및 건조	세척기	
40	XXX	상자에 쌓기	상자 적재 장치	
열처리				
50	XXX	케이스 담금질	연속로	
60	XXX	교정	교정기	
70	XXX	풀림	풀림로	
80	XXX	세척 및 건조	세척기	
90	XXX	상자에 쌓기	상자 적재 장치	
열처리 후 가공				
100	XXX	출력 샤프트 피벗의 강한 선삭	단일 축 수직 선반	중심과 구동부 간의 계속적인 컷, 리셉션
110	XXX	베어링 시트, 씰 표면(샤프트 씰)의 연삭	외부 연삭기	출력 샤프트 피벗의 중심과 구동부 간의 리셉션
120	XXX	세척 및 건조	세척기	
130	XXX	최종 검사	검사 포스트	측정량과 관련된 기능 측정(랜덤 샘플)
140	XXX	상자에 쌓기	상자 적재 장치	

그림 4.60 출력 샤프트 제조를 위한 생산 사이클 계획

이러한 자료와 FMEA에 참여한 팀원들이 보유하고 있는 전문 지식과 노하우를 바탕으로 변속기 출력 샤프트의 고장 기능에 대한 시스템 구조는 〈그림 4.61〉과 같이 작성된다.

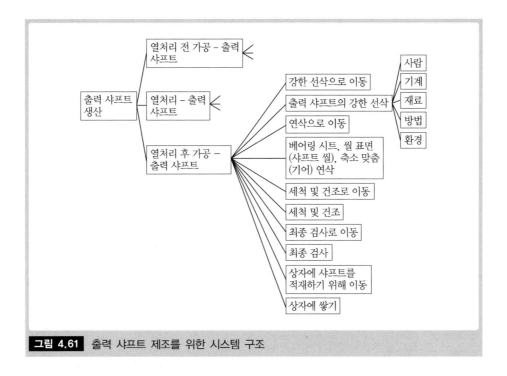

그림 4.61 출력 샤프트 제조를 위한 시스템 구조

시스템 구조는 생산 단계 작성, 시험, 측정 간 각각의 논리적인 단계를 통해 향상된다.

4.6.2 2단계 : 출력 샤프트 제조 공정의 기능과 기능 구조

기능의 결정은 블랙박스 방법론과 참가한 팀원이 보유하고 있는 지식을 바탕으로 수행된다. 그 결과는 〈그림 4.60〉의 생산 사이클 계획에 나타나 있다. 기능 구조의 일부는 〈그림 4.62〉와 같다.

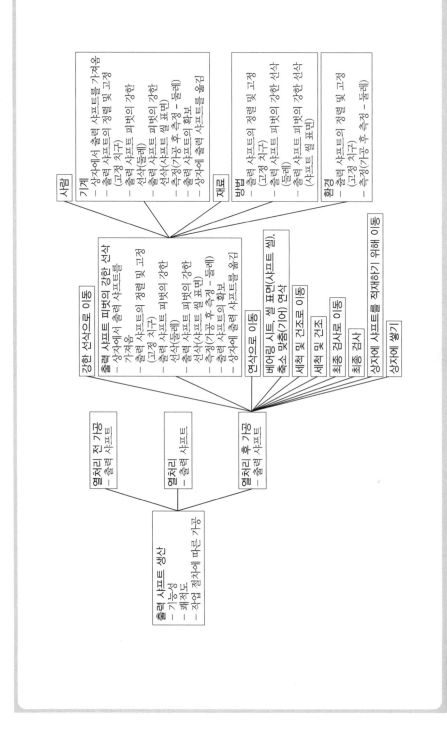

그림 4.62 제조 공정의 기능 구조(일부 발췌)

4.6.3 3단계 : 출력 샤프트 제조 공정의 고장 기능과 고장 기능 구조

모든 운용 조건을 고려하여 사양을 포함하는 기능을 부정하고, 뒤따르는 고장 기능을 결정함으로써, 고장 기능 및 고장 기능 구조의 작성을 위해 각 공정 단계의 최상위 고장 기능(잠재적 고장 영향)과 고장 모드가 결정된다. 고장 기능 구조는 〈그림 4.63〉과 같다.

4.6.4 4단계 : 출력 샤프트 제조 공정의 위험 평가

이미 제조 공정에 통합된 예방 조치 및 감지 방법을 가지는 공정의 상태는 출력 샤프트 제조 공정을 위해 문서화된다. 발생도 및 감지도 평가는 4.4.4절의 VDA 4.2에 따른 평가 기준과 현재와 비교할 수 있는 이전 공정에 관한 지식의 도움으로 이루어진다. 위험 평가의 일부는 각각의 최적화 상태와 함께 〈그림 4.64〉에 나타나 있다.

4.6.5 5단계 : 출력 샤프트 제조 공정의 최적화

이 단계에서는 잠재적 고장 원인의 위험을 최소화하기 위해 치명적이라고 식별된 사항들에 뒤따르는 예방 조치 및 감지 방법이 정의된다. 이러한 조치는 서식 형태로 문서화되며 새로운 위험 평가를 거친다(그림 4.64 참조).

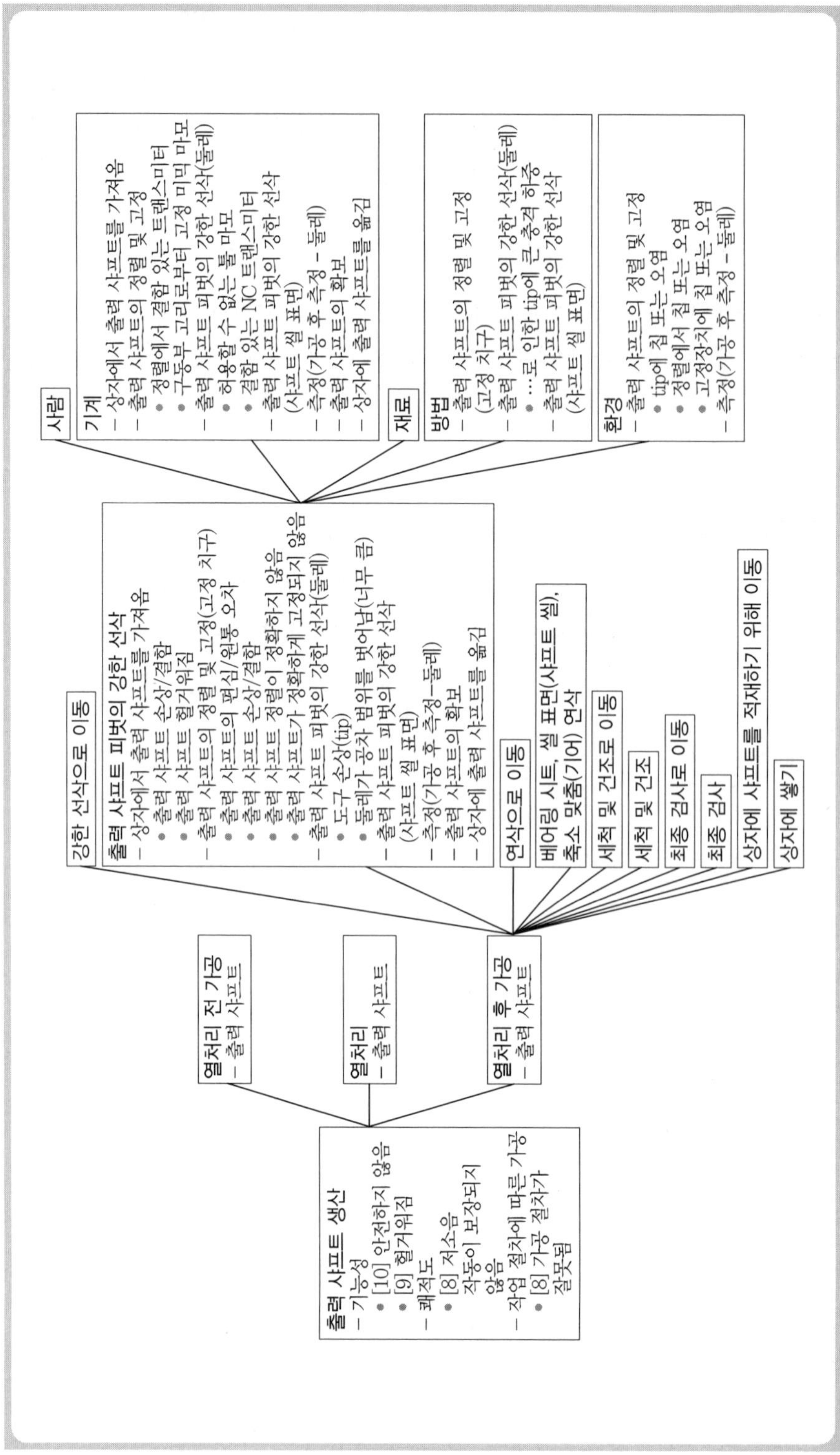

사람 / 기계
- 상자에서 출력 샤프트를 가져옴
- 출력 샤프트의 정렬 및 고정
- 정렬에서 결함 있는 트랜스미터
- 구동부 고리로부터 고정 미끄러지는 미끄럼 마모
- 출력 샤프트 피벗이 강한 미끄럼 마모
- 하용할 수 없는 NC 트랜스미터
- 결함 있는 출력 샤프트 피벗이 강한 선삭
  (샤프트 셀 표면)
- 축정(가공 후 축정 – 둘레)
- 출력 샤프트의 확보
- 상자에 출력 샤프트를 옮김

재료 / 방법
- 출력 샤프트의 정렬 및 고정
  (고정 지구)
- 출력 샤프트 피벗이 강한 선삭(둘레)
- …로 인한 때에 큰 중식 하중
- 출력 샤프트 피벗이 강한 선삭
  (샤프트 셀 표면)

환경
- 출력 샤프트의 정렬 및 고정
- 땅에 칩 또는 오염
- 정렬에서 칩 또는 오염
- 고정장치에 칩 또는 오염
- 축정(가공 후 축정 – 둘레)

강한 선삭으로 이동
강한 선삭으로 강한 선삭
출력 샤프트 피벗의 강한 선삭
- 상자에서 출력 샤프트를 가져옴
- 출력 샤프트 손상/결함
- 출력 샤프트 헐거워짐
- 출력 샤프트의 정렬 및 고정(고정 지구)
- 출력 샤프트의 편심/원통 오차
- 출력 샤프트 손상/결함
- 출력 샤프트 정렬이 정확하게 고정되지 않음
- 출력 샤프트가 정확하게 고정되지 않음
- 출력 샤프트 피벗이 강한 선삭(둘레)
- 도구 손상(tip)
- 둘레가 공차 범위를 벗어남(너무 큼)
- 출력 샤프트 피벗의 강한 선삭
  (샤프트 셀 표면)
- 축정(가공 후 축정 – 둘레)
- 출력 샤프트의 확보
- 상자에 출력 샤프트를 옮김

연삭으로 이동

베어링 시트, 셀 표면(샤프트 셀), 축소 맞춤(기어) 연삭

세척 및 건조로 이동

세척 및 건조

최종 검사로 이동

최종 검사

상자에 샤프트를 적재하기 위해 이동

상자에 쌓기

열처리 전 가공
- 출력 샤프트

열처리
- 출력 샤프트

열처리 후 가공
- 출력 샤프트

출력 샤프트 생산
- 기능성
  [10] 안전하지 않음
  [9] 헐거워짐
- 패쳐도
  [8] 저소음
  작동이 보장되지 않음
- 작업 절차에 따른 가공
  [8] 가공 절차가 잘못됨

그림 4.63 제조 공정의 고장 기능 구조(일부 발췌)

잠재적 고장 영향	S	잠재적 고장 모드	잠재적 고장 원인	예방 조치	O	감지 방법	D	RPN	책임자 완료일자
[조립-출력 샤프트] 작업 절차에 따른 가 공이 보장되지 않음	8	출력 샤프트 가 정확하게 고정되지 않 음	[환경] 고정 장치 에 칩 또는 오염	최초 상태 : 2004.12.20.					
				새롭게 고정하기 전 에 고정 장치 청소	2	작업자 관리	6	96	
						육안 검사			
고장 영향 : 가능한 툴 파손			[기계] 구동부 고 리로부터 고정 미 믹 마모	최초 상태 : 2004.12.20.					
				공급자와의 협력	3	워크 샘플링	4	96	
				마모 감소 미믹					
기능 : 출력 샤프트 피벗의 강한 선삭(둘레, 경사면)									
[조립-출력 샤프트] 작업 절차에 따른 가 공이 보장되지 않음	8	툴 파손 (절단 팁)	[방법] 단단한 재 료의 논스톱 절단 으로 인한 큰 충격 하중	최초 상태 : 2004.12.20.					
				최적 공정 파라미터 결정	6	이론 실험	4	192	
				특별한 절단 팁과 절 단 팁 홀더의 사용		절단 힘의 결정			
사이클 문제, 교체 홀 더/툴 홀더의 변경				상태 : 2005.1.15.					
				강한 선삭 공정 대 신에 연삭 공정	2	절단 힘의 결정	4	64	Smith 2004.8.1. 개정
						이론 실험			
[조립-출력 샤프트] 작업 절차에 따른 가 공이 보장되지 않음	8	둘레가 공차 범위를 벗어 남-너무 큼	[기계] 허용 범위 를 벗어난 툴 마모	최초 상태 : 2004.12.20.					
				동봉된 방수 품목	3	사후 공정 측정	2	48	
차후 업무, 부품이 조 립 라인에 재투입되 어야만 함			[기계] 결함 있는 NC 트랜스미터	최초 상태 : 2004.12.20.					
				동봉된 방수 품목	2	이론 실험	2	32	
				보호 케이블		오류 메시지			
				교반 방지 캡술화		장비 오동작			

그림 4.64 위험 평가 및 최적화(일부 발췌)

참고문헌

[4.1] Department of Defense (1980) MIL-STD-1629 A, Procedures for Performing a Failure Mode, Effects and Critically Analysis. Washington DC.

[4.2] Deutsches Institut für Normung (1981) DIN 9000 ff Qualitätsmanagementsysteme. Beuth, Berlin.

[4.3] Deutsches Institut für Normung (1981) DIN 25448 Ausfalleffe-ktanalyse. Beuth, Berlin.

[4.4] Förster H J (1991) Automatische Fahrzeuggetriebe Grundlagen, Bauformen, Eigenschaften, Besonderheiten. Springer, Berlin.

[4.5] Gesetz über die Haftung für fehlerhafte Produkte (Produkthaftungsgesetz-ProHaftG) 15.12.1989 (BGB1. IS 2198).

[4.6] Pahl G, Beitz W (2003) Konstruktionslehre : Grundlagen erfolgreicher Produktentwicklung; Methoden und Anwendung. Springer, Heidelberg Berlin.

[4.7] Verband der Automobilindustrie (1996) VDA 4.2 Sicherung der Qualität vor Serieneinsatz System FMEA. VDA, Frankfurt.

제 5 장

FTA(결함 나무 분석)

B. Bertsche, *Reliability in Automotive and Mechanical Engineering*, VDI-Buch,
Doi: 10.1007/978-3-540-34282-3_5 © Springer-Verlag Berlin Heidelberg 2008

FTA(Fault Tree Analysis, 결함 나무/고장 나무 분석)는 단독으로 또는 다른 원인과 결합해, 정의된 제품 상태(대부분 고장 상태)를 가져오는 내부 및 외부 원인을 식별하는 구조화된 절차이다[5.8]. 그 때문에 FTA는 특정 사건(또는 고장)에 대한 시스템 거동을 정의한다.

FTA는 1962년, 미 공군의 지시에 따라 왓슨(벨 연구소)에 의해 개발되었다. 보잉사는 FTA 방법의 이점을 인식하고 상용 항공기의 개발에 FTA 사용을 처음으로 도입한 민간 기업이었다(1966년). 1970년대에 이르러 FTA는 특히 원자력 기술 분야에서 사용되었으며, 1980년대에는 FTA의 사용이 전 세계적으로 확산되었다. 현재 FTA 방법은 자동차 업계, 커뮤니케이션 시스템, 그리고 최근 몇 년간 로봇 공학 분야 등 여러 분야에서 세계적으로 사용되고 있다[5.1, 5.4].

FTA는 시스템의 기능을 나타내고 시스템 신뢰성을 정량적으로 표시하기 위해 사용된다. FTA는 진단 및 개발 도구로 적용할 수 있으며 특히 설계 초기 단계에서 유용하다. 이와 같이 잠재적인 시스템 고장들이 식별될 수 있고 설계 대안들이 평가될 수 있다. FTA의 가장 큰 장점 중 하나는 정성적 및 정량적 결과를 모두 제공한다는 점이다.

FTA는 공통 모드 및 인적 실수에 대한 분석을 포함하는 각각의 시스템 신뢰성 분석에 사용할 수 있다. 이러한 경우에 FTA는 연역적 절차로 인하여 생기는 모든 고장 모드와 고장 원인이 발견되는 완전한 결과를 제공한다. 그러므로 이 방법은 시스템 지식과 사용자에 의해 정의된 운용 수익에 의해 제한적이다.

FTA는 불(Boolean) 대수법칙과 확률론을 기반으로 하는 방법이기 때문에 몇 가지 간단한 규칙과 기호를 사용하여 복잡한 시스템이나 복잡한 의존 상태(예를 들어 하드웨어, 소프트웨어, 그리고 사람 사이의 의존 상태) 등을 분석할 수 있다. 경쟁이 심화되면서, 비용 최적화 가능성을 가진 제품의 설계 단계는 중요한 역할을 한다. 제품 설계 단계가 진행될수록 고장 비용은 증가하므로 초기에 고장을 발견하면 막대한 비용을 절감할 수 있다.

이런 맥락에서 설계 초기 단계에서 예방 품질보증 활동으로 FTA를 사용하는 것은 매우 유용한 것으로 밝혀졌다. 개념 단계에서 FTA를 시행함으로써 시스템 개념이 확립되거나 근본적인 고장이 발견된다. 이러한 분석을 통해, 사양(규격)이 완성된 후 새로운 요구사항과 적절한 고장 예방 조치가 도입될 수 있다(그림 5.1 참조).

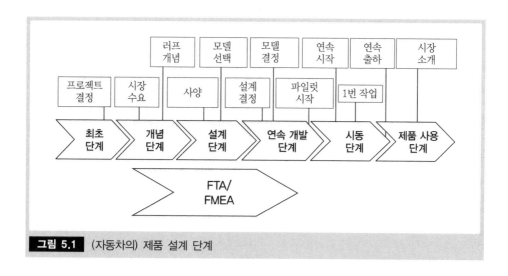

그림 5.1 (자동차의) 제품 설계 단계

5.1 FTA의 일반적인 절차

FTA를 성공적으로 적용하려면 시스템 분석이 필요하다. 여기서 시스템은 통상 서브시스템과 부품으로 다시 나눈다.

시스템이나 시스템 부품, 인터페이스의 고장 거동을 결정하기 위해서, 먼저 원하지 않는 시스템 사건(혹은 시스템 고장)이 정의되어야 한다. 그다음 단계에서 다음 하위 시스템 레벨에서 어떤 고장이 발생할 수 있으며 이들이 어떻게 상위 고장으로 연결되는지를 조사한다. 부품 고장 모드가 정의되어 있는 최하위 시스템 레벨에 도달하여 완전한 고장 거동의 결과가 나올 때까지 이 과정은 계속된다.

5.1.1 고장 모드

DIN 25424에서는 〈그림 5.2〉와 같이 고장 모드를 주 고장 모드, 2차 고장 모드, 명령(command) 고장 모드와 같이 3가지로 구분한다. 주 고장은 허용된 조건하에서 발생하는 부품 고장이며, 2차 고장은 부품에 대한 운용 조건이 잘못되어 발생하는 부차적인 고장이다. 명령 고장은 부품이 제 기능을 수행하고 있음에도 불구하고 명령이 잘못되고 누락되거나 또는 보조 장치의 이상으로 발생한다[5.3].

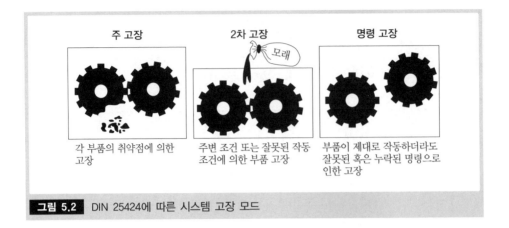

그림 5.2 DIN 25424에 따른 시스템 고장 모드

5.1.2 기호 체계

결함 나무에서 시스템의 체계적인 설명을 위해 각 입력(input)은 상이한 방식으로 함께 네트워크를 이룬다. 이 네트워크를 시각적으로 나타내기 위해 다양한 기호가 사용된다. 다음 목록은 〈그림 5.3〉에 소개되어 있는 가장 흔하게 사용되는 기호들에 대한 설명이다.

- 표준 입력(standard input) : 기능 관련 요소의 주요 결함(고장)을 나타낸다. 이것은 어떤 추가적인 조건이 없는 고장 원인을 말한다. 주요 고장에 대한 파라미터는 그래프 기호에 할당한다.
- 입출력 전송(transfer input and output) : 이 기호를 사용해 다른 위치에서 결함 나무가 계속되거나 혹은 중단된다.
- 주석(commentary) : 네트워크 기호들 간의 입력 및 출력을 설명하는 데 사용된다.
- AND 연산은 입력의 모든 사건이 발생해야 출력 사건이 발생한다.
- OR 연산은 입력 중에서 하나의 사건이라도 발생하면 출력 사건이 발생한다.
- NOT 연산은 부정(negation)의 경우를 나타낸다. 출력에서 사건이 발생하려면 입력에서 반드시 사건이 발생해야 한다.

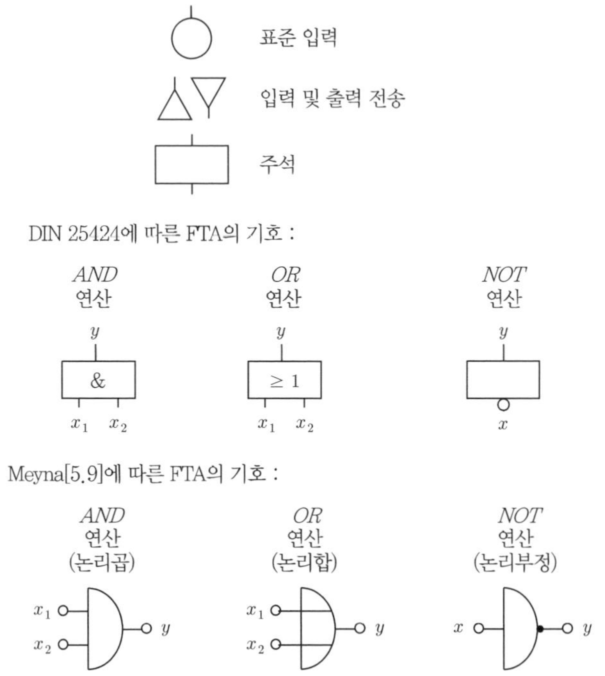

그림 5.3 FTA의 기호 체계

5.2 정성적 FTA

5.2.1 정성적 목표

정성적 FTA는 시스템에서 발생하기를 원하지 않는 사건을 다룬다. 이런 사건(TOP 사건)은 시스템의 원하지 않는 상태이며, 단일 부품(DOWN 원인)의 고장에 이르기까지 추적이 이루어진다. 결함 나무는 시스템의 원하지 않는 상태의 모든 조합을 그래픽적으로 설명하고 논리적으로 연결된 모형이다. 이러한 FTA의 목표는 다음과 같다.

- 원하지 않는 사건, 즉 주요 사건을 발생시키는 모든 고장 조합 및 원인뿐만 아니라 모든 가능한 고장의 체계적인 식별
- 특히 치명적인 사건이나 사건 조합의 설명(예 : 원하지 않는 사건을 발생시키는 고장 기능)
- 시스템 개념에 대한 객관적인 평가 기준 수립

- 고장 메커니즘과 메커니즘들의 기능 관계에 대한 명확한 문서화

5.2.2 기본적인 절차

시스템이나 시스템 요소(조립품, 부품)의 고장 거동(고장 기능, 고장 유형)을 결정하기 위해 먼저 시스템의 원하지 않는 사건(TOP 사건)을 정의한다. 연역적 절차, 즉 하향식 (TOP-DOWN) 방식을 사용하므로, 다음 단계에서 가능한 고장이 다음 하위 시스템 레벨에서 기대되며, 이러한 고장들이 어떻게 상위 고장으로 연결되는지를 분석한다. 이 단계는 최하위 시스템 레벨에 도달할 때까지 반복된다. 최하위 시스템 레벨은 발생 가능한 고장 모드에 해당되며, 시스템의 완전한 고장 거동을 결정한다(그림 5.4 참조).

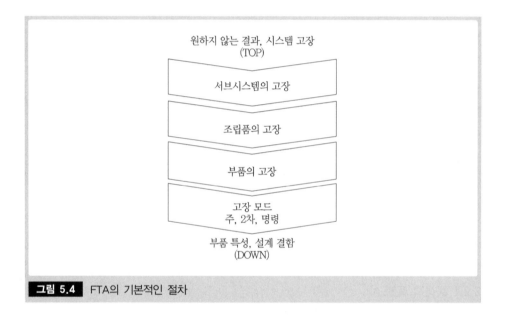

그림 5.4 FTA의 기본적인 절차

표준 규격 DIN 25424에는 결함 나무 구조에 대해 다음과 같은 체계적인 절차가 정의되어 있다[5.3].

1. 원하지 않는 사건이 결정된다.
2. 만약 이 사건이 이미 부품의 고장 모드라면 절차는 4단계로 진행된다. 그렇지 않으면 원하지 않는 사건을 발생시키는 모든 고장이 결정된다.
3. 고장은 주석용 사각형 안에 기입되며 결함 나무의 기호와 논리적으로 연결된다. 만일 해당 고장이 고장 모드라면 4단계로 넘어가 절차를 수행하고, 그렇지 않으면 2~3단계를 반복한다.

4. 각각의 입력 사건은 출력에서 사건을 발생시키므로, 대부분의 단일 고장은 OR 관계로 연결된다. 그래서 입력들은 주 고장, 2차 고장, 명령 고장 중 하나로 할당된다. 주 고장은 FTA로는 더 이상 분석이 될 수 없으며, 시스템에 표준 입력으로 표시한다. 반면, 2차 고장과 명령 고장은 반드시 표시해야 하는 것은 아니다. 하지만 만약 이러한 고장이 있다면 이러한 고장은 기능 요소 고장이 아니므로 더 분할되어야 한다. 절차는 2단계에서 다시 시작된다.

〈그림 5.5〉에는 정성적 결함 나무의 예가 나타나 있다. 여기서 TOP 사건인 변속기 고장은 변속기의 고장을 가져올 수 있는 단일 조립품 고장으로 먼저 나누고 OR 관계로 연결한다. 그다음 조립품 '출력' 고장을 더 분석하여 다음 레벨에서 조립품 고장을 가져오는 요소들이 검출된다. 이런 식으로, 개별 요소들—이 예에서는 특히 기어의 고장—은 부품의 고장 모드에서 더 분할되는데, 기어 이 고장도 포함된다. 기어 이 고장에는 여러 원인이 있으므로 부품의 특성 레벨 또는 설계 결함에 이르기까지 고장 모드가 더 분할되어야만 한다. 이 경우에, 과부하나 계산의 오류로 인하여 기어 이 고장이 발생한다. 그러나 이 두 고장도 아직 표준 입력으로 표시되지 않으므로 분석이 더 이루어져야 한다. 오작동은 표준 입력으로 표시되므로 더 이상 세분하지 않는다. 이와 같이 FTA는 이 시점에서 종료된다.

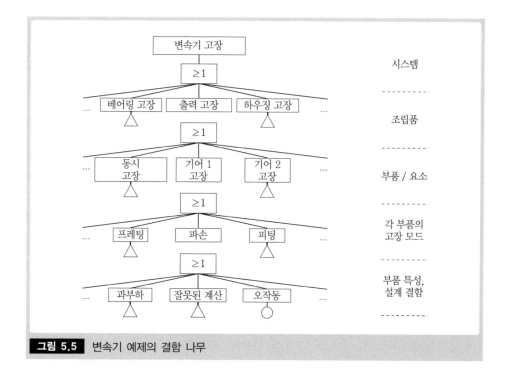

그림 5.5 변속기 예제의 결함 나무

5.2.3 FMEA와 FTA의 비교

FTA와 비교하면, 고장의 조합은 FMEA에는 없는 부분이다. 그러므로 FTA의 기초로서 FMEA를 사용하는 부분에는 한계가 있다. FMEA는 시스템에 대한 고장 모드와 그러한 고장 모드의 시스템에 대한 영향을 주로 평가하기 때문에 FMEA를 작성하면 FTA에 유용한 자료가 되고 가능한 고장 모드의 체계적인 목록이 된다. 두 방법 간의 큰 차이는 FMEA는 귀납적 방법이고 FTA는 연역적 방법이라는 것이다. 다시 말해, FMEA에서는 부품의 고장 원인이 시스템에 미치는 영향을 조사하는 데 반해, FTA에서는 시스템 고장에 영향을 주는 부품의 고장 원인을 역으로 추적한다.

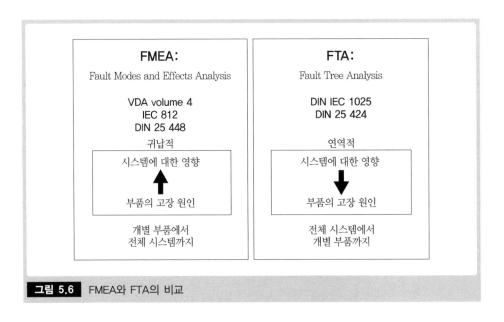

그림 5.6 FMEA와 FTA의 비교

두 방법을 비교하면 FMEA는 다음과 같은 특징이 있다.

- FMEA는 "원인이 무엇인가?"와 "고장의 영향은 무엇인가?"라는 두 질문을 결합한다.
- FTA만큼 시스템적이지는 않다.
- 상기 2가지 질문을 결합하여 고장 위험을 평가하고, 잠재적 위험에 따른 예방 조치를 정의한다.

FTA는 다음과 같은 특징이 있다.

- 사건 및 고장의 원인에 대한 시스템적인 조사를 수행한다.
- ETA(Event Tree Analysis)는 고장의 영향을 조사한다.

두 방법에 대한 비교를 종합해 보면 결론은 다음과 같다.

- FMEA와 FTA는 유사한 주제를 다루는 상이한 방법이다.
- FMEA의 결과를 통해 FTA에서 고장에 대한 결정이 용이해진다.
- FMEA에서는 단일 고장을 조사하고 레벨은 생략한다.
- FTA가 더 시스템적이다.
- FTA는 *AND, OR, NOT,* 정비/수리 조합을 사용한다.

5.3　정량적 FTA

5.3.1 정량적 목표

FTA를 통해 시스템은 정성적으로 설명될 뿐 아니라, 시스템의 고장 거동에 관해 정량적인 보고서를 작성할 수 있다. 만약 단일 부품의 고장 확률이 알려진 경우라면, 불 모델을 사용해 시스템 구조와 함께 신뢰성 모수(예 : 원하지 않는 사건의 확률이나 시스템 가용도)를 계산할 수 있다. 이와 같이 시스템 신뢰성 인자의 개선을 위한 변경처럼 시스템 신뢰성에 중대한 영향을 미치는 요인들이 분석될 수 있다.

5.3.2 불 모델링(Boolean Modelling)

5.3.2.1 불 모델링의 기본 연산

시스템 신뢰성을 결정하는 데 불 모델링(2장 참조)이 사용될 수 있다[5.12]. 여기서 결함 나무의 기호들이 몇 가지 간단한 계산 규칙을 통해 수치로 변환된다.

부정(Negation)

불 변수 값이 1이면 부정 변수 값은 0이고, 불 변수 값이 0이면 부정 변수 값은 1이 된다 (표 5.1 참조).

$$y = \bar{x} \tag{5.1}$$

논리합(Disjunction)

논리합은 불 함수 OR을 나타내며, 논리합의 적용은 출력 사건이 발생하기 위해 2개 이상의 입력 사건 중 하나만 발생해도 되는 많은 경우에서 발견될 수 있다[5.9]. 예를 들어,

2개의 이항 변수에 있어 x_1과 x_2 모두가 1인 경우뿐 아니라 x_1과 x_2 둘 중 하나가 1인 경우에 논리합은 적용된다. 이 경우, 출력 결과는 모두 $y = 1$이 된다.

x_1과 x_2 모두 0인 경우에만 $y = 0$이다(표 5.1 참조).

$$y = x_1 \lor x_2 \tag{5.2}$$

위 연산으로부터 다음과 같은 식이 나온다.

$$x \lor 1 = 1, \ x \lor x = x \tag{5.3}$$
$$x \lor 0 = x, \ x \lor \bar{x} = 1$$

또한

$$x_1 \lor x_2 = x_2 \lor x_1 \ (\text{교환법칙}) \tag{5.4}$$

상기 식들은 두 변수의 논리합에 적합한 조건이다. 그러므로 n개의 독립변수들의 논리합은 다음과 같다.

$$y = \bigvee_{i=1}^{n} x_i \qquad y = \begin{cases} 0 & x_i = 0 \\ 1 & \text{기타} \end{cases} \tag{5.5}$$

논리곱(Conjunction)

논리곱은 불 함수 AND를 나타낸다. 출력에서 사건이 발생하려면 입력의 모든 사건이 발생해야 한다. 2개의 이항 변수 x_1과 x_2 모두 1인 경우에 논리곱이 적용된다. 이 경우에 결과는 $y = 1$이 된다(표 5.1 참조).

벤다이어그램을 통해 불의 기본 연산을 그림으로 나타낼 수 있다. 사각형에서 발생할 수 있는 모든 가능성은 Ω로 표시하며, 실제 발생하는 가능성은 빗금 친 영역으로 표시된다(그림 5.7 참조).

| 표 5.1 | 기본 연산 관계

이름	동의어	불 수식	연산자	함수표			기호	
				x_1	x_2	y	DIN 25424	acc.[5.9]
부정	*NOT*, negator, inverter, phase turner	$y = \bar{x}$	$\bar{x}$	0 1	– –	1 0	$\bar{y} = x$	$\bar{y} = x$
논리합	*OR*	$y = x_1 \vee x_2$ $= x_1 + x_2$	$\vee$ $+$	0 0 1 1	0 1 0 1	0 1 1 1	≥ 1	
논리곱	*AND*	$y = x_1 \wedge x_2$ $= x_1 \cdot x_2$ $= x_1 x_2$ $= x_1 \& x_2$	$\wedge$ $\cdot$ $\&$	0 0 1 1	0 1 0 1	0 0 0 1	$\&$	

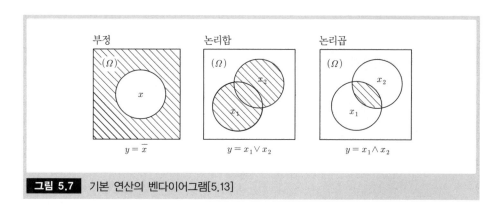

그림 5.7 기본 연산의 벤다이어그램[5.13]

5.3.2.2 공리(Axioms) 및 불 대수

다음 절에서 소개되는 공리 및 불 대수법칙을 사용하여 불 항을 수학적으로 변경하거나 간단하게 할 수 있다[5.6].

교환법칙(Commutative law)

$$x_1 \wedge x_2 = x_2 \wedge x_1 \tag{5.6}$$

$$x_1 \vee x_2 = x_2 \vee x_1 \tag{5.7}$$

결합법칙(Associative law)

$$x_1 \vee (x_2 \vee x_3) = (x_1 \vee x_2) \vee x_3 \qquad (5.8)$$

$$x_1 \wedge (x_2 \wedge x_3) = (x_1 \wedge x_2) \wedge x_3 \qquad (5.9)$$

분배법칙(Distributive law)

$$x_1 \vee (x_2 \wedge x_3) = (x_1 \vee x_2) \wedge (x_1 \vee x_3) \qquad (5.10)$$

$$x_1 \wedge (x_2 \vee x_3) = (x_1 \wedge x_2) \vee (x_1 \wedge x_3) \qquad (5.11)$$

이들 3가지 법칙은 일반 대수학에서 이미 잘 알려진 법칙이며, 불 대수법칙에서 항을 간단하게 하기 위해 괄호 항도 다른 항과 곱할 수 있다.

공리(Postulates)

0과 1이 있는 연산의 경우

$$x \vee 0 = x \qquad (5.12)$$

$$x \wedge 1 = x \qquad (5.13)$$

여집합이 있는 연산의 경우

$$x \wedge \overline{x} = 0 \qquad (5.14)$$

$$x \vee \overline{x} = 1 \qquad (5.15)$$

멱등법칙(Idempotent law)

$$x \vee x = x \qquad (5.16)$$

$$x \wedge x = x \qquad (5.17)$$

흡수법칙(Absorption law)

$$x_1 \vee (x_1 \wedge x_2) = x_1 \qquad (5.18)$$

$$x_1 \wedge (x_1 \vee x_2) = x_1 \qquad (5.19)$$

드 모르간의 법칙(De morgan law)

$$\overline{x_1 \vee x_2} = \overline{x_1} \wedge \overline{x_2} \qquad (5.20)$$

$$\overline{x_1 \wedge x_2} = \overline{x_1} \vee \overline{x_2} \qquad (5.21)$$

기타 :

$$\overline{\overline{x}} = x \tag{5.22}$$

$$x \vee 1 = 1 \tag{5.23}$$

$$x \wedge 0 = 0 \tag{5.24}$$

신뢰성 이론에서 멱등법칙, 흡수법칙 및 드 모르간의 법칙은 결함 나무와 기능 나무간의 변환에 매우 중요하다.

결함 나무(Fault tree)와 기능 나무(Function tree)

원칙적으로 기능 나무의 방법은 FTA와 동일한 절차를 기반으로 한다. 기능 나무 방법에서는, 고장 모드를 주 사건으로 정의하는 대신 원하거나 선호하는 사건을 정의한다. 주 사건을 발생시키는 1차 사건뿐만 아니라 모든 중간 사건들이 연역적으로 탐색된다. 만약 결함 나무의 TOP 사건의 논리적인 대응이 기능 나무의 경우 주 사건으로 사용된다면, 기능 나무는 불 구조로 인해 결함 나무에 대한 논리적인 여집합으로 얻어진다. 그러므로 부정 연산자를 사용해 결함 나무를 기능 나무로, 또는 기능 나무를 결함 나무로 변환할 수 있다. 기능 나무에서는 고장 확률이 아니라 시스템 신뢰도를 결과물로 얻는다는 차이가 있을 뿐이다(그림 5.8).

고장 확률과 신뢰도 함수 간에 다음과 같은 관계가 있다면 동일한 결과가 나온다.

$$F_S(t) = 1 - R_S(t) \tag{5.25}$$

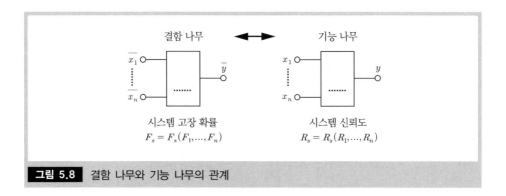

그림 5.8 결함 나무와 기능 나무의 관계

5.3.2.3 확률로 변환

각 부품의 고장 거동은 고장 확률 혹은 신뢰도로 설명될 수 있다. 불 식을 확률을 이용한 표현으로 변환함으로써, 전체 시스템에 대한 고장 확률 혹은 신뢰도를 간단하게 구할 수 있다(5.9). 여기서 만약 실수 0과 1만 사용되고 모든 발생 변수가 선형이라면, 첫째로 불 함수가 실질변수 x_i로 변환될 수 있다. 이와 같이 시스템 거동은 0과 1의 값을 가지는 이산 분포로 설명된다. 2단계에서 이러한 이산 변수들은 부품의 고장 및 생존에 대한 연속 확률 함수로 결합할 수 있다. 가장 중요한 연산 관계에 있어, 논리적 표기를 수학적 표기로 변환하는 방법이 〈표 5.2〉에 나타나 있다.

| 표 5.2 | 확률 변환

이름	논리적 표기	수학적 표기
부정	$y = \overline{x}$	$R_S(t) = F_K(t) = 1 - R_K(t)$ 신뢰성 기법으로는 무의미함.
논리합	$y = \bigvee_{i=1}^{n} x_i$ $R_S(t) = R_1(t) \vee R_2(t) \vee ... = \bigvee_{i=1}^{n} R_i(t)$	$R_S(t) = 1 - \prod_{i=1}^{n}(1 - R_i(t))$
논리곱	$y = \bigwedge_{i=1}^{n} x_i$ $R_S(t) = R_1(t) \wedge R_2(t) \wedge ... = \bigwedge_{i=1}^{n}$	$R_S(t) = \prod_{i=1}^{n} R_i(t)$

5.3.3 시스템에의 적용

5.3.3.1 직·병렬 구조

만약 시스템과 그 부품에 대해 '정상' 또는 '고장'의 2가지 상태를 할당할 수 있다면, 부품의 상태에 따라 불 대수를 사용해 전문적인 시스템을 설명할 수 있다. 양의 논리 (positive logic)는 시스템 함수의 정의를 기반으로 구성한다. 여기서 시스템의 신뢰도는 단일 부품들의 신뢰도에 의해 결정된다. FTA 적용에 있어서, 고장 거동과 고장 확률을 결정하기 위해서 일반적으로 음의 논리(negation logic) 규칙을 사용한다. 다음의 〈표 5.3〉과 〈표 5.4〉에서는 시스템 함수(양의 논리 및 음의 논리)에 대한 몇 가지 전형적인 기본 구조와 그 형태가 나타나 있다.

| **표 5.3** | 양의 논리

시스템 구조	직렬 구조	병렬 구조
블록 다이어그램		
기능 나무		
불 함수	$y = x_1 \wedge x_2 \wedge \ldots \wedge x_n$ $= \bigwedge_{i=1}^{n} x_i$	$y = x_1 \vee x_2 \vee \ldots \vee x_n$ $= \bigvee_{i=1}^{n} x_i$
시스템 신뢰도	$R_S(t) = \prod_{i=1}^{n} R_i(t)$	$R_S(t) = 1 - \prod_{i=1}^{n} (1 - R_i(t))$

| **표 5.4** | 음의 논리

시스템 구조	직렬 구조	병렬 구조
블록 다이어그램		
기능 나무		
불 함수	$\overline{y} = \overline{x_1} \vee \overline{x_2} \vee \ldots \vee \overline{x_n}$ $= \bigvee_{i=1}^{n} \overline{x_i}$	$\overline{y} = \overline{x_1} \wedge \overline{x_2} \wedge \ldots \wedge \overline{x_n}$ $= \bigwedge_{i=1}^{n} \overline{x_i}$
시스템 고장 확률	$F_S(t) = 1 - \prod_{i=1}^{n} (1 - F_i(t))$	$F_S(t) = \prod_{i=1}^{n} F_i(t)$

5.3.3.2 브릿지(Bridge) 구조

〈그림 5.9〉와 같은 브릿지 구조에서는 직 · 병렬 시스템에 대한 기초적인 수식으로는 신뢰도를 계산할 수 없다. 요소의 수가 적은 시스템의 경우에는 여전히 논리합 식을 사용할 수 있다. 만약 시스템이 n개의 요소로 구성되는 경우, 각 시스템 식은 2^n개의 항이 존재하므로 연산을 푸는 데 더 많은 노력이 필요하다. 이러한 경우에 보다 적은 노력으

로 시스템의 고장 확률이나 신뢰도를 결정하기 위해 다음의 방법을 적용할 수 있다.

- 최소절단집합(minimal cut set)
- 최소경로집합(minimal path set)
- 분해해서 풀기

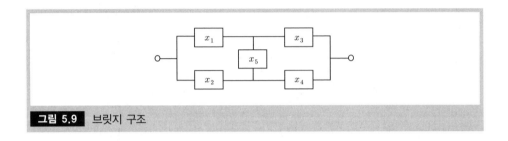

그림 5.9 브릿지 구조

최소절단집합의 방법

최소절단집합의 방법은 시스템의 고장을 유발하는 부품 고장들의 모든 조합을 조사하는 것이다. 모든 부품은 부정(negated)되며, 절단집합 내에서는 *and* 연산자로, 절단집합 밖에서는 *or* 연산자로 연결되어, 부정적 출력인 고장 확률을 산출한다(그림 5.10 참조).

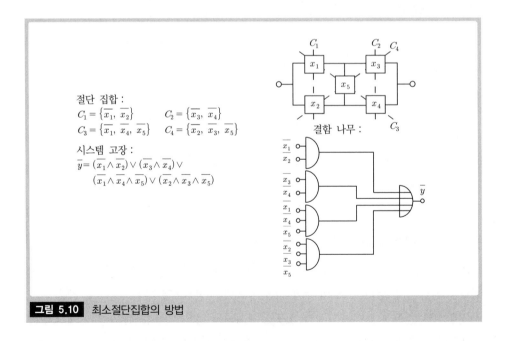

절단 집합:
$$C_1 = \{\overline{x_1}, \overline{x_2}\} \qquad C_2 = \{\overline{x_3}, \overline{x_4}\}$$
$$C_3 = \{\overline{x_1}, \overline{x_4}, \overline{x_5}\} \qquad C_4 = \{\overline{x_2}, \overline{x_3}, \overline{x_5}\}$$

시스템 고장:
$$\overline{y} = (\overline{x_1} \wedge \overline{x_2}) \vee (\overline{x_3} \wedge \overline{x_4}) \vee$$
$$(\overline{x_1} \wedge \overline{x_4} \wedge \overline{x_5}) \vee (\overline{x_2} \wedge \overline{x_3} \wedge \overline{x_5})$$

결함 나무:

그림 5.10 최소절단집합의 방법

최소절단집합 중 하나에서 모든 부품이 고장이면 시스템은 고장이다(식 5.26에서 C_1, C_2, C_3, C_4가 최소절단집합이다). 따라서 시스템 고장에 대한 불 함수는 다음과 같이 결정될 수 있다.

$$C_1 = \{\overline{x_1}, \overline{x_2}\}, \quad C_2 = \{\overline{x_3}, \overline{x_4}\}, \tag{5.26}$$

$$C_3 = \{\overline{x_1}, \overline{x_4}, \overline{x_5}\}, \quad C_4 = \{\overline{x_2}, \overline{x_3}, \overline{x_5}\}$$

$$\overline{y} = (\overline{x_1} \wedge \overline{x_2}) \vee (\overline{x_3} \wedge \overline{x_4}) \vee (\overline{x_1} \wedge \overline{x_4} \wedge \overline{x_5}) \vee (\overline{x_2} \wedge \overline{x_3} \wedge \overline{x_5}) \tag{5.27}$$

최소경로집합의 방법

최소경로집합의 방법에서는 시스템의 작동을 유지시키는 정상 작동 부품들의 모든 조합을 결정한다. 모든 부품은 양의 방식으로 결정되고 경로(path) 내에서는 *and* 연산자로, 경로 밖에서는 *or* 연산자로 연결되어, 긍정적인 출력(positive output), 즉 시스템 신뢰도를 산출한다(그림 5.11 참조).

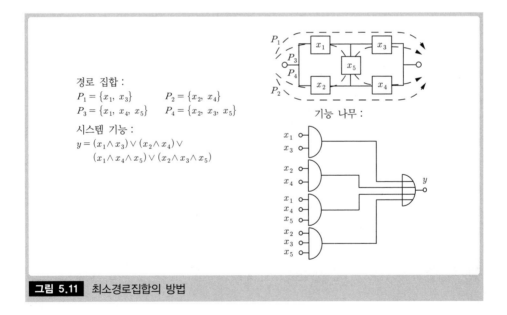

그림 5.11 최소경로집합의 방법

최소경로집합에서는 적어도 하나의 경로가 작동되고 있다면 시스템은 작동되는 것으로 간주한다. 시스템 작동의 불 함수는 다음과 같이 결정된다.

$$P_1 = \{x_1, x_3\}, \;\; P_2 = \{x_2, x_4\},$$

$$P_3 = \{x_1, x_4, x_5\}, \;\; P_4 = \{x_2, x_3, x_5\}$$

(5.28)

$$y = (x_1 \wedge x_3) \vee (x_2 \wedge x_4) \vee (x_1 \wedge x_4 \wedge x_5) \vee (x_2 \wedge x_3 \wedge x_5)$$

(5.29)

위의 두 방법에서 확률 계산을 위해 포앵카레(Poincaré) 알고리즘이나 하향식 알고리즘이 사용되며, 세부적인 사항은 참고문헌 [5.9]에 나타나 있다.

적절한 시스템 부품을 이용한 방법(분해)

시스템 부품 x_5는 양방향에서 운용되므로, 이 부품은 브릿지 구조에서 중요한 역할을 하며, 이 부품을 중심으로 분리될 수 있다(그림 5.12 참조).

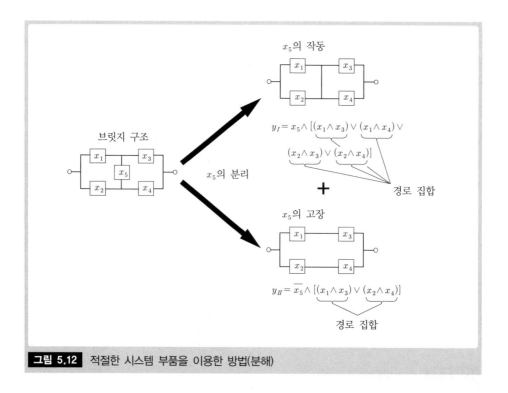

그림 5.12 적절한 시스템 부품을 이용한 방법(분해)

부품 x_5의 경우, '항상 작동'과 '항상 고장'의 2가지 상태를 따로 분리하여 이후에 2가지 상태를 다시 각각 고려한다. x_5가 항상 작동되는 첫 번째 경우에는 부품 x_5는 양의 상태로 결정되어 하나의 연결 경로가 되어 AND 연산자로 연결된다.

$$y_I = x_5 \wedge \left[(x_1 \wedge x_3) \vee (x_1 \wedge x_4) \vee (x_2 \wedge x_3) \vee (x_2 \wedge x_4) \right]$$

(5.30)

분배법칙을 사용하면

$$y_I = x_5 \wedge \left[\left(x_1 \wedge \left(x_3 \vee x_4 \right) \right) \vee \left(x_2 \wedge \left(x_3 \vee x_4 \right) \right) \right] \tag{5.31}$$

교환법칙을 사용하면

$$y_I = x_5 \wedge \left[\left(\left(x_3 \vee x_4 \right) \wedge x_1 \right) \vee \left(\left(x_3 \vee x_4 \right) \wedge x_2 \right) \right] \tag{5.32}$$

$\left(x_3 \vee x_4 \right)$를 x^*로 치환하면

$$y_I = x_5 \wedge \left[\left(x^* \wedge x_1 \right) \vee \left(x^* \wedge x_2 \right) \right] \tag{5.33}$$

그리고 다시 분배법칙을 적용하면 다음 결과가 나온다.

$$\begin{aligned} y_I &= x_5 \wedge \left[x^* \wedge \left(x_1 \vee x_2 \right) \right] \\ &= x_5 \wedge \left[\left(x_3 \vee x_4 \right) \wedge \left(x_1 \vee x_2 \right) \right] \end{aligned} \tag{5.34}$$

확률로 변환하면 첫 번째 경우의 신뢰도는 다음과 같다.

$$R_I = R_5 \cdot \left[\left(1 - \left(1 - R_3 \right) \cdot \left(1 - R_4 \right) \right) \cdot \left(1 - \left(1 - R_1 \right) \cdot \left(1 - R_2 \right) \right) \right] \tag{5.35}$$

x_5가 항상 고장인 두 번째 경우에도 동일한 방법이 사용된다. 중간 과정을 생략하면 다음과 같은 신뢰도가 도출된다.

$$y_{II} = \overline{x_5} \wedge \left[\left(x_1 \wedge x_3 \right) \vee \left(x_2 \wedge x_4 \right) \right] \tag{5.36}$$

$$R_{II} = \left(1 - R_5 \right) \cdot \left[1 - \left(1 - R_1 R_3 \right) \cdot \left(1 - R_2 R_4 \right) \right] \tag{5.37}$$

2개의 사건은 서로 독립이고, 전 확률[5.2] 정리를 이용하여 2개의 확률을 결합할 수 있으며, 시스템 신뢰도는 다음과 같다.

$$\begin{aligned} y &= x_5 \wedge \left[\left(x_1 \wedge x_3 \right) \vee \left(x_1 \wedge x_4 \right) \vee \left(x_2 \wedge x_3 \right) \vee \left(x_2 \wedge x_4 \right) \right] \vee \\ &\quad \overline{x_5} \wedge \left[\left(x_1 \wedge x_3 \right) \vee \left(x_2 \wedge x_4 \right) \right] \end{aligned} \tag{5.38}$$

$$\begin{aligned} R &= R_5 \cdot \left[\left(1 - \left(1 - R_3 \right) \cdot \left(1 - R_4 \right) \right) \cdot \left(1 - \left(1 - R_1 \right) \cdot \left(1 - R_2 \right) \right) \right] \\ &\quad + \left(1 - R_5 \right) \cdot \left[1 - \left(1 - R_1 R_3 \right) \cdot \left(1 - R_2 R_4 \right) \right] \end{aligned} \tag{5.39}$$

5.4 신뢰성 그래프

시스템을 명확하게 설명하는 또 다른 방법은 신뢰성 그래프이다. 신뢰성 그래프는 특히 네트워크 신뢰도를 설명하는 데 사용된다[5.7]. 신뢰성 그래프는 낫(knot)과 (연결) 에지(edge)로 구성된다. 에지는 부품 에지와 무한대(∞) 에지로 구분된다. 한 부품은 최대 하나의 부품 에지로 표시된다. 이와 같이 에지의 반복은 허용되지 않는다. 부품의 고장은 에지의 중단으로 표시된다. 무한대 에지와 낫은 고장이 없다. 〈그림 5.13〉을 참고로 하여 'source 낫'에서 'drain 낫'까지 고장이 없는 에지들로 이루어진 하나의 경로가 있다면 시스템은 작동되는 것으로 간주한다. 〈그림 5.13〉에서 원 기호는 낫을 의미하며, A, B, C, D, E, ∞는 에지를 의미한다.

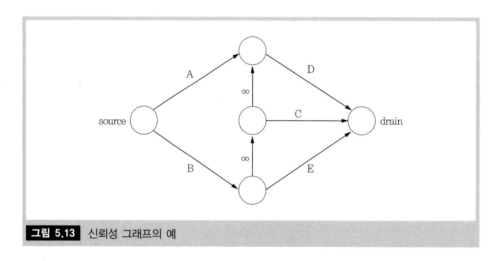

그림 5.13 신뢰성 그래프의 예

5.5 사례

5.5.1 기어 이 측면(Tooth Flank)의 균열

첫 번째 예제에서는 재료 고장으로 인한 기어 이 균열에 대한 결함 나무가 나타나 있다. 분석 과정에서 기어 이의 균열을 야기하는 원인이 단계별로 결정된다. 우선 첫째로 잘못된 운용 조건에서 사용되는 기어가 고려된다. 예를 들어 높은 운용 스트레스하에서 기어를 사용하여 균열이 생기는 것으로 고려된다. 또한 고장 거동에 대한 또 다른 원인으로 기어 이의 손상이 있을 수 있다(그림 5.14 참조). 그 결과, 한 단계 아래의 레벨에서 다음의 3가지 고장 원인이 있다 : 기어 이 생산 과정에서의 고장, 조립 고장 또는 재료 고장. 만약 재료 고장에 대한 분석이 이루어진다면 원칙적으로 재료 선택이 잘못되었을 가능성이 있으며, 이 말은 현재의 용도로 사용하는 데 적합하지 않다는 뜻이다. 또 다른 가능성은 재료 선택에 있어서 잘못된 구조로, 이 역시 잘못된 재료를 나타낸다.

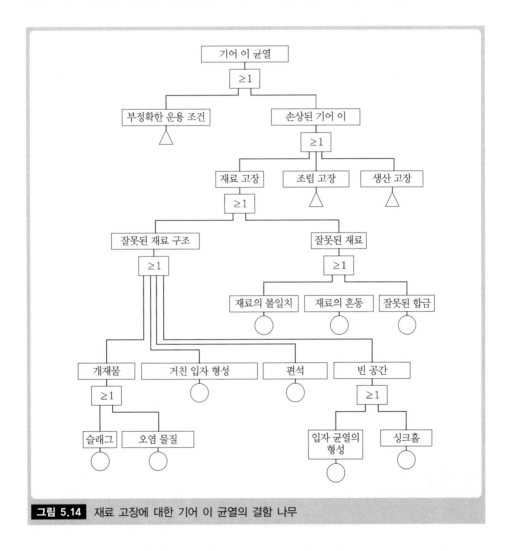

그림 5.14 재료 고장에 대한 기어 이 균열의 결함 나무

합금 오류 이외에 잘못된 재료 사용과 관련된 또 다른 원인으로는 재료를 혼동하거나 잘못 매치시키는 경우이다. 이러한 3가지 원인 각각은 결함 나무에서 표준 입력을 의미한다. 다른 한편으로 잘못된 구조는 편석, 거친 입자 형성, 개재물 또는 빈 공간으로 인해 발생한다. 개재물은 슬래그(slag)나 오염 물질로 인해 생긴다. 빈 공간은 싱크홀이나 입자 균열의 형성으로 인해 생긴다. 이러한 각 사항이 결함 나무의 표준 입력이기

때문에 잘못된 재료 구조의 가지가 완성되고, FTA는 다른 가지에 대해 계속 분석할 수 있다. 앞의 예제에서는 기어 이 균열의 원인으로 재료 고장이 가정되었으나, 〈그림 5.15〉에 나오는 FTA에서는 조립 고장을 원인으로 하여 분석이 수행된다.

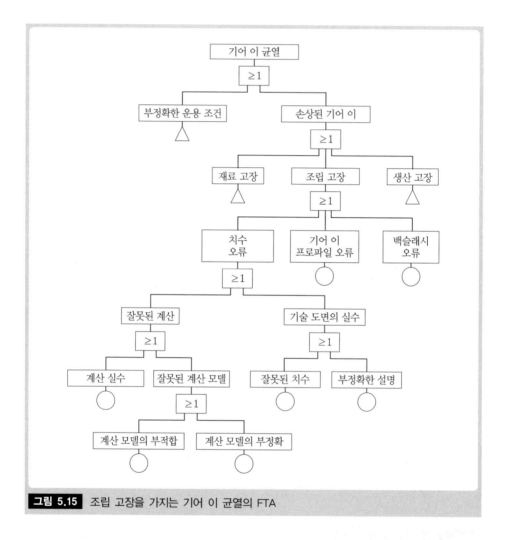

그림 5.15 조립 고장을 가지는 기어 이 균열의 FTA

여기서 조립 고장에 의해 기어 이 균열을 야기하는 원인들이 결정된다 : 치수 오류, 기어 이 프로파일의 오류, 백슬래시 오류. 기어 이 프로파일의 오류와 백슬래시 오류는 결함 나무의 표준 입력이므로 더 이상 살펴볼 필요가 없으므로 치수 오류만 살펴보면 된다. 기어 이의 치수 오류가 생기는 이유는 계산이 잘못되었거나 기어 이 생산에 기초가 되는 기술 도면에 실수가 있어서이다. 기술 도면에서의 고장은 치수가 틀리거나 그림이 잘못 또는 부정확하게 그려지는 경우다. 만약 치수 오류가 잘못된 계산에 의한 것이라면 계산에서 실수가 있거나 잘못된 계산 모델을 사용하는 경우 중 하나다. 사용된 계산 모델이 부정확하거나 원칙적으로 이런 유형의 계산에 적합하지 않을 수 있다.

결함 나무의 모든 입력이 표준 입력이므로, 조립 고장에 대한 분석은 종료된다. 기어이 균열에 대한 FTA는 잘못된 기어 이를 야기하는 생산 고장 또는 잘못된 운용 스트레스의 결정 중 한 가지에 대해 계속 수행된다.

5.5.2 반경 방향 씰 링(Radial Seal Ring)의 FTA

참고문헌 [5.10]의 예제에서는 특히 설계 단계를 다루고 있다. 반경 방향 씰 링의 디자인은 〈그림 5.16〉의 5번 부품, 씰 패킹 박스와 같으며, 벌브 터빈이 사용된 고압의 대형 발전기에서 냉각 공기 유출을 밀봉하는 데 사용된다.

압력 차는 1.5bar이며 크기가 상당히 큰 편이다. 씰 패킹 박스는 '열 보호 코어'에 접하여 작동된다. 이 조립품의 발생 가능한 고장 거동에 대하여 분석이 수행된다.

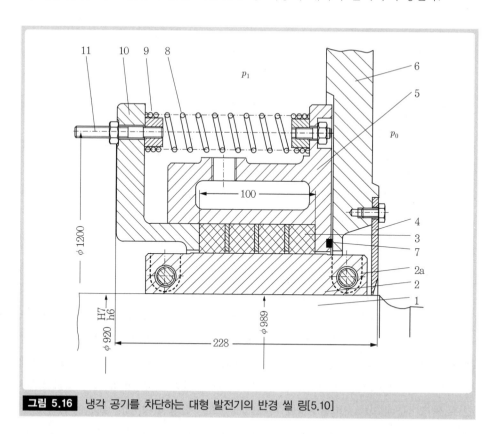

그림 5.16 냉각 공기를 차단하는 대형 발전기의 반경 씰 링[5.10]

반경 방향 씰 링의 전체적인 기능은 '냉각 공기의 차단'이다. 분석을 시작하기 위해 개별 부품에 의해 수행되는 하위 기능을 결정하는 것이 도움이 된다. 예를 들어, 기능 구조가 제공되지 않을 경우 〈표 5.5〉를 사용해서 작업을 잘 수행할 수 있다. '차단 (locking)'이라는 기능을 위해서는 다음과 같은 하위 기능이 꼭 필요하다.

● 접촉력 적용 기능
● 슬라이딩 봉인 기능
● 마찰열 발산 기능

| 표 5.5 | 가정된 기능 식별을 위한 그림 5.16의 부품 분석[5.10]

No.	부품	기능
1	샤프트	토크 전달, 코어 운반, 마찰열 소멸
2, 2a	코어(2개, 나사 모양)	접촉 및 씰링 면 제공, 샤프트 보호, 마찰열 전달
3	패킹 링	이동 매체 밀봉, 접촉력을 받아 밀봉압을 가함
4	와이퍼 링	떨어지는 기름으로부터 보호
5	씰 패킹 박스	패킹 링을 받음, 접촉력을 받아 전달
6	기본 프레임	부품 4와 5 전달
7	O-씰	p_1과 p_0 사이 밀봉
8	인장 스프링	접촉력 제공
9	스프링 시트	스프링 힘 전달
10	인장 링	접촉력 전달, 인장 스프링 전달
11	나사	스프링을 조절 가능하게 응력을 가함

다음의 분석 과정에서 하위 기능들이 부정되는 동시에 고장 거동에 대한 가능한 원인들이 결정된다(그림 5.17).

결함 나무의 분석 결과는 열의 불안정한 거동 – 터빈 수평타(hydroplane)상에 발생하는 마찰열이 코어를 사용함으로써 실제로 샤프트로만 흐르는 현상 – 때문에 주로 열 보호 코어 2의 고장 거동에 초점을 둔다. 이와 같이 코어는 데워지고 팽창된다. 하지만 만약 이렇게 계속 데워지면, 마찰이 증가하고 샤프트의 부상이 시작된다. 이런 현상으로 누출이 증가하고 샤프트상에 있는 코어의 슬라이딩에 이상이 생겨 샤프트 표면이 손상된다. 이런 구조는 적합하지 않으며 조립 측면에서 다음 2가지 방법 중 하나를 사용해 중대한 개선이 필요하다. 씰 패킹 박스를 샤프트로 봉쇄하고 샤프트와 함께 회전시키며 열 보호 코어를 빼거나(5번 하우징에 의해 방열) 또는 반경 방향 씰링 표면이 있는 반경 씰 링을 사용하는 것이다. 만약 현재의 구조를 그대로 유지하려면 다음과 같은 추가적인 개선 조치가 필요하다.

- 강화 패키지를 갖는 하우징은 샤프트와 함께 비틀릴 수 있으므로 기본 프레임에 대한 하우징의 지지가 적합하지 않다. 만약 7번 씰링이 내부에 있으면, 압력 차로 발생하는 접촉력이 너무 낮아 마찰을 통한 힘 전달에 의한 마찰 토크를 수용할 수 없다. 개선책 : 5번 하우징의 외경에 7번 씰링을 배치한다. 마찰 토크를 전달하기에 적합한 안전한 형태이면 더욱 좋다.
- 그림 위치에서 8번 스프링은 다시 조일 수 없다. 개선책 : 충분한 보정 거리(instep way)를 제공한다.
- 운용상의 안전과 구조의 간소화를 위해 인장 스프링보다는 압력 스프링을 사용하는 것이 더 바람직하다.

기본적으로, 개선된 설계는 구조적인 조치 이외에도 생산, 조립 및 운용(사용과 유지 보수)과 같은 다른 분야에서도 검토할 필요가 있다. 필요시 〈그림 5.17〉의 결함들을 예방하기 위한 해당 시험 절차가 요청되어야만 한다.

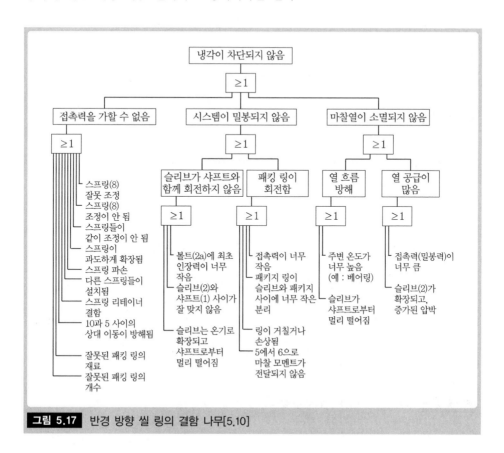

그림 5.17 반경 방향 씰 링의 결함 나무[5.10]

요약하면 고장 및 장애를 찾기 위한 절차는 다음과 같다.

- 기능을 식별한 다음 이를 부정한다.
- 기능이 제대로 수행되지 못하는 원인을 조사한다(명확하지 않은 기능 구조, 비이상적 원칙 사용, 비이상적 구조 등).

5.6 결함 나무 분석의 연습문제

문제 5.1 주어진 기능 나무(그림 5.18)의 신뢰도를 계산하시오. 그리고 결함 나무를 작성하시오.

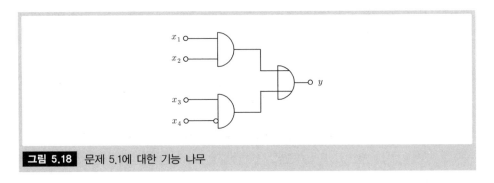

그림 5.18 문제 5.1에 대한 기능 나무

문제 5.2 주어진 신뢰성 블록도(그림 5.19)에 대한 고장 나무와 기능 나무를 작성하시오. 각 부품의 신뢰도 R_i를 이용하여 주어진 시스템의 고장 확률 F_S를 결정하시오.

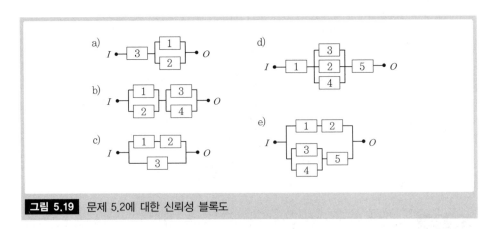

그림 5.19 문제 5.2에 대한 신뢰성 블록도

문제 5.3 아래 그림은 점보 제트기의 구조 원리를 나타낸다(그림 5.20). 만약 착륙 장치의 전방 OR (착륙 장치의 오른쪽 후방 AND 왼쪽 후방) OR 오른쪽 날개 OR 왼쪽 날개가 고장이면 '착륙 장치' 시스템은 고장이다. 또한 바퀴를 한 개라도 사용할 수 없으면 착륙 장치는 고장이다.

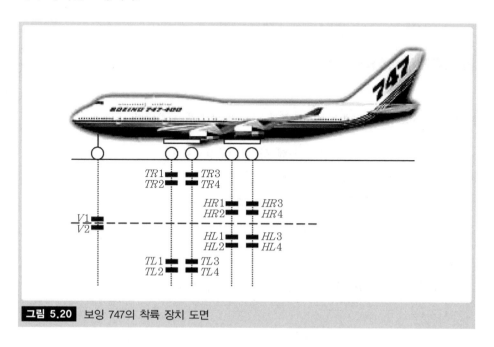

그림 5.20 보잉 747의 착륙 장치 도면

a) 결함 나무를 작성하시오.

b) 시스템 '착륙 장치' 고장에 대한 불 시스템 함수를 결정하시오.

c) 시스템의 고장 확률 F_S에 대한 수식을 결정하시오.

d) 시스템 '착륙 장치' 작동에 대한 불 시스템 함수를 결정하시오.

e) 시스템의 신뢰도 함수 R_S에 대한 수식을 결정하고 그에 따른 신뢰성 블록도를 작성하시오.

문제 5.4 보안 장치의 신뢰성을 보장하기 위해 시스템은 중복 설계를 가지고 구축된다. 시스템은 3개의 발전기(그림 5.21의 신뢰성 블록도에서 x_1, x_2, x_3 항)와 2개의 엔진(x_4, x_5)으로 구성된다.

x_2를 기준으로 분해하여 보안 장치의 신뢰도를 구하시오.

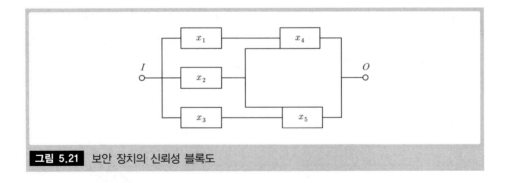

그림 5.21 보안 장치의 신뢰성 블록도

문제 5.5 ABS 제어 장치에 대한 결함 나무의 일부가 제공된다.

a) 제어 장치 고장에 대한 불 시스템 함수를 결정하시오.

b) 시스템의 고장 확률을 계산하시오.

c) 제어 장치 작동에 대한 시스템 함수를 결정하시오.

d) 신뢰성 블록도를 작성하시오.

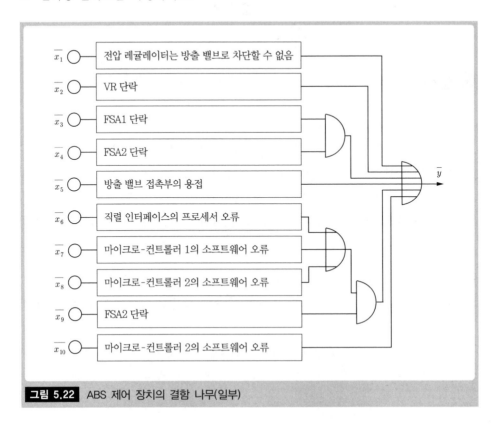

그림 5.22 ABS 제어 장치의 결함 나무(일부)

참고문헌

[5.1] Barlow R E, Fussel J B, Singpurwalla N D (1975) Reliability and Fault Tree Analysis. Society for Industrial and Applied Mathematics, Philadelphia.

[5.2] Bronstein I N, Semendjajew K A (2000) Taschenbuch der Mathematik—5., überarb. und erw. Aufl. Thun, Frankfurt am Main.

[5.3] Deutsches Institut für Normung (1981) DIN 25424 Teil 1-2 Fehlerbaum-analyse. Beuth, Berlin.

[5.4] Ericson C (1999) Fault Tree Analysis—A History from the Proceeding of the 17th International System Safety Conference.

[5.5] Gaede K W (1977) Zuverlässigkeit Mathematischer Modelle. Hanser, München Wien.

[5.6] Grimms T (2001) Grundlagen Qualitäts-und Risikomanagement. Vieweg.

[5.7] Malhotra M, Trivedi K S (1994) Power-Hierarchy of Dependability Model Types. In : IEEE Transactions on Reliability, Vol. 43, No. 3, September 1994, pp 493-502.

[5.8] Masing W (1994) Deutsche Gesellschaft für Qualität DGQ-Schrift 11-19 Einführung in die Qualitätslehre. DGQ, Frankfurt am Main.

[5.9] Meyna A (1994) Zuverlässigkeitsbewertung zukunftsorientierter Technologien, Vieweg, Wiesbaden.

[5.10] Pahl G, Beitz W (2003) Konstruktionslehre : Grundlagen erfolgreicher Produktentwicklung; Methoden und Anwendung. Springer, Heidelberg Berlin.

[5.11] Schlick G H (2001) Sicherheit, Zuverlässigkeit und Verfügbarkeit von Maschinen, Geräten und Anlagen mit Ventilen. Expert Verlag..

[5.12] Verein Deutscher Ingenieure (1998) VDI 4008 Blatt 2 Boolesches Model. VDI, Düsseldorf.

[5.13] Vesely W E, Goldberg F F, Roberts N H, Haasl D F (1981) Fault Tree handbook. United States Nuclear Regulatory Commission, Washington DC.

제 6 장

수명 시험 평가와
고장 데이터 분석

B. Bertsche, *Reliability in Automotive and Mechanical Engineering*, VDI-Buch,
Doi: 10.1007/978-3-540-34282-3_6, ⓒ Springer-Verlag Berlin Heidelberg 2008

이번 장에서는 수명 시험 계획과 여러 가지 평가 전략들을 다룰 것이다. 또한 그러한 절차들을 위한 가장 중요하면서도 기본적인 원리들을 소개할 것이다.

부품이나 시스템의 고장 거동을 설명하기 위해 이번 장에서는 고장 시간 데이터의 분석(평가)에 중점을 둘 것이다. 이를 위해 다양한 그래프 및 분석 방법을 통하여 우리가 알지 못하는 분포의 모수들을 결정한다. 수명 분포는 기계공학 분야에서 가장 많이 사용되는 와이블 분포를 사용할 것이다.

분석 업무에서 중요한 부분의 하나인 '신뢰 수준(confidence levels)'은 상세히 소개될 것이다. 신뢰 수준이 중요한 이유는 일반적으로 다수의 다양한 부품의 수명을 수집하는 것이 불가능(통계적인 관점 : 모집단을 평가하기 어렵다는 의미임)하기 때문이다. 일반적으로 일부 부품에 대한 고장 시간만 얻는 것이 가능하다. 통계학에서 볼 때, 시험 시료로 선택된 한정된 부품(표본 또는 샘플)을 모집단으로 판단한다(그림 6.1). 따라서 시험 샘플과 관련된 평가 결과만으로 보고서를 작성할 수 있다. 하지만 필요한 것은 전체 모집단에 대한 결과이다. 시험 샘플의 평가 결과로부터 도출된 고장 거동과 모집단 자체의

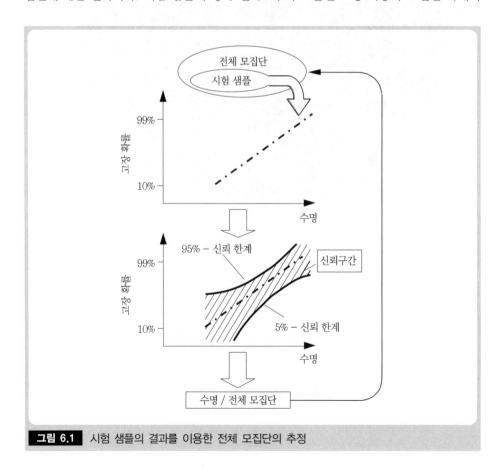

그림 6.1 시험 샘플의 결과를 이용한 전체 모집단의 추정

실제 고장 거동은 매우 다른 경우도 있다. 특히 소량의 부품으로 시험했을 때이다. 여기서 통계학의 '신뢰 수준'은 시험 샘플 결과의 정확도를 설명할 수 있다. 이에 따라 모집단의 고장 거동을 추정하는 것이 가능하다.

6.1   수명 시험 계획

수명 시험 계획은 실험 및 기술적 측정 계획과 통계적 시험 계획으로 나눌 수 있다.

실험 및 기술적 측정 계획

실험의 정확한 적용을 위한 일반적이고 기초적인 원칙을 적용한다. 가장 중요한 원칙들은 아래에 나열되어 있다.

- 경계 조건과 한계는 정확하게 정의되고 지켜져야 한다. 특히 수명 시험의 경우 이러한 사항은 부하 스펙트럼에서 특히 중요하다.
- 경계 조건의 결정과 제어를 위한 기술적 측정 프로세스는 정확하게 수립되어야 한다. 자원(재원)에 따라 실제 필요한 것보다 시험대에서 더 많은 정보가 요구되기도 한다.
- 만일 더 많은 시험 시간이 예상되는 경우에는 자동화 및 컴퓨터 제어로 측정되는 데이터 수집과 제어 장치를 사용해야 한다.
- 수명을 결정하기 위해 명목상의 기능이 더 이상 수행되지 못하는 한계 수치(고장 판단)의 명확한 기준이 필요하다. 연속적으로 손상이 변하는 값의 예로 씰(seal)에서 발생되는 누설량이 있다.
- 고장 영향 이후에 주요 고장 원인이 결정될 수 있는 방법으로 제어 장치는 만들어져야만 한다. 이것이 중요한 이유는 개별 고장 모드에 각각의 특징적인 신뢰성 모수가 할당되기 때문이다.

통계적 시험 계획

통계적 시험 계획에서 첫 번째 단계는 검사 로트의 크기를 결정하는 것이다. 이 검사 로트의 크기는 6.2절과 6.3.2절에서 다룰 신뢰 수준과 측정 값의 통계적 변동과 밀접한 관련이 있다. 만일 적은 수의 부품으로 시험한다면 통계적 평가 결과는 더욱 불확실해진다. 따라서 정확한 결과를 원한다면 많은 시간과 노력이 요구되더라도 충분한 부품을 시험해야 한다.

통계적 시험 계획에서 시험 대상이 될 부품의 선정 방법을 결정해야만 한다(시험 샘플 추출). 이 시험 샘플은 실제로 랜덤하게 추출된 시험 샘플이어야 하는데, 다시 말하면 시험 대상이 되는 부품은 랜덤하게 선정되어야 한다는 말이다. 그래야만 모집단을 대표할 수 있는 시험 샘플에 대한 기본 조건이 충족된다.

통계적 시험 계획에서 중요한 또 다른 사항은 적절한 시험 전략을 수립하는 것이다. 적용 가능한 전략은 다음과 같다.

- 완전 시험(complete test)
- 불완전(관측 중단) 시험(incomplete (censored) test)
- 시험 시간을 단축하는 전략

통계적으로 최상의 선택은 완전 시험이며, 즉 시험의 모든 부품이 수명 시험을 완료하는 것이다. 이 말은 모든 부품이 고장 날 때까지 시험이 진행된다는 것이다. 따라서 모든 부품의 고장 시간이 분석에 사용된다.

시험과 관련된 시간과 수고를 줄이기 위해서는 불완전(혹은 관측 중단) 시험을 하는 것이 합리적일 수 있다. 이러한 시험은 미리 정해진 시간까지만 수행하거나 혹은 고장 부품의 수량이 일정 개수에 도달할 때까지만 수행한다. 이러한 시험은 완전 시험만큼 큰 의미를 갖지는 못하지만 시험과 관련한 시간과 수고를 크게 줄일 수 있다.

시험 시간을 상당히 줄일 수 있는 또 다른 선택은 서든데스(sudden death) 시험과 부하를 증가시킨 시험(가속 시험)이 있으며, 이러한 시험에 대한 세부적인 절차는 8장에서 설명할 것이다.

이후에 소개될 내용은 완전 시험에 대한 기초적인 분석 내용이다.

6.2 순서 통계량과 분포

다음 절에서 다룰 고장 시간의 분석은 순서 통계량의 분포와 관련이 있다. 이러한 분석 절차를 이해하기 위해서는 순서 통계량 분포의 기원과 그 의미에 대한 기본적인 정보를 알아야 한다. 하지만 확률 이론의 관점에서 보면 순서 통계량 분포를 유도하는 일은 매우 복잡하다. 따라서 이번 절은 이러한 순서 통계량 분포들의 정확한 관계를 이해하고자 하는 사람들을 위해 준비하였다. 하지만 고장 시간의 분석 방법에 대해서만 관심을 가지고 있다면 이번 절은 건너뛰어도 무방하다.

고장 부품의 $F(t)$ 결정

부품 혹은 시스템의 고장 시간은 수명 시험 또는 손상 통계로부터 얻을 수 있다. 확률 그래프(확률지)를 이용한 평가 방법의 경우, 각각의 고장 시간의 x축 값만이 이용 가능하고 y축 값에 대한 정보는 없다. 따라서 각 고장마다 특정 고장 확률 $F(t)$가 할당되어야 한다. 예제를 통해서 자세한 설명이 제공된다.

다음은 $n = 30$개의 부품을 시험하였다.

부품 1	부품 2	・・・・	부품 30

이 시험을 통해서 30개의 각기 다른 수명 값 t_i들이 도출되었으며 결과 값을 순서대로 정렬한다.

$$t_1, t_2, t_3, \cdots t_{29}, t_{30}; \quad t_i < t_{i+1}$$

예를 들면 아래와 같다.

$$t_1 = 100,000\text{사이클}, \cdots t_5 = 400,000\text{사이클}, \cdots, t_{30} = 3,000,000\text{사이클}$$

이렇게 순서가 매겨진 값을 순서 통계량이라고 한다. 지수 i는 순위에 해당한다.

1번째 순서 통계량의 고장 후 시험 샘플의 1/30이 고장이 났으며, 2번째 통계량 이후에는 2/30가 고장 났다. 이러한 관점에서 본다면 1번째 순서 통계량에 고장 확률 $F(t) = 1/30 = 3.3\%$ 그리고 2번째 순서 통계량에 고장 확률 $F(t) = 6.7\%$를 할당하는 것이 가능하다. 이러한 방법을 통하여 시험을 실시한 부품의 고장 거동을 도수의 합이나 경험적 분포함수(그림 2.10 참조) 형태로 나타낼 수 있다.

여기서 하나의 시험 샘플에 대한 고장 시간을 고려한다는 것에 주목할 필요가 있다. 물론 동일한 크기의 다른 시험 샘플은 다소 다른 결과를 나타낼 수 있다.

예를 들면, $t_1 = 120,000\text{사이클}, \cdots t_5 = 350,000\text{사이클}, \cdots$
$$t_{30} = 2,500,000\text{사이클}$$

〈그림 6.2〉의 매트릭스 구조는 m개 시험 샘플의 결과이다.

순서 통계량(그림 6.2의 세로 축 중에 하나)의 고장 시간은 특정 범위 이내에서 다양하게 나타난다. 이와 같이 순서 통계량은 확률변수로 고려할 수 있으며 분포가 지정될 수 있다. 수명 분포와는 달리 순서 통계량의 확률밀도함수는 $\varphi(t_i)$로 나타낼 수 있다.

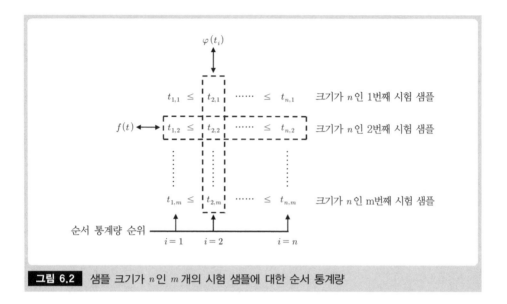

그림 6.2 샘플 크기가 n인 m개의 시험 샘플에 대한 순서 통계량

순서 통계량의 분포에 대해 수학적 전개를 통해서 다항분포(삼항분포)를 유도할 수 있으며, 이는 확장된 이항분포이다[6.2, 6.6, 6.7, 6.8]. 순서 통계량의 분포는 이론적으로 이항분포와 유사하게 전개된다. 전개 과정의 첫 번째 단계는 이미 알고 있는 고장 함수 $f(t)$ 혹은 $F(t)$를 가지는 부품들의 모집단이다. n개의 부품으로 구성된 시험 샘플은 이러한 모집단으로부터 선택된다. i번째 순서 통계량이 관측되었으며 〈그림 6.3〉의 t_i시 간에서 2번 구역에 위치한다. 하나의 부품에 대해서 고장 시간이 2번 구역에 위치할 확률은 $f(t_i)dt$이며, 1번 구역은 $F(t_i - 0.5dt)$이며, 3번 구역은 $(1 - F(t_i + 0.5dt))$이다. 모든 시험 샘플에 대한 시험을 완료한 후, i번째 순서 통계량은 2번 구역에 위치하게 되는 반면에, $(i-1)$개의 고장들은 1번 구역에 위치하고 $(n-i)$개는 3번 구역에 위치한다. 이와 같이 하나의 시험 샘플에 대한 모든 시험을 실시한 경우, 특정 부품이 〈그림 6.3〉의 2번 구역에 위치하게 될 확률은 다음과 같다.

$$\varphi(t_i) = F(t_i)^{i-1} \cdot f(t_i) \cdot [1 - F(t_i)]^{n-i} \tag{6.1}$$

$dt \to 0$인 경우, 식 (6.1)의 극한을 통해 순서 통계량의 확률밀도함수를 얻는다. 각각의 부품들은 3개의 구역 중에 어느 곳이라도 위치할 수 있기 때문에 여러 가지 조합을 고려해 보아야 한다.

$$\varphi(t_i) = \frac{n!}{(i-1)! \, 1!(n-i)!} F(t_i)^{i-1} \cdot f(t_i) \cdot [1 - F(t_i)]^{n-i} \tag{6.2}$$

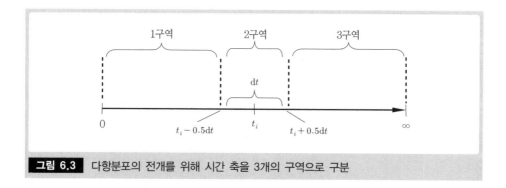

그림 6.3 다항분포의 전개를 위해 시간 축을 3개의 구역으로 구분

이전에 설명한 것처럼 $f(t_i)$와 $F(t_i)$는 t_i지점에서의 최초 분포의 확률밀도함수와 고장 확률이다.

〈그림 6.4〉는 예제에 대한 식 (6.2)를 그래프로 나타낸 것이다. 모수 $b = 1.5$, $T = 1$인 2모수 와이블 분포가 최초 분포로 사용되었다. 그림 6.4에서는 순서 통계량의 고장시간이 특정 시간 동안 다양한 고장 확률을 보이며 변하는 것을 볼 수 있다. 예를 들면, 5번째 순서 통계량은 0.1과 0.7 사이의 범위에서 존재하며, 고장 시간 0.3(중앙값)에서 가장 많이 발생한다. 하지만 극값 0.1과 0.7은 상대적으로 낮은 확률로 발생한다. $b = 1.5$인

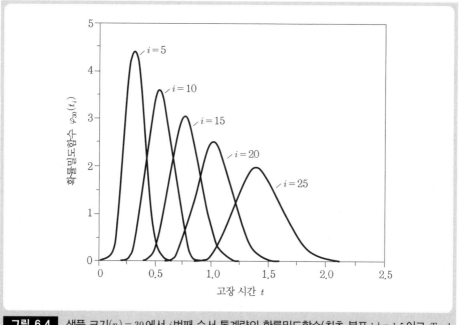

그림 6.4 샘플 크기$(n) = 30$에서 i번째 순서 통계량의 확률밀도함수(최초 분포 : $b = 1.5$이고 $T = 1$인 2모수 와이블 분포)

와이블 분포는 시간이 증가하면서 확률이 줄어들기 때문에 확률밀도함수 $\varphi(t_i)$는 순위가 증가하면서 경사는 완만해진다.

고장 시간의 분포는 알아야 하지만 대부분의 평가에서 모두 분포를 아는 것은 아니며, 오히려 고장 시간의 고장 함수를 먼저 결정해야 한다. 고장 시간에 대한 바람직한 고장 확률은 0과 1 사이의 값을 가정한다. 순서 통계량은 0과 1 사이의 고장 확률이 균일하게 할당되어야 하기 때문에 편중되지 않아야 한다. 변환하는 것이 효과적이다.

$$F(t_i) = F(u) = u, \quad 0 < u < 1 \tag{6.3}$$

$$f(u) = 1, \qquad 0 < u < 1 \tag{6.4}$$

식 (6.3)과 (6.4)는 직사각형 분포를 나타내며, 나열된 조건을 충족한다. 분포함수는 0과 1 사이 범위 내에서 정의되었으며, 순서 통계량은 일정한 확률밀도함수에서 동등하게 간주될 수 있다. 따라서 순서 통계량은 구간 0과 1 사이에서 동등하게 분포되어 있다.

식 (6.3)과 (6.4)를 식 (6.2)에 대입함으로써 순위의 고장 확률에 대한 확률밀도함수를 얻을 수 있다.

$$\varphi_n(u) = \frac{n!}{(i-1)!(n-i)!} \cdot u^{i-1} \cdot (1-u)^{n-i} \tag{6.5}$$

식 (6.5)는 베타 확률변수 u, 모수 $a, b(a = i, b = n - i + 1)$를 포함하는 베타 분포에 해당한다[6.6, 6.7].

식 (6.5)의 식을 〈그림 6.5〉와 같이 그래프로 나타낼 수도 있다. 〈그림 6.5〉는 〈그림 6.4〉의 내용을 와이블 확률지에 표현한 것으로 베타 확률변수 u에 대한 확률밀도함수를 나타내고 있다. 식 (6.3)에서와 같이 베타 확률변수 u는 고장 확률 $F(t_i)$로 해석될 수 있다. 〈그림 6.5〉는 i번째 순서 통계량에 할당된 고장 확률 $F(t_i)$가 주어진 밀도를 가지면서 특정 범위 내에서 변하는 것을 보여 준다. 예를 들면, 25번째 순서 통계량에는 대략 60~98%의 고장 확률이 할당되어야 한다. 대부분의 경우 최빈값(mode)인 83%가 적절한 값인 반면에 극히 드문 경우에 한해서 25번째 고장 시간에 대해 극단값(extreme value)만이 단지 적합할 수 있다.

고장 시간 분석을 위해서 개별 고장 시간에 고장 확률을 할당한 다음 와이블 확률지에 기입된 좌표들을 통해서 직선을 작성한다. 이와 같이 고장 확률의 산포 범위에서 가장 적절한 값을 선택하는 것이 필요하다. 3가지 중심 측도(평균, 중앙값, 최빈값) 중에 하나가 적절한 대표 추정 값으로 사용된다. 이러한 값들은 확률밀도함수 $\varphi(u)$나 베타 분포를 통해서 결정될 수 있다.

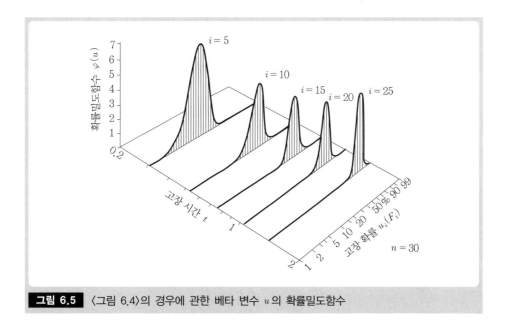

그림 6.5 〈그림 6.4〉의 경우에 관한 베타 변수 u의 확률밀도함수

평균(mean) :
$$u_m = \frac{i}{n+1}$$
(6.6)

중앙값(median) :
$$u_{median} \approx \frac{i-0.3}{n+0.4}$$
(6.7)

최빈값(mode) :
$$u_{mode} = \frac{i-1}{n-1}$$
(6.8)

중앙값은 폐쇄형 해(close-ended solution)를 가지고 있지 않다. 따라서 식 (6.7)은 근사치이다. 좀 더 정확한 중앙값은 부록의 〈표 A.2〉에서 확인할 수 있다.

이제 문제는 3개의 중심 측도 중에 어떤 것을 고장 확률 $F(t_i)$에 대한 추정치로 선택하는가이다. 하지만 면밀한 연구를 통해 확인된 점은, 3개의 중심 측도 중에 어떤 것도 다른 측도와 비교했을 때 큰 차이가 없다는 것이다. 또한 n이 큰 경우와 1이나 n 주변의 순서 통계량에 대한 3개의 중심 측도들도 크게 다르지 않았다.

실제로는 중앙값 u_{median}이 가장 많이 사용된다. 때로는 가장 단순하게 평균 u_m이 사용되기도 한다. 이와 같이 고장 확률들이 고장 시간 t_i에 할당될 수 있다.

$$F(t_i) = \frac{i}{n+1} \quad \text{(평균)}$$
(6.9)

$$F(t_i) \approx \frac{i-0.3}{n+0.4} \quad \text{(중앙값)}$$
(6.10)

예를 들면, $i = 25$인 경우 중앙값은 $F(t_{25}) = 81.3\%$이다(그림 6.6 참조). 즉, 50% 경우

에서는 실제 할당된 고장 확률이 81.3%보다 높을 것으로 예상된다. 나머지 50%에서는 81.3% 미만이 된다.

가장 이상적인 경우는 와이블 라인이라고 불리는 $(t_i, F(t_i))$ 좌표를 지나는 직선이 존재하는 경우이다(그림 6.6).

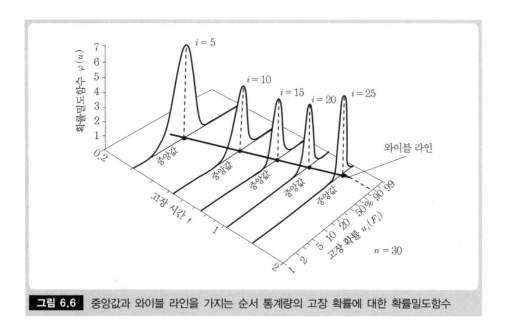

그림 6.6 중앙값과 와이블 라인을 가지는 순서 통계량의 고장 확률에 대한 확률밀도함수

신뢰구간(Confidence Intervals)

순서 통계량의 고장 확률이 변동을 가지기 때문에 정확한 대표 고장 시간을 할당하는 게 맞지 않을 수도 있다. 이와 같이 와이블 라인은 단지 실험 결과를 나타낼 수 있는 하나의 가능성일 뿐이다. 만약 $F(t_i)$를 결정하기 위해 중앙값을 이용한다면 와이블 라인 은 실험 결과의 50%가 와이블 라인의 위쪽에 위치하며, 실험 결과의 50%는 와이블 라인 아래쪽에 위치한다. 만일 실제 라인이 특정 범위 내에서 위치할 수 있을 것인지, 즉 와이 블 라인을 얼마나 신뢰할 수 있는지를 알아야 한다면 와이블 라인에 대한 신뢰구간을 결정할 필요가 있다. 신뢰구간은 랜덤한 값이 특정 범위 내에 위치할 확률을 나타낸다. 예를 들면, 90% 신뢰구간이 의미하는 것은 100가지 경우 가운데 90개에서 관측된 값들은 특정 구간 이내에 위치한다는 것이다. 〈그림 6.7〉은 순서 통계량의 90% 신뢰구간을 보여 주고 있다.

신뢰구간의 한계 값들은 식 (6.5)의 확률밀도함수를 적분하여 계산해 낼 수 있다. 이 러한 한계 값들의 근사식은 참고문헌 [6.10]에 제시되어 있다. 일반적으로 확률지에 신뢰

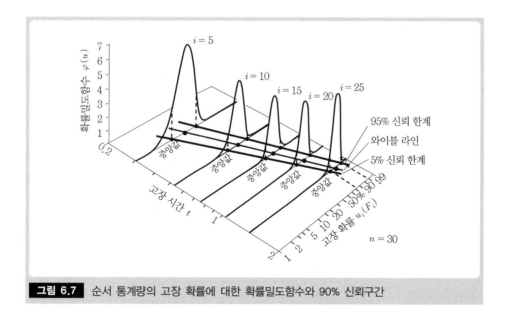

그림 6.7 순서 통계량의 고장 확률에 대한 확률밀도함수와 90% 신뢰구간

한계를 작성하는 데 참고 표를 사용한다. 부록의 〈표 A.1〉과 〈표 A.3〉에서 5%와 95% 신뢰 한계에 대한 값을 제공한다. 이러한 신뢰 한계들 사이의 범위는 90% 신뢰구간에 해당한다.

〈그림 6.7〉의 예제를 보면, 신뢰 한계의 고장 확률은 i가 25인 경우 $F(t_{25})_{5\%} = 68.1\%$ 이며 $F(t_{25})_{95\%} = 90.9\%$ 이다.

다양한 순서 통계량의 신뢰 한계 점들을 연결함으로써 전체 고장 시간에 대한 신뢰 구간 곡선을 얻을 수 있다(그림 6.7 참조).

〈그림 6.8〉은 와이블 확률지에서 결과를 보여 주고 있다. 중앙값의 와이블 라인과 신 뢰구간은 다음과 같이 해석해 볼 수 있다. 여러 개의 시험 샘플의 관측 결과, 〈그림 6.8〉 에 그려진 와이블 라인은 중앙에 있을 가능성이 가장 높다. 그리고 중앙의 라인은 모집 단의 평균(여러 시험 샘플에서 관측된)을 의미한다. 이와 같이 전체 경우의 50%는 이 선의 위에 존재하고 나머지 50%는 이 선의 아래에 위치한다.

하지만 특정 시험 샘플의 경우에는 라인이 〈그림 6.9〉에 제시된 신뢰구간 이내의 임의의 위치를 지나갈 수 있다. 시험 결과가 신뢰구간을 벗어날 확률은 10%에 지나지 않는다. 다시 말하면 신뢰구간을 신뢰할 수 없는 경우는 단지 10가지 중에 1가지뿐이라는 의미이다.

시험 샘플의 크기(n)가 작은 경우에는 신뢰구간의 범위가 매우 커지기 때문에 신뢰구 간을 더욱 주의 깊게 관찰해야 한다. 시험 샘플 크기 n이 증가하면 신뢰구간의 범위가 점점 줄어들며, 경우에 따라서 $n > 50 \cdots 100$인 경우에는 완전히 무시되기도 한다.

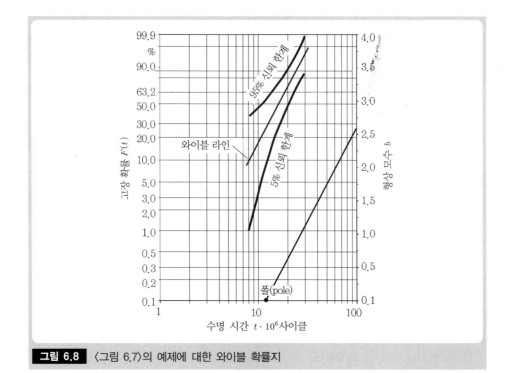

그림 6.8 〈그림 6.7〉의 예제에 대한 와이블 확률지

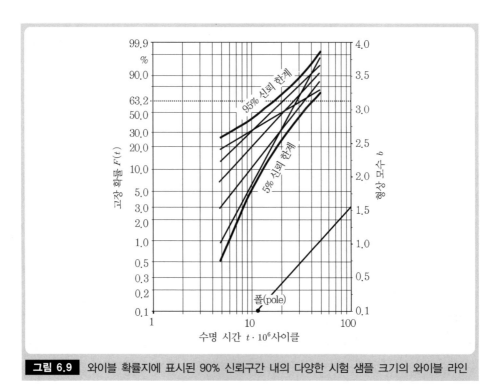

그림 6.9 와이블 확률지에 표시된 90% 신뢰구간 내의 다양한 시험 샘플 크기의 와이블 라인

6.3 고장 시간의 그래프 분석

예제와 같이 설명되는 개별적인 그래프 분석 단계는 실제 예제를 좀 더 명확하게 설명할 수 있다.

연구 프로젝트 범위 내에서 관측된 기어 휠 피팅(pitting) 혹은 딤플링(dimpling)은 이번 절의 예제로 사용될 것이다[6.5]. 총 10개(n)의 기어 휠이 $\sigma_H = 1528 \text{ N/mm}^2$의 응력하에서 시험하였다. 기어 휠의 고장 시간(백만 사이클)은 아래와 같이 발생 순서대로 제시되어 있다.

$$15.1, \ 12.2, \ 17.3, \ 14.3, \ 7.9, \ 18.2, \ 24.6, \ 13.5, \ 10.0, \ 30.5$$

순서 통계량과 순서 통계량의 분포에 관한 지식(6.2절 참조)은 그래프 분석을 하는 데 유용하며, 분석의 정확한 이해에 도움을 준다. 하지만 다음 장에 제시된 분석 단계들은 순서 통계량에 대한 정확한 지식 없이도 분석을 수행할 수 있도록 설명되어 있다.

6.3.1 와이블 라인의 결정(2모수 와이블 분포)

1.1단계 : 고장 시간을 오름차순으로 정렬한다.

$$t_1 < t_2 \ldots < t_n \ \text{또는} \ t_i < t_{i+1}; \ i = 1, .., n \tag{6.11}$$

고장 시간에 순서를 매김으로써 고장 시간에 대한 시간적인 과정을 통해 전체적인 윤곽을 확인한다. 또한 순서가 매겨진 고장 시간은 다음 분석 단계에서 필요하며, 순서 통계량이라고 한다. i는 순위에 해당한다.

다음의 순서 통계량은 시험 결과(백만 사이클)로부터 얻어졌다.

$$t_1 = 7.9, \qquad t_2 = 10.0, \qquad t_3 = 12.2, \qquad t_4 = 13.5, \qquad t_5 = 14.3,$$
$$t_6 = 15.1, \qquad t_7 = 17.3, \qquad t_8 = 18.2, \qquad t_9 = 24.6, \qquad t_{10} = 30.5$$

1.2단계 : 개별 순서 통계량의 고장 확률 $F(t_i)$를 계산한다.

$$F(t_i) \approx \frac{i - 0.3}{n + 0.4} \tag{6.12}$$

부록의 〈표 A.2〉의 정확한 값을 사용할 수도 있다.

1.1단계의 순서 통계량 t_i에 고장 확률 $F(t_i)$를 할당한다. 순서 통계량은 확률 변수이기 때문에 특정한 분포를 가진다. 식 (6.12)는 이러한 분포의 중앙값으로 볼 수 있다(6.2

절 참조).

이 예제의 고장 확률을 계산한 결과는 다음과 같다.

$$F(t_1) = 6.7\%, \quad F(t_2) = 16.3\%, \quad F(t_3) = 25.9\%, \quad F(t_4) = 35.6\%, \quad F(t_5) = 45.2\%,$$

$$F(t_6) = 54.8\%, \quad F(t_7) = 64.4\%, \quad F(t_8) = 74.1\%, \quad F(t_9) = 83.7\%, \quad F(t_{10}) = 93.3\%$$

▎1.3단계 :   와이블 확률지에 $(t_i,\ F(t_i))$ 좌표를 입력한다.

확률지에서 고장 시간 t_i는 x축에 해당하며 각각의 고장 확률 $F(t_i)$는 y축에 해당한다. 〈그림 6.10〉은 예제의 좌표를 와이블 확률지에 나타내고 있다.

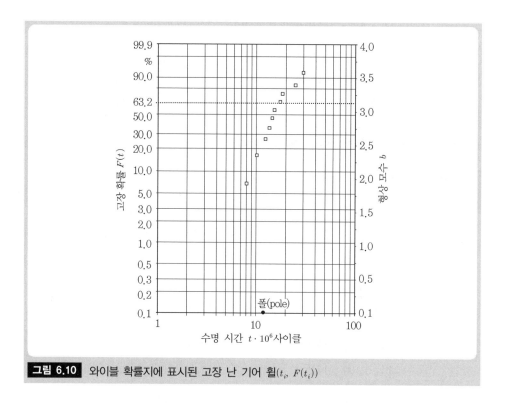

그림 6.10 와이블 확률지에 표시된 고장 난 기어 휠$(t_i,\ F(t_i))$

▎1.4단계 :   기입된 점들을 이용하여 최적의 직선을 개략적으로 작성하여 와이블 분포의 모수 T와 b를 결정한다.

특성 수명 T : y축의 63.2%와 최적 직선의 교차점에 해당하는 x축의 시간

형상 모수 b : 최적 직선을 pole 지점을 지나도록 평행이동시킨 후, 와이블 확률지의 오른쪽 y축에서 형상 모수 b를 읽는다.

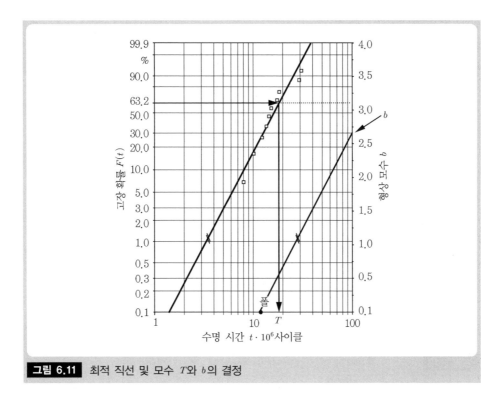

그림 6.11 최적 직선 및 모수 T와 b의 결정

최적 직선 및 모수 T와 b를 결정하는 내용은 〈그림 6.11〉에 나타나 있다. 이와 같이 기어 휠의 고장 거동은 아래의 와이블 분포로 가장 잘 설명할 수 있다.

$$F(t) = 1 - e^{-\left(\frac{t}{18 \cdot 10^6 LC}\right)^{2.7}} \tag{6.13}$$

경우에 따라 2~3개의 근사 라인으로 고장 거동을 설명해야 하는 경우도 있다(그림 6.12 참조). 이렇게 혼합된 분포의 경우, 개별 라인에 대한 개별 와이블 분포를 결정해야 한다. 그런 다음에 전체 고장 거동은 개별 손상 유형의 조합 형태로 나타난다.

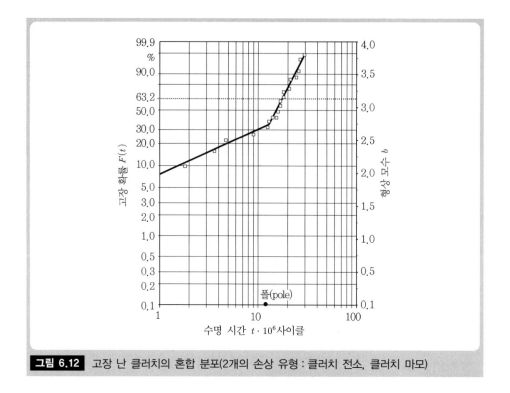

그림 6.12 고장 난 클러치의 혼합 분포(2개의 손상 유형 : 클러치 전소, 클러치 마모)

6.3.2 신뢰구간의 고려

만일 단일 기계 요소 세트에서 동일한 크기의 시험 샘플을 여러 번 시험할 수 있다면 순서 통계량 i는 항상 조금씩 다를 것이다. 이와 같이 순서 통계량은 확률 변수로 볼 수 있으며, 분포를 가진다(6.2절 참조).

그러므로 6.3.1절에서 결정된 와이블 라인은 '대표' 와이블 라인을 의미하며 대부분의 경우에 고장 거동의 평균 근사치로 볼 수 있다. 순서 통계량이 편차를 가지는 특성으로 인하여 다양한 시험 샘플에 대한 와이블 라인의 위치가 특정 구간 내에서 달라질 수 있다. 이러한 편차를 가지는 행태는 '신뢰구간'을 가지고 설명할 수 있다(6.2절 참조). 이러한 신뢰구간을 통해서 단일 시험 샘플에서 전체 모집단에 관한 정보를 얻는 것이 가능하다(그림 6.1 참조).

신뢰구간은 랜덤 변수가 특정 구간 내에 위치할 확률에 의해 설명된다. 예를 들면, 90% 신뢰구간은 100가지 경우 중 90가지가 이 구간 내에 위치한다는 의미이다. 90% 신뢰구간은 5%와 95%의 신뢰 한계에 의해 결정된다.

신뢰 한계와 신뢰구간의 계산은 다음 분석 단계에서 볼 수 있다.

2단계 : 　　　 부록의 〈표 A.1〉과 〈표 A.3〉을 이용하여 고장 확률 $F(t_i)_{5\%}$와 $F(t_i)_{95\%}$를 결정하고 좌표를 와이블 확률지에 입력한다. 모든 $F(t_i)_{5\%}$와 $F(t_i)_{95\%}$ 좌표를 지나는 라인을 각각 그린다. 최적 직선은 5%와 95% 신뢰 한계를 의미한다. 신뢰 한계들 사이의 영역은 90% 신뢰구간이다.

다음의 수치들은 기어 휠 시험의 결과이다.

| **표 6.1** | 중앙값과 신뢰구간

i	t_i	$F(t_i)_{5\%}$	$F(t_i)_{50\%}$ (중앙값)	$F(t_i)_{95\%}$
1	7.9	0.5 %	6.7 %	25.9 %
2	10.0	3.7 %	16.3 %	39.4 %
3	12.2	8.7 %	25.9 %	50.7 %
4	13.5	15.0 %	35.6 %	60.8 %
5	14.3	22.2 %	45.2 %	69.7 %
6	15.1	30.4 %	54.8 %	77.8 %
7	17.3	39.3 %	64.4 %	85.0 %
8	18.2	49.3 %	74.1 %	91.3 %
9	24.6	60.6 %	83.7 %	96.3 %
10	30.5	74.1 %	93.3 %	99.5 %

　　신뢰구간은 중앙 값의 와이블 라인 혹은 개별 좌표를 통해서 직접 결정할 수 있기 때문에 신뢰구간은 각각 곡선기반 구간 혹은 좌표기반 구간이다.

　　〈그림 6.13〉을 보면, $F(t_i)_{5\%}$와 $F(t_i)_{95\%}$는 좌표에 의해 결정된 작은 원들로 와이블 확률지에 표시되어 있다. 여러 순서 통계량의 모든 원을 근사 곡선으로 연결하여, 전체 고장 시간의 신뢰 한계 곡선을 구할 수가 있다. 이러한 신뢰 한계 사이의 영역은 90% 신뢰구간이 된다.

　　중앙값의 와이블 라인과 신뢰구간은 다음과 같이 해석해 볼 수 있다. 여러 개의 시험 샘플을 관측했을 때 〈그림 6.13〉의 중앙에 그려진 와이블 라인은 평균 결과 혹은 추정치이다. 전체 경우의 50%는 와이블 라인 위에 위치하며 나머지 50%는 와이블 라인 아래에 위치한다. 하지만 특정 시험 샘플의 경우, 와이블 라인이 신뢰구간 내에 위치하지만 중앙값 주위에는 위치하지 않을 수 있다. 시험 결과가 신뢰구간 밖에 위치할 확률은 10%에 지나지 않는다. 다시 말하면 10개의 경우 중에 1개의 신뢰구간만 신뢰할 수 없다는 말이다. 90% 신뢰구간에 해당하는 모수 T와 b의 최솟값 및 최댓값은 〈그림 6.14〉에서 볼 수 있다. 시험 결과에 대한 그래프 분석을 통하여 아래와 같이 모수(2모수 와이블 분포)

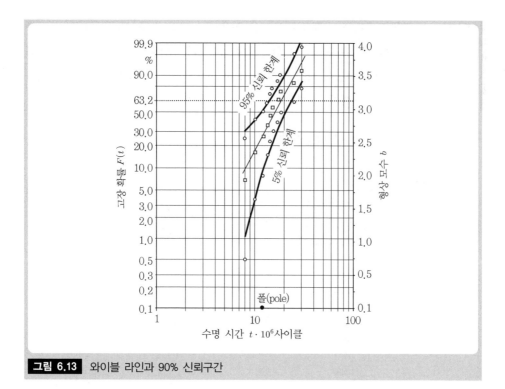

그림 6.13 와이블 라인과 90% 신뢰구간

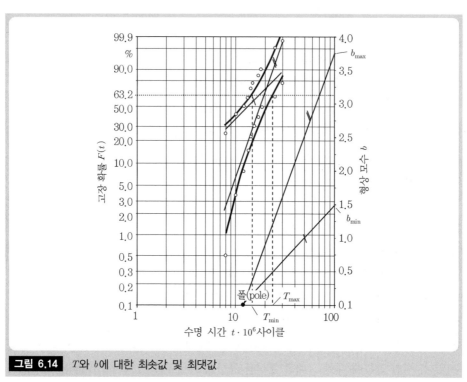

그림 6.14 T와 b에 대한 최솟값 및 최댓값

의 점 추정값과 90% 신뢰구간을 얻을 수 있다. 특성 수명 T의 단위는 사이클이다.

$$T_{\min} = 15 \cdot 10^6, \qquad T_{median} = 18 \cdot 10^6, \qquad T_{\max} = 23 \cdot 10^6,$$

$$b_{\min} = 1.5, \qquad b_{median} = 2.7, \qquad b_{\max} = 3.7$$

특성 수명과 형상 모수의 산포 범위는 간단한 근사식을 통해서 계산할 수 있다[6.10]. 이러한 방법을 이용하면 2단계 분석은 생략할 수 있다.

특성 수명 $T_{\min}$과 $T_{\max}$의 근사식은 다음과 같다.

$$T_{\min} = T_{5\%} \approx T_{median} \cdot \left(1 - \frac{1}{9n} + 1.645 \sqrt{\frac{1}{9n}}\right)^{-3/b_{median}} \tag{6.14}$$

$$T_{\max} = T_{95\%} \approx T_{median} \cdot \left(1 - \frac{1}{9n} - 1.645 \sqrt{\frac{1}{9n}}\right)^{-3/b_{median}} \tag{6.15}$$

(T_{median} : 그림 6.11에서 결정된 특성 수명 T에 해당한다.)

형상 모수의 산포 범위는 아래의 식을 통해 근사적으로 계산할 수 있다.

$$b_{\min} = b_{5\%} \approx \frac{b_{median}}{1 + \sqrt{\dfrac{1.4}{n}}} \tag{6.16}$$

$$b_{\max} = b_{95\%} \approx b_{median} \cdot \left(1 + \sqrt{\frac{1.4}{n}}\right) \tag{6.17}$$

(b_{median} : 그림 6.11에서 결정된 형상 모수 b에 해당한다.)

시험 샘플의 수가 적은 경우에는 신뢰구간이 매우 큰 범위를 가지기 때문에 신뢰구간에 유의할 필요가 있다. 단지 소수의 시험 결과만 있는 경우, 원하는 모수를 얻기 위한 측정 수단으로 신뢰구간을 활용할 수 있다. 시험 샘플 크기 n의 증가로 인하여 신뢰구간의 범위는 줄어들며, $n > 50...100$인 경우에는 신뢰구간의 범위를 완전히 무시할 수 있다.

6.3.3 무고장 시간 t_0의 고려(3모수 와이블 분포)

만약 무고장 시간 t_0가 존재한다면, 시험 결과로 나타나는 좌표는 와이블 확률지에 직선으로 표시되지 않으며 오히려 구부러진 볼록 곡선을 나타낸다(2.3.3절 참조).

> **3.1단계 :** 와이블 확률지의 좌표들이 근사적으로 선형(최적 직선)에 더 가까운지 아니면 비선형(근사 곡선)에 더 가까운지를 확인한다. 근사 곡선은 무고장 시간 t_0가 있는 3모수 와이블 분포임을 의미한다. 무고장 시간 t_0는 다음 절에 나타나 있는 그래프 분석 절차나 6.6절의 분석적 방법을 통해서 더욱 정확히 계산해 낼 수 있다.

〈그림 6.15〉는 시험 결과를 설명하는 함수에 대해 근사 곡선이 좋은 추정치인 예제를 나타낸다. 그러므로 3모수 와이블 분포를 구해야 한다.

무고장 시간 t_0의 출현에는 여러 가지 원인이 있을 수 있다[6.1]. 가장 중요한 원인은 다음과 같다.

- 원칙적으로 t_0시간 이전에는 고장이 발생하지는 않는다. 예를 들면, 브레이크 디스크에서 손상이 발생하기 전에 브레이크 라이닝이 반드시 마모되어야 한다.
- 제품의 생산, 출하, 제품 작동 사이에는 시간 이동(time shift)이 발생한다.
- 손상이 발생하고 확대되는 데는 얼마간의 시간이 필요하다. 예를 들면, 기어 휠 시험 기간 동안에 피팅이나 딤플링의 발생은 크랙이 생겨 확산된 이후에 처음으로 발생한다.

무고장 시간 t_0의 근사적인 결정은 그래프 분석으로도 할 수 있다. 〈그림 6.15〉에서 볼 수 있는 것처럼, 무고장 시간 t_0의 간단한 추정치는 근사 곡선을 x축으로 연장하여 결정한다. 무고장 시간 t_0는 근사 곡선과 x축의 교차 지점 앞에 있는 특정 범위 내에서 구할 수 있다(그림 6.15 참조). 모수 t_0에 대한 최선의 근사치는 수정된 고장 시간 $t_i' = t_i - t_0$를 와이블 확률지에 직선으로 나타낼 때 얻을 수 있다.

> **3.2단계 :** 근사 곡선을 와이블 라인으로 변환한다. 이를 위해 고장 시간 변환이 필요하다. $t_i' = t_i - t_0$, t_0에 대한 최선의 근사치는 $(t_i', F(t_i'))$ 좌표를 통과하는 와이블 라인을 직선으로 그릴 수 있을 때 얻는다.

가장 적합한 무고장 시간 t_0는 반복적으로만 결정될 수 있다. t_0에 대한 다양한 값을 충분히 시험해 보는 것도 필요하다. 기어 휠 시험에 대한 최선의 t_0 값은 6×10^6사이클이다(그림 6.16 참조).

〈그림 6.16〉에서 와이블 라인의 모수들은 1.3단계를 이용하여 결정할 수 있다. 〈그림 6.16〉과 같이 특성 수명 $T = 18 \times 10^6$사이클이며 형상 모수 $b = 1.6$이다(형상 모수 b는 2모수와 3모수 와이블 분포에 따라 달라지며, 7장을 참조하기 바란다).

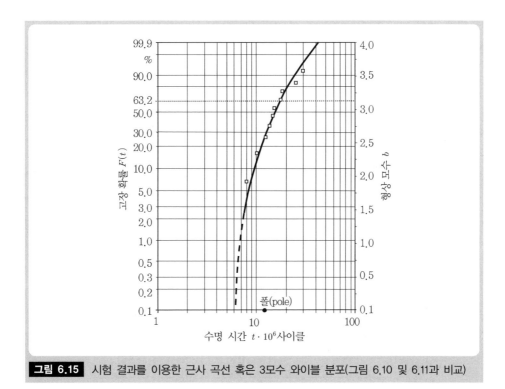

그림 6.15 시험 결과를 이용한 근사 곡선 혹은 3모수 와이블 분포(그림 6.10 및 6.11과 비교)

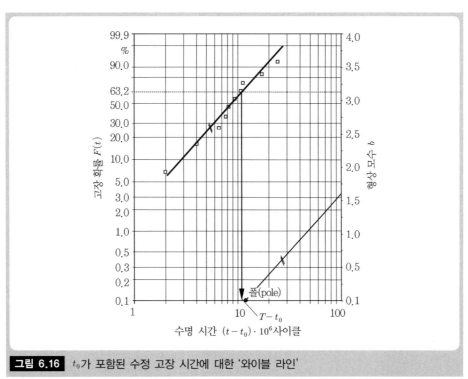

그림 6.16 t_0가 포함된 수정 고장 시간에 대한 '와이블 라인'

이와 같이 기어 휠의 고장 거동은 아래의 3모수 와이블 분포로 나타낼 수 있다.

$$F(t) = 1 - e^{-\left(\frac{t - 6 \cdot 10^6 LC}{(18-6) \cdot 10^6 LC}\right)^{1.6}} \tag{6.18}$$

무고장 시간 t_0는 Dubey[6.3]의 절차를 이용하여 또한 근사적으로 구할 수 있다. 이러한 절차는 상대적으로 간단하며 짧은 시간에 적용할 수 있다. 절차는 아래와 같다.

- 〈그림 6.17〉처럼 와이블 확률지에 시험 결과를 통과하는 근사 곡선이 작성된다.
- y축을 두 개의 동일한 비율 Δ로 나누고 그에 상응하는 수명 t_1, t_2, t_3가 결정된다.
- 고장 시간 t_1, t_2, t_3는 〈그림 6.17〉에서 결정되며, 무고장 시간 t_0는 다음과 같이 결정된다.

$$t_0 = t_2 - \frac{(t_3 - t_2) \cdot (t_2 - t_1)}{(t_3 - t_2) - (t_2 - t_1)} \tag{6.19}$$

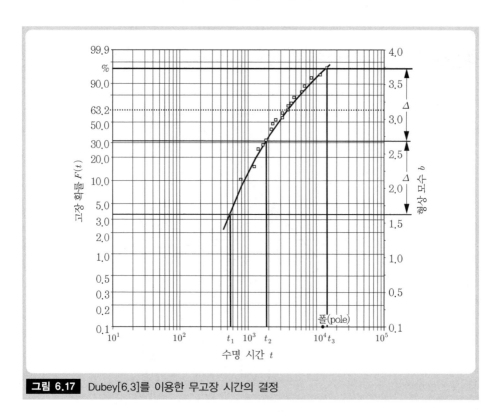

그림 6.17 Dubey[6.3]를 이용한 무고장 시간의 결정

▌3.3단계: 2단계와 같이 수정된 와이블 라인에 대한 3모수 와이블 분포의 신뢰구간을 결정한다(그림 6.16 참조).

〈그림 6.18〉은 이 예제에 대한 90% 신뢰구간을 보여 주고 있다. 3모수 와이블 분포의 모수들에 관한 결과는 아래와 같으며, 특성 수명 T의 단위는 사이클이다.

$$T_{\min} = 13 \cdot 10^6, \qquad T_{median} = 18 \cdot 10^6, \qquad T_{\max} = 25 \cdot 10^6,$$

$$b_{\min} = 0.8, \qquad b_{median} = 1.6, \qquad b_{\max} = 2.5,$$

$$t_0 = 6 \cdot 10^6 사이클$$

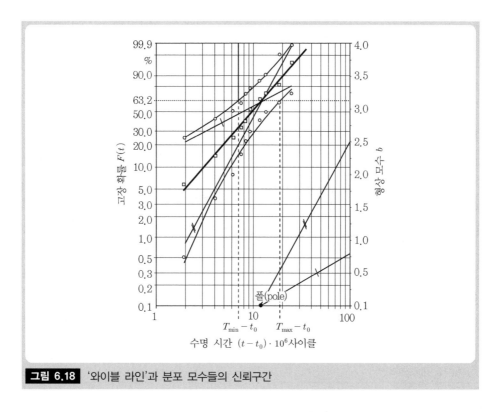

그림 6.18 '와이블 라인'과 분포 모수들의 신뢰구간

예제의 경우, 선택된 시험 샘플의 수가 적기($n = 10$) 때문에 2모수 혹은 3모수 와이블 분포 중에서 정확히 하나를 선택하기가 어렵다. 분석을 통해 2가지 분포의 가능한 해를 제시할 수 있다. 3모수 와이블 분포는 무고장 시간이 존재하거나 혹은 존재한다고 가정할 수 있을 때에만 이용할 수 있다. 나머지 경우에는 고장 거동을 설명하는 데 2모수 와이블 분포로만 제한하는 것이 좀 더 보수적일 수 있다.

6.4 불완전(관측 중단) 데이터의 평가

6.1절에서 설명한 것처럼, 시험과 관련된 시간과 노력은 불완전 시험이나 시험 시간 단축과 같은 방식으로 현저히 감소될 수 있다. 종종 사용되는 몇 가지 절차와 방법들을 이번 장에서 소개할 것이다. 불완전(관측 중단) 데이터의 평가를 위한 절차 개요는 〈표 6.2〉와 같다.

| 표 6.2 | 불완전(관측 중단) 데이터의 평가를 위한 절차 개요

데이터 유형	관측 중단	설명	절차	참고 절
완전 데이터 $r = n$	관측 중단 없음	모든 부품이 고장	중앙값 계산식 $F_i \approx \dfrac{i-0.3}{n+0.4}$, $i = 1,2,...,n$	6.3
불완전 데이터 $r < n$	관측 중단 유형 I 또는 II	모든 정상 부품의 수명 특성 (예 : 작동 시간)은 마지막으로 고장 난 r번째 부품의 수명 특성보다 **크다.**	중앙값 계산식 $F_i \approx \dfrac{i-0.3}{n+0.4}$, $i = 1,2,...,r$	6.4.1
	다중 관측 중단	정상 부품의 수명 특성은 **알지 못한다.**	서든데스 시험	6.4.3
		정상 부품의 수명 특성은 **알려져 있다.**	발생하지 않은 사건을 고려한 절차(변동 조건하에서의 평가) – Johnson 또는 VDA 절차	6.4.3.2
		'운행 성능 분포'의 형식으로 이용 가능한 정상 부품에 관한 정보	시험 경로에서 발생하지 않은 사건을 고려한 절차	6.4.3.3

변수 :
r = 고장 수
n = 시험 샘플 크기

6.4.1 Type I과 Type II 관측 중단

예를 들어, n개의 모든 시험 부품이 고장 나기 이전에 시험이 중단되면, '불완전 시험 데이터'가 얻어진다. 만일 시험이 정해진 시간 이후에 중단된다면 〈그림 6.19〉와 같이 Type I 관측 중단(정시 관측 중단)에 해당하며 이때 '✘'는 고장을 의미한다. 시험 대상품 4번과 5번은 시험 종료까지 고장 없이 정상 작동되었다. 따라서 이러한 경우에 r개의 $(r < n)$ 시험 부품에 대한 고장 시간만을 알 수가 있다. 나머지 $n-r$개의 '생존 부품'에

대해 알 수 있는 유일한 사항은 시험 중단 이후에도 여전히 부품의 손상이 없다는 점이다. 고장 수량 r은 확률 변수이며 시험을 시작하기 전에 알 수 없다.

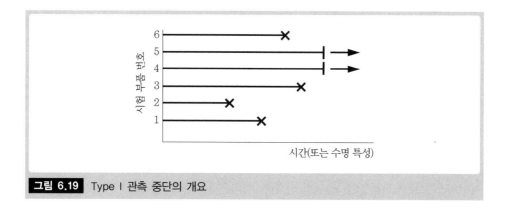

그림 6.19 Type I 관측 중단의 개요

만약 시험이 정해진 시험 부품 개수(r개)만큼 고장 난 이후에 중단이 된다면 Type II 관측 중단(정수 관측 중단)에 해당한다(그림 6.20 참조). 〈그림 6.20〉의 시험은 네 번의 고장이 발생한 이후 중단되었다. 시험 대상품 3번과 4번은 시험 종료까지 고장 없이 작동되었다. 이러한 경우에 r개의 고장이 발생하는 시점이 확률 변수가 되며, 전체 시험 시간은 시험 종료 전까지는 알 수가 없다.

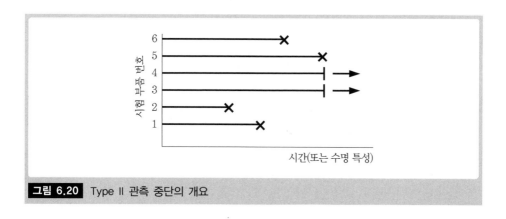

그림 6.20 Type II 관측 중단의 개요

이 두 가지의 경우(Type I과 Type II 관측 중단)에서, 6.3절에서 설명했던 것과 같이 분석을 하는 것은 불가능하다. 와이블 확률지에 고장 데이터를 기입하기 위해서 근사식에 따라 누적 빈도가 계산된다.

$$F(t_i) \approx \frac{i - 0.3}{n + 0.4}, \quad i = 1, 2, ..., r$$

   $n-r$개의 시험 부품이 고장 나지 않았다는 사실은 근사식의 분모에 있는 n 대신에 r로 대체하여 고려된다.

   Type Ⅰ이나 Type Ⅱ 관측 중단으로 시험 평가하기 위해서는 마지막 고장 시간을 넘어서는 최적 직선을 외삽함으로써 와이블 확률지의 특성 수명 T를 추정하는 것이 필요하다. 이것은 추가적인 고장 메커니즘이 무시될 수 없는 한 일반적으로 문제가 된다. 의문이 있는 경우에, 고장 거동에 관한 통계적 보고서는 단지 최소 및 최대 수명을 기반으로 하여 작성될 수 있다(아래의 증명 참조).

와이블 확률지에서 외삽의 증명

아래의 증명은 다음과 같은 표현으로 일반화될 수 있다. 수명 특성치의 최솟값과 최댓값 사이의 정보로 제한하는 한 불완전 및 완전 시험은 와이블 확률지를 이용하여 고장 데이터의 평가가 가능하다.

   최솟값 아래와 최댓값 위쪽에 해당하는 정보가 더 이상 존재하지 않을 때 입력된 좌표를 외삽하는 것은 일반적으로 문제가 된다(위, 아래 모두 해당됨).

예제 : Type Ⅰ 혹은 Type Ⅱ의 관측 중단

   샘플 수 : $n = 6$

   고장 수 : $r = 4$ $r \rightarrow n_f(t)$

   고장 확률 : $F_i = F(t_i) \approx \dfrac{i - 0.3}{n + 0.4}, \quad i = 1, 2, ..., r$

순위(rank) i	1	2	3	4	5	6
순서 통계량 t_i	900	1300	1900	2300	?	?
고장 확률 F_i	10.94%	26.26%	42.19%	57.81%		

그래프(와이블 확률지) :

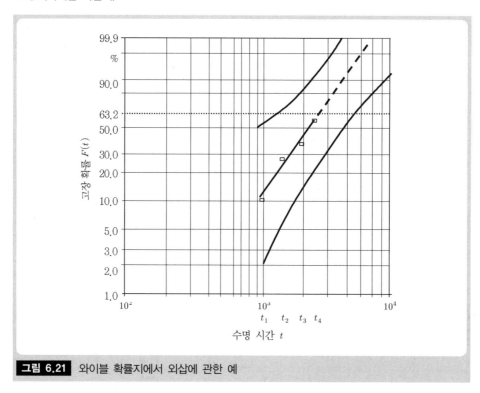

그림 6.21 와이블 확률지에서 외삽에 관한 예

6.4.2 다중 관측 중단 데이터

수명 시험에서 종종 고장이 발생하기 전에 시험 대상품을 제거하는 경우가 있다. 정상적인 시험 부품을 사전에 결정된 시점에서 시험대로부터 모두 제거되는 Type I 관측 중단과는 달리, 〈그림 6.22〉와 같이 랜덤한 여러 시점(다수의 관측 중단)에서 '제거'될 수

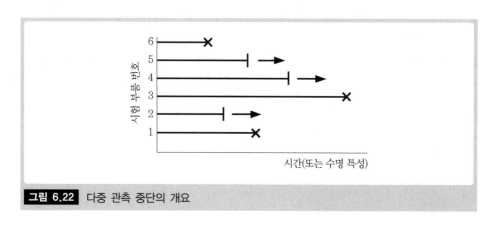

그림 6.22 다중 관측 중단의 개요

있다. 여기서 '**✕**'는 고장을 의미한다. 화살표가 의미하는 것은 시험 대상품이 시험에서 중단되기까지 (특정) 고장 메커니즘이 발생하지 않았다는 것이다.

이러한 예는 제품이 A 고장 모드(예 : 전자 부품의 고장)에 대한 시험을 하지만 B 고장 모드(예 : 기계적 결함) 때문에 고장이 발생하는 경우에 특히 일반적이다.

6.4.3 서든데스(Sudden Death) 시험

서든데스 시험에서 시험 샘플은 동일한 크기를 가진 m개의 검사 로트로 나뉜다(그림 6.23 참조). 예를 들면, 만일 시험 샘플이 $n = 30$개의 부품으로 구성되어 있다면, 개별 검사 로트가 5개(=k)의 부품으로 구성된 6개(=m)의 검사 로트들로 나눌 수 있다.

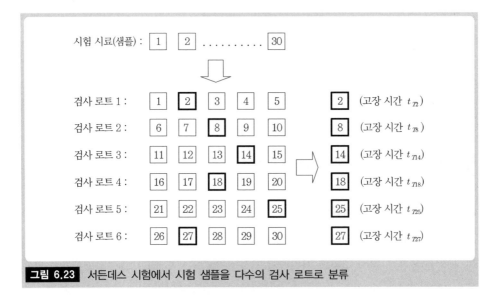

그림 6.23 서든데스 시험에서 시험 샘플을 다수의 검사 로트로 분류

개별 검사 로트의 부품들은 첫 번째 부품이 고장 날 때까지 동시에 시험을 실시한다. 이러한 시험을 수행하기 위해서는 여러 개의 시험대가 필요하거나 시험을 구간별로 실시해야 한다(예 : 각 부품은 x시간 동안 시험을 실시한다). 한 개의 시험 부품이 고장이 난 후, 검사 로트의 나머지 부품에 대해서는 더 이상 시험을 하지 않는다. 이와 같이 우리가 얻는 결과는 〈그림 6.23〉의 오른쪽과 같이 개별 검사 로트의 첫 번째 고장 부품의 가동 시간(고장 시간)이 된다.

그 후 고장 시간들은 오름차순으로 정렬한다.

$$t_{T8} < t_{T27} < t_{T14} < t_{T2} < t_{T18} < t_{T25} \text{ 또는} \tag{6.20}$$

$$t_1 < t_2 < t_3 < t_4 < t_5 < t_6 \tag{6.21}$$

두 가지 방법으로 평가를 수행할 수 있다. 첫 번째 절차에서는, 각각의 결정된 고장 시간에 가상 순위를 할당하는데 이때 손상이 없는 부품도 고려된다. 식 (6.20)의 최소 고장 시간 t_{T8}는 또한 전체 시험 샘플의 최소 고장 시간도 된다. 하지만 두 번째 최소 고장 시간 t_{T27}이 반드시 전체 시험 샘플의 두 번째 최소 시간에 해당되는 것은 아니다. 두 번째 검사 로트에서 t_{T8} 고장 시간 이후에 다음 부품은 t_{T27}보다 짧은 시간에 고장이 날 수도 있다. 결정된 가상 순위는 이러한 현상을 고려해 두고 있다. 수정된 평균 순위는 다음과 같이 계산될 수 있다.

평균 순위 $j(t_j)$는 이전 순위 $j(t_{j-1})$에 증분량 $N(t_j)$를 더한다.

$$j(t_j) = j(t_{j-1}) + N(t_j), \ \ j(0) = 0 \tag{6.22}$$

증분량 $N(t_j)$:

$$N(t_j) = \frac{n+1-j(t_{j-1})}{1+(잔존\ 부품\ 수)} \tag{6.23}$$

잔존 부품 수는 현재 고장 난 부품을 포함하여 지금까지 남아 있는 시험 부품 수를 의미한다. 따라서 $N(t_j)$는 다음과 같이 계산될 수도 있다.

$$N(t_j) = \frac{n+1-j(t_{j-1})}{1+(n-이전\ 부품\ 수)} \tag{6.24}$$

예제 :

$$j_1 = j_0 + N_1, \qquad j_0 = 0, \qquad N_1 = \frac{30+1-0}{1+30-0} = \frac{31}{31} = 1.0$$

$$j_1 = 0 + 1.0 = 1.0$$

$$j_2 = j_1 + N_2, \qquad j_1 = 1.0, \qquad N_2 = \frac{30+1-1.0}{1+30-5} = \frac{30}{26} = 1.15$$

$$j_2 = 1.0 + 1.15 = 2.15$$

$$j_3 = j_2 + N_3, \qquad j_2 = 2.15, \qquad N_3 = \frac{30+1-2.15}{1+30-10} = \frac{28.85}{21} = 1.37$$

$$j_3 = 2.15 + 1.37 = 3.52$$

$$...$$

고장 확률의 계산은 순서 통계량의 중앙값에 대한 식 (6.10)을 통해서 구할 수 있다.

$$F(t_j) \approx \frac{j(t_j) - 0.3}{n + 0.4} \tag{6.25}$$

고장 시간 평가를 위한 이후 절차는 와이블 확률지의 일반적인 평가와 유사하다.

두 번째 평가 절차는 와이블 확률지를 통해서 직접 수행할 수 있다. 이전 절차와 마찬가지로 수명 시간은 식 (6.21)과 같이 오름차순으로 정렬한 후 와이블 확률지에 입력된다. 〈그림 6.24〉처럼 첫 번째 고장 데이터들 각각에 순서 통계량의 중앙값을 할당하며, 이때 m은 검사 로트의 수를 의미한다.

$$F(t_i) \approx \frac{i - 0.3}{m + 0.4} \tag{6.26}$$

고장 데이터에 대한 직선이 확률지에 나타난다. 확률지에서 직선의 기울기는 와이블 분포의 형상 모수인 b이며, 전체 시험 샘플과 시험 샘플의 일부에 대한 기울기가 같다. 첫 번째 고장 데이터들의 기울기가 전체 시험 샘플의 형상 모수에 해당하며, 이러한 방식으로 계산될 수 있다. 고장 데이터를 정확하게 나타내기 위해서는 직선을 오른쪽으로 이동시켜야만 한다. 이러한 이동 범위의 결정은 아래의 사실로부터 구할 수 있다. 검사 로트의 첫 번째 고장에 $F_1^* = 0.7/(k + 0.4)$의 고장 확률이 할당되며, 첫 번째 고장의 대표 값은 첫 번째 고장들의 중앙값(50% 값)으로 간주한다. 첫 번째 고장들의 직선 라인과 50% 라인이 교차하는 지점에서부터 수직선이 그려지며, 이 수직선과 첫 번째 고장의

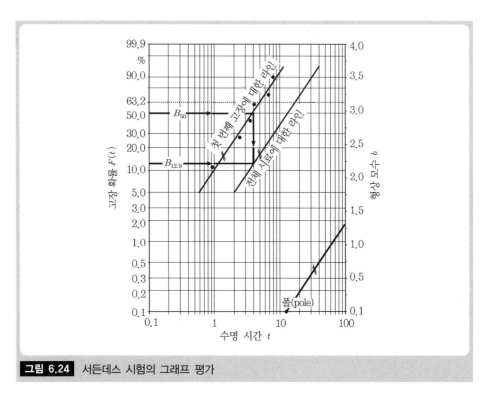

그림 6.24 서든데스 시험의 그래프 평가

F_1^* 라인이 교차하는 점이 전체 분포에 대한 직선의 한 점이 된다. 이후 첫 번째 고장들의 직선은 앞에서 구한 교차점을 지나도록 평행이동한다(그림 6.24 참조). 위의 예제에서 $k = 5$이므로 $F_1^* = 12.9\%$가 된다.

6.4.3.1 정상적인 부품에 관한 정보가 없을 때 필드 시험에서 '서든데스 시험'의 적용

서든데스 시험 평가는 판매된 모든 기계를 균등한 검사 로트로 분배함으로써 필드 시험에도 적용할 수 있다[6.4, 6.12, 6.14]. 검사 로트의 수는 고장 수+1이다. 이것은 첫 번째 고장보다 짧은 작동 시간을 가지는 무고장(정상) 부품을 고려한다는 것이다. 검사 로트의 크기는 다음과 같이 계산된다.

$$k = \frac{n - n_f}{n_f + 1} + 1 \tag{6.27}$$

여기서 k는 검사 로트의 수이며, n은 관측된 시점에서 판매된 모든 기계의 수이고, n_f는 고장 난 기계의 수이다. 평가는 위에서 제시된 대로 이루어질 수 있다.

다음의 예제를 이용하여 서든데스 시험 평가를 설명할 것이다.

주어진 정보 :

$n = 4800$ 한 달 동안 고객에게 판매된 부품 수
$n_f = 16$ 각각의 수명을 가지는 고장 부품 수

$t_{f1} = 1{,}500\text{km}$ (고장 확률 : $n = 16$인 경우 표 A.2의 결과는 4.2%)

$t_{f2} = 2{,}300\text{km}$ $t_{f3} = 2{,}800\text{km}$ $t_{f4} = 3{,}400\text{km}$ $t_{f5} = 3{,}900\text{km}$

$t_{f6} = 4{,}200\text{km}$ $t_{f7} = 4{,}800\text{km}$ $t_{f8} = 5{,}000\text{km}$ $t_{f9} = 5{,}300\text{km}$

$t_{f10} = 5{,}500\text{km}$ $t_{f11} = 6{,}200\text{km}$ $t_{f12} = 7{,}000\text{km}$ $t_{f13} = 7{,}600\text{km}$

$t_{f14} = 8{,}000\text{km}$ $t_{f15} = 9{,}000\text{km}$

$t_{f16} = 11{,}000\text{km}$ (고장 확률 : $n = 16$인 경우 표 A.2의 결과는 95.8%)

검사 로트 크기 k는 다음과 같이 계산된다.

$$k = \frac{n - n_f}{n_f + 1} + 1 \tag{6.28}$$

주 : 좀 더 간단한 수식 $k = \dfrac{n}{n_f + 1}$ 으로도 충분하며 근사적으로 동일한 결과를 얻는다.

위의 예제의 경우 :

$$k = \frac{4800 - 16}{16 + 1} + 1 = \frac{4784}{17} + 1 = 281.4 + 1 \Rightarrow k \approx 282$$

이와 같이 각 고장 간에 281개의 무고장 부품이 존재한다. 즉, 첫 번째 고장 이전, 첫 번째와 두 번째 사이, 두 번째와 세 번째 사이, …, 그리고 16번째 고장 이후에 존재한다. 무고장 부품 수는 아래와 같다.

$$\sum n_s(t) = m \cdot (k-1), \quad (m = 17, k = 282)$$
$$\Rightarrow \sum n_s(t) = 4777,$$
정확한 값 : 4800 − 16 = 4784

전체 모집단은 아래와 같이 추정된다.

$$n = m \cdot (k-1) + n_f = m \cdot k, \quad (m = 17, k = 282)$$
$$\Rightarrow n = 4793,$$
정확한 값 : 4800

동시에 첫 번째 고장 전에 281개 부품에 대해서는 아무것도 알지 못하며, 따라서 결정하지 못하는 경우를 가정해야만 한다.

이전 절에서와 같이 전체 모집단 $n = 4800$개 부품에서 $k = 282$의 경우 각각의 첫 번째 고장은 중앙값 순위 $\frac{1 - 0.3}{k + 0.4} \cdot 100\% = 0.25\%$에 의해 설명된다.

4,800개 부품에 대한 전체 고장 분포의 라인은 고장 확률의 50% 라인과 '첫 번째 고장 데이터에 대한 직선'과의 교차점에서부터 수직선을 그려서 나타낼 수 있다. 0.25% 라인과 수직선의 교차점으로부터 얻어진 새로운 라인은 '첫 번째 고장 데이터의 직선'과 평행하게 작성된다. 그 결과 〈그림 6.25〉와 같이 전체 고장 분포에 대한 직선이 얻어진다.

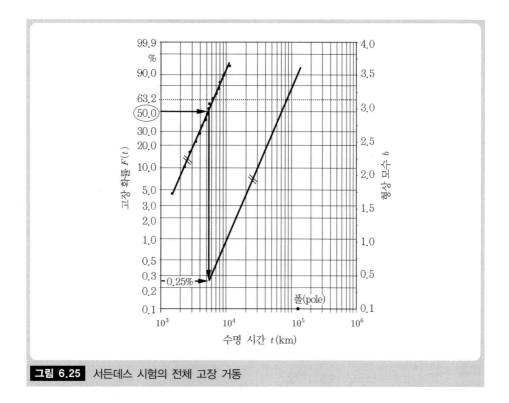

그림 6.25 서든데스 시험의 전체 고장 거동

6.4.3.2 손상 및 정상 부품에 대해 개별적으로 알려진 데이터 – 시험 샘플

만약 유사한 조건에서 시험되는 균등한 크기의 검사 로트를 구성하는 것이 불가능하다면, 원칙적으로 6.4절에서 설명했던 절차를 변동 조건의 경우에도 사용할 수 있다[6.13].
이러한 평가 절차의 경우, 정상(손상이 없는) 부품에 대한 수명 특성 값을 알아야만 한다.

아래의 예제는 손상 및 정상 부품의 수명 특성을 아는 경우의 고장 분포 계산을 보여주고 있다[6.13].

다음의 데이터가 주어진다.

시험 샘플 크기 $n = 50$, 손상 부품 $n_f = 12$, 정상 부품 $n_s = 38$

손상 부품 f 및 정상 부품 s에 대응하는 사용 거리[km·10³]를 오름차순으로 정렬한다.

$t_{s1} = 40$,　　$t_{s2} = 51$,　　$t_{f1} = 54$,　　$t_{f2} = 55$,　　$t_{s3} = 58$,　　$t_{s4} = 59$,　　$t_{s5} = 59$,

$t_{f3} = 60$,　　$t_{s6} = 60$,　　$t_{f4} = 61$,　　$t_{s7} = 62$,　　$t_{f5} = 63$,　　$t_{f6} = 65$,　　$t_{s8} = 66$,

$t_{s9} = 66$,　　$t_{f7} = 67$,　　$t_{f8} = 70$,　　$t_{s10} = 70$,　　$t_{s11} = 70$,　　$t_{s12} = 70$,　　$t_{s13} = 70$,

$$t_{f9} = 71, \quad t_{s14} = 72, \quad t_{s15} = 72, \quad t_{s16} = 72, \quad t_{s17} = 72, \quad t_{s18} = 72, \quad t_{s19} = 73,$$

$$t_{s20} = 73, \quad t_{s21} = 73, \quad t_{s22} = 74, \quad t_{f10} = 75, \quad t_{s23} = 77, \quad t_{s24} = 78, \quad t_{s25} = 78,$$

$$t_{s26} = 79, \quad t_{s27} = 80, \quad t_{s28} = 81, \quad t_{s29} = 81, \quad t_{s30} = 82, \quad t_{s31} = 82, \quad t_{s32} = 83,$$

$$t_{f11} = 84, \quad t_{s33} = 85, \quad t_{s34} = 86, \quad t_{s35} = 86, \quad t_{s36} = 88, \quad t_{f12} = 91, \quad t_{s37} = 92,$$

$$t_{s38} = 92$$

미리 정렬된 사용 거리 값은 순차적으로 할당이 되며, 정상 부품의 사용 거리는 손상 부품 사용 거리에 할당된다(표 6.3 참조). 절차는 정상 부품의 값이 손상 부품의 값보다 작다면 정상 부품의 값은 그다음으로 높은 값의 라인에 작성하게 된다. 만약 정상 부품의 값이 손상 부품의 값과 같다면 같은 라인에 작성된다. 또한 여러 개의 정상 부품들에도 똑같이 적용된다.

이러한 할당의 보조 단계를 거친 후에 손상 및 정상 부품의 최종 개요는 〈표 6.3〉과 같이 확인할 수 있다.

| 표 6.3 | 할당을 위한 보조 단계(사용 거리의 그룹화) [6.13]

서수 j	수명 특성-오름차순 $t_j[\mathrm{km} \cdot 10^3]$	손상	정상	이전 부품 수
	40		X	
	51		X	
1	54	X		2
2	55	X		3
	58		X	
	59		X	
	59		X	
3	60	X		7
	60		X	
4	61	X		9
	62		X	
5	63	X		11
	.	.	.	
	.	.	.	
	.	.	.	
	etc.	etc.	etc.	

정상 부품 t_{s37} 및 t_{s38}은 값이 비슷하거나 또는 더 큰 손상 부품이 존재하지 않기 때문에 손상 부품에 할당될 수 없다. 하지만 이러한 값들도 $n = 48$이 아니라 $n = 50$으로 계산하여 고려한다.

다음 단계는 평균 서수와 중앙값 계산을 포함한다. 여기서는 첫 번째 단계를 위한 계산 절차만 설명된다. 전체 계산은 앞의 절에서 설명된 단계들과 유사하게 수행될 수 있다.

평균 서수 $j(t_j)$의 계산

평균 서수 $j(t_j)$는 이전 서수 $j(t_{j-1})$에 고장 수 $n_f(t_j)$와 증분량 $N(t_j)$의 곱을 더한다.

$$j(t_j) = j(t_{j-1}) + \left[n_f(t_j) \cdot N(t_j) \right] \tag{6.29}$$

$$N(t_j) = \frac{n+1-j(t_{j-1})}{1+잔존 \ 부품의 \ 수} \tag{6.30}$$

잔존 부품의 수는 시험 샘플 크기와 이전의 모든 부품 수와의 차이이다(표 6.3 참조).

$$N(t_j) = \frac{n+1-j(t_{j-1})}{1+(n- \ 이전 \ 부품 \ 수)} \tag{6.31}$$

예제 – 우연의 일치로 $n_f(t_j)$는 항상 1이다.

$$
\begin{aligned}
&j_0 = 0 \\
&j_1 = j_0 + N_1, \quad N_1 = \frac{50+1-0}{1+(50-2)} = \frac{51}{49} = 1.04 \\
&j_1 = 0+1.04 = 1.04 \\
&j_2 = j_1 + N_2, \quad N_2 = \frac{50+1-1.04}{1+(50-3)} = \frac{49.95}{48} = 1.04 \\
&j_2 = 1.04+1.04 = 2.08 \\
&j_3 = j_2 + N_3, \quad N_3 = \frac{50+1-2.08}{1+(50-7)} = \frac{48.92}{44} = 1.11 \\
&j_3 = 2.08+1.11 = 3.19 \\
&j_4, \dots, j_{12}
\end{aligned}
\tag{6.32}
$$

중앙값 순위 $F(t_j)$ [%]의 계산

중앙값의 순위를 계산하기 위해서 근사식이 사용된다.

$$F_{median}(t_j) \approx \frac{j(t_j) - 0.3}{n + 0.4} \cdot 100\% \tag{6.33}$$

이 예제의 수치 값은 다음과 같다.

$$F_{median}(t_1) \approx \frac{j_1 - 0.3}{n + 0.4} \cdot 100\% = \frac{1.04 - 0.3}{50 + 0.4} \cdot 100\% = \underline{1.47\%}$$

$$F_{median}(t_2) \approx \frac{j_2 - 0.3}{n + 0.4} \cdot 100\% = \frac{2.04 - 0.3}{50 + 0.4} \cdot 100\% = \underline{3.53\%}$$

$$F_{median}(t_3) \approx \frac{j_3 - 0.3}{n + 0.4} \cdot 100\% = \frac{3.19 - 0.3}{50 + 0.4} \cdot 100\% = \underline{5.73\%}$$

$$F_{median}(t_4), ..., F_{median}(t_{12})$$

다음의 표는 여러 개의 계산 값을 포함한다.

| 표 6.4 | 평가 결과[6.13]

서수 j	수명 특성 (오름차순) [km·10^3] t_j	손상 부품의 수 $n_f(t_j)$	정상 부품의 수 $n_s(t_j)$	계산 결과			
				이전 부품 수	증분량 $N(t_j)$	평균 서수 $j(t_j)$	중앙값 순위[%] $F_{median}(t_j)$
1	54	1	2	2	1.04	1.04	1.47
2	55	1		3	1.04	2.08	3.53
3	60	1	3	7	1.11	3.19	5.73
4	61	1	1	9	1.14	4.33	7.99
5	63	1	1	11	1.16	5.49	10.31
6	65	1		12	1.17	6.66	12.62
7	67	1	2	15	1.23	7.89	15.07
8	70	1		16	1.23	9.12	17.51
9	71	1	4	21	1.40	10.52	20.28
10	75	1	9	31	2.02	12.54	24.30
11	84	1	10	42	4.28	16.82	32.77
12	91	1	4	47	8.54	25.36	49.73
	>91		2				
		$n_f(t) = 12$	$n_s(t) = 38$				
		$n = 50$					

수명 값 t_j와 함께 계산된 중앙값 순위 $F_{median}(t_j)$는 와이블 확률지의 좌표에 입력한다. 와이블 최적 직선은 〈그림 6.26〉과 같이 수명 라인을 나타낸다.

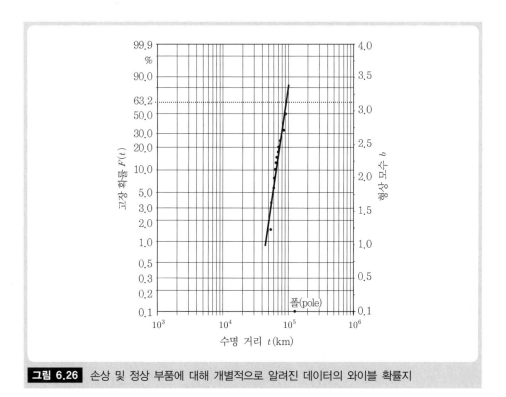

그림 6.26 손상 및 정상 부품에 대해 개별적으로 알려진 데이터의 와이블 확률지

이 예제의 모수는 다음과 같다.

- 형상 모수 $b = 6.4$
- 특성 수명 $T = 92 \cdot 10^3$ km
- 평균 수명 $MTTF = 91 \cdot 10^3$ km

손상 부품과 정상 부품을 합한 시험 샘플 크기가 상대적으로 작은 경우($n \leq 50$)와 손상 부품만의 시험 샘플 크기가 큰 경우($n = 360$)의 계산 결과는 동일하게 나타난다. 이와 같이 데이터 수집을 위한 시험 시간을 크게 감소시키며, 이는 또다시 데이터에 대한 계산과 평가에 소요되는 시간을 줄여 준다.

손상 부품과 정상 부품을 합한 시험 샘플 크기가 $n \geq 50$인 경우에는 수집된 데이터를 등급화하는 것이 합리적이다. 서수와 중앙값 순위의 계산은 위에서 설명된 것처럼 수행된다.

6.4.3.3 필드 운행 분포로부터 정상 부품의 고장 거동 계산

이번 절에서는 예제를 이용하여 계산 절차를 설명할 것이다. 데이터의 수집 및 처리에 관한 특이사항들과 이 절차의 한계점이 언급된다[6.13].

부품 고장 거동의 추정과 보증 기간 이후의 기간을 고려하기 위해서 손상 및 정상 부품을 포함하는 대표적인 시험 샘플이 필요하다. 정상 부품의 경우, 수명 특성(일반적으로 km로 시험됨)에 따른 개별 값의 결정과 통계적 할당은 어려움 없이 수행된다.

특히 보증 기간 내에 손상 부품에 관한 정보는 거의 완벽하다. 유일한 문제점은 정상 부품에 대한 정보 부족이다. 만약 이러한 정보 부족을 줄일 수 있다면 부품의 장기적인 행태에 대한 추세를 예측할 수 있으며 상대적으로 이른 시기에 고려할 수 있다. 만약 손상 부품이 포함된 차량의 필드 운행 정보에 대한 분포가 존재한다면 필드 운행 기간에 대한 정상 부품을 계산할 수 있다.

다음의 예제는 손상 부품에 대한 정보는 완벽한 반면에 정상 부품은 전체 개수만 알고 있는 상황이다. 필드 운행 기간의 정상 부품 계산은 전체 시험 샘플(손상 부품＋정상 부품)의 필드 운행 분포를 기반으로 한다. 정상 부품의 각 그룹은 각 필드 운행 기간마다 전체 부품 수에서 손상 부품의 수를 빼서 구한다.

이를 좀 더 단순하게 하기 위해, 필드 운행 분포는 정상 부품의 모집단을 근거로 둔 다음, 필드 운행 기간마다 결측치를 계산하는 것이 편하다. 간소화를 위해서 손상 차량의 수는 정상적인 차량의 수보다도 현저히 적어야 한다. 이러한 절차는 중장비 부품의 필드 시험 데이터에서 현실적으로 나타날 것이다.

예제 : 보증 기간 동안의 손상 개수는 3,780대(n_{auto})의 등록 차량의 운행 거리 순서에 따라 계급에 할당된다. 20,000~24,000 km 운행 거리의 계급에는 어떠한 손상도 나타나지 않았기 때문에 이후 계산에는 고려하지 않는다.

정상 부품(손상된 부품이 없는 차량)의 비율은 대수 정규 확률지(그림 6.27)의 운행 거리 분포 중에 개별 운행 거리 계급으로 계산된다. 운행 거리 분포는 알고 있는 것으로 가정한다.

이러한 운행 거리 계급의 상한 값은 운행 거리 분포로부터 알 수 있다. 각 계급의 상한 값은 y축(%)에 해당한다. 이는 등급 상한 값까지 운행 거리가 도달한 차량의 합계이다. 여기서 차량의 80%는 부품의 손상 없이 최대 40,000 km의 운행 거리에 도달한다. 즉, 차량의 20%는 40,000 km 이상의 운행 거리를 달성하는 것을 의미한다.

각 개별 계급의 정상 부품 수량 계산을 위한 할당 근거는 특정 제조일자 이내에 생산된 차량의 수이거나 혹은 특정 기간 이내에 시장에 등록된 차량의 수다.

모든 차량의 사용 기간의 거리는 거의 동일해야 한다. 만약 그렇지 않은 경우에는 반드시 수정 계산이 필요하다. 차량 운행 거리의 통계적 산포가 장기간 사용으로 인한 추가적인 영향력보다 작은 경우를 확인하는 것 또한 필요하다. 이는 손상 발생 확률이 운행 거리와 관련된 모든 차량에서 동일하다는 것을 의미한다.

예제에서, 생산 및 허가를 받은 $n_{auto} = 3,780$대의 차량이 계산에 사용된다. 3,780대의 차량 중에 $n_f(t) = 19$대의 차량은 부품이 손상되었다. 반대로 $n_s(t) = 3,761$대의 차량은 부품 손상이 없다.

순위가 매겨진 손상의 경우 첫 번째 운행 거리 계급은 4,000 km의 상한 값을 가진다. 〈그림 6.27〉의 운행 거리 분포에서 4,000 km의 경우 약 0.035%의 누적 빈도를 확인할 수 있다.

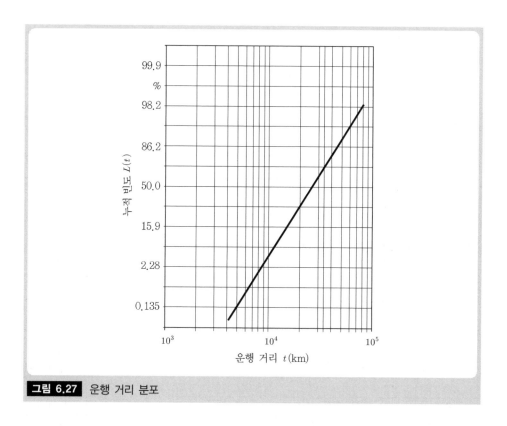

그림 6.27 운행 거리 분포

4,000 km 계급까지 정상 부품의 비율은 3,761대의 차량 중에 0.035%이다. 이는 약 1개 차량($n_s(t_1)$)에 해당한다. 운행 거리 분포를 이상적으로 보면, 분포의 하위 부분에서 약간 부정확해지는 현상이 나타나지만 최종 결과에는 영향을 미치지 않는다.

다음 계급의 상한 값은 8,000 km이다. 운행 거리 분포에서 해당 누적 빈도는 정상 부품(차량)인 경우 1.7%이다. 이 절차에서는 해당 관측 계급의 비율만 관심사항이지만 운행 거리 분포가 누적 빈도를 나타내기 때문에 개별 추출 값에서 이전 계급의 누적 빈도를 빼는 것이 필요하다. 이와 같이 4,000 km에서 8,000 km까지 계급의 비율($n_s(t_2)$)은 1.7%−0.035%=1.665%가 된다.

나머지 $n_s(t_j)$ 값들도 〈표 6.5〉와 같이 동일한 방식으로 계산된다. 중앙값 순위 절차에 따라 고장 거동의 계산은 위에서 계산된 $n_s(t_j)$ 값을 이용하여 이루어진다(표 6.6 참조).

| 표 6.5 | $n_s(t_j)$ 값의 결정[6.13]

운행 거리 [km] t_j	누적 빈도[%] $L(t_j)$	단일 빈도[%] $l(t_j) = L(t_j) - L(t_{j-1})$	정상 부품 수 $n_s(t_j)$
... 4,000	0.035	0.035	1
... 8,000	1.7	1.665	63
... 12,000	8.6	6.9	260
... 16,000	20.0	11.4	429
... 20,000	33.5	13.5	508
... 28,000	57.0	23.5	884
... 32,000	67.0	10.0	376
... 36,000	74.0	7.0	263
... 40,000	80.0	6.0	226

| 표 6.6 | 중앙값 순위 절차에 따른 고장 거동의 계산[6.13]

운행 거리 [km] t_j	손상 부품 수 $n_f(t_j)$	정상 부품 수 $n_s(t_j)$	계산			
			이전 부품 수	증분량 : 손상 부품 수 $N(t_j)$	평균 서수 $j(t_j)$	중앙값 순위[%] $F_{median}(t_j)$
... 4,000	5	1	1	5.00	5.00	0.12
... 8,000	2	63	69	2.03	7.03	0.17
... 12,000	2	260	331	2.19	9.22	0.23
... 16,000	2	429	762	2.50	11.72	0.30
... 20,000	1	508	1,272	1.50	13.22	0.34
... 28,000	1	884	2,157	2.32	15.54	0.40
... 32,000	2	376	2,534	6.04	21.58	0.56
... 36,000	3	263	2,799	11.48	33.06	0.86
... 40,000	1	226	3,028	4.98	38.04	0.99
> 40,000		751				
	$n_f(t) = 19$	$n_s(t) = 3,761$				
	$n(t) = 3,780$					

와이블 확률지에 표시된 〈표 6.6〉의 그래프 평가 결과는 혼합된 분포를 나타내고 있다(그림 6.28 참조).

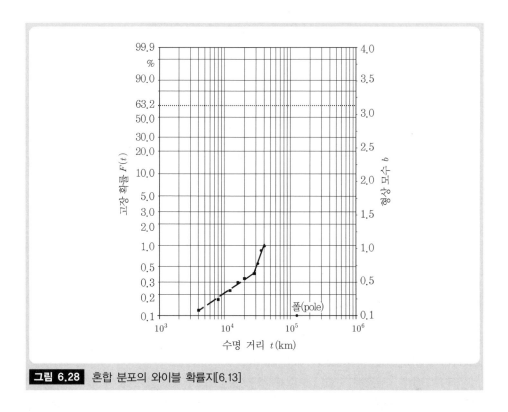

그림 6.28 혼합 분포의 와이블 확률지[6.13]

마모로 생길 수 있는 장기 고장 거동은 〈그림 6.28〉의 두 번째 직선으로 분포의 두 번째 부분에 나타나 있다. 이 고장 거동은 〈그림 6.29〉와 같이 장기적으로 수집한 필드 데이터를 통해 확인되었다.

보증 기간 동안의 손상된 부품을 관찰함으로써 완전히 다른 고장 거동이 나타났지만(그림 6.28의 첫 번째 점선), 이것은 필드 상황을 정확하게 반영하는 것은 아니다.

아래의 값들은 1대의 차량에서 1개의 손상 부품으로 계산된 결과이다. 필요한 필드 데이터와 계산된 중앙값 순위에 대한 요약은 〈표 6.7〉에 제시되어 있다.

- 차량의 수 $n_{veh} = 150$
- 하나의 손상된 부품을 가진 차량 $n_{veh\,f}(t) = 10$
- 손상된 부품이 없는 차량 $n_{veh\,s}(t) = 140$

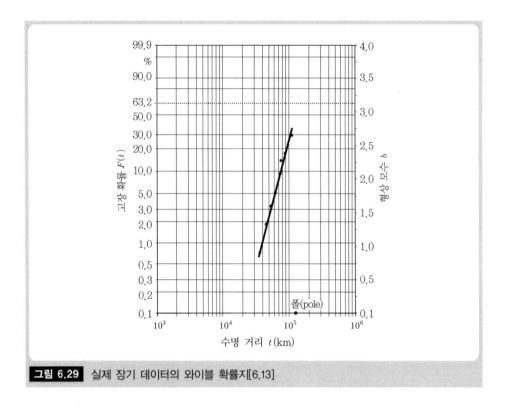

그림 6.29 실제 장기 데이터의 와이블 확률지[6.13]

| 표 6.7 | 중앙값 순위 절차에서 장기 데이터의 고려

운행 거리[km] t_j	손상 부품 수 $n_f(t_j)$	정상 부품 수 $n_s(t_j)$	계산			
			이전 부품 수	증분량 : 손상 부품 수 $N(t_j)$	평균 서수 $j(t_j)$	중앙값 순위[%] $F_{median}(t_j)$
36,110	1	42	42	1.38	1.38	0.72
45,311	1	19	62	1.68	3.06	1.83
53,000	1	22	85	2.24	5.30	3.32
61,125	1	9	95	2.60	7.90	5.05
72,700	2	11	107	6.51	14.41	9.38
75,098	2	2	111	6.83	21.24	13.92
87,000	1	14	127	5.4	26.64	17.51
110,000	1	16	144	17.77	44.41	29.33
>110,000		5				
	$n_f(t)=10$	$n_s(t)=140$				
	$n(t)=150$					

제시된 절차의 적용에 관한 의견 :

보증 데이터를 준비할 때, 고려되는 손상 부품은 각각의 개별 차량에서 첫 번째 손상인 지를 확인해야만 한다(차량의 첫 번째 부품 고장을 차량의 고장으로 판단). 이러한 경우 에만 운행 거리와 해당 손상 비율에 대한 값이 동일하다.

만약 차량마다 하나 이상의 손상이 발생하고 대체 부품도 손상되어 손상 빈도가 보증 기간에 이미 너무 많다면, 첫 번째 고장들만 고려해야 한다. 또한 가능하다면 모든 손상 된 부품들을 확보해야 한다.

6.5 총합이 적은 경우의 신뢰구간

예를 들어, 1년이나 혹은 15,000 km와 같은 짧은 적용 기간이나 운행 거리를 다루거나, 전기·전자 부품을 다룬다면, 총합(전체 샘플에서 고장 데이터의 수)은 대체로 10% 이하 의 작은 값을 가진다.

이러한 경우에 신뢰구간을 보다 정확히 결정하는 또 다른 절차가 있다. 이 절차는 인자(factor)를 결정하는 방법에 기반을 두고 있다[6.13]. 이러한 절차에서 검사 로트 크 기 n에 종속적인 단일 t_q 값이 결정된다. $P_A = 90\%$(양측 구간)인 경우의 신뢰구간 인자 V_q는 부록(그림 A1~A8)에서 찾을 수 있다. 이러한 인자들은 시험 샘플 크기 n과 와이 블 형상 모수 b에 종속적이다. 형상 모수 b의 임시 값을 구하기 위해서는 V_q는 반드시 외삽해야 한다.

$q\%$ 고장 확률에 대한 수명 하한 값은 다음과 같이 계산할 수 있다.

$$t_{qu} = t_q \cdot \frac{1}{V_q} \tag{6.34}$$

$q\%$ 고장 확률에 대한 수명 상한 값은 아래 식으로 계산할 수 있다.

$$t_{qo} = t_q \cdot V_q \tag{6.35}$$

상한과 하한에 대한 개별 좌표를 연결함으로써 전체 신뢰구간을 결정할 수 있다.

예제 : 시험 샘플 크기 $n = 100$인 경우, 서수 $j = 10$이 될 때까지 시험은 진행된다. F_j는 다음과 같으며, 〈표 6.8〉에는 t_j와 F_j의 결과가 제시되어 있다.

$$F_j \approx \frac{j - 0.3}{n + 0.4} \cdot 100\% \tag{6.36}$$

| 표 6.8 | t_j와 F_j의 결과[6.13]

j	1	2	3	4	5	6	7	8	9	10
t_j[사이클]	62	190	288	332	426	560	615	780	842	1,000
F_j[%]	0.70	1.69	2.69	3.68	4.68	5.68	6.67	7.67	8.66	9.66

개별 좌표를 와이블 확률지에 작성한다. 그리고 선형 직선을 좌표 위에 작성하며, $b = 1$인 와이블 분포가 얻어진다.

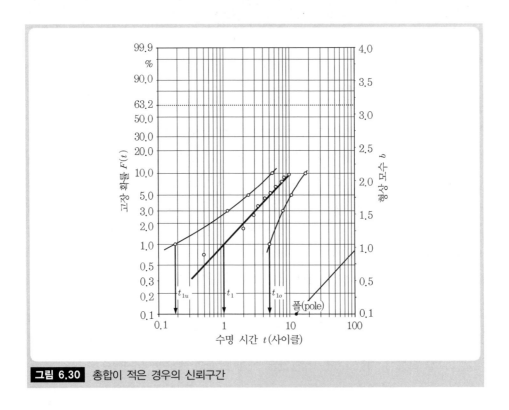

그림 6.30 총합이 적은 경우의 신뢰구간

$b = 1$과 $n = 100$에 해당하는 신뢰구간 인자 V_q는 부록(t_1, t_3, t_5, t_{10})에 제시된 그림으로부터 얻는다(표 6.9 참조).

| 표 6.9 | V_q 인자

$q[\%]$	t_q	V_q	$t_{qo} = t_q \cdot V_q$	$t_{qu} = t_q / V_q$
1	96	5.0	480	19.2
3	295	2.6	767	113.5
5	500	2.1	1050	238.1
10	1030	1.7	1751	606.0

6.6 신뢰성 시험 평가를 위한 분석적 방법

고장 데이터의 평가는 다양한 분석적 방법으로 수행될 수 있다. 가장 잘 알려진 방법들은 다음과 같다.

- 적률 추정법(Method of Moment)
- 회귀분석(최소 제곱법)
- 최대 우도법(Maximum Likelihood Method)

위의 분석 방법들은 우선 분포에 상관없이 설명될 것이며, 적용 방법은 와이블 분포에 대한 예제와 함께 소개될 것이다.

6.6.1 적률 추정법

적률 추정법에서 최적의 분포는 시험 샘플 적률(moment)과 이론적 분포의 적률을 비교함으로써 결정된다. 적률은 분포로부터 구하는 특정 통계 값이다. 가장 잘 알려진 적률은 다음과 같다.

- 평균
- 표준편차 및 분산
- 왜도

하나의 통계 값으로는 분포에 대한 정보를 거의 제공하지 못한다. 평균은 분포의 중심 위치만을 나타낸다. 여러 개의 적률을 같이 제공함으로써 정확한 분포의 그림을 알 수 있다.

적률 추정법으로는 완전 시험 샘플(완전 데이터)만 평가할 수 있다. 모수 추정은 경험적 시험 샘플 적률과 이론적 분포 적률을 비교하여 수행한다. 경험적 검사 시험 샘플은 특정 시험 샘플의 통계 값들이다. 만약 n개의 $t_i (i = 1, 2, ..., n)$ 값이 주어진다면, 시험 샘플에 대한 경험적 1차 적률은 산술평균 $\bar{t}$가 된다.

$$\bar{t} = \frac{1}{n} \cdot \sum_{i=1}^{n} t_i \tag{6.37}$$

시험 샘플에 대한 경험적 2차 적률은 표준편차 s 혹은 분산 s^2이다.

$$s^2 = \frac{1}{n-1} \cdot \sum_{i=1}^{n} (t_i - \bar{t})^2 = \frac{1}{n-1} \cdot \left[\sum_{i=1}^{n} t_i^2 - \frac{1}{n} \cdot \left(\sum_{i=1}^{n} t_i \right)^2 \right] \tag{6.38}$$

경험적 3차 적률은 왜도 γ라고 한다. 왜도는 분포의 비대칭성(치우침)에 대한 값이다.

$$\gamma = \frac{n}{(n-1) \cdot (n-2)} \cdot \frac{1}{s^3} \sum_{i=1}^{n} \left(t_i - \bar{t} \right)^3 \tag{6.39}$$

이론적 분포의 적률은 연속형 확률 변수의 확률분포를 나타낸다. 대부분 기댓값 $E(t)$로 나타내는 이론적 분포의 1차 적률은 확률 변수 t를 확률밀도함수 $f(t)$에 곱한 것을 이상 적분하여 계산될 수 있다.

$$E(t) = m_1 = \int_{-\infty}^{\infty} t \cdot f(t) \cdot dt \tag{6.40}$$

원점에 대한 k차수에 대한 적률의 일반적인 정의는 아래와 같다.

$$m_k = \int_{-\infty}^{\infty} t^k \cdot f(t) \cdot dt \quad k = 1,2,... \tag{6.41}$$

원점 적률과 함께 중심 적률 m_{kz}도 존재하며 다음의 식으로 정의된다.

$$m_{kz} = \int_{-\infty}^{\infty} (t - m_1)^k \cdot f(t) \cdot dt \quad k = 1,2,... \tag{6.42}$$

2차 중심 적률은 분산 $Var(t)$라고 불린다.

$$Var(t) = m_{2z} = m_2 - m_1^2 \tag{6.43}$$

왜도 $S_3(t)$는 이론적 분포의 3차 적률이며 다음의 식으로 정의된다.

$$S_3(t) = \frac{m_{3z}}{\sqrt{m_{2z}^2}} \tag{6.44}$$

경험적 적률을 이론적 적률과 동일하게 설정함으로써 연립방정식 결과는 분포 모수를 계산할 수 있게 해 준다.

$$E(t) = \bar{t},$$
$$Var(t) = s^2,$$
$$S_3(t) = \gamma \tag{6.45}$$

위의 3개 수식을 통하여 알지 못하는 3개의 모수를 계산할 수 있다. 1모수 혹은 2모수 분포의 경우, 첫 번째 수식 혹은 처음 두 개의 수식만으로 원하는 모수를 결정할 수 있다.

예제 : 3모수 와이블 분포

와이블 분포를 위한 적률 추정법의 적용은 복잡하다. 이론적 적률은 감마 함수 $\Gamma(x)$를 이용하여 나타낼 수 있다. 3모수 와이블 분포의 경우, 기댓값 $E(t)$, 분산 $Var(t)$, 왜도 $S_3(t)$는 아래와 같다.

$$E(t) = (T - t_0) \cdot \Gamma\left(1 + \frac{1}{b}\right) + t_0 \tag{6.46}$$

$$Var(t) = (T - t_0)^2 \cdot \left[\Gamma\left(1 + \frac{2}{b}\right) - \Gamma^2\left(1 + \frac{1}{b}\right)\right] \tag{6.47}$$

$$S_3(t) = \frac{\Gamma\left(1 + \frac{2}{b}\right) - \Gamma^2\left(1 + \frac{1}{b}\right)}{\sqrt[3]{\Gamma\left(1 + \frac{3}{b}\right) - 3 \cdot \Gamma\left(1 + \frac{2}{b}\right) \cdot \Gamma\left(1 + \frac{1}{b}\right) + 2 \cdot \Gamma^3\left(1 + \frac{1}{b}\right)}} \tag{6.48}$$

2모수 와이블 분포의 경우, 위 수식에서 $t_0 = 0$이 된다. 식 (6.48)에서 왜도는 형상 모수 b의 함수이다. 경험적 왜도는 식 (6.48)을 통해서 알 수 있기 때문에 b는 반복적으로 계산될 수 있다. 예를 들면 $\gamma = S_3(t)$로 가정하고 **뉴턴 방법**(Newton Method)을 사용할 수 있다. 만약 b가 알려져 있는 경우라면, 식 (6.37)인 산술평균 $\bar{t}$, 식 (6.38)인 표준편차 s와 함께 식 (6.46), (6.47)을 통해서 t_0를 계산할 수 있다.

$$t_0 = \bar{t} - \frac{\Gamma\left(1 + \frac{1}{b}\right)}{\sqrt{\Gamma\left(1 + \frac{2}{b}\right) - \Gamma^2\left(1 + \frac{1}{b}\right)}} \cdot s \tag{6.49}$$

마지막 모수인 특성 수명 T는 식 (6.46)을 이용해 구할 수 있다.

$$T = \frac{\bar{t} - t_0}{\Gamma\left(1 + \dfrac{1}{b}\right)} + t_0 \tag{6.50}$$

6.6.2 회귀분석

회귀분석은 최소 제곱법이라고도 불린다. 선형함수를 이용하여 분포를 결정할 수 있다. 좌표 $(t_i, F(t_i))$들과 선형함수 간의 거리 제곱합을 최소화한다. 거리들은 가정된 직선 함수의 일반적인 형태로 계산된다. 그런 다음 함수들을 모두 더한다. 이후 미분을 통해 정규 방정식을 구할 수 있다.

적률 추정법과는 달리, 회귀분석으로는 불완전 시험 샘플을 평가할 수 있다. 시험 샘플 크기 n개에서 r개의 불완전 시험 샘플 값 $t_i (i = 1, 2, ..., r)$가 주어진다. 시험 데이터는 오름차순으로 정렬되며, $t_1 \leq t_2 \leq ... \leq t_i \leq ... \leq t_r$와 같이 나타난다. 이러한 순서가 정해진 값을 순서 통계량이라 부르며, 개별 지수 i는 순위가 된다. 다음으로, 순서 통계량에 고장 확률 F_i를 할당한다. 고장 확률의 추정은 베타 분포와 관련된 다양한 값에 의해 결정될 수 있다.

중앙값(Median) : $\qquad\qquad F_i \approx \dfrac{i - 0.3}{n + 0.4} \quad i = 1, 2, ..., r$ $\qquad\qquad$ (6.51)

평균(Mean) : $\qquad\qquad F_i = \dfrac{i}{n + 1} \quad i = 1, 2, ..., r$ $\qquad\qquad$ (6.52)

최빈값(Mode) : $\qquad\qquad F_i = \dfrac{i - 1}{n - 1} \quad i = 1, 2, ..., r$ $\qquad\qquad$ (6.53)

이후 고장 확률은 아래와 같은 형태의 직선 방정식으로 적용된다.

$$y(x) = m \cdot x + c \tag{6.54}$$

신뢰성 분석에서 확률분포는 각각 분포를 수정하여 직선 방정식으로 변환시킬 수 있다. 이러한 변환 후에 변수 x는 수명 t의 함수가 된다.

$$x = x(t) \tag{6.55}$$

기울기 m과 y절편 c는 분포 인자 k의 함수가 된다.

$$\psi_\ell, \quad \ell = 1, 2, ..., k \tag{6.56}$$

이는 또한 모수 벡터를 만들어 낼 수 있다.

$$\overline{\psi} = \left(\psi_1, ..., \psi_\ell, ..., \psi_k \right) \tag{6.57}$$

직선은 기울기와 y절편으로 결정되기 때문에 최대 2가지 모수를 정의할 수 있다. 식 (6.54)는 아래와 같은 수식으로 변환된다.

$$y(x(t)) = m(\overline{\psi}) \cdot x(t) + c(\overline{\psi}) \tag{6.58}$$

순서 통계량을 이용하면 아래와 같이 적용해 볼 수 있다.

$$x_i = x(t_i) \ \ 그리고 \ \ y(x(t_i)) = y(x_i) \tag{6.59}$$

이러한 변환으로 인하여 순서 통계량의 고장 확률은 그에 맞게 변환해야 할 필요가 있다.

$$y_i = y(F_i) \tag{6.60}$$

수식의 변환을 위해 함수 값 $y(x(t_i))$은 변환된 고장 확률 y_i 값에서 뺀다. 이 결과 값은 고장 r_i로 해석할 수 있다(그림 6.31 참조). n개의 수식들의 총합은 다음과 같다.

$$y(F_i) - y(x(t_i)) = y_i - m \cdot x_i - c = r_i \tag{6.61}$$

Gauß에 따르면, 만약 제곱 합 ρ^2이 최소가 되면 원하는 회귀선의 변수 m, c의 좋은 추정량을 구할 수 있다고 한다.

$$\rho^2 = \sum_{i=1}^{n} r_i^2 = \sum_{i=1}^{n} (y_i - m \cdot x_i - c)^2 \rightarrow min \tag{6.62}$$

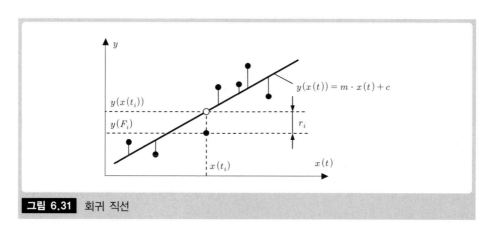

그림 6.31 회귀 직선

최소화하기 위해, ρ^2을 m과 c에 대해 편미분하여 0으로 둔다.

$$\frac{\partial \rho^2}{\partial c} = -\sum_{i=1}^{n} 2 \cdot (y_i - m \cdot x_i - c) \Rightarrow \sum_{i=1}^{n} (y_i - m \cdot x_i - c) = 0,$$

$$\frac{\partial \rho^2}{\partial m} = -\sum_{i=1}^{n} 2 \cdot x_i \cdot (y_i - m \cdot x_i - c) \Rightarrow \sum_{i=1}^{n} x_i \cdot (y_i - m \cdot x_i - c) = 0$$

(6.63)

m과 c를 알지 못하는 경우의 선형 방정식(정규 방정식) 결과는 아래와 같다.

$$n \cdot c + \left(\sum_{i=1}^{n} x_i\right) \cdot m = \sum_{i=1}^{n} y_i$$

$$\left(\sum_{i=1}^{n} x_i\right) \cdot c + \left(\sum_{i=1}^{n} x_i^2\right) \cdot m = \sum_{i=1}^{n} x_i \cdot y_i$$

(6.64)

따라서 식 (6.37)을 고려하면 다음의 해를 얻을 수 있다.

$$m = \frac{\sum_{i=1}^{n} (x_i - \overline{x}) \cdot (y_i - \overline{y})}{\sum_{i=1}^{n} (x_i - \overline{x})^2}$$

(6.65)

$$c = \overline{y} - m \cdot \overline{x}$$

(6.66)

m과 c는 분포함수의 모수들이기 때문에 두 모수의 최댓값은 위 식을 역변환하여 계산할 수 있다. 직선의 근사 정도를 판단하기 위해 상관계수 K가 결정된다.

$$K = \frac{\sum_{i=1}^{n} (x_i - \overline{x}) \cdot (y_i - \overline{y})}{\sqrt{\sum_{i=1}^{n} (x_i - \overline{x})^2 \cdot \sum_{i=1}^{n} (y_i - \overline{y})^2}}$$

(6.67)

상관계수는 변수들(x, y) 사이의 관련성에 대한 강도 및 방향을 설명한다. 강한 선형 관계를 가지는 경우, 변수들이 동일한 방향인지 혹은 반대 방향인지에 따라 상관계수는 $K = -1$ 혹은 $K = 1$이 된다. 변수들 사이에 관련성이 없다면 $K = 0$이 된다. 상관계수의 절댓값이 0과 1 사이$(0 < |K| < 1)$의 값을 가지면 확률적인 관련성이 존재한다. 〈그림 6.32〉는 다양한 관련성의 예를 보여 준다.

변수에 대한 선형 관계의 근사 정도는 상관계수로 판단할 수 있다. K의 절댓값이 1에 가까울수록 좋은 근사치라고 할 수 있다. 고장 데이터의 경우, 확률적인 의존성은 항상 뒤따른다.

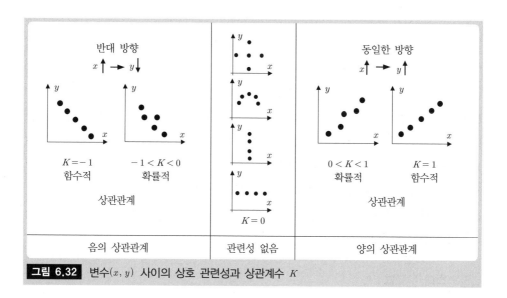

그림 6.32 변수(x, y) 사이의 상호 관련성과 상관계수 K

예제 : 와이블 분포

회귀분석의 시작은 와이블 확률지이다. 수학적으로 이것은 직선에 대한 방정식에 해당하며

$$\underbrace{\ln(-\ln(1-F(t)))}_{y(x(t))} = \underbrace{b}_{m(b)} \cdot \underbrace{\ln(t)}_{x(t)} - \underbrace{b \cdot \ln(T)}_{c(b,T)} \tag{6.68}$$

분포는 2모수 와이블 분포로 가정한다. 변환된 고장 확률은 중앙값을 이용하여 계산할 수 있다. 예를 들면,

$$y_i = \ln\left(-\ln\left(1 - \frac{i-0.3}{n+0.4}\right)\right) \tag{6.69}$$

회귀분석을 이용함으로써, 두 가지 와이블 모수 b와 T를 아래의 수식으로 계산할 수 있다 :

$$b = \frac{\sum_{i=1}^{n} (x_i - \overline{x}) \cdot (y_i - \overline{y})}{\sum_{i=1}^{n} (x_i - \overline{x})^2}$$

$$y_i = \ln(-\ln(1-F_i)), \quad \overline{y} = \frac{1}{n}\sum_{i=1}^{n}\ln(-\ln(1-F_i)) \tag{6.70}$$

$$x_i = \ln(t_i), \quad \overline{x} = \frac{1}{n}\sum_{i=1}^{n}\ln(t_i)$$

$$T = \exp\left(-\frac{\overline{y} - b \cdot \overline{x}}{b}\right) \tag{6.71}$$

상관계수는 식 (6.67)로 얻을 수 있다. 만약 분포가 세 번째 모수로 무고장 시간 t_0을 포함하고 있다면, 회귀분석을 이용한 계산은 반복적인 과정을 거쳐야 하기 때문에 좀 더 복잡해진다. 계산은 2모수 와이블 분포로 이루어지지만 측정 값은 $x_i = \ln(t_i - t_0)$가 된다. 또한 이것은 t_0가 구해지면 와이블 확률지에서 직선으로 나타난다. 이 근사치의 정도는 식 (6.67)인 상관계수 값으로 다시 판단해 볼 수 있다. 이와 같이 모수 t_0의 분산 값으로 상관계수의 최댓값을 계산할 수 있다. 이러한 반복적인 과정은 황금분할법 알고리즘의 도움으로 수행된다[6.9].

6.6.3 최대 우도법

분포의 알지 못하는 모수를 결정하는 좋은 통계 방법 중에 하나가 R. A. 피셔의 최대 우도법(Maximum Likelihood Method)이다. 이 절차는 고장 빈도의 히스토그램이 구간당 고장 횟수를 나타내는 것이라고 가정한다(그림 6.33 참조).

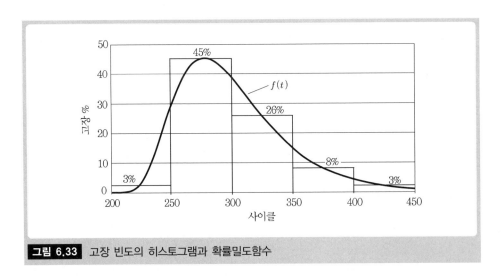

그림 6.33 고장 빈도의 히스토그램과 확률밀도함수

시험 샘플 크기 n이 큰 경우, 히스토그램으로부터 확률밀도함수를 유도하는 것이 가능하기 때문에 빈도를 확률로 변환하는 것이 가능하다(대수의 법칙). 예를 들면, 〈그림 6.33〉의 첫 번째 구간에서 전체 고장 중 3%가 고장이 발생한다고 말할 수 있다. 두 번째

구간에서는 고장의 45%가 발생한다고 할 수 있다. 이론적으로, 시험 샘플이 〈그림 6.33〉과 같이 정확하게 주어질 확률 L은 개별 구간의 함수들의 곱으로 구할 수 있다.

$$L = f(t_1) \cdot f(t_2) \cdot ... \cdot f(t_n) \tag{6.72}$$

이 함수를 우도 함수라고 한다. 이러한 추정 방법의 아이디어는 우도 함수 L을 최대로 만드는 함수 f를 구하는 것이다. 여기서 함수는 여러 고장 시간 t_i에 대응하는 영역에 있는 확률밀도함수 f의 높은 값을 취해야만 한다. 동시에 고장이 거의 없는 영역의 경우 f의 작은 값만 얻는다. 이와 같이 실제 고장 거동을 정확히 나타낸다. 만약 이러한 방식대로 계산이 된다면, 함수 f는 시험 샘플을 설명하는 최적의 확률을 제공한다.

n개의 관측 값 $t_i (i = 1, 2, ..., n)$를 가진 시험 샘플이 주어지면, 확률밀도함수 $f(t)$는 k개의 알지 못하는 모수 $\psi_\ell, \ell = 1, 2, ..., k$를 가진다. 이러한 모수들은 보통 다음과 같이 요약할 수 있다 : $\vec{\psi} = (\psi_1, ..., \psi_\ell, ..., \psi_k)$. 이러한 경우의 우도 함수는 아래와 같다.

$$L(t_1, ..., t_i, ..., t_n; \psi_1, ..., \psi_\ell, ..., \psi_k) = \prod_{i=1}^{n} f(t_i; \psi_1, ..., \psi_\ell, ..., \psi_k) \tag{6.73}$$

일반적으로 우도 함수는 로그를 취한다. 따라서 곱셈 수식은 덧셈 수식이 되며 이는 미분을 통해서 단순화된다. 자연로그는 단조함수이기 때문에 수학적으로 논리적이다. 결과는 다음의 식과 같다.

$$\ln(L) = \ln(L(t_1, ..., t_i, ..., t_n; \vec{\psi})) = \sum_{i=1}^{n} \ln(f(t_i; \vec{\psi})) \tag{6.74}$$

위의 고려사항에 따라 k개의 모수 ψ_ℓ를 추정하기 위해 우도 함수가 최대가 되는 모수를 사용한다. 이러한 모수들은 k개의 모수를 가진 우도 함수를 편미분하여 0이 되게 하여 구할 수 있다. 로그 우도 함수의 최댓값과 통계적으로 최적인 모수 ψ_ℓ는 다음의 식으로 구할 수 있다.

$$\frac{\partial \ln(L)}{\partial \psi_\ell} = \sum_{i=1}^{n} \frac{1}{f(t_i; \vec{\psi})} \cdot \frac{\partial f(t_i; \vec{\psi})}{\partial \psi_\ell} = 0, \ \ell = 1, 2, ..., k \tag{6.75}$$

이러한 수식은 모수에 대해 비선형일 수 있기 때문에 적절한 수치적 절차를 적용하는 것이 유용하다. 〈그림 6.34〉는 2모수 와이블 분포에 대한 이러한 비율을 도식적으로 보여 준다.

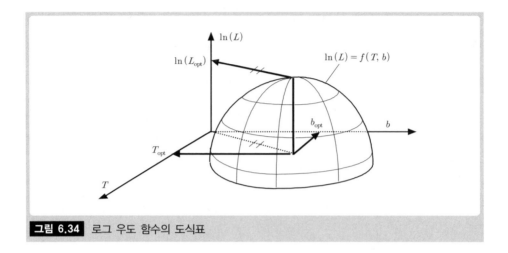

그림 6.34 로그 우도 함수의 도식표

비록 계산이 최대 우도법으로 이루어지지 않더라도, 우도 함수 값을 통하여 고장 데이터 분포의 적합성을 추정할 기회가 제공된다. 즉, 우도 함수 값이 클수록 결정된 분포함수가 실제 고장 거동을 더 잘 설명한다. 로그 변환을 통해 $\ln(L)$에 대한 음수 값이 나타나 종종 혼란을 유발하기도 한다.

예제 : 와이블 분포

최대 우도법을 수행하기 위해서 확률밀도함수는 $\eta = T - t_0$와 같은 모수가 포함된 형태로 사용될 것이다. 따라서 아래와 같은 확률밀도함수로 나타난다.

$$f(t) = \frac{b}{\eta} \cdot \left(\frac{t - t_0}{\eta}\right)^{b-1} \cdot e^{-\left(\frac{t - t_0}{\eta}\right)^b} \tag{6.76}$$

로그 우도 함수는 다음과 같다.

$$\ln(L(t_1, \ldots, t_i, \ldots, t_n; b, \eta, t_0)) \tag{6.77}$$
$$= n \cdot \ln\left(\frac{b}{\eta^b}\right) + \sum_{i=1}^{n}\left[(b-1) \cdot \ln(t_i - t_0) - \left(\frac{t_i - t_0}{\eta}\right)^b\right]$$

모수에 대해 편미분을 하면 다음과 같다.

$$\frac{\partial \ln(L)}{\partial b} = \frac{n}{b} + \sum_{i=1}^{n}\left[\ln\left(\frac{t_i - t_o}{\eta}\right) \cdot \left\{1 - \left(\frac{t_i - t_0}{\eta}\right)^b\right\}\right] = 0 \tag{6.78}$$

$$\frac{\partial \ln(L)}{\partial \eta} = -n + \frac{1}{\eta} \cdot \sum_{i=1}^{n} (t_i - t_0)^b = 0 \tag{6.79}$$

$$\frac{\partial \ln(L)}{\partial t_0} = \sum_{i=1}^{n} \left[\frac{1-b}{t_i - t_0} + \frac{b}{\eta} \cdot (t_i - t_0)^{b-1} \right] = 0 \tag{6.80}$$

연립방정식은 비선형이다. 따라서 반복 과정을 통해 계산을 해야 된다. 하지만 우선 여러 가지 변환을 해야만 한다. 식 (6.79)에서 새롭게 소개된 모수 η는 다음 식을 통해서 계산된다.

$$\eta = \sqrt[b]{\frac{1}{n} \cdot \sum_{i=1}^{n} (t_i - t_0)^b} \tag{6.81}$$

위 식을 식 (6.80)에 대입하면 다음의 식이 유도된다.

$$\sum_{i=1}^{n} \left[\frac{1-b}{t_i - t_0} + n \cdot b \cdot \frac{(t_i - t_0)^{b-1}}{\sum_{j=1}^{n} (t_j - t_0)^b} \right] = 0 \tag{6.82}$$

다음의 접근 방식은 성공적으로 입증되었다.

1. $0 < t_0 < t_1$ 범위에서 t_0를 선택한다.
2. 식 (6.82)로 t_0시점에서 형상 모수 b를 반복 과정을 통해 결정한다.
3. 위의 두 가지 값을 이용하여 식 (6.81)에서 η를 구한다.
4. 위의 값들을 이용하여 식 (6.77)에서 우도 함수의 값을 계산한다.
5. 최댓값을 찾을 때까지 t_0에 변경하고 2단계에서부터 반복한다.

최댓값 계산을 빨리 하기 위해서 브렌트(Brent)[6.9]의 방법이 적용된다.

6.7 수명 시험 평가에 관한 연습문제

문제 6.1 생산 전에 부품의 수명을 결정하기 위한 시험이 실시되었다. 모든 부품이 고장 났으며 각각의 고장 시간은 아래와 같이 기록되었다.

69,000 km,	29,000 km,	24,000 km,	52,500 km,
128,000 km,	60,000 km,	12,800 km,	98,000 km

a) 고장 데이터의 산술평균, 표준편차, 범위를 계산하시오.

b) 순서 통계량을 결정한 후 각각에 고장 확률을 할당하시오.

c) 와이블 확률지를 이용하여 고장 거동을 설명하는 와이블 분포의 모수를 결정하시오.

d) B_{10} 수명과 중앙값을 결정하시오.

e) 부품이 $t_1 = 70,000$ km에서 살아남을 수 있는 확률은?

f) 와이블 라인의 90% 신뢰구간을 그리시오.

g) 모수 b와 T에 대한 90% 신뢰구간을 계산하시오. 이러한 신뢰구간을 그래프로 나타내시오.

문제 6.2 기계식 스위치에 대한 완전 고장 데이터(단위 : 작동 수)는 다음과 같다.

$$470, \ 550, \ 600, \ 800, \ 1,080, \ 1,150, \ 1,450, \ 1,800, \ 2,520, \ 3,030$$

a) 와이블 분포의 모수들을 그래프로 결정하시오.

b) B_{10} 수명과 중앙값을 결정하시오.

c) 와이블 라인의 90% 신뢰구간을 그리시오.

문제 6.3 응력 진폭 200 MPa하에서 41Cr4 중에 무딘 톱니 모양의 구동축에 대한 비틀림 진동 시험으로부터 수명 데이터를 얻었다.

수명(10^3 사이클) :

$$264, \ 208, \ 222, \ 434, \ 382, \ 198, \ 380, \ 166, \ 435, \ 242$$

와이블 확률지를 이용하여 수명 데이터를 평가하고 90% 신뢰구간을 결정하시오.

문제 6.4 8개의 유사 부품을 하나의 시험대에서 동시에 시험을 하였다. 이 시험은 5번째 고장 부품이 발생한 후 중단되었다. 와이블 분포로 부품의 고장 거동, 모수의 90% 신뢰구간을 결정하시오.

$$\text{고장 데이터(시간)} : 192, \ 135, \ 102, \ 214, \ 167$$

문제 6.5 불완전 시험 샘플이 주어졌으며, 농업용 트랙터의 유성 캐리어 헤드 스크루 수명이 기록되었다. 총 트랙터의 수는 1,075대이다. 10대의 헤드 스크루 고장으로 인해 기록된 데이터를 가지고 평가를 수행해야 한다. 유성 캐리어 헤드 스크루가 고장이 날 때까지의 가동 시간은 다음과 같다.

$$99, \ 200, \ 260, \ 300, \ 340, \ 430, \ 499, \ 512, \ 654, \ 760$$

평가 시점에서의 정상 부품의 가동 시간은 알 수 없다.

a) 서든데스 절차를 이용하여 시험 샘플을 그래프로 평가하시오(첫 번째 고장들에 대한 직선을 결정하고 전체 시험 샘플에 대한 수명 분포로 외삽하시오).
b) 서든데스 절차를 이용하여 시험 샘플을 평가하시오(가상 순위를 결정하시오). a)의 결과와 비교하시오.

문제 6.6 차량 클러치에 대한 신뢰성 분석을 위한 현장 조사가 이루어졌으며 20개의 클러치가 분석 대상이다. 분석 시점까지 $n_f = 8$개의 클러치가 고장이 났으며, $n_s = 12$개의 클러치가 여전히 작동하고 있다. 고장 난 클러치와 정상 클러치의 운행 거리(10^3 km)는 다음과 같다.

고장 부품 : 7, 24, 29, 53, 60, 69, 100, 148
정상 부품 : 5, 6, 19, 32, 39, 40, 65, 70, 76, 85, 157, 160

a) 정상 클러치를 고려하여 수명 분포를 결정하시오.
b) 모수의 90% 신뢰구간을 결정하시오.

문제 6.7 승합버스 변속기의 보증 및 가용한 데이터는 1년 후에 평가되어야 한다. 총 $n = 178$개의 변속기가 판매되었으며 이 중에 $r = 7$개가 고장 났다.

고장 데이터(km) :

$$18,290, \ 160,770, \ 51,450, \ 89,780, \ 130,580, \ 35,200, \ 51,450$$

승합버스의 운행 거리 분포는 $\mu = 80,000$ km 및 $\sigma = 45,000$ km인 정규분포를 따른다. 고장 거동을 설명하는 와이블 분포를 결정하시오.

문제 6.8 관측 중단되지 않은 시험 샘플의 고장 데이터(단위 : 시간)에 관한 정보는 아래와 같다 : 42, 66, 87, 99.

a) 회귀분석을 이용하여 고장 거동을 나타내는 2모수 와이블 분포의 모수 b와 T를 계산하시오.
b) 상관계수는 얼마인가?
c) 로그 우도 함수 값을 결정하시오.

문제 6.9 2모수 지수분포(아래의 확률밀도함수를 가짐)의 고장률 λ와 무고장 시간 t_0

를 추정하기 위해 일반적으로 유효한 관계를 제시하시오.

$$f(t) = \lambda \cdot \exp(-\lambda(t - t_0))$$

이미 알려진 고장 데이터 t_i, $i = 1, 2, ..., n$

a) 적률 추정법을 사용하시오.
b) 최대 우도법을 사용하시오.
c) 회귀분석을 사용하시오.

참고문헌

[6.1] Bertsche B, (1989) Zur Berechnung der System Zuverlässigkeit von Maschinenbau-Produkten. Diss Universität Stuttgart, Institut für Maschinenelemente und Gestaltungslehre, Inst. Ber. Nr. 28.

[6.2] Birolini A (2004), Reliability Engineering : theory and practice. Springer-Verlag Berlin, Heidelberg.

[6.3] Dubey S D (1967) On Some Permissible Estimators of the Location Parameter of the Weibull and Certain Other Distributions. Technometrics, Vol 9, No. 2, May, p 293-307.

[6.4] Eckel G (1976-9) Bestimmung des Anfangsverlaufs der Zuverlässigkeitsfunktion von Automobilteilen. Qualität und Zuverlässigkeit 22.

[6.5] Forschungsvereinigung Antriebstechnik (1981) Einfluss moderner Schmier-stoffe auf die Pittingbildung bei Wälz- und Gleitbeanspruchung. Arbeitsgruppe "Pitting-Ringversuch", FVA-Forschungsreport, Wiesbaden.

[6.6] Meeker W, Escobar L (1998) Statistical methods for reliability data. Wiley : New York.

[6.7] Kapur K C, Lamberson L R (1977) Reliability in Engineering Design. John Wiley & Sons Inc., New York.

[6.8] John P (1990) Statistical methods in engineering and quality assurance. Wiley : New York.

[6.9] Press W H, Flannery B P, Teukolsky S A, Vetterling W T (1988) Numerical Recipes in C - The Art of Scientific Computing, Cambridge University Press.

[6.10] Reichelt C (1978) Rechnerische Ermittlung der Kenngrößen der Weibull-Verteilung. Fortschr.-Ber. VDI-Z, Reihe 1 Nr. 56.

[6.11] Tittes E (1973) Über die Auswertung von Versuchsergebnissen mit Hilfe der Weibullverteilung. Qualität und Zuverlässigkeit 18, Heft 5, S 108-113, Heft 7, S 163-165.

[6.12] Uludag A I (2/1972) Aussagen über die zeitliche Entwicklung von Schadensfällen anhand weniger Informationen aus dem Felde—Anwendung von Computer und Weibull-Methode. Grundl. Landtechnik, S 47/48.

[6.13] Verband der Automobilindustrie (2000) VDA 3.2 Zuverlässigkeitssicherung bei Automobilherstellern und Lieferanten. VDA, Frankfurt.

[6.14] Weber H (8/1976) Statistische Auswertung von Lebensdauerversuchen nach Weibull bei Entwicklung von Bauelementen der Pneumatik. Hydraulik und Pneumatik, S 529-533.

[6.15] Pham H (2003) Handbook of reliability engineering. Springer : London, Berlin, Heidelberg.

[6.16] O'Connor P (2002) Practical reliability engineering. Wiley : Chichester.

제 7 장

기계 부품의 와이블 모수

B. Bertsche, *Reliability in Automotive and Mechanical Engineering.* VDI-Buch,
Doi: 10.1007/978-3-540-34282-3_7, ⓒ Springer-Verlag Berlin Heidelberg 2008

일부 부품의 고장 거동은 방대한 통계적 분석을 통해 정확하게 결정될 수 있다. 이러한 분석은 시험 결과, 손상 통계 데이터, 문헌상의 자료를 가지고 수행되게 된다. 부품의 고장 거동에 관한 정보를 통하여 유사한 운영 환경에 있는 부품들의 고장 거동을 예측할 수 있다. 또한 시스템에 예상되는 고장 거동은 시스템 이론을 이용하여 계산할 수 있다. 하지만 기계 부품의 고장 거동과 관련하여 공개된 최신 정보는 부족한 실정이다. 이로 인해 독일의 기계 부품 연구소(IMA)는 신뢰성 데이터베이스를 만들었다 [7.1]. 데이터베이스 결과로부터 선택된 다음의 내용에서는 기어, 샤프트, 베어링에 관한 포괄적인 정보가 제공된다.

이러한 신뢰성 데이터베이스를 수집하면서 대부분의 경우 극소량의 고장 시간 데이터 ($n = 5, \cdots, 10, \cdots, 20$)만을 이용할 수 있다는 것을 알 수 있었다. 다른 통계적 방법들에서 잘 알려진 바와 같이 통계적 평가의 유의성은 고장 부품의 수량과 비례하여 증가한다. 만약 많은 데이터가 존재한다면 높은 신뢰 수준으로 모수를 추정하는 것이 가능하다.

신뢰성 데이터베이스 구성의 또 다른 문제점은 통계 모수 b, T, t_0가 다양한 인자들에 영향을 받는다는 것이다.

$$(b,\ T,\ t_0) = f(\text{형상, 재료, 가공 방법, 스트레스})$$

다시 말해, 각 부품은 운용 조건에 따라 결정되는 고유의 모수를 가진다는 것이다. 하지만 시험 및 손상 통계 분석 결과를 보면, 발생된 손상 유형(고장 모드)에 대해 특정 스트레스 수준하에서 얻어진 부품의 형상 모수 b와 $f_{tB} = t_0 / B_{10}$ 인자는 비교적 일정한 것으로 나타났다. 여기서 얻은 결과가 의미하는 것은, 모수들은 운용 요구, 고장 메커니즘, 부분적으로는 스트레스에 영향을 받는다는 것이다. 결과적으로, 형상 모수와 무고장 시간 인자는 매우 광범위한 한 번의 시험을 통해 결정하거나 혹은 많은 시험들의 결과로부터 추정하는 것이 좋다. 이와 같이 대부분의 경우 다음 절에서 소개될 모수들은 전자의 방법으로 생각할 수 있다.

신뢰성 데이터베이스의 통계적 분석은 WEIBULL과 SYSLEB 프로그램을 활용하였다. 피로 고장과 마모 고장 시험에서는 3모수 와이블 분포가 항상 사용되었다. 이러한 가정은 참고문헌 [7.2, 7.3, 7.5]의 새로운 분석을 통해 확립된다. 분석에 사용된 방법은 회귀 분석이다. 다수의 비교를 통해 적률 추정법과 최대 우도법과의 차이는 아주 작다는 것이 입증되었다.

7.1 형상 모수 b

형상 모수의 요약 결과는 〈그림 7.1〉에 나타나 있다. 형상 모수 값의 범위는 통계적 분석의 신뢰구간과 스트레스 수준에 대한 의존성을 나타낸다. 기어와 샤프트의 경우, 형상 모수 b는 스트레스 수준에 따라 선택된다. 이러한 부품들은 높은 스트레스에서 형상 모수 값이 커진다.

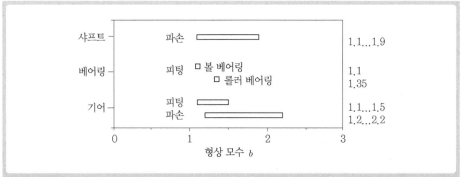

그림 7.1 기계 부품들에 대한 3모수 와이블 분포의 형상 모수 b(기어와 샤프트의 경우 : 높은 스트레스→높은 형상 모수, 낮은 스트레스→낮은 형상 모수)

샤프트(고장 모드 : 균열)의 형상 모수 b를 결정하는 두 가지 매우 흥미로운 시험이 존재한다. 그중 하나는 매니그[7.6]의 방법이고 다른 하나는 키츠치케[7.5]의 방법이다. 먼저 매니그는 여러 가지 다양한 스트레스 수준에서 시험을 하였으며, 각 시험의 샘플 크기(n)는 20개이다(시험 샘플 크기는 20개이지만 시험 횟수는 여러 가지인 경우). 이러한 시험의 경우, 형상 모수와 스트레스 사이의 의존성을 명확하게 증명할 수 있다. 매니그는 피로 강도에 가까운 부하 영역에서 시험을 시작하여, 인장강도까지 스트레스를 단계적으로 증가시킨다. 이에 따라 형상 모수는 $b=1.1 \sim 1.9$까지의 범위를 가지게 된다. 한편 키츠치케는 아주 많은 시험 샘플($n=99 \sim 112$)을 가지고 몇 차례의 시험만을 수행하였다(시험 샘플 크기는 매우 크지만 시험 횟수는 소수인 경우). 따라서 통계적인 신뢰성은 매우 높다. 더욱이 키츠치케는 광범위한 통계 분석을 수행한 유일한 학자로 신뢰성 모수 결정에 관한 매우 좋은 사례를 남겼다고 할 수 있다. 중간 수준 스트레스에서의 형상 모수는 $b=1.5$에서 $b=1.9$ 사이에 존재한다.

롤러 베어링의 경우, $n=500$에 이르는 광범위한 시험 결과가 존재하며 높은 통계적인 신뢰성을 제공한다. 게다가 베어링은 고장 거동에 관한 표준(DIN 622, ISO DIN 281)이 문서화되어 있는 유일한 기계 부품이다. 여기서는 베어링의 무고장 시간(t_0)이 상대적으로 작다는 사실 때문에 2모수 와이블 분포의 형상 모수가 사용된다(7.2절 참조). 또한 3모수 와이블 분포 분석에서는 작은 분산을 나타낸다. 버그링[7.1]에 의하면 베어링의 형상 모수는 크기, 유형, 스트레스에 영향을 받지 않으며 이로 인해 적용하는 것이 상당히 간단하다.

기어의 시험은 상대적으로 작은 시험 샘플 크기($n = 5 \sim 20$)로 수행되었다. 스트레스에 대한 형상 모수의 의존성은 여기서도 잘 나타난다. 스트레스가 증가함에 따라 형상 모수 b 또한 증가한다. 기어의 고장 모드가 '균열(그림 7.1에서는 파손으로 되어 있음)'인 경우의 형상 모수는 샤프트(고장 모드 : 균열)의 형상 모수와 비슷한 결과를 나타냈다. 고장 모드가 피팅의 경우, 형상 모수의 산포는 '균열'만큼 크지 않으며, 형상 모수 b의 범위 내에 롤러 베어링 피팅의 형상 모수 값이 포함되어 있다. 즉, 기어 피팅의 형상 모수와 롤러 베어링 피팅의 형상 모수가 서로 유사하다는 것을 의미한다.

결정된 기어의 형상 모수 $b \approx 1 \sim 2$의 범위에 있다. 〈그림 7.2〉에서와 같이, 모든 부품의 고장 거동은 좌대칭분포를 나타낸다. 이러한 좌대칭분포는 대표적인 기계 부품들의 고장 거동을 잘 설명한다.

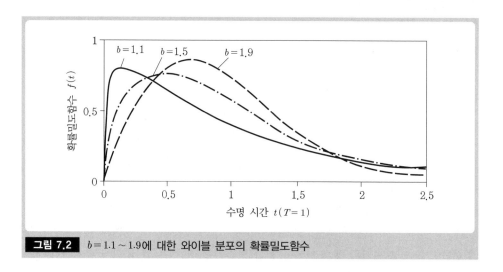

그림 7.2 $b = 1.1 \sim 1.9$에 대한 와이블 분포의 확률밀도함수

3모수 와이블 분포에서 도출된 형상 모수 b는 2모수 와이블 분포에서 도출된 형상 모수 b보다 대개 작은 값을 가진다. 이러한 차이의 원인은 〈그림 7.3〉을 참고할 수 있다.

대부분의 시험에서 확률밀도함수의 히스토그램은 좌대칭 형태를 나타내며, t_0는 무고장 시간을 의미한다. 정의에 따라 2모수 와이블 분포는 $t = 0$에서 시작하며, 이러한 조건은 히스토그램에 표시할 수 있어야 한다. 그 결과로 거의 대칭적인 곡선($b \approx 2 \sim 3$)을 나타낸다.

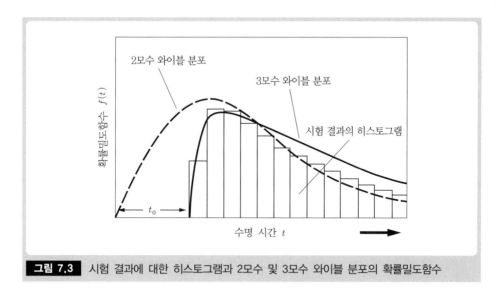

시험 결과에 대한 히스토그램과 2모수 및 3모수 와이블 분포의 확률밀도함수

3모수 와이블 분포는 t_0 시간에서 고장이 발생할 수 있어서 히스토그램에 대한 더 좋은 적합성을 나타낸다. 결과적으로, 좌대칭분포($b \approx 1 \sim 2$)가 도출되어 대칭분포의 형상 모수 b 보다는 당연히 더 작아진다.

7.2 특성 수명 T

특성 수명 T는 와이블 분포의 척도 모수이므로 분포의 평균으로 생각할 수도 있다. 특성수명 T를 증가시키는 것은 고장 거동이 더 높은 고장 시간으로 이동하는 것이다.

형상 모수 b와 f_{tB} 인자는 기계 부품과 고장 모드에 의해 주로 영향을 받지만(7.1과 7.3절 참고), 특성 수명 T는 스트레스의 함수로 볼 수 있다. 모든 부품의 경우, 스트레스가 낮아지면 고장 시간과 특성 수명 T가 더 길어진다.

고장 거동의 예측을 위해 특성 수명 T는 일반적으로 수명 계산이나 운용 피로 강도 계산에 의해서 결정된다. 가령 고장 확률 $F(t)$를 이용하여 수명을 계산한다. 예를 들어, 롤러 베어링의 수명 계산에서 B_{10} 수명을 $F(t) = 0.1$로 정의함으로써, 그리고 기어에 대한 계산에는 B_1 수명을 $F(t) = 0.01$로 정의하여 수명을 계산할 수 있다. 이러한 수명 시간들은 각각 확률지상의 하나의 점으로 받아들인다(그림 7.4 참조). 완전한 통계적 고장 거동은 형상 모수 b와 잠재적 무고장 시간 t_0에 관한 추가 정보에 의해서 결정될 수 있다. 확실한 수명 계산법이 존재하지 않는 부품의 경우에는 경험(고장 및 보증 데이터), 추정 혹은 시험 결과에 의존한다. B_1 및 B_{10} 수명으로부터 그에 상응하는 특성 수명 $T(F(t) = 0.632)$는 식 (7.1)과 (7.2)를 이용하여 계산할 수 있다.

B_1 수명을 이용하여 구한 특성 수명 T는 아래와 같으며,

$$T = \frac{B_1 - f_{tB} \cdot B_{10}}{\sqrt[b]{-\ln 0.99}} + f_{tB} \cdot B_{10} \tag{7.1}$$

위 식에서, $B_{10} = \dfrac{B_1}{(1 - f_{tB}) \cdot \sqrt[b]{\dfrac{\ln 0.99}{\ln 0.9}} + f_{tB}}$

B_{10} 수명을 이용하여 구한 특성 수명 T는 아래와 같다.

$$T = \frac{B_{10} - f_{tB} \cdot B_{10}}{\sqrt[b]{-\ln 0.9}} + f_{tB} \cdot B_{10} \tag{7.2}$$

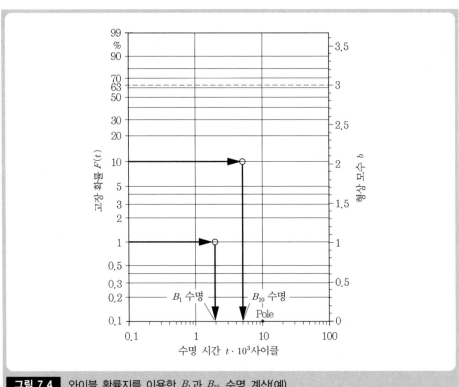

그림 7.4 와이블 확률지를 이용한 B_1과 B_{10} 수명 계산(예)

B_x 수명을 이용하여 구한 특성 수명 T는 아래와 같다.

$$T = \frac{B_x - f_{tB} \cdot B_{10}}{\sqrt[b]{-\ln\left(1 - \dfrac{x}{100}\right)}} + f_{tB} \cdot B_{10} \tag{7.3}$$

위 식에서, $B_{10} = \dfrac{B_x}{(1 - f_{tB}) \cdot \sqrt[b]{\dfrac{\ln\left(1 - \dfrac{x}{100}\right)}{\ln 0.9}} + f_{tB}}$

(식 (7.1)~(7.3)은 와이블 분포의 일반적인 수식으로부터 유도되었다.)

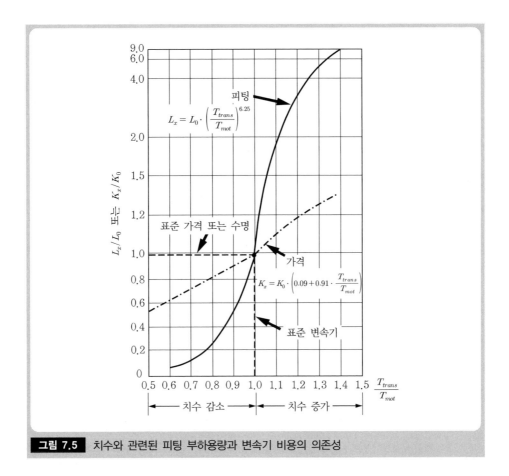

그림 7.5 치수와 관련된 피팅 부하용량과 변속기 비용의 의존성

특성 수명 T에 대한 정확한 결정의 의미와 민감성은 〈그림 7.5〉에 있는 기어의 피팅 부하용량에 관한 예를 통해서 설명된다. 뵐러 곡선의 완만한 경사(지수 $k = 6.25$)에서는

겨우 10%의 치수 증가만으로 두 배에 가까운 수명이 연장 가능하다. 더욱 주목할 만한 점은, 10%의 치수 감소로도 기어의 표준 수명이 절반으로 감소된다는 점이다. 하지만 이러한 기어의 비용 차이는 경미하였다. 참고문헌 [7.2]에서 볼 수 있듯이, 특성 수명 T의 변화는 시스템 신뢰도 계산에 가장 큰 영향을 주고 있다. 그러므로 시스템 수명의 정확한 예측은 확실한 운용 피로 강도 계산에 의해서만 달성될 수 있다.

7.3 무고장 시간 t_0과 f_{tB} 인자

앞서 언급한 것처럼, 대부분의 피로 및 마모 고장을 가지는 부품의 고장 거동은 3모수 와이블 분포로 정확하게 설명할 수 있다. 특히 시스템 수명 계산에 있어서 고장 거동의 초기 범위는 매우 정확하게 수집되어야 한다. 이러한 고려사항은 무고장 시간 t_0를 포함하는 3모수 와이블 분포를 절대적으로 필요로 한다[7.2, 7.3, 7.4, 7.5 참조].

피로 및 마모 고장의 무고장 시간 t_0는 손상의 발생 및 확대까지 일정 시간이 걸린다는 것을 의미한다. 만약 이러한 가정이 없다면, 마모, 피로, 노화 등의 원인으로 작동이 시작된 지 얼마 지나지 않아 고장이 발생하게 된다. 하지만 이것은 일반 상식과는 모순되는 개념이다.

데이터베이스를 분석한 결과, 무고장 시간을 절댓값으로 명시하는 것보다는 $f_{tB} = t_0/B_{10}$ 인자 형태로 표현하는 것이 더 유용하다는 것이 입증되었다. 이 인자를 이용하여 수치를 비교하기가 더 좋다. B_{10} 수명이 참고 값으로 선택된 이유는 2모수와 3모수 분석 간의 차이가 크지 않았기 때문이고, 또한 최초 고장 발생 범위에 들어 있기 때문이다. 결정된 f_{tB} 인자에 대한 요약은 〈그림 7.6〉에 제공된다.

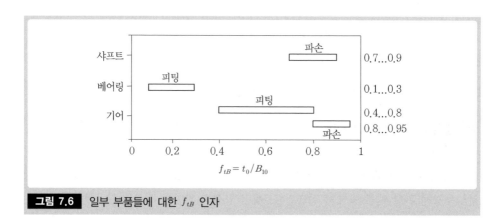

그림 7.6 일부 부품들에 대한 f_{tB} 인자

f_{tB} 인자와 스트레스 수준과의 관련성은 지금까지 알려지지 않았다. 따라서 보수적인 추정을 할 때는 인자 범위의 최솟값을 선택해야 하는 반면에 낙관적인 추정을 할 때는 인자 범위의 최댓값을 사용할 수 있다.

무고장 시간 t_0는 맨, 쇼이에르, 페티그[7.7]에 따른 (가설)검정에서 결정된다. 이 검정에서 $t_0(0 < t_0 < t_1)$의 구간에 대한 유의 수준 α가 계산된다. t_0와 B_{10} 수명은 모두 확률변수이기 때문에 두 모수의 중앙값을 이용하여 각 경우에 대한 f_{tB} 인자가 계산된다.

샤프트(고장 모드 : 균열)에 대한 키츠치케[7.5]의 방대한 시험 결과로부터 무고장 시간 t_0를 포함하는 것이 의미 있다는 것에 대해 필요한 통계적인 증명은 이루어졌다. 흥미로운 점은 롤러 베어링의 경우 f_{tB} 인자에 대한 수치가 다소 작게 나왔다는 점이다. 고장 모드가 피팅인 기어의 경우만 무고장 시간의 범위가 크게 나타났다. 추가적인 시험 분석에서 이러한 범위는 줄어들어야만 한다. 고장 모드가 균열인 기어는 동일한 고장 모드인 샤프트와 비슷한 값을 얻었다.

참고문헌

[7.1] Bergling G (1976) Betriebszuverlässigket von Wälzlagern. SKF Kugellager / Zeitschrift 188, Jhrg 51.

[7.2] Bertsche B (1989) Zur Berechnung der System-Zuverlässigkeit von Maschinenbau-Produkten. Dissertation Universität Stuttgart, Institut für Maschinenelemente und Gestaltungslehre, Inst. Ber. Nr 28.

[7.3] Bertsche B, Lechner G (1986) Verbesserte Berechnung der Systemlebensdauer von Produkten des Maschinenbaus. Konstruktion 38, Heft 8, S 315-320.

[7.4] Bertsche B, Lechner G (1987) Einfluß der Teileanzahl auf die System-Zuverlässigkeit. Antriebstechnik 26, Nr 7, S 40-43.

[7.5] Kitschke E (1983) Wahrscheinlichkeitstheoretische Methoden zur Ermittlung der Zuverlässigkeitskenngrößen mechanischer Systeme auf der Grundlage der statistischen Beschreibung des Ausfallverhaltens von Komponenten. Dissertation Ruhr-Universität Bochum, Lehrstuhl für Maschinenelemente und Fördertechnik, Heft 83.

[7.6] Maennig W W (1967) Untersuchungen zur planung und Auswertung von Dauerschwingversuchen an Stahl in den Bereichen der Zeit- und der Dauerfestigkeit. VDI-Fortschrittberichte, Nr 5, August.

[7.7] Mann N R, Fertig K W (1975) A Goodness of Fit Test for the Two Parameter vs. Three Parameter Weibull; Confidence Bounds for Threshold. Technometrics, vol 17, No 2, May.

제 8 장

신뢰성 시험 계획

B. Bertsche, *Reliability in Automotive and Mechanical Engineering*, VDI-Buch,
Doi: 10.1007/978-3-540-34282-3_8 ⓒ Springer-Verlag Berlin Heidelberg 2008

이번 장에서는 수명 시험 계획의 주요 원칙과 절차들을 살펴본다. 수명 시험 계획은 6장에서 살펴본 바와 같이 통계적 시험 계획과 실험 및 기술적 측정 계획으로 나눌 수 있다. 정확한 시험 실행의 일반적인 원칙들은 두 가지 중 후자에 유효하다[8.3, 8.4, 8.8, 8.11, 8.12].

시험 샘플의 크기는 통계적 시험 계획의 첫 번째 측면이며, 6.3절에서 살펴본 바와 같이 신뢰구간 및 실험 값의 통계적 변동과 밀접하게 관련되어 있다. 시험한 부품 수가 적을수록 신뢰구간은 더욱 넓어지며, 통계 분석의 결과는 불확실해진다. 따라서 좀 더 정확한 결과를 위해서는 충분한 기계 부품 시험이 이루어져야 한다. 그러나 이는 시험과 관련된 시간과 노력을 증가시킬 수 있다.

시험 샘플 추출법으로 언급되는 시험해야 하는 기계 부품을 어떻게 선택하는지는 통계적 시험 계획을 위해 결정되어야만 한다. 시험 샘플은 실제 랜덤한 시험 샘플을 반영해야만 하는데, 즉 시험되는 부품이 랜덤하게 결정되는 것을 의미한다. 이로써 전형적인 랜덤 시험 샘플을 위한 기본적인 조건이 달성된다.

또한 통계적 시험 계획을 위해서 적합한 시험 전략이 정의되어야 한다. 다양한 가능성에 대해 다음과 같이 구분할 수 있다.

- 완전 시험
- 관측 중단 시험
- 시험 시간 단축 전략

최고의 통계적 선택은 랜덤하게 선택된 시험 샘플의 모든 기계 부품이 수명 시험을 수행하는 완전 시험이다. 이 시험은 모든 부품이 고장 날 때까지 이루어진다. 그 결과 모든 부품의 고장 시간을 분석에 사용할 수 있다.

시험에 요구되는 시간과 노력을 줄이기 위해서 때때로 관측 중단 시험이라 불리는 불완전 시험을 수행하는 것이 도움이 될 수 있다. 이러한 경우에 시험은 미리 결정한 수명에 도달할 때까지 실시하거나 일정 수의 부품이 고장 날 때까지 이루어진다. 이러한 종류의 시험은 완전 시험보다 의미적으로 정확하지는 않지만 시험하는 데 드는 노력을 상당히 줄일 수 있다.

서든데스 시험과 부하를 증가시키는 시험(가속 시험)은 상당량의 시험 시간을 단축시킬 수 있다. 6.4절에서는 불완전 시험의 평가 및 시험 시간 단축 전략을 세부적으로 다룬다.

시험 계획의 기본 과제는 아래와 같은 신뢰성 요구사항들로 주어지는 목표 신뢰도의 달성을 검증하는 것이다.

- 시험 샘플 크기($n =$?)
- 요구되는 시험기간($t_{test} =$?)

특정 수명 시간에서의 최소 신뢰도는 실제 현장에서 발생하는 일반적인 문제이다. 예를 들어, 요구되는 신뢰도가 $R(200,000 \text{ km}) = 90\%$라는 것은 B_{10} 수명이 $200,000 \text{ km}$라는 의미이다. 추가로 신뢰도 요구사항이 증명될 수 있는 신뢰 수준이 결정된다(예 : $95\%, 90\%, 80\%$). 종종 시험 기간 동안 무고장이 기대되는 것도 일반적이다. 이러한 종류의 시험을 'success run'이라 부른다. 게다가 비용과 시간 조건을 설정할 수 있다.

이 장에서는 수명 시험을 다룰 것이다.

- 통계적 시험 계획
- 측정 계획
- 다수의 시험에서 신뢰 수준이 높은 시험 계획을 고려
- 시험 계획을 위한 기계 선택에 있어서의 식별
- 서든데스 시험

8.1 와이블 분포를 기반으로 한 시험 계획

제품의 요구사항이 단측 신뢰 수준 $P_A = 95\%$이며, $R(t) = 90\%$인 한 예를 살펴볼 것이다. 여러 가지 조건들은 〈그림 8.1〉의 와이블 확률지에 나타나 있다.

예제 : 신뢰 수준 $P_A = 95\%$이며, $R(200,000 \text{ km}) = 90\%$의 신뢰도를 요구한다. 95% 신뢰 수준 표에서 $i = 1$일 때 사전에 요구된 $F(200,000 \text{ km}) = 10\%$의 고장 확률로서 하한 고장 확률을 제공하는 열을 찾는다. 이 예제는 $n = 29$인 경우이다. 이러한 상황은 〈그림 8.2〉의 와이블 확률지에 제공된다.

이에 다음과 같이 명시할 수 있다. 만약 $n = 29$개의 모든 시험 부품이 고장 없이 시험 시간 $t = 200,000 \text{ km}$까지 작동하면, 신뢰 수준 95%로 $R(t) = 90\%$를 만족한다. 이항분포를 기반으로 하는 일반적인 절차가 소개될 것이다.

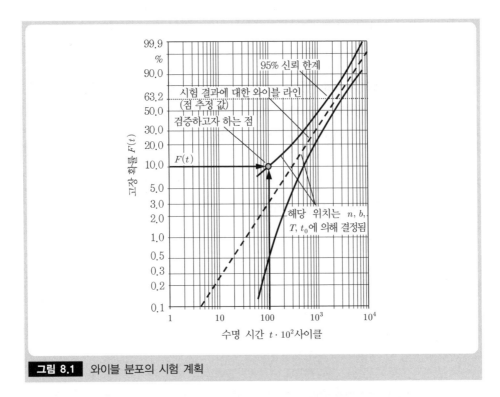

그림 8.1 와이블 분포의 시험 계획

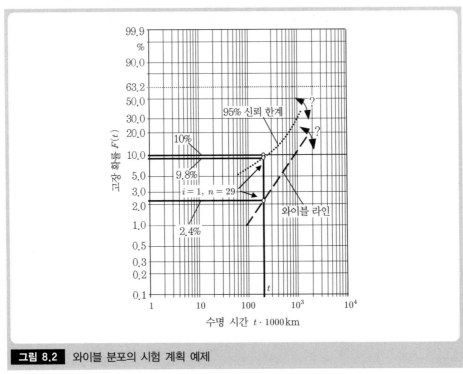

그림 8.2 와이블 분포의 시험 계획 예제

8.2	이항분포를 기반으로 한 시험 계획

여기서 우리는 n개의 시험 부품들을 관측하는 것으로 시작하고자 한다. 만약 시험 부품들이 동일하다면 이들은 모두 〈그림 8.3〉과 같이 동일한 신뢰도 함수 $R(t)$를 가질 것이다.

t시점에서 각각의 시험 부품들의 신뢰도 함수는 $R_1(t)$, $R_2(t)$, $R_3(t)$, ..., $R_n(t)$이며, $R_i(t) = R(t)$임이 유효하다. 모든 n개의 시험 부품들이 t시간까지 생존할 확률은 확률의 곱 법칙 $R(t)^n$을 사용한다.

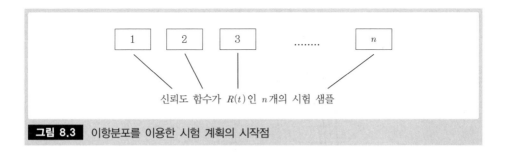

| 그림 8.3 | 이항분포를 이용한 시험 계획의 시작점 |

만약 랜덤하게 추출된 n개의 시험 샘플이 요구 수명을 나타내는 t시간까지의 시험 동안에 무고장이고, 시험 부품의 신뢰도 함수가 $R(t)$라면 전체 n개의 시험 부품이 t시간까지 생존할 확률은 $R(t)^n$이 된다. 다시 말해서 t시간까지 적어도 하나의 부품이 고장 날 확률은 $P_A = 1 - R(t)^n$이다.

이것의 역은 만약 랜덤하게 추출된 n개의 시험 샘플이 t시간까지의 시험 동안에 무고장이라면, 하나의 시험 샘플의 최소 신뢰도는 신뢰 수준 P_A를 가지는 $R(t)$와 같다는 것을 의미한다. 이것은 다음과 같은 수식으로 나타낼 수 있다.

$$P_A = 1 - R(t)^n \ \text{또는} \ R(t) = (1 - P_A)^{\frac{1}{n}} \tag{8.1}$$

문헌이나 실제 현장에서는 식 (8.1)을 종종 'success run'으로 부른다.

예제 : 다음과 같은 신뢰성 요구사항이 주어진다. $R(200{,}000 \text{ km}) = 90\%$이며 신뢰 수준 $P_A = 95\%$이다. 필요한 시험 샘플 크기 n은 식 (8.1)을 변환하여 얻을 수 있다.

$$R(t) = (1 - P_A)^{\frac{1}{n}} \Leftrightarrow n = \frac{\ln(1 - P_A)}{\ln(R(t))} \Rightarrow n = \frac{\ln(0.05)}{\ln(0.9)} = 28.4$$

여기서 도표를 이용하는 것이 일반적이다. 〈그림 8.4〉는 t시점까지 무고장인 경우 (success run)에서, 다양한 신뢰 수준 P_A에 대해서 시험 샘플 크기 n의 함수로서 최소 신뢰도 $R(t)$를 보여 준다.

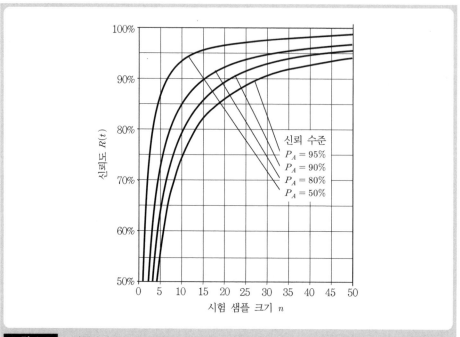

그림 8.4 t시점까지 무고장인 경우(success run)에 시험 샘플 크기 n과 신뢰 수준 P_A의 함수로서 최소 신뢰도 $R(t)$

8.3 수명률

이번 절에서는 요구되는 시험 샘플의 시험 기간을 증가시키거나 혹은 감소시킬 때의 효과에 대해 알아본다. 와이블 분포의 경우 $R(t) = \exp(-(t/T)^b)$이다. 만약 시험이 $t_{test} \neq t$시간까지 진행된다면, $R(t_{test}) = \exp(-(t_{test}/T)^b)$가 된다. 따라서 다음과 같이 단순화시킬 수 있으며,

$$\frac{\ln(R(t_{test}))}{\ln(R(t))} = \left(\frac{t_{test}}{t}\right)^b = L_V^b \tag{8.2}$$

그 결과 $R(t)^{L_V^b} = R(t_{test})$가 된다.

요구되는 수명 t에 대한 시험 기간 t_{test}의 비율은 수명률 L_V로 나타낸다.

$$L_V = \frac{t_{test}}{t} \tag{8.3}$$

만약 무고장 시간이 존재한다면 다음과 같이 나타낸다.

$$L_V = \frac{t_{test} - t_0}{t - t_0}, \ t_{test} = L_V(t - t_0) + t_0 \tag{8.4}$$

식 (8.1)에 수명률을 대입하면 다음과 같은 결과가 나타난다.

$$R(t) = (1 - P_A)^{\frac{1}{L_V^b \cdot n}} \tag{8.5}$$

따라서 일정한 신뢰도 함수 $R(t)$와 신뢰 수준 P_A에서 시험 기간 t_{test}의 증가는 요구되는 시험 샘플 크기 n을 감소시키게 되며, 그 역도 성립한다. 이 부분은 〈그림 8.5〉와 〈그림 8.6〉에 나타나 있다.

다이어그램 및 예제 :

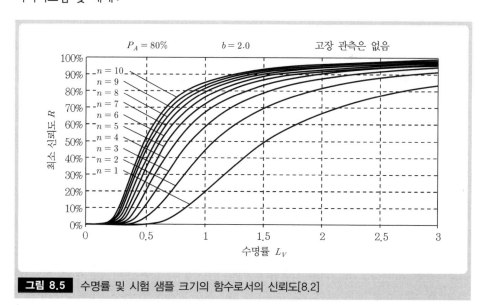

그림 8.5 수명률 및 시험 샘플 크기의 함수로서의 신뢰도[8.2]

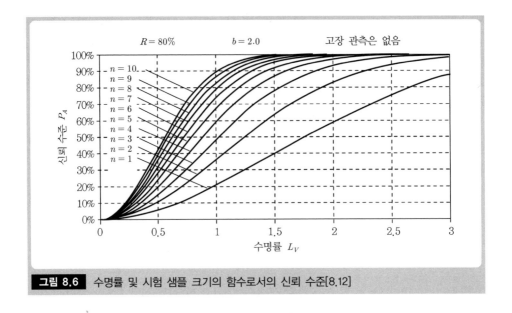

수명률 및 시험 샘플 크기의 함수로서의 신뢰 수준[8.12]

예제 1 : 신뢰성 목표의 검증 – 시험 기간과 시험 샘플 크기 결정[8.2]

조건 : 제품의 고장 없이 40,000 km의 수명 시험에 필요한 예산만 있으며, 형상 모수 $b = 2.0$으로 가정한다.

문제 : 신뢰도 $R = 80\%$와 신뢰 수준 $P_A = 80\%$를 보장하기 위해 가장 효과적이고 경제적인 시험 방법에 필요한 시험 부품의 수는?

해결 방법 : 이러한 문제의 해결 방법은 두 가지가 있다. $b = 2.0$과 $R = 80\%$의 정보가 주어진 경우에는 〈그림 8.5〉의 다이어그램을 사용하며, $P_A = 80\%$ 정보가 주어진 경우에는 〈그림 8.6〉의 다이어그램을 사용한다. 두 가지 방법은 동일한 결과를 산출한다.

L_V의 결정 : y축의 신뢰도 R 혹은 신뢰 수준 $P_A = 80\%$ 지점에서 시작하여 n 곡선과 만날 때까지 오른쪽으로 이동한다. 두 가지 다이어그램에서 교차점으로부터 가로 좌표와 수직이 되는 값은 수명률 L_V와 일치한다.

결과 : 비용 대비 가장 효율적인 시험은 $n = 1$인 하나의 시험 부품(하나의 부품, 한 번의 시험, 한 사람)으로 하는 시험이다. $n = 1$일 때 y축의 80%와 교차하는 지점의 수명률은 $L_V = 2.7$과 일치한다. $n = 1$인 시험의 경우, 시험 기간은 $2.7 \times 40,000 \text{ km} = 108,000 \text{ km}$가 된다. 요구되는 신뢰성 목표(신뢰도와 신뢰 수준 모두 80% 이상) 달성을 위한 비용 대비 가장 효율적인 시험은 하나의 샘플($n = 1$)을 가지고 108,000 km 동안 한 번 시험하

는 것이다.

예제 2 : 신뢰성 시험[8.2]

어느 정도의 비용 대비 효율적인 신뢰성 시험에 대한 결정이 이루어져야만 한다.

조건 :

- 3개의 시험 샘플
- 120,000 km의 시험 기간을 위한 예산
- 요구되는 최소 수명 : 40,000 km
- 추정된 형상 모수 : $b = 2.0$
- 요구되는 신뢰 수준 : $P_A = 80\%$

문제 : 어떤 종류의 시험을 수행해야 하는가?

a) 총 120,000 km에 대해 하나의 부품을 시험하는 것 혹은

b) 3개의 각 부품을 40,000 km(총 120,000 km)씩 시험

해결 방법 : 〈그림 8.5〉의 다이어그램 활용($b = 2.0$, $P_A = 80\%$)

a) 120,000 km에 대해 하나의 부품($n = 1$)을 가지고 시험. 수명률 $L_V = 120,000/40,000 = 3$. 〈그림 8.5〉에 따르면 $L_V = 3$ 및 $n = 1$에 대한 신뢰도는 $R = 83.6\%$이다.

b) 40,000 km에 대해 3개의 부품을 가지고 시험. $L_V = 1$, $n = 3$, $R = 58.5\%$.

결과 : 전체 총 시험 기간과 관련된 시간 및 노력이 두 가지 시험에서 모두 동일하므로, 최소 신뢰도가 가장 높은 방법을 선택한다. 120,000 km에 대하여 하나의 부품으로 시험을 실시하며, 획득 신뢰도는 $R = 83.6\%$이다.

참고 : 신뢰도의 일정 값을 가정하고, 〈그림 8.6〉을 가지고 신뢰 수준을 결정하는 것 또한 가능하다. 이러한 경우에 더 높은 신뢰 수준은 목표를 이루는 데 결정적인 요소가 될 수 있다.

예제 3 : 신뢰도의 결정[8.2]

목표 수명에 도달하기 전에 시험에서 하나의 부품을 제외시키는 경우, 신뢰도가 어떻게 되는지 알아본다.

조건 : 시험은 신뢰도 $R = 80\%$와 신뢰 수준 $P_A = 80\%$의 목표를 검증하기 위해 수행된다. 이 경우 하나의 부품이 목표 수명의 2.7배까지 고장 없이 작동되면 목표를 만족한다. 그러나 부품이 목표 수명의 1.1배가 되는 시점에서 시험이 중단되었다. 와이블 분포의 형상 모수 $b = 2.0$으로 가정한다.

문제 : 초기 신뢰도 요구 조건인 $R \geq 80\%$를 입증하기 위해 두 번째 부품이 고장을 일으키지 않고 얼마나 오랫동안 작동되어야 하는가?

해결 방법 : 〈그림 8.5〉($b = 2.0$, $P_A = 80\%$)에 나타나 있듯이 수명률 $L_V = 1.1$일 때 신뢰도 $R = 80\%$를 달성하기 위해서 요구되는 시험 샘플 크기는 $n = 6$이다. 한 부품의 시험이 $L_V = 1.1$일 때까지 이미 이루어졌으므로 이후 5개의 부품에 대한 시험이 $L_V \geq 1.1$을 만족해야 한다. $L_V = 1.1$로 5개의 시험 샘플로 하는 시험은 $L_V = 2.45$이며 하나의 시험 샘플로 하는 시험의 신뢰도와 대응된다.

만약 첫 번째 부품이 $L_V = 1.1$까지 시험을 실시하고 중단된 후, 추가 부품이 요구 수명의 2.45배까지 정상적으로 작동한다면 신뢰도 요구사항인 $R \geq 80\%$는 만족된다.

8.4 시험 고장 수에 관한 일반화

일반적으로 이항 법칙은 신뢰 수준 P_A에 대해 유효하다.

$$P_A = 1 - \sum_{i=0}^{x} \binom{n}{i} \cdot (1 - R(t))^i \cdot R(t)^{n-i} \qquad (8.6)$$

여기서 x는 t 시험 기간 동안의 고장 수이며 n은 시험 샘플 크기이다. 만약 t시점에서 하나의 고장이 발생한다면 다음과 같은 식으로 나타낼 수 있다.

$$P_A = 1 - R(t)^n - n \cdot (1 - R(t)) \cdot R(t)^{n-1} \qquad (8.7)$$

이러한 적용을 위해 도표를 이용하는 것이 도움이 되는 것으로 입증되었다. 〈그림 8.7〉에서는 하나의 예제(참고문헌 [8.12]의 예제)로 라르손(Larson) 노모그램이 나타나 있다. $n = 20$개 부품의 시험 샘플 중에서 2개($x = 2$)의 부품이 t 시험 기간 동안 고장 나는 경우이다. 신뢰수준 $P_A = 90\%$로 목표 신뢰도를 결정하기 위해서 신뢰 수준 $P_A = 0.9$에서 시작하여 점($n = 20$; $x = 2$)을 통과하는 직선을 그리고, 이 직선과 신뢰도

R의 교차점으로부터 신뢰도 값을 읽을 수 있다. 이 경우, 90%의 신뢰 수준에서 신뢰도 $R(t)$는 75%가 된다.

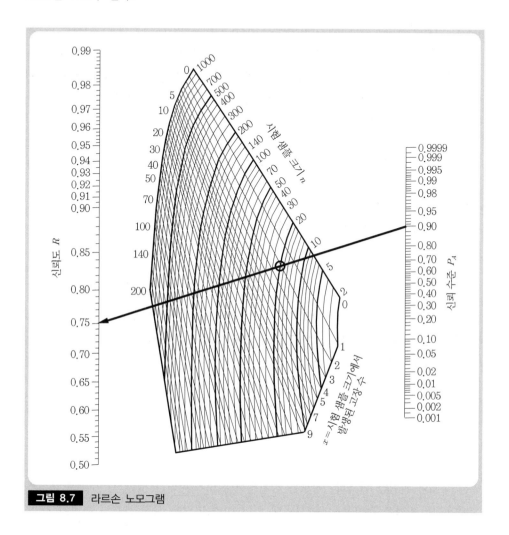

그림 8.7 라르손 노모그램

8.5	사전 정보의 고려(베이지안 방법)

필요한 시험 샘플 크기 n을 줄이기 위해 사전 정보를 고려하는 베이지안 방법을 사용할 수 있다. 사전 정보는 확률밀도함수가 $f(\theta)$인 사전 분포의 형태로 고려된다. 특정 사건 A에 관하여 확률 $P(A|\theta)$는 미지의 모수 θ와 함께 고려된다. 만약 θ가 확률밀도함수 $f(\theta)$와 같은 분포를 따른다면, 사후 분포의 확률밀도함수는 베이지안 방법에 따라 사전 정보를 고려하여 산출된다.

$$f(\theta|A) = \frac{P(A|\theta) \cdot f(\theta)}{\int_{-\infty}^{\infty} P(A|\theta) \cdot f(\theta) d\theta} \tag{8.8}$$

위의 확률밀도함수를 이용하여 신뢰구간은 적분으로 계산될 수 있다.

$$P(a \leq \theta \leq b) = \int_{a}^{b} f(\theta|A) d\theta \tag{8.9}$$

Success run의 경우, 만약 사전 정보로 R이 확률 값(직사각형 분포, $0 \leq R \leq 1$)으로 가용하다면, 시험 샘플 크기는 베이지안 방법을 사용하여 하나의 시험 부품 수(지수에 n 대신에 $n+1$)가 감소될 수 있다.

$$P_A = P(R_0 \leq R \leq 1) = \frac{\int_{R_0}^{1} R^n dR}{\int_{0}^{1} R^n dR} = 1 - R^{n+1} \tag{8.10}$$

본 주제와 관련한 더 많은 정보는 참고문헌 [8.6]에 나타나 있다.

베이지안 방법을 추가로 적용하는 데 있어 어려운 점은 사전 분포의 결정이다.

8.5.1 베이어/로스터 절차

이러한 문제를 해결하는 현실적인 접근법은 베이어(Beyer)/로스터(Lauster)[8.2]에서 기인한다. t 시점에서 신뢰도와 관련한 사전 정보는 신뢰 수준이 63.2%인 R_0값과 관련 있다. 참고문헌 [8.2]에 따르면 와이블 분포의 고장 거동에 대한 사전 정보를 고려하여 신뢰 수준에 대한 다음의 관계를 산출할 수 있다.

$$P_A = 1 - R^{n \cdot L_V^b + 1/\ln(1/R_0)} \cdot \sum_{i=0}^{x} \left(\frac{(n+1)/(L_V^b \cdot \ln(1/R_0))}{i} \right) \left(\frac{1 - R^{L_V^b}}{R^{L_V^b}} \right)^i \qquad (8.11)$$

여기서 b는 와이블 분포의 형상 모수를 나타내고, x는 t시간까지 발생하는 고장 수를 나타낸다. 만약 무고장이 허용된다면(success run), $x = 0$을 의미하므로 다음과 같은 식으로 나타낼 수 있다.

$$P_A = 1 - R^{n \cdot L_V^b + \frac{1}{\ln(1/R_0)}} \qquad (8.12)$$

위의 식을 요구되는 시험 샘플 크기에 대해 풀면 다음과 같은 식이 산출된다.

$$n = \frac{1}{L_V^b} \cdot \left[\frac{\ln(1 - P_A)}{\ln(R)} - \frac{1}{\ln(1/R_0)} \right] \qquad (8.13)$$

이것은 요구되는 시험 샘플 크기가 사전 정보 R_0을 고려함으로써 감소될 수 있다는 것을 의미한다.

$$n^* = \frac{1}{L_V^b \cdot \ln(1/R_0)} \qquad (8.14)$$

〈그림 8.8〉과 같이 다이어그램을 사용하는 것이 보다 유익할 것이다.

예제 : 제품 출하를 위해 수명 시험이 실행되어야 한다. $B_{10} = 20,000$시간을 요구하며 이는 $R(20,000) = 0.9$와 동일하다.

아래의 정보들은 이전의 유사한 모델로부터 수집된 자료이다.

- $R_0 = 0.9$(신뢰 수준 63.2%)
- 형상 모수 $b = 2$

검증은 신뢰 수준 $P_A = 85\%$, 시험 샘플 크기 $n = 5$로 진행된다. 〈그림 8.8〉에 따르면 수명률 $L_V = 1.25$이기 때문에 시험 기간은 $t_{test} = 25,000$시간이 된다(선❶).

〈그림 8.8〉의 노모그램을 분석하면 다음의 결과를 얻는다.

- 만약 사전 정보가 고려되지 않는다면, $n = 10$개의 시험 샘플로 시험해야 한다 ($L_V = 1.25$)(선❷).

- 만약 하나의 제품이 고장 난다면 시험 샘플 크기는 $n = 14$개로 증가한다($L_V = 1.25$, 선❸).

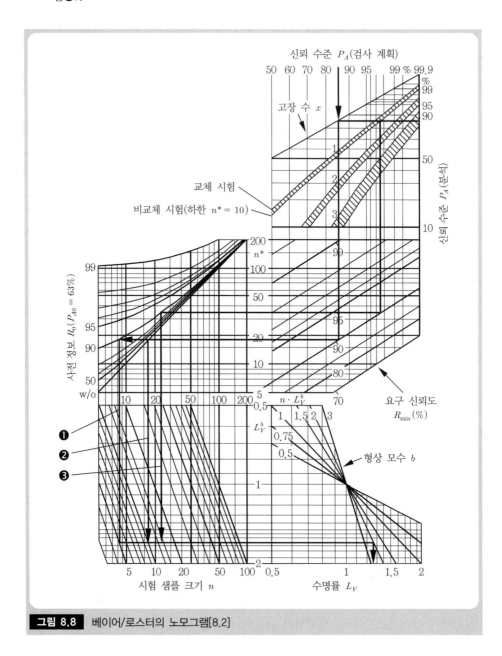

그림 8.8 베이어/로스터의 노모그램[8.2]

8.5.2 클라이너 등의 절차

사전 정보를 고려하는 두 번째 절차는 클라이너(Kleyner) 등[8.5]이 제안하였다. 사전 분포로 직사각형 분포와 베타 분포를 혼합하여 사용한다. 각 분포의 비율은 '지식 인자' ρ로 가중치가 고려된다. 만약 신뢰도 R과 관련하여 알려진 게 거의 없다면 신뢰할 수 있는 결과를 얻기 위해 많은 샘플을 가지고 시험해야만 한다. 참고문헌 [8.5]에서는 사전 분포를 추정하기 위해 오래된 제품들의 필드 데이터가 사용되었다. 이것이 절차의 객관적인 부분이다. 절차의 주관적인 부분은 신제품과 구제품 사이의 유사성을 추정하는 것이다. 이것은 '지식 인자' ρ의 값을 추정함으로써 이루어진다. 유사성이 없다는 것은 구제품에서 신제품으로 정보의 전달이 이루어지지 않았다는 것을 의미하며 $\rho = 0$으로 나타낸다. ρ 값이 클수록 구제품과 신제품의 유사성이 커지며, 요구되는 시험 샘플 크기도 작아진다. $\rho = 1$일 때 사전 분포는 직사각형 분포의 영향 없이 베타 분포와 정확히 일치한다. 이것은 R의 사전 정보가 매우 좋다는 것을 의미하며, 요구되는 시험 샘플 크기가 상대적으로 작아졌다는 것을 쉽게 이해할 수 있다. 이러한 ρ의 주관적인 추정은 클라이너 방법의 주된 목적이다.

참고문헌 [8.5]에서 이러한 방법의 계산 절차가 제공된다. 시험 중에 고장이 발생하지 않는다고 가정했을 때, 베이지안 방법을 적용한 사후 확률밀도함수는 참고문헌 [8.5]에 따라 계산될 수 있다.

$$f(R) = \frac{(1-\rho) \cdot R^n + \rho \cdot \dfrac{R^{A+n-1} \cdot (1-R)^{B-1}}{\beta(A,B)}}{\dfrac{1-\rho}{n+1} + \rho \cdot \dfrac{\beta(A+n,B)}{\beta(A,B)}} \tag{8.15}$$

식 (8.15)를 적분하여 신뢰 수준이 계산된다.

$$P_A = \int_R^1 f(R)dR \tag{8.16}$$

추정된 '지식 인자' ρ는 $0 \le \rho \le 1$ 사이의 값을 가진다. A와 B는 이전 제품의 고장 데이터로부터 결정될 수 있는 베타 분포의 모수이다.

베타 분포에 대한 일반적인 확률밀도함수는 다음과 같다.

$$f(x) = \begin{cases} \dfrac{\Gamma(A+B)}{\Gamma(A) \cdot \Gamma(B)} x^{A-1} \cdot (1-x)^{B-1} & 0 < x < 1, \ A > 0, \ B > 0 \\ 0 & \text{기타} \end{cases} \tag{8.17}$$

여기서 $\Gamma(\cdot)$는 감마 함수이다. 사전 분포는 직사각형 분포와 베타 분포로부터 '지식 인자'를 얻어 결정된다. 베이지안 법칙을 적용한 사후 분포는 식 (8.15)에 따라 얻어진다.

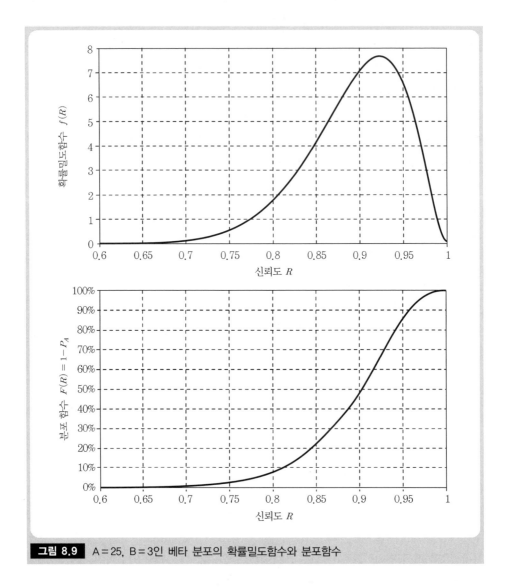

| 그림 8.9 | A = 25, B = 3인 베타 분포의 확률밀도함수와 분포함수 |

일반적으로 신뢰도 R과 신뢰 수준 P_A는 사전에 주어진다. 만약 A와 B가 알려져 있다면, 유일하게 알지 못하는 변수는 시험 샘플 크기 n이다. 이것은 적분을 하여 수치적으로 계산되거나 단순히 다이어그램을 이용하여 알 수 있다.

〈그림 8.9〉는 모수 $A = 25$이고 $B = 3$일 때의 베타 분포의 확률밀도함수와 분포함수를 보여 준다. 이 베타 분포의 평균(중앙값)에서의 신뢰도 $R_{median} = 90.22\%$이다.

예제 : 〈그림 8.10〉은 다양한 지식 인자($\rho = 0$, $\rho = 0.1$, $\rho = 0.2$, $\rho = 0.4$, $\rho = 0.6$, $\rho = 0.8$, $\rho = 1$)와 식 (8.1)의 success run에 필요한 시험 샘플 크기 n의 함수로서 신뢰 수준 P_A를 나타낸다. 요구되는 신뢰도는 $R(t_{test}) = 0.9$이다. 사전 확률밀도함수로 대응되는 베타 분포는 〈그림 8.9〉에 나타나듯이 모수 $A = 25$와 $B = 3$을 갖는다. 모수들은 이전 시험으로부터 결정된다. ρ가 증가함에 따른 n의 감소가 〈그림 8.10〉에 명확히 나타나 있다.

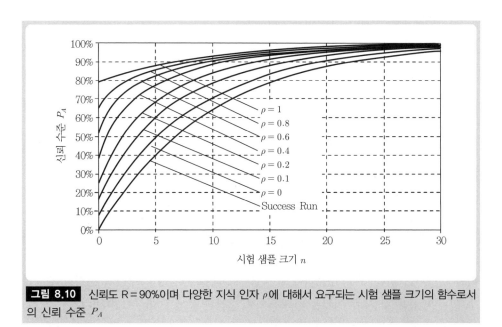

그림 8.10 신뢰도 R = 90%이며 다양한 지식 인자 ρ에 대해서 요구되는 시험 샘플 크기의 함수로서의 신뢰 수준 P_A

〈그림 8.11〉은 필요로 하는 시험 샘플 크기를 지식 인자의 함수로서만 나타낸다. 신뢰 수준과 신뢰도는 90%이다. 이것은 실제 현장에서 종종 사용되는 값이다. 만약 success run을 위해 22개의 시험 부품이 필요한 경우, 만약 사전 정보가 정확하게 추정($\rho = 1$)된다면 시험 샘플 크기는 7개로 감소될 수 있다. $\rho = 0$인 경우에 클라이너 등의 방법에서는 완전한 직사각형 분포가 되며 시험 샘플 크기 1개를 줄일 수 있다.

본 주제와 관련된 자세한 설명은 참고문헌 [8.7]에 제공된다.

또 다른 방법은 참고문헌 [8.6]에서 제공된다. 이 방법은 베타 분포와 함께 신뢰성 정보를 기술하며 필요한 계산의 어려운 정도는 클라이너 등의 절차만큼 단순하다. 사전 정보는 변환 인자로 전달된다. 가속 계수를 도입하면, 시험 샘플 크기를 줄이기 위해 가속 시험에서 획득한 정보를 사용하는 것이 가능하다. 게다가 수명률을 사용하여 시험 기간의 편차가 있는 다른 시험들을 수명 검증을 위해 사용될 수 있다.

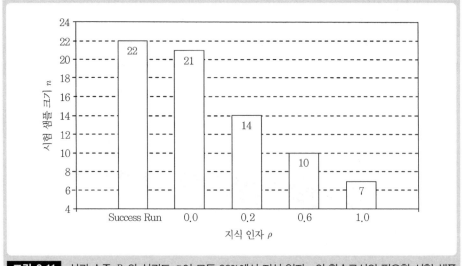

그림 8.11 신뢰 수준 P_A와 신뢰도 R이 모두 90%에서 지식 인자 ρ의 함수로서의 필요한 시험 샘플 크기 n

8.6 가속 수명 시험

이번 절에서는 높은 부하 수준하에서 시험한 결과로부터 정상 부하의 수명을 검증할 수 있는 방법을 다룬다. 이것은 물리적으로 발견된 모델로 이루어진다[8.12].

논리적으로, 이러한 결론은 고장 메커니즘이 부하 증가로 인해 변하지 않을 것이라는 가정하에 유효하다. 이러한 가속 시험의 한 가지 특별한 경우는 부하가 미리 결정된 증가분만큼 증가하는 것이다(계단형 스트레스 시험).

두 번째 특별한 경우로서 피로 수명 시험이 있다. 이 경우 내구 강도 한계가 결정되어야만 한다(뵐러 곡선).

8.6.1 가속 계수

한 가지 실용적인 절차는 실제 운용 조건하에서의 시험 동안 부하 프로파일을 기록하는 것이다. 이러한 프로파일을 통해 시간 혹은 거리 비율이 결정되거나, 운용 혹은 사용 빈도(히스토그램)가 만들어진다. 최종적으로, 수명은 이러한 히스토그램을 외삽함으로써 검증될 수 있다. 물리적 모델을 사용하여 증가된 부하(가속 스트레스)로 시험하여 가정한 모델과 유사한 가속 계수를 얻는다[8.12].

증가된 부하를 사용하면 실제 운용 조건에서보다 가속 시험에서 더 큰 손상이 발생한다. 이것은 수명을 감소시킨다.

운용 조건(사용 조건)하의 수명과 가속 시험에서의 수명 사이의 관계는 가속 계수 AF 로 설명할 수 있다.

$$AF = \frac{t}{t_{acc}} \tag{8.18}$$

식 (8.18)에서 두 가지 수명에 대한 고장 확률은 같다고 가정한다.

가속 시험을 적용하면 가속 계수에 의해 시험 기간을 감소시키는 것이 가능하다. 이는 다음의 예제에서 보여 준다.

예제(Pantelis Vassiliou, "가속 수명 시험 분석의 이해", RAMS 2001-tutorial notes)

본 예제에서는 특정 각도까지 앞뒤로 구부러지는 종이 클립에 대한 고장 거동 결과를 조사하였다.

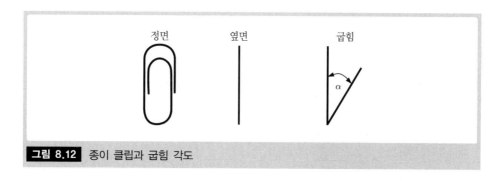

그림 8.12 종이 클립과 굽힘 각도

본 실험에서는 6개의 종이 클립들을 여러 가지 각도에서 굽힌다 : 45°, 90°, 180°. 부하 사이클로 주어지는 고장 시간은 〈표 8.1〉에 요약되어 있다(1 부하 사이클이란 종이 클립 이 α각도까지 한 번에 구부러지고 다시 본래의 위치로 돌아오는 것을 말한다).

| 표 8.1 | 종이 클립 실험 결과

No.	$\alpha = 45°$	$\alpha = 90°$	$\alpha = 180°$
1	58	16	4
2	63	17	5
3	65	18	5
4	72	21	5.5
5	78	22	6
6	86	23	6.5

〈그림 8.13〉은 다양한 굽힘 각도에 대한 와이블 라인을 나타낸다. 거의 모든 와이블 분포가 같은 형상 모수를 가지고 있으며 이는 고장 메커니즘이 굽힘 각도에 따라 변화하지 않는다는 것을 의미한다. 특성 수명에 기반하여 45° 굽힘 각도와 180° 굽힘 각도에 대한 가속 계수는 다음과 같다.

$$AF_{180°} = \frac{t_{45°}}{t_{180°}} = \frac{74.85}{5.72} = 13$$

180°의 굽힘 각도로 종이 클립을 시험하는 것은 45°의 굽힘 각도로 시험하는 것과 비교할 때 시험 기간이 13배만큼 감소될 수 있다.

45° 굽힘 각도와 90° 굽힘 각도로 시험하는 종이 클립의 가속 계수는 3.6이다.

$$AF_{90°} = \frac{t_{45°}}{t_{90°}} = \frac{74.85}{20.78} = 3.6$$

90°의 굽힘 각도로 실시하는 종이 클립 시험은 가속 계수 3.6배만큼 시험 기간을 감소시킬 수 있다.

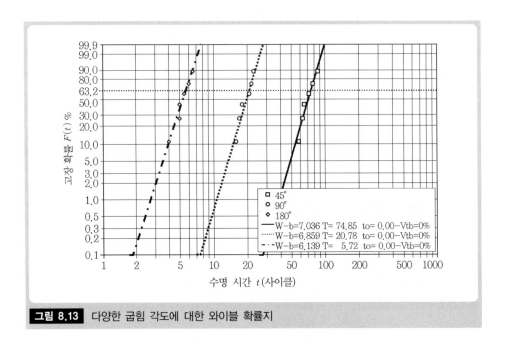

그림 8.13 다양한 굽힘 각도에 대한 와이블 확률지

8.6.2 계단 스트레스 방법

계단 스트레스 방법이라 불리는 가속 수명 시험 방법은 1980년에 이미 넬슨(Nelson)[8.9]

에 의해 소개되었다. 각 고장 발생 이후에 부하가 증가함으로써 시험 기간이 줄어든다. 여기서 고장 메커니즘이 변하지 않는다는 것이 중요하다. 이는 와이블 직선의 기울기가 동일하다는 것을 의미한다. 이와 같은 방법으로 획득한 고장 데이터를 평가한 후에 초기 분포가 계산된다. 이 방법은 다소 논란의 여지가 있으며 기계적 부품에 대해 실험적으로 증명되지는 않았다. 그러나 본 방법을 적용하는 것은 제한된 시간하에서 비교 평가를 할 때 타당하다. 또한 본 방법의 적절한 적용을 위해서 부하와 수명과의 관계(뵐러 곡선) 는 알고 있어야 한다. 본 방법의 원칙은 〈그림 8.14〉에 나타나 있다.

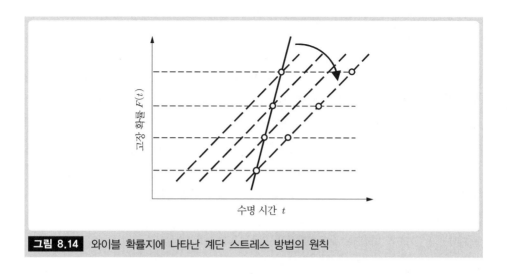

그림 8.14 와이블 확률지에 나타난 계단 스트레스 방법의 원칙

8.6.3 HALT(초가속 수명 시험)

1993년 이후에 HALT라는 이름하에 가속 시험에 대한 방법이 지속적으로 논의되어 왔다 [8.1]. HALT란 초가속 수명 시험(Highly Accelerated Life Testing)을 나타내며, 설계 단계 에서 제조되는 부품의 신뢰성 보증을 위해 홉스(G. K. Hobbs)(Hobbs Engineering Corporation 참조, Westminster, Colorado)에 의해 개발된 방법이다.

이 방법은 주로 전기 전자 부품에 적용되며 때때로 전기-기계의 부품에도 적용되지만 기계 부품에 적용되는 경우는 적다.

부하를 계속해서 증가시키는 시험을 통해서 가장 단기간에 최소 비용으로 적절한 고 장 메커니즘을 발견하는 것이 가능하다. HALT는 제품이 일반적인 운용 조건에서 적용되 는 부하 수준이나 혹은 제품의 규격 상한 값을 상당히 초과하는 수준에서 적용된다. HALT 방법은 전기(작동 전압, 작동 빈도, 에너지), 기계(진동, 충격) 혹은 열 스트레스(극 심한 온도, 빠른 온도 변화)와 같은 부하를 분석하는 것으로부터 시작한다. 이러한 스트레스는 개별 제품별로 수립되어야만 한다. 이러한 결정을 위해 미리 결정된 부하 제한은 없으며 가능한 많은 고장 메커니즘이 발생되도록 한다. 시험의 목표는 생존이 아니라 고장이며, 부품은 시험 중에 모니터링되어야 한다.

이 단계는 아래와 같은 단계를 구성하는 반복적인 과정의 시작을 나타낸다.

- 단계적으로 부하를 증가시키는 시험
- 시험 결과의 분석(근본 원인 검출), 고장이 제품의 규격 한계를 벗어나서 발생하더라도 이 단계 동안에 각 고장 원인이 고려되어야 한다.
- 시정 조치의 실행(예를 들어, 설계 변경, 재료, 공급자, 조립 방법)
- 재현 시험

운용 한계(기능 한계)와 파괴 한계(고장 한계)는 가속 시험 범위 내에서 결정된다. 운용 상한(하한)을 벗어났을 때 제품은 불완전(결함)하게 반응하는 반면에, 운용 한계 범위 이내에 다시 돌아오면 정상적으로 작동한다. 파괴 한계(파괴 상한 및 파괴 하한)를 결정하기 위해서 기술적인 근본 한계까지 단계적으로 접근하는 것이 필요하다. 파괴 한계를 벗어나면 제품은 지속적으로 손상되며 고장이 난다. 몇몇 부하의 결합은 종종 한계를 낮춘다. HALT는 여러 가지 모듈 단위를 가지고 시작하며 더욱 복잡한 수준으로 증가시켜 나간다.

HALT의 결과는 다음과 같은 과정에 반영되어야만 한다.

- 향후 제품을 위한 구조적인 치수/설계
- 생산 프로세스
- 스트레스 프로파일의 결정

아래와 같은 이유로 인해 HALT는 가장 효과적인 방법이다.

- 설계 및 생산 결함, 단점을 인지할 수 있고,
- 설계 한계를 결정하고 확장할 수 있고,
- 제품 신뢰도를 향상시킬 수 있고,
- 개발 시간을 단축시킬 수 있고,
- 수정(변경)의 효과를 측정할 수 있다.

어려운 점 : HALT 영역에서는 통계적으로 신뢰도 값을 예측하는 것은 불가능하다.

8.6.4 열화 시험

가용한 시험 기간 내에 부품의 고장이 발견되지 않을 수 있다. 이러한 경우에 현재 시점까지 수행된 신뢰성 시험으로 기계 부품의 고장 거동에 관한 보고서를 작성하는 것은 불가능하다. 그러나 많은 고장 요인들은 기계 부품에서 일어나는 마모 프로세스로 인해 발생한다. 재료 마모는 부품을 고장 나게 만드는 취약점이 된다. 만약 마모량을 측정할 수 있다면 시간의 흐름에 따른 마모 거동과 관련한 중요한 정보를 얻을 수 있다.

열화 시험에서 기계 부품에 발생하는 마모는 관심 대상이다. 이러한 정보가 있는 경우 기계 부품의 고장 거동에 대한 결정은 부품이 고장 나지 않은 상태에서도 가능하다. 고장 거동은 마모 측정에 의해 결정된다. 만약 시간과 마모 측정 간의 관계를 알 수 있다면, 마모를 기준으로 하여 각 시험 부품에 대한 수명을 결정할 수 있다. 여기서 특정 마모 한계는 고장의 한 형태로 설정된다. 실제의 마모를 통해 결정된 수명은 통계적으로 분석될 수 있으며 와이블 확률지에 나타낼 수 있다.

많은 적용 사례에서 시험 단계 동안에 발생하는 마모를 직접적으로 측정하는 것이 가능하다. 결과는 일련의 시험 동안(예 : 거리에 따른 타이어의 마모) 시간 흐름에 따른 마모의 함수이다. 그러나 다른 적용 사례에서는 마모를 측정하는 것이 불가능하거나 비파괴적으로 측정하지 못한다. 이런 경우 기계 부품의 기능 성능 감소와 같은 다른 값들이 마모를 측정할 수 있도록 도울 수 있다. 마모 측정은 상황에 따라 지속적으로 측정하거나 혹은 결정된 시간 이후에 가능할 수 있다. 많은 마모 측정이 이루어진 후에 시간에 따른 마모의 함수가 각 기계 부품별로 결정될 수 있다.

부품에 따라 다양한 마모 거동이 결정될 수 있다. 일부 재료들은 준비 기간을 가지고 있는데 이는 시작 단계의 마모가 특정 기간 이후의 마모보다 더 크다는 것을 의미한다. 또한 일부 기계 부품의 마모는 운용 초기에는 마모가 적다가 이후에 증가하기도 한다. 〈그림 8.15〉는 다양한 마모 거동을 운용 시간의 함수로서 보여 준다.

부품이 정상 사용 조건에서 작동하는 것처럼 열화 시험은 일반적인 사용 조건을 기반으로 한다. 가속 열화 시험은 부하 수준을 증가시키는 가속 시험과 전형적인 열화 시험을 통합한 것이다. 가속 열화 시험에서 부품의 마모는 더 빈번해진다. 정상 사용 조건하에서 고장 거동 분석을 위해서는 가속 계수와 마모와의 관계를 알아야만 한다.

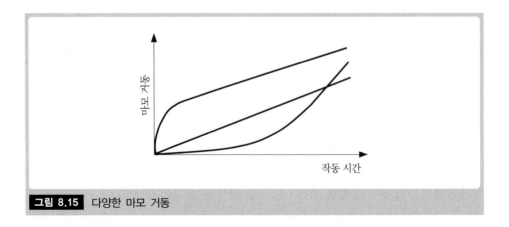

8.7 신뢰성 시험 계획에 관한 연습문제

문제 8.1 자동차 변속기 사양에서 95% 신뢰 수준(P_A)에서 B_{10} 수명이 250,000 km를 요구한다. 형상 모수는 $b = 1.5$이다. 자동차 변속기에 대한 무고장 시험을 할 때 필요한 변속기 수를 결정하시오.

a) 와이블 분포에 기반한 경우
b) 이항분포에 기반한 경우(success run)

시험은 다음과 같은 제한하에서 고장 없이 이루어져야 한다.

c) 시간 제한으로 인해 각 변속기는 최대 150,000 km로 시험할 수 있다. 시험을 위해 얼마나 많은 변속기가 필요한가?
d) 가격 제한으로 인해 시험에는 $n = 15$대의 변속기만 가능하다. 요구되는 신뢰성을 보증하기 위해 무고장으로 이러한 변속기들을 얼마나 오랫동안 시험해야 하는가?

수명 시험은 시험 샘플 크기 $n = 30$개로 수행된다. 그러나 3개의 변속기는 250,000 km의 동작 수행을 하기 전에 고장을 일으켰다(즉, $x = 3$). 다른 $n - x$개의 변속기는 고장을 일으키지 않고 요구되는 B_{10} 수명 동안 살아남았다.

e) 신뢰 수준 P_A의 변경 없이 변속기의 신뢰도는 얼마인가?
f) B_{10} 수명을 보증하기 위해서는 어떤 신뢰 수준을 사용해야 하는가?
g) 요구되는 신뢰 수준으로 필요한 신뢰도를 보증하기 위해서 B_{10} 수명에 이르기까지

발생한 고장으로 인하여 얼마나 많은 변속기 n^*가 고장 없이 부가적으로 시험되어야
만 하는가?

이제부터는 신뢰도 $R_0 = 90\%$로 주어진 이전 모델로부터 사전 정보가 고려될 것이
다. 다음과 같은 문제를 해결하기 위해 베이어/로스터의 절차를 사용하시오(노모그
램 및 분석적 관계).

h) $L_V = 1$에 대하여 무고장으로 시험이 이루어지려면 얼마나 많은 변속기가 필요한가?
i) 시험에 필요한 변속기가 단지 12개가 주어졌을 때 무고장으로 필요한 시험 기간 t_{test}
는 얼마인가?

문제 8.2   시험 중에 $n = 2$개인 실험 차량이 사용된다. 본 시험은 t시점까지 수행되며,
t시점 전에 1개의 차량이 고장 났다($x = 1$). 신뢰 수준 P_A의 함수로서 신뢰도 $R(t)$는
얼마인가? 그래프에서 이러한 관계를 정성적으로 설명하시오.

문제 8.3   시험 중 기어 이의 결정된 특성 수명 $T = 1.2 \cdot 10^6$ 부하 사이클이 운용 강도
계산에 의해 검증되어야만 한다. 형상 모수 $b = 1.4$이며 무고장 시간 $t_0 = 2 \cdot 10^5$ 부하 사
이클로 알려져 있다. 시험에는 총 $n = 8$개의 기어 이가 사용 가능하다. 신뢰 수준
$P_A = 90\%$로 특성 수명을 보증하기 위해 n개의 기어 이를 얼마 동안 시험(시험 기간
t_{test})해야 하는가?

문제 8.4   사양에 따르면 차량 조립품은 신뢰 수준 $P_A = 95\%$로 B_{10} 수명이 250,000에
도달해야만 한다. 2모수 와이블 분포가 사용되며, 형상 모수 $b = 1.5$이다. 시험을 위해
$n = 23$개의 변속기가 사용된다.

a) 무고장 시험을 위해 필요한 시험 기간 t_{test}를 결정하시오.
b) 만약 계산된 특성 수명 $T = 1.5 \cdot 10^6$이 사전 정보로 고려된다면 n개의 변속기가 시험
기간 t_{test}로 시험되어야 하는가? Beyer/Lauster의 베이지안 방법을 사용하시오.

참고문헌

[8.1] AT&T Strategic Technology Group (1997) HALT, HASS and HASA as applied at AT&T. AT&T
Wireless Services, Strategic Technology Group.

[8.2] Beyer R, Lauster E (1990) Statistische Lebensdauerprüfpläne bei Berücksichtigung von
Vorkenntnissen. QZ 35, Heft 2, S 93-98.

[8.3] Kececioglu D (1993) Reliability and life testing handbook. vol 1. Prentice Hall, cop. Engelwood Cliffs, N.J.

[8.4] Kececioglu D (1993) Reliability and life testing handbook. vol 2. Prentice Hall, cop. Engelwood Cliffs, N.J.

[8.5] Kleyner, Bhagath, Gasparini, Robinson, Bender (1997) Bayesian techniques to reduce sample size in automotive electronics attribute testing. Microelectronic Reliability, vol 37, No 6, pp 879-883.

[8.6] Krolo A, Bertsche B (2003) An Aproach for the Advanced Planning of a Reliability Demonstration Test based on a Bayes Procedure. Proc. Ann. Reliability & Maintainability Symp., 2003, S 288-294.

[8.7] Martz H F, Waller R A (1982) Bayesian reliability analysis. John Wiley & Sons, New York.

[8.8] Meyna A, Pauli B (2003) Taschenbuch der Zuverlässigkeit. Hanser, München, Wien.

[8.9] Nelson W (1980) Accelerated Life Testing—Step-Stress Models and Data Analysis. Trans. of Reliability, vol. R-29, No 2, June.

[8.10] O'Connor P D T (1990) Zuverlässigkeitstechnik. VDH Verlag, Weinheim.

[8.11] Tobias P A, Trindade D C (1994) Applied reliability. 2nd ed. Chapman & Hall.

[8.12] Verband der Automobilindustrie (2000) VDA 3.2 Zuverlässigkeitssicherung bei Automobilher-stellern und Lieferanten. VDA, Frankfurt.

제 9 장

기계 부품의 수명 계산

B. Bertsche, *Reliability in Automotive and Mechanical Engineering*, VDI-Buch,
Doi: 10.1007/978-3-540-34282-3_9, ⓒ Springer-Verlag Berlin Heidelberg 2008

기계 부품의 수명 계산은 정량적 신뢰성 기법의 중요한 토대가 된다. 사전에 알고 있는 피로 강도와 수명 시간 데이터는 수명 계산의 입력 값들이다. 이러한 맥락에서 신뢰성 절차들은 확장된 강도 계산의 한 가지 형태이다. 이러한 주제는 광범위하기 때문에, 기계 부품의 수명 계산 절차에 대한 관점만 이번 장에서 설명될 것이다. 자세한 설명은 참고문헌 [9.7, 9.14, 9.15, 9.33]에서 제공된다.

신뢰성과 관련된 제품 개발의 목표는 수명이 길면서 명확한 수명을 가지는 제품을 만드는 것이다[9.5, 9.18]. 수명 예측을 위해 모든 고장 원인은 꼭 알아야 하며 세 가지 범주로 구분할 수 있다.

1. 피로 고장, 노화 고장, 마모 고장 및 주위 환경에 의한 고장(예를 들어 부식), 사용된 재료 변화에 의한 고장, 시간에 종속적인 고장(예를 들어 자동차에서 고부하를 받는 부품)
2. 공차 고장은 효율적인 기능을 방해하는 큰 편차를 야기한다. 예를 들면 더 이상 원하는 생산 정밀도를 가지지 못하는 공작 기계 또는 신뢰할 수 없을 정도의 많은 누유가 발생하는 씰
3. 생산, 조립 또는 기계 사용 중에 발생하는 결함으로 인한 고장

지금까지 두 번째와 세 번째 범주의 고장 형태만 통계적으로 설명될 수 있었지만, 〈그림 9.1〉과 같이 재료 피로의 수명 예측을 위한 계산 절차들도 존재한다. 최적 설계를 위해 외부 힘에 의해 부품의 중요 위치에서 발생하는 운용 부하는 재료, 설계, 생산 및 환경 영향에 의해 결정되는 허용 부하와 적합해야 한다[9.15].

부하 상태에 따라 부품은 정적 또는 동적으로 설계된다. 동적 설계 목표들은 피로 강도, 내구 강도 또는 운용 피로 강도이다. 잘 계산된 강도는 정적, 피로 강도와 내구 강도 설계를 위한 것이다. 크게 증가하고 있는 많은 연구문헌들은 운용 중에 있는 내구 부품의 측정에 대해 다루고 있다[9.12].

운용 부하들의 예측 불확실성과 부정확한 선형 누적 손상 가설로 인하여 수명 계산에 큰 편차가 자주 생긴다. 불확실성에도 불구하고 요즘에는 최적화와 수명 증명을 위한 시험과 함께 예비 설계를 위한 상세한 절차가 사용된다. 일련의 제품들이 출시되기 전에 시험은 필수적이다.

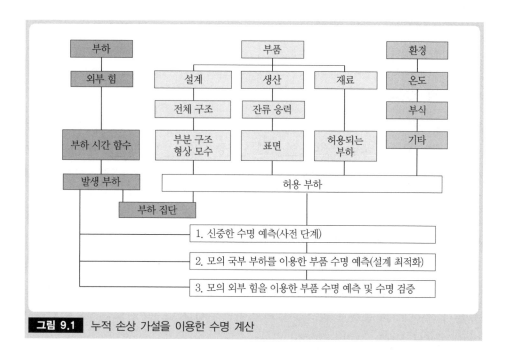

그림 9.1 누적 손상 가설을 이용한 수명 계산

9.1 외부 부하, 허용 부하와 신뢰도

기계 부품의 정적 설계 및 피로 내구 설계를 위해, 설계자는 〈그림 9.2〉에서 보는 바와 같이 안전계수를 가진 허용 부하 용량에 대한 값뿐만 아니라 발생된 부하로부터 국부 부하 최댓값 또는 평균 값과 관련된 재료 강도법을 이용한다. 안전계수는 재료 변수들에 대한 통계적 산포와 같은 가정된 부하들과 계산 절차의 모든 불확실성이 고려되는 방식 으로 결정된다[9.7]. 가정된 부하와 관련하여 운용 조건들은 DIN 3990에서 기어 설계를

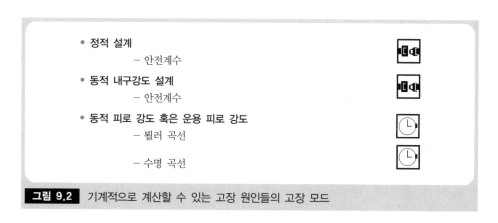

그림 9.2 기계적으로 계산할 수 있는 고장 원인들의 고장 모드

위한 동적 계수 K_A와 같은 작동 인자를 통해서 선정하는 것이 가능하다. 이러한 절차는 잘 증명되고 있다.

9.1.1 정적 설계와 내구 강도 설계

대부분의 제품들에 대해서 부하와 부하 용량은 확률 변수이다. 따라서 이들은 〈그림 9.3〉과 같이 확률 분포를 가진다. 이 예제는 자동차 변속기에 대한 부하이다. 부하는 시간의 함수로서 변속기 입력 축에 비틀림 모멘트에 의해 발생한다. 부하는 적용된 엔진 개념, 엔진 특성 지도, 탑재량을 포함한 차량의 크기, 운전 방식, 변속기 비율, 도로 상태, 그리고 특히 운전자의 영향을 받는다[9.1]. 부품의 부하 용량은 재료 자체에만 영향을 받는 것이 아니라 생산 품질의 영향도 받는다. 만약 부하 σ_B 분포(확률밀도함수 f_B)와 부하 용량 σ_W 분포(확률밀도함수 f_W)를 그들의 중복 부분과 함께 알고 있다면 〈그림 9.3〉에서 보는 바와 같이 통계적으로 기계와 기계 부품의 고장 확률과 신뢰도를 계산할 수 있다. 부하, 부하 용량, 그리고 고장 확률 간의 간섭성은 응력-강도 간섭으로 알려져 있다. 분포의 형태는 그리 중요하지 않다.

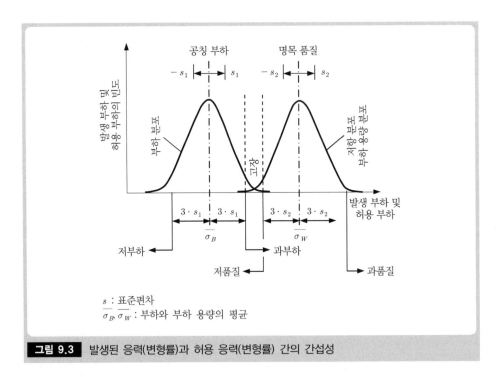

그림 9.3 발생된 응력(변형률)과 허용 응력(변형률) 간의 간섭성

신뢰도 R은 허용 부하가 실제 부하보다 클 확률이다.

$$R = P(\sigma_W > \sigma_B) \tag{9.1}$$

$\sigma_W > \sigma_X$인 경우, 모든 부품은 σ_X 부하에서 고장 나지 않을 것이다. 〈그림 9.4〉에 의하면 신뢰할 수 있는 부품의 수 혹은 신뢰도는 확률밀도함수를 적분하여 구할 수 있다.

$$\int_{\sigma_X}^{\infty} f_W(\sigma_W) \cdot d\sigma_W \tag{9.2}$$

그러나 부하 $\sigma_B = \sigma_X$에서는 상대 확률만 존재한다.

$$f_B(\sigma_B) \cdot d\sigma_B \tag{9.3}$$

실제 부하가 허용 부하보다 크지 않을 확률, 즉 실제 부하 σ_X에서 부품의 신뢰도는 〈그림 9.4〉에서와 같이 서로 독립인 확률의 곱셈법칙에 따라 얻을 수 있다.

$$f_B(\sigma_B) \cdot d\sigma_B \cdot \int_{\sigma_x}^{\infty} f_W(\sigma_W) \cdot d\sigma_W \tag{9.4}$$

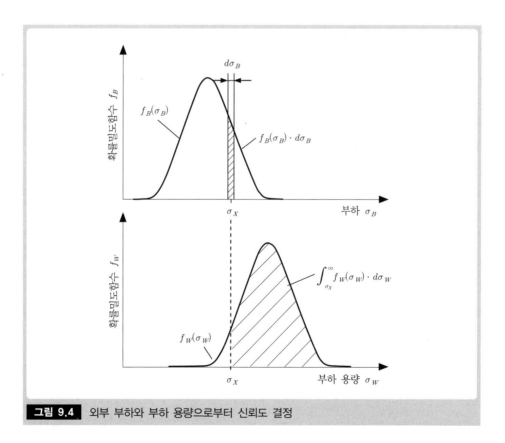

그림 9.4 외부 부하와 부하 용량으로부터 신뢰도 결정

만약 가능한 모든 실제 부하들이 고려된다면, 모든 부하에 대한 신뢰도는 식 (9.4)를 이용하여 얻을 수 있다.

$$R = \int_{-\infty}^{\infty} f_B(\sigma) \cdot \left[\int_{\sigma_x}^{\infty} f_W(\sigma) \cdot d\sigma \right] \cdot d\sigma \tag{9.5}$$

사용되는 변수는 아래와 같다.

- σ_W : 허용 부하
- σ_B : 실제 부하
- $_{B,W}$: 부하와 부하 용량의 첨자

허용 부하 $f_W(\sigma_W)$와 실제 부하 $f_B(\sigma_B)$의 (확률)밀도함수가 알려져 있다면, 부품 신뢰도 R은 식 (9.5)로 표현할 수 있다. 이것은 〈그림 9.5〉에서 보여 준다.

확률 변수 Y는 실제 부하와 허용 부하 간의 거리 측정 값이다[9.22].

$$Y = \sigma_W - \sigma_B, \ \overline{Y} = \overline{\sigma}_W - \overline{\sigma}_B \tag{9.6}$$

- $P_R = P(Y \geq 0)$는 $Y \geq 0$의 확률 : 신뢰도
- $P_F = P(Y < 0)$는 $Y < 0$의 확률 : 고장 확률

만약 확률 변수인 부하 σ_B와 허용 부하 σ_W가 그들의 많은 랜덤 영향으로 인하여 평균과 표준편차가 $(\overline{\sigma}_B, s_B)$, $(\overline{\sigma}_W, s_W)$인 정규분포로 가정된다면, 정규분포를 따르는 부하의 확률밀도함수는 아래와 같이 정의될 수 있다.

$$f_B(\sigma_B) = \frac{1}{s_B \cdot \sqrt{2\pi}} \cdot e^{-\left(\frac{(\sigma_B - \overline{\sigma}_B)^2}{2 \cdot s_B^2} \right)} \tag{9.7}$$

부하 용량의 확률밀도함수는 같은 방법으로 정의될 수 있다. 확률 변수 Y는 마찬가지로 정규분포를 따른다. 아래 식과 같이 변환할 수 있다.

$$Z = \frac{Y - \overline{Y}}{s_Y}, \ s_Y = \sqrt{s_W^2 + s_B^2} \tag{9.8}$$

식 (9.5), (9.7), (9.8)을 이용하여 정규분포의 신뢰도 R은 아래와 같이 계산된다.

$$R(z) = \frac{1}{\sqrt{2\pi}} \cdot \int_{-z_0}^{\infty} e^{-\frac{z^2}{2}} \cdot dz, \ z_0 = \frac{\overline{y}}{s_y} \tag{9.9}$$

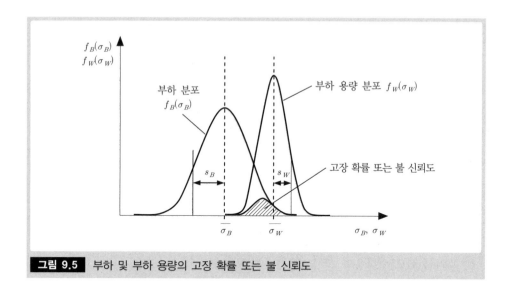

그림 9.5 부하 및 부하 용량의 고장 확률 또는 불 신뢰도

안전 거리 SM을 이용하여

$$SM = \frac{(\overline{\sigma}_W - \overline{\sigma}_B)}{\sqrt{s_W^2 + s_B^2}} \tag{9.10}$$

신뢰도는 다음과 같이 간단히 계산된다.

$$R = \varphi\left(\frac{(\overline{\sigma}_W - \overline{\sigma}_B)}{\sqrt{s_W^2 + s_B^2}} \right) \tag{9.11}$$

여기서 φ는 정규분포함수이다[9.6, 9.22, 9.30, 9.31]. 이 계산을 위해 에러 함수 $\mathrm{erfc}(x)$가 고려된 표준 정규분포(평균이 0이고 표준편차가 1인)는 계산 프로그램이나 참고 표(부록의 표 A.4 참조)를 사용할 수 있다.

이에 반하여, 안전계수 S_F의 일반 강도 계산은 평균 값들의 비로 주어진다.

$$S_F = \frac{\overline{\sigma}_W}{\overline{\sigma}_B} \tag{9.12}$$

〈그림 9.6〉은 고장 확률에 대한 부하와 허용 부하의 통계적인 변동의 명확한 영향을 보여 준다.

정규분포 대신에 대수정규분포 혹은 와이블 분포와 같은 다른 분포함수들이 이용될 수 있다. 이러한 분포들은 더 좋은 방법으로 주요 관심사인 분포의 극단 값을 추정한다

[9.15].

예제 : 부품의 부하 용량은 평균이 5,000 N이며, 표준편차가 400 N인 정규분포를 따른다. 반면, 부하는 평균 3,500 N, 표준편차 400 N인 정규분포를 따른다. 부품의 신뢰도는 얼마인가?

부품의 안전계수는 다음과 같다.

$$S_F = \frac{\overline{\sigma_W}}{\overline{\sigma_B}} = \frac{5,000}{3,500} = 1.4 \tag{9.13}$$

부품의 신뢰도는 다음과 같이 계산할 수 있다.

$$R = \varphi\left(\frac{(5,000 - 3,500)}{\sqrt{400^2 + 400^2}}\right) = \varphi(2.65) = 0.996 \tag{9.14}$$

9.1.2 피로 강도와 운용 피로 강도

이전 연구 내용들이 내구 강도 범위 안에 존재하는 한 이러한 값들은 정적 부하 또는 동적 부하 기계 요소에만 적합하다. 피로 강도 영역의 경우, 운용 부하 조건하에서 스트레스가 부과될 때, 허용 작용력과 응력 크기에 대한 신뢰구간들은 서로 가까워지는 것으로 가정될 수 있다. 〈그림 9.6〉과 같이 수명 시간이 증가함에 따라 고장 확률이 증가하는 것은 피로 강도 영역에서 부품 손상을 증가시킨다. 만약 부품의 뵐러 곡선과 수명 지수 k를 알고 있다면, 〈그림 9.6〉의 이중 로그 그래프에 있는 직선 방정식들로부터 아래의 식이 유도 될 수 있다.

$$\frac{\sigma}{\sigma_D} = \left(\frac{N}{N_D}\right)^{-\frac{1}{k}} \tag{9.15}$$

식 (9.15)를 식 (9.11)에 대입하면, 피로 강도 영역의 개별 부하 값들에 대한 신뢰도가 계산된다[9.29].

$$R = \varphi\left(\frac{\left[(\sigma_D \cdot N_D^{-1/k}) \cdot N^{-1/k}\right] - \overline{\sigma}_B}{\sqrt{s_W^2 + s_B^2}}\right) \tag{9.16}$$

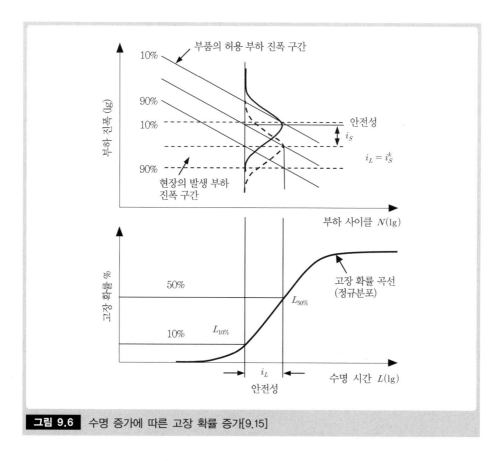

부하 진폭 (lg)

10%

부품의 허용 부하 진폭 구간

90%

10%

안전성

i_S

90%

$i_L = i_S^k$

현장의 발생 부하 진폭 구간

부하 사이클 N(lg)

고장 확률 %

50%

고장 확률 곡선 (정규분포)

$L_{50\%}$

10%

$L_{10\%}$

i_L

안전성

수명 시간 L(lg)

그림 9.6 수명 증가에 따른 고장 확률 증가[9.15]

　사용되는 재료의 결정 회복 온도를 초과하는 온도에서 작동하는 부품의 경우 크리프와 같은 유사한 거동이 관찰될 수 있다. 그러나 크리프 강도 계산에서 부품 저항 강도의 변화는 〈그림 9.7〉에서와 같이 시간 t와 온도 T의 함수이다. 기술 문헌들에서 지수 모델과 같은 접근법은 고온 재료의 시간과 온도 종속적 거동을 설명하기 위해 사용된다 [9.23]. 〈그림 9.8〉에 있는 운용 피로 강도에서 실제 부하는 내구 강도 영역뿐만 아니라 피로 강도 영역 안에 있을 수 있다.

　실제 부하의 빈도와 크기 또한 확률 변수이다. 허용 부하는 역시 산포를 가지며, 운용 부하 기계의 신뢰도는 누적 손상 가설을 이용하여 계산할 수 있다. 부품의 운용 내구 설계의 목표는 특정 신뢰 수준으로 사전에 정한 작동 기간 동안 부품의 고장을 방지하는 것이다. 이러한 목적으로 부품의 부하는 사전에 정한 작동 기간이 첫 번째로 설명되어야만 한다. 이와 같이 동적 시스템 거동의 고려하에서 부하들의 적절한 등급화로 요약될 수 있는 부하 곡선을 얻는 것이 가능하다. 부하 용량은 형상, 크기, 표면 마무리와 같은 부품 재료 및 기하학적 변수들에 의해 결정된다. 부하 스펙트럼과 뵐러 곡선의 비교는 일반적으로 팜그렌 마이너(Palmgren Miner)의 선형 누적 손상 가설인 손상 가설의 적용으로 수행될 수 있다.

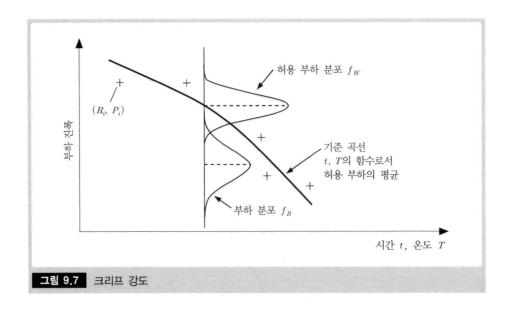

그림 9.7 크리프 강도

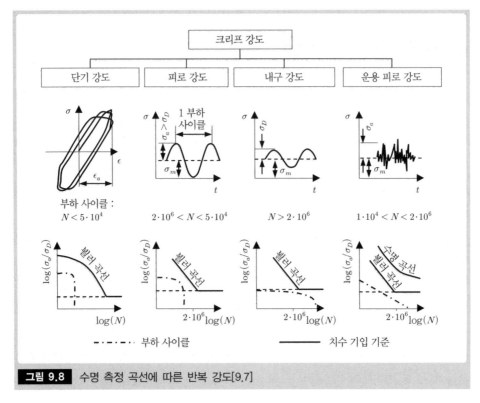

그림 9.8 수명 측정 곡선에 따른 반복 강도[9.7]

특정 확률을 가지는 실제적이며, 존재하는 대표적 부하 스펙트럼의 뷜러 곡선 대신에 식 (9.11)에 따라 신뢰도를 나타내기 위해 〈그림 9.8〉에서와 같이 수명 곡선 또는 부하 스펙트럼은 등가되는 단일 교체 부하 스펙트럼으로 변환되어야만 된다. 이 새로운 부하 스펙트럼은 뷜러 곡선과 같은 동일한 손상 결과를 나타내야만 한다. 하지만 부하 스펙트럼을 결정하는 것은 어렵고 많은 시간이 걸린다. 이와 같이 부하 분포 f_B는 일반적으로 알려져 있지 않다. 그러므로 부하는 다양하고 부적절한 높은 응력하에서 결정된다. 각각의 부하 비율들은 개별 부하의 기대 빈도와 함께 결합되고 스펙트럼은 전체 운용 시간에 대해 외삽된다[9.1]. 이러한 부적절한 부하에 대해 입력 확률은 일반적으로 추정된다. 그래서 신뢰도는 〈그림 9.9〉의 허용 부하 분포로부터 간단하게 계산될 수 있다.

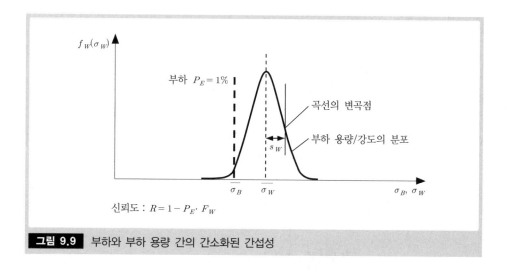

그림 9.9 부하와 부하 용량 간의 간소화된 간섭성

9.2 부하

대부분의 부품에 대한 운용 응력과 변형률을 관측할 때, 일정한 부하 진폭은 기술적으로 매우 드물다는 것이 〈그림 9.10〉과 같이 확인된다. 부하들은 정도의 차이는 있어도 대개 랜덤 곡선을 따른다.

예를 들면, 자동차는 도로 사정과 운전자로 인하여 완전히 랜덤한 부하 곡선을 가진다. 〈그림 9.10〉과 같이 바다의 기상 변화로 인해 선박과 석유 굴착 장치에 대해서도 동일하게 적용된다.

종종 순수 확률적 과정은 확정적 과정과 겹친다. 예로, 비행기의 지상 이동, 이착륙할

때 날개 부분에 평균 부하의 변화가 발생한다. 이것은 다소 차이가 있을 수 있으나 확정
적이고 정확하게 예측할 수 있는 과정이며 대기 중에서 돌풍 부하 혹은 지상에서 이동
중의 흔들림으로 인한 랜덤 과정과 겹치게 된다. 가역 압연기에 발생하는 과정들도 유사
하다. 반면에 수송 비행기의 가스 터빈 블레이드의 부하는 광범위하게 확정적이지만,
부하 과정은 여전히 변수다. 이러한 이유는 회전 속도는 특정 비행 기간 동안 비행을
위해 거의 완벽하게 확정적으로 미리 조절하고 디스크의 부하는 주로 회전 속도의 제곱
에 의해 결정되기 때문이다. 수명 예측에 대한 이러한 부하-시간 관계를 이용하기 위해
서 부하는 통계적 절차로 계산되어야 한다.

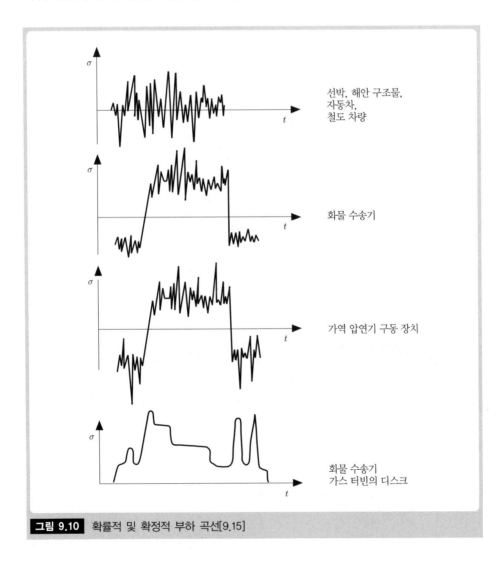

그림 9.10 확률적 및 확정적 부하 곡선[9.15]

9.2.1 운용 부하의 결정

운용 부하의 결정을 위해 부하에 대한 부하-시간 또는 부하-경로 관련 자료가 필요하다. 이러한 부하-시간 관련 자료는 〈그림 9.11〉에서와 같이 다양한 확률, 측정 또는 시뮬레이션으로 결정될 수 있다.

첫째로, 부품의 응력과 변형률 곡선은 작동 중에 직접적으로 측정될 수 있다. 그렇지만 작동 중에 측정하는 것은 시간 소모가 많고, 변속기 기어치의 인장과 같은 경우는 종종 측정이 불가능하다. 차량 변속기의 토크 곡선 측정을 위한 블록 다이어그램은 〈그림 9.12〉에서 보여 주고 있다.

차량의 이동 사용을 위해 토크 곡선은 마이크로프로세서의 도움으로 온라인으로 처리되거나, 또는 단지 기록만 하였다가 일정 시간 이후에 처리된다. 저장되는 측정 값의 수가 너무 많기 때문에 높은 샘플링 비와 긴 측정 사이클은 온라인 처리를 요구한다. 오늘날 간단한 알고리즘과 빠른 프로세서로 인해 사용 빈도가 많은 부하-시간 함수에서도 온라인 처리 작업을 가능하게 한다[9.10, 9.31].

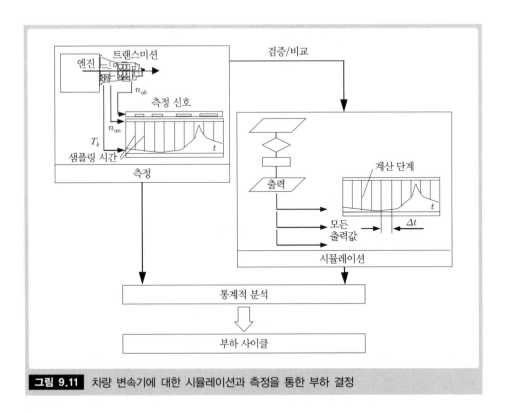

그림 9.11 차량 변속기에 대한 시뮬레이션과 측정을 통한 부하 결정

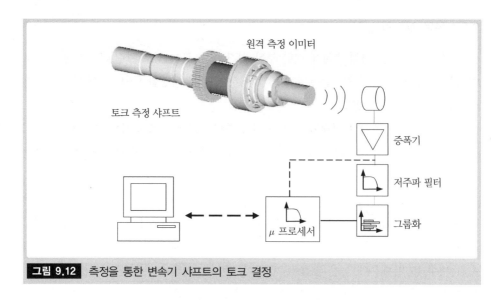

그림 9.12 측정을 통한 변속기 샤프트의 토크 결정

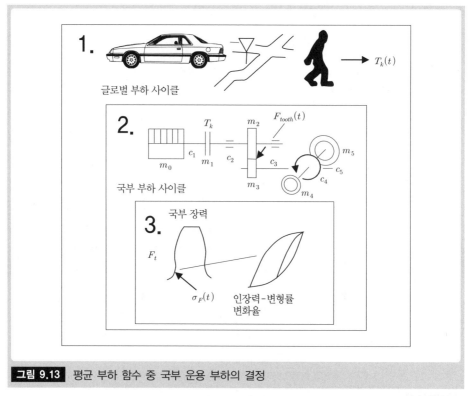

그림 9.13 평균 부하 함수 중 국부 운용 부하의 결정

만약 힘 또는 토크 전달 중 하나의 위치에 대해 평균 부하 함수가 계산을 통해 남아 있는 부품들에 대해 결정되고 전달된다면, 직접적으로 부품 측정과 관련된 시간과 노력

이 감소될 수 있다. 예를 들어, 차량 클러치 토크를 측정하는 것일 수 있다. 측정된 토크 중에 기어 바퀴의 토크는 알아낼 수 있고 알아낸 것으로 부분 장력을 얻을 수 있다. 하지만 크러치와 기어 바퀴의 연결 부위 및 기어 바퀴 자체는 강체가 아니지만 오히려 질량, 강성과 댐퍼를 가지고 있기 때문에, 클러치로부터 얻은 측정 값들은 〈그림 9.13〉 과 같이 시스템의 전체 동적 거동을 고려한 다른 각각의 부품으로만 전달될 수 있다.

〈그림 9.13〉과 같이 추가 분석을 위해 적절한 해석 프로그램으로는 강체 시뮬레이션 또는 탄성 다물체 시스템(MBS)과 유한 요소법(FEM) 또는 경계 요소법(BEM)이 있다.

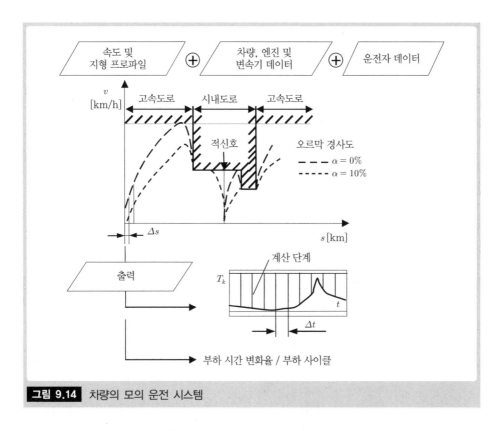

그림 9.14 차량의 모의 운전 시스템

시뮬레이션은 응력과 변형률 곡선을 구하는 두 번째 방법을 제공한다. 차량 파워 트레인에 대한 시뮬레이션이 〈그림 9.14〉에 나타나 있다[9.25].

차량을 예로 들면, 시뮬레이션은 또한 경로, 차량, 운전자 자료와 같은 측정 데이터들이 필요하다. 추가적으로, 고정된 입력 값에 의존하는 알고리즘은 시간 또는 경로 종속 변수처럼 부하의 동적 곡선 결정을 가능하게 하는 것이 필요하다. 주변 조건과 알고리즘이 현실을 반영하고 있다면 작동 중에 얻은 측정 값처럼 시뮬레이션도 응력 및 변형률 곡선에 대한 동일한 결과를 제시할 수 있다. 평균 부하 또는 국부 부하에 대한 결정은 사용되는 모델의 세부 조정에 따른다. 특별한 경우에는 국부 부하들은 평균 부하로부터 유도될 수 있다.

세 번째 방법은 부하-시간 함수를 확인하는 데 시간 소모가 필요 없다[9.19]. 부하 가설은 대부분 부하 스펙트럼의 형태로 작성된다. 스펙트럼의 형태는 관측된 프로세스가 랜덤 프로세스이기 때문에 정규분포로 가정될 수 있다[9.7, 9.15]. 크레인 설계의 경우, 이것은 또한 사전에 규칙적인 프로세스로 주어질 수 있거나, 〈그림 9.15〉에서 보는 바와 같이 다양한 장시간 측정으로부터 알게 될 수 있다.

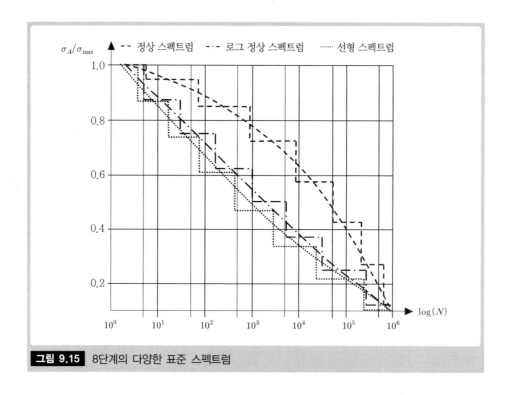

그림 9.15 8단계의 다양한 표준 스펙트럼

더 간단히 하기 위해 부하 스펙트럼은 운용 지수로 요약된다. 여기서 단일 등가 부하 스펙트럼은 동일한 손상 결과로 알 수 있다. 등가 부하와 평균 부하의 비 $\sigma_{equ}/\sigma_{mean}$ 는 운용 지수로서 평균 부하에 추가된다.

9.2.2 부하 스펙트럼

수명 계산을 위해 측정 또는 시뮬레이션으로부터 얻은 부하-시간 관계는 통계적 카운팅 방법으로 평가되어야만 한다[9.32].

이러한 절차는 분류법이라고 알려져 있다. DIN 45667에서 단일 모수 분류법에 대한 자세한 설명이 제시된다[9.9]. 단일 모수 분류법과 함께 부하-시간 함수의 분류에 그 자체로 유용함이 증명된 2모수 분류법도 존재한다. 수명 추정에 있어 응력 또는 변형률의 크기와 각각의 빈도는 주 관심 분야이다. 고온, 부식 또는 혹은 부하-시간 함수가 〈그림 9.16〉에서와 같이 수행되는 시험에 대한 부하 스펙트럼으로 재설계되지 않는다면, 부하-시간 함수의 빈도와 결과 발생 순서는 고려되지 않는다. 일반적으로 이러한 가설은 허용되지만 각각의 상황을 유심히 확인할 필요가 있다[9.32].

분류에서, 단일 단계 절차에서 사인(sine) 형태의 부하를 수행하는 뵐러 방법과의 관련성을 입증하기 위해 부하 곡선은 가능한 한 적절히 각각의 반복 사이클로 나뉘어야 한다.

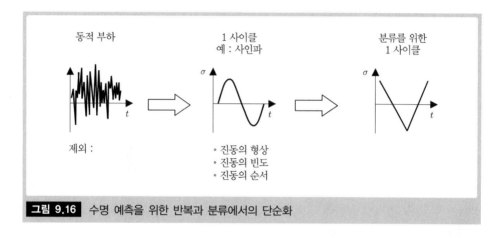

그림 9.16 수명 예측을 위한 반복과 분류에서의 단순화

부하-시간 곡선의 변환은 계급 그리드에서 숫자 값처럼 각각의 반복 사이클을 배열함으로써 이루어진다. 부하 진폭 기록의 정밀도는 계급 그리드의 세밀함에 의해 결정된다. 16~24개의 계급은 충분한 등급화를 제공한다. 스펙트럼을 만드는 것은 계급 작업과 합계 작업을 제공한다. 계급 작업은 특정 계급의 경계 내에 얼마나 많은 반복 사이클이 기록되었는지를 나타낸다. 합계 작업은 얼마나 많은 반복 사이클이 관측된 계급의 상한보다 작거나 같은지를 나타낸다. 스펙트럼의 형태는 부품 수명에 중대한 영향을 미친다.

부분적인 로그 표현에서 〈그림 9.17〉에서와 같이 부하 스펙트럼은 진폭 H(누적 주파수)와 응력과 변형률(σ_0, σ_m)의 최댓값과 평균값에 의해 설명된다.

다음 절에서는 적용 가능한 단일 및 2모수 카운팅 방법들이 수명 결정을 위해 설명될 것이다. 단일 모수 방법은 진폭 또는 계급 경계만을 계산한다. 2모수 방법은 진폭과 평균 또는 최댓값과 최솟값을 계산한다. 추가적으로 이러한 방법들은 반복 사이클을 계산하는 것과 재료역학에 대한 응력-변형률 특성을 얻는 방법과 예를 들어 주행 공학에서 각각의 부품에 대한 부하를 알게 되는 신호 샘플링에 의존적인 시간, 회전 수, 각도를 얻는 방법들로 구분될 수 있다.

9.2.2.1 단일 모수 카운팅 방법

레벨 크로싱 카운팅

등급화의 주된 방법은 〈그림 9.17〉의 레벨 크로싱 카운팅(level crossing counting)의 예로 설명된다. 레벨 크로싱 카운팅에서 카운팅은 하나의 계급 경계선 교차점에서 발생된다. 계급의 폭들은 계급의 수와 측정된 값들의 통계적 분포에 의해 결정된다. 양의 계급인 경우 경계선 위에 위치한 모든 계급 전이가 카운트되고, 반면 음의 계급인 경우 경계선 아래에 위치한 모든 계급 전이가 카운트된다. 참고선(중립 축)을 지나는 것은 첫 번째 양의 계급으로 카운트 된다. 확률 함수를 위한 분류 방법은 〈그림 9.17〉에 나타나 있다. 절대 계급 작업 수 n_j에 대한 계급 번호 j를 나타낸 히스토그램과 반대 경우에 대한 히스토그램으로 보여 준다. 절대 작업 수를 더함으로써 누적 빈도 H_j를 얻는다. 게다가 절대 누적 빈도 합계의 히스토그램이 주어진다. 레벨 크로싱 카운팅은 실제 부하 높이를 설명한다. 그러나 각각의 부하 사이클의 진폭들이 손실되기 때문에 진폭 부하 스펙트럼은 손상 계산의 수행을 위하여 레벨 크로싱 카운팅 스펙트럼으로 재구성되어야 한다. 이를 위해 스펙트럼의 각 지점에 대해서 교차점의 수는 진폭에서 부하의 누적 빈도와 같아야 하고, 스펙트럼 부하의 상한과 하한에 일치하는 것이 필요하다. 엄격하게 말해서, 이것은 모든 반복 사이클들이 하나의 계급에서 교차하는 경우에만 해당된다.

진폭 부하 스펙트럼과 같은 계단을 만들기 위해서 레벨 크로싱 카운팅 스펙트럼에 블록들을 삽입하는 것이 필요하다. 각 블록의 높이는 상한과 하한 스펙트럼 부하의 평균 차이에 해당하며 각각의 진폭 부하를 나타낸다. 각 블록의 폭은 각각의 부하 사이클 수를 설명한다. 이러한 절차는 변경 후의 누적 손상 계산을 위해 진폭 부하가 필요한 경우에만 제공한다.

과거에는 레벨 크로싱 카운팅이 종종 수명 추정에 사용되었다. 변동 평균 부하의 경우 개별적인 스펙트럼들이 설정되어야만 한다.

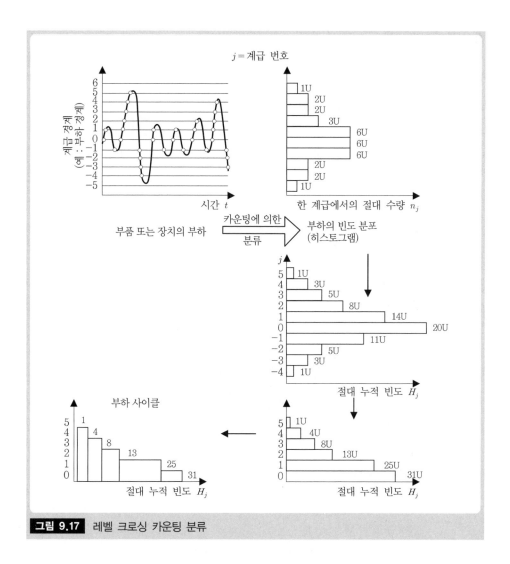

그림 9.17 레벨 크로싱 카운팅 분류

범위 카운팅과 범위 페어 카운팅

범위 카운팅(range counting)과 범위 페어 카운팅(range pair counting)은 〈그림 9.18〉에서와 같이 DIN 45667에 표준화되어 있다.

이러한 방법들에서 최댓값과 최솟값들은 평가되는 부하 곡선에 대한 순서가 알려져야한다. 2개의 연속적 극한값 사이의 차이는 범위로서 언급되며, 범위 카운팅에서 반복 사이클의 절반으로 기록된다. 증가하거나 감소하는 범위들 중 하나가 계산된다.

이 방법은 손상에 큰 영향을 주지 않는 간격이 작은 반복에 민감하게 반응하지만 큰 범위에 대해서는 민감하지 않다. 따라서 손상의 지수법칙에 의해 계산된 전체 손상은 과하게 감소되었다. 만약 가능하다면 분류 과정 중이나 이전에 작은 반복은 필터링하는 것이 좋다. 이 방법은 수명 추정에는 적합하지 않다.

범위 페어 카운팅은 동일하게 크게 증가하거나 감소하는 범위를 구성하는 범위 페어의 누적 빈도를 결정한다. 범위들은 순차적으로 서로 지연이 발생하는 여러 범위들로 구성될 수 있고, 같은 상대편으로서 반드시 같은 위치에 있을 필요가 없다. 이와 같이 평균 부하의 특징을 가지는 것은 불가능하다. 최대와 최솟값에 대한 절댓값들은 손실된다. 하지만 간격이 겹치는 작은 반복들은 구성 없이 주요 부하 사이클에 더하여 기록된다.

범위 페어 카운팅의 결과는 최초 카운팅이 완료된 후에 각 계급의 빈도들을 알 수 있는 경우만의 누적 빈도 분포이기 때문에 온라인 평가는 적용할 수 없다. 범위 페어 카운팅은 종종 수명 추정에 사용된다. 그러나 동일한 평균 부하가 함께 가산되는 부분만을 평가하는 중에는 주의가 필요하다.

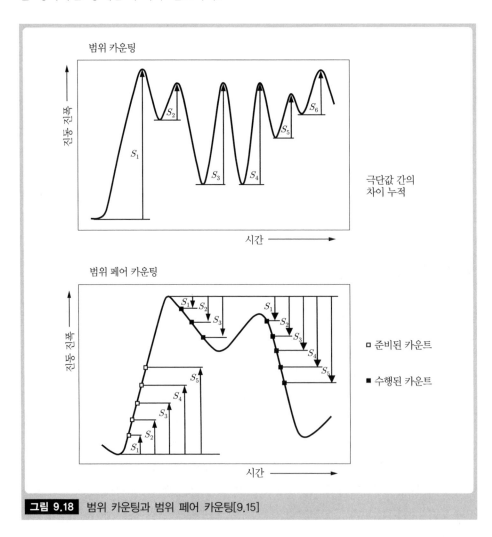

그림 9.18 범위 카운팅과 범위 페어 카운팅[9.15]

레벨 카운팅과 레벨 분포 카운팅에서 시간

〈그림 9.19〉와 〈그림 9.20〉에 나타난 레벨 카운팅과 레벨 분포 카운팅에서 시간은 차량 변속기의 경우에 대해 샘플링 방법들에 종속되는 회전 속도에 속한다. 이러한 카운팅 방법, 특히 레벨 분포 카운팅은 기어의 개별 응력과 베어링 응력이 토크-시간-함수에 의하여 결정될 수 있기 때문에 오늘날 기어와 베어링 수명 계산을 위한 표준 절차들이 다. 레벨 카운팅에서 시간의 경우 신호가 개별 계급 경계들 이내에 남아 있는 시간들의 합을 알 수 있다.

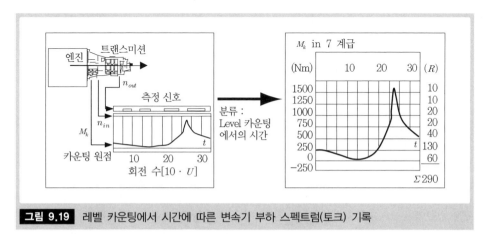

그림 9.19 레벨 카운팅에서 시간에 따른 변속기 부하 스펙트럼(토크) 기록

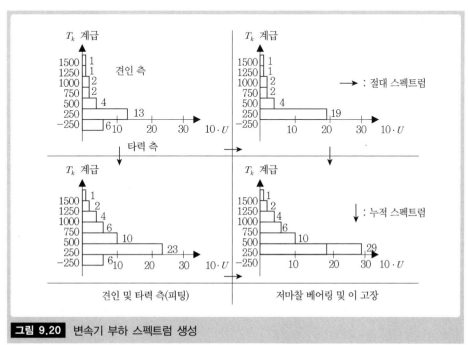

그림 9.20 변속기 부하 스펙트럼 생성

레벨 분포 카운팅의 경우 신호는 동일한 시간 간격들 후에 읽히고 각각의 계급에서 계산된다. 계급당 카운팅 빈도는 각 계급에서 사용된 시간의 측정 값이다.

작은 샘플링 간격의 경우 카운팅 결과는 레벨 카운팅에서 시간에 해당한다. 만약 기어들에 대한 응력 예에서 수명이 피팅(앞쪽 측면과 뒤쪽 측면을 분리하여 봄)에 의하여 평가된다면, 피동 측면과 구동 측면의 응력 사이를 구별할 필요가 있다. 롤러 베어링의 수명 결정과 기어 이 고장 평가의 경우, 구동 작업과 피동 작업 동안에 동일한 기어 이가 응력을 받는 사실 때문에 구동 측면과 피동 측면 스펙트럼은 하나의 전체 스펙트럼으로 결합된다.

9.2.2.2 2모수 카운팅

단일 모수 카운팅에서는 진폭 또는 계급 경계선만 계산된다. 2모수 카운팅에서는 최대-최솟값 또는 진폭-평균이 계산된다.

범위 평균 카운팅

〈그림 9.21a〉에서 보는 바와 같이 범위 평균 카운팅은 단일 모수 범위 페어 카운팅의 확장이다. 카운팅 결과는 범위들과 평균값들의 빈도 행렬이다. 다음에 설명하는 방법의 전이행렬이 더 효율적이기 때문에 범위 평균 카운팅 방법은 널리 사용되지 않는다.

전이 행렬에서 From-To 카운팅

〈그림 9.21b〉에서 보는 바와 같이 부하-시간-함수의 양과 음의 측면이 행렬에 교대로 입력된다. 이 행렬은 from-to 행렬, 전이 행렬, 상관 행렬 혹은 마코프 행렬로 언급될 수 있다. 증가하는 측면들은 삼각 행렬의 상단 부분에서 발견되고 감소하는 측면은 삼각 행렬의 하단 부분에서 발견된다. 대각선 부분은 비워 둔다. 전이 행렬은 부하-시간-함수의 정보를 분명하게 나타낸다(극단 값 등). 단일 모수 카운팅 함수들의 결과들은 〈그림 9.25〉와 같이 쉽게 유도될 수 있다. 온라인 분류법은 임의적으로 긴 측정 사이클들에서 가능하다.

범위 페어-평균 카운팅

〈그림 9.21c〉에서 보는 바와 같이 이 카운팅 절차에서는 평균이 기록되고 결과가 행렬에 입력되는 점을 제외하고는 범위 페어 카운팅과 동일하다. 결과는 레인 플로우 카운팅에서만 결정될 수 있는 잔차를 제외하고는 레인 플로우 카운팅에서 얻은 결과와 일치한다.

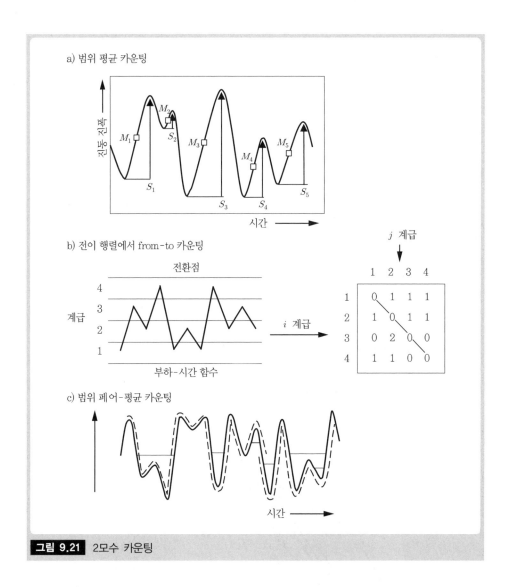

그림 9.21 2모수 카운팅

2모수 레벨 분포 분류

2모수 레벨 분포 분류법은 2개 신호의 레벨 분포 분류법을 연결한다. 수치 값들은 행렬에 입력된다. 이 방법은 베어링 응력과 기어 이 스펙트럼들을 결정하기 위한 토크와 회전 속도 분류법의 표준 방법이다. 회전 속도 값으로 회전 수를 구할 수 있다[9.24].

레인 플로우 카운팅

레인 플로우 카운팅은 일본의 미쯔비시와 엔도에 의해 개발된 개념이며, 미국에서는 어떤 임의의 응력 곡선을 완전한 반복 사이클들로 분할하는 개념이다. 레인 플로우 카운팅은 금속 재료들의 손상을 결정하는 부하-시간-함수 안에서 닫힌 히스테리시스 경로들을 카운트한다. 〈그림 9.22〉와 같이, 열린 히스테리시스 곡선들은 잔차로 저장된다.

비단일 탄소성 부하 재료의 응력-변형률 특성을 구분하기 위한 절차를 개발하는 문제로부터 레인 플로우 카운팅 방법이 개발되었으며, 최근의 관찰에 따르면 이러한 방법으로 피로 손상과 관계되는 재료 거동의 특징 값들을 알 수 있고 이러한 값들에 대한 저장소에 접속이 가능하다. 〈그림 9.22〉에서 보는 바와 같이, 이런 특성 값들은 자동적으로 닫힌 응력-변형률 히스테리시스 경로를 가지는 단일-단계 시험들을 위한 전형적인 변수이고, 부하-시간 함수들 안에서 완전히 닫히는 비단일-단계 부하 과정의 히스테리시스 경로인 경우에 대한 특성 변수들이다.

전체 변형률 반복 진폭(ϵ_{tot})과 소성 변형률 반복 진폭(ϵ_{pl})은 그러한 특성 변수들로 카운트한다. 그러한 특성 변수들은 단독으로 변형률-시간 함수가 알려져야만 결정될 수 있는 변수들이다. 당연히 모든 응력 변수들은 레인 플로우 방법으로 분류될 수 있고, 일반적으로 외부 부하에 대한 변수들이 분류된다.

레인 플로우 카운팅을 유효하게 하는 가정들은 다음과 같다.

- 사이클 응력-변형률 곡선을 일정하게 유지하는 사이클이 안정적인 재료 거동, 이런 경우에는 재료의 경화 또는 연화가 발생하지 않는다.

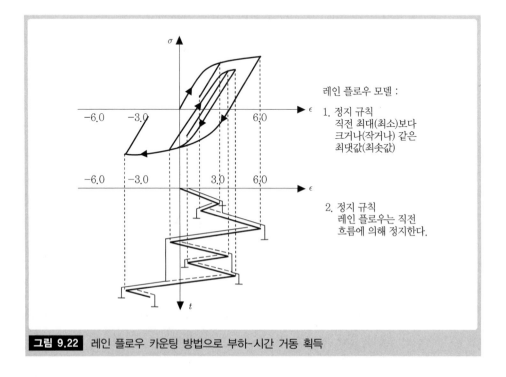

그림 9.22 레인 플로우 카운팅 방법으로 부하-시간 거동 획득

- 히스테리시스 경로 분기들의 형태가 초기 부하 곡선의 2배에 해당하는 메이징 (Masing) 가설의 유효성
- 〈그림 9.22〉에서 비교하는 바와 같이, 하나의 히스테리시스 경로가 닫힌 후에 사전 에 완전히 닫히지 않고 히스테리시스 경로가 동일한 σ, ϵ 경로를 따르는 재료의 메모리 거동

서로 조금씩 차이가 있는 이러한 카운팅 방법의 자동화를 위해 여러 가지 알고리즘이 존재한다. 가장 일반적인 두 가지 알고리즘은 푸시다운(push-down) 리스트[9.32]와 히스 테리시스 카운팅 방법(Hysteresis Counting Method, HCM)이다[9.8]. 2개 중 후자인 히스 테리시스 카운팅 방법이 컴퓨터를 이용한 평가를 위해 좀 더 적합하다.

9.2.2.3 다양한 카운팅 방법의 비교

〈그림 9.23〉과 〈그림 9.24〉는 다양한 카운팅 방법들을 비교하기 위해 일정한 평균 부하 와 변동 평균 부하에 대한 분류 결과들을 보여 준다. 〈그림 9.23〉에서 보여 주는 것과 같이 반복 사이클들은 완전히 기록된다. 〈그림 9.24〉와 같이 변동 평균 부하의 경우 레 인 플로우와 레인 페어 카운팅 방법은 현재 서로 편차가 있다. 레벨 크로싱 카운팅은 작은 스펙트럼 크기에 대해서 큰 반복 사이클(손상 집중도가 큼) 부분이 많다는 것을 나타낸다. 범위 카운팅의 경우 정확히 반대다.

예를 들어, 주행 공학에서 만약 가장 심각한 부하 위치로부터 직접적으로 정확한 응력 -변형률 곡선을 얻을 수는 없지만, 이 위치의 전 또는 후에 동력 흐름 부하 함수의 평균 값이라도 얻는다면, 레벨 카운팅 혹은 레벨 분포 카운팅 방법이 적용되어야 된다.

계산된 수명 추정 값들은 큰 불확실성을 가지고 있기 때문에 서보 유압 설비들을 가지 고 실험적으로 수명 시간을 증명하기 위해서 부하 스펙트럼들로부터 확률적 부하-시간 함수를 재구성하는 것이 필요하다. 그러나 대표적인 부하-시간 함수의 재구성은 부하 스펙트럼만으로는 불가능하다. 〈그림 9.25〉는 2모수 카운팅 결과로부터 유도될 수 있는 단일 모수 카운팅 결과의 개요를 설명하고 있다.

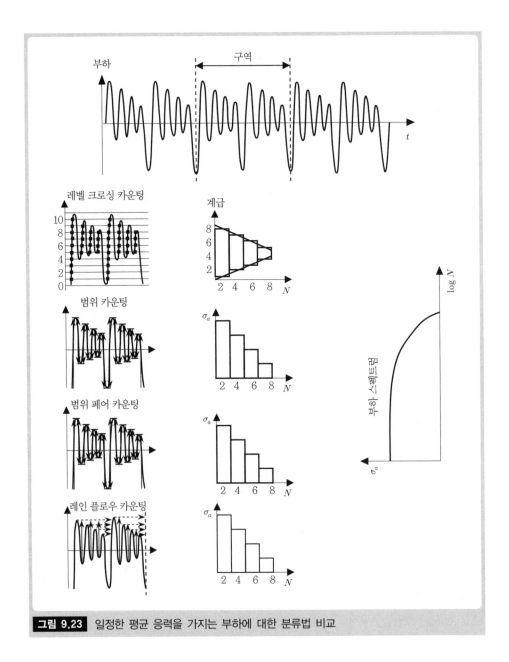

그림 9.23 일정한 평균 응력을 가지는 부하에 대한 분류법 비교

끝으로 선택된 카운팅 방법은 수명 추정 결과에 영향을 미칠 수 있다고 말할 수 있다. 현대 지식은 2모수 레인 플로우 카운팅 방법이 부분 응력-변형률 히스테리시스 곡선들의 획득을 위해 가장 적합한 방법이라고 제안한다. 그러나 가장 잘 알려져 있는 적용 방법은 레벨 크로싱 카운팅과 범위 페어 카운팅 방법이다.

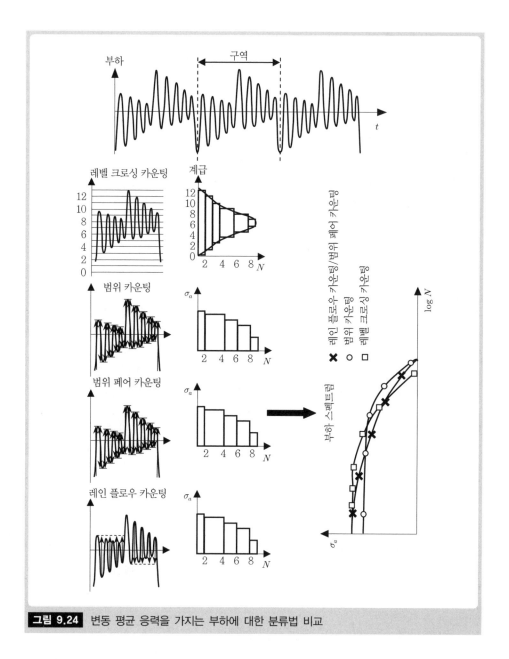

그림 9.24 변동 평균 응력을 가지는 부하에 대한 분류법 비교

주행 공학에서 레벨 카운팅과 레벨 분포 카운팅에서 단일 및 2모수 시간뿐만 아니라 레벨 크로싱 카운팅이 사용된다.

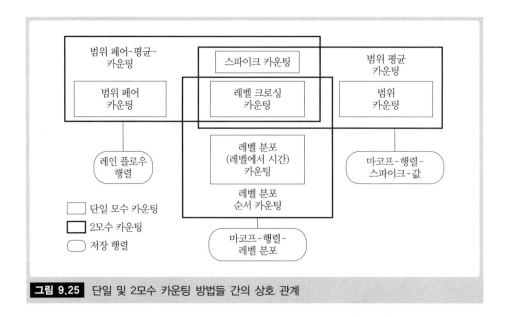

그림 9.25 단일 및 2모수 카운팅 방법들 간의 상호 관계

9.3 허용 부하, 뵐러 곡선, SN-곡선

종종 SN-곡선으로도 불리는 뵐러 곡선은 피로 강도와 운용 피로 강도의 계산을 위한 재료 거동의 설명에 필요하다. 응력 제어 및 변형률 제어 뵐러 곡선과 같이 2가지 종류가 존재한다.

9.3.1 응력과 변형률 제어 뵐러 곡선

〈그림 9.26〉에서 보는 바와 같이, 응력 제어 뵐러 곡선은 특정 응력 진폭에서 고장까지 허용 가능한 부하 사이클 N 간의 상관관계로서 재료 거동을 설명한다.

뵐러 곡선의 이중 로그 표현 사이에서 구분하기 위한 3가지 영역이 있다.

1. 준정적 피로, $N = 10^1 \sim 10^3$ 부하 사이클까지
2. 피로 강도, 경사선 영역, 고장 $N_D = 10^6 \sim 10^7$ 부하 사이클까지
3. 내구 강도, $N > N_D$인 수평 영역. 하지만 오스테나이트계 강재와 같은 여러 재료는 특정 내구 강도를 가지지 않는다.

피로 강도 영역에서 뵐러 곡선은 이중 로그 형태로 표현되는 아래의 식으로 표현될 수 있다.

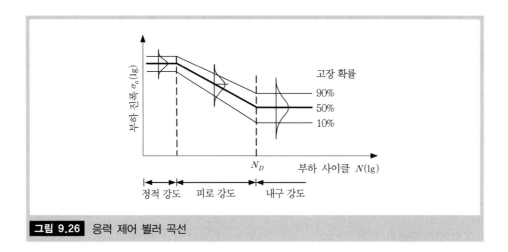

그림 9.26 응력 제어 뵐러 곡선

$$N = N_D \cdot \left(\frac{\sigma_a}{\sigma_D} \right)^{-k} \tag{9.17}$$

응력 제어 뵐러 곡선과는 달리 변형률 제어 뵐러 곡선은 〈그림 9.27〉과 같이 일정한 변형률에 대해 재료 거동을 설명한다.

반복 부하 동안 모든 부하 사이클에서 발생하는 잔류 변형률은 대 변형률의 경우에 대해 전체 변형률과 사실상 동일하므로 변형률 제어 뵐러 곡선으로 재료 손상이 보다 잘 묘사될 수 있으며, 그래서 손상으로 보일 수 있다.

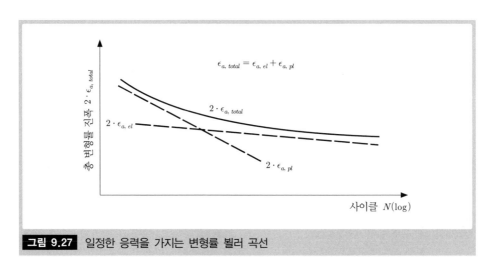

그림 9.27 일정한 응력을 가지는 변형률 뵐러 곡선

이중 로그 표현을 위해 탄성 및 소성 변형률 진폭의 직선은 맨슨-코핀(Manson-Coffin) 방정식으로 구성될 수 있다.

$$\epsilon_{a,el} = \left(k_{el}/E \right) \cdot N_A^b \tag{9.18}$$

$$\epsilon_{a,pl} = k_{pl} \cdot N_A^c \tag{9.19}$$

k_{el}, k_{pl}는 각각 재료의 응력 계수와 변형률 계수이다. b와 c는 응력과 변형률 지수들이다. 변형률 뵐러 곡선은 일반적으로 균열 뵐러 곡선으로 주어진다. 이것은 손상의 원인이 재료의 균열이라는 의미이다.

9.3.2 뵐러 곡선의 결정

가능하다면 운용 피로 강도 계산을 위한 뵐러 곡선의 결정은 실제 부품으로 수행해야만 한다. 그러나 종종 비용과 시간 제약 때문에 특별한 시험 샘플에 대해서만 계산이 이루어진다.

고장에 대한 부하 사이클은 확률 변수이며, 이 말은 부하 사이클이 평균 값 주위에 분포되어 있다는 의미이다. 오늘날 인장/압축 시험으로부터 얻은 결과로부터 실제 부품의 결과로 변환하는 것은 어렵다[9.26]. 이와 같이, 전체 부하 사이클 영역에 대한 노치의 정확한 영향을 알아내는 것은 오늘날까지도 여전히 가능하지 않다. 그러므로 시험과 시험 대상품에 의지하게 된다.

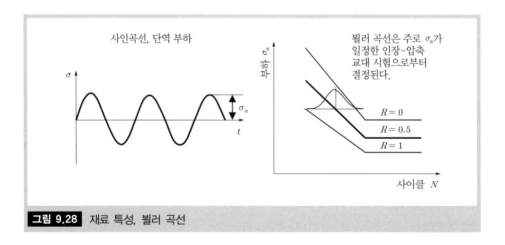

그림 9.28 재료 특성, 뵐러 곡선

계산을 위해 형상 변수 α_k와 노치 변수 β_k가 사용된다. 형상 변수와 노치 변수는 국부 응력이 노치에서 평균 응력보다 얼마나 더 큰지를 보여 준다. 추가적으로, 평균 응력은 수명에 영향을 주는데, 인장 평균 응력은 수명을 단축시키고 압축 평균 응력은 수명을 늘린다. 인장 평균 응력의 영향은 재료에 의존한다. 고강도 재료들은 인장 평균 응력에 매우 민감한 반면 저강도 재료들은 민감하지는 않다. 주물 재료들은 연성 재료들보다 인장 평균 응력에 더 민감하다. 일반적으로 용접 연결 부위들은 주물 재료들처럼 거동한다.

마찬가지로, 잔류 응력도 재료의 수명에 많은 영향을 줄 수 있다. 이러한 응력 유형은 예를 들어 고온으로 인하여 작동 중에 잔류 응력이 다시 감소하지 않는 한 동일한 진폭과 동일한 대수 기호의 평균 응력과 같이 반응한다. 수명에 미치는 잔류 응력은 정량적으로 결정하기는 어렵다. 게다가 잔류 응력은 반복 부하 때문에 수명 시간 동안에 사라질 수 있다. 일반적으로 단조 중에 발생한 불량 변형의 예와 같이 기술적 특성 영향은 적합하지 않은 재료의 특성들과 소재 결함에 영향을 미칠 수 있다. 기하학적인 특성 영향은 부품 내에 균일하지 않은 응력 분포를 다룬다. 통계적인 특성 영향은 부품 수와 관련하여 발생 가능한 고장 수를 다룬다. 부하의 종류는 또 다른 영향 변수이다. 예를 들어, 굽힘 응력은 지지 효과를 야기한다. 이러한 영향은 나타나는 숫자에 의해 고려된다. 표면 마무리 또한 영향력 있는 역할을 수행한다. 매끄러운 표면을 가진 부품은 거친 표면을 가진 부품보다 더 긴 수명을 가진다. 또 다른 영향 인자들은 부식 또는 온도와 같은 주위 환경으로부터 나타난다.

만약 이러한 모든 변수들이 수명에 다양한 형태의 긍정적이거나 부정적인 영향을 준다면, 다른 모든 어려움을 제외하더라도 영향들 간의 상호 의존성을 고려하는 것 또한 필요하다. 그 결과 지금까지 재료의 금속 특성을 기반으로 하는 일정 응력 진폭의 간단한 경우조차 수명 추정을 위해 과학적으로 무결점한 방법을 성공적으로 개발하지 못했다. 이와 같이 수명 추정 방법의 유일한 선택은 뵐러 시험이고 순수 부품 자체에 실시하는 것이 최선이다.

뵐러 곡선이 유용하지 않은 경우들에 대해 '피로 강도 계산의 증명' 가이드[9.12]를 보조 방법으로 사용할 수 있다. 후크(Hück)[9.17]에 의하면 또 다른 접근법이 사용될 수 있다. 이러한 접근법은 통계적으로 확실한 공식을 다루며, 재료 유형, 형상 변수, 부하 유형, 레벨 응력 비율, 표면 마무리, 생산 절차와 같은 영향 변수를 고려하는 여러 가지 뵐러 곡선들로부터 개발되었다.

이러한 모든 추정에서 아주 중요한 영향 요인들이 고려되지 않는 위험이 존재한다. 〈그림 9.29〉의 예제는 직선치형 스퍼어 기어의 부품 뵐러 곡선과 기어치형 응력에 대해 DIN 3990에 따르는 뵐러 곡선의 비교를 나타내고 있다. 기어의 부품 뵐러 곡선은 전기 토크 시험 장비에 있는 변속기에서 확인되었다[9.4].

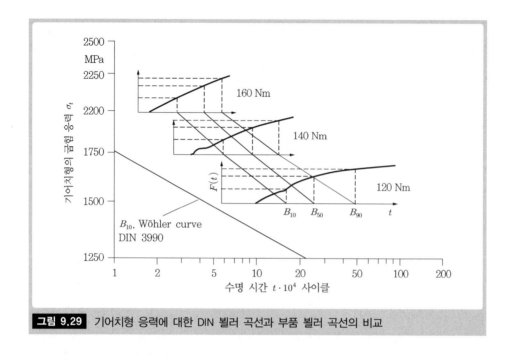

그림 9.29 기어치형 응력에 대한 DIN 뵐러 곡선과 부품 뵐러 곡선의 비교

9.4 수명 계산

수명 계산에서 발생 부하(부하 스펙트럼)는 허용 부하와 비교된다. 원칙으로 세 가지 다른 계산 개념이 존재한다.

- 평균 응력 개념
- 국부 개념 혹은 노치부 개념
- 파괴 역학 개념

파괴 역학 개념은 부품이 이미 균열이 시작되었고, 최종 파괴가 일어날 때까지 균열 진전의 잔여 수명을 계산하는 것을 가정한다. 이러한 개념은 기계 부품과 관련성이 적어 여기서는 자세하게 다루지 않을 것이다.

9.4.1절과 9.4.2절에선 평균 응력 개념을 이용한 예에 대해 일반적인 절차를 보여 주고 있다. 9.4.3절은 평균 응력 개념과 국부 개념의 차이점을 논의한다.

9.4.1 누적 손상

반복 부하는 재료에 영향을 미치는데, 이것은 부하가 특정 한계 값을 뛰어넘는 순간에

'손상'으로 종종 언급된다. 이 손상은 각각의 부하 사이클로부터 누적되고 이로 인하여 재료 파괴(재료 피로)가 일어나는 것을 가정한다. 정확한 계산을 위하여 이 손상은 정량적으로 수집하고 기록되어야 한다. 그러나 이것은 아직까지 성공하지 못했다.

이러한 사실에도 불구하고, 불규칙한 부하 사이클 영향을 가지는 웰러 시험 결과로부터 수명 L과 관련된 정보를 얻기 위해 1920년경에 팜그렌(Palmgren)은 롤러 베어링에 적합한 선형 누적의 기본 아이디어를 개발하였다. 1945년에 마이너(Miner)는 동일한 아이디어를 일반화하여 발표하였다.

마이너는 부품이 피로가 진행되는 동안에 일을 흡수하는 것으로 가정한다. 이미 흡수된 일과 흡수될 수 있는 최대 일의 비율은 현재의 손상 수치다. 이와 같이 진폭을 가지는 단일-단계 영역에서 결정되는 부하 사이클 수 n과 고장까지의 부하 사이클 N의 비율은 흡수된 일 w와 흡수할 수 있는 일 W의 비율과 동일하다. 이것은 손상 비율로 표시된다.

$$\frac{w}{W} = \frac{n}{N} \tag{9.20}$$

모든 발생하는 부하 크기에 대해 흡수할 수 있는 파괴 일 W가 동일하다는 필요 조건은 다른 크기의 부하 사이클들에 대해 개별 손상 부분을 더할 수 있게 해 준다.

$$\frac{n_1}{N_1} + \frac{n_2}{N_2} + \cdots + \frac{n_m}{N_m} = \frac{w_1}{W} + \frac{w_2}{W} + \cdots + \frac{w_m}{W} \tag{9.21}$$

흡수된 일과 흡수할 수 있는 일이 동일할 때 강도의 제한 조건이 시작된다.

$$\frac{w_1 + w_2 + \cdots + w_m}{W} = 1 \tag{9.22}$$

이 식을 식 (9.21)에 대입하면 비정량적인 일의 크기들은 없어지고 조건 전개는 측정 작업들을 위해 사용될 수 있다.

$$\frac{n_1}{N_1} + \frac{n_2}{N_2} + \cdots + \frac{n_m}{N_m} \leq 1 \tag{9.23}$$

누적 손상 가설의 기본적인 수식을 사용하는 것은 부하 절댓값 σ_i에 해당하는 고장 부하 사이클 N_i에 관련된 지식이 필요하다. 예를 들어, 이들은 내구 강도 중심점 (σ_D, N_D)과 기울기 k에 의해 정의되는 이중 로그 좌표계의 뵐러 곡선으로부터 얻어질 수 있다. 이 뵐러 곡선에 대한 직선 수식으로부터, 고장까지 허용 가능한 부하 사이클 N을 위해 식 (9.17)이 전개된다.

$$N = N_D \cdot \left(\frac{\sigma_a}{\sigma_D} \right)^{-k} \tag{9.24}$$

식 (9.23)에 식 (9.24)를 대입하면, 식 (9.25)는 m개의 부하 단계 σ_i를 가지는 불연속 스펙트럼의 손상 합 S를 설명한다.

$$S = \sum_{i=1}^{m} \frac{n_i}{N_D} \cdot \left(\frac{\sigma_i}{\sigma_D} \right)^{k}, \quad \sigma_D \leq \sigma_i \leq \sigma_{\max} \tag{9.25}$$

마이너는 아래의 조건들에 대해 이 방정식의 적용을 한정하였다.

- Sine 형태의 부하 곡선의 경우
- 재료의 경화 또는 연화 현상이 없는 경우
- 균열 시작이 초기 손상으로 고려되는 경우
- 일부 부하들이 내구 강도보다 큰 경우

위의 조건들, 특히 마지막 조건을 고려하지 않음으로써 많은 경우의 결과들이 안전하지 않을 것이다. 팜그렌-마이너의 가설은 〈그림 9.30〉에 설명되어 있다.

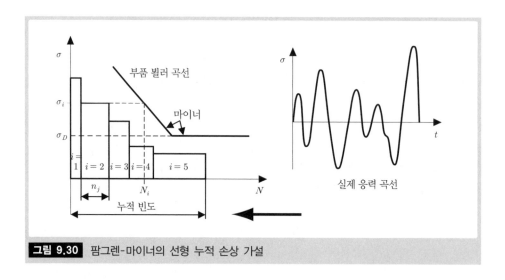

그림 9.30 팜그렌-마이너의 선형 누적 손상 가설

다수의 다른 연구자들이 자신들의 누적 손상 가설을 가지고 있으며, 현재 몇 가지 수정 가설들이 존재한다. 일반적으로 수정 가설들은 〈그림 9.31〉에서와 같이 가상으로 외삽하거나 또는 실제 곡선으로 사용된 기본적인 뵐러 곡선 자체에 의해서만 구분된다. 하이바흐(Haibach), 코텐-돌란(Corten-Dolan)[9.15]과 제너-리우(Zenner-Liu)[9.20, 9.34]

의 가설들은 내구 강도 영역에서 일어나는 부하에 대한 손상으로 가정한다.

코텐과 돌란에서 나온 기본적인 마이너 절차는 뵐러 곡선에 팜그렌-마이너 법칙을 적용한 것이다. 이것은 내구 강도의 존재를 고려하지 않고 $\sigma = 0$일 때까지 직선을 연장하는 것이다. 이와 같이 내구 강도보다 적은 응력 변화들의 손상 부분들이 고려된다.

$$S = \sum_{i=1}^{m} \frac{n_i}{N_D} \cdot \left(\frac{\sigma_i}{\sigma_D} \right)^k, \quad 0 \leq \sigma_i \leq \sigma_{\max} \tag{9.26}$$

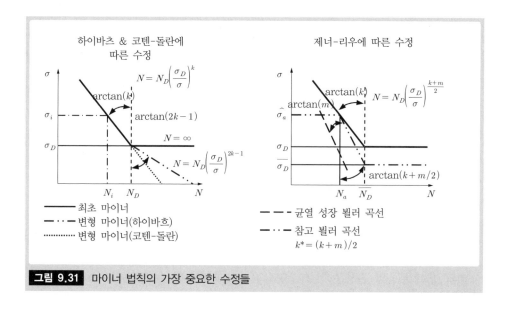

그림 9.31 마이너 법칙의 가장 중요한 수정들

이것은 특히 부하의 많은 부분이 내구 강도보다 작을 경우, 내구 강도가 존재하지 않는 이러한 가정은 안전한 측면에 놓이는 결과들을 설명한다. 내구 강도보다 낮은 부하 사이클의 감소 부분에 대해 팜그렌-마이너의 법칙을 사용할 때 결과의 불일치는 감소된다.

하이바흐에 의해 수정된 마이너 절차는 실험 결과에 근거한 이론에 맞추어져 있는데 이것은 손상이 증가하면 내구 강도가 감소한다는 의미이다. 많은 시간과 노력이 있어야만 할 수 있는 손상(중요한 마이너 수정)이 존재하는 직선부의 고려에서 손상 성장의 반복적인 계산은 내구 강도 아래의 가상 확장 피로 강도의 정의를 통해 하이바흐의 접근법을 완전히 피하게 된다. 스펙트럼의 손상 계산은 내구 강도보다 큰 부하들에 대해서는 뵐러 곡선 기울기 k를 사용하며, 내구 강도보다 작은 부하들에 대해서는 가상 피로 강도선의 기울기 $(2k-1)$을 사용한다.

$$S = \sum_{i=1}^{m} \frac{n_i}{N_D} \cdot \left(\frac{\sigma_i}{\sigma_D}\right)^{k} + \sum_{j=1}^{l} \frac{n_j}{N_D} \cdot \left(\frac{\sigma_i}{\sigma_D}\right)^{2k-1} \tag{9.27}$$

$$\sigma_1 \geq \sigma_i \geq \sigma_D, \ \sigma_D \geq \sigma_j \geq 0 \tag{9.28}$$

결론적으로 수정된 마이너 방법은 접근선처럼 수명선이 내구 강도에 결합되는 사실에 의해 마이너 절차와 다르다.

개선된 또 다른 접근법은 제너와 리우[9.20, 9.34]에 의해 제안되었다. 이 접근법은 수명 계산을 위해 부품 뵐러 곡선이 적절한 참조가 되지 않는다고 주장한다. 대부분의 시간에 손상이 균열 형성과 균열 진행과 같은 2개의 다른 현상에 의해서 생기기 때문에, 균열 진행 선은 재료 유형에 상관없이 기울기 $m = 3.6$을 가지는 것으로 가정된다. 가상 참조 뵐러 곡선은 부품 뵐러 곡선과 균열 진행 선으로 구성된다. 참조 뵐러 곡선에서 중심점은 스펙트럼의 최고값이며 기울기는 아래와 같다.

$$k^* = \frac{k+m}{2} \tag{9.29}$$

참조 뵐러 곡선의 내구 강도는 부품 뵐러 곡선 내구 강도의 절반이다.

$$\bar{\sigma}_D = \frac{\sigma_D}{2} \tag{9.30}$$

이와 같이 부품의 손상은 식 (9.25)와 유사하게 계산될 수 있다.

$$S = \sum_{i=1}^{l} \frac{n_i}{N_D} \cdot \left(\frac{\sigma_i}{\sigma_D}\right)^{\frac{k+m}{2}} \tag{9.31}$$

$$\hat{\sigma}_a \geq \sigma_i \geq \frac{\sigma_D}{2} \tag{9.32}$$

이 절차는 다른 문헌 자료에서는 다르게 평가된다. 다른 문헌 자료[9.13, 9.28]에서는 불안전한 결과로의 이동을 주장한 반면 멜저(Melzer)[9.21]와 제너(Zenner)[9.20]는 정보 가치의 개선을 주장한다.

만약 응력 또는 변형률 스펙트럼들과 뵐러 곡선을 이용할 수 있다면 누적 손상 가설의 도움으로 부품의 수명을 계산할 수 있다. 하지만 실제로 고장을 위한 손상 합 $S = 1$은 종종 일치하지 않는 것으로 증명되어 왔다. 따라서 실험적인 운용 피로 강도 시험으로부터 얻어진 또 다른 손상 합 $S =$ 상수를 이용하여 계산한다[9.21]. 이러한 절차는 상대적인 마이너 절차로 언급되며 실제적으로 자주 발견된다. 신뢰도는 초기 확률들로부터 얻는다.

9.4.2 2모수 손상 계산

이전 절에서 설명된 누적 손상 식은 각각의 부하 사이클 평가를 위해 가장 중요한 영향 인자로서 응력의 진폭만 고려하고 있다. 만약 부하의 확인과 필요한 재료 특성 값을 사용할 수 있다면 평균 응력 또는 빈도와 같은 다른 모수들을 고려하는 것이 기본적으로 가능하다.

응력의 진폭 다음으로 두 번째 모수인 평균 응력은 수명에 가장 큰 영향을 미치기 때문에 평균 응력의 추가적인 고려는 2모수 손상 계산에서 수행된다. 일부 경우에서는 한계 응력 비 $R = \sigma_u / \sigma_0$은 평균 응력의 선호되는 용어이다.

예로 레인 플로우 카운팅의 분류법을 통하여 두 가지 변수가 가용하게 된다. 〈그림 9.32〉와 같이 손상 계산의 실행은 각각의 관찰된 평균 응력에 대한 응력 스펙트럼과 부품 뷜러 곡선이 필요하다.

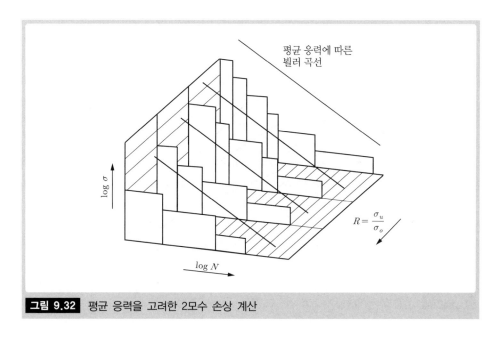

그림 9.32 평균 응력을 고려한 2모수 손상 계산

상대적인 손상의 계산식은 내부 합계에서 각각의 응력 계급의 수집을 포함한다. 이것은 외부 합계에 의존하는, 예를 들면 기본적 마이너 수정 식에 대해, 각각의 관측된 평균 응력 계급(한계 응력 비율 계급)에 대해 수행된다.

$$S = \sum_{j=1}^{q} \left(\sum_{i=1}^{p} \frac{n_{ij}}{N_{Dj}} \cdot \left(\frac{\sigma_{ij}}{\sigma_{Dj}} \right)^{k_j} \right) \tag{9.33}$$

대안적인 접근법은 수정된 하이(Haigh) 그래프의 사용과 평균 응력을 포함하는 가능성이다. 이 그래프는 일정한 한계 반복 사이클 수에 대한 평균 응력과 응력 진폭의 관계[저버(Gerber) 포물선 또는 굿맨(Goodman) 선]를 설명한다. 여기서 레인 플로우 카운팅으로 예를 들면 평균 응력이 0으로 변환된 진폭은 아래와 같다.

$$\sigma_{a,trans} = f(\sigma_a, M, \sigma_m) \tag{9.34}$$

각 행렬 요소는 평균 응력과 조심스럽게 교체된다(그림 9.33과 비교).

$$M = \frac{\sigma_a(R=-1) - \sigma_a(R=0)}{\sigma_m(R=0)} = -1 \tag{9.35}$$

그 결과가 응력 진폭 스펙트럼이다[9.17].

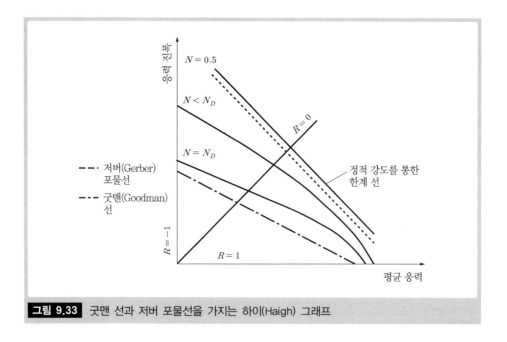

그림 9.33 굿맨 선과 저버 포물선을 가지는 하이(Haigh) 그래프

추가적 시험들을 통해 부품에 작용하는 응력 진폭들이 발생하는 순서는 수명에 큰 영향을 주는 결과를 보여 주었다. 만약 동일한 부하 스펙트럼에서 큰 진폭들 전에 낮은 진폭들을 가지는 반복 부하 사이클들이 부품에 가해진다면 수명이 증가할 것으로 기대된다. 이것은 수명 추정에 기반이 되는 시험 부하들은 실제 운용 중의 부하처럼 진폭의 동일한 조합을 보여 주어야만 한다. 그렇지 않으면 결과에 큰 편차가 발생할 것이다. 일반적으로 수명 예측 계산에는 불확실성이 존재할 수 있다. 운용 부하와 함께 불확실성

을 가지는 강도 값들과 파괴 역학의 지식을 기반으로 하는 부품 손상의 선형 누적은 조건부로만 옳다. 이와 같이 부품의 운용 피로 강도 측정은 시험에 의해 뒷받침되어야 한다.

9.4.3 평균 응력 개념과 국부 개념

일반적으로 부품의 수명은 평균 응력 개념을 기반으로 추정된다. 〈그림 9.34〉와 같으며 이러한 절차는 9장의 마지막 절에서 설명된다.

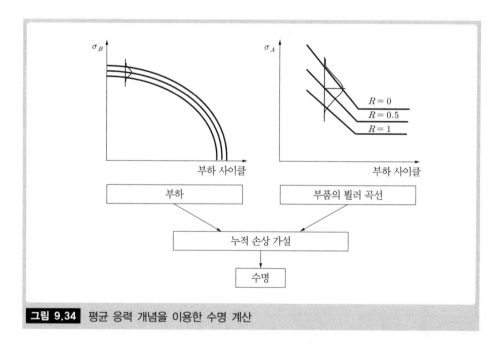

그림 9.34 평균 응력 개념을 이용한 수명 계산

아마도 평균 응력 영향들의 고려가 가능한 카운팅 방법, 즉 레인 플로우 방법으로 부하 스펙트럼을 결정하는 것을 시작으로, 수명은 부품 뵐러 곡선과 함께 팜그렌-마이너에 따르는 상대 선형 누적 손상에 의해 결정된다.

이 방법 자체는 아주 성공적으로 증명되었지만 여러 가지 측면에서 다소 부족하다. 그러므로 종종 국부 부하-시간 함수(국부 개념, 노치 기본 개념)를 정하는 것이 더 좋다 [9.2, 9.3, 9.13, 9.27, 9.28, 9.34]. 바꾸어 말하면, 국부 응력-변형률 곡선은 외부 부하들로 인해 부품에 최대 부하가 집중되는 위치에서 결정된다. 더 나아가 하나의 단일 재료 뵐러 곡선만 필요하다.

국부 개념에서 국부 부하 과정은 〈그림 9.35〉처럼 레인 플로우 방법으로 분류된다. 교차 가소화가 늘 선형이 아니기 때문에 외부 응력과 국부 변형률의 관계는 유한 요소

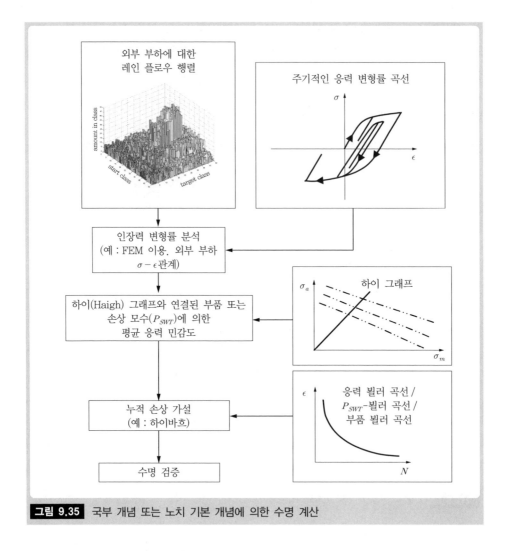

그림 9.35 국부 개념 또는 노치 기본 개념에 의한 수명 계산

해석과 같은 응력 해석으로 결정된다.

〈그림 9.22〉와 비교하여 응력-변형률 히스테리시스 현상으로부터 유도될 수 있는 반복적 응력-변형률 곡선은 실제 응력들과 변형률들의 일치성을 나타낸다. 재료의 경화와 연화는 고려되지 않는다. 만약 적용할 수 있으면 잔류 응력은 고려된다.

이러한 변수들을 기반으로 하여 일반적으로 스미스, 왓슨, 토퍼(Smith, Watson, Topper) [9.27]에 따라 적합한 손상 변수가 선정된다.

$$P_{SWT} = \sqrt{\sigma_{\max} \cdot E \cdot \epsilon_{a,ges}} \tag{9.36}$$

특정 상황에서 평균 응력 영향을 좀 더 적절하게 결합할 수 있는 다른 손상 변수들은 참고문헌 [9.3, 9.15]에 설명되어 있다. 그렇지 않으면 특정 부품의 하이 다이어그램으로 평균 응력 영향이 추정될 수 있다.

누적 손상 가설의 도움과 재료의 변형률 뵐러 곡선으로 표준 시험 샘플에 대한 손상 부분이 계산된다.

이 개념의 이점은 국부 응력들이 재료 특성 값들과 직접적으로 비교될 수 있다는 것이다. 하지만 국부 개념은 많은 영향 변수 때문에 여러 가지 불확실성을 포함한다. 실제로 평균 응력 개념과 국부 개념이 발견되었고, 그래서 여기서 실험 증거들과 함께 생산 및 표면 마무리 영향들이 설명된 이후에 부품 뵐러 곡선이 사용된다[9.13].

9.5 결론

뵐러 다이어그램 식 부하 스펙트럼과 재료의 허용 부하 지식과 누적 손상 가설의 도움으로 기계 요소의 수명을 예측할 수 있다. 여기서 뵐러 곡선 식으로 표현되는 부하 용량뿐만 아니라 부하 스펙트럼들이 확률 변수이기 때문에 이러한 예측은 신뢰 수준을 고려해야만 한다. 마찬가지로, 오늘날 우리가 알고 있는 누적 손상 가설은 재료과학에서만 경험적으로 입증된 것들이다. 그러므로 만약 예측 결과가 설계자에게 효과적인 역할을 하기 위해서 실질적인 수명 예측은 현장 시험, 시험 공간에서의 시험, 계산, 그리고 데이터의 신중한 평가 사이의 균형이 필요하다.

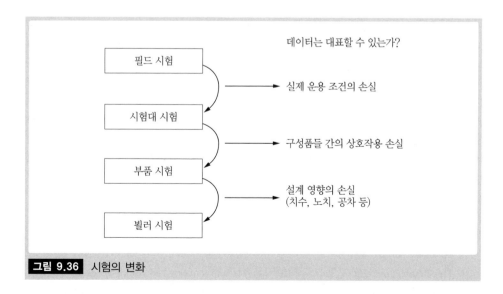

그림 9.36 시험의 변화

참고문헌

[9.1] Best R, Klätschke H (1996) Belastungsanalyse manuell geschalteter Fahrzeuggetriebe-Voraussetzung zur beanspruchungsgerechten Dimensionierung. VDI-Berichte Nr 1230 : Getriebe in Fahrzeugen, S 257-272.

[9.2] Borenius G (1990) Zur rechnerischen Schädigungsakkumulation in der Erprobung von Kraftfahrzeugteilen bei stochastischer Belastung mit variabler Mittellast. Dissertation Universität stuttgart.

[9.3] Britten A (1994) Lebensdauerberechnung randschichtgehärteter Bauteile basierend auf der FE-Methode : Anwendung des örtlichen Konzepts auf ein Zweischichtmodell. VDI-Berichte Nr 1153, S 61-72.

[9.4] Brodbeck P, Dörr C, Lechner G (1995) Lebensdauerversuche an Zahnrädern - Einfluss unterschiedlicher Betriebsbedingungen. DVM-Berichte 121 : Maschinenelemente und Lebensdauer, S 137-147.

[9.5] Brunner F J (1985) Lebensdauervorhersage bei Materialermudung. Auto-mobilindustrie H 2, S 157-162.

[9.6] Brunner F (1987) Angewandte Zuverlässigkeitstechnik bei der Fahrzeugentwicklung. ATZ, Nr 89, S 291-296, 399-404.

[9.7] Buxbaum O (1992) Betriebsfestigkeit - Sichere und wirtschaftliche Bemessung schwingbruchgefährdeter Bauteile. 2. Aufl. Verlag Stahleisen.

[9.8] Clormann U H, Seeger T (1986) Rainflow - HCM Ein Zählverfahren für Betriebsfestigkeitsnachweise auf werkstoffmeechanischer Grundlage. Stahlbau 3, S 65-71.

[9.9] Deutsches Institut für Normung (1985) DIN 45667 Klassiervorgänge für regellose Schwingunge. Beuth, Berlin.

[9.10] Dörr C, Hirschmann K H, Lechner G (1996) Verbesserung der Beurteilung der Wiederverwendbakeit hochwertiger, gebrauchter Teile mit einem Beschleunigungsmessverfahren. Arbeitsbericht zum DFD Forschunsgvorhaben.

[9.11] Endo T (1974) Damage Evaluation of Metals for Random or Varying Loading. Proc. of the 1974 Symposium on Mechanical. Behaviour of Materials, Society of Mat. Scienc Japan.

[9.12] Forschungskuratorium Maschinenbau (1994) FKM-Richtlinie Rechnerischer festigkeitsnachweis für Maschinenbauteile. FKM-Forschungshefte 183-1 und 183-2.

[9.13] Foth J, Jauch F (1995) Betriebsfestigkeit von torsionsbelasteten Wellen für Automatgetriebe. DVM-Berichte 121, S 161-173.

[9.14] Gudehus H, Zenner H (1999) Leitfaden für eine Betriebsfestigkeitsrechnung, 4 Aufl. Verl Stahleisen, Dusseldorf.

[9.15] Haibach E (2002) Betriebsfestigkeit - Verfahren und Daten zur Bauteilberechnung. 2. Aufl. Springer, Berlin.

[9.16] Hanschmann D, Schelke E, Zamow J (1994) Rechnerisches mehraxiales Betriebsfestigkeitsvorhersage-Konzept für die Dimensionierung von KFZ-Komponenten in der fruhen Konstruktionsphase.

VDI-Berichte Nr. 1153, S 89-112.

[9.17] Huck M, Thranier L, Schütz W (1981) Berechnug der Wöhlerlinien für Bauteile aus Stahl, Stahlguss und Grauguss. Bericht der ABF Nr ll, Mai.

[9.18] Kapur K C, Lamberson L R (1977) Reliability in Engineering Design. John Wiley & Sons, New York.

[9.19] Liu J (1995) Lastannahmen und Festigkeitsberechnug. VDI-Berichte 1227 : Festigkeitsberechnung metallischer Bauteile, S 179-198.

[9.20] Liu J, Zenner H (1995) Berechnung von Beuteilwöhlerlinien unter Berück-sichtigung der statistischen und spannumgsmechanischen Stützziffer. Mat.-wiss. u. Werkstofftech. 26, S 14-21.

[9.21] Melzer F (1995) Symbolisch-numerische Modellierung elastischer Mehr-körpersysteme mit Anwendung afu rrchnerische Lebensdauervorhersagn. VDI-Fortschritts-Berichte Reihe 20 Nr 139.

[9.22] O'Connor P D T (2001) Practical Reliability Engineering. John Wiley & Sons.

[9.23] Peralta-Durn, Wirsching (1985) Creep-Rapture Reliability Analysis. Transactions Wirsching of the ASME, Journal of Vibration; Acoustics, Stress and Reliability in Design. Juli, 107, S 339-346.

[9.24] Pinnekamp W (1987) Lastkollektiv und Betreibsfestigkeit von Zahnrädern. VDI-Bericht Nr 626, S 131-145.

[9.25] Schiberna P, Spörl T, Lechner G (1995) Triebstrangsimulation - FASIMA II, ein modulares Triebstrangsimulationsprogram. VDI Berichte Nr. 1175.

[9.26] Schütz W (1982) Zur Lebensdauer in der Rissentstehungs- und Rissfort-schrittsphase. Der Maschinenschaden, 55, H 5, S 237-256.

[9.27] Smith K N, Watson P, Topper T H (1970) A Stress-Strain Functin for the Fatigue of Metals. Journal of Materials, JMLSA, vol 5, NO 4, pp 767-778.

[9.28] Sonsino C M, Kaufmann H, Grubisic V (1995) Übertragbarkeit von Werk-stoffkennwerten am Beispiel eines betriebsfest auszulegenden geschmiedeten Nutzfahrzeug- Achsschenkels. Konstruktion 47, S 222-232.

[9.29] Thum H (1995) Zur Bewertung der Zuverlässigkeit und Lebensdauer mechanischer Strukturen. VDI-Berichte Nr 1239. S 135-146.

[9.30] Thum H (1996) Lebensdauer, Zuverlässigkeit und Sicherheit von Zahnrad-passungen. VDI-Berichte Nr 1230, S 603-614.

[9.31] Westerholz A (1985) Die Erfassung der Bauteilschädigung bestriebsfester Systeme, ein Mikrorechner gefuhrtes On-Line-Verfahren. Diss Ruhr-Universität Bochum, Institut für Konstruktionstechnik. Heft 85.2.

[9.32] Westermann-Friedrich A, Zenner H (1988) Zählverfahren zur Bildung von Kollektiven aus Zeitfunktionen - Vergleich der verschiedenen Verfahren und Beispiele. Merblatt des AK Lastkollektive der FVA Nr 0/14 For-schungsvereinigung Antriebstechnik, Frankfurt.

[9.33] Zammert W U (1985) Betriebsfestigkeitsberechung-Grundlagen, Ver-fahren und technische Anwendungen. Vieweg, Braunschweig.

[9.34] Zenner H (1994) Lebensdauervorthersage im Automobilbau. VDI-Berichte Nr 1153, S 29-42.

제 10 장

보전과 신뢰성

B. Bertsche, *Reliability in Automotive and Mechanical Engineering*, VDI-Buch,
Doi: 10.1007/978-3-540-34282-3_10, © Springer-Verlag Berlin Heidelberg 2008

이 번 장에서는 보전(maintenance, 또는 정비), 신뢰성 및 비용에 대해 살펴본다. 각각의 항목들은 서로 연관되어 있으며 특히 가용성과 비용을 최적화하는 시스템을 설계하는 것이 목적이다. 따라서 한쪽으로 치우친 의견은 제품 설계의 목표를 달성하지 못한다. 일반적으로, 이 목표는 가용성과 비용 간의 최상의 균형을 유지시키기 위한 시스템의 최적 설계이다.

'수명 주기 비용(life cycle cost, LCC)'이라는 용어는 최근 몇 년간 지속적으로 중요성이 더해지고 있다. 시스템의 전체 운용 수명 기간 동안에 발생하는 비용은 모든 필요한 투자 결정에 막대한 영향을 끼칠 수 있기 때문에 이번 장 첫머리에서 다뤄질 것이다. 운용 수명 기간 동안의 신뢰성 및 계획된 보전 방법에 관련한 정보는 수명 주기 비용을 예측하는 데 필요하다.

보전 프로세스와 관련한 신뢰성 및 가용성 분석을 위해 다양한 계산 모델들은 이미 개발되어 왔다. 이러한 계산 모델들은 복잡성에 따라 매우 다양하며, 일부 모델들은 모델에 의해 보전 절차가 취해질 수 있는 특정 제한을 가진다. 따라서 본 장의 두 번째 부분에서는 결정해야 하는 모수를 포함한 계산 모델의 개요를 살펴볼 것이다.

10.1 보전의 기초

고장 거동과 함께 보전은 기계공학 분야의 시스템의 가용성에 상당한 영향을 끼친다 [10.8]. 보전은 다음과 같이 정의할 수 있다[10.14].

> 보전이란 설비, 기계 그리고 부품의 초기 상태로 보존하고 복구하는 방법뿐만 아니라 현재 상태를 결정하고 평가하는 방법을 의미한다.

보전 방법은 예방 보전과 사후 보전으로 나눌 수 있다. 보전 방법은 서비스, 검사, 분해 및 수리를 포함한다. 보전 전략 면에 있어서는 검사 간격, 서비스의 범위, 수리 우선순위, 수리 수용력 등이 교체 부품이나 수리 인력의 형태로 결정된다. 보전의 안전성을 보장하기 위해서 물류에 있어서의 요구사항과 유사하게 필요한 수량과 품질의 교체 부품을 손쉽게 보유해야만 한다[10.26]. 이는 수송 및 효과적인 저장과 같은 물류적 측면을 포함한다. 신뢰도 및 가용도와 유사하게 보전도(정비도) 역시 확률로 기술될 수 있다.

일반적인 보전 작업의 목표는 요구되는 가용도에 도달하거나 혹은 현 상태를 유지하는 것으로 본다.

10.1.1 보전 방법

보전 방법은 예방 보전 방법, 사후 보전 방법, 상태 기반 보전 방법으로 구별된다. 이러한 방법들은 다음 절에서 자세히 서술될 것이다.

10.1.1.1 예방 보전

예방 보전은 고장이 발생하기 전에 실행되는 보전 방법을 다룬다. 즉, 미리 결정한 시간이나 일정 운용 시간 후에 주기적으로 보전하는 것을 말한다. 예방 보전 방법은 설비, 기계 그리고 부품의 초기 상태로 보존하는 것뿐만 아니라 현재 상태를 결정하고 평가한다.

예방 보전 방법은 다음을 포함한다.

- 서비스 : 초기 상태로 보존하는 방법(예 : 청소, 윤활제 및 냉각물질 보충, 조절, 교정)
- 검사 : 현 상태의 결정 및 판단하는 방법(예 : 마모, 부식, 누수, 느슨한 연결선 검사, 주기적인 혹은 지속적인 측정 및 분석)
- 분해 : 특정 부품, 조립품 혹은 구성 품목에 도달할 때까지 분해하며, 필요에 따른 부품 및 구성품의 교체

예방 보전 방법은 종종 기계의 현 상태를 고려하지 않고 실행된다. 예방 업무는 업무 당시에 기계에 문제가 없더라도 수행되는 업무이다. 예방 보전의 목적은 마모, 노화, 부식 및 오염에 의해 야기되는 고장과 파손을 막고, 이러한 상황으로부터 야기될 수 있는 모든 고장 영향을 방지하는 것이다. 따라서 예방 보전은 사전에 대비하는 예방책으로 간주될 수 있다.

10.1.1.2 상태 기반 보전

상태 기반 보전(condition-based maintenance)은 정확한 검사 및 분해 간격을 피하며, 완벽하게 작동하는 부품 혹은 조립체의 주기적인 보전 활동을 피한다[10.37]. 또한 빈번하게 행해지는 예방 보전으로 인하여 가용성이 떨어지는 것도 피할 수 있다. 부품 및 조립체의 특정 값을 지속적이고 주기적으로 측정하고 관찰함과 동시에 어떻게 이 값들이 변화되었는지를 가지고 운용하는 동안에 마모 상태를 결정할 수 있다. 이러한 측정 및 관찰, 평가는 상태 모니터링으로 알려져 있다. 상태 모니터링을 적용하여 제품의 신뢰성 및 안전에 대해 별도의 절충 없이 수리 및 보전 비용을 줄일 수 있다.

참고문헌 [10.39]에 '상태 기반 보전' 용어가 정의되어 있다. 상태 기반 보전의 목적은

시간, 품질 및 비용을 최적으로 고려한 보전 방법을 계획하고 실행하는 것이다. 이러한 보전 전략을 사용하여 운용 중에 중요한 부품과 장비에 대해 철저한 검사를 수행한다 (예 : 자동 측정 장비를 사용하여). 이와 같이 고장이 언제 발생할 수 있는지 예측하는 것도 가능하다. 이러한 예측을 통하여 고장이 나기 전에 부품 교체와 같은 방법 등을 취함으로써 필요한 보전 방법이 적용될 수 있다.

상태 기반 보전은 시간의 경과에 따라 운용 상태를 측정하고 검사하는 것이 가능한 시스템과 부품에 적용하기 적합하다. 상태 기반 보전의 검사 기법은 다음과 같다.

- 온도 기록 검사
- 비파괴 재료 시험
- 오일 분석
- 진동 분석

자동차 브레이크 시스템의 계기판은 브레이크 라이닝의 마모 정도를 측정하며 브레이크 라이닝를 교체하기 전에 남은 수명을 예측한다. 〈그림 10.1〉은 적용되고 있는 기계 상태 모니터링을 위한 방법들의 사용 비율을 나타낸다. 베어링 진단 및 기계 진동 검사가 가장 보편적으로 사용되는 방법이다.

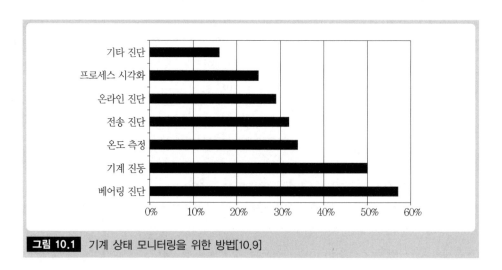

그림 10.1 기계 상태 모니터링을 위한 방법[10.9]

이러한 상태 모니터링은 필요한 자료 수집이나 평가 때문에 많은 업무가 요구되는 반면, 장비의 안전이나 신뢰성에 해를 끼치지 않고 총 보전 비용을 상당량 줄일 수 있다. 이러한 이유로 많은 미국 항공사들이 이러한 보전 방법을 성공적으로 적용시키고 있다 [10.8].

10.1.1.3 사후 보전

사후 보전 방법은 설비, 장치 및 부품이 부분적이거나 전체적으로 고장 났을 때 필요하다. 이 방법은 초기 상태[10.37]로 재정립하는 데 도움을 주며 '수리'라는 용어로 기술된다[10.7]. 검사와 같은 예방 보전 방법이 사후 보전 방법을 통합할 수도 있다는 점을 유의해야 한다.

만약 단 하나의 보전 수준만이 존재한다고 가정하면 사후 보전 방법은 다음과 같은 개개의 방법으로 나눌 수 있다.

- 장애 혹은 고장(고장 인식) 여부 결정*
- 보전 담당 인력에게 공지
- 장애 위치로 보전 인력 이동
- 장비 및 시험 제어 장치 준비
- 장치 혹은 부품 수준으로 장애 위치 측정(고장 위치 측정)*
- 결함 장비(부품) 분해*
- 필요한 교체 부품 준비
- 결함 장비의 교체(고장 제거)*
- 수리된 장치(부품)의 조정, 교정 및 시험*
- 설비에 수리된 장치(부품)를 조립*
- 완료된 설비의 기능 시험*

예방 보전 방법과 유사하게 사후 보전 방법은 어느 정도의 시간, 인력 및 재료를 필요로 한다. 각 개별 방법에 요구되는 시간의 총합은 총 정지 시간이다. 실제 수리 시간은 *로 표기된 개별 방법들에 요구되는 시간으로 구성한다.

10.1.2 보전 수준

만약 여러 개의 보전 수준이 존재한다면, 결함 장치(부품)는 새롭고 완전히 정상적인 장치로 교체된다[10.37]. 결함 장치는 보전 주기에 들어가기 때문에 설비의 정지 시간과 수리 시간은 감소한다. 그러나 총 보전 업무 작업은 줄지 않는다.

수리 수준을 도입하는 결정적인 기준은 가용성 및 현장 수리의 효과를 예로 들 수 있다[10.8].

10.1.3 수리 우선순위

시스템의 한 구성품이 다른 구성품보다 더 중요할 때 수리의 우선순위가 적용된다. 구성품의 중요성은 시스템 작업자에 의해 정의된다. 경제적인 측면에서 볼 때 중요도가 가장 높은 구성품은 수리 비용이 많이 드는 구성품이다. 이는 컨베이어 벨트를 조사함으로써 명확해진다. 컨베이어 벨트는 구동 장치의 역할을 하는 모터 1대(구성품 1), 구동 장치에 의해 추진되며 서로 동시에 작동하는 컨베이어 벨트 3대(구성품 2~4)로 구성되어 있다. 〈그림 10.2〉에는 컨베이어 벨트의 신뢰성 블록도가 나타나 있다.

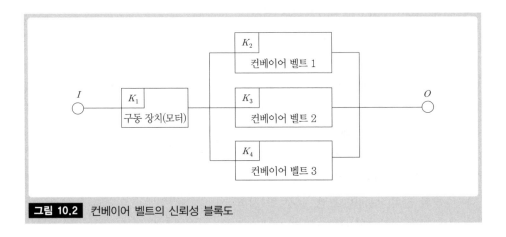

그림 10.2 컨베이어 벨트의 신뢰성 블록도

만약 모터가 고장 나면 전체 설비가 멈춘다. 하지만 하나의 컨베이어 벨트만 멈추면 남은 2대의 컨베이어 벨트는 계속 작동하기 때문에 설비 작업자는 경제적인 이득을 얻게 된다. 본 예제를 통해 모터가 설비의 이익을 위해서 가장 중요한 구성품이므로 가장 높은 수리 우선순위에 있다는 것이 명확해진다.

10.1.4 보전 능력

달성 가능한 가용성(재생 프로세스, 마코프 프로세스)의 계산에 주로 사용되는 확률 과정에서 필요한 모든 보전 방법들은 어떠한 지연 없이 실행된다는 것을 가정한다[10.5, 10.30, 10.42]. 그러나 현실에서 이런 경우는 거의 드물다. 왜냐하면 보전 능력 평가에 있어서는 보전 능력(기본 시설, 인력, 도구 및 장치, 교체 부품)의 준비와 관련된 복잡한 문제와 필요한 보전 능력이 없어 기다려야 하는 시간 간의 경제적 측면에서의 협의가 항상 이루어지기 때문이다.

이와 같이 현실에 근접한 기술 시스템 모델을 구축하기 위해서는 제한된 보전 자원들을 고려해야만 한다. 이는 수리 팀을 파견한다거나 교체 부품 및 다른 보전 자원을 비축

함으로써 이루어질 수 있다.

10.1.4.1 수리 팀

예방 보전과 사후 보전 작업의 형태와 범위는 보전성 분석을 통해 추정될 수 있다[10.8]. 이 분석을 통해 필요한 인력의 수와 이들의 자격을 결정하는 것이 가능하다. 보전 업무를 수행하는 수리 팀은 보전 전략의 틀 안에서 구성된다. 일반적으로 팀의 규모는 제한적이다.

10.1.4.2 교체 부품 재고의 기본 원칙

프폴(Pfohl)에 따르면 "재고는 자재의 투입량과 산출량 사이의 완충제다."라고 한다. 보전 영역 내에서 자재란 보전 방법에 필요한 교체 부품을 나타낸다. 경제적으로 불필요하게 큰 저장소는 높은 비용을 야기하므로 쓸모가 없다. 이와 같이 목적은 보전 필요에 따라 최적의 재고 관리를 하는 것이다. 다음 절에서는 재고 관리에 대한 몇 가지 기본 원칙들이 논의될 것이다.

저장소 사용

저장소에 교체 부품을 비축하는 것은 다음과 같은 이점을 가진다.

- 대기 시간 방지 : 예기치 못한 고장 발생 시 즉각적으로 교체 부품을 사용하여 대기 시간을 피할 수 있다.
- 규모 감소 효과 : 저장소는 수량 할인과 같은 규모 감소 효과의 이득을 취할 수 있다.
- 저장소는 예기치 못한 상황에 보호 수단으로 사용된다.
- 저장소는 교체 부품 가용도를 장기적으로 확실시하고자 할 때 사용된다.

저장 함수

이제부터는 저장소와 관련된 기본 용어가 기술될 것이다. 〈그림 10.3〉은 저장소를 시간의 함수 $S(t)$로 나타낸 것이다.

저장소 $S(t)$는 시간 $t = 0$일 때 교체 부품 수 $S_{nominal}$을 포함한다. 수리 팀의 필요에 의해 교체 부품을 없애는 것은 재고를 지속적으로 감소시킨다. 만약 저장소가 특정 저장 한계 S_{order}보다 떨어지면 특정 양의 교체 부품이 다시 주문되어야 한다. 재주문이 발생하는 시간 t_{order}를 주문 시점이라고 부른다. 주문되는 교체 부품의 양은 주문 수량 N_{order}

이다. 주문 수량이 도착할 때까지 주문이 시작되고 도착되는 시간 사이의 교체 부품의 수요가 추정된다. 주문 시점은 다시 주문한 교체 부품이 도착하기 전에 안전 재고 S_S에 도달하지 않도록 선택되어야 한다. 예측하기 힘든 것들이 많으므로 각 저장에는 안전 재고가 있다.

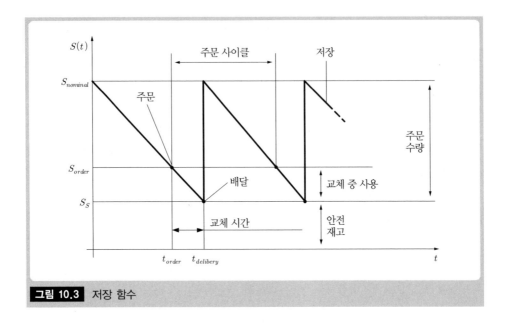

그림 10.3 저장 함수

주문 수량 N_{order}는 기본재고 $S_{nominal}$과 안전 재고 S_S 사이의 차($N_{order} = S_{nominal} - S_S$)로 결정된다. 만약 주문 수량이 정확하게 추정된다면 교체 부품이 배달되었을 때 기본재고 $S_{nominal}$는 $t_{delivery}$의 지점에 도달하게 된다.

10.1.5 보전 전략

DIN 31051[10.14]에 따르면, 보전 방법은 보전 목적과 회사의 목적을 통합하고 이에 대응하는 보전 전략을 결정하는 것을 포함한다. 최적의 보전 전략은 설비의 목표 가용도와 필요한 보전 비용 사이의 상충으로 발생하는 결과이다.

보전 전략은 시스템과 구성품의 보전을 위하여 다음과 같은 모수를 결정한다.

- 보전 조치(예 : 검사 간격 및 수리 복잡성)의 형태와 빈도
- 교체 부품의 저장 방법
- 수리 팀의 규모와 자격
- 수리 우선순위

● 보전 수준

〈그림 10.4〉에서와 같이 보전 전략은 보전의 기초를 구성한다.

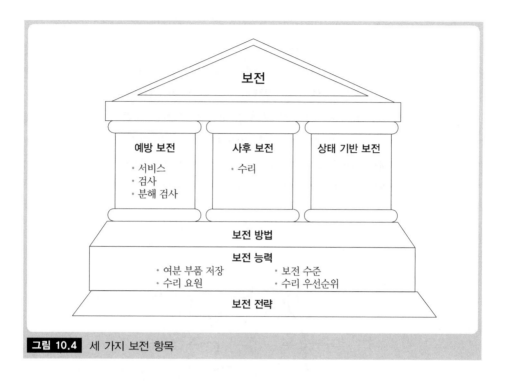

그림 10.4 세 가지 보전 항목

보전 방법은 다음과 같은 전략에 따라 적용될 수 있다.

● 사후 보전 방법
● 예방 모니터링을 동반한 보전 방법
● 예방 보전 방법
● 예방 보전 및 사후 보전 방법의 결합
● 상태 기반 보전

10.2 수명 주기 비용

신뢰성, 보전성 및 가용성은 제품을 사용하는 동안 발생하는 비용에 큰 영향을 준다. 신뢰성 방법의 사용과 이익을 평가하기 위해 비용 측면은 고려되어야만 한다. 따라서 수명 주기 비용의 개념을 좀 더 자세히 다룰 것이다. 신뢰성 공학에 의해 직접적으로 영향을 받는 수명 주기 비용의 부분은 신뢰성 비용과 보전 비용이다.

　제품 개발 동안의 최초 아이디어 혹은 계약부터 생산, 사용, 제품 폐기(처분)할 때까지의 시간 간격을 제품의 수명 주기 혹은 제품 수명으로 나타낸다. 이 기간 동안 비용이 지속적으로 축적되며 사용자는 이를 직접적(운용 비용 등)이거나 혹은 간접적(획득 가격 이상의 생산비 등)으로 부담해야 한다. 이런 비용들의 총합을 수명 주기 비용이라고 하며, 사용자가 제품의 수명 기간 내에 제품(설비, 기계, 장치)을 사용하는 동안 발생하는 비용은 물론 제품을 구입함으로 인해 발생하는 모든 비용을 포함한다.

　고객이 제품을 구입하는 주된 기준은 구매 가격이다. 그러나 이러한 사고 때문에 몇몇 사용자들은 큰 어려움을 겪어 왔다. 〈그림 10.5〉에서는 수명 주기 비용에서 발생하는 어려움을 빙산 형태로 설명하고 있다. 수명 주기 비용인 *LCC*는 구매 비용, 비반복적 비용, 운용 비용, 보전 비용 및 기타 비용으로 구성되어 있다.

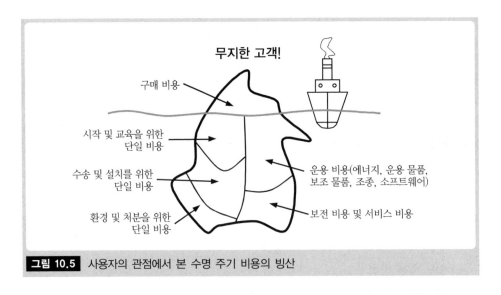

그림 10.5 사용자의 관점에서 본 수명 주기 비용의 빙산

　〈그림 10.6〉에서는 비용의 증가를 더 간단히 나타내고 있으며 제품 수명 주기에 따라 총비용이 나타나 있다.

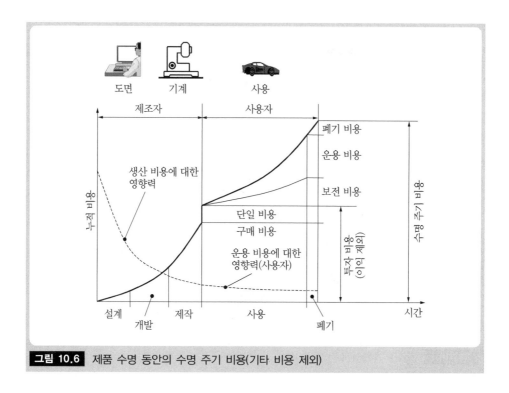

그림 10.6 제품 수명 동안의 수명 주기 비용(기타 비용 제외)

여기서 상대적으로 적은 설계 비용에도 불구하고 이후 사용 단계 동안에 제품에 대한 급격히 증가된 비용이 결정될 수 있다. 구매 가격은 사용자의 투자 비용으로 고려될 수 있으며, 여기서 투자 비용은 이자 없이 정해진 총액이다. 기계를 사용하는 동안에 운용 비용 및 보전 비용 또한 발생하며 사용 기간이 종료될 때까지 지속적으로 증가하기 때문에 투자 비용에서 상당한 역할을 하고 있다. 최적 비용 개발(가치 경영)의 목적은 제품을 사용하는 동안에 발생하는 수명 주기 비용을 최소화하는 것이다. 사용자는 수명 주기 비용에서 주된 부분이 어떤 부분인지 종종 알지 못한다. 수명 주기 비용은 신뢰성 및 보전 변수에 의해 상당한 영향을 받는다.

고장 비용은 시설의 비가용도 기간 동안에 생산 불가로 인해 야기되는 비용을 포함한다. 안전 관련 시설의 경우 손상 사고 발생 시 보상 비용이 발생할 수 있다.

〈그림 10.7〉은 각 제품의 종류에 따라 특정한 수명 주기 비용을 가지고 있다는 것을 보여 준다. 〈그림 10.7〉에서 수명 주기 비용의 몇몇 부분들이 나타난다. 예를 들면 렌치와 같은 작은 도구들은 투자 비용과 폐기 비용만이 발생하며 운용 비용 및 보전 비용은 발생하지 않는다. 그러나 자동차 같은 경우에는 모든 종류의 비용이 관련되어 있다. 용수 펌프의 경우 주된 비용은 에너지 비용이다(약 96%).

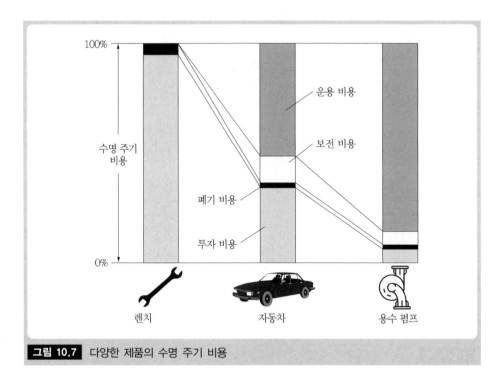

그림 10.7 다양한 제품의 수명 주기 비용

제품의 비가용도는 수명 주기 비용(LCC)에 상당한 영향을 끼칠 수 있다. 따라서 수명 주기 비용을 최소화할 수 있도록 제품의 가용도를 최적화해야만 한다. 〈그림 10.8〉은 가용도와 수명 주기 비용 사이의 관계를 단순화된 형태로 보여 준다. 높은 신뢰성과 빠

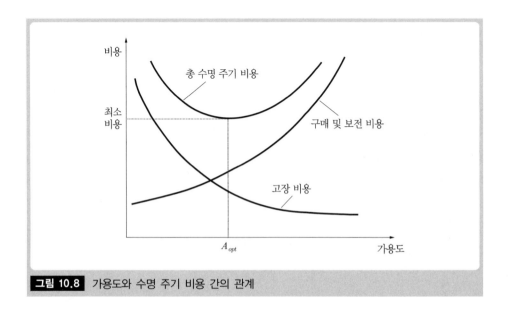

그림 10.8 가용도와 수명 주기 비용 간의 관계

른 보전은 구매 가격을 증가시키며, 보전 조직이 잘 이루어질수록 보전 비용은 더 증가한다. 상기의 두 가지 비용 품목에 있어 투자를 하게 되면 가용도가 증가하며 고장으로 야기되는 비용이 감소한다.

고장 비용을 포함한 구매 비용 및 보전 비용의 합은 특정 가용도 A_{opt} 지점에서 최소화된다. 이 지점에서 최적의 가용도와 최소 수명 주기 비용이 결정된다.

10.3 신뢰성 모수(파라미터)

일반적으로 설비를 항상 운용하는 것은 아니다. 고장이나 예방 보전으로 인하여 정지 시간이 발생한다. 지연은 보전(정비) 인력을 기다리거나 교체 부품이 없는 경우에 발생한다. 각각의 시간은 특정 상태에 할당될 수 있다.

10.3.1 상태 함수

모든 시스템은 부품의 고장 거동이나 보전으로 인하여 시간에 따라 사건의 흐름이 발생한다. 이러한 사건의 흐름은 〈그림 10.9〉의 예제에서 확인할 수 있다.

다양한 상태는 상태 지시 함수 $c(t)$에 의해 표시될 수 있으며, 시간의 경과에 따라 다양한 값을 가정할 수 있다. 상태 지시 함수에 다음의 값을 할당한다.

$$c(t) = \begin{cases} 1, & \text{운용 중} \\ 0, & \text{수리 중} \\ -1, & \text{보전 중} \\ -2, & \text{보전 지연 시간} \\ -3, & \text{공급 지연 시간} \end{cases}$$

〈그림 10.9〉는 시간의 경과에 따른 시스템의 상태 함수를 나타낸다. 즉, 시간 $t = 0$일 때 시스템은 작동을 시작한다. 시스템은 구성품 중 하나가 고장 날 때까지 작동한다. 고장으로 인하여 결함 구성품의 재생(renewal)은 구성품이 새로운 구성품으로 교체된다는 의미이다. 필요한 교체 부품이 가용하지 않기 때문에 부품이 도착할 때까지 기다리는 것이 필요하다. 수리 인력이 더 긴급한 장소에 있기 때문에 이들이 도착할 때까지 또한 기다려야 할 필요가 있다. 수리 인력과 교체 부품이 도착해야만 실제 수리 절차를 수행할 수 있다. 수리가 종료되면 구성품은 다시 작동한다. 보전 전략 범위 안에서 미리 계획한 예방 보전으로 인해 보전 계획의 일부인 보전 작업을 수행하기 위해 다시 정지 시간

을 갖게 된다. 이러한 검사 업무는 이미 계획되었기 때문에 부품 교체로 인한 지연은
발생하지 않는다. 검사 업무가 완료된 후에 설비 전체가 작동하게 된다.

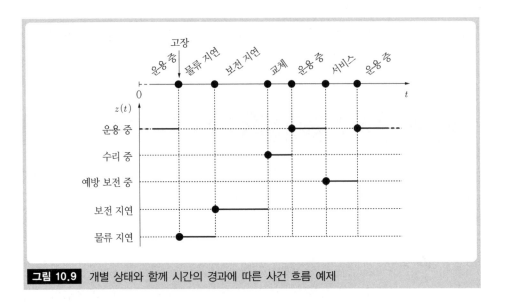

그림 10.9 개별 상태와 함께 시간의 경과에 따른 사건 흐름 예제

시간 경과에 따른 상태 함수는 특정 활동과 지연으로 구분될 수 있다.

- **공급 지연 시간(Supply Delay Time, SDT)** : 공급 지연 시간은 교체 부품의 생산 및
  배달을 기다리는 시간, 행정적인 지연, 생산 지연, 구매 지연 및 운송 지연을 포함
  한다. 대부분의 경우 이런 시간들은 보전 작업에 사용하기 위해 저장소에 구비된
  교체 부품의 범위와 수량에 영향을 받는다. 만약 교체 부품이 바로 사용 가능하면
  물류로 인한 지연 시간은 없어진다.
- **보전 지연 시간(Maintenance Delay Time, MDT)** : 보전 지연 시간은 보전 능력 혹은
  보전 준비를 위한 대기 시간이다. 이는 담당자에게 연락하는 시간 및 이동 시간을
  포함한다. 보전 능력이란 인력, 시험 및 측정 기구, 도구, 매뉴얼, 기타 기술 자료를
  말한다. 준비는 수리 작업장, 시험대, 격납고 등이다. 보전 시간은 수리 채널의 수
  에 영향을 받는다. 수리 채널이란 성공적인 수리를 위해 필요한 모든 보전 능력과
  준비의 집합으로 정의한다. 만약 고장 발생 시 수리 채널이 즉각적으로 가능하다면
  보전 지연 시간은 사라진다.

공급 및 보전 지연 시간은 외부 파라미터에 의해 영향을 받으므로 시스템 특성에 속한
다고 말할 수 없다. 다시 말해 공급 및 보전 지연 시간은 설계 방법에 의해 영향을 받을

수 없다.

10.3.2 보전 모수(파라미터)

보전 방법과 관련된 모든 활동과 지연을 위해 필요한 시간은 특별히 정의되어 있지는 않으나 그 의미는 다양할 수 있다. 따라서 확률 변수로 간주하며 이는 다시 보전 모수에 의해 결정된다.

 신뢰도와 유사하게 보전도 또한 확률로 이해될 수 있다. 보전도는 아래와 같이 정의될 수 있다[10.7].

> 보전도란 정의된 자재 및 정비 인력 조건에서 보전이 실행되었을 때 수리 혹은 검사에 필요한 시간이 주어진 시간보다 작을 확률을 의미한다.

 〈그림 10.10〉과 같이 확률 변수 τ_M은 보전 기간이다. M은 보전(maintenance)을 의미한다.

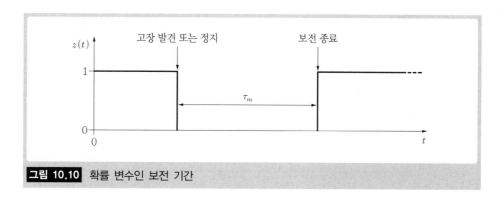

그림 10.10 확률 변수인 보전 기간

 확률 변수로 간주되는 보전도는 실제 보전 업무를 포함할 뿐만 아니라 기계의 고장을 인식한 시간부터 수리 완료 후 재작동 준비(교체 부품 및 측정 장치, 휴식, 행정 업무 준비를 위한 지연 시간)까지의 총시간을 포함한다.

 보전 모수는 고장 프로세스와 유사하게 정의된다. 보전 기간 τ_M의 분포함수는

$$G(t) = P(\tau_M \leq t) \tag{10.1}$$

 보전도 함수 $G(t)$이다. 보전도의 확률밀도함수는 $g(t)$이며, 보전율 $\mu(t)$는 아래와 같은 의미를 지닌다.

$$\mu(t) = P([t, t+dt] \text{에서의 } M \mid [0, t] \text{에서의 } M)$$

$$M : \text{보전}$$

보전 기간 τ_M의 기댓값 $E(\tau_M)$는 아래와 같이 정의된다.

$$MTTM = E(\tau_M) = \int_0^\infty tg(t)dt = \int_0^\infty (1 - G(t))dt \qquad (10.2)$$

$MTTM$(Mean Time To Maintenance)은 평균 보전 시간의 약자이며 평균 보전 기간 τ_M을 가리킨다.

대수 정규분포는 종종 보전성을 설명할 때 사용된다. 〈그림 10.11〉은 동일한 평균 보전 시간($MTTM$)을 가지는 경우에 대수 정규분포와 지수분포로 나타낸 보전도의 확률밀도함수를 보여 준다.

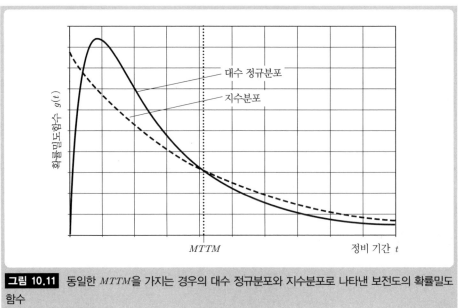

그림 10.11 동일한 $MTTM$을 가지는 경우의 대수 정규분포와 지수분포로 나타낸 보전도의 확률밀도함수

보전 방법은 예방 보전 방법과 사후 보전 방법으로 나눌 수 있다. 사후 보전 방법의 변수는 지수 R(수리)을 갖는 반면에 예방 보전 방법의 변수는 지수 PM(예방 보전)을 갖는다. 보전 방법의 종류에 따라 예방 보전 기간은 τ_{PM}이, 사후 보전 기간은 τ_R이 각각 사용된다. 대부분 독일 문헌에서 예방 방법은 '검사'라는 용어로부터 유래한다. 결과적으로 보전은 서비스(serviceability, 사용성) $G_{PM}(t)$과 보전성 $G_R(t)$(수리성)으로 나뉜다 [10.7].

다음 용어들은 식 (10.2)와 유사하게 서비스 및 보전 기간을 결정하는 데 일반적으로 사용된다[10.7].

- $MTTPM$(평균 예방 보전 시간) − 평균 서비스 기간
- $MTTR$(평균 수리 시간) − 평균 수리 기간

〈표 10.1〉에서는 보전 모수와 함께 신뢰도 혹은 고장 거동에 대한 모수가 요약되어 있다.

| 표 10.1 | 신뢰도 및 보전 모수

파라미터	확률 변수			
	수명	보전 기간	서비스 기간	수리 기간
확률 변수 표기	τ_L	τ_M	τ_{PM}	τ_R
분포함수	$F(t)$	$G(t)$	$G_{PM}(t)$	$G_R(t)$
신뢰도 함수	$R(t)$	−	−	−
확률밀도함수	$f(t)$	$g(t)$	$g_{PM}(t)$	$g_R(t)$
순간 비율	$\lambda(t)$	$\mu(t)$	$\mu_{PM}(t)$	$\mu_R(t)$
평균	$MTTF$	$MTTM$	$MTTPM$	$MTTR$

보전성은 시스템 및 구성품에 수행되는 보전 업무의 용이성에 대한 측정으로 정성적이다. 보전성은 기계의 가용성에 직접적인 영향을 주고 보전 비용을 급격하게 상승시키기 때문에 상당히 중요하다. 보전성은 이미 시스템의 개발 단계에서 설계된다. 운용 중의 보전성은 기계 혹은 설비의 설치와 보전 조직에 동등하게 의존한다. 구성품의 보전에 직접적인 영향을 주는 설계 측정은 다음과 같다[10.25].

- 기능 시험의 통합(BIT's)
- 모듈 설계
- 부품의 기술적 설계(예 : 전기 vs. 기계)
- 인체 공학적 요소
- 라벨링 및 코딩
- 디스플레이 및 계기판
- 표준화
- 교환성 / 호환성

장애 품목을 발견하고 제거하는 데 관련된 시간은 설계 단계에서 이를 미리 고려함으

로써 상당량 감소시킬 수 있다.

10.3.3 가용도 모수(파라미터)

시스템의 적용 기간은 일반적으로 한 구성품의 첫 번째 고장으로 끝나지 않으며, 보전 방법을 통해 운용 상태로 다시 복귀된다. 신뢰도와 보전도가 시스템의 가용도에 상당한 영향을 끼친다.

가용도의 일반적인 정의는 참고문헌 [10.7]과 [10.27]에 나타나 있다.

> 가용도는 시스템이 올바르게 작동하고 보전된다는 조건하에서 시점 t 혹은 정의된 시간 동안 시스템이 정상적으로 작동하는 확률을 말한다.

상태 다이어그램에서는 정상적으로 운용 중인 상태를 $c = 1$이라고 정의한다. 가용도 $A(t)$, 보다 정확히 말해 특정 시점에서의 점 가용도(point availability)[10.7]는 상태 지시 함수 $c(t)$의 기댓값에 대해 다음과 같은 조건하에 정의된다.

$$A(t) = P(c(t) = 1 | t = 0 \text{ 시점에서 새것처럼 좋은}) = E(c(t)) \tag{10.3}$$

평균 가용도 $A_{Av}(t)$은 다음과 같다.

$$A_{Av}(t) = \frac{1}{t} \int_0^t A(x) dx \tag{10.4}$$

평균 가용도는 구간 가용도로 단순화하여 나타낼 수 있다[10.25].

$$A_{Int}(t) = \frac{1}{t_2 - t_1} \int_{t_1}^{t_2} A(x) dx \tag{10.5}$$

구간 가용도는 구간 $[t_1, t_2]$에서의 평균 가용도를 나타낸다. 시간 t가 좀 더 긴 경우, (점) 가용도 함수와 평균 가용도 함수는 시간 $t = 0$인 시점의 초기 상태와는 무관한 특정 상수로 수렴한다.

일반적으로 **정상 가용도** A_D는 평균 정지 시간 $\overline{M}$과 함께 다음과 같이 정의할 수 있다.

$$A_D = \lim_{t \to \infty} A(t) = \frac{MTTF}{MTTF + \overline{M}} = \frac{1}{1 + \dfrac{\overline{M}}{MTTF}} \tag{10.6}$$

〈그림 10.12〉는 한 구성품에 대한 점 가용도 및 정상 가용도를 예로 보여 준다. 구성

품의 고장 거동은 $b = 3.5$, $T = 1,000$시간인 와이블 분포를 따른다. 수리 기간의 분포는 $b = 3.5$, $T = 10$시간인 와이블 분포이다. 모수가 구체적으로 선택되었기 때문에 초기 상태에서 정상 가용도의 상수로의 전이 효과가 명확하게 발견될 수 있다.

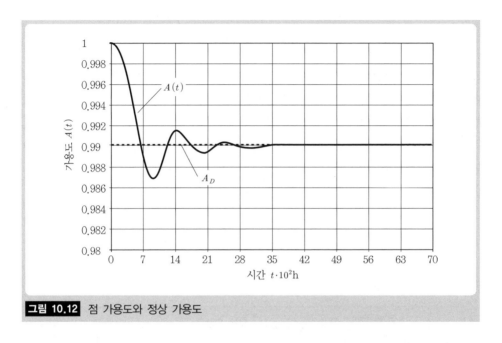

그림 10.12 점 가용도와 정상 가용도

어떤 시간 구간이 평균 정지 시간에 고려되느냐에 따라 정상 가용도의 종류는 다음과 같이 나뉜다.

고유 정상 가용도(고유 가용도) $A_D^{(i)}$는 참고문헌 [10.25]에서 정의된다.

$$A_D^{(i)} = \frac{MTTF}{MTTF + MTTR} \quad (\overline{M} = MTTR) \tag{10.7}$$

고유 가용도는 시스템의 고장 거동을 사후 보전과 관련하여 설명한다. 고유 가용도는 고장 확률 $F(t)$와 보전도 $G_R(t)$에 기반하며, 제품의 품질을 평가하는 기준으로 사용될 수 있다.

기술적인 정상 가용도 $A_D^{(t)}$은 참고문헌 [10.38]로 정의된다.

$$A_D^{(t)} = \frac{MTTF}{MTTF + MTTPM + MTTR} \tag{10.8}$$

$$\overline{M} = MTTM = MTTPM + MTTR$$

이는 시스템의 고장 거동, 예방 보전 방법, 수리를 고려한다.

운용 정상 가용도(운용 가용도) $A_D^{(o)}$은 참고문헌 [10.38]로 정의된다.

$$A_D^{(o)} = \frac{MTTF}{MTTF + MTTPM + MTTR + SDT + MDT} \tag{10.9}$$

$$\overline{M} = MTTPM + MTTR + SDT + MDT$$

공급 지연 시간 SDT는 본질적으로 교체 부품의 생산 지연 시간 혹은 배달 시간을 포함한다. 보전 지연 시간 MDT는 보전 능력 혹은 준비 대기 시간을 포함한다. 운용 가용도는 교체 부품의 수량 및 수리 접근 방법의 수를 추정하는 데 유용한 평가 기준이 된다. 운용 가용도는 설계 모수(신뢰도 및 보전도)와 함께 보전 조직의 수준을 고려한다.

총 정상 가용도 $A_D^{(p)}$은 정상 가용도를 설명하는 가장 일반적인 방법이다. 이것은 시스템의 고장 거동, 모든 보전 방법, 행정적 정지 시간, 로지스틱 지연을 고려하며, 추가로 시스템 작업자도 통제할 수 없는 비가용도의 외부 여건들도 감안한다.

〈표 10.2〉는 정상 가용도의 다양한 정의를 요약했다. 각 모수는 해당 정상 가용도에 적용되는 경우에 표시를 하였으며, 측정값과 기댓값도 주어지게 된다.

| **표 10.2** | 정상 가용도 개요

	설계 관련		예방 보전	교체 부품의 가용도	수리팀	보전 준비	외부 영향
	신뢰도	보전도					
$A_D^{(i)}$	●	●	–	–	–	–	–
$A_D^{(t)}$	●	●	●	–	–	–	–
$A_D^{(o)}$	●	●	●	●	●	●	–
$A_D^{(p)}$	●	●	●	●	●	●	●
모수	$MTTF$	$MTTR$	$MTTPM$	SDT	MDT		–

10.4 수리(가능한) 시스템의 계산 모델

일반적으로 1차 고장이 기계의 운용 상태를 정지시키지는 않는다. 오히려 시스템은 검사 및 수리와 같은 보전 방법을 통하여 오랜 시간 동안 제 기능을 유지한다. 만약 시스템이 보전 프로세스에 통합되면 수리가 가능해진다. 수리(가능한) 시스템의 신뢰도 및 가용도 분석을 위해 다양한 계산 모델들이 개발되어 왔다. 이러한 모델들은 모델의 복잡성에 따라 매우 다양하다. 많은 모델들은 보전 사건을 제한하는 취지를 나타낼 수 있다.

이와 같이 이 장의 두 번째 부분은 시스템에서 어떤 모수가 결정될 수 있는지와 가능한 계산 모델의 개요를 살펴본다.

논의될 모델들은 참고문헌 [10.30, 10.42]에서 주로 발췌한 내용이다.

구성품의 신뢰도는 미리 선정한 특정 시간대에서 실행된 보전 방법에 의해 개선될 수 있다.

수리 시스템은 마코프 방법에 따라 다루어질 수 있다. 이 방법을 통해 시스템 및 구성품의 가용도를 결정하는 것이 가능하다. 그러나 마코프 방법의 근본적인 전제 조건은 고장 및 수리 거동이 지수분포를 따라야만 한다는 것이다.

만약 어느 한 시스템의 구성품들이 서로 독립적으로 이루어졌을 때, 불-마코프 모델은 시스템의 정상 가용도를 계산하는 데 사용할 수 있다.

일반적인 재생 과정은 구성품 및 시스템의 보전 프로세스를 유지시키기 위해 시간의 경과에 따라 요구되는 교체 부품의 근사치를 제공한다. 이 경우 보전을 통해 결함이 있는 구성품은 새로운 구성품으로 교체되는 것을 알 수 있다. 그러나 재생 기간은 일반적인 재생 과정에서는 무시된다.

만약 고장 난 구성품의 재생 혹은 수리 기간이 무시되지 않는다면, 교차 재생 과정이 실행된다. 수리 혹은 재생뿐만 아니라 결함이 있는 구성품을 발견하는 데 일반적으로 어느 정도의 시간이 필요하기 때문에 이러한 과정을 통해 현실 상황을 시뮬레이션하는 것이 더 쉬워진다. 이와 같이 가용도가 계산될 수 있다.

재생 과정으로 설명될 수 있는 시스템에서 특정 분포로 계산 모델을 제한하는 것은 불필요하다. 그러나 간단한 구조의 시스템을 설명하는 것은 가능하다. 상태는 '가동 중' 과 '수리 중'과 같이 두 가지로 제한된다. 2개 이상의 상태를 가지는 세미-마코프 과정에서는 '검사 중'과 같은 세 번째 상태를 표현할 수 있다.

시스템 수송 이론은 시스템에 대한 가장 일반적인 설명을 한다. 이는 세 가지 모델링을 가능하게 하는데 첫 번째는 임의의 구조를 가진 복잡한 시스템의 모델링, 두 번째는 구성품의 고장 및 수리 거동을 설명하기 위한 임의의 분포함수의 모델링, 세 번째는 시스템 내에서 구성품들 간의 임의의 상호작용에 관한 모델링이다. 다수의 보전 전략들을 나타낼 수 있으며, 교체 부품의 물류 또한 고려될 수 있다.

10.4.1 정기적인 보전 모델

복잡한 시스템 혹은 구성품의 신뢰성은 노화와 마모의 부정적인 영향을 막는 예방 보전을 통해 개선될 수 있다. 게다가 구성품이 적절히 잘 관리된다면 사용 및 적용 시간은 상당히 증가될 수 있다.

10.4.1.1 기초

다음 절에서 기술될 모델들은 보전 작업 후에 보전된 품목은 새것과 같은 상태가 되는 것으로 가정한다. 다시 말하면 보전 방법은 재생 및 분해 검사를 포함한다는 것이다. $R(t)$는 예방 보전이 포함된 품목의 신뢰도 함수이다. 보전 방법은 품목의 상태와 관계 없이 미리 결정된 보전 시간 간격 $T_{PM}(PM=$예방 보전$)$에 따라 실행된다.

예방 보전이 실행되는 품목의 신뢰도 $R_{PM}(t)$를 결정하기 위해서 〈그림 10.13〉과 같이 시간의 경과에 따른 보전 계획을 고려하는 것이 필요하다.

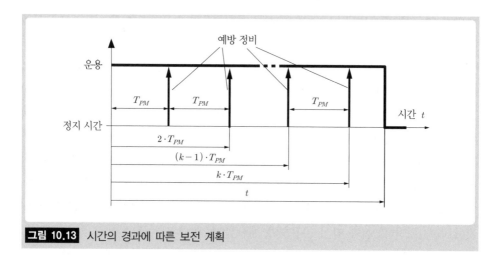

그림 10.13 시간의 경과에 따른 보전 계획

다음과 같은 가정은 보전 모델의 기초를 형성한다.

- 재생을 위해 요구되는 정지 시간은 무시한다.
- 모든 재생 후에 관측된 품목은 초기 상태로 돌아간다.
- 재생은 일정 구간인 T_{PM}마다 정기적으로 실시된다.
- 검사 전후의 고장 거동은 확률적으로 독립적이다.
- k번째 재생 이후에 다음 운용 기간 동안 고장이 발생한다 할지라도 다음 재생은 다음 보전 구간 $(k+1) \cdot T_{PM}$에서 처음으로 실시한다.

사건의 흐름은 통계적으로 독립적으로 여겨지기 때문에 검사된 품목의 신뢰도 함수는 다음과 같다[10.28].

$$R_{PM}(t) = R(T_{PM})^k \cdot R(t - k \cdot T_{PM})$$
$$k \cdot T_{PM} \le t \le (k+1) T_{PM} \ \text{그리고} \ k = 0, 1, 2, ..., \infty$$

(10.10)

$R(T_{PM})^k$은 어떠한 고장 없이 k번의 재생이 성공적으로 수행할 확률이다. $R(t-k\cdot T_{PM})$은 마지막 k번째 보전을 마친 후의 운용 기간 동안 신뢰도이다.

정기적인 각 재생 이후 구성품의 기댓값(평균)인 $MTTF_{PM}$은 다음과 같다[10.25].

$$MTTF_{PM} = \int_0^\infty R_{PM}(t)dt = \frac{\int_0^{T_{PM}} R(t)dt}{1-R(T_{PM})} \tag{10.11}$$

10.4.1.2 일정 고장률을 가지는 구성품의 정기적인 재생

구성품의 고장 거동이 지수분포를 따른다면 정기적인 재생은 구성품의 고장 거동에 영향을 주지 않는다. 그 이유는

$$R_{PM}(t) = e^{-k\cdot\lambda\cdot T_{PM}} \cdot e^{-\lambda(t-k\cdot T_{PM})} = e^{-\lambda\cdot t} = R(t) \tag{10.12}$$

이기 때문이다. 즉 고장 거동은 정기적인 재생의 실시 여부와 관계없이 같다는 것이다. 일정 고장률에서는 노화 증상이 발견되지 않기 때문에 이러한 경우에 고장 거동이 영향받지 않는 이유를 쉽게 알 수 있다.

10.4.1.3 시간 종속 고장률을 가지는 구성품의 정기적인 재생

만약 고장률이 시간에 종속적이라면 구성품의 고장 거동은 재생 구간 길이에 영향을 받을 것이다. 만약 구성품의 고장 거동이 3모수 와이블 분포를 따른다면 신뢰도 함수 $R_{PM}(t)$는 다음과 같다.

$$R_{PM}(t) = \exp\left[-\left(k\cdot\left(\frac{T_{PM}-t_0}{T-t_0}\right)^b + \left(\frac{t-k\cdot T_{PM}-t_0}{T-t_0}\right)^b\right)\right] \tag{10.13}$$

$$k\cdot T_{PM} \le t \le (k+1)\cdot T_{PM}$$

정기적인 재생을 실시할 때와 실시하지 않을 때, 구성품의 신뢰도 함수는 〈그림 10.14〉에 나타나 있다(형상 모수 $b=2.0$, 특성 수명 $T=2{,}000$시간, 무고장 시간 $t_0=500$시간). 여기에서 보전 시간 간격은 $T_{PM}=1{,}000$시간으로 주어진다.

〈그림 10.14〉에서 신뢰도 함수는 식 (10.13)과 같이 나타낸다. 각 재생 후에 불연속적인 고장 밀도와 고장률을 발생시키는 신뢰도 함수에서 고장이 발생한다. 재생은 $T_{PM}, 2\cdot T_{PM}, 3\cdot T_{PM}, \cdots$에서 실행된다. $R_{PM}(t)$ 함수는 $R(t)$ 함수 위에 위치하게 된다. 즉 정기적인 재생을 실시할 때의 신뢰도가 아무런 조치를 취하지 않는 신뢰도보다 훨씬

크다는 것이다.

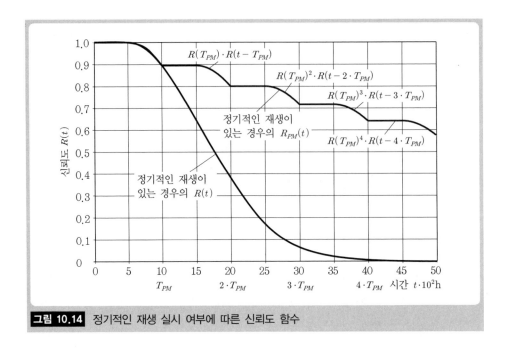

그림 10.14 정기적인 재생 실시 여부에 따른 신뢰도 함수

〈그림 10.15〉는 함수의 모수로 형상 모수 b와 보전 간격 T_{PM}에 따른 구성품의 기댓값 $MTTF_{PM}$(특성 수명 T로 표준화함)을 보여 준다. 여기서는 구성품의 무고장 시간 $t_0 = 0$ 으로 가정한다.

형상 모수 $b > 1$일 때, 예방 보전의 기댓값인 $MTTF_{PM}$은 보전 없이 결정된($T_{PM} = \infty$) $MTTF$ 값보다 크다. 형상 모수 b가 결정된 경우, $MTTF_{PM}$은 보전 시간 간격 T_{PM}에 크게 의존하면서 증가한다. 일반적으로 b가 더 클수록, 즉, 고장 원인에 대해 노화 및 마모의 영향이 더 커질수록 정기적인 재생이 이루어질 수 있기 때문에 긍정적인 영향도 더욱 커진다. 형상 모수 $b < 1$일 때 이 영향은 반대가 된다. 다시 말해 평균 수명은 재생으로 인해 감소된다. 10.4.1.2절에서 언급했듯이 형상 모수 $b = 1$일 때, 보전 방법은 신뢰성에 영향을 주지 못하므로 평균 수명에도 영향을 주지 못한다.

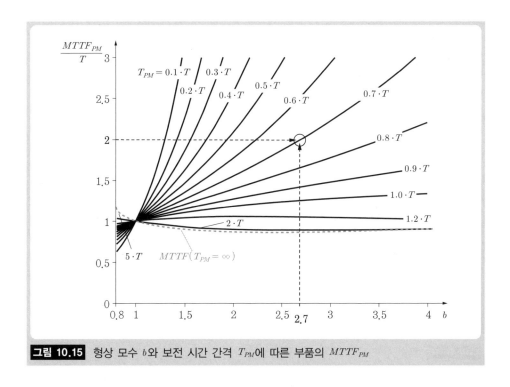

그림 10.15 형상 모수 b와 보전 시간 간격 T_{PM}에 따른 부품의 $MTTF_{PM}$

예제 : 특정 구성품의 경우, 수명시험을 통해 고장 거동은 모수가 $b = 2.7$이고 $T = 1{,}000$ 시간인 와이블 분포를 따른다. 평균 수명 $MTTF$는 889.3시간이며, 목표 수명은 2,000시 간이 요구된다. 이러한 목표 수명은 보전 방법 범위 내에서 정기적인 재생을 통해 도달 할 수 있다. 이상적인 $MTTF_{PM}$에 도달하기 위한 보전 시간 간격은 얼마일까? 〈그림 10.15〉의 형상 모수 b와 $MTTF_{PM}$의 교차점을 이용하면 $T_{PM} = 0.7 \cdot T = 700$시간이라는 것을 알 수 있다.

〈그림 10.16〉에서는 식 (10.7)에 따라 구성품의 정상 가용도 A_D는 모수인 보전 시간 간격 T_{PM}과 형상 모수 b의 함수로 나타난다. 여기에서 예방 재생은 추가적인 정지 시간 을 요구하지 않으며, 교대 휴식 기간 동안에 수행하는 것으로 가정한다. 만약 (예상치 못한) 고장이 발생하면 즉시 고장 난 구성품을 수리한다. 구성품의 평균 수리 시간은 $MTTR = 0.1 \cdot T$로 추정한다.

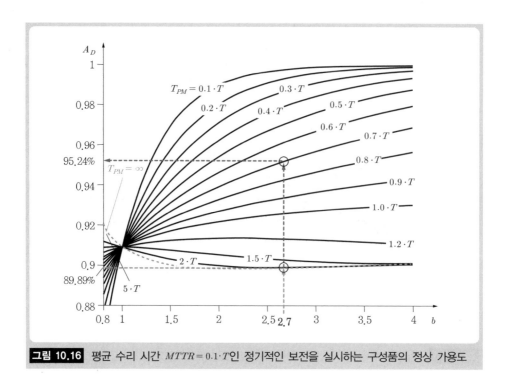

그림 10.16 평균 수리 시간 $MTTR = 0.1 \cdot T$인 정기적인 보전을 실시하는 구성품의 정상 가용도

예제 : 상기 예제에 나타나 있는 $MTTR = 0.1 \cdot T = 100$시간일 때의 구성품의 정상 가용도 A_D는 식 (10.7)에 따라 89.89%가 된다. 보전 프로그램을 실시한 후 95.24%의 가용도 A_D 값을 달성할 수 있다. 이 결과로서 정상 가용도가 5.95% 증가하였다.

10.4.2 마코프 모델

마코프 모델[10.7, 10.31, 10.35]을 사용하여 수리 시스템을 다룰 수 있다. 본 모델의 목적은 시스템과 구성품의 가용도를 결정하는 것이다. 다음에 나타난 요구사항은 본 모델과 계산식의 단순화를 위해 구성된다.

- 관측되는 품목은 지속적으로 운용 상태와 수리 상태를 전환한다.
- 각 보전 업무를 마친 후에 수리된 품목은 새것과 같다.
- 관측되는 품목에 요구되는 운용 및 수리 시간은 연속적이며 확률적으로 독립이다.
- 전환 장치의 영향은 고려되지 않는다.

마코프 방법은 마코프 과정에 기반한다. 마코프 과정은 한정된 개수의 상태(혹은 조건의 상태) C_0, C_1, ..., C_n을 가지는 확률 과정 $X(t)$이며, 임의의 시간 t에서의 마코프 과정의 전개는 오직 현재 상태와 시간 t에만 의존한다. 다시 말해, 이러한 시스템들만이 구성품목이 일정한 고장률과 수리율을 가지는 마코프 과정을 사용하여 다루어질 수 있다는 것이다. 또한 마코프 방법은 가능한 교대들과 평형 방정식 형태를 가진 상태들 사이의 균형에 기반하고 있다. 결과는 관측된 품목의 가용도가 시간의 함수로 결정될 수 있는 구조 미분방정식의 시스템이다.

10.4.2.1 개별 품목의 가용도

우선 마코프 방법 절차를 개별 품목을 대상으로 단계적으로 나타낼 것이다.

a) 상태 정의

각 품목을 '기능 상태'와 '고장 상태' 두 가지 상태 중 하나로만 가정한다.

- C_0 상태(혹은 조건) : 품목이 제 기능을 하고 있으며 운용 중인 상태
- C_1 상태(혹은 조건) : 품목이 고장이 나서 현재 수리 중인 상태

해당 상태의 확률을 $P_0(t)$ 및 $P_1(t)$로 표기한다.

b) 상태 그래프 작성

상태 그래프는 품목의 상태 변화를 나타낸다. 품목은 추이 확률을 가지고 한 상태에서 다음 상태로 넘어간다. 노드(상태)로부터 발생된 모든 화살표로 나타낸 추이 확률들의 합은 항상 1이다. 마코프 그래프를 단순화하기 위해 추이율, 고장률 λ, 수리율 μ가 주어진다. 각 품목에 대한 마코프 그래프는 〈그림 10.17〉과 같다.

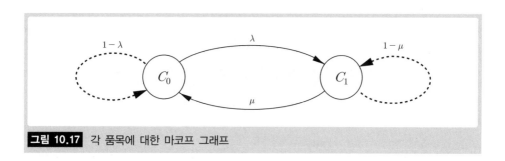

그림 10.17 각 품목에 대한 마코프 그래프

c) 구조 미분방정식 유도

상태 미분방정식을 유도하기 위해서는 우선 일어날 수 있는 모든 상태 변화에 대한 확률

을 가늠해 봐야 한다. 상태 변화의 확률은 모든 추이 확률을 더하여 계산할 수 있다. 이러한 추이 확률은 상태 확률과 해당 추이율을 곱하여 얻을 수 있다. 상태에서 나오는 화살표는 음수이고 상태로 들어가는 화살표는 양수이다. 각 품목에 대하여 다음과 같은 2개의 미분방정식을 구성한다.

$$\frac{dP_0(t)}{dt} = -\lambda \cdot P_0(t) + \mu \cdot P_1(t) \tag{10.14}$$

$$\frac{dP_1(t)}{dt} = -\mu \cdot P_1(t) + \lambda \cdot P_0(t) \tag{10.15}$$

d) 표준화 및 초기 조건

품목은 언제나 상태들 중 한 곳에 위치해야만 하기 때문에, 어느 지점에서든 모든 상태 확률의 합은 항상 1이다. 따라서 표준화 조건은 다음과 같다.

$$P_0(t) + P_1(t) = 1 \tag{10.16}$$

초기 조건은 시간 $t = 0$일 때 품목의 상태를 말한다. 처음에는 관측된 품목은 일반적으로 작동 상태이며 새것과 같다. 따라서 초기 조건은 다음과 같다.

$$P_0(t=0) = 1, \ P_1(t=0) = 0 \tag{10.17}$$

e) 상태 확률 구하기

아래에 나타난 $P_0(t)$ 식은 미분방정식 (10.14), (10.15), 표준화 조건 (10.16), 초기 조건 (10.17)의 수식에서 얻을 수 있다.

$$P_0(t) = \frac{\mu}{\mu+\lambda} + \frac{\lambda}{\mu+\lambda} \cdot e^{-(\lambda+\mu) \cdot t} \tag{10.18}$$

상태 확률은 표준화 조건으로부터 얻을 수 있다.

$$P_1(t) = 1 - P_0(t) \tag{10.19}$$

f) 가용도 결정

한 품목이 t시점에서 정상적인 운용 상태에 있을 확률인 가용도 $A(t)$는 상태 확률 $P_0(t)$와 같다.

$$A(t) = P_0(t) \tag{10.20}$$

비가용도 $U(t)$는 가용도의 여사건이다.

$$U(t) = 1 - A(t) = P_1(t) \tag{10.21}$$

정상 해(Stationary Solution)

가용도는 $t \rightarrow \infty$일 때 정상 해의 극한으로 수렴한다. 정상 가용도 A_D은 일반적으로 아래의 값들로 표현되며,

- 운용 기간의 기댓값 $MTTF = 1/\lambda$ (평균 고장 시간)
- 수리 기간의 기댓값 $MTTR = 1/\mu$ (평균 수리 시간)

보전에 있어서 실질적으로 매우 중요하다.

$$A_D = \lim_{t \rightarrow \infty} A(t) = \frac{\mu}{\lambda + \mu} = \frac{MTTF}{MTTF + MTTR} = \frac{1}{1 + \dfrac{MTTR}{MTTF}} \tag{10.22}$$

〈그림 10.18〉과 같이 정상 가용도는 $MTTR/MTTF$ 값에만 의존한다. 이 값이 점점 커질수록 정상 가용도는 점점 작아진다.

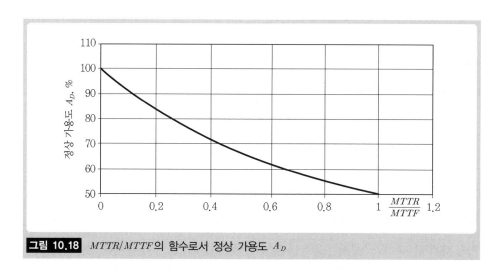

그림 10.18 $MTTR/MTTF$의 함수로서 정상 가용도 A_D

예제 : 여기서 마코프 방법을 설명하기 위해 품목의 고장 및 수리 거동의 분포는 지수 분포를 따르는 것으로 한다. 일정 고장률과 다양한 수리율에 대한 가용도가 나타난다. 〈표 10.3〉은 여러 가지 모수를 보여 준다. 결정된 가용도 $A(t)$는 〈그림 10.19〉에 나타나 있다.

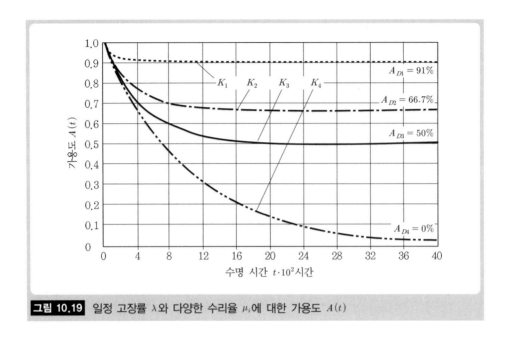

그림 10.19 일정 고장률 λ와 다양한 수리율 μ_i에 대한 가용도 $A(t)$

여기서 시간 t가 매우 긴 경우에 정상 가용도로 수렴하는 것을 관찰할 수도 있다. $\mu = 0$이면 수리 시간이 무한대가 되어 신뢰도와 가용도는 일치한다. 정상 가용도는 수리 시간이 증가할수록 감소한다.

| 표 10.3 | 마코프 예제의 모수

No.	λ[1/h]	$MTTF$[h]	μ[1/h]	$MTTR$[h]	A_D[%]
K_1	0.001	1,000	0.01	100	91
K_2	0.001	1,000	0.002	500	66.7
K_3	0.001	1,000	0.001	1,000	50
K_4	0.001	1,000	0	∞	0

10.4.2.2 여러 품목에 대한 마코프 모델

여러 개의 품목으로 구성되어 있는 시스템을 분석할 때에는 모든 품목들 간의 교호작용(상호작용)을 고려해야만 한다. 만약 n개의 품목이 서로 상호작용을 한다면 마코프 모델에서 예상할 수 있는 고장과 추이의 조합 수는 2^n개의 상태를 가정할 수 있다. 가장 단순한 시나리오는 두 가지 품목(K_1, K_2)으로 구성된 시스템이며, 이 경우에는 네 가지 상태가 존재할 수 있으며 이는 〈표 10.4〉와 같다.

| 표 10.4 | 두 가지 품목으로 구성된 시스템의 상태 설명

상태	설명	확률
C_0	두 품목 모두 정상일 때	$P_0(t)$
C_1	K_1은 고장이고 K_2는 정상일 때	$P_1(t)$
C_2	K_1은 정상이고 K_2는 고장일 때	$P_2(t)$
C_3	두 품목 모두 고장일 때	$P_3(t)$

〈그림 10.20〉은 예상할 수 있는 모든 변화에 해당하는 마코프 상태 그래프를 보여준다. 비율 λ_1과 μ_1은 K_1 품목의 추이 거동을 설명하는 반면, λ_2와 μ_2는 품목 K_2에 해당한다. C_0에서 C_3 그리고 C_1에서 C_2로의 추이는 고려하지 않는다. 왜냐하면 이러한 상태의 변화는 2개 품목이 그들의 상태를 동시에 변화시키기 때문이다.

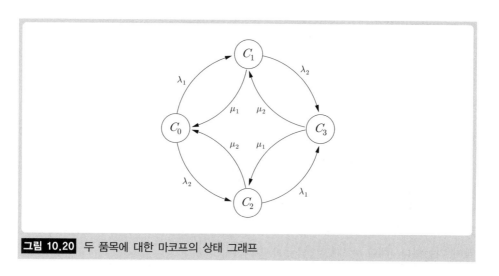

그림 10.20 두 품목에 대한 마코프의 상태 그래프

상태 확률에 대한 미분방정식은 다시 마코프 그래프에서 상태 추이의 평형 상태를 이루며, 아래와 같다.

$$\left. \begin{aligned}
\frac{dP_0(t)}{dt} &= -(\lambda_1 + \lambda_2) \cdot P_0(t) + \mu_1 \cdot P_1(t) + \mu_2 \cdot P_2(t), \\
\frac{dP_1(t)}{dt} &= \lambda_1 \cdot P_0(t) - (\lambda_2 + \mu_1) \cdot P_1(t) + \mu_2 \cdot P_3(t), \\
\frac{dP_2(t)}{dt} &= \lambda_2 \cdot P_0(t) - (\lambda_1 + \mu_2) \cdot P_2(t) + \mu_1 \cdot P_3(t), \\
\frac{dP_3(t)}{dt} &= \lambda_2 \cdot P_1(t) + \lambda_1 \cdot P_2(t) - (\mu_1 + \mu_2) \cdot P_3(t)
\end{aligned} \right\} \tag{10.23}$$

이전과 같이 표준화 조건은 상태 확률의 합으로 결정될 수 있다.

$$P_0(t) + P_1(t) + P_2(t) + P_3(t) = 1 \tag{10.24}$$

여기서 초기 조건은 다음과 같다.

$$P_0(t=0) = 1, \ P_i(t=0) = 0, \ i = 1,2,3 \tag{10.25}$$

예를 들면, 표준화 및 초기 조건하에서 라플라스 변환을 사용하여 미분방정식을 풀 수 있다. 그러나 이 해결 방법은 매우 복잡하고 시간이 오래 걸린다.

광범위한 계산을 한 후에 다양한 상태 확률은 다음과 같은 결과를 보인다.

$$P_0(t) = \frac{\lambda_1 \cdot \lambda_2 \cdot e^{-(\lambda_1+\mu_1+\lambda_2+\mu_2)\cdot t} + \mu_1 \cdot \lambda_2 \cdot e^{-(\lambda_2+\mu_2)\cdot t} + \mu_2 \cdot \lambda_1 \cdot e^{-(\lambda_1+\mu_1)\cdot t} + \mu_2 \cdot \mu_1}{(\lambda_1+\mu_1)\cdot(\lambda_2+\mu_2)} \tag{10.26}$$

$$P_1(t) = -\frac{\lambda_1 \cdot \left(\lambda_2 \cdot e^{-(\lambda_1+\mu_1+\lambda_2+\mu_2)\cdot t} - \lambda_2 \cdot e^{-(\lambda_2+\mu_2)\cdot t} + \mu_2 \cdot e^{-(\lambda_1+\mu_1)\cdot t} - \mu_2\right)}{(\lambda_1+\mu_1)\cdot(\lambda_2+\mu_2)} \tag{10.27}$$

$$P_2(t) = \frac{\lambda_2 \cdot \left(-\lambda_1 \cdot e^{-(\lambda_1+\mu_1+\lambda_2+\mu_2)\cdot t} - \mu_1 \cdot e^{-(\lambda_2+\mu_2)\cdot t} + \lambda_1 \cdot e^{-(\lambda_1+\mu_1)\cdot t} + \mu_1\right)}{(\lambda_1+\mu_1)\cdot(\lambda_2+\mu_2)} \tag{10.28}$$

$$P_3(t) = \frac{\lambda_1 \cdot \lambda_2 \cdot \left(e^{-(\lambda_1+\mu_1+\lambda_2+\mu_2)\cdot t} - e^{-(\lambda_1+\mu_1)\cdot t} - e^{-(\lambda_2+\mu_2)\cdot t} + 1\right)}{(\lambda_1+\mu_1)\cdot(\lambda_2+\mu_2)} \tag{10.29}$$

가용도를 결정하기 위해 시스템 구조를 고려할 필요가 있다. 여기에서는 2개의 품목을 다루고 있기 때문에 이 품목들이 직렬 구조 혹은 병렬 구조로 서로 연결되어 있는 것이 가능하다. 해당 가용도는 다음과 같다.

직렬 구조　　$A(t) = P_0(t)$ (10.30)

병렬 구조　　$A(t) = P_0(t) + P_1(t) + P_2(t) = 1 - P_3(t)$ (10.31)

정상(stationary)인 경우에 상태 확률은 일정하며, 상태 변화는 0이 된다.

$$\lim_{t \to \infty} P_i(t) = p_i = \varnothing, \ \lim_{t \to \infty} \frac{dP_i(t)}{dt} = 0, \ i = 0,1,2,3 \tag{10.32}$$

그러므로 정상인 경우에 미분방정식은 선형 대수방정식이 된다. 식 (10.27)~(10.30)은 다음과 같은 정상 해를 얻는다.

$$p_0 = \frac{\mu_1 \cdot \mu_2}{(\lambda_1 + \mu_1) \cdot (\lambda_2 + \mu_2)} \, , \, p_1 = \frac{\lambda_1 \cdot \mu_2}{(\lambda_1 + \mu_1) \cdot (\lambda_2 + \mu_2)}$$
$$p_2 = \frac{\lambda_2 \cdot \mu_1}{(\lambda_1 + \mu_1) \cdot (\lambda_2 + \mu_2)} \, , \, p_3 = \frac{\lambda_1 \cdot \lambda_2}{(\lambda_1 + \mu_1) \cdot (\lambda_2 + \mu_2)} \tag{10.33}$$

두 품목에 대하여 직렬 및 병렬 구조에 대한 정상 가용도는 아래와 같다.

직렬 구조 $\qquad A_D = \dfrac{1}{\left(1 + \dfrac{\lambda_1}{\mu_1}\right) \cdot \left(1 + \dfrac{\lambda_2}{\mu_2}\right)} \tag{10.34}$

병렬 구조 $\qquad A_D = 1 - \dfrac{1}{\left(1 + \dfrac{\mu_1}{\lambda_1}\right) \cdot \left(1 + \dfrac{\mu_2}{\lambda_2}\right)} \tag{10.35}$

예제 : 시스템의 2개 구성품에 대한 고장 거동과 수리 거동은 지수분포를 따른다. 해당 모수는 〈표 10.5〉에 나타나 있다.

| 표 10.5 | 고장 및 수리 분포의 모수

No.	고장 거동		수리 거동		정상 가용도
	$\lambda[1/h]$	$MTTF[h]$	$\mu[1/h]$	$MTTR[h]$	$A_{Di}[\%]$
C_1	0.001	1,000	0.01	100	90.9
C_2	0.002	500	0.02	50	90.9

2개 품목에 대한 직렬 및 병렬 구조에 대한 가용도 함수 (10.30)과 (10.31)은 〈그림 10.21〉에 나타나 있다.

식 (10.34)와 (10.35)로 계산된 정상 가용도 또한 나타나 있다. 여기서 정상상태에 얼마나 빨리 도달하는지도 나타나 있다.

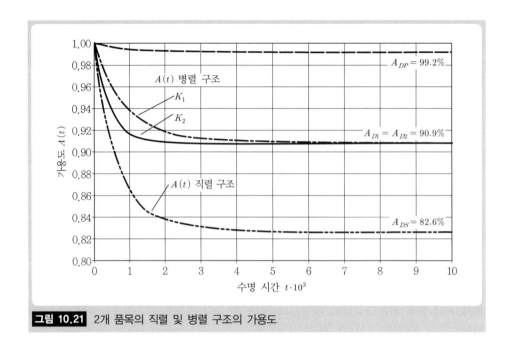

그림 10.21 2개 품목의 직렬 및 병렬 구조의 가용도

10.4.3 불-마코프 모델

만약 시스템이 서로 독립인 수리 가능한 시스템 품목으로 구성되어 있다면, 〈그림 10.22〉와 같이 불-마코프 모델(Boole-Markov model)이 사용될 수 있다. 이와 같이 수리 시스템은 수리 가능한 품목을 가진 시스템으로 여겨진다. 이미 살펴보았듯이, 마코프 모델은 개별 시스템 품목들의 정상 가용도를 결정한다. 이러한 품목들의 연결은 불 (Boolean) 모델로 얻을 수 있다.

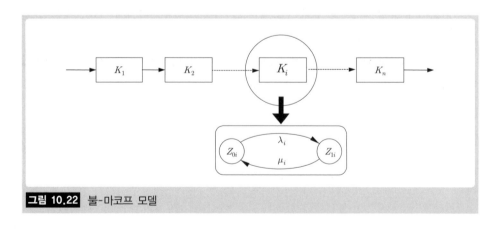

그림 10.22 불-마코프 모델

수리 시스템에 대한 마코프 모델의 현대의 인식은 해당 품목들이 일정한 고장률과

수리율을 가지고 있다는 사실 때문에 제한적이다. 시간에 종속적인 고장률 혹은 수리율의 경우, 시간의 함수로 상태 확률을 구하는 것은 불가능하다. 따라서 불-마코프 모델에서만 정상 상태, 즉 정상 가용도를 계산한다. 각 개별 품목에 대한 정상 가용도 A_{Di}를 위해 시간에 종속적인 추이율은 결정된다.

$$A_{Di} = \lim_{t \to \infty} A_i(t) = \frac{\mu_i}{\lambda_i + \mu_i} = \frac{MTTF_i}{MTTF_i + MTTR_i} \qquad (10.36)$$

여기서 고장 및 수리 분포의 기댓값 $E(t)$로서 운용 시간의 기댓값인 $MTTF_i$와 수리 시간의 기댓값인 $MTTR_i$를 계산해야 한다. 시스템 정상 가용도는 불 모델을 사용하여 추정할 수 있다.

$$직렬\ 시스템 \quad A_{DS} = \prod_{i=1}^{n} A_{Di} = \prod_{i=1}^{n} \frac{\mu_i}{\lambda_i + \mu_i} = \prod_{i=1}^{n} \frac{MTTF_i}{MTTF_i + MTTR_i} \qquad (10.37)$$

$$병렬\ 시스템 \quad A_{DP} = 1 - \prod_{i=1}^{n} (1 - A_{Di}) = 1 - \prod_{i=1}^{n} \frac{\lambda_i}{\lambda_i + \mu_i} \qquad (10.38)$$
$$= 1 - \prod_{i=1}^{n} \frac{MTTR_i}{MTTF_i + MTTR_i}$$

예제 : 시스템 가용도 계산을 위한 예제로 시스템은 3개의 구성품이 직렬로 연결되어 있으며, 각 구성품의 고장 거동은 와이블 분포를 따른다. 각 구성품의 수리 거동은 평균 수리 시간 $MTTR = 100$시간인 지수분포를 따른다. 〈표 10.6〉은 분포의 모수와 시스템 정상 가용도뿐만 아니라 각 구성품의 정상 가용도를 계산한 요약표이다.

| **표 10.6** | 시스템 구성품의 모수-시스템 가용도 계산

No.	고장 거동				수리 거동	정상 가용도
	b	$T[h]$	$t_0[h]$	$MTTF[h]$	$MTTR[h]$	A_{Di}
K_1	2.0	3,000	0	2,658	100	0.9637
K_2	1.8	3,200	500	2,901	100	0.9667
K_3	1.5	2,500	1,000	2,354	100	0.9593
시스템 정상 가용도	$A_{DS} = \prod_{i=1}^{n} \dfrac{MTTF_i}{MTTF_i + MTTR_i} = \prod_{i=1}^{n} A_{Di} = 0.8937$					

10.4.4 일반 재생 과정

재생 이론은 '인구 재생' 연구로부터 기원한다. 그러나 시간이 지나면서 재생 이론은 확률 이론[10.13, 10,14]의 독립변수와 양의 확률 변수의 총합을 넘어 일반적인 사건에 대한 연구로 진행되었다. 재생 이론 분야의 초기 연구는 Lotka[10.33]의 연구에 나타나 있다.

　일반 재생 과정[10.1, 10.2, 10.3, 10.7, 10.13, 10.14]은 또한 확률 과정의 일부이며, 연속적인 운용에서 각 구성품의 기본적인 원리를 설명한다. 구성품의 수명 마지막 시점에서 고장 난 구성품은 즉시 확률적으로 동일한 새로운 구성품으로 교체되는 것을 가정한다. 이 말은 일반 재생 과정에서는 수리 기간이 운용 기간과 비교해 볼 때 무시되므로 $MTTF \gg MTTR$이어야 할 필요가 있다는 것이다. 그러나 이러한 단순화는 가용도가 일반 재생 과정으로는 계산될 수 없다는 사실을 나타낸다. 이러한 제약에도 불구하고 일반 재생 과정에 대해 살펴보도록 한다.

10.4.4.1 n번째 재생까지의 시간

일반 재생 과정은 〈그림 10.23〉에 나타나 있다.

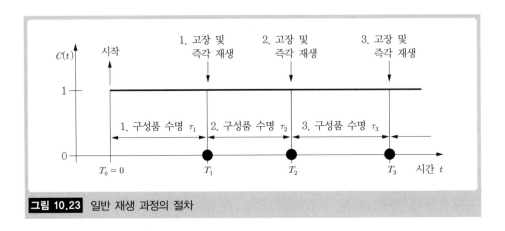

그림 10.23 일반 재생 과정의 절차

　T_1, T_2, …점을 재생점(renewal points 혹은 regeneration points)이라고 한다. T_n 값은 원점에서부터 n번째 재생까지의 거리를 나타내기 때문에 n번째 재생까지의 시간을 의미하기도 한다. 재생 과정에서는 연속적으로 점을 생성한다. 이 점들의 재생 시간은 서로 독립이기 때문에 이 과정은 종종 점 과정(point process)으로 여겨진다. 수명 τ_n은 양의 독립변수이며, 동일한 분포함수 $F(t)$를 가진다. 다음과 같은 방정식은 일반 재생 과정에서 유효하다.

$$T_n = \sum_{i=1}^{n} \tau_i, \ n = 1, 2, 3, ..., \infty \tag{10.39}$$

원점은 재생점으로 셈하지 않는다. $T_0 = 0$은 예외다. n번째 재생, T_n시점에서의 분포는 $F(t)$의 n번째 합성곱 지수(convolution power)로 주어지며,

$$F_n(t) = F^{*(n)}(t) \tag{10.40}$$

또한 n개 수명 합의 분포와 일치한다. $F(t)$의 n번째 합성곱 지수는 아래와 같은 식을 사용하여 반복적으로 계산될 수 있다.

$$F^{*(n)}(t) = \int_0^t F^{*(i-1)}(t-t')f(t')dt', \quad i = 2, 3, 4, ..., n \tag{10.41}$$

$$F^{*(1)}(t) \equiv F(t)$$

10.4.4.2 재생 수

$[0, t]$구간의 재생점 수인 $N(t)$는 다음과 같이 이산 확률변수이며,

$$N(t) = \begin{cases} 0, & t < T_1 \\ n, & T_n \leq t \leq T_{n+1} \end{cases} \tag{10.42}$$

n 재생점이 0과 t 사이에 정확히 위치하는 확률 값을 위해 $W_n(t) = P(N(t) = n)$가 필요하다. 이러한 결과는 다음과 같은 식으로 나타난다.

$$W_n(t) = F^{*(n)}(t) - F^{*(n+1)}(t) \tag{10.43}$$

첫 번째 구성품의 시작과 t시점 사이에서 재생이 일어나지 않을 확률은 신뢰도 함수와 같다.

$$W_0(t) = 1 - F(t) = R(t) \tag{10.44}$$

10.4.4.3 재생 함수 및 재생 밀도 함수

재생 함수 $H(t)$는 $[0, t]$구간에서 재생 횟수의 기댓값으로 정의된다. 식 (10.43)으로부터 다음과 같이 결론 내릴 수 있다.

$$H(t) = E(N(t)) = \sum_{n=1}^{\infty} n W_n(t) = \sum_{n=1}^{\infty} n[F^{*(n)}(t) - F^{*(n+1)}(t)] = \sum_{n=1}^{\infty} F^{*(n)}(t), \ t \geq 0 \tag{10.45}$$

재생 함수는 얼마나 많은 재생이 t시간까지 이루어질 것인지 50%의 확률을 가지고 예측하기 때문에 교체 부품의 수요를 결정하는 역할을 한다. 다시 말해, 만약 재생 과정이 50%의 확률을 가지고 보전되어야 한다면, t시간에서 총 $H(t)$ 교체 구성품을 가지고 있어야만 한다는 뜻이다.

재생 함수를 미분하여 구한 재생 밀도 함수는 고장 밀도 함수를 무한대까지 합성곱 지수로 취한 것이다.

$$h(t) = \frac{dH(t)}{dt} = \sum_{n=1}^{\infty} f^{*(n)}(t) \tag{10.46}$$

이는 아래 수식으로 반복적으로 계산될 수 있다.

$$f_S(t) = f^{*(i)}(t) = \int_0^t f^{*(i-1)}(t-t')f(t')dt', \quad i = 2,3,4,...,n \tag{10.47}$$
$$f^{*(1)}(t) \equiv f(t)$$

식 $h(t)dt$는 $[t, t+dt]$구간 동안 고장 횟수의 평균 확률이다. 따라서 재생 밀도 함수는 단위시간당 평균 고장 수를 나타낸다. 〈그림 10.24〉는 $\mu = 36$시간, $\sigma = 6$시간인 정규분포의 고장 밀도 함수의 예제를 보여 준다.

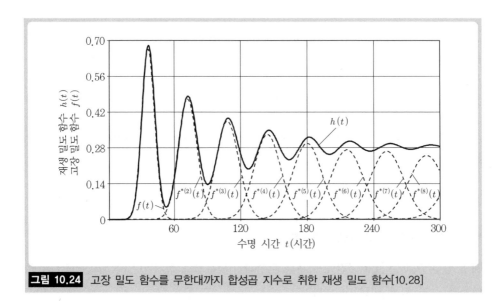

그림 10.24 고장 밀도 함수를 무한대까지 합성곱 지수로 취한 재생 밀도 함수[10.28]

10.4.4.4 재생 방정식

재생의 라플라스 변환은 등비급수로 나타낼 수 있다[10.6]. 라플라스 변환의 합성곱 이론을 식 (10.46)에 적용함으로써 다음과 같은 식이 산출된다.

$$L\{h(t)\} = \tilde{h}(s) = \sum_{n=1}^{\infty} \widetilde{f^n}(s) = \tilde{f}(s)(1 + \tilde{f}(s) + \tilde{f}^2(s) + \tilde{f}^3(s) + \cdots) \qquad (10.48)$$
$$= \frac{\tilde{f}(s)}{s(1 - \tilde{f}(s))}$$

재생 함수는 라플라스 변환의 적분 정리를 고려하여 다음과 같은 식으로 나타낼 수 있다.

$$L\{H(t)\} = \widetilde{H}(s) = \sum_{n=1}^{\infty} \widetilde{F^n}(s) = \frac{1}{s} \sum_{n=1}^{\infty} \widetilde{f^n}(s) = \frac{\tilde{f}(s)}{s(1 - \tilde{f}(s))} \qquad (10.49)$$

식 (10.48)과 (10.49)를 변경하여 다음과 같이 나타낼 수도 있다.

$$\tilde{h}(s) = \tilde{f}(s) + \tilde{h}(s)\tilde{f}(s) \qquad (10.50)$$

$$\widetilde{H}(s) = \widetilde{F}(s) + \widetilde{H}(s)\tilde{f}(s) \qquad (10.51)$$

식 (10.50)과 (10.51)을 역변환하고 라플라스 변환의 합성곱 법칙을 동시에 적용하여 다음과 같은 식이 나타난다.

$$h(t) = f(t) + h * f(t) = f(t) + \int_0^t h(t - t') f(t') dt' \qquad (10.52)$$

$$H(t) = f(t) + H * f(t) = F(t) + \int_0^t H(t - t') f(t') dt' \qquad (10.53)$$

상기의 식들은 재생 이론의 적분방정식 혹은 간단히 재생 방정식이라 불리는데 때로 추가적인 연구를 위한 원점이 된다.

10.4.4.5 교체 부품의 수요 추정

참고문헌 [10.3]에 따르면 일반 재생 과정의 경우 $H(t)$ 점근선은 이미 발견되었다. 시간 t의 값이 큰 경우, 이러한 점근선들은 $N(t)$ 분포뿐만 아니라 $H(t)$의 근사치를 산출한다. 여기서 지속적으로 $E(\tau) = MTTF < \infty$, $Var(\tau) < \infty$이어야만 한다.

재생 이론의 기본 법칙은 재생 과정과 관련된 추가적인 점근적 명제를 고려한다. 아래 수식에서 설명된 직선이 $H(t)$ 곡선의 점근선을 나타낸다는 것은 중요한 암시이다.

$$\hat{H}(t) = \frac{t}{MTTF} + \frac{Var(\tau) + MTTF^2}{2 \cdot MTTF^2} - 1 = \frac{t}{MTTF} + \frac{Var(\tau) - MTTF^2}{2 \cdot MTTF^2} \quad (10.54)$$

$\hat{H}(t)$는 구성품 및 시스템의 재생 과정을 유지시키기 위해 시간의 경과에 따라 요구되는 교체 부품의 근사 해를 산출해 낸다.

10.4.4.6 가용도에 대한 설명

일반 재생 과정에서는 고장 발생 시 구성품이 새로운 구성품으로 지연 없이 교체되는 것을 가정하기 때문에 아래의 가용도를 추측할 수 있다.

$$A(t) = 1, \quad t \geq 0 \tag{10.55}$$

10.4.4.7 일반 재생 과정 분석

재생 방정식 (10.52)와 (10.53)은 2차 형태의 선형 볼테라 적분방정식이다. 수치 적분 절차를 적용하여 그러한 방정식을 푸는 과정은 참고문헌 [10.30]과 [10.27]에 나타나 있다.

10.4.5 교대 재생 과정

만약 고장 난 구성품의 수리 기간 혹은 재생 시간이 무시되지 않는다면 교대 재생 과정이 다뤄진다[10.1, 10.2, 10.3, 10.7, 10.13, 10.14, 10.40]. 일반적으로 결함이 있는 구성품의 발견과 고장품의 수리 혹은 재생에 상당한 시간이 걸리기 때문에 교대 재생 과정을 통해 현실을 모형화하는 것은 쉬워진다. 따라서 가용도를 계산하는 것이 가능하다.

1959년에 케인(Cane)[10.10]과 페이지(Page)[10.34]는 전자계산기 검사 및 동물행동학의 문제에 대해 교대 재생 과정을 최초로 적용하여 발표하였다.

10.4.5.1 교대 재생 과정 절차

〈그림 10.25〉는 교대 재생 과정을 모형화한 것이다.

첫 번째 구성품은 $t = 0$시간에서 작동을 시작한다. 이 구성품은 첫 번째 수명 기간 $\tau_{1,1}$ 동안 가동 상태에 있다. 이 구성품의 수명 기간이 다하면 구성품은 고장이 나므로 고장 상태 혹은 수리 상태에 있게 된다. 수리 기간 $\tau_{0,1}$ 동안에 고장 난 구성품은 수리되거나 새로운 부품으로 교체된다. 수리 혹은 재생이 끝나면 구성품은 재빨리 가동 상태로 돌아간다. 수명 $\tau_{1,2}$이 끝나면 $\tau_{0,2}$ 시간 동안 다시 수리되거나 재생된다. 수명 기간 및 수리 기간은 서로 교대로 발생한다. 각 수명 기간이 종료되는 시간 $T_{1,n}$과 수리 기간이 종료되는 시간 $T_{0,n}$은 〈그림 10.26〉에 시간 축으로 나타나 있다.

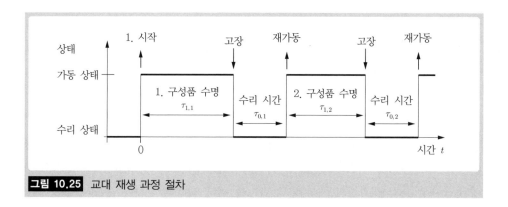

그림 10.25 교대 재생 과정 절차

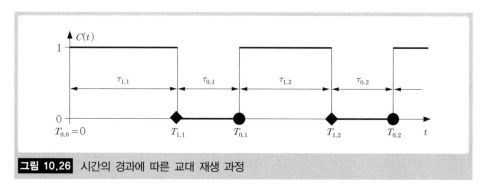

그림 10.26 시간의 경과에 따른 교대 재생 과정

$\tau_{1,n}$ 수명은 다음과 같으며,

$$\tau_{1,n} = T_{1,n} - T_{0,n-1}, \quad n = 1,2,3,...\infty \tag{10.56}$$

재생점으로서 가동을 시작할 때의 $T_{0,0} = 0$시간은 포함하지 않는다.

수리 기간은 다음의 식으로 계산될 수 있다.

$$\tau_{0,n} = T_{0,n} - T_{1,n}, \quad n = 1,2,3,...\infty \tag{10.57}$$

만약 식 (10.56)과 (10.57)에서 주어진 차이들이 독립이고 양의 확률 변수라면, $T_{1,1}$, $T_{0,1}$, $T_{1,2}$, $T_{0,2}$, $T_{1,3}$, …는 교대 재생 과정을 의미한다. 게다가 모든 수명 기간 $\tau_{1,n}$ 와 모든 수리 기간 $\tau_{0,n}$은 동일한 분포를 갖는다. $t = 0$시점에서 새로운 구성품이 가동을 시작하는 것으로 가정하기 때문에 첫 번째 수명 기간인 $\tau_{1,1}$의 분포는 이어지는 수명 기간 $\tau_{1,n}$의 분포와 같다. 이러한 요구사항을 이행하지 못하는 교대 재생 과정과 구별하기 위해 이러한 과정들을 일반 교대 재생 과정이라고 부른다[10.7].

수명 $\tau_{1,n}$의 거동은 $F(t)$, $f(t)$, $MTTF$로 나타내며, 수리 기간 $\tau_{0,n}$의 거동은 $G(t)$, $g(t)$, $MTTR$로 나타낸다. 수명 $\tau_{1,n}$은 재생점 $T_{1,n}$에 도달했을 때 끝나기 때문에 재생점은 고장점으로 불리기도 한다. 수리 기간 $\tau_{0,n}$가 끝나는 재생점 $T_{0,n}$은 가동을 재시작하는 시점으로도 나타낸다.

10.4.5.2 재생 방정식

일반 재생 과정과 유사하게, 내재된 과정의 재생 방정식은 라플라스 변환, 기하급수 전개, 라플라스 재전개, 라플라스 역변환 이후의 적분방정식으로 나타난다. 고장점으로 구성된 내재된 1-재생 과정의 재생 밀도 함수를 위한 재생 방정식은 다음과 같다.

$$h_1(t) = f(t) + h_1 * (f * g(t)) = f(t) + \int_0^t h_1(t-t')(f * g(t'))dt' \tag{10.58}$$

재생 함수의 재생 방정식은 다음과 같다.

$$H_1(t) = F(t) + H_1 * (f * g(t)) = F(t) + \int_0^t H_1(t-t')(f * g(t'))dt' \tag{10.59}$$

교체 부품의 수요를 근사하기 위해서 고장의 재생 방정식 $H_1(t)$를 사용하는 것이 효과적이다. 그래야만 고장 발생 후 이어지는 수리 상태 동안에 필요로 하는 교체 부품을 준비할 수 있기 때문이다.

내재된 0-재생 과정에 대한 재생 밀도 함수의 재생 방정식은 다음과 같다.

$$h_0(t) = f * g(t) + h_0 * (f * g(t)) = f * g(t) + \int_0^t h_0(t-t')(f * g(t'))dt' \tag{10.60}$$

재생 함수의 재생 방정식은 다음과 같다.

$$H_0(t) = F * g(t) + H_0 * (f * g(t)) = F * g(t) + \int_0^t H_0(t-t')(f * g(t'))dt' \tag{10.61}$$

10.4.5.3 교체 부품 수요 추정

2개의 내재된 재생 과정은 재생 법칙을 명기하는 것이 가능하다. 이러한 법칙은 시간 t가 큰 경우에 대하여 $H_1(t)$ 및 $H_0(t)$의 근사치를 산출한다. 이를 위해서는 $MTTF < \infty$, $MTTR < \infty$, $Var(\tau_1) < \infty$, $Var(\tau_0) < \infty$가 필요하다.

아래의 식은 내재된 1-재생 과정에 대한 $H_1(t)$ 곡선의 점근선을 나타낸다[10.27].

$$\widehat{H_1} = \frac{t}{MTTF+MTTR} + \frac{Var(\tau_1)+Var(\tau_0)+MTTR^2-MTTF^2}{2(MTTF+MTTR)^2} \qquad (10.62)$$

이어지는 식은 내재된 0-재생 과정에 대한 $H_0(t)$ 곡선의 점근선에 해당한다[10.27].

$$\widehat{H_0} = \frac{t}{MTTF+MTTR} + \frac{Var(\tau_1)+Var(\tau_0)+(MTTF+MTTR)^2}{2(MTTF+MTTR)^2} - 1 \qquad (10.63)$$

이와 같이 식 (10.62)와 (10.63)은 기본적인 재생 접근에서 그러하듯이, t가 큰 경우에 재생 함수 $H_1(t)$와 $H_0(t)$의 더 가까운 근사치를 제공한다. 동시에 이런 수식들은 t가 큰 경우에 교체 부품의 수요를 추정하게 해 준다. 여기서 고장 발생 시 교체 부품이 이미 가까이에 준비되어 있기 때문에 재생 함수 $H_1(t)$의 근사치를 사용해야만 한다.

10.4.5.4 점 가용도

점 가용도는 시스템의 성능 특성으로서 실제 현장에서 점점 주목받고 있다. 식 (10.3)에 따라 점 가용도는 t시점에서 한 구성품이 가동 상태에 있을 확률을 말한다. 점 가용도는 교대 재생 과정을 기반으로 하여 다양한 방법으로 결정될 수 있다. 그중 세 가지 방법이 이번 절에서 논의될 것이다.

방법 Ⅰ :

점 가용도는 $x = 0$일 때 구간 신뢰도의 특별한 경우로 간주된다[10.30].

$$A(t) = R(t) + R^* h_0(t) = R(t) + \int_0^t R(t-t')h_0(t')dt' \qquad (10.64)$$

식 (10.64)의 점 가용도 계산을 위해 재생 밀도 함수 $h_0(t)$는 알려져 있어야만 한다.

방법 Ⅱ :

재생 밀도 함수 $h_0(t)$를 정확히 알 필요 없이 구성품의 점 가용도 $A(t)$를 계산하는 두 번째 방법은 참고문헌 [10.7]과 [10.36]에 설명되어 있다. 구성품은 $t = 0$일 때 가동 상태(1-상태)에 있는 것으로 가정한다. 수리를 마친 구성품이 가동 상태로 복귀하는 시간 $T_{0,n}$만이 고려된다. 〈그림 10.27〉과 같이 최초 수리 이후 첫 번째 재생은 t'시점에서 이루어진다.

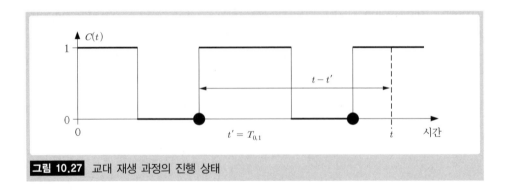

그림 10.27 교대 재생 과정의 진행 상태

최초 재생 시간 $T_{0,1}$의 밀도 함수는 $f*g(t')$와 같다. 최초 재생이 $t'(t' \leq t)$시점에 발생한다는 조건하에서 t시점에서 1-상태의 확률은 $A(t-t')$와 같다.

모든 t'에 대한 적분은 다음과 같다.

$$P(Z(t) = 1|T_{0,1} = t' \leq t) = \int_0^t A(t' - t)(f*g(t'))dt' \tag{10.65}$$

게다가 최초 재생 $T_{0,1}$가 t시간 이후에 발생하는 경우를 고려해야 할 필요가 있다. 이 경우에 t시점에서 1-상태의 확률은 다음과 같다.

$$P(Z(t) = 1|T_{0,1} = t' > t) = 1 - F(t) = R(t) \tag{10.66}$$

점 가용도의 재귀식은 전 확률 법칙과 함께 $T_{0,1}$시간에서 논리합 조건을 가지고 식 (10.65)와 (10.66)으로부터 직접 얻을 수 있다.

$$A(t) = R(t) + A*(f*g(t)) = R(t) + \int_0^t A(t-t')(f*g(t'))dt' \tag{10.67}$$

방법 III :

식 (10.3)에 따르면 점 가용도는 t시점에서 상태 지시 함수 $C(t)$의 기댓값으로 정의된다. 상태 지시 함수의 계산은 함수 $N_1(t)$과 $N_0(t)$를 통해 이루어진다.

$N_1(t)$는 $[0, t]$구간에서 고장이 발생한 횟수를 나타내며 $N_0(t)$는 $[0, t]$구간에서 수리를 마친 횟수를 나타낸다. t시간일 때 상태 지시 함수 $C(t)$는 〈그림 10.28〉과 같다.

$$C(t) = 1 + N_0(t) - N_1(t) \tag{10.68}$$

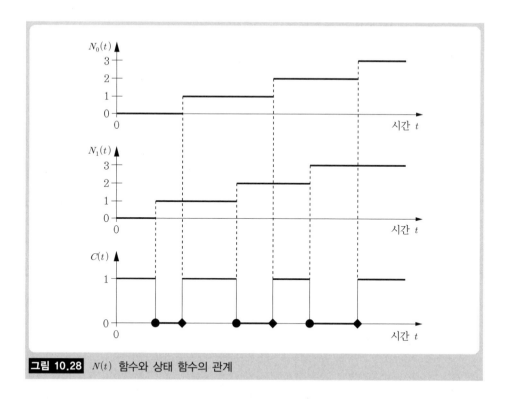

그림 10.28 $N(t)$ 함수와 상태 함수의 관계

　기댓값 구성을 통해 점 가용도의 또 다른 형태를 상태 지시 함수로 기술함으로써 얻을 수 있다. 상수 값의 기댓값은 상수라는 사실과 함께 확률 변수 합에 대한 법칙을 고려하여 다음과 같은 점 가용도를 얻을 수 있다[10.1].

$$A(t) = E(C(t)) = 1 + E(N_0(t)) - E(N_1(t)) = 1 + H_0(t) - H_1(t) \qquad (10.69)$$

　라플라스 변환을 통하여 식 (10.64), (10.67), (10.69)를 점 가용도 $A(t)$와 동일한 계산식으로 나타내는 것이 가능하다[10.30].

10.4.5.5 점근적 거동

가용도 $A(t)$는 $t = 0$에서의 초기 상태와는 상관없이 오랜 시간이 지나면 상수로 수렴한다. 정상 가용도는 재생 이론의 기본 정리를 통하여 결정될 수 있다.

$$A_D = \lim_{t \to \infty} A(t) = \frac{MTTF}{MTTF + MTTR} \qquad (10.70)$$

　재생 주기로 2개의 인접한 재생점 사이의 시간 간격을 지정함으로써 정상 가용도는 작동 시간의 기댓값을 주기 길이의 기댓값으로 나눈 값과 동일하다.

10.4.5.6 교대 재생 과정 분석

재생 방정식 (10.58)~(10.61)은 2차 형태의 볼테라 적분방정식이다. 수치 적분을 적용하여 얻은 결과는 참고문헌 [10.27]과 [10.30]에 나타나 있다. 점 가용도 $A(t)$을 계산하기 위해 식 (10.64), (10.67), (10.69)는 수치적으로 계산될 수 있다.

10.4.5.7 예제

〈그림 10.29〉는 고장 및 수리 분포가 동일한 다양한 와이블 분포의 가용도뿐만 아니라 재생 밀도 함수, 재생 (분포)함수, 고장 및 수리 밀도 함수의 예제를 보여 준다. 수리 분포는 정규분포와 유사한 형상 모수 $b=3.5$인 와이블 분포이다. 고장 분포는 일정한 $MTTF$ 값을 가지도록 다양하게 선택되었다. 고장 분포의 형상 모수는 5가지이고, 일정한 $MTTF$를 유지하기 위해 다양한 특성 수명 T를 갖는다. 사용된 분포의 모수 값은 〈표 10.7〉에 나타나 있다.

| 표 10.7 | 고장 및 수리 분포의 모수

No.	고장 분포 $F(t)$				수리 분포 $G(t)$			
	b	$MTTF$[h]	T[h]	$\sqrt{Var(\tau)}$[h]	b	$MTTF$[h]	T[h]	$\sqrt{Var(\tau)}$[h]
1	1.0	1,000	1,000	1,000	3.5	600	666.85	189.87
2	1.5	1,000	1,107.73	678.97	3.5	600	666.85	189.87
3	2.0	1,000	1,128.38	522.72	3.5	600	666.85	189.87
4	3.0	1,000	1,119.85	363.44	3.5	600	666.85	189.87
5	4.0	1,000	1,103.26	280.54	3.5	600	666.85	189.87

〈그림 10.29〉는 재생 밀도 함수 $h_\infty = 1/(MTTF+MTTR) = 1/1600\text{h}^{-1} = 6.25 \times 10^{-4}\text{h}^{-1}$의 고정 값으로 수렴하는 것을 보여 준다. 재생 밀도 함수는 형상 모수에 의존하는 다양한 형태를 가진다. 형상 모수 b가 클수록 재생 밀도 함수는 고정 값 h_∞ 주위로 크게 진동한다.

고장 분포의 분산이 적을수록 재생 밀도 함수는 수렴 값으로 빠르게 변동한다. 재생 함수는 해당하는 거동을 보여 주는데 여기에서 식 (10.62)와 (10.63)에 따라 선형 점근선으로 수렴하는 것이 나타날 수도 있으며 재생 함수의 기울기는 $1/h_\infty$로 변환한다. 재생 함수가 수평 방향으로 변하는 사실은 다양한 분산으로 설명될 수 있다.

가용도는 형상 모수에 의존하여 다양한 형태를 가진다는 것을 가정한다. 형상 모수 b가 클수록 가용도는 정상 가용도 $A_D = MTTF/(MTTF+MTTR) = 10/16 = 62.5\%$ 주위를 크게 진동한다.

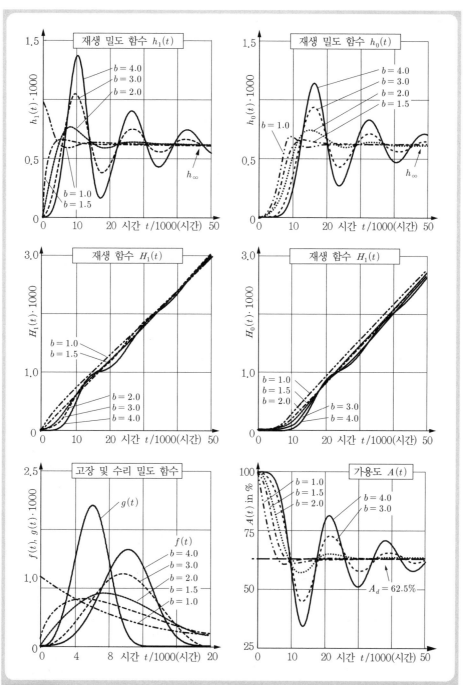

그림 10.29 고장 및 수리 거동이 와이블 분포를 따르는 경우의 재생 밀도 함수, 재생 함수, 고장 밀도 함수, 수리 밀도 함수, 가용도

10.4.6 세미 마코프 과정(SMP)

재생 과정에 의해 설명되는 시스템의 경우 특정 분포로 제한할 필요는 없다. 하지만 이 과정(분포를 정하는 것)을 통해 단순히 구조화된 시스템을 현실화하는 것이 가능하다. 일반 마코프 과정을 통해 복잡한 시스템을 나타내는 것은 가능하지만 시스템은 지수 분포를 따르는 것이 필요하다. 세미 마코프 과정(SMP)은 재생 과정과 마코프 과정의 장점을 어느 정도 결합했으며 레비[10.31]와 스미스[10.35]는 1954년에 이를 처음으로 공식화했다(Bernet[10.4]). 세미 마코프 과정을 적용한 개요와 유도 및 증명 과정을 포함한 본 이론에 대한 자세한 내용은 코코차-서번트 등[10.11, 10.12], 파메어 등과 게데 등에서 살펴볼 수 있다.

10.4.6.1 세미 마코프 과정 절차

SMP는 $m+1$개의 상태(C_0, ..., C_m)를 가진 확률 과정(또는 추계적 과정)이며, 다음과 같은 특징을 가진다. 상태 C_i가 t시간에서 특정 지점에 점유되었을 경우 다음 상태는 세미 마코프 추이 확률(SMT) $Q_j(t)$에 의해 결정된다. 이것은 마지막 시작 시간인 t'가 계산에 포함되게 한다. 세미 마코프 과정에서 상태 지시 함수 $C(t)$의 예는 〈그림 10.30〉에 나타나 있다.

다양한 상태 C_i에서 사용된 무조건적인 시간의 분포함수는 합하여 얻는다.

$$Q_i(t) = \sum_{j=0}^{m} Q_{ij}(t) \tag{10.71}$$

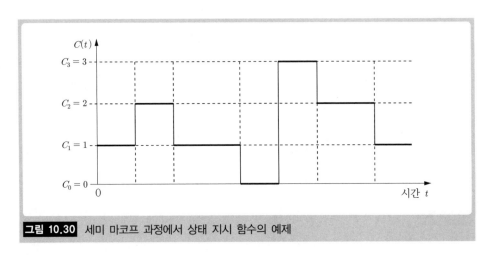

그림 10.30 세미 마코프 과정에서 상태 지시 함수의 예제

상태 C_j로의 전이를 포함하여 각 상태 C_i에 사용된 시간은 분포함수 $F_{ij}(t)$를 가지는

양의 확률 변수이다. 소위 마코프 재생 과정이라 불리는 이 과정은 $F_{ij}(t)$와 초기에 주어진 조건에 의해 완벽히 결정된다.

재생 과정과는 달리 세미 마코프 과정은 2개 이상의 상태를 모형화하는 것이 가능하다. 수리 시스템의 보전를 통하여 가동 상태와 고장 혹은 수리 상태를 재수립하는 것이 가능할 뿐만 아니라 '예방 보전으로 인한 정지 시간' 혹은 '교체 부품의 도착 대기'와 같은 추가적인 상태를 모형화하는 것도 가능하다.

10.4.6.2 확률 분포 및 가용도

신뢰성 이론에서 주요 관심사인 상태 확률은

$$P_{i,j}(t) = P(Z(t) = Z_j | Z(0) = Z_i) \tag{10.72}$$

이는 $t = 0$시점에서 상태 i가 시작된다면 t시점에서 상태 j의 확률분포에 해당한다. 이러한 확률 함수는 적분방정식에 의해 정의되며, 많은 문헌에서는 SMP의 콜모고로프 방정식이라 종종 불린다.

$$P_{i,j}(t) = \delta_{ij}(1 - Q_i(t)) + \sum_{k=0}^{m} \int_0^t q_{ik}(t') P_{k,j}(t-t') dt' \tag{10.73}$$

여기서 δ_{ij}는 크로네커 델타이며, 즉 $j \neq i$인 경우 $\delta_{ij} = 0$이고, $j = i$인 경우에는 $\delta_{ij} = 1$이며, SMT 밀도 함수는 다음 식과 같다.

$$q_{ij}(t) = \frac{dQ_{ij}(t)}{dt} \tag{10.74}$$

가용도 결정을 위해 과정의 상태 중에서 2개의 보완적인 부분집합을 설정하는 것이 유용하다. Γ_S는 관측된 품목의 모든 상태가 정상 작동 중인 부분집합이며, Γ_F는 관측된 품목의 모든 상태가 고장 난 부분집합이다. 따라서 점 가용도는 다음과 같이 계산될 수 있다.

$$A(t) = \sum_{j \in \Gamma_S} P_{i,j}(t) \tag{10.75}$$

10.4.7 시스템 수송 이론

두비(Dubi)는 가용도 분석의 포괄적인 이론을 발견하려는 시도 중에 시스템 수송 이론을 개발하였다[10.16~10.26]. 이 이론은 입자 전달 이론의 유추에 기반하고 있다. 다음 절에서는 시스템 거동을 설명하기 위해 시스템 수송 이론의 기본 아이디어와 유추 개념을 소개한다.

10.4.7.1 물리적 입자 전달 이론의 유추

두비는 매질에서 입자의 물리적 전달과 시간의 경과에 따른 시스템의 고장 및 수리 거동 사이에 밀접하게 관련된 수학적 유사성이 있다는 것을 발견했다[10.16]. 이러한 유추는 입자가 3차원 공간을 떠다닐 때 이들이 다른 입자들과 충돌하고 상태 변화를 겪게 된다는 것을 단정한다. 또한 이러한 유추는 디부트[10.16], 라뷰[10.27, 10.36], 르윈스[10.32]에 의해 연구되어 발표되었다.

공간의 매질 내에서 입자(중성자)는 원자핵과 충돌하기 전까지 직선으로 이동한다. 충돌 위치는 벡터 r로 표시된다. 벡터 Ω는 중성자가 충돌로 이동하는 방향을 설명한다. 충돌이 발생하기 전에 입자는 에너지 E를 가지고 있다. 입자는 상태 공간 벡터 $P = (r, \Omega, E)$의 형태를 띠고 충돌한다. 중성자가 원자핵과 충돌하면 핵반응이 일어나 입자 내에 흡수되거나 거부된다. 후자의 경우 입자는 같은 위치 r에 충돌을 남겨 두지만 새로운 방향 Ω'과 새로운 에너지 E'를 갖게 된다. 따라서 입자는 상태 공간 벡터 $P = (r', \Omega', E')$의 형태로 충돌 위치를 벗어난다. 이러한 사건 이후에 입자는 r에서 다음 충돌이 일어나는 r'로 직선을 따라 이동한다. 이와 같이 입자는 상태 공간 $P = (r', \Omega', E')$의 지점에서 다음 충돌을 하게 된다. 이러한 과정은 입자가 흡수되거나 물질의 한계를 벗어날 때까지 지속된다. 사건 P에서 다음 사건 P로의 수송을 제어하는 이러한 과정은 중성자 전달 이론으로 설명될 수 있으며, 〈그림 10.31〉에 도식적으로 나타나 있다.

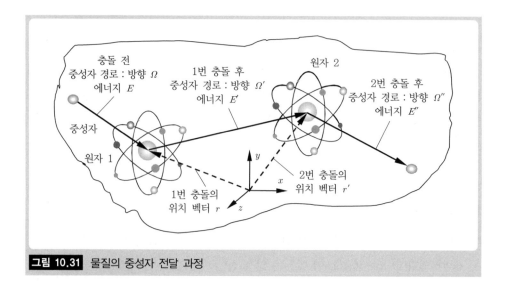

그림 10.31 물질의 중성자 전달 과정

이러한 과정은 두 가지 부분으로 나눌 수 있다. 첫 번째 부분은 충돌 자체이며 두 번째 부분은 다음 충돌로 이어지는 자유비행이다. 충돌 자체는 충돌 전후의 에너지와 방향 간의 관계로 설명될 수 있다. 이러한 목적을 위해 충돌 커널 $C(r; \Omega, E \rightarrow \Omega', E')$은 방향 Ω와 에너지 E를 가지며 r지점에서 충돌하며, 방향 Ω'와 에너지 E'를 가지고 충돌을 벗어나는 입자의 확률로 정의된다. 커널 $T(\Omega', E', r \rightarrow r')$은 입자가 방향 Ω'와 에너지 E'를 가지고 r지점에서 충돌한 후에 r'지점에서 다음 충돌을 할 확률밀도로서 입자의 자유비행을 설명한다. 충돌 커널과 자유비행 커널을 곱하여 수송 커널을 얻는다.

$$K(P \rightarrow P') = C(r, \Omega, \Omega \rightarrow \Omega', E') T(\Omega', E', r \rightarrow r') \qquad (10.76)$$

이것은 P지점에서 충돌을 경험한 입자가 P'에서 다음 충돌을 경험할 확률밀도이다. 이를 기반으로 하여 P지점에서의 충돌 횟수를 나타내는 충돌 밀도 혹은 사건 밀도 $\psi(P)$가 소개된다. 충돌 밀도의 정의는 볼츠만 수송 방정식으로 주어지며 아래와 같이 나타낼 수 있다.

$$\psi(P) = S(P) + \int_P \psi(P') K(r, \Omega, \Omega \rightarrow r', \Omega', E') dP' \qquad (10.77)$$

여기서 $S(P)$는 물질에서 첫 번째 충돌을 나타내는 소위 원천 항(source term)이라 불린다. 볼츠만 수송 방정식은 연속 충돌의 관계를 기술하고 매질에서 입자의 거동을 분석하는 데 해결되어야 하는 기본적이고 유일한 방정식이다. 본 방정식의 분석 해는 몇 가지 단순한 경우에만 존재한다. 일차 및 이차 근사치를 위한 수치 해는 존재한다. 모든 차원에 대한 완전 해는 몬테카를로 방법을 통해서만 가능하다.

10.4.7.2 시스템 수송 방정식의 일반 형태

신뢰성 이론에서 상황은 상기에 기술된 물리적 입자 전달 이론의 상황과 유사하다. 이와 같이 입자 수송 이론을 신뢰성 이론에 적용하는 것이 가능하다[10.16, 10.22].

시스템은 n개의 구성품으로 이루어져 있다. 각 구성품에는 상태 지시자 b_i와 각 입력 시간 τ_i, $i = 1, 2, ..., n$이 할당된다. 상태 지시자는 구성품이 상태를 추측할 수 있으므로 다양한 값을 추측할 수 있다. 예를 들면 $b_i = \{0, 1, 2\}$는 고장, 가동, 예비 상태를 나타낼 수 있다. τ_i 값은 i번째 구성품이 상태 b_i에 있는 시점을 나타낸다.

n개의 모든 상태 지시자는 시스템 상태 벡터 B와 시스템 입력 시간 벡터 τ로 나타낸다.

$$B = (b_1, b_2, \cdots, b_i, \cdots, b_n) \qquad (10.78)$$

$$\tau = (\tau_1, \tau_2, \cdots, \tau_i, \cdots, \tau_n) \qquad (10.79)$$

두 벡터는 연속 시스템 시간 t와 만나 상태 공간 벡터 P가 된다.

$$P = (B, \tau, t) \tag{10.80}$$

상기 벡터는 t시점에서 시스템이 시간 τ_i에서 상태 B가 달성되는 것을 의미한다. 모든 가능한 벡터 P는 시스템의 상태 공간으로 특징지어지는 집합 $\{P\}$를 생성한다. 이 시스템은 이제 연속 시스템 시간 t에 의존하면서, 상태에 대한 n차원 이산 공간에서 하나의 조건 벡터에서 다음 조건 벡터로 이동한다.

이러한 절차는 다음과 같이 나타낼 수 있다. $t = t_0 = 0$시점에서 시스템은 초기 상태 $B = B_0$에 있다. t_1시점에서 시스템의 상태 변화가 발생한다. 이 사건은 시스템 구성품의 상태 지시자 b_i의 변화를 가져온다. 이 변화는 다른 시스템 구성품의 상태 변화를 즉각적으로 야기한다. 이러한 변화의 연결은 시스템 모델에서 논리적 연결로 정의되어야만 한다. 특정한 조건 벡터 B_1은 t_1시간에 할당된다. 시스템은 t_2시점에서 새로운 상태 변화가 있을 때까지 상태 B_1을 유지한다. 이러한 수송 과정은 관측 기간의 마지막 부분인 $T_{\max}$까지 지속된다. 〈그림 10.32〉는 본 수송 과정을 예제로 보여 준다. 두비의 용어에서, 상태 변화와 자유비행 단계 간에 일정한 전환은 충돌과 자유비행으로 불린다. $T_{\max}$ 시간까지 p개의 상태 변화와 $p+2$개의 자유비행 단계가 발생한다.

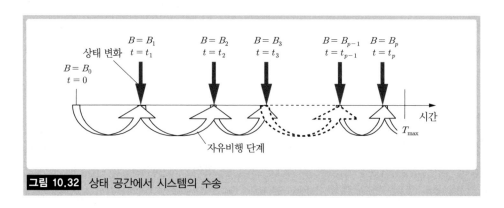

그림 10.32 상태 공간에서 시스템의 수송

상태 변화와 자유비행 단계 간에 연속적인 전환은 시스템 이력인 C_k로 요약될 수 있다. 이러한 이력은 상태 변화의 랜덤 효과를 상태 변화 해당 시점으로 설명한다.

$$C_k = (c_1, c_2, \cdots, c_{p-1}, c_p) = ((B_1, t_1), (B_2, t_2), \cdots, (B_{p-1}, t_{p-1}), (B_p, t_p)) \tag{10.81}$$

상태 변화뿐만 아니라 상태 변화의 시간은 확률 값이기 때문에 C_k 영향은 시스템 수송 문제의 정확한 해가 아니라 단지 발생 가능한 결과물이다.

두비는 볼츠만 수송 방정식(식 (10.77))과 동일한 형식으로 가용도 계산을 위한 기본 값으로 다음과 같은 충돌 밀도 방정식을 제안하였다[10.20].

$$\psi(B,\tau,t) = P(B_0)\delta(t) + \sum_{B'} \int_{\tau'} \int_{t'} \psi(B',\tau',t')K(B',\tau',t' \to B,\tau,t)d\tau'\,dt' \qquad (10.82)$$

이러한 수송 방정식은 시간과 관련한 시스템의 가용도를 계산하는 근간이 된다. 가용 도 $A(t)$는 참고문헌 [10.20]에서 다음과 같이 나타낸다.

$$A(t) = \sum_{B \in \Gamma_S} \int_0^t \psi(B,\tau,t')R_S(B,\tau,t')dt' \qquad (10.83)$$

여기서 $R_S(B,\tau,t)$ 식은 시스템 상태 신뢰도로 정의하며, 또한 B와 τ의 함수로서 개별 시스템 구성품의 가상 직렬 구조로도 정의된다. 이러한 관계의 보편적인 분석 평가는 아직 이루어지지 않고 있으며 예외적으로만 평가될 수 있다.

10.4.7.3 시스템 수송 이론의 적용과 분석

시스템 수송 이론은 임의의 구조, 구성품의 고장 및 수리 거동을 설명하는 임의의 분포 함수, 시스템 내 구성품들의 임의적인 상호작용을 포함하는 복잡한 시스템의 모형화가 가능하다[10.18, 10.20, 10.24]. 많은 보전 전략이 되살려질 수 있으며 교체 부품의 물류도 고려될 수 있다.

시스템 수송 방정식의 해법을 위해 적용 가능한 단 한 가지 방법은 몬테카를로 시뮬레 이션이다[10.17, 10.21, 10.22, 10.30]. 본 시스템을 통해 모형화된 시스템으로 게임을 실 행할 수 있다. 다시 말해, 많은 시뮬레이션 실행을 통해서 다양한 사건 흐름들을 생성한 다. 사건 흐름은 시간의 경과에 따른 시스템과 구성품의 상태 함수를 나타낸다. 사건 흐름을 기반으로 하여 가용도나 필요한 교체 부품과 같은 시스템의 변수들을 결정하는 것이 가능하다.

10.4.8 계산 모델의 비교

〈표 10.8〉에서는 계산 모델들이 요약되어 있다.

각 모델에 대해 시스템 상황을 고려할 수 있는 측면들이 언급되었다. 게다가 고장 및 수리 거동에 사용되는 분포함수의 종류가 나타나 있다. 각 모델들은 구체적인 유형의 방정식을 가지고 있다. 각 모델을 분석하기 위한 해결 방법도 나타나 있으며, 마지막으 로 각 모델들을 통해 계산 가능한 시스템 변수 혹은 구성품 변수들이 정리되어 있다.

| 표 10.8 | 모델의 비교

모델	개별 구성품	복잡한 구조	예방 보전	수리	보전 전략	구성품 상태	복잡성, 의존성	고장 거동	수리 거동	식의 유형	해의 유형	신뢰도 $R(t)$	가용도 $A(t)$	정상 가용도 $A_D(t)$	교체 부품의 수요
정기적인 보전 모델	●	-	●	-	-	2	-	랜덤 분포	-	대수	분석적	●	-	●	●
마코프	●	●	-	●	-	n	-	지수 분포	지수 분포	미분 방정식 시스템	분석적	-	●	●	-
불-마코프	●	-	-	●	-	2	-	랜덤 분포	랜덤 분포	대수	분석적	-	-	●	-
일반 재생 과정	●	-	-	●	-	2	-	랜덤 분포	-	적분 시스템	수치	●	-	-	●
교대 재생 과정	●	-	-	●	-	2	-	랜덤 분포	랜덤 분포	적분 시스템	수치	●	●	●	●
세미 마코프 과정	●	●	-	●	-	n	-	랜덤 분포	랜덤 분포	적분 방정식 시스템	수치/MC 시뮬레이션	-	●	●	●
시스템 수송 이론	●	●	●	●	●	n	●	랜덤 분포	랜덤 분포	시스템 수송 방정식	MC 시뮬레이션	●	●	●	●

10.5 수리 시스템에 관한 연습문제

여기에는 각 절에 대한 이해력을 평가하는 문제가 나타나 있다. 이러한 문제들은 본 장에서 다루어진 내용들에 대한 시험 및 이해의 측도로 사용되며 몇몇 계산 문제도 포함되어 있다. 계산 문제의 초점은 10.5절이다. 부가적으로 10.5.1.3, 10.5.2.1, 10.5.2.2, 10.5.3, 10.5.5.7절의 예들은 각 계산 모델에 나타날 수 있다.

10.5.1 이해력 문제

10.1절

 1. 보전을 정의하시오.
 2. 보전 업무의 목적은 무엇인가?
 3. 보전 방법은 총 세 가지로 나누는데 이들을 나열하시오.
 4. 예방 보전의 일반적인 개념은 무엇인가?
 5. 예방 보전의 범위 안에서 실행되는 방법은 무엇인가?
 6. 상태 기반 보전을 정의하시오.
 7. 상태 모니터링에 사용될 수 있는 절차에는 무엇이 있는가?
 8. 사후 보전의 일반적인 개념은 무엇인가?
 9. 사후 보전 방법의 특징은 무엇인가?
 10. 교체 부품 저장소의 이점은 무엇인가?
 11. 한 주문 주기에 대한 저장소 함수를 기술하시오.
 12. 교체 부품 저장소에서 주문의 한계는 어떻게 결정되는가?
 13. 보전 전략을 통해 무엇을 결정할 수 있는가?

10.2절

 1. 어떤 구성품이 수명 주기 비용을 구성하는가?
 2. 어떤 수명 단계가 수명 주기 비용에 가장 큰 영향을 주는가?
 3. 특정 가용도에서 수명 주기 비용의 최솟값이 발생하는 이유는 무엇인가?

10.3절

 1. 공급 지연 시간이란?
 2. 보전 지연 시간이란?
 3. 보전 지연 시간이 0에 도달하는 때는?

4. 공급 지연 시간 및 보전 지연 시간이 설계 방법에 의해 영향을 받지 않는 이유는 무엇인가?

5. 보전도의 정의는?

6. 어떤 분포함수가 보전도를 설명하는 데 주로 사용되는가?

7. 보전도에 의해 정성적으로 설명될 수 있는 것은 무엇인가?

8. 어떤 설계 활동을 통해 보전도가 향상될 수 있는가?

9. 가용도의 일반적인 정의는 무엇인가?

10. 평균 수명 $MTTF$와 평균 정지 시간 $\overline{M}$의 함수인 정상 가용도 A_D은 무엇인가?

11. 여기에서 나오는 정상 가용도의 종류에는 어떤 것들이 있는가?

12. 어떤 종류의 정상 가용도가 제품의 설계 품질을 위한 평가 기준으로 사용될 수 있는가?

13. 운용 가용도 $A_D^{(O)}$을 계산할 때 평균 정지 시간 $\overline{M}$을 구성하는 것은 어떤 기간들인가? 어떤 기간들이 제조업자에 의해 영향받을 수 있으며 어떤 것들이 작업자에게 영향받을 수 있는가?

10.4절

1. 품목의 고장 거동은 지수분포를 따른다. 정기적인 재생이 이 품목의 신뢰도를 향상시킬 수 없는 이유를 설명하시오.

2. 품목의 고장 분포는 와이블 분포를 따른다. 어떤 형상 모수 b가 정기적인 재생을 통해 평균 수명 $MTTF_{PM}$을 증가시키는 것이 가능한가?

3. 품목의 고장 거동은 와이블 분포를 따르며, 수리 기간은 지수분포를 따른다. 가용도 $A(t)$를 계산하기 위해 마코프 과정을 사용할 수 있는가?

4. 품목의 일반 재생 과정의 경우 가용도 $A(t)$가 항상 100%인 이유는 무엇인가?

5. 어떤 시간 간격이 교대 재생 과정에 의해 설명될 수 있는가?

6. 교체 부품의 수요를 결정할 때 재생 함수 $H_1(t)$의 근사치가 선호되는 이유는 무엇인가?

7. 가용도 계산을 위해 시스템 수송 이론의 기본 변수는 무엇인가?

8. 시스템 수송 방정식을 푸는 데 사용되는 단 하나의 적용 가능한 방법은 무엇인가?

10.5.2 계산 문제

문제 10.1 구성품의 $MTTF$는 5,000시간이다. 가용도 A_D가 99%가 되려면 구성품의 $MTTR$ 값으로 허용 가능한 최댓값은 얼마인가?

문제 10.2 3개의 동일한 구성품들이 직렬로 이루어진 시스템이 존재한다. 한 구성품의 $MTTF$ 값은 1,500시간이다. 시스템의 정상 가용도는 90%이다. 구성품의 $MTTR$ 값은 얼마인가?

문제 10.3 3개의 동일한 구성품들이 병렬로 이루어진 시스템이 존재한다. 시스템의 정상 가용도 A_{DS}는 99.9%이다. 구성품 1개의 정상 가용도 A_{Di}는 얼마인가?

문제 10.4 3개의 동일한 구성품들이 병렬로 이루어진 시스템이 존재한다. 한 구성품의 $MTTF$ 값은 1,500시간이다. 시스템의 정상 가용도는 99%이다. 구성품의 $MTTR$ 값은 얼마인가?

문제 10.5 시스템의 3개의 구성품들은 아래의 신뢰성 블록도와 같이 연결되어 있다. 시스템의 정상 가용도 A_{DS}은 95%에 도달해야만 한다. 구성품 2와 구성품 3의 정상 가용도 A_{D2}와 A_{D3}은 둘 다 90%이다. 구성품 1의 평균 수명 $MTTF$는 1,000시간이다.

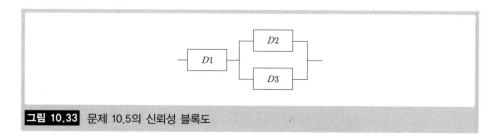

그림 10.33 문제 10.5의 신뢰성 블록도

a) 시스템 정상 가용도 달성을 위해 구성품 1에서 요구되는 정상 가용도 A_{D1}을 구하시오.

b) a)로부터 요구되는 정상 가용도 A_{D1}에 도달하기 위해 구성품 1의 $MTTR$ 값은 얼마인가?

문제 10.6 구성품에 대한 교체 부품 저장소의 크기가 결정되어야 한다. 구성품의 수명 τ_1은 고장률 $\lambda = 0.002$인 지수분포를 따른다. 수리 기간 τ_0 또한 수리율 $\mu = 0.1$인 지수분포를 따른다. 또한 $Var(\tau_1) = 1/\lambda^2$이고 $Var(\tau_0) = 1/\mu^2$이다. 저장소 크기는 I(초기 재고)로 정한다.

a) 교대 재생 과정으로부터 근사 방정식 $\widehat{H}_1(t)$을 사용하여 재고 $S(t)$에 대한 일반 방정식을 구하시오.

b) 8,760시간의 운용 기간 동안 교체 부품의 공급이 보장될 수 있도록, 즉 운용 기간이 종료되기 전에 재고 $S(t)$가 0에 도달하지 않는 저장소 크기 I를 구하시오.

문제 10.7 구성품의 고장률 $\lambda = 0.03$이고, 수리율 $\mu = 0.2$이다. 이 구성품은 시간 $t = 0$ 시간일 때 최초로 가동을 시작한다.

a) 단일 구성품에 대한 정상 가용도 A_D을 구하시오.

b) 시간 $t = 2.1$시간일 때 구성품의 가용도 $A(t)$는 얼마인가?

문제 10.8 구성품의 고장률 $\lambda = 0.01$이고, 수리율 $\mu = 0.1$이다.

a) 단일 구성품에 대한 정상 가용도 A_D를 구하시오.

b) 구성품의 가용도 $A(t^*)$가 95%에 도달하는 시간 t^*는 언제인가?

참고문헌

[10.1] Aven T, Jensen U (1999) Stochastic Models in Reliability. Springer.

[10.2] Beichelt F (1995) Stochastik für Ingenieure. Teubner, Stuttgart.

[10.3] John P (1990) Statistical methods in engineering and quality assurance. Wiley, New York.

[10.4] Osaki S (2002) Stochastic Moduls in Reliability and Maintenance. Springer, Berlin; Heidelberg; New York.

[10.5] Bertsche B (1989) Zur Berechnung der System-Zuverlässigkeit von Maschinenbau-Produkten. Dissertation Universität Stuttgart, Institut für Maschinenelemente. Inst. Ber. 28.

[10.6] Birolini A (1985) On the Use of Stochastic Processes in Modeling Reliability Problems. Habilitationsschrift, ETH Zürich, Springer, Berlin.

[10.7] Birolini A (2004) Reliability Engineering. Springer, Berlin; Heidelberg.

[10.8] Bitter P et al (1986) Technische Zuverlässigkeit. Herausgegeben von der Messerschmitt-Bölkow-Blohm GmbH. München, Springer.

[10.9] Brumby, Lennart (2000) Marktstudie Fremdinstandhaltung 2000. Ergebnisse einer Expertenstudie des Forschungsinstituts für Rationalisierung (FIR) an der RWTH Aachen, Sonderdruck 5/2000, 1.Auflage.

[10.10] Cane V R (1959) Behaviour Sequences as Semi-Markov Chains, Royal Statistic Journal, no 21, pp 36-58.

[10.11] Cocozza-Thivent C (2000) Some Models and Mathematical Results for Reliability of Systems of Components, MMR 2000 (International Conference on Mathematical Methods in Reliability), Juli 2000, Bordeaux, Frankreich, in Nukulin M & Limnios N (eds) : Recent Advances in Reliability Theory. Birkhäuser, pp 55-68.

[10.12] Cocozza-Thivent C, Roussignol M (1997) Semi-Markov Processes for Reliability Studies. ESAIM : Probability and Statistics, May, vol 1, pp 207-223, http://www.emath.fr/ps.

[10.13] Cox D R (1962) Renewal Theory. John Wiley & Sons Inc., New York.

[10.14] Deutsches Institut für Normung (1985) DIN 31 051 Instandhaltung - Begriffe und Maβ nahmen. Beuth, Berlin.

[10.15] Devooght J (1997) Dynamic Reliability, Advances in Nuclear Science and Technology. vol 25, pp 215-279.

[10.16] Dubi A (1986) Monte-Carlo Calculations for Nuclear Reactor, in Ronen, Y.(Ed) : Handbook of Nuclear Reactor Calculations, CRC Press.

[10.17] Dubi A (1990) Stochastic modeling of realistic systems with the Monte-Carlo Method. Tutorial notes for the annual R&M Symposium, Malchi Science corp. contract.

[10.18] Dubi A (1994) Reliability & Maintainability - An Approach to System Engineering, Notes, Nucl. Eng. Department, Ben Gurion University of the Negev, Israel.

[10.19] Dubi A (1997) Analytic Approach & Monte-Carlo Method for Realistic Systems. IMACS Seminar on Monte-Carlo Methods, Bruxelles, April.

[10.20] Dubi A (1999) Monte-Carlo Applications in System Engineering, John Wiley & Sons Ltd., New York.

[10.21] Dubi A, Gurvitz N (1995) A note on the analysis of systems with time dependent transition rates. Ann. Nucl. Energy, vol 22, no 3/4, pp 215-248.

[10.22] Dubi A, Gurvitz N (1996) Aging, Availability and Maintenance Models in the System Transport Equations. Department of Nuclear Engineering, Ben Gurion University of the Negev, Beer-Sheva.

[10.23] Dubi A, Gandini A, Goldfeld A, Righini R, Simonot H (1991) Analysis of non-markov systems by a Monte-Carlo Method. Ann. nucl. Energy, vol 18, no 3, pp 125-130.

[10.24] Dubi A, Gurvitz N, Claasen S J (1993) The Concept of Age in System Analysis. South Africa Journal of Industrial Engineering, no 7, pp 12-23.

[10.25] Ebeling C E, (1997) An Introduction to Reliability and Maintainability Engineering. McGraw-Hill.

[10.26] Stroh, MB (2001) A Pracitcal Guide to Transportation and Logistics. Logistics Netroser Grochla E (1992) Grundlagen der Materialwirtschaft. Gabler.

[10.27] Hendrickx I, Labeau P-E (2000) Partially unbiased estimators for unavailability calculations. Proc. ESREL 2000 Conference, 15.-17. Mai, Edinburgh, Schottland, Balkema Publishers, Rotterdam, pp 1619-1624.

[10.28] Nachas, J (2005) Reliability Engineering. Taylor & Francis.

[10.29] Labeau P-E (1999) The transport framework for Monte-Carlo based Reliability and Availability estimations, Workshop on Variance Reduction Methods for Weight-controlled Monte-Carlo Simulation of complex dynamical Systems. ESREL '99-Conference, München, 13.-17. September.

[10.30] Lechner G, Naunheimer H (1999) Automotive Transmissions. Springer.

[10.31] Lévy P (1954) Processus semi-Markoviens. Proc. Int. Congr. Math., Amsterdam.

[10.32] Lewins J D (1999) Classical Perturbation theory for Monte-Carlo Studies of System Reliability, Workshop on Variance Reduction Methods for Weight-controlled Monte-Carlo

Simulation of complex dynamical Systems. ESREL '99-Conference, 13.-17. September, München.

[10.33] Lotka A J (1939) A Contribution to the Theory of Self-Renewing Aggregats, with Special Reference to Industrial Replacement. Ann. Math. Statistics, no 18, pp 1-35.

[10.34] Page E S (1959) Theoretical Considerations of Routine Maintenance. The Computer Journal, vol 2, pp 199-204.

[10.35] Smith W L (1954) Regenerative stochastic processes. Proc. Int. Congr. Math., Amsterdam.

[10.36] Verein deutscher Ingenieure (1984) VDI-Richtlinie 4008 Blatt 8 Erneuerungsprozesse. Beuth, Berlin.

[10.37] Verein deutscher Ingenieure (1986) VDI-Richtlinie 4004 Blatt 3 Kenngrößen der Instandhaltbarkeit.

[10.38] Verein deutscher Ingenieure (1986) VDI Richtlinie 4004 Blatt 4 Verfügbarkeitskenngrößen.

[10.39] Verein deutscher Ingenieure (1999) VDI-Richtlinie 2888 Zustandsorientierte Instandhaltung.

[10.40] Wu Y-F, Lewins J D (1991) System Reliability Perturbation Studies by a Monte-Carlo Method. Ann. nucl. Energy, vol 18, no 3, pp 141-146.

[10.41] Zhao M (1994) Availability for Repairable Components and Serial Systems. IEEE, Transactions on Reliability, vol 43, no 2, June.

[10.42] Nakagawa T (2005) Maintenance Theory of Reliability. Springer, London.

[10.43] Gross, JM (2002) Fundamentals of Preventive Maintenance. Amacom, New York.

제 11 장

신뢰성 보증 프로그램

B. Bertsche, *Reliability in Automotive and Mechanical Engineering*, VDI-Buch,
Doi: 10.1007/978-3-540-34282-3_11, © Springer-Verlag Berlin Heidelberg 2008

11.1 소개

오늘날 경쟁이 치열한 공업 생산 부문에 있어 제품 우수성의 핵심은 이 책에서 설명된 신뢰성이다. 이 장에서는 분석 및 설계를 통한 신뢰성 최적화의 중요성을 함축하는 포괄적인 내용을 다룬다. 여기서는 설계자와 제품 개발자 모두에게 효과적이라 할 수 있는 포괄적인 신뢰성 보증 프로그램을 제시한다. 미래에 신뢰성 보증은 제품 판단의 기준이 될 것이며, 신뢰성 평가는 제품 판매 성사를 위한 필요조건이 될 것이다.

신뢰성이 높은 제품의 설계는 지속적으로 강화되는 제약 조건하에서 이루어진다(그림 1.3 참조). 특히 제품에 대한 복잡성과 짧은 개발 기간은 제품 개발자에 의해 얻어진 신뢰성 측도를 더 자주 더 폭넓게 사용하게 한다. 잘 계획된 설계 방법과 절차만으로는 더 이상 신뢰성이 높은 제품을 얻기에 충분하지 않다. 늘어나는 요구사항은 특별하고 분석적인 신뢰성 방법하에서만 만족될 수 있다(그림 11.6 참조). 종합적으로 최적화하기 위하여 이러한 조치는 전체 제품 수명 주기를 포함해야만 한다. 그 결과가 포괄적인 신뢰성 보증 프로그램이다[11.2].

신뢰성 관리는 제품 수명 주기의 각 단계에 적용될 수 있는 일련의 사건을 구성하는 프로세스 단계로 구성한다. 이러한 절차의 예는 〈그림 11.1〉에서 설명된다.

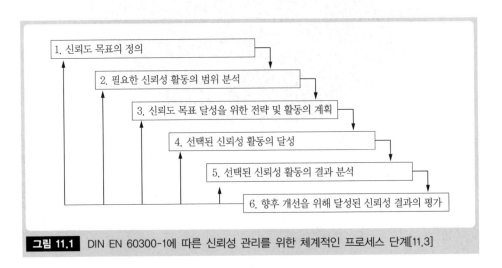

그림 11.1 DIN EN 60300-1에 따른 신뢰성 관리를 위한 체계적인 프로세스 단계[11.3]

다양한 프로세스 단계에서 피드백 루프의 통합은 중요 시점에서 제품의 지속적인 개선을 가능하게 한다.

실제 필드로부터 얻은 추가 예제는 신뢰성 보증 프로그램의 선택과 적용이 어떻게 이루어지는지를 자세하게 설명한다. 여기서 〈그림 11.2〉와 비교하여 프로세스 단계의 설명뿐만 아니라 절차 조건도 참고되어야 한다.

이러한 예제는 개발 프로세스에서 이미 적용된 신뢰성 방법을 설명한다. 향후에 신뢰성 보증의 필요성은 지속적으로 늘어나며, 성공적인 제품을 위한 필요조건으로 큰 가치를 얻을 것이다.

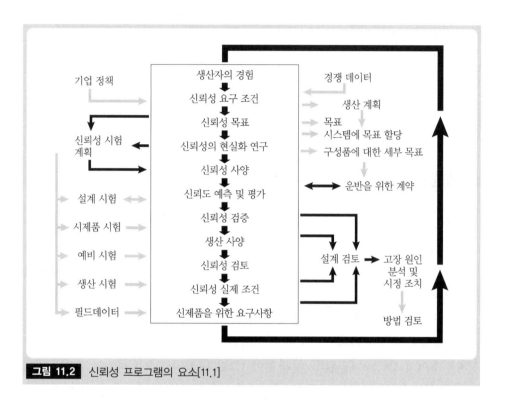

그림 11.2 신뢰성 프로그램의 요소[11.1]

다음에는 신뢰성 보증 프로그램의 기본사항들이 설명될 것이다.

11.2   신뢰성 보증 프로그램의 기본사항

11.2.1 제품 정의

각각의 새로운 개발은 문제의 절차와 설명이 확립되는 기획 단계부터 시작한다[11.5]. "목표가 없다면 결코 목표에 도달할 수 없을 것이다"라는 속담처럼 신뢰성 업무의 첫 번째 부분은 〈그림 11.3〉처럼 목표 신뢰도를 결정하는 데 있다. 논리적으로, 이러한 목표 값 설정은 고객 요구로부터 얻거나 또는 경쟁 제품의 정보로부터 결정한다. 예를 들면, 이전에 달성한 신뢰도보다 높게 책정하거나 또는 경쟁사와 비교하여 고장률을 낮게 할당하여 결정할 수 있다. 어떤 경우에는 법적 요구사항을 채택해야만 한다.

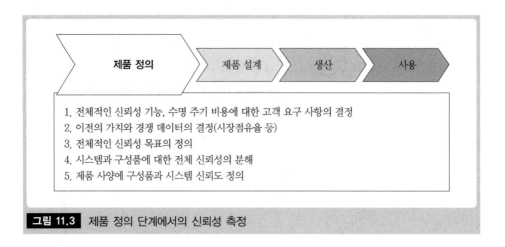

1. 전체적인 신뢰성 기능, 수명 주기 비용에 대한 고객 요구 사항의 결정
2. 이전의 가치와 경쟁 데이터의 결정(시장점유율 등)
3. 전체적인 신뢰성 목표의 정의
4. 시스템과 구성품에 대한 전체 신뢰성의 분해
5. 제품 사양에 구성품과 시스템 신뢰도 정의

그림 11.3 제품 정의 단계에서의 신뢰성 측정

다음 단계에서는 신뢰도 목표가 시스템 및 제품의 구성품에 할당되어야만 한다. 일반적으로 이 부분은 불(Boolean) 이론의 도움으로 쉽게 할 수 있다. 직렬인 신뢰성 구조와 낮은 고장률을 가지는 많은 경우의 전체 고장률은 모든 구성품의 고장률을 더해서 추정하는 것이 가능하다.

획득한 신뢰성 특성은 요구 조건 또는 제품 사양에 포함시키는 것이 좋을 것이다. 여기에서 포함 내용의 완벽성은 중요하다. 신뢰성 데이터의 완벽성을 달성하기 위해서 신뢰성 용어의 정의가 제공된다. 이와 같이 〈그림 11.4〉처럼 모든 중요한 함수와 주변 조건이 먼저 설명되어야만 한다. 이러한 내용은 종종 다른 사양 목록의 일부분이기 때문에 단순한 언급도 충분하다.

신뢰성 특성들은 각각의 고장과 밀접한 관련성이 있기 때문에 고장의 정의는 중요하다. 2장에서 본 것처럼 신뢰성에 사용되는 일반적인 특성들로는 신뢰도 함수 $R(t)$, 고장률 $\lambda(t)$, B_x 수명(B_{10} 수명), $MTBF$(평균 고장 간격) 또는 단순히 고장 비율(대부분 ppm)이 있다. 가끔 하나의 신뢰성 특성이 부품의 여러 가지 고장 유형을 포함하는 것이 가능하다. 정확한 신뢰성 값의 선택은 정확성의 정도와 특정 시점의 상황에 따른다. 제품 사양의 목록은 수행되는 신뢰성 증명과 관련된 정보에 의해 결정된다. 이러한 신뢰성 증명은 특정 시점에서 달성된 제품 신뢰도를 문서화해야 되며 이것은 일반적으로 시험 결과로부터 얻어진다.

시스템/구성품 신뢰성에 대한 사양
1. 기능 및 환경 조건
2. 고장의 정의 고장 모드 및 전체 시스템에 대한 영향
3. 신뢰성 요구사항 최대 허용 고장률/B_{10} 수명 등
4. 신뢰성 검증 시험 벤치 동작, 검증 절차, 시험 조건 및 시험 기간

그림 11.4 신뢰성 요구사항

11.2.2 제품 설계

제품 설계는 제품 개발자에게는 가장 중요한 단계이다. 이 단계에서 제품은 계획, 설계, 그리고 모든 세부사항들이 수행된다. 많은 다양한 신뢰성 측정이 이루어진다. 〈그림 11.5〉와 이 책의 앞부분에서 설명된 것처럼 대부분이 신뢰성 분석과 최적화를 위한 특별한 방법들을 다룬다. 신뢰성 방법은 정량적 방법과 정성적 방법으로 나눌 수 있다.

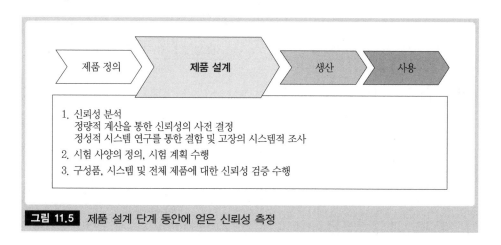

그림 11.5 제품 설계 단계 동안에 얻은 신뢰성 측정

정성적 방법은 계획적이며 시스템적인 절차를 통해서 모든 발생 가능한 결함과 고장뿐만 아니라 고장에 따른 결과와 영향을 결정한다.

대부분의 경우에 취약점의 정성적 순위가 얻어진다. 〈그림 11.6〉은 가장 일반적으로 사용되는 방법들의 개요를 제공한다.

오늘날 가장 잘 알려진 정성적 방법은 실제 현장에서 폭넓게 사용되고 있는 FMEA (Failure Mode and Effects Analysis : 고장 모드 및 영향 분석)이다.

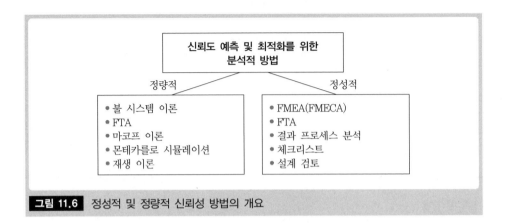

그림 11.6 정성적 및 정량적 신뢰성 방법의 개요

정량적 방법은 계산 모델의 도움으로 목표 신뢰도를 위한 확률 값을 직접적으로 산출한다. 이러한 방법들은 통계 및 확률 이론으로부터의 절차와 용어를 기반으로 한다. 정량적 방법의 경우, 정확한 신뢰성 특성을 결정하기 위해서 시스템을 구성하는 부품의 고장 거동과 부품들 간의 상호 관련성을 먼저 알아야 한다. 여기서 해당 상황에 적합한 각각의 시스템 이론이 있다는 것이 중요하다(그림 11.7 참조).

$$R_{Systm} = f(R_{Systemelement\ 1},\ R_{Systemelement\ 2},\ \cdots)$$

시스템 모델링/시스템 이론	시스템 요소 및 구성품의 수명 분포
불 모델 : $$R_S(t) = \sum_{j=1}^{m} \phi_s^{(j)}(x^{(j)}) \cdot \prod_{j=1}^{n} (R_i(t))^{x^{(j)}} \cdot (1 - R_i)^{1 - x_i^{(j)}}$$	와이블 분포 : $$R(t) = e^{-\left(\frac{t - t_0}{T - t_0}\right)^b}$$
마코프 프로세스 : $$\frac{dP_i(t)}{dt} = -\sum_{j=1}^{n} \alpha_{ij} \cdot P_i(t) + \sum_{j=1}^{n} \alpha_{ij} \cdot P_j(t)$$	지수분포 : $$R(t) = e^{-\lambda t}$$
몬테카를로 시뮬레이션 : $$A(t) = \sum_{B \in \Gamma_s} \int_0^1 \Psi(B, \tau) \cdot R_S(B, t - \tau) \cdot d\tau$$	정규분포 : $$R(t) = \frac{1}{\sigma \cdot \sqrt{2 \cdot \pi}} \cdot \int_t^\infty e^{-\frac{(\tau - \mu)^2}{2\sigma^2}} \cdot d\tau$$
재생 이론 : $$h(t) = f(t) + \int_0^1 h(\tau) \cdot f(t - \tau) \cdot d\tau$$	대수 정규분포 : $$R(t) = \frac{1}{\sigma \cdot \sqrt{2 \cdot \pi}} \cdot \int_t^\infty \frac{1}{(\tau - t_0)} \cdot e^{-\frac{1}{2}\left(\frac{\ln(\tau - t_0) - \mu}{\sigma}\right)^2} \cdot d\tau$$
......	......

그림 11.7 정량적 시스템의 신뢰도 결정

시스템 모델뿐만 아니라 시스템 부품의 분포를 위한 다양한 수학 기법들이 존재한다. 수학-이론 기법 분야에서 이루어진 신중한 연구 덕분에 이러한 수학 모델은 응용 범위가 매우 넓고 정교하다. 이러한 모델들은 모든 시스템 신뢰도 계산의 기초를 구성한다. 그러나 어느 정도의 개선과 특히 실용적인 적용은 지속적으로 조사되어야 한다. 기계공학에서 와이블 분포와 불(Boolean) 모델은 가장 많이 사용되고 있다[11.4].

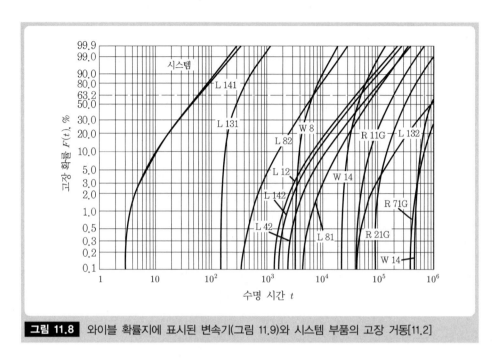

그림 11.8 와이블 확률지에 표시된 변속기(그림 11.9)와 시스템 부품의 고장 거동[11.2]

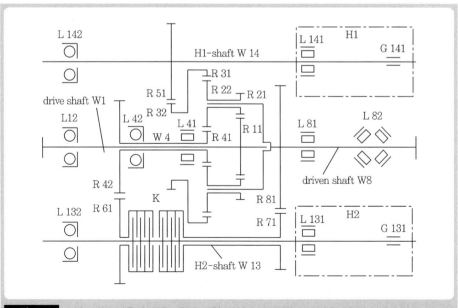

그림 11.9 연속 가변 비율의 경우, 유압 결합 하이드로 단위(H1, H2)를 가지는 기계 파워 분배기 변속기에서 변속기 구조. 구동 토크 $T_{max} = 900\,\mathrm{Nm}$, 비율 $i_{gmax} = 14$[11.2]

이러한 분석들은 전체 시스템뿐만 아니라 기계 부품의 목표 신뢰도를 설명한다. 〈그림 11.8〉과 〈그림 11.9〉는 버스 변속기의 예를 제시하고 있다. 분석 결과는 신뢰성에서 중요하지 않은 역할을 하는 부품의 비용 최적화뿐만 아니라 신뢰성에서 취약한 부분을 개선하는 데 사용될 수 있다.

제품 설계 단계에서 이론적인 시험을 수행하는 것뿐만 아니라 제품 사양에서 신뢰성 개선이 필요하다. 이를 위해 정확한 시험 정보를 얻어서 해당 시험을 수행해야만 한다. 신뢰성 증명에는 최소한 중요한 시스템과 부품은 포함해야 한다.

11.2.3 생산 및 운용

제품 수명 단계인 '생산' 및 '운용' 단계는 직접적이 아니라 오히려 간접적으로 설계자에게 영향을 미친다. 〈그림 11.10〉은 이러한 단계에서 신뢰성 활동을 요약하여 보여 주고 있다. 생산 단계에서는 공정 신뢰도가 보증되어야 하며, 조립품에 대해 시험하고 최종 제품은 적절히 검사되어야 된다. 생산 동안에 발생하며 제품 설계와 직접적으로 관련 있는 고장들은 제품 개발자에게 특별한 관심을 준다. 왜냐하면 이러한 고장들은 이전에 완료된 모든 신뢰성 작업을 수정하도록 하기 때문이다.

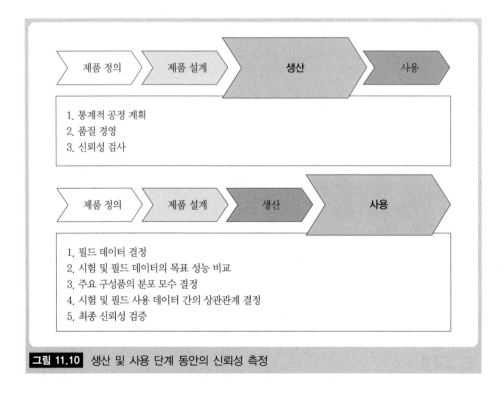

그림 11.10 생산 및 사용 단계 동안의 신뢰성 측정

운용 단계 동안에 생기는 고장인 필드 데이터들은 모두 똑같이 중요하다. 이러한 고장들은 제품의 실제 고장 거동을 나타낸다. 이러한 고장들을 분석함으로써 설계 단계에서 이루어졌던 달성 가능한 신뢰도의 예측과 비교하는 것이 가능하다. 이와 같이 미래의 제품을 위해 신뢰도 계산은 개선될 수 있으며 신뢰성 정보를 얻을 수 있다.

운용 단계에서 대부분의 고장이 관측될 수 있기 때문에 최종 신뢰도가 결정된다. 이상적인 경우는 주어진 목표 신뢰도를 달성하는 것이다.

11.2.4 제품 설계 주기에서 추가 작업

추가 지원되는 측정은 제품 수명 주기에 집중된 측정들을 수행할 수 있다. 그중 가장 중요한 것은 아래와 같다.

- 예측 계산과 피드백 시스템을 위한 기초로서 포괄적인 신뢰성 데이터 시스템의 준비
- 신뢰성과 관련된 주제에 대한 직원들의 추가 교육
- 신뢰성 업무(사보, 보고서, 요약서)와 관련된 경영 및 직원을 위한 정보 시스템
- 신뢰성 방법의 추가 연구와 적용 기간 동안의 상담
- 분석 프로그램, CAD/CAE, 제품 수명 시스템의 도입과 사용을 포함하는 컴퓨터 사용

가장 효율적인 결과를 위하여 추가 방법들은 제품 설계 주기에서 미리 구현되어야 한다. 제품 설계에서 추가 방법의 적절한 사용과 수립은 전체 개발 프로세스 동안에 최적의 신뢰성을 보장한다.

11.3 결론

신뢰성은 제품 혹은 공정 품질의 가장 중요한 특성에 속한다. 신뢰성 작업으로 제품 혁신 및 설계 단계에서 사전에 이익이 되는지 효과적인지를 증명할 수 있다. 여기서 좋은 성능의 방법들은 실제 현장에서 직접 적용하는 것이 가능하다. 높고 언제나 증가하는 신뢰성 요구를 만족하기 위해서는 제품 수명 주기의 모든 단계를 포함하는 완벽한 프로세스 관측은 필요하다. 이와 같이 핵심 요소가 설명된 신뢰성 보증 프로그램을 개발하는 것이 필요하다. 여기서 제품 개발자에게 제품 설계 동안의 기존 신뢰성 분석의 소개뿐만 아니라 목표 신뢰도 결정, 신뢰성 변수와 활동에 대한 사양의 정확한 정의를 포함시켜야 한다. 정량적 방법의 도입과 개선은 특히 뒷받침되어야만 한다.

참고문헌

[11.1] Allen A T (1985) Die Straβe der Zuverlässigkeit : ein Übersicht zur Zuverlässigkeitstechnik im Zusammenhang mit Kraftfahrzeugen. Joint Research Comitte, Zuverlässigkeitsgruppe.

[11.2] Bertsche B, Marwitz H, Ihle H, Frank R (1998) Entwicklung zuverlässiger Produkte. Konstruktion 50.

[11.3] Deutsches Institut für Normung (2004) DIN EN 60300 Teil 1 Zuverlässingkeitsmanagement. Deutsche Fassung EN 60300-1 : 2003. Beuth, Berlin.

[11.4] Lechner G (1994) Zuverlässigkeit und Lebensdauer von Systemen, Jahresband der Universität Stuttgart.

[11.5] Pahl G, Beitz W (2003) Konstruktionslehre : Grundlagen erfolgreicher Produktentwicklung; Methoden und Anwendung. Springer, Heidelberg Berlin.

[11.6] Verband der Automobilindustrie (2000) VDA 3.2 Zuverlässigkeitssicherung bei Automobilherstellern und Lieferanten. VDA, Frankfurt.

제 12 장

기계류 부품의
신뢰성 평가 기법 13단계

기계류 부품의 신뢰성평가기법 13단계

 한 국 기 계 연 구 원
신 뢰 성 평 가 센 터

기계류 부품의 신뢰성 평가 기법 13단계

1단계	신뢰성 평가 품목에 대한 세계 유명 품질 인증 규격 조사
2단계	보증 수명의 결정
3단계	신뢰성 척도의 결정
4단계	주요 고장 모드 및 시험 항목 도출
5단계	형상 모수 결정
6단계	샘플 수 결정
7단계	신뢰 수준 결정
8단계	합격 판정 기준 결정
9단계	가속 수명 시험 방법 결정
10단계	내구성(수명) 시험 시간의 계산
11단계	시험 효과성(test effectiveness) 분석
12단계	내환경성 시험 항목 결정
13단계	안전성 시험 항목 결정

<u>1단계</u> 신뢰성 평가 품목에 대한 세계 유명 품질 인증 규격 조사

• 신뢰성 평가 대상 품목의 시험 방법 및 시험 항목에 대한
  세계 유명 품질 인증 규격 조사

       − 국제 규격(ISO, IEC 등)
       − 지역 규격(EN, CE 등)
       − 국가 규격(ANSI, NF, BS, DIN, JIS 등)
       − 단체 규격(SAE, NFPA, ASME, ASTM, AGMA 등)

'KIMM 신뢰성 평가 규격' 및 '세계 유명 품질 인증 규격'의 비교

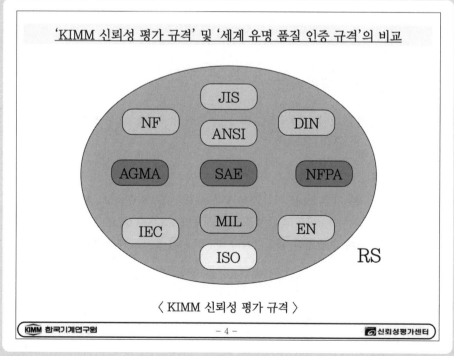

⟨ KIMM 신뢰성 평가 규격 ⟩

산업용 기어 커플링의 세계 유명 품질 인증 규격 시험 항목 조사 사례

No	규격 / 시험 항목	KS	JIS	ISO	EN	BS	ANSI	ASME	SAE	AGMA*	JGMA**	API***	MIL (810F)	신뢰성 평가 기준
1	평행 변위 시험	△	△	○	○	○	○	○	×	○	×	△	×	○
2	각도 변위 시험	△	△	○	○	○	○	○	×	○	×	△	×	○
3	축 변위 시험	△	△	○	○	○	○	○	×	○	×	△	×	○
4	백래시 시험	△	×	△	△	△	△	△	×	△	△	×	×	○
5	최대 토크 시험	△	△	○	△	△	△	△	×	○	○	○	×	○
6	최대 회전수 시험	×	×	○	○	×	×	×	×	○	○	○	×	○
7	가진 시험	×	×	△	△	×	×	×	×	×	△	△	○	○
8	저온 시험	×	×	△	×	×	×	×	×	×	×	×	○	○
9	고온 시험	×	×	△	×	×	×	×	×	×	×	×	○	○
10	습도 시험	×	×	×	×	×	×	×	×	×	×	×	○	○
11	수명 시험	×	×	△	△	△	△	×	×	×	×	×	×	○

* AGMA : American Gear Manufactures Association
**JGMA : Japan Gear Manufactures Association
***API : American Petroleum Institute

○: 직접 관련 규격, △: 간접 관련 규격 ×: 관련 규격 없음

2단계 보증 수명의 결정

• 해당 부품의 현장 작동 조건 조사 및 생산자와 수요자의 협의에 의한 '보증 수명' 결정

    보증 수명 결정 사례 :
     – 자동차용 파워트레인 부품 보증 수명 : 160,000 km(10년 기준)
     – 건설 중장비용 핵심 부품의 보증 수명 : 2,000 hours(1년 기준)
     – 세계 유명 품질 인증 규격의 내구성 시험 조건에 대한 조사

소형 디젤 차량용 수동 변속기의 보증 거리 계산 예제

1) 연중 작동 거리 계산	· 토요일 근무 포함 출퇴근 : 35 km
	  35 km/일×5일/주×50주/년
	   = 9,000 km/년
	· 휴가 및 주말 사용 거리 : 60 km
	  (주말 52주/년×2일/주 + 휴가 13일) × 60 km/일
	   = 약 7,000 km/년
	· 연중 작동 거리: 16,000 km/년

2) 소형 디젤 차량의 작동 거리	· 10년 160,000 km(= 16,000 km/년 ×10년)

3) 소형 디젤 차량용
  수동 변속기의 보증 수명
	· 차량의 작동 거리: 160,000 km(10년)
	· 차량의 작동 거리와 등가인 수동 변속기의 작동 거리
	  : 160,000 km(10년)

3단계 신뢰성 척도의 결정

- 샘플 수, 활용 가능한 시험 장비 수, 시험 비용, 고장에 따른
경제적 손실, 안전성, Duty Cycle 등을 고려하여
'신뢰성 척도'를 결정

  - B_1
  - B_5
  - B_{10}
  - MTTF(MTBF)

분야별, 신뢰성 척도 결정 사례

1. 농기계 분야   : B_{20}

2. 건설 중장비 분야   : B_{20}

3. 군용 장비 분야   : B_{10}

4. 공작 기계 분야   : B_{10}

5. 제철 생산 설비 분야   : B_5

6. 자동차 분야   : B_5

7. 원자력 발전 설비 분야   : B_1

8. 철도 차량 분야   : B_1

9. 항공기 분야   : B_1

KIMM 한국기계연구원   - 9 -   신뢰성평가센터

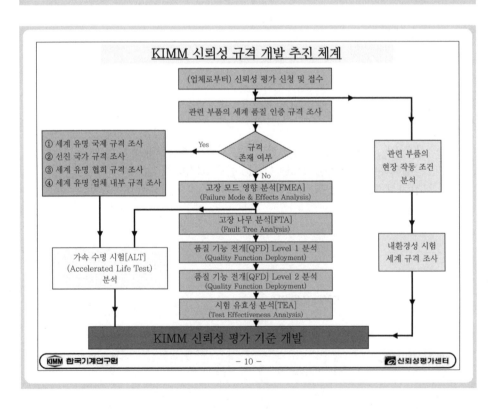

KIMM 신뢰성 규격 개발 추진 체계

KIMM 한국기계연구원   - 10 -   신뢰성평가센터

<u>4단계</u> 주요 고장 모드 및 시험 항목 도출

• 고장 분석 기법을 이용하여 주요 고장 모드 및 시험 항목 도출

- 시험 유효성 분석(Test Effectiveness Analysis, TEA) :
  NASA, JPL D - 1192(1994) , Steve Cornford
- 고장 나무 분석(Fault Tree Analysis, FTA)
- 고장 모드 및 메커니즘 분석(Failure Mode & Mechanism Analysis, FMMA)
- 위험도 매트릭스 분석(Criticality Matrix Analysis, CMA)
- 고장 모드 영향 및 심각도 분석(Failure Mode Effects & Criticality Analysis, FMECA)
- 품질 기능 전개 수준 1(Quality Function Deployment(QFD) Level 1)
- 품질 기능 전개 수준 2(Quality Function Deployment(QFD) Level 2)

<u>부품의 고장 모드와 대표적인 가속 모델</u>

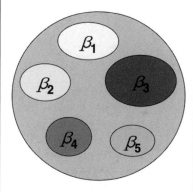

부품
: 다수의 고장 모드 존재

형상 모수	가속 인자	가속 모델
β_1	온도	– 아레니우스(Arrhenius) 모델 – 아이링(Eyring) 모델
β_2	비열 스트레스 (전압, 부하, 압력 등)	– 역승(Inverse Power Law, IPL) 모델
β_3	누적 피로	– 마이너 법칙(Palmgren-Miner Rule)
β_4	온도 + 습도	– 온도-습도 모델 (아이링 모델의 변형된 형태)
β_5	온도 + 비열 스트레스	– 온도-비열(Temperature-Nonthermal) 모델 (아레니우스 + 역승 법칙)

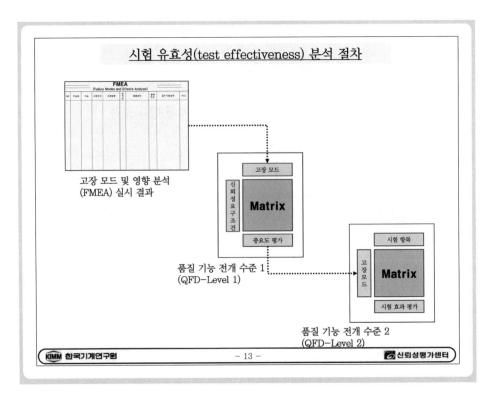

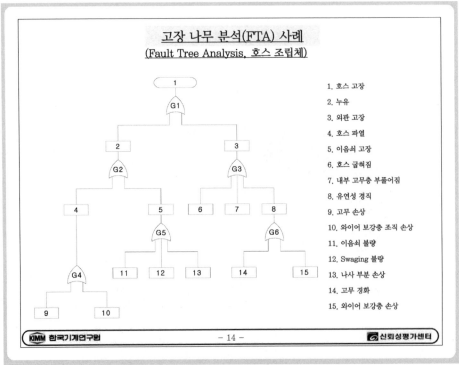

고장 모드 및 메커니즘 분석(FMMA)
(Failure Mode & Mechanism Analysis)

No	주요 구성품 (primary components)	기능 (function)	고장 모드 (failure modes)	고장 메커니즘 (failure mechanisms)	
1	금속 이음쇠	결합 및 압력 유지	누유	1-1	Overstress 깨짐
				1-2	외부 부식
				1-3	반복 압력에 의한 균열
2	호스	압력 유지 및 유량 전달	누유	2-1	과도 압력에 의한 파열
				2-2	열화 및 균열
				2-3	오염에 의한 화학적 성분 감소
				2-4	윤활 및 절연 특성 저하
				2-5	진동에 의한 피로
				2-6	보강용 강선 외부 손상
				2-7	충격 압력에 의한 피로 균열

KIMM 한국기계연구원   – 15 –   신뢰성평가센터

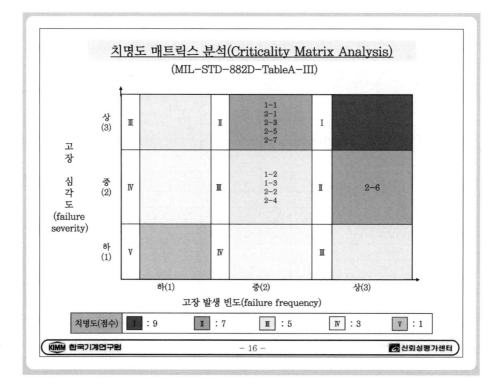

치명도 매트릭스 분석(Criticality Matrix Analysis)
(MIL-STD-882D-TableA-III)

고장 심각도 (failure severity)

	하(1)	중(2)	상(3)
상 (3)	III	II	I 1-1 2-1 2-3 2-5 2-7
중 (2)	IV	III 1-2 1-3 2-2 2-4	II 2-6
하 (1)	V	IV	III

고장 발생 빈도(failure frequency)

치명도(점수)   I : 9   II : 7   III : 5   IV : 3   V : 1

KIMM 한국기계연구원   – 16 –   신뢰성평가센터

고장 모드, 영향 및 치명도 분석(FMECA)
(Failure Mode Effects & Criticality Analysis)

주요 구성품 (primary components)	기능 (function)	고장 모드 (failure modes)	고장 메커니즘 (failure mechanisms)	고장 원인 (failure causes)	고장 영향 (failure effects)	치명도 평가 (criticality)		
						고장 발생도 (frequency)	고장 심각도 (severity)	치명도 (criticality)
금속 이음쇠	결합 및 압력 유지	누유	Overstress 깨짐	과부하	압력 손실 및 시스템 손상	중	상	7
			외부 부식	부식 환경	누유 및 조립 불가	중	중	5
			반복 압력에 의한 균열	반복 피로	압력 손실	중	중	5
호스	압력 유지 및 유량 전달	누유	과도 압력에 의한 파열	과부하	압력 손실 및 시스템 손상	중	상	7
			열화 및 균열	오존 노화 및 주변 온도	압력 손실 및 시스템 손상	중	중	5
			오염에 의한 화학적 성분 감소	오염 물질 유입	누유 및 압력 손실	중	상	7
			윤활 및 절연 특성 저하	급격한 온도 변화	누유 및 압력 손실	중	중	5
			진동에 의한 피로	열악한 설치 조건	누유 및 압력 손실	중	상	7
			보강용 강선 외부 손상	외부 피로	누유 및 압력 손실	상	중	7
			충격 압력에 의한 피로 균열	반복 피로	압력 손실 및 시스템 손상	중	상	7

품질 기능 전개 단계 1(Quality Function Deployment Level I)
(Requirements vs. Failure Mode/Mechanism Matrix)

주요 구성품 (primary components)	금속 이음쇠 (fitting)			호스 (hose)						
고장 모드 (failure mode) / 요구사항 (requirements)	Over stress 깨짐	외부 부식	반복 압력에 의한 균열	과도 압력에 의한 파열	열화 및 균열	오염에 의한 화학적 성분 감소	윤활 및 절연 특성 저하	진동에 의한 피로	보강용 강선 외부 손상	충격 압력에 의한 피로 균열
충격압 내구성	●		◎	●						◎
치수의 안정성				◎		▲	▲			
최소 굽힘성				●						●
내유성				▲		◎	◎			
작동 수명	▲	●	◎	▲	◎	▲	▲	◎	◎	◎
가혹한 환경 내구성		◎		●	◎	▲		◎		
고 강도 배관성				◎		●	●			◎
보강재의 마모 저항성									◎	
금속 이음쇠 내식성		◎								
최소 누유화	◎		◎	◎	◎	●	●	◎	◎	
중요도 점수	9	16	13	26	20	14	14	18	15	21

비 고 중요도 : ◎ 가장 중요(5점) ● 중요(3점) ▲ 보통(1점)

품질 기능 전개 단계 2(Quality Function Deployment Level II)
(Failure Mechanism vs. Standard Test Matrix)

주요 구성품 (primary components)	고장 형태 (failure modes)	중요도 점수 (importance ranking)	길이 변화율 시험	누유 시험	저온 굳힘 시험	습도 시험	오존 노화 시험	내압 시험	파열압 시험	절연 저항 시험	수명 시험
금속 이음쇠 (fitting)	Over stress 깨짐	9		●				◎	◎		●
	외부 부식	16				◎					
	반복 압력에 의한 균열	13		◎				●	●		◎
호스 (hose)	과도 압력에 의한 파열	26	●	◎	◎			◎	●	●	◎
	열화 및 균열	20	●	●	▲	▲			▲		●
	오염에 의한 화학적 성분 감소	14	●				●			▲	
	윤활 및 절연 특성 저하	14	●		▲	●	●	▲	▲	◎	▲
	진동에 의한 피로	18	●		▲				▲	▲	◎
	보강용 강선 외부 손상	15		◎							●
	충격 압력에 의한 피로 균열	21	▲	◎	▲			●	●	●	◎
시험 유효성 점수 및 순위 (test effectiveness score and rank)			349	462	203	142	96	311	277	209	536
			3	2	7	8	9	4	5	6	1

비 고 1. 평가 척도 : ◎ 가장 중요(5점) ● 중요(3점) ▲ 보통(1점)
      2. 시험 항목별 유효성 점수 = Σ(중요도 점수 × 평가 척도)

KIMM 한국기계연구원   - 19 -   신뢰성평가센터

5단계 형상 모수 결정(가정)

- 참고문헌 조사를 통한 와이블 분포의 형상 모수(β)의 가정
  → 신뢰성 수명 시험 시간의 산출

- 수명 시험을 실시하고 시험 결과치를 수집·분석하여
  문헌 조사를 통해 가정한 형상 모수를 검증

KIMM 한국기계연구원   - 20 -   신뢰성평가센터

와이블 분포의 형상 모수 (1)

출처: http://www.barringer1.com/wdbase.htm

부품명	형상 모수			척도 모수(특성 수명, 시간)		
	Low	Typical	High	Low	Typical	High
볼 베어링(Ball bearing)	0.7	1.3	3.5	14,000	40,000	250,000
롤러 베어링(Roller bearing)	0.7	1.3	3.5	9,000	50,000	125,000
슬리브 베어링(Sleeve bearing)	0.7	1	3	10,000	50,000	143,000
구동 벨트(Belts, drive)	0.5	1.2	2.8	9,000	30,000	91,000
유압 벨로우즈(Bellows, hydraulic)	0.5	1.3	3	14,000	50,000	100,000
볼트(Bolts)	0.5	3	10	125,000	300,000	100,000,000
마찰 클러치(Clutches, friction)	0.5	1.4	3	67,000	100,000	500,000
자기 클러치(Clutches, magnetic)	0.8	1	1.6	100,000	150,000	333,000
커플링(Couplings)	0.8	2	6	25,000	75,000	333,000
기어 커플링(Couplings, gear)	0.8	2.5	4	25,000	75,000	1,250,000
유압 실린더(Cylinders, hydraulic)	1	2	3.8	9,000,000	900,000	200,000,000
금속 다이어프램(Diaphragm, metal)	0.5	3	6	50,000	65,000	500,000
고무 다이어프램(Diaphragm, rubber)	0.5	1.1	1.4	50,000	60,000	300,000
유압 개스킷(Gaskets, hydraulics)	0.5	1.1	1.4	700,000	75,000	3,300,000
오일 필터(Filter, oil)	0.5	1.1	1.4	20,000	25,000	125,000
기어(Gears)	0.5	2	6	33,000	75,000	500,000
펌프 임펠러(Impellers, pumps)	0.5	2.5	6	125,000	150,000	1,400,000
메커니컬 조인트(Joints, mechanical)	0.5	1.2	6	1,400,000	150,000	10,000,000
지주 나이프 에지(Knife edges, fulcrum)	0.5	1	6	1,700,000	2,000,000	16,700,000
왕복 압축기 실린더용 라이너(Liner, recip. comp. cyl.)	0.5	1.8	3	20,000	50,000	300,000
너트(Nuts)	0.5	1.1	1.4	14,000	50,000	500,000
탄성 오-링("O"-rings, elastomeric)	0.5	1.1	1.4	5,000	20,000	33,000
왕복압축기 로드용 패킹(Packings, recip. comp. rod)	0.5	1.1	1.4	5,000	20,000	33,000
핀(Pins)	0.5	1.4	5	17,000	50,000	170,000
축(Pivots)	0.5	1.4	5	300,000	400,000	1,400,000
엔진 피스톤(Pistons, engines)	0.5	1.4	3	20,000	75,000	170,000
윤활 펌프(Pumps, lubricators)	0.5	1.1	1.4	13,000	50,000	125,000
메커니컬 씰(Seals, mechanical)	0.8	1.4	4	3,000	25,000	50,000
원심펌프용 샤프트(Shafts, cent. Pumps)	0.8	1.2	3	50,000	50,000	300,000
스프링(Springs)	0.5	1.1	3	14,000	25,000	5,000,000
진동 마운트(Vibration mounts)	0.5	1.1	2.2	17,000	50,000	200,000
원심펌프용 마모 링(Wear rings, cent. Pumps)	0.5	1.1	4	10,000	50,000	90,000
왕복압축기용 밸브(Valves, recip comp.)	0.5	1.4	4	3,000	40,000	80,000

와이블 분포의 형상 모수 (2)

부품명	형상 모수			척도 모수(특성 수명, 시간)		
	Low	Typical	High	Low	Typical	High
기계류 기기(Machinery Equipment)						
차단기(Circuit breakers)	0.5	1.5	3	67,000	100,000	1,400,000
원심 압축기(Compressors, centrifugal)	0.5	1.9	3	20,000	60,000	120,000
압축기 날개(Compressor blades)	0.5	2.5	3	400,000	800,000	1,500,000
압축기 풍향계(Compressor vanes)	0.5	3	4	500,000	1,000,000	2,000,000
다이어프램 커플링(Diaphragm couplings)	0.5	2	4	125,000	300,000	600,000
가스 터빈 압축기 날개/풍향계(Gas turb. comp. blades/vanes)	1.2	2.5	6.6	10,000	250,000	300,000
가스 터빈 날개/풍향계(Gas turb. blades/vanes)	0.9	1.6	2.7	10,000	125,000	160,000
교류 전동기(Motors, AC)	0.5	1.2	3	1,000	100,000	200,000
직류 전동기(Motors, DC)	0.5	1.2	3	100	50,000	100,000
원심 펌프(Pumps, centrifugal)	0.5	1.2	3	1,000	35,000	125,000
증기 터빈(Steam turbines)	0.5	1.7	3	11,000	65,000	170,000
증기 터빈 날개(Steam turbine blades)	0.5	2.5	3	400,000	800,000	1,500,000
증기 터빈 풍향계(Steam turbine vanes)	0.5	3	3	500,000	900,000	1,800,000
변압기(Transformers)	0.5	1.1	3	14,000	200,000	14,200,000
계측 기기(Instrumentation)						
공압 제어기(Controllers, pneumatic)	0.5	1.1	2	1,000	25,000	1,000,000
반도체 제어기(Controllers, solid state)	0.5	0.7	1.1	20,000	100,000	200,000
제어 밸브(Control valves)	0.5	1	2	14,000	100,000	333,000
전동 밸브(Motorized valves)	0.5	1.1	3	17,000	25,000	1,000,000
전자 밸브(Solenoid valves)	0.5	1.1	3	50,000	75,000	1,000,000
변환기(Transducers)	0.5	1	3	11,000	20,000	90,000
송신기(Transmitters)	0.5	1	2	100,000	150,000	1,100,000
온도 지시계(Temperature indicators)	0.5	1	2	140,000	150,000	3,300,000
압력 지시계(Pressure indicators)	0.5	1.2	3	110,000	125,000	3,300,000
유량 계측기(Flow instrumentation)	0.5	1	3	100,000	125,000	10,000,000
레벨 계측기(Level instrumentation)	0.5	1	3	14,000	25,000	500,000
전기-기계 부품(Electro-mechanical parts)	0.5	1	3	13,000	25,000	1,000,000
정적 기기(Static Equipment)						
보일러, 냉각기(Boilers, condensers)	0.5	1.2	3	11,000	50,000	3,300,000
압력 용기(Pressure vessels)	0.5	1.5	6	1,250,000	2,000,000	33,000,000
필터, 여과기(Filters, strainers)	0.5	1	3	5,000,000	5,000,000	200,000,000
체크 밸브(Check valves)	0.5	1	3	100,000	100,000	1,250,000
릴리프 밸브(Relief valves)	0.5	1	3	100,000	100,000	1,000,000
사용유체(Service Liquids)						
냉각수(Coolants)	0.5	1.1	3	11,000	15,000	33,000
스크류 압축기 윤활유(Lubricants, screw compr.)	0.5	1.1	3	11,000	15,000	40,000
광물성 윤활유(Lube oils, mineral)	0.5	1.1	3	3,000	10,000	25,000
합성 윤활유(Lube oils, synthetic)	0.5	1.1	3	33,000	50,000	250,000
그리스(Greases)	0.5	1.1	3	7,000	10,000	33,000

6단계 샘플 수 결정

• 아래의 사항을 고려하여 샘플 수(1, 2, 3, 5, 10) 결정
  – 샘플 수(n) :

  $$n = \frac{\ln(1-CL)}{\ln(R)}$$

  CL : 신뢰 수준
  R : 신뢰도

  – 샘플의 가격
  – 시험 가능한 시험 장비의 수
  – 여러 개의 샘플을 동시에 시험할 수 있는 장비의 설계 여부

7단계 신뢰 수준(CL) 결정

• 보증(수요) 업체의 요구에 의한 신뢰 수준(CL) 결정

  – 보증(수요) 업체 또는 시스템 제조업체 : 80~95%의 신뢰 수준 요구

  – MIL-STD-690C : 60%(Standard), 90%(Special)

  – S전자 : 60%, 90%

  – D중공업 : 70%

  – 독일 자동차 업체 : 90%

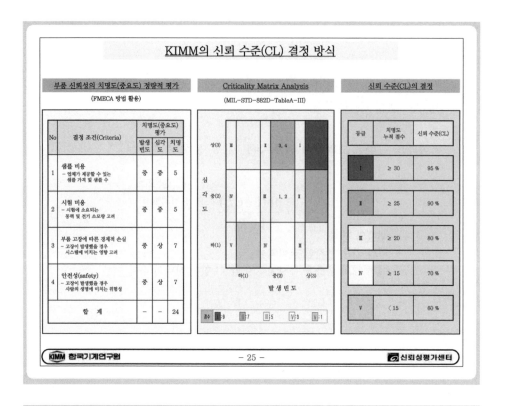

KIMM의 신뢰 수준(CL) 결정 방식

부품 신뢰성의 치명도(중요도) 정량적 평가
(FMECA 방법 활용)

No	결정 조건(Criteria)	발생 빈도	심각도	치명도
1	샘플 비용 - 업체가 제공할 수 있는 샘플 가격 및 샘플 수	중	중	5
2	시험 비용 - 시험에 소요되는 동력 및 전기 소모량 고려	중	중	5
3	부품 고장에 따른 경제적 손실 - 고장이 발생했을 경우 시스템에 미치는 영향 고려	중	상	7
4	안전성(safety) - 고장이 발생했을 경우 사람의 생명에 미치는 위험성	중	상	7
	합 계	-	-	24

Criticality Matrix Analysis
(MIL-STD-882D-TableA-III)

점수 ■:9 ■:7 ■:5 ■:3 ■:1

발생 빈도

신뢰 수준(CL)의 결정

등급	치명도 누적 점수	신뢰 수준(CL)
I	≥ 30	95 %
II	≥ 25	90 %
III	≥ 20	80 %
IV	≥ 15	70 %
V	< 15	60 %

분야별 신뢰 수준의 결정

1. 농기계 분야   : 60 %

2. 건설 중장비 분야   : 70 %

3. 공작 기계 분야   : 70 %

4. 군용 장비 분야   : 80 %

5. 자동차 분야   : 90 %

6. 제철 생산 설비 분야   : 95 %

7. 원자력 발전 설비 분야   : 95 %

8. 철도 차량 분야   : 95 %

9. 항공기 분야   : 95 %

8단계 합격 판정 기준 결정

• 합격 판정 기준 유형

  - 무고장 합격 판정 기준
  - 1개의 고장을 허용하는 합격 판정 기준
  - 2단계 합격 판정 기준

무고장 합격 판정 기준

• 합격 판정 기준 : 무고장 시험 시간 동안 시험하여 n개의 샘플이 모두 고장이
없으면 합격으로 판정

• 시험 시간 계산식

보증 수명	계 산 식
B_{10} 수명	$t_n = B_{100p} \cdot \left[\dfrac{\ln(1 - CL)}{n \cdot \ln(1 - p)} \right]^{\frac{1}{\beta}}$
MTTF	$t_n = \dfrac{MTTF}{\Gamma(1 + \dfrac{1}{\beta})} \cdot \left[-\dfrac{\ln(1 - CL)}{n} \right]^{\frac{1}{\beta}}$

* MTTF, B_{100p} : 보증 수명(Qualification Life)　　　* p : 백분위수(p=0.1이면 B_{10})
* β　　: 형상 모수(Shape Parameter)　　　* n : 샘플 수
* CL　　: 신뢰 수준(Confidence Level)　　　* t_n : 무고장 시험 시간
* $\Gamma( )$　　: 감마 함수

1개의 고장을 허용하는 합격 판정 기준

- 합격 판정 기준 : 1개의 고장을 허용하는 시험 시간 동안 시험하여 n개의 샘플 중
  고장이 1개 이하(0 또는 1개) 발생하면 합격으로 판정

- 시험 시간 계산식

보증 수명	Kececioglu 교수 방법	ISO 방법
B_{10} 수명	$t_{n1} = B_{100p} \cdot \left[-\dfrac{1}{\ln(1-p)} \cdot \dfrac{\chi^2(\alpha, 2r+2)}{2n} \right]^{\frac{1}{\beta}}$	$(1-CL) = R(t)^n + n \cdot \left[R(t)^{(n-1)} \cdot (1-R(t)) \right]$ 위 식을 만족하는 t가 시험 시간이 됨

- $*$ B_{100p} : 보증 수명(Qualification Life)
- $*$ β : 형상 모수(Shape Parameter)
- $*$ CL : 신뢰 수준(Confidence Level)
- $*$ R(t) : 신뢰도 함수
- $*$ p : 백분위수(p=0.1이면 B_{10})
- $*$ n : 샘플 수
- $*$ t_{n1} : 1개의 고장을 허용하는 시험 시간
- $*$ χ^2 : 카이제곱 분포(유의 수준 $a = 1-CL$)

2단계 합격 판정 기준

- 합격 판정 기준 : 1단계 시험 시간 동안 시험하여 n개의 샘플이 모두 고장이 없으면
  합격으로 판정하며, 만약 1단계 시험 시간 동안 고장이 1개 발생하면
  2단계 시험 시간까지 연장 시험하여 추가 고장이 발생하지 않으면
  합격으로 판정

- 시험시간 계산식

단계 \ 방법	방법 1	방법 2
1 단계(t_0) 시험 시간 계산식	$t_0 = B_{100p} \cdot \left[-\dfrac{1}{\ln(1-p)} \cdot \dfrac{\chi^2(\alpha, 2r+2)}{2n} \right]^{\frac{1}{\beta}}$	$t_0 = B_{100p} \cdot \left[\dfrac{\ln((1-CL) \cdot \pi)}{n \cdot \ln(1-p)} \right]^{\frac{1}{\beta}}$
2 단계(t_1) 시험 시간 계산식	$t_1 = \left[\dfrac{\chi^2(\alpha, 4)}{\chi^2(\alpha, 2)} \cdot \dfrac{n \cdot t_0^{\beta}}{(n-1)} - \dfrac{t_{(1)}^{\beta}}{(n-1)} \right]^{\frac{1}{\beta}}$	$t_1 = B_{100p} \cdot \left[-\dfrac{\ln\left(\dfrac{n \cdot (1 - e^{-\left(\frac{t_0}{\theta}\right)^{\beta}})}{(1-CL) \cdot (1-\pi)} \right)}{(n-1) \cdot \ln(1-p)} \right]^{\frac{1}{\beta}}$

- $*$ B_{100p} : 보증 수명(Qualification Life)
- $*$ β : 형상 모수(Shape Parameter)
- $*$ CL : 신뢰 수준(Confidence Level)
- $*$ t_1 : 2단계 시험 시간(무고장 시험 시간)
- $*$ $t_{(1)}$: 1개의 고장이 발생한 시간
- $*$ p : 백분위수(p=0.1이면 B_{10})
- $*$ n : 샘플 수
- $*$ t_0 : 1단계 시험 시간(무고장 시험 시간)
- $*$ χ^2 : 카이제곱 분포(유의 수준 $a = 1-CL$)
- $*$ π : 합격 비율(1단계 합격 비율: π, 2단계 합격 비율 : $(1-\pi)$)

<u>9단계</u> 가속 수명 시험 방법 결정

• 한정된 시험 시간을 단축하기 위한 가속 수명 시험 방법 결정

'신뢰성 시험 소요시간'과 '가속시험의 필요성'

추진 내용 ＼ 소요 기간	1 년											
	1	2	3	4	5	6	7	8	9	10	11	12
평가 기준 개발	■	■	■									
평가 장비 개발				■	■	■	■					
신뢰성 시험 실시								■				
보고서 작성										■		
정부에 시험 결과 발표												■

기계류 부품 vs. 가속 수명 시험 모델

No	품목	No	품목
1	커플링	28	고무 타입 방진 마운트
2	로드셀	29	맥압 전동 장치
3	유압 밸브	30	선회 구동 유닛
4	공압 밸브	31	플렉시블 호스 & 커플
5	댐퍼 펌프	32	산업용 연속 가변 속도 변환기
6	변속기	33	서보 액추에이터
7	기어 박스	34	산업용 브레이크
8	오일 펌프	35	고압 제어 밸브
9	유압 모터	36	다기능 제어 밸브
10	볼 스크류	37	압축공기 압력 조절기
11	클러치	38	유입 필터
12	베어링	39	산업용 프로펠러 샤프트
13	액슬	40	원심 펌프
14	트랙 드라이브 유닛	41	베어링 힐
15	씰 & 패킹	42	메커니컬 스프링
16	서보 밸브	43	산업용 솔레노이드
17	어큐뮬레이터	44	압력 변환기
18	컴프레서	45	스핀들 샤프트 유닛
19	브레이커	46	열 교환기
20	디젤 엔진	47	산업용 노즐
21	오일 쿨러	48	선입용 펌프
22	고가 사다리	49	로터리 액추에이터
23	리니어 모터	50	비례 밸브
24	척	51	고압 분사 펌프
25	산업용 리프트	52	초음파 기기
26	루브리케이터	53	유압 실린더
27	진공 펌프		

가속 수명 시험 모델

모델	식	기호
아레니우스 모델 (Arrhenius Model)	$L(V) = Ce^{\frac{B}{V}}$	L : 수명 / V : 스트레스 수준(절대 온도) / C, B : 모델 상수
아이링 모델 (Eyring Model)	$L(V) = \frac{1}{V}Ce^{\frac{B}{V}}, (C=e^{-A})$	L : 수명 / V : 스트레스 수준(절대 온도) / A, B : 모델 상수
역승 모델 (Inverse Power Law Model)	$L(V) = \frac{1}{KV^n}$	L : 수명 / V : 스트레스 수준(비열 인자) / K, n : 모델 상수
온-습도 모델 (Temperature-Humidity Model)	$L(U,V) = Ae^{\frac{b}{U}+\frac{\phi}{V}}$	L : 수명 / U : 상대 습도 / V : 절대 온도 / A, b, φ : 모델 상수
온도-비열 모델 (Temperature Non-thermal Model)	$L(V) = \frac{C}{U^B e^{\frac{B}{V}}}$	L : 수명 / U : 비열 스트레스 / B, C, n : 모델 상수
온-습도 모델 (Lycoudes Model)	$L = A \cdot \exp\left(\frac{E_A}{kT}\right) \cdot \exp\left(\frac{B}{RH}\right)$	
비례 고장 모델 (Proportional Hazards Model)	$\lambda(t,X) = \lambda_0(t) \cdot \exp(X,A)$	
코핀-맨슨 모델 (Coffin-Manson Model)	$\Delta r_r \cdot N_f^\alpha = 일정$	
라르손-밀러 모델 (Larson-Miller Model)	$T(C + \log(t)) = b_0 + b_1\log\sigma + b_2(\log\sigma)^2 + ... + b_k(\log\sigma)^k$	

품목별 가속 모델식의 특성화

No	ALT 그룹 특성				주요 부분의 특성			
	ALT 그룹	No	부품명	제어 변수	주요 부분	고장 모드	고장 메커니즘	가속 인자
1	A	1	유압 실린더	압력, 속도, 유온	Elastomer Dynamic Seal	Seal Leakage	Abrasive Wear	- Seal Pressure Differential -Fluid Temperature - Velocity
		2	공압 실린더	압력, 속도				
		3	Seal & Packing	압력, 속도, 유온				
		4	Breaker	압력, 속도, 유온				
2	B	5	기어 박스	토크, 속도, 유온	Mating Gears	Wear	Pitting/Spalling	- Speed - Contact Force - Lubricant - Temperature
		6	변속기					
3	C	8	유압 모터	토크, 속도, 유온	Mating Gears	Wear	Pitting/Spalling	- Speed - Contact Force - Lubricant - Temperature
		9	유압 펌프	속도, 토출량	Rotating Bearing	Wear	Spalling	- Normal Force - Velocity
4	D	12	베어링	속도, 힘	Rotating Bearing	Wear	Spalling	- Normal Force - Velocity
5	E	14	클러치	속도, 출력 토크	Rotating Bearing	Wear	Spalling	- Normal Force - Velocity
		15	산업용 브레이크	압력, 토크, 온도	Friction Material			
6	F	16	유압호스	압력, 사이클 주파수, 유온	Rubber Hose	Cracking	Fatigue	- Pressure - Temperature - Bend Radius
		17	방진 마운트	변위, 주파수, 온도	Rubber	Cracking	Fatigue	- Displacement
7	G	18	오일 쿨러	압력, 사이클 주파수	Cu Pipe	Cracking and Leakage	Fatigue	- Pressure
8	H	20	스프링	변위	Active Metal Coils	Fracture	Fatigue	- Applied Stress
9	I	21	디젤엔진	토크	Sliding Surfaces	Wear	Abrasive Wear	- Normal Force
					Shafts	Fracture	Fatigue	- Speed
10	J	22	공압 밸브	압력, 사이클 주파수, 유량	Poppet Seal Sliding Spool	Internal Leakage	Abrasive	- Normal Force - Frequency
		21	유압 밸브	압력, 사이클 주파수, 유량				
		22	비례 제어 밸브	압력, 사이클 주파수, 유량				
		23	솔레노이드 밸브	사이클 범위, 전압, 사이클 주파수	Copper Wire Coils	Wire Open	Fatigue	- Applied Stress

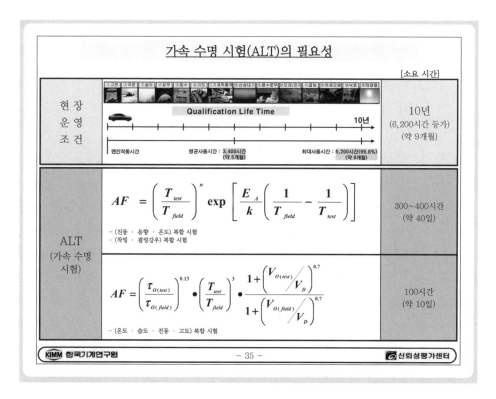

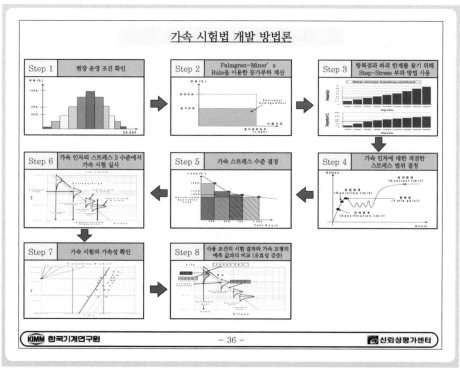

10단계 시험 시간 계산

• 시험 시간의 계산 : $t_t = f(B_i, n, p, CL, \beta, R_t)$

$$t_t = B_{100p} \cdot \left[-\frac{1}{\ln(1-p)} \cdot \frac{\chi^2(\alpha, 2r+2)}{2n} \right]^{\frac{1}{\beta}}, \quad t_n = B_{100p} \cdot \left[\frac{\ln(1-CL)}{n \cdot \ln(1-p)} \right]^{\frac{1}{\beta}}$$

t_t	: 시험 시간(일반적인 기준)
t_n	: 무고장 시험 시간
B_{100p}	: 신뢰성 척도
n	: 샘플 수
p	: 백분위수(B_{10} 수명의 경우 p=0.1)
CL	: 신뢰 수준
β	: 와이블 분포의 형상 모수
R_t	: 합격 판정 기준
χ^2	: 카이제곱 분포
r	: 고장 수(무고장 시험의 경우 r=0)

무고장 시험 시간의 등가 조건

무고장 시험 시간 $t_n = B_{100p} \cdot \left[\dfrac{\ln(1-CL)}{n \cdot \ln(1-p)} \right]^{\frac{1}{\beta}}$	가정	– 보증 수명 : 1,000 시간 – Sample 수 : 10 개 – 형상 모수 : 2.0	무고장 시험 시간 $t_n = \dfrac{MTTF}{\Gamma\left(1 + \dfrac{1}{\beta}\right)} \cdot \left(\dfrac{-\ln(1-CL)}{n} \right)^{\frac{1}{\beta}}$

신뢰성 척도 ＼ 신뢰 수준 (CL)	B_5	B_{10}	B_{20}	MTTF
60 %	1337	933	641	342
70 %	1532	1069	735	392
80 %	1771	1236	849	453
90 %	2119	1478	1016	541
95 %	2417	1686	1159	618
99 %	2996	2091	1437	766

Case 1 : (CL 60%, B_{20} 수명 1,000시간 보증) = (CL 96%, MTTF 1,000시간 보증)
Case 2 : (CL 85%, B_{10} 수명 1,000시간 보증) = (CL 60%, B_5 수명 1,000시간 보증)

무고장 시험 시간의 등가 조건

무고장 시험 시간	가정		무고장 시험 시간
$t_n = B_{100p} \cdot \left[\dfrac{\ln(1-CL)}{n \cdot \ln(1-p)} \right]^{\frac{1}{\beta}}$		– 보증 수명 : 1,000 시간 – Sample 수 : 10개 – 형상 모수 : 6.0	$t_n = \dfrac{MTTF}{\Gamma\left(1+\dfrac{1}{\beta}\right)} \cdot \left(\dfrac{-\ln(1-CL)}{n} \right)^{\frac{1}{\beta}}$

신뢰성 척도 신뢰 수준 (CL)	B_5	B_{10}	B_{20}	MTTF
60 %	1102	977	862	758
70 %	1153	1022	902	793
80 %	1210	1073	947	832
90 %	1284	1139	1005	883
95 %	1342	1190	1050	923
99 %	1442	1279	1128	992

Case 3 : (CL 60%, B_{10} 수명 1,000시간 보증) = (CL 99%, MTTF 1,000시간 보증)

KIMM 한국기계연구원 　　　– 39 –　　　 신뢰성평가센터

(β와 CL이 변할 경우) 무고장 시험 시간

– 수명 분포 : Weibull 분포　　　　– 형상 모수(β) : 1.0~4.0

– 보증 수명 : B_{10} = 1,000시간　　– 신뢰 수준(CL) : 70~95%

– 샘플 수(n) : 10개

β / CL	1.0	1.1	1.2	1.3	1.4	1.5	2.0	2.5	3.0	3.5	4.0
70	1,143	1,129	1,118	1,108	1,100	1,093	1,069	1,055	1,045	1,039	1,034
75	1,316	1,283	1,257	1,235	1,217	1,201	1,147	1,116	1,096	1,082	1,071
80	1,528	1,470	1,423	1,385	1,353	1,326	1,236	1,185	1,152	1,129	1,112
85	1,801	1,707	1,632	1,572	1,522	1,480	1,342	1,265	1,217	1,183	1,158
90	2,185	2,035	1,918	1,825	1,748	1,684	1,478	1,367	1,298	1,250	1,216
95	2,843	2,586	2,389	2,234	2,109	2,007	1,686	1,519	1,417	1,348	1,299

KIMM 한국기계연구원 　　　– 40 –　　　 신뢰성평가센터

(β와 n이 변할 경우) 무고장 시험 시간

- 수명 분포 : Weibull 분포
- 형상 모수(β) : 1.0 ~ 4.0
- 보증 수명 : B_{10} = 1,000시간
- 신뢰 수준(CL) : 80%
- 샘플 수(n) : 1, 2, 3, 4, 5, 10개

n \ β	1.0	1.1	1.2	1.3	1.4	1.5	2.0	2.5	3.0	3.5	4.0
1	15,276	11,922	9,698	8,143	7,010	6,156	3,908	2,976	2,481	2,179	1,977
2	7,638	6,349	5,443	4,778	4,273	3,878	2,764	2,255	1,969	1,788	1,662
3	5,092	4,392	3,882	3,497	3,198	2,960	2,257	1,918	1,720	1,592	1,502
4	3,819	3,381	3,055	2,803	2,604	2,443	1,954	1,709	1,563	1,466	1,398
5	3,055	2,760	2,536	2,361	2,220	2,105	1,748	1,563	1,451	1,376	1,322
10	1,528	1,470	1,423	1,385	1,353	1,326	1,236	1,185	1,152	1,129	1,112

(CL과 n이 변할 경우) 무고장 시험 시간

- 수명 분포 : Weibull 분포
- 형상 모수(β) : 2.0
- 보증 수명 : B_{10} = 1,000시간
- 신뢰 수준(CL) : 70~95%
- 샘플 수(n) : 1, 2, 3, 4, 5, 10, 15, 20, 25, 30

CL \ n	1	2	3	4	5	10	15	20	25	30
70	3,380	2,390	1,952	1,690	1,512	1,069	873	756	676	617
75	3,627	2,565	2,094	1,814	1,622	1,147	937	811	725	662
80	3,908	2,764	2,257	1,954	1,748	1,236	1,009	874	782	714
85	4,243	3,000	2,450	2,122	1,898	1,342	1,096	949	849	775
90	4,675	3,306	2,699	2,337	2,091	1,478	1,207	1,045	935	854
95	5,332	3,770	3,079	2,666	2,385	1,686	1,377	1,192	1,066	974

<u>11단계</u> 시험 효과성(test effectiveness) 분석

• 수명 시험 중 3회(수명 시험 전(0%), 50%, 100%)의 성능 시험을
통하여 평가 대상품의 열화(성능 저하)에 대한 시험 효과성 분석

<u>수명 시험의 성능 열화에 대한 Test Effectiveness 분석 개념</u>

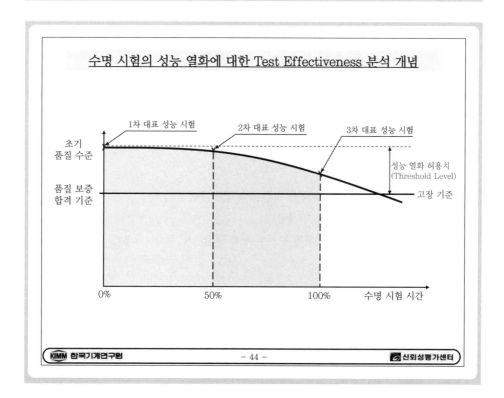

성능 열화 시험 항목 결정

No	품목	시험 항목	QFD Level 2에 의한 우선순위	성능 열화 시험 항목 결정
1	Bearing	① 정밀도 시험 ② 강성 확인 시험 ③ 마찰 확인 시험 ④ 단품 소착 시험 ⑤ 고유온 시험 ⑥ 저온 시험 ⑦ 오염 시험 ⑧ 진동, 소음 시험 ⑨ 마모 시험	① 강도 시험 ② 진동, 소음 시험 ③ 윤활 시험 ④ 환경 시험 ⑤ 마모 시험 ⑥ 화염 시험 ⑦ 그리스 누유 시험 ⑧ 저온 토크 시험 ⑨ 물세척 시험	① 강성 확인 시험 ② 마찰 확인 시험
2	Brake	① 길들이기 시험 ② 누설 시험 ③ 제동 성능 시험 ④ 내압 시험 ⑤ 제동 강도 시험 ⑥ Residual Drag 시험 ⑦ 표면 온도 시험 ⑧ 주차 브레이크 성능 시험 ⑨ 자동 조정기 시험 ⑩ 주차 브레이크 강도 시험 ⑪ 내진동 시험 ⑫ 내식성 시험 ⑬ 내침수성 시험 ⑭ 고온 및 저온 시험	① 제동 성능 시험 ② 제동 강도 시험 ③ 주차 브레이크 성능 시험 ④ 주차 브레이크 강도 시험 ⑤ 표면 온도 시험 ⑥ 누유 시험 ⑦ 고온 및 저온 시험 ⑧ 내압 시험 ⑨ Residual Drag 시험 ⑩ 내식성 시험 ⑪ 내진동 시험 ⑫ 내침수성 시험 ⑬ 길들이기 시험 ⑭ 자동 조정기 시험	① 누설 시험 ② 제동 성능 시험 ③ Residual Drag 시험 ④ 주차 브레이크 성능 시험
3	Mechanical Spring	① 스프링 부하 시험 ② 스프링 상수 시험 ③ 영구 변형률 시험 ④ 내열 시험 ⑤ 저온 시험 ⑥ 습도 시험 ⑦ 염수 분무 시험	① 스프링 상수 시험 ② 스프링 부하 시험 ③ 영구 변형률 시험 ④ 습도 시험 ⑤ 염수 분무 시험 ⑥ 저온 시험 ⑦ 내열 시험	① 스프링 상수 시험 ② 스프링 부하 시험
4	Flexible Hose & Fitting	① 길이 변화율 ② 내압 시험 ③ 저온 굽힘 시험 ④ 저온 내압 시험 ⑤ 오존 노화 시험 ⑥ 파열 시험 ⑦ 충격 압력 시험 ⑧ 고무 체적 팽창 시험 ⑨ 온도 저항 시험	① 파열 시험 ② 충격 압력 시험 ③ 내압 시험 ④ 저온 굽힘 시험 ⑤ 길이변화율 시험 ⑥ 내유성 시험 ⑦ 진공 시험 ⑧ 고무 체적 팽창 시험 ⑨ 온도 저항 시험	① 길이 변화율 ② 내압 시험

KIMM 한국기계연구원   - 45 -   신뢰성평가센터

12단계 내환경성 시험 항목 결정

• 내환경성 시험 항목 결정 방법:

    - 세계 유명 규격을 통한 내환경성 시험 방법 조사
    - 내환경성 시험 순서 결정
    - 기계류 부품의 내환경성 시험 항목 결정

KIMM 한국기계연구원   - 46 -   신뢰성평가센터

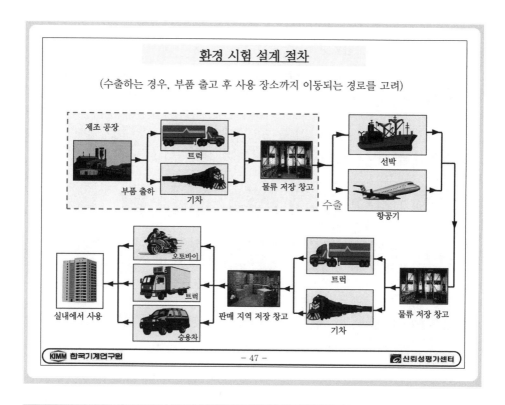

내환경성 시험 장비 보유 현황(총 37종)

발진 마운트 신뢰성 평가 장비(2축 피로 시험기)	수직형 날림 먼지 시험 장비	유압식 가진 시험기	기계적 충격 시험 장비	Environmental Walk-In 장비	모래 먼지 시험 장비	태양 복사 시험 장비	강우 시험 장비
소형 부품 시험용 항온·항습 시험 장비	날림 모래 시험 장비	중형 Size급 항온·항습 시험 장비	수평식 진동 시험 장비	자연 순환 건조기	다목적 피로(2축) 수명 평가 장비	침수 시험 장비	진흙방 시험 장비
HALT 시험 장비	(6DOF) 수직 가진 시험 장비	낙하 시험 장비	(염수 분무, 습도, 온도) 복합 환경 장비	열충격 시험 장비	고주파용 전기식 가진기	초고온 & 진동 복합 시험 장비
균류(곰팡이) 시험 장비	폭발성 대기 시험 장비	복합(온도, 습도, 진동, 고도) 시험 장비	유체 오염 시험 장비	가속도(Centrifuge) 시험 장비	내화(Fire Proof) 시험 장비	결빙 강우 시험 장비
오존 노화 시험 장비	급속 냉각 환경 챔버	(Hybrid) 대용량 HALT 시험 장비	극한 환경(-165~400℃) 시험 장비	(진동, 소음, 온도) 복합 환경 시험 장비	급속 냉각 및 히팅 시스템	수증 복합 환경 시험 장비

내환경성 시험의 종류

No	시 험 항 목	No	시 험 항 목
1	저압(고도)[Low Pressure (Altitude)]	25	밀봉[Sealing]
2	고온[High Temperature]	26	납땜[Soldering]
3	저온[Low Temperature]	27	단자의 강건함[Robustness of terminations]
4	온도 충격[Temperature Shock]	28	오염과 태양 복사의 복합 [Combined contamination, solar radiation]
5	유체 오염[Contamination by Fluids]	29	물리적 치수[Physical dimensions]
6	태양 복사(일광)[Solar Radiation (Sunshine)]	30	광도 측정[Photometry]
7	강우[Rain]	31	플라스틱에 대한 휨[Warpage on plastics]
8	습도[Humidity]	32	전도 방사[Conducted emission]
9	곰팡이[Fungus]	33	전도 민감도[Conducted susceptibility]
10	염무[Salt Fog]	34	복사 방사[Radiated emission]
11	모래 먼지[Sand and Dust]	35	복사 민감도[Radiated susceptibility]
12	폭발성 대기[Explosive Atmosphere]	36	회로 기판 접착 강도[Substrate attach strength]
13	액침[Immersion]	37	파도 시간 측정[Transition time measurement]
14	가속도[Acceleration]	38	고장 전압[Breakdown voltage]
15	진동[Vibration]	39	입력 전류, 저수준[Input current, low level]
16	소음[Acoustic Noise]	40	입력 전류, 고수준[Input current, high level]
17	충격[Shock]	41	비틀림과 굽힘[Torsion & Bending]
18	열 충격[Pyroshock]	42	긁힘[Scratch]
19	산성 대기[Acidic Atmosphere]	43	오존 저항[Ozone resistance]
20	발포 진동[Gunfire Vibration]	44	내전압[Electric strength]
21	온도, 습도, 진동과 고도 [Temperature, Humidity, Vibration and Altitude]	45	절연 저항[Insulation resistance]
22	착빙/결빙 강우[Icing/Freezing Rain]	46	정전기[Electrostatic Discharge]
23	탄도 충격[Ballistic Shock]	47	전기적 과도 현상[Electrical fast transient / burst]
24	진동 - 음향/온도[Vibro - Acoustic/Temperature]		

유명 규격별 내환경성 시험의 추진 순서

NO	KSC-STD-164B (Kennedy Space Center)	NO	IEC 60068	NO	MIL-STD-810F
1	전자파 장애(Electromagnetic interference)	1	냉각(Cold)	1	소음(Acoustic noise)
2	저온(Low temperature)	2	건조(Dry heat)	2	진동(Vibration)
3	고온(High temperature)	3	온도 변화(Change of temperature)	3	충격(Shock)
4	온도 충격(Temperature shock)	4	충격(Impact)	4	침수(Immersion)
5	소음(Acoustic noise)	5	진동(Vibration)	5	저압/고도(Low pressure / altitude)
6	진동(Vibration)	6	공압(Air pressure)	6	저온(Low temperature)
7	습도(Humidity)	7	항온 항습 – 사이클(Damp heat – cycle)	7	태양열 복사(Solar radiation)
8	강우(Rain)	8	항온 항습 – 정상상태(Damp heat – steady state)	8	고온(High temperature)
9	착빙(Icing)	9	부식(Corrosion)	9	온도 충격(Temperature shock)
10	태양열 복사(Solar radiation)	10	모래와 먼지(Dust and sand – special application)	10	가속도(Acceleration)
11	곰팡이(Fungus)	11	가속도(Acceleration)	11	강우(Rain)
12	염수 분무(Salt fog)	12	곰팡이 증식(Mould growth)	12	착빙 / 결빙 강우[Icing / freezing rain]
13	모래와 먼지(Sand and dust)	13	태양열 복사(Solar radiation)	13	습도(Humidity)
14	폭발성(Explosion)	14	오존(Ozone)	14	곰팡이(Fungus)
15	풍속(Lift – off blast)	15	착빙(Icing)	15	염수 분무(Salt fog)
				16	모래와 먼지(Sand and dust)
				17	폭발성 대기(Explosive atmosphere)
				18	유체 오염(Contamination by fluids)

* Remark : 특수한 경우에는 순서가 다소 바뀔 수 있음

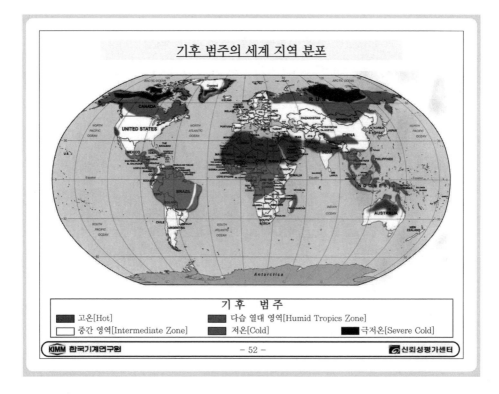

기후 범주의 세계 지역 분포

기 후 범 주

- 고온[Hot]
- 중간 영역[Intermediate Zone]
- 다습 열대 영역[Humid Tropics Zone]
- 저온[Cold]
- 극저온[Severe Cold]

기계류 부품의 내환경성 시험

환경 지역 \ 사용 장소		실내			실외		
		고온	저온	상대습도	고온	저온	상대습도
수출용	동남 아시아	30℃	0℃	95%	35℃	24℃	74~100%
	중국, 미국, 유럽	39℃	-5℃	95%	44℃	-32℃	14~100%
	중동	44℃	0℃	50%	49℃	31℃	8~59%
국내용		35℃	-5℃	95%	40℃	-32.6℃	89.2%
참고 규격		.IEC 60721-3-1 "Classification of groups of environmental parameters and their severities – Section 1 : Storage" .IEC 60721-3-3 "Classification of groups of environmental parameters and their severities – Section 3 : Stationary use at weather protected locations" .IEC 60605-3-2 "Equipment reliability testing – Part 3 : Preferred test conditions – Equipment for stationary use in weather protected location – High degree of simulation"			.MIL-STD-810F "Environmental Engineering Considerations and Laboratory Tests"		

KIMM 신뢰성 평가 센터 결정 조건	실내			실외		
	고온	저온	상대습도	고온	저온	상대습도
	45℃	-5℃	95%	50℃	-33℃	95%

※ 가장 가혹한 환경 조건을 선택하고, tailoring

진동 시험 설정을 위한 선택 가이드라인

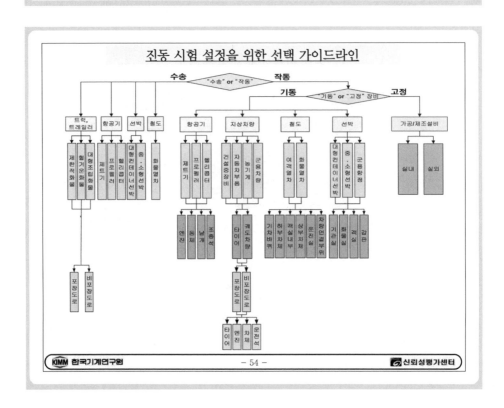

13단계 안전성 시험 항목 결정

- 기계 분야의 안전성 시험 항목 결정
- 전기 분야의 안전성 시험 항목 결정

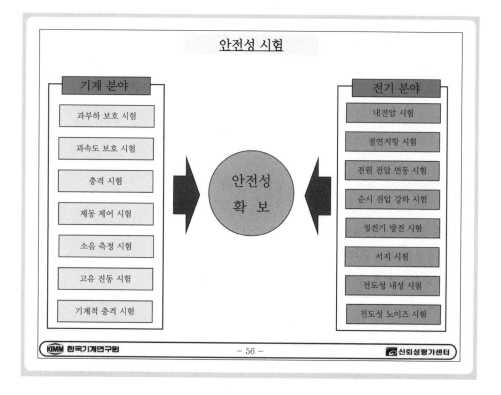

안전성 시험

기계 분야	전기 분야
과부하 보호 시험	내전압 시험
과속도 보호 시험	절연저항 시험
충격 시험	전원 전압 연동 시험
제동 제어 시험	순시 전압 강하 시험
소음 측정 시험	정전기 방전 시험
고유 진동 시험	서지 시험
기계적 충격 시험	전도성 내성 시험
	전도성 노이즈 시험

안전성
확 보

제 13 장

공기압 실린더의
가속 수명 시험

공기압 실린더의 가속 수명 시험

한 국 기 계 연 구 원
신 뢰 성 평 가 센 터

목 차

1. 시험 대상품

2. 시험 방법 및 결과

3. 다른 공기압 실린더의 수명은 어떻게 예측할 수 있는가?

4. 최종 사용자에게 예방 정비 시간 제공의 필요성

5. 공압 부품에 대한 가속 수명 시험이 필요한 이유

6. 가속 수명 시험을 위한 10단계 절차

7. 작동 한계의 결정 및 다양한 조건의 시험 결과

8. 가속 수명 시험 계획

9. 가속 수명 시험의 데이터 분석 결과

10. 결론

1. 시험 대상품

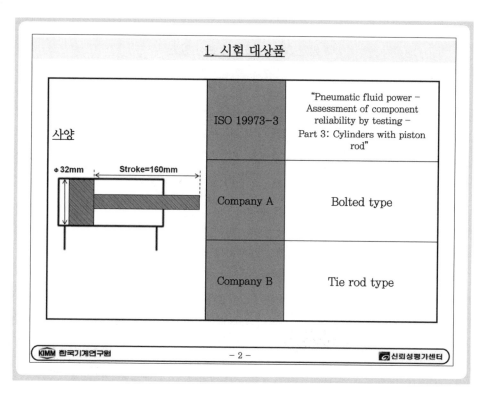

사양	ISO 19973-3	"Pneumatic fluid power – Assessment of component reliability by testing – Part 3: Cylinders with piston rod"
	Company A	Bolted type
	Company B	Tie rod type

2. 시험 방법 및 결과

2.1) 사용 조건 시험

ISO 19973-3의 조건

6.3 bar, 23 ℃

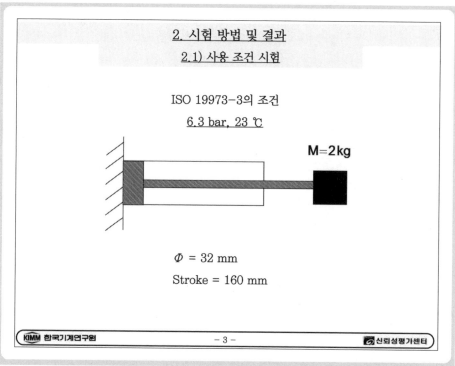

$\varPhi$ = 32 mm

Stroke = 160 mm

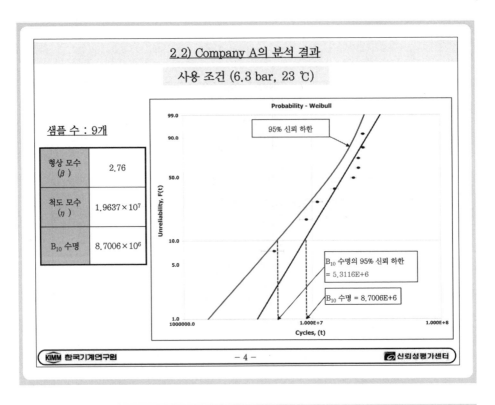

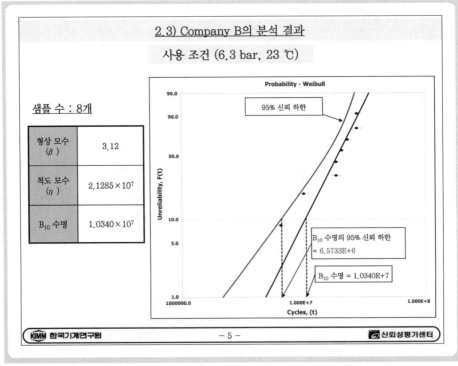

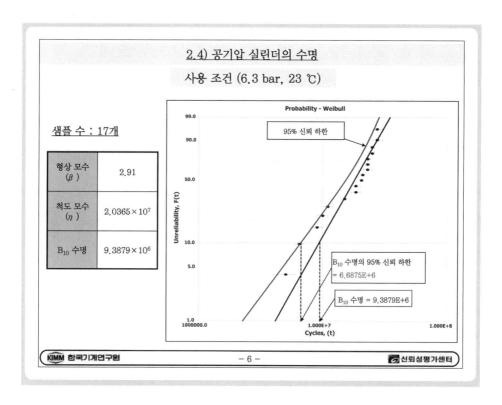

2.4) 공기압 실린더의 수명

사용 조건 (6.3 bar, 23 ℃)

샘플 수 : 17개

형상 모수 (β)	2.91
척도 모수 (η)	2.0365×10^7
B_{10} 수명	9.3879×10^6

Probability - Weibull

95% 신뢰 하한

B_{10} 수명의 95% 신뢰 하한 = 6.6875E+6

B_{10} 수명 = 9.3879E+6

Unreliability, F(t)

Cycles, (t)

KIMM 한국기계연구원 — 6 — 신뢰성평가센터

3. 다른 공기압 실린더의 수명은 어떻게 예측할 수 있는가?

1) 외부 하중(수평 방향)을 변경하는 경우

외부 하중을 2 kgf 에서 1 kgf 와 3 kgf 로 변경하면 실린더 수명에는 어떤 영향을 미치는가?

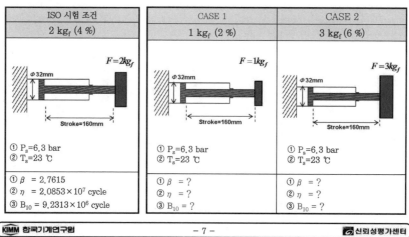

ISO 시험 조건	CASE 1	CASE 2
2 kgf (4 %)	1 kgf (2 %)	3 kgf (6 %)
$F=2kg_f$ / $\phi 32mm$ / Stroke=160mm	$F=1kg_f$ / $\phi 32mm$ / Stroke=160mm	$F=3kg_f$ / $\phi 32mm$ / Stroke=160mm
① P_s=6.3 bar ② T_s=23 ℃	① P_s=6.3 bar ② T_s=23 ℃	① P_s=6.3 bar ② T_s=23 ℃
① β = 2.7615 ② η = 2.0853×10^7 cycle ③ B_{10} = 9.2313×10^6 cycle	① β = ? ② η = ? ③ B_{10} = ?	① β = ? ② η = ? ③ B_{10} = ?

KIMM 한국기계연구원 — 7 — 신뢰성평가센터

3. 다른 공기압 실린더의 수명은 어떻게 예측할 수 있는가?

2) 실린더의 스트로크를 변경하는 경우

실린더의 스트로크를 160 mm에서 120 mm, 200 mm, 250 mm로 변경하면 실린더 수명에는 어떤 영향을 미치는가?

ISO 시험 조건	CASE 1	CASE 2	CASE 3
160 mm	120 mm	200 mm	250 mm
① P_s=6.3 bar ②T_s=23 ℃	① P_s=6.3 bar ②T_s=23 ℃	① P_s=6.3 bar ②T_s=23 ℃	① P_s=6.3 bar ②T_s=23 ℃
① β = 2.7615 ② η = 2.0853×10⁷ cycle ③ B_{10} = 9.2313×10⁶ cycle	① β = ? ② η = ? ③ B_{10} = ?	① β = ? ② η = ? ③ B_{10} = ?	① β = ? ② η = ? ③ B_{10} = ?

KIMM 한국기계연구원 — 8 — 신뢰성평가센터

3. 다른 공기압 실린더의 수명은 어떻게 예측할 수 있는가?

3) 환경 온도를 변경하는 경우

환경 온도를 23 ℃에서 40 ℃, 60 ℃, 80 ℃로 변경하면 실린더 수명에는 어떤 영향을 미치는가?

ISO 시험 조건	CASE 1	CASE 2	CASE 3
온도 = 23 ℃	40 ℃	60 ℃	80 ℃
① P_s=6.3 bar ② T_s=23 ℃	① P_s=6.3 bar ② T_s=40 ℃	① P_s=6.3 bar ② T_s=60 ℃	① P_s=6.3 bar ② T_s=80 ℃
① β = 2.7615 ② η = 2.0853×10⁷ cycle ③ B_{10} = 9.2313×10⁶ cycle	① β = ? ② η = ? ③ B_{10} = ?	① β = ? ② η = ? ③ B_{10} = ?	① β = ? ② η = ? ③ B_{10} = ?

KIMM 한국기계연구원 — 9 — 신뢰성평가센터

3. 다른 공기압 실린더의 수명은 어떻게 예측할 수 있는가?

4) 장착 방향을 변경하는 경우

장착 방향을 수평에서 수직으로 변경하면 실린더 수명에는 어떤 영향을 미치는가?

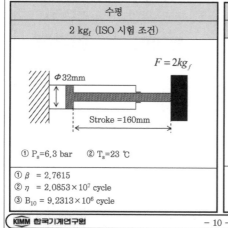

수평
2 kg$_f$ (ISO 시험 조건)

$F = 2kg_f$

$\phi 32mm$

Stroke = 160mm

① P_s=6.3 bar   ② T_s=23 ℃

① β = 2.7615
② η = 2.0853×10^7 cycle
③ B_{10} = 9.2313×10^6 cycle

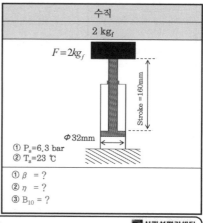

수직
2 kg$_f$

$F = 2kg_f$

Stroke =160mm

$\phi 32mm$

① P_s=6.3 bar
② T_s=23 ℃

① β = ?
② η = ?
③ B_{10} = ?

KIMM 한국기계연구원   － 10 －   신뢰성평가센터

---

3. 다른 공기압 실린더의 수명은 어떻게 예측할 수 있는가?

5) 외부 하중(수직 방향)을 변경하는 경우

외부 하중을 2 kg$_f$에서 15 kg$_f$, 25 kg$_f$, 35 kg$_f$로 변경하면 실린더 수명에는 어떤 영향을 미치는가?

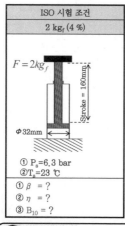

ISO 시험 조건	CASE 1	CASE 2	CASE 3
2 kg$_f$ (4 %)	15 kg$_f$ (30 %)	25 kg$_f$ (50 %)	35 kg$_f$ (70 %)

ISO 시험 조건

$F = 2kg_f$

Stroke = 160mm

$\phi 32mm$

① P_s=6.3 bar
② T_s=23 ℃

① β = ?
② η = ?
③ B_{10} = ?

CASE 1

$F = 15kg_f$

Stroke = 160mm

$\phi 32mm$

① P_s=6.3 bar
② T_s=23 ℃

① β = ?
② η = ?
③ B_{10} = ?

CASE 2

$F = 25kg_f$

Stroke = 160mm

$\phi 32mm$

① P_s=6.3 bar
② T_s=23 ℃

① β = ?
② η = ?
③ B_{10} = ?

CASE 3

$F = 35kg_f$

Stroke = 160mm

$\phi 32mm$

① P_s=6.3 bar
② T_s=23 ℃

① β = ?
② η = ?
③ B_{10} = ?

KIMM 한국기계연구원   － 11 －   신뢰성평가센터

3. 다른 공기압 실린더의 수명은 어떻게 예측할 수 있는가?

6) 실린더의 피스톤 지름을 변경하는 경우

피스톤 지름을 Φ=32 mm에서 Φ=50 mm, 100 mm, and 150 mm로
변경하면 실린더 수명에는 어떤 영향을 미치는가?

ISO 시험 조건	CASE 1	CASE 2	CASE 3
Φ 32 mm	Φ 50 mm	Φ 100 mm	Φ 150 mm
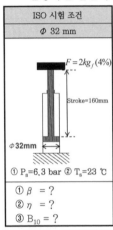 $F=2kg_f$ (4%) Stroke=160mm Φ32mm ① P_s=6.3 bar ② T_s=23 ℃	$F=5kg_f$ (4%) Stroke=160mm Φ50mm ① P_s=6.3 bar ② T_s=23 ℃	$F=20kg_f$ (4%) Stroke=160mm Φ100mm ① P_s=6.3 bar ② T_s=23 ℃	$F=45kg_f$ (4%) Stroke=160mm Φ150mm ① P_s=6.3 bar ② T_s=23 ℃
① β = ? ② η = ? ③ B_{10} = ?	① β = ? ② η = ? ③ B_{10} = ?	① β = ? ② η = ? ③ B_{10} = ?	① β = ? ② η = ? ③ B_{10} = ?

KIMM 한국기계연구원 　　　　　　 - 12 - 　　　　　　 신뢰성평가센터

3. 다른 공기압 실린더의 수명은 어떻게 예측할 수 있는가?

7) 공기압 실린더의 산업계 적용 분야

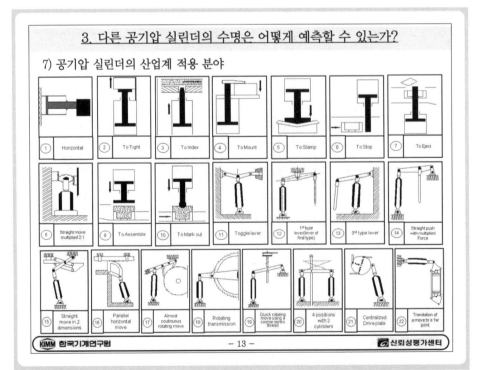

KIMM 한국기계연구원 　　　　　　 - 13 - 　　　　　　 신뢰성평가센터

3. 다른 공기압 실린더의 수명은 어떻게 예측할 수 있는가?

8) 추운 환경에서 실린더의 수명 예측

세계 대부분의 나라들이 존재하는 북반구의 온도는 −32 ℃까지 내려간다.
추운 환경에서 실린더의 수명은 어떻게 예측할 수 있는가?

기후 범위	
■ [32~49 ℃]	■ [31~ 41 ℃]
□ [−32~43 ℃]	■ [−37~−46 ℃] ■ [−51 ℃]

3. 다른 공기압 실린더의 수명은 어떻게 예측할 수 있는가?

다양한 환경 조건에서 실린더의 수명 예측

Rainfall Environment
High Temperature Environment
Low Temperature Environment
Humidity Environment
Solar Radiation Environment
Icing Environment
Low Pressure Environment
Sand/Dust Environment
Corrosion Environment

4. 최종 사용자에게 예방 정비 시간 제공의 필요성

공기압 실린더를 사용하는 자동 조립 라인

공기압 실린더 1개 고장으로 인해…

→ 전체 자동 조립 라인의 정지

→ 막대한 경제적 손실

5. 공압 부품에 대한 가속 수명 시험이 필요한 이유

1) 현재 ISO 규격은 가장 가혹한 조건인 수평 방향의 실린더 수명을 추정하는 데 초점이 맞추어져 있다.

2) 제조사는 최종 사용자의 요구에 응답해야 한다.

3) 현장의 다양한 유형의 공기압 실린더에 대한 수명 예측의 필요성은 매우 중요하다.

4) 현장에서 모든 유형의 공기압 실린더를 시험하기는 어렵다.

5) 대표적인 유형의 실린더를 시험하는 데 오랜 시간이 걸리기 때문에 짧은 시간에 수명 데이터를 얻을 수 있는 CALT(Calibrated Accelerated Life Test) 방법을 제안한다.

제조사 입장에서는 최종 사용자에게 전혀 답을 제공하지 못하는 것보다는 정확성이 부족한 결과라도 제공하는 것이 낫다.

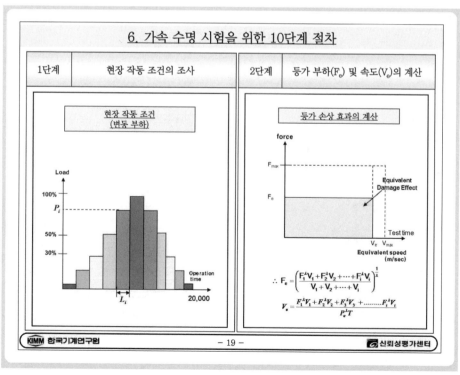

6. 가속 수명 시험을 위한 10단계 절차

3단계	항복점과 파괴 한계를 찾기 위한 Step Stress 방법의 적용	4단계	작동 한계(operating limit)의 결정

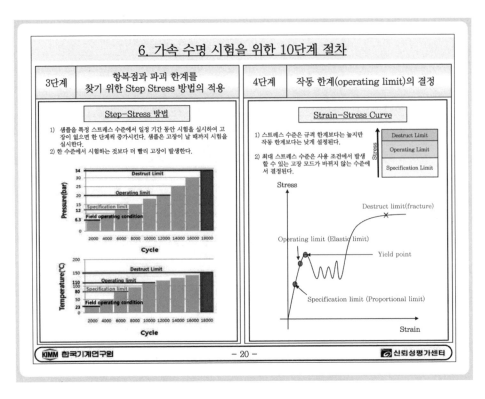

Step-Stress 방법

1) 샘플을 특정 스트레스 수준에서 일정 기간 동안 시험을 실시하여 고장이 없으면 한 단계씩 증가시킨다. 샘플은 고장이 날 때까지 시험을 실시한다.
2) 한 수준에서 시험하는 것보다 더 빨리 고장이 발생한다.

Strain-Stress Curve

1) 스트레스 수준은 규격 한계보다는 높지만 작동 한계보다는 낮게 설정된다.
2) 최대 스트레스 수준은 사용 조건에서 발생할 수 있는 고장 모드가 바뀌지 않는 수준에서 결정된다.

6. 가속 수명 시험을 위한 10단계 절차

5단계	가속 스트레스 수준의 결정	6단계	세 가지 스트레스 수준에서 가속 수명 시험 수행

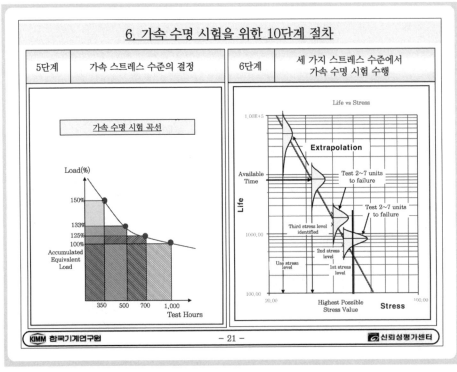

6. 가속 수명 시험을 위한 10단계 절차

7단계	가속 조건에서의 고장 모드 검증	8단계	가속 조건에서의 기울기 확인

가속 수명 시험에서 발생하는 고장 모드는 사용 조건에서 발생하는 고장 모드와 일치해야만 한다.

1) 각 스트레스 수준에서 얻은 가속 시험 데이터를 적합한 분포의 확률지에 타점한다.
2) 확률지에 타점된 점들에 직선을 그린다.
3) 각 스트레스 수준에서의 직선 기울기를 확인한다.
   - 와이블 분포의 기울기 : β (기계 분야에 주로 사용)
   - 대수 정규분포의 기울기 : σ

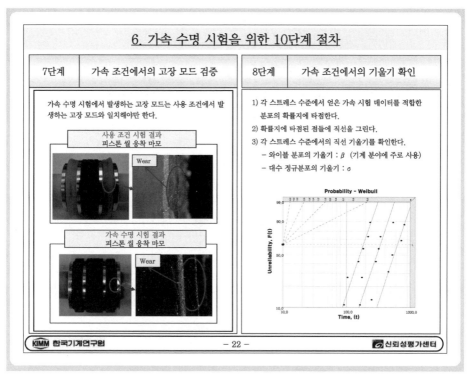

6. 가속 수명 시험을 위한 10단계 절차

9단계	가속 수명 시험의 유효성 확인

1) 각 스트레스 수준에서의 직선 기울기들이 평행하다면 가속성은 성립한 것으로 판단된다.
2) 각 스트레스 수준에서 얻은 모든 가속 수명 시험 데이터에 대한 공통 형상 모수를 계산한다.
3) 가속성 확인을 위해 통계적인 방법인 우도비 검정을 수행한다.
   - 모든 스트레스 수준에서의 형상 모수가 동일한지 확인하기 위해 통계적 검정을 실시한다.
   - 우도비 검정 방법에서는 가속 수명 데이터에서 얻은 T 통계량과 이론적인 카이제곱 값(χ^2)을 비교한다.
   - 만약 $T \le \chi^2(\alpha, j-1)$이면 각 스트레스 수준에서의 형상 모수가 통계적으로 차이가 없다고 판단한다.
     ⇒ 즉 가속성이 성립하는 것으로 판단한다.

α : 유의 수준
j : 스트레스 수준의 수
T : 검정 통계량

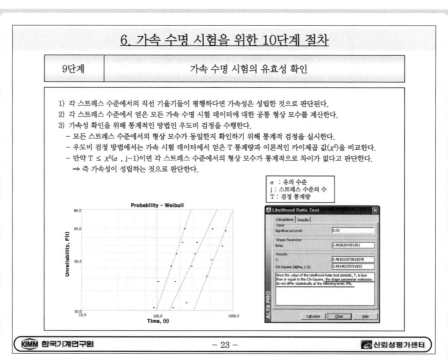

6. 가속 수명 시험을 위한 10단계 절차

10단계	가속 모형의 예측 결과와 사용 조건의 시험 결과의 비교

1) 가속 모델로부터 얻은 형상 모수와 사용 조건 시험 결과로부터 얻은 형상 모수가 동일한지 확인한다.
2) 가속 모델로부터 얻은 척도 모수가 사용 조건 시험 결과로부터 얻은 척도 모수의 신뢰구간 내에 포함되는지 확인한다.
3) 만약 그렇다면, 가속 모델로부터 얻은 척도 모수와 사용 조건 시험 결과로부터 얻은 척도 모수는 통계적으로 서로 차이가 없다고 할 수 있다.

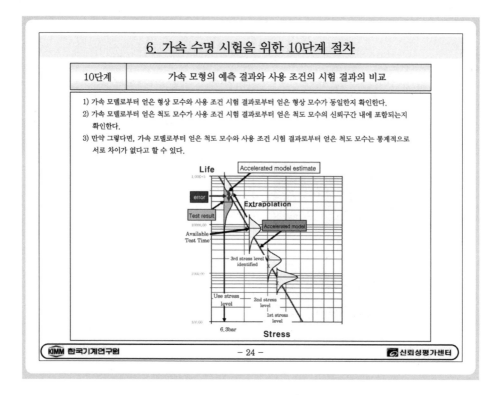

7. 작동 한계의 결정 및 다양한 조건의 시험 결과
7.1) '작동한계'와 '파괴한계'의 관계
7.1.1) 금속(Steel)

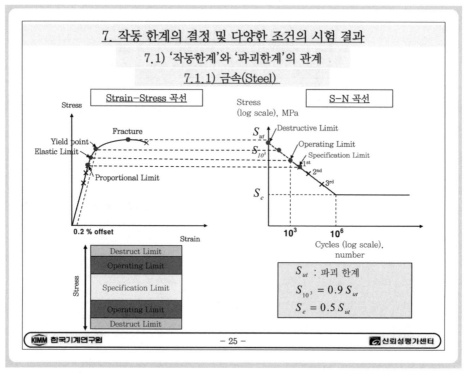

S_{ut} : 파괴 한계
$S_{10^3} = 0.9\,S_{ut}$
$S_e = 0.5\,S_{ut}$

7.1) '작동한계'와 '파괴한계'의 관계

7.1.2) 비금속 (Al)

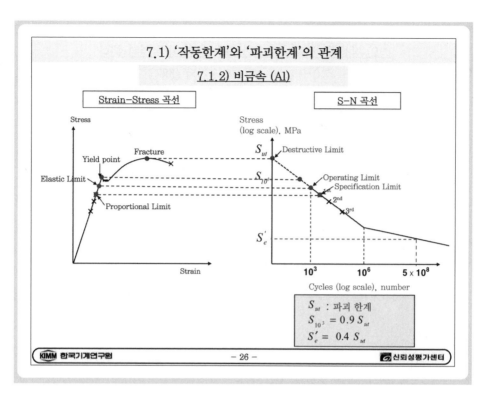

| Strain-Stress 곡선 | | S-N 곡선 |

$$S_{ut} : 파괴 한계$$
$$S_{10^3} = 0.9\,S_{ut}$$
$$S'_e = 0.4\,S_{ut}$$

7.1) '작동한계'와 '파괴한계'의 관계

7.1.3) 공기압 실린더의 작동 한계 (Company A)

압력   규격 한계 : 12 bar

시험 조건		스트레스 비율	고장 모드
온도 (℃)	압력 (bar)		
23	34	283 %	쿠션 씰 충격 파괴 (사용 조건의 고장 모드와 일치하지 않음)
	25	208 %	
	20	167 %	
	18	150 %	
	16	(133 %)	Operating Limit
	12	100 %	피스톤 씰 마모 (사용 조건의 고장 모드와 일치함)

온도   규격 한계 : 80 ℃

시험 조건		스트레스 비율	고장 모드
압력 (bar)	온도 (℃)		
6.3	150	187 %	피스톤 씰 변형 (사용 조건의 고장 모드와 일치하지 않음)
	140	175 %	
	130	162 %	
	120	150 %	
	110	(137 %)	Operating Limit
	100	125 %	
	80	100 %	피스톤 씰 마모 (사용 조건의 고장 모드와 일치함)

7.2) 작동 한계 결정을 위한 가속 수명 시험 결과 분석

7.2.1) ISO 19973-3 규격의 활용

- 세 가지 시험 항목(총 누설, 스트로크 시간, 최소 작동 압력)을 측정하며, 기준치를 만족하지 못하면 고장으로 판단하고 작동 한계를 결정한다.

No	시 험	Threshold Level
1	총 누설	≤ 12 dm³/h
2	(전진) 스트로크 시간	≤ 1 sec
	(후진) 스트로크 시간	≤ 1 sec
3	(전진) 최소 작동 압력	< 1.2 bar
	(후진) 최소 작동 압력	< 1.2 bar

7.2.2) 두 가지 스트레스 인자가 고려된 복합 가속 수명 시험

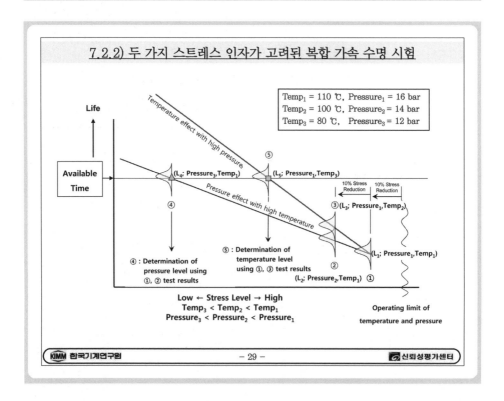

7.2.3) 공기압 실린더(company A) 시험 현황

		(규격 한계) Specification Limit		(작동 한계) Operating Limit		(파괴 한계) Destruct Limit
Temperature Pressure	23 ℃	80 ℃ (100%)	100 ℃ (125%)	110 ℃ (137%)	120 ℃ (150%)	130 ℃ (150%)
6.3 bar	9 units(Finish)	7 units(in test) -5 units fail	7 units(Finish)	6 units(Finish)	7 units (Finish)	
Failure Mode	Seal wear	Seal wear	Seal wear	Seal wear	Piston seal Temperature-induced deformation	
8 bar	10 units(Finish)					
Failure Mode	Seal wear					
12 bar (100%)	6 units(Finish)	7 units(Finish)		7 units(Finish)		
Failure Mode	Seal wear	Seal wear		Seal wear		
14 bar (116%)				7 units(Finish)		
Failure Mode				Seal wear		
16 bar (133%)		7 units(Finish)	7 units(Finish)	7 units Finish		
Failure Mode		Seal wear	Seal wear	Seal wear		
18 bar (150%)	7 units(Finish)					
Failure Mode	Impact fracture					
25 bar						7 units (Finish)
Failure Mode						Impact fracture
30 bar						7 units (Finish)
Failure Mode						Impact fracture

(left side labels: Specification Limit (규격 한계), Operating Limit (작동 한계), Destruct Limit (파괴 한계))

7.2.4) 110 ℃+16 bar 시험 결과 (1/5)

■ 공기압 실린더의 사양

압력의 규격 한계	온도의 규격 한계
12 bar	80 ℃

■ 시험 조건

항 목	조 건
온도의 작동 한계	110 ℃ (규격 한계의 137 %)
압력의 작동 한계	16 bar (규격 한계의 133 %)

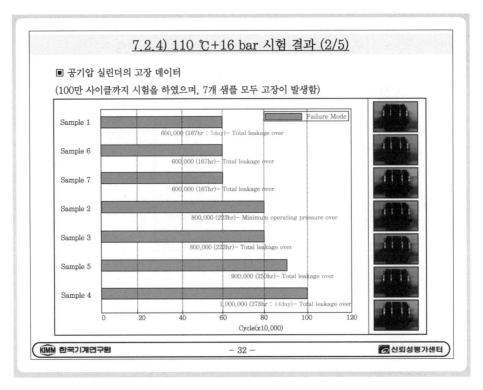

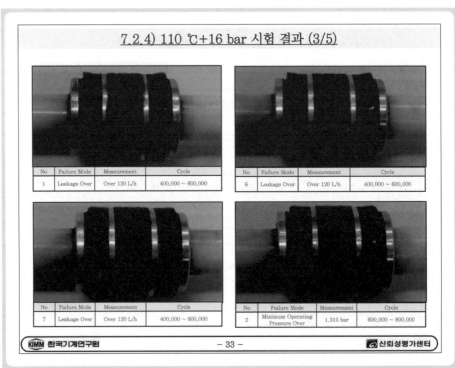

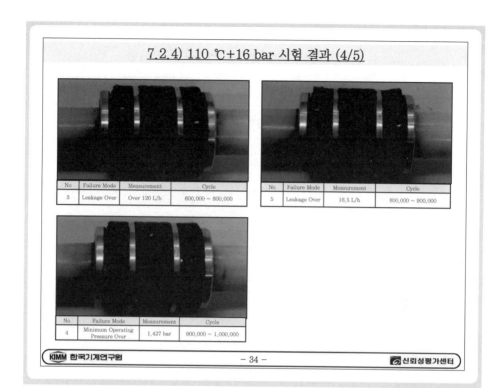

7.2.4) 110 ℃+16 bar 시험 결과 (4/5)

No	Failure Mode	Measurement	Cycle
3	Leakage Over	Over 120 L/h	600,000 ~ 800,000

No	Failure Mode	Measurement	Cycle
5	Leakage Over	16.5 L/h	800,000 ~ 900,000

No	Failure Mode	Measurement	Cycle
4	Minimum Operating Pressure Over	1.427 bar	900,000 ~ 1,000,000

KIMM 한국기계연구원 — 34 — 신뢰성평가센터

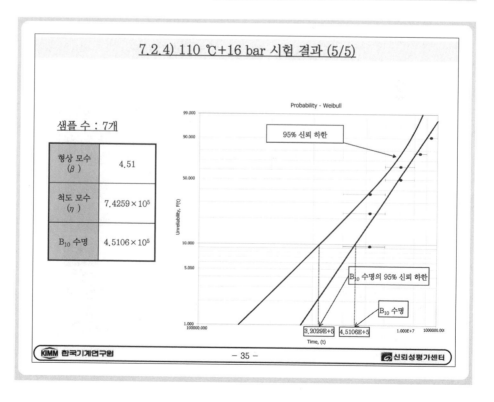

7.2.4) 110 ℃+16 bar 시험 결과 (5/5)

샘플 수 : 7개

형상 모수 (β)	4.51
척도 모수 (η)	7.4259×10^5
B_{10} 수명	4.5106×10^5

Probability - Weibull

95% 신뢰 하한

B_{10} 수명의 95% 신뢰 하한

B_{10} 수명

3.2029E+5 4.5106E+5

Unreliability, F(t)

Time, (t)

KIMM 한국기계연구원 — 35 — 신뢰성평가센터

7.2.5) 100 ℃+16 bar 시험 결과 (1/5)

■ 공기압 실린더의 사양

압력의 규격 한계	온도의 규격 한계
12 bar	80 ℃

■ 시험 조건

항목	조건
시험 온도	100 ℃ (규격 한계의 125 %)
시험 압력	16 bar (규격 한계의 133 %)

7.2.5) 100 ℃+16 bar 시험 결과 (2/5)

■ 공기압 실린더의 고장 데이터

(220만 사이클까지 시험을 하였으며, 7개 샘플 모두 고장이 발생함)

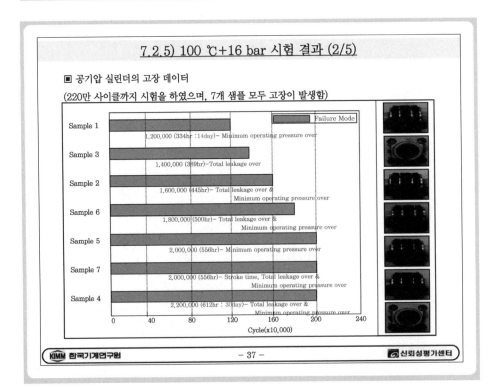

7.2.5) 100 ℃+16 bar 시험 결과 (3/5)

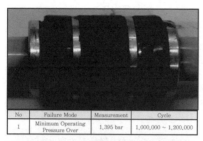

No	Failure Mode	Measurement	Cycle
1	Minimum Operating Pressure Over	1,395 bar	1,000,000 ~ 1,200,000

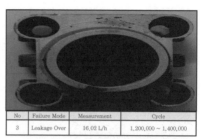

No	Failure Mode	Measurement	Cycle
3	Leakage Over	16.02 L/h	1,200,000 ~ 1,400,000

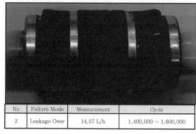

No	Failure Mode	Measurement	Cycle
2	Leakage Over	14.57 L/h	1,400,000 ~ 1,600,000

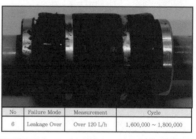

No	Failure Mode	Measurement	Cycle
6	Leakage Over	Over 120 L/h	1,600,000 ~ 1,800,000

7.2.5) 100 ℃+16 bar 시험 결과 (4/5)

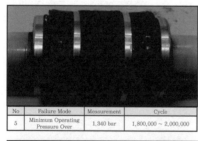

No	Failure Mode	Measurement	Cycle
5	Minimum Operating Pressure Over	1,340 bar	1,800,000 ~ 2,000,000

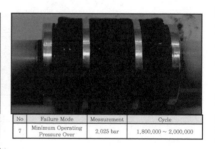

No	Failure Mode	Measurement	Cycle
7	Minimum Operating Pressure Over	2,025 bar	1,800,000 ~ 2,000,000

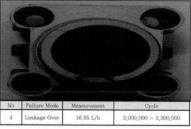

No	Failure Mode	Measurement	Cycle
4	Leakage Over	16.95 L/h	2,000,000 ~ 2,200,000

7.2.5) 100 ℃+16 bar 시험 결과 (5/5)

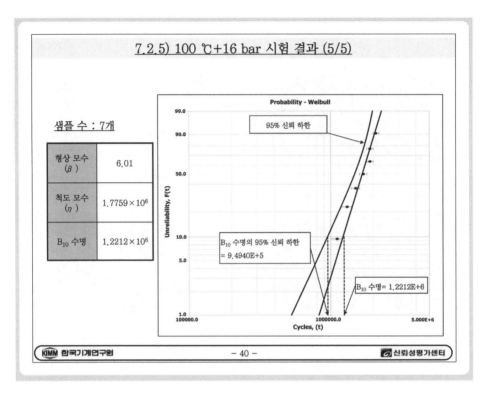

샘플 수 : 7개

형상 모수 (β)	6.01
척도 모수 (η)	1.7759×10^6
B_{10} 수명	1.2212×10^6

Probability - Weibull

95% 신뢰 하한

B_{10} 수명의 95% 신뢰 하한 = 9.4940E+5

B_{10} 수명= 1.2212E+6

7.2.6) 80 ℃+16 bar 시험 결과 (1/5)

■ 공기압 실린더의 사양

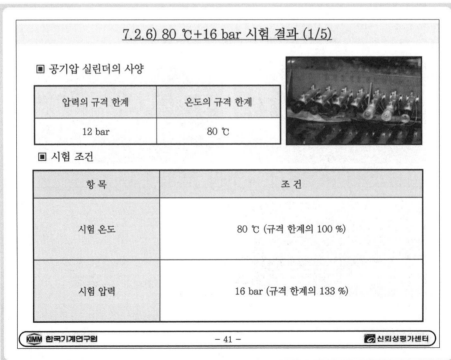

압력의 규격 한계	온도의 규격 한계
12 bar	80 ℃

■ 시험 조건

항목	조건
시험 온도	80 ℃ (규격 한계의 100 %)
시험 압력	16 bar (규격 한계의 133 %)

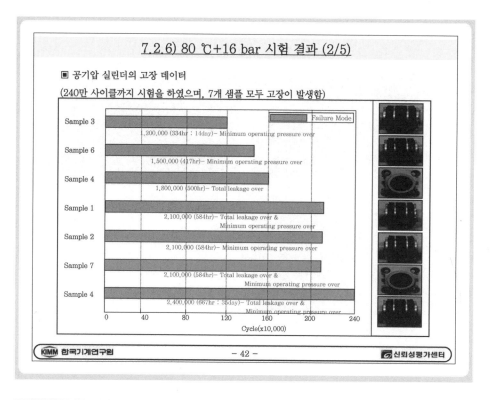

7.2.6) 80 ℃+16 bar 시험 결과 (2/5)

◼ 공기압 실린더의 고장 데이터

(240만 사이클까지 시험을 하였으며, 7개 샘플 모두 고장이 발생함)

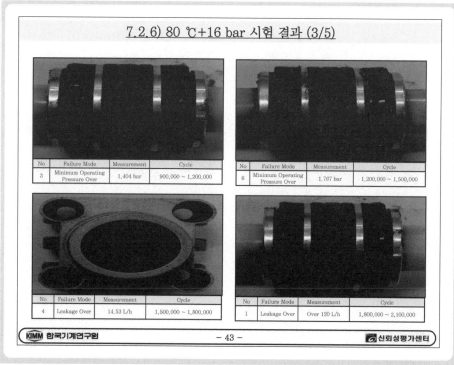

7.2.6) 80 ℃+16 bar 시험 결과 (3/5)

No	Failure Mode	Measurement	Cycle
3	Minimum Operating Pressure Over	1,404 bar	900,000 ~ 1,200,000

No	Failure Mode	Measurement	Cycle
6	Minimum Operating Pressure Over	1,767 bar	1,200,000 ~ 1,500,000

No	Failure Mode	Measurement	Cycle
4	Leakage Over	14,53 L/h	1,500,000 ~ 1,800,000

No	Failure Mode	Measurement	Cycle
1	Leakage Over	Over 120 L/h	1,800,000 ~ 2,100,000

7.2.6) 80 ℃+16 bar 시험 결과 (4/5)

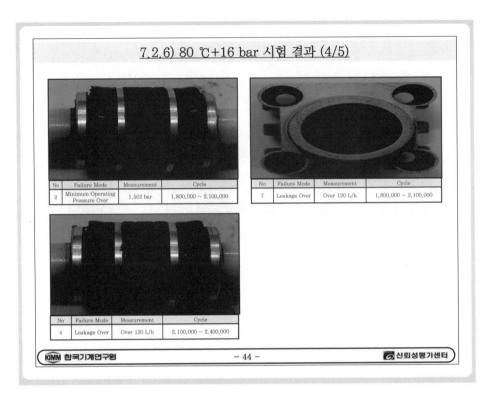

No	Failure Mode	Measurement	Cycle
2	Minimum Operating Pressure Over	1,502 bar	1,800,000 ~ 2,100,000

No	Failure Mode	Measurement	Cycle
7	Leakage Over	Over 120 L/h	1,800,000 ~ 2,100,000

No	Failure Mode	Measurement	Cycle
4	Leakage Over	Over 120 L/h	2,100,000 ~ 2,400,000

7.2.6) 80 ℃+16 bar 시험 결과 (5/5)

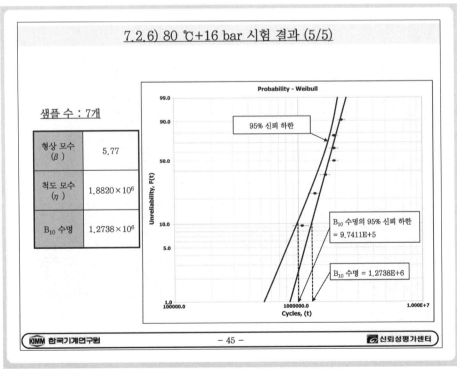

샘플 수 : 7개

형상 모수 (β)	5.77
척도 모수 (η)	1.8820×10^6
B_{10} 수명	1.2738×10^6

Probability - Weibull

95% 신뢰 하한

B_{10} 수명의 95% 신뢰 하한 = 9.7411E+5

B_{10} 수명 = 1.2738E+6

Unreliability, F(t)

Cycles, (t)

7.2.7) 110 ℃+14 bar 시험 결과 (1/5)

■ 공기압 실린더의 사양

압력의 규격 한계	온도의 규격 한계
12 bar	80 ℃

■ 시험 조건

항목	조건
시험 온도	110 ℃ (규격 한계의 137 %)
시험 압력	14 bar (규격 한계의 116 %)

7.2.7) 110 ℃+14 bar 시험 결과 (2/5)

■ 공기압 실린더의 고장 데이터

(110만 사이클까지 시험을 하였으며, 7개 샘플 모두 고장이 발생함)

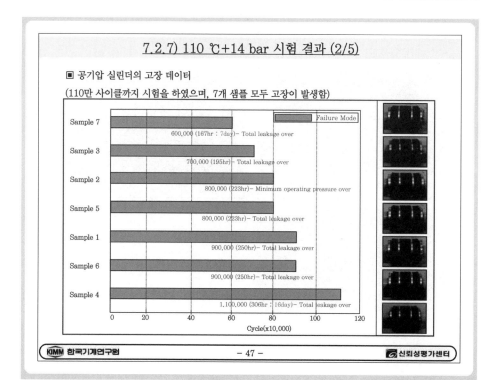

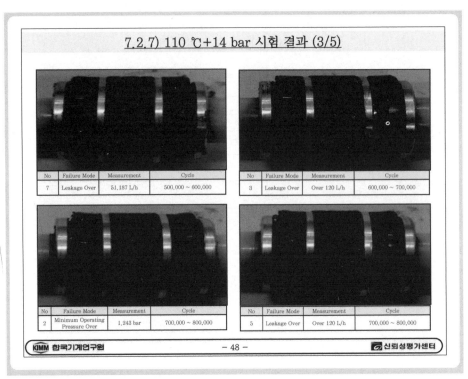

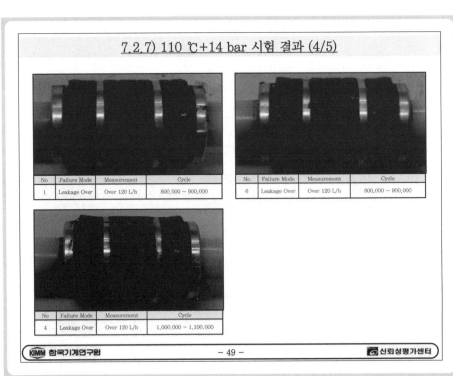

7.2.7) 110 ℃+14 bar 시험 결과 (5/5)

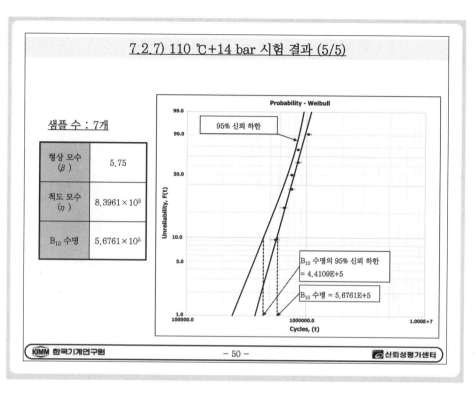

샘플 수 : 7개

형상 모수 (β)	5.75
척도 모수 (η)	8.3961×10^5
B_{10} 수명	5.6761×10^5

7.2.8) 110 ℃+12 bar 시험 결과 (1/5)

■ 공기압 실린더의 사양

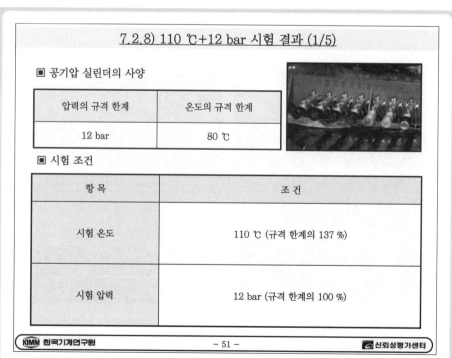

압력의 규격 한계	온도의 규격 한계
12 bar	80 ℃

■ 시험 조건

항목	조건
시험 온도	110 ℃ (규격 한계의 137 %)
시험 압력	12 bar (규격 한계의 100 %)

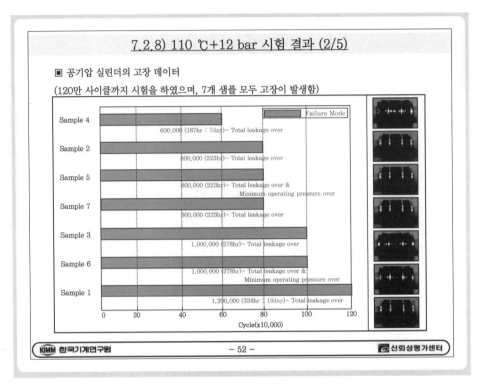

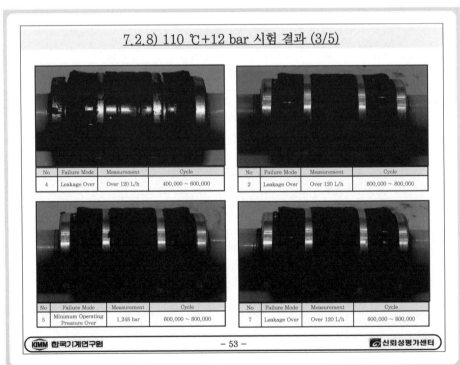

7.2.8) 110 ℃+12 bar 시험 결과 (4/5)

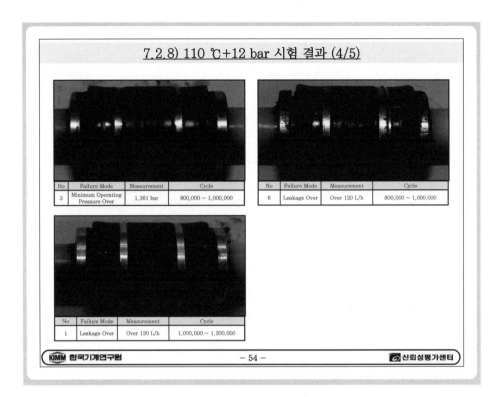

No	Failure Mode	Measurement	Cycle
3	Minimum Operating Pressure Over	1,361 bar	800,000 ~ 1,000,000

No	Failure Mode	Measurement	Cycle
6	Leakage Over	Over 120 L/h	800,000 ~ 1,000,000

No	Failure Mode	Measurement	Cycle
1	Leakage Over	Over 120 L/h	1,000,000 ~ 1,200,000

7.2.8) 110 ℃+12 bar 시험 결과 (5/5)

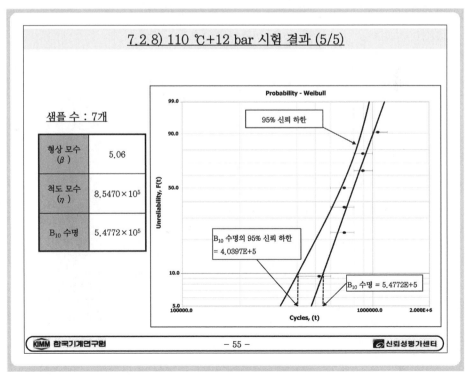

샘플 수 : 7개

형상 모수 (β)	5.06
척도 모수 (η)	8.5470×10^5
B_{10} 수명	5.4772×10^5

Probability - Weibull

95% 신뢰 하한

B_{10} 수명의 95% 신뢰 하한 = 4.0397E+5

B_{10} 수명 = 5.4772E+5

Unreliability, F(t)

Cycles, (t)

7.2.9) 23 ℃+12 bar 시험 결과 (1/5)

■ 공기압 실린더의 사양

압력의 규격 한계	온도의 규격 한계
12 bar	80 ℃

■ 시험 조건

항 목	조 건
시험 온도	23 ℃ (사용 조건 온도)
시험 압력	12 bar (규격 한계의 100 %)

7.2.9) 23 ℃+12 bar 시험 결과 (2/5)

■ 공기압 실린더의 고장 데이터

(1,200만 사이클까지 시험을 하였으며, 6개 샘플 모두 고장이 발생함)

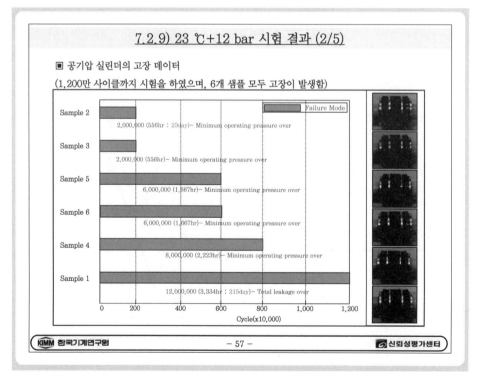

7.2.9) 23 ℃+12 bar 시험 결과 (3/5)

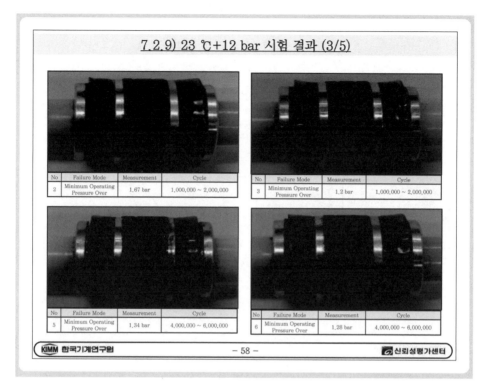

No	Failure Mode	Measurement	Cycle
2	Minimum Operating Pressure Over	1.67 bar	1,000,000 ~ 2,000,000

No	Failure Mode	Measurement	Cycle
3	Minimum Operating Pressure Over	1.2 bar	1,000,000 ~ 2,000,000

No	Failure Mode	Measurement	Cycle
5	Minimum Operating Pressure Over	1.34 bar	4,000,000 ~ 6,000,000

No	Failure Mode	Measurement	Cycle
6	Minimum Operating Pressure Over	1.28 bar	4,000,000 ~ 6,000,000

7.2.9) 23 ℃+12 bar 시험 결과 (4/5)

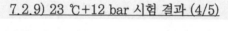
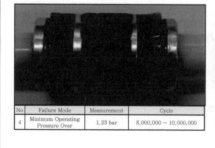
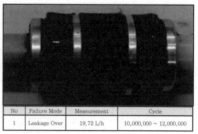

No	Failure Mode	Measurement	Cycle
4	Minimum Operating Pressure Over	1.23 bar	8,000,000 ~ 10,000,000

No	Failure Mode	Measurement	Cycle
1	Leakage Over	19.72 L/h	10,000,000 ~ 12,000,000

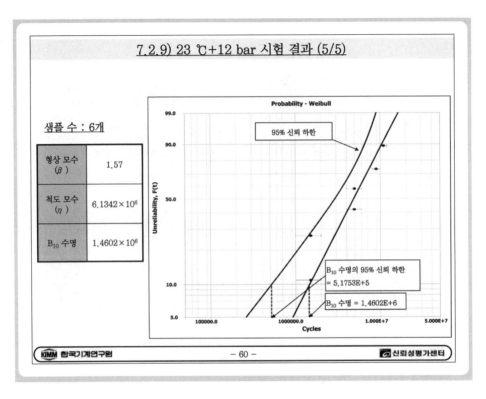

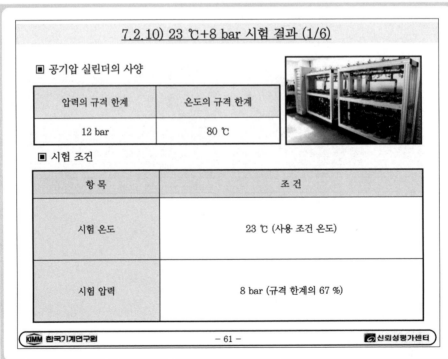

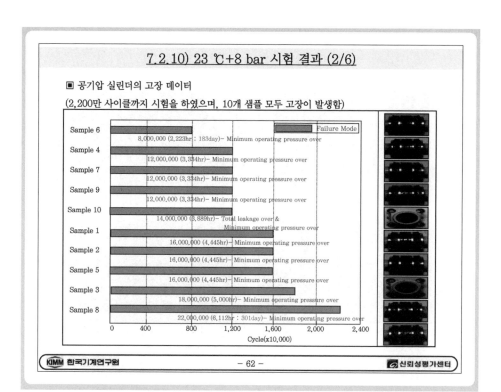

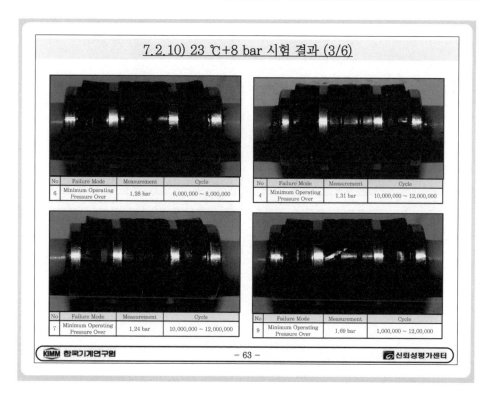

7.2.10) 23 ℃+8 bar 시험 결과 (4/6)

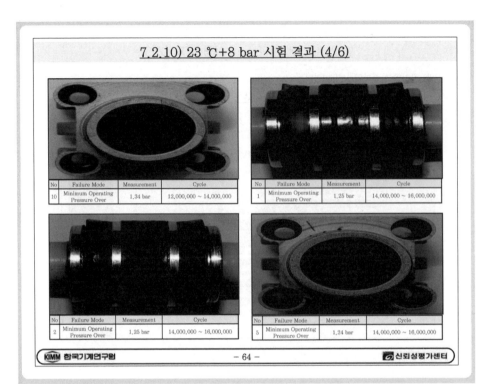

No	Failure Mode	Measurement	Cycle
10	Minimum Operating Pressure Over	1.34 bar	12,000,000 ~ 14,000,000

No	Failure Mode	Measurement	Cycle
1	Minimum Operating Pressure Over	1.25 bar	14,000,000 ~ 16,000,000

No	Failure Mode	Measurement	Cycle
2	Minimum Operating Pressure Over	1.25 bar	14,000,000 ~ 16,000,000

No	Failure Mode	Measurement	Cycle
5	Minimum Operating Pressure Over	1.24 bar	14,000,000 ~ 16,000,000

7.2.10) 23 ℃+8 bar 시험 결과 (5/6)

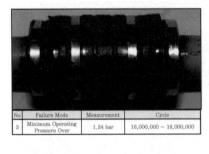

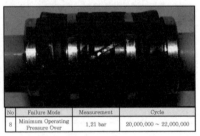

No	Failure Mode	Measurement	Cycle
3	Minimum Operating Pressure Over	1.24 bar	16,000,000 ~ 18,000,000

No	Failure Mode	Measurement	Cycle
8	Minimum Operating Pressure Over	1.21 bar	20,000,000 ~ 22,000,000

7.2.10) 23 ℃+8 bar 시험 결과 (6/6)

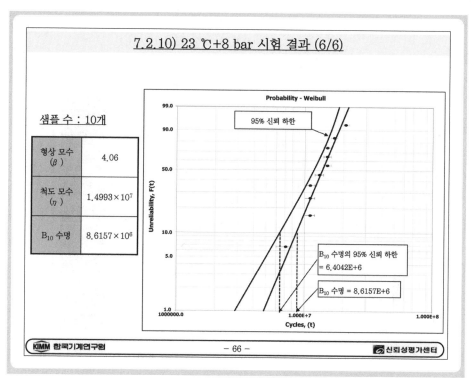

샘플 수 : 10개

형상 모수 (β)	4.06
척도 모수 (η)	1.4993×10^7
B_{10} 수명	8.6157×10^6

7.2.11) 23 ℃+6.3 bar 시험 결과 (1/6)

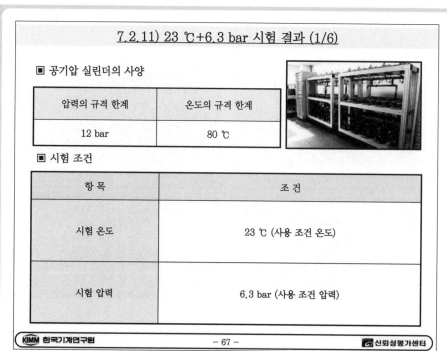

■ 공기압 실린더의 사양

압력의 규격 한계	온도의 규격 한계
12 bar	80 ℃

■ 시험 조건

항목	조건
시험 온도	23 ℃ (사용 조건 온도)
시험 압력	6.3 bar (사용 조건 압력)

7.2.11) 23 ℃+6.3 bar 시험 결과 (2/6)

◉ 공기압 실린더의 고장 데이터

(2,600만 사이클까지 시험을 하였으며, 9개 샘플 모두 고장이 발생함)

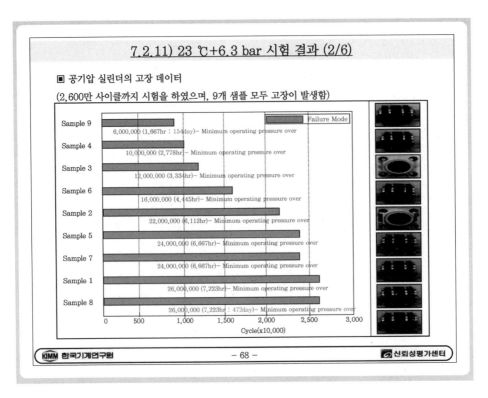

7.2.11) 23 ℃+6.3 bar 시험 결과 (3/6)

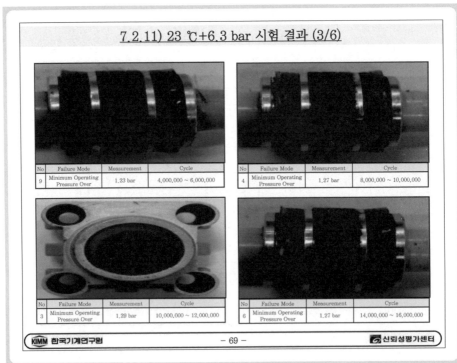

No	Failure Mode	Measurement	Cycle
9	Minimum Operating Pressure Over	1.23 bar	4,000,000 ~ 6,000,000

No	Failure Mode	Measurement	Cycle
4	Minimum Operating Pressure Over	1.27 bar	8,000,000 ~ 10,000,000

No	Failure Mode	Measurement	Cycle
3	Minimum Operating Pressure Over	1.29 bar	10,000,000 ~ 12,000,000

No	Failure Mode	Measurement	Cycle
6	Minimum Operating Pressure Over	1.27 bar	14,000,000 ~ 16,000,000

7.2.11) 23 ℃+6.3 bar 시험 결과 (4/6)

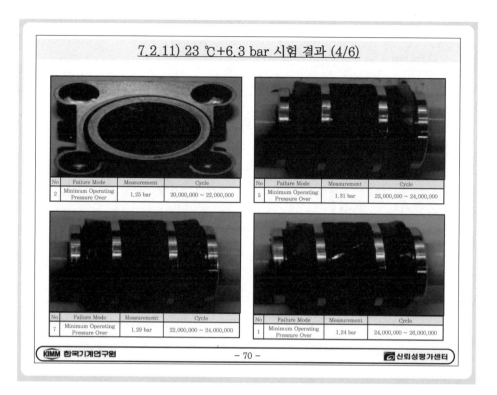

No	Failure Mode	Measurement	Cycle
2	Minimum Operating Pressure Over	1.25 bar	20,000,000 ~ 22,000,000

No	Failure Mode	Measurement	Cycle
5	Minimum Operating Pressure Over	1.31 bar	22,000,000 ~ 24,000,000

No	Failure Mode	Measurement	Cycle
7	Minimum Operating Pressure Over	1.29 bar	22,000,000 ~ 24,000,000

No	Failure Mode	Measurement	Cycle
1	Minimum Operating Pressure Over	1.24 bar	24,000,000 ~ 26,000,000

7.2.11) 23 ℃+6.3 bar 시험 결과 (5/6)

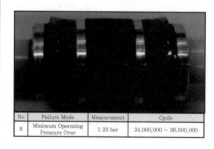

No	Failure Mode	Measurement	Cycle
8	Minimum Operating Pressure Over	1.22 bar	24,000,000 ~ 26,000,000

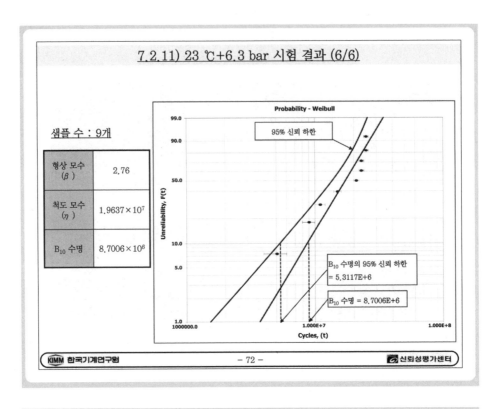

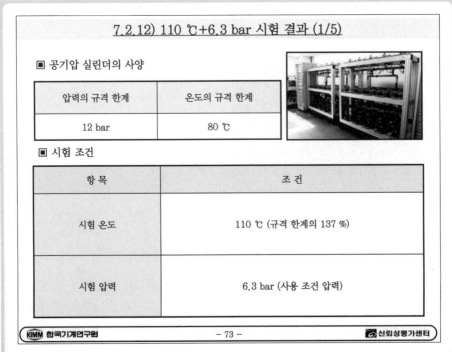

7.2.12) 110 ℃+6.3 bar 시험 결과 (2/5)

◼ 공기압 실린더의 고장 데이터

(120만 사이클까지 시험을 하였으며, 6개 샘플 모두 고장이 발생함)

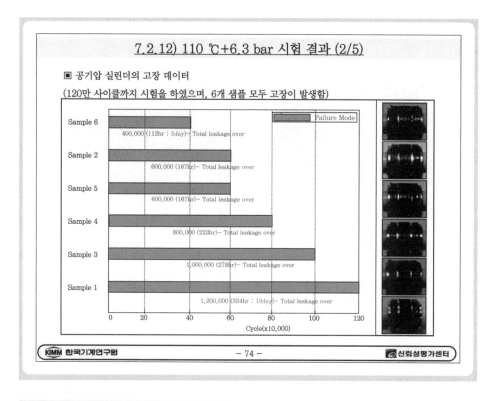

7.2.12) 110 ℃+6.3 bar 시험 결과 (3/5)

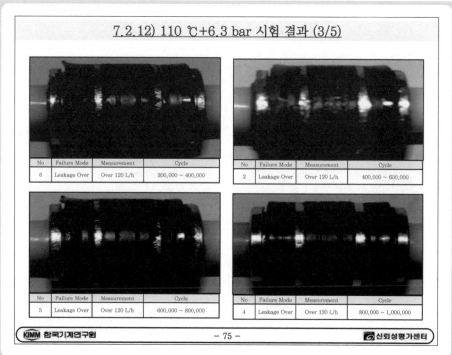

No	Failure Mode	Measurement	Cycle
6	Leakage Over	Over 120 L/h	200,000 ~ 400,000

No	Failure Mode	Measurement	Cycle
2	Leakage Over	Over 120 L/h	400,000 ~ 600,000

No	Failure Mode	Measurement	Cycle
5	Leakage Over	Over 120 L/h	600,000 ~ 800,000

No	Failure Mode	Measurement	Cycle
4	Leakage Over	Over 120 L/h	800,000 ~ 1,000,000

7.2.12) 110 ℃+6.3 bar 시험 결과 (4/5)

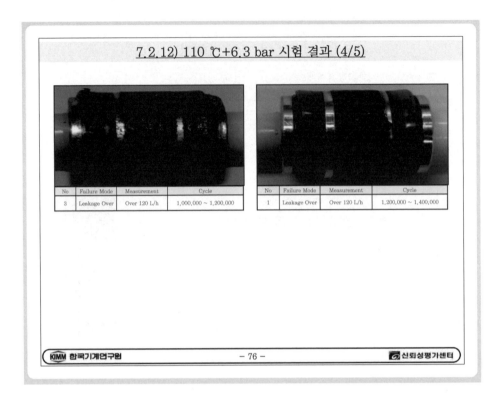

No	Failure Mode	Measurement	Cycle
3	Leakage Over	Over 120 L/h	1,000,000 ~ 1,200,000

No	Failure Mode	Measurement	Cycle
1	Leakage Over	Over 120 L/h	1,200,000 ~ 1,400,000

7.2.12) 110 ℃+6.3 bar 시험 결과 (5/5)

샘플 수 : 6개

형상 모수 (β)	2.62
척도 모수 (η)	9.0300×10^5
B_{10} 수명	3.8234×10^5

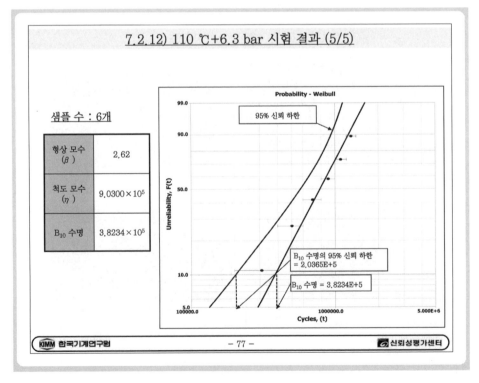

7.2.13) 100 ℃+6.3 bar 시험 결과 (1/5)

■ 공기압 실린더의 사양

압력의 규격 한계	온도의 규격 한계
12 bar	80 ℃

■ 시험 조건

항 목	조 건
시험 온도	100 ℃ (규격 한계의 125 %)
시험 압력	6.3 bar (사용 조건 압력)

7.2.13) 100 ℃+6.3 bar 시험 결과 (2/5)

■ 공기압 실린더의 고장 데이터

(260만 사이클까지 시험을 하였으며, 7개 샘플 모두 고장이 발생함)

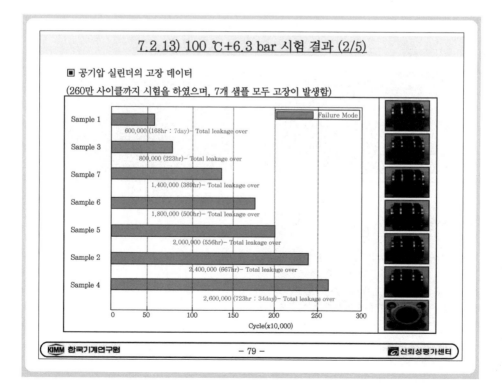

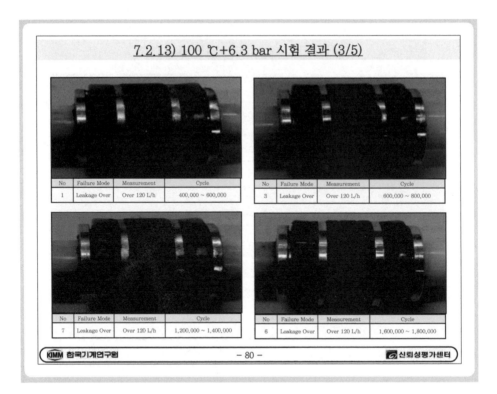

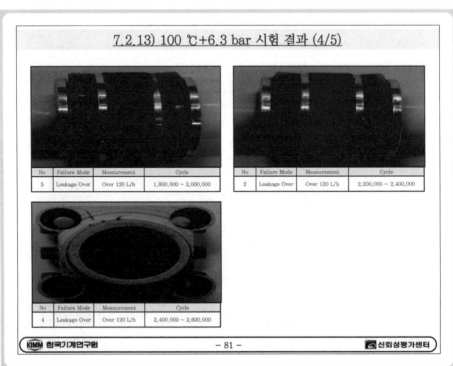

7.2.13) 100 ℃+6.3 bar 시험 결과 (5/5)

샘플 수 : 7개

형상 모수 (β)	2.42
척도 모수 (η)	1.7596×10^6
B_{10} 수명	6.9398×10^5

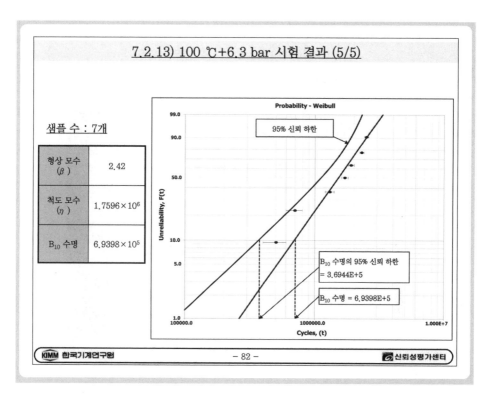

95% 신뢰 하한

B_{10} 수명의 95% 신뢰 하한 = 3.6944E+5

B_{10} 수명 = 6.9398E+5

7.2.14) 80 ℃+6.3 bar 시험 결과 (1/5)

■ 공기압 실린더의 사양

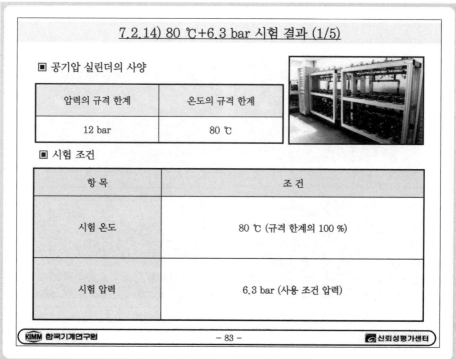

압력의 규격 한계	온도의 규격 한계
12 bar	80 ℃

■ 시험 조건

항목	조건
시험 온도	80 ℃ (규격 한계의 100 %)
시험 압력	6.3 bar (사용 조건 압력)

7.2.14) 80 ℃+6.3 bar 시험 결과 (2/5)

■ 공기압 실린더의 고장 데이터

(390만 사이클까지 시험을 하였으며, 7개 샘플 중 5개가 고장 났으며, 2개는 관측 중단됨)

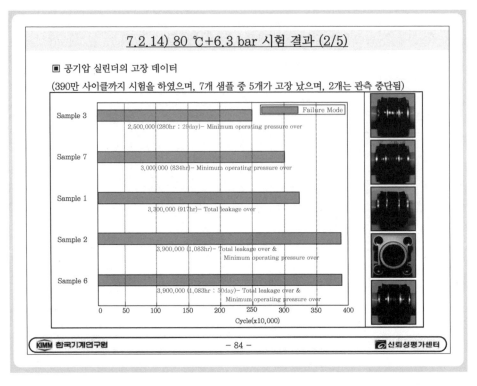

7.2.14) 80 ℃+6.3 bar 시험 결과 (3/5)

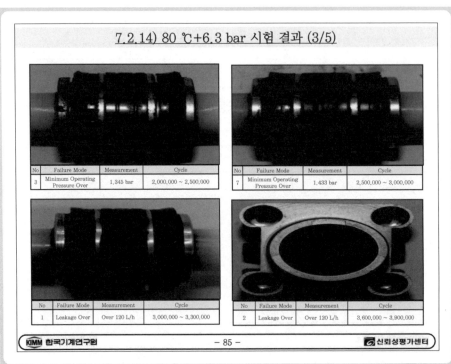

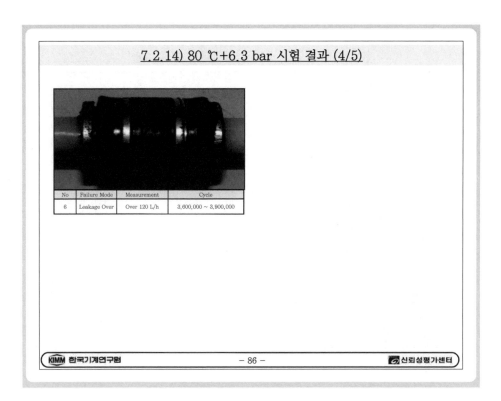

7.2.14) 80 ℃+6.3 bar 시험 결과 (4/5)

No	Failure Mode	Measurement	Cycle
6	Leakage Over	Over 120 L/h	3,600,000 ～ 3,900,000

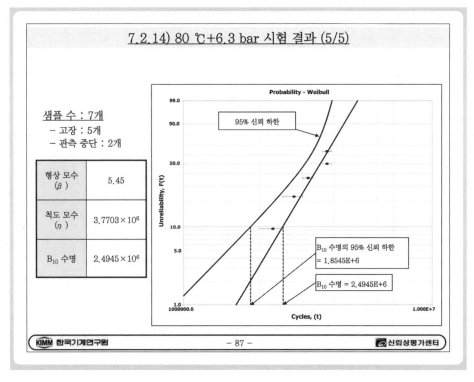

7.2.14) 80 ℃+6.3 bar 시험 결과 (5/5)

샘플 수 : 7개
 - 고장 : 5개
 - 관측 중단 : 2개

형상 모수 (β)	5.45
척도 모수 (η)	3.7703×10^6
B_{10} 수명	2.4945×10^6

Probability - Weibull

95% 신뢰 하한

B_{10} 수명의 95% 신뢰 하한
= 1.8545E+6

B_{10} 수명 = 2.4945E+6

Unreliability, F(t)

Cycles, (t)

7.3) 시험 조건별 공기압 실린더의 분석 결과

시험 조건		형상 모수 (β)	척도 모수 (η)	B_{10} 수명
압력 (bar)	온도 (℃)			
6.3	23	2.76	1.9637×10^7	8.7006×10^6
	80	5.45	3.7703×10^6	2.4945×10^6
	100	2.42	1.7596×10^6	6.9398×10^5
	110	2.62	9.0300×10^5	3.8234×10^5
8	23	4.06	1.4993×10^7	8.6157×10^6
12	23	1.57	6.1342×10^6	1.4602×10^6
	80	9.01	2.8542×10^6	2.2234×10^6
	110	5.06	8.5470×10^5	5.4772×10^5
14	110	5.75	8.3961×10^5	5.6761×10^5
16	80	5.77	1.8820×10^6	1.2738×10^6
	100	6.01	1.7759×10^6	1.2212×10^6
	110	4.51	7.4259×10^5	4.5106×10^5

8. 가속 수명 시험 계획

8.1) 단일 스트레스에 의한 CALT 방법

8.1.1) Case 1 : 시험 시간이 가용하지 않는 경우

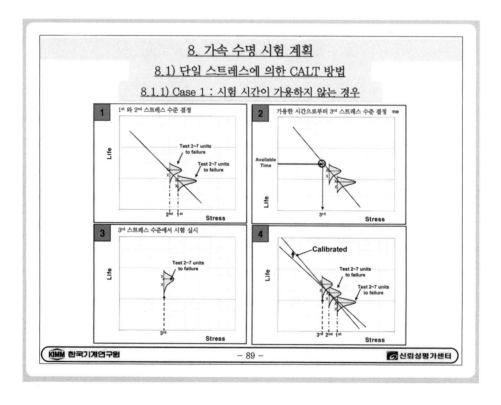

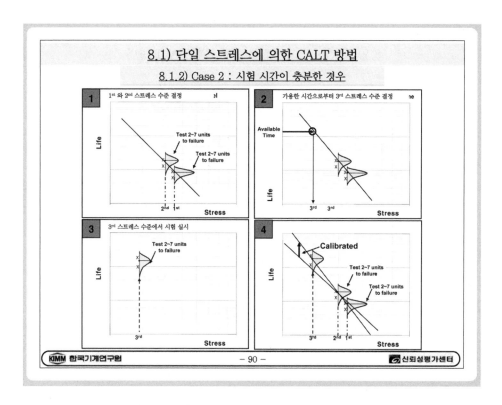

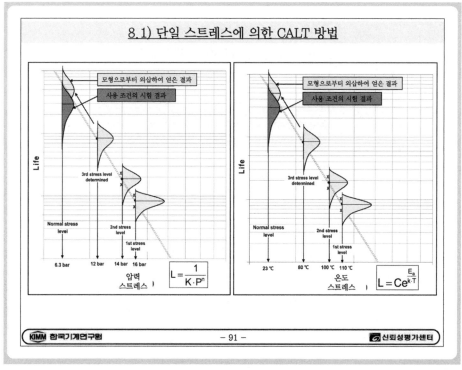

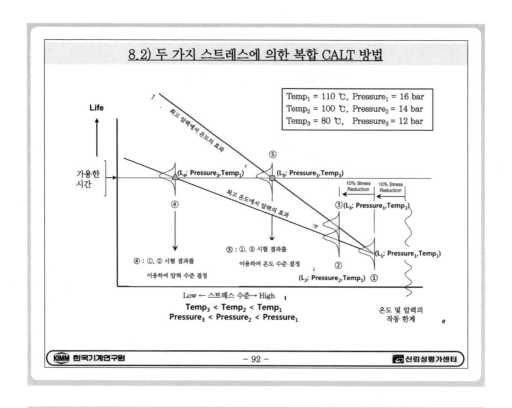

8.2) 두 가지 스트레스에 의한 복합 CALT 방법

Temp$_1$ = 110 ℃, Pressure$_1$ = 16 bar
Temp$_2$ = 100 ℃, Pressure$_2$ = 14 bar
Temp$_3$ = 80 ℃, Pressure$_3$ = 12 bar

Life

가용한 시간

⑤ (L$_4$; Pressure$_3$,Temp$_1$)

⑤ (L$_5$; Pressure$_1$,Temp$_3$)

10% Stress Reduction 10% Stress Reduction

③ (L$_3$; Pressure$_1$,Temp$_2$)

④

⑤ : ①, ③ 시험 결과를
이용하여 온도 수준 결정

④ : ①, ② 시험 결과를
이용하여 압력 수준 결정

① (L$_1$; Pressure$_1$,Temp$_1$)

② (L$_2$; Pressure$_2$,Temp$_1$) ①

Low ← 스트레스 수준 → High
Temp$_3$ < Temp$_2$ < Temp$_1$
Pressure$_3$ < Pressure$_2$ < Pressure$_1$

온도 및 압력의
작동 한계

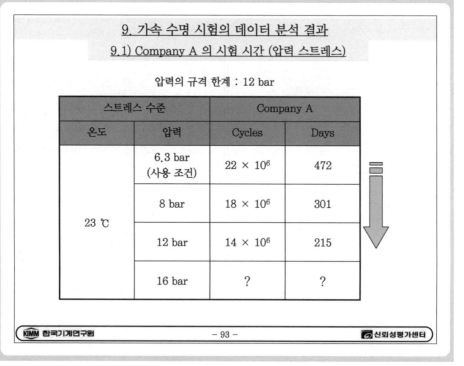

9. 가속 수명 시험의 데이터 분석 결과
9.1) Company A 의 시험 시간 (압력 스트레스)

압력의 규격 한계 : 12 bar

스트레스 수준		Company A	
온도	압력	Cycles	Days
23 ℃	6.3 bar (사용 조건)	22×10^6	472
	8 bar	18×10^6	301
	12 bar	14×10^6	215
	16 bar	?	?

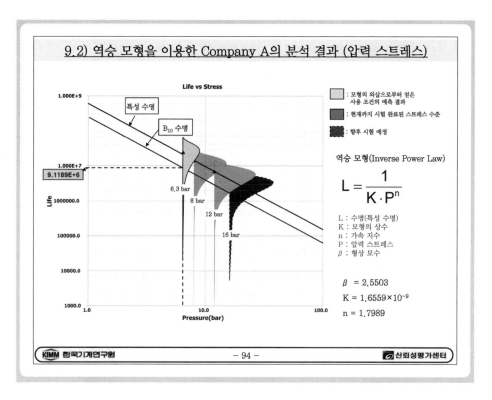

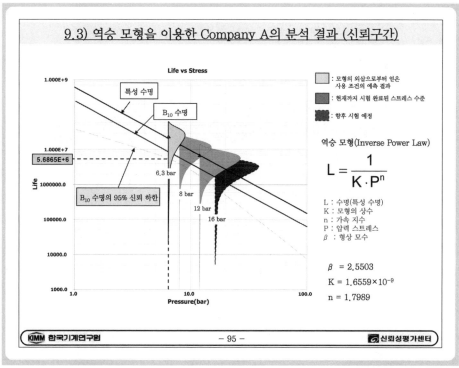

9.4) 역승 모형에서 특성 수명과 B_{10} 수명의 계산

1) 가속 모형 : 역승 모형(IPL)

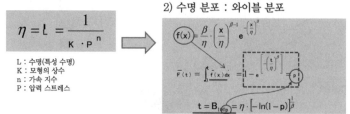

$$\eta = L = \frac{1}{K \cdot P^{n}}$$

L : 수명(특성 수명)
K : 모형의 상수
n : 가속 지수
P : 압력 스트레스

2) 수명 분포 : 와이블 분포

$$f(x) = \frac{\beta}{\eta} \cdot \left(\frac{x}{\eta}\right)^{\beta-1} \cdot e^{-\left(\frac{x}{\eta}\right)^{\beta}}$$

$$\overline{F}(t) = \int \hat{f}(x)dx = 1 - e^{-\left[\left(\frac{t}{\eta}\right)^{\beta}\right]} = p$$

$$t = B_{100p} = \eta \cdot \left[-\ln(1-p)\right]^{\frac{1}{\beta}}$$

f(x) : 확률밀도함수
F(t) : 누적 분포함수

3) 와이블-IPL 의 B_{100p} 수명

$$B_{100p} = \eta \left[-\ln(1-p)\right]^{\frac{1}{\beta}} = \frac{1}{K \cdot P^{n}} \cdot \left[-\ln(1-p)\right]^{\frac{1}{\beta}}$$

$$= \frac{1}{1.6559 \times 10^{-9} \cdot P^{1.7989}} \cdot \left[-\ln(1-p)\right]^{\frac{1}{2.5503}}$$

β = 2.5503 (형상 모수)
K = 1.6559×10^{-9}
n = 1.7989

9.5) 역승 모형으로부터 예측된 결과와 시험 결과와의 비교

시험 조건		시험 결과의 특성 수명 (η)	역승 모형의 예측된 특성 수명	추정 오차 (%)	시험 결과의 B_{10} 수명	역승 모형의 예측된 B_{10} 수명	추정 오차 (%)
온도 (℃)	압력 (bar)						
23	6.3	1.9637×10^{7}	2.2030×10^{7}	12	8.7006×10^{6}	9.1162×10^{6}	5
	8	1.4993×10^{7}	1.4334×10^{7}	4	8.6157×10^{6}	5.9317×10^{6}	31
	12	6.1342×10^{6}	6.9123×10^{6}	13	1.4602×10^{6}	2.8603×10^{6}	96

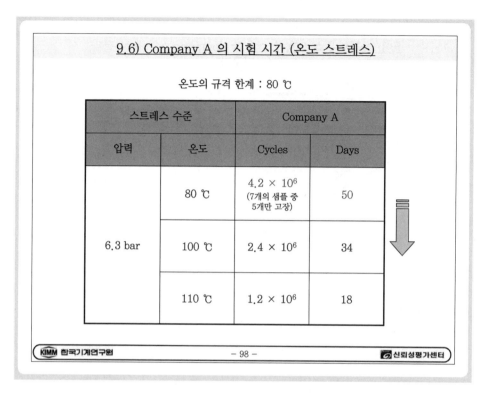

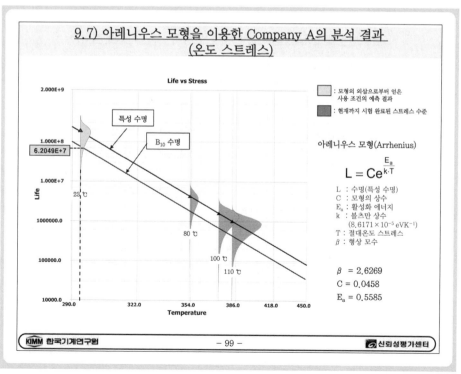

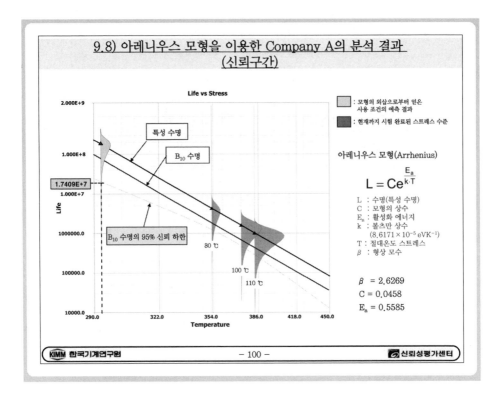

9.8) 아레니우스 모형을 이용한 Company A의 분석 결과 (신뢰구간)

Life vs Stress

특성 수명

B_{10} 수명

B_{10} 수명의 95% 신뢰 하한

80 ℃

100 ℃

110 ℃

1.7409E+7

□ : 모형의 외삽으로부터 얻은 사용 조건의 예측 결과

■ : 현재까지 시험 완료된 스트레스 수준

아레니우스 모형(Arrhenius)

$$L = Ce^{\frac{E_a}{k \cdot T}}$$

L : 수명(특성 수명)
C : 모형의 상수
E_a : 활성화 에너지
k : 볼츠만 상수
    $(8.6171 \times 10^{-5}\ eVK^{-1})$
T : 절대온도 스트레스
β : 형상 모수

β = 2.6269
C = 0.0458
E_a = 0.5585

KIMM 한국기계연구원 　　　　— 100 —　　　　 신뢰성평가센터

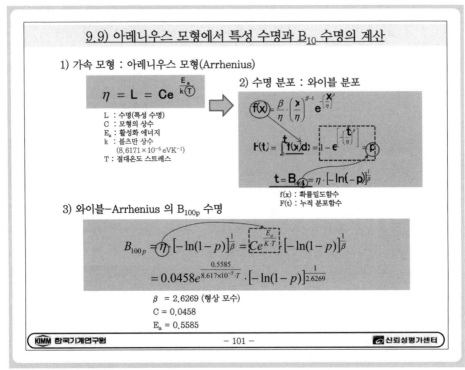

9.9) 아레니우스 모형에서 특성 수명과 B_{10} 수명의 계산

1) 가속 모형 : 아레니우스 모형(Arrhenius)

$$\eta = L = Ce^{\frac{E_a}{k\left(T\right)}}$$

L : 수명(특성 수명)
C : 모형의 상수
E_a : 활성화 에너지
k : 볼츠만 상수
    $(8.6171 \times 10^{-5}\ eVK^{-1})$
T : 절대온도 스트레스

2) 수명 분포 : 와이블 분포

$$f(x) = \frac{\beta}{\eta} \cdot \left(\frac{x}{\eta}\right)^{\beta-1} e^{-\left(\frac{x}{\eta}\right)^{\beta}}$$

$$F(t) = \int f(x)dx = 1 - e^{-\left[\frac{t}{\eta}\right]^{\beta}} = p$$

$$t = B_{100p} = \eta \cdot \left[-\ln(-p)\right]^{\frac{1}{\beta}}$$

f(x) : 확률밀도함수
F(t) : 누적 분포함수

3) 와이블-Arrhenius 의 B_{100p} 수명

$$B_{100p} = \eta \left[-\ln(1-p)\right]^{\frac{1}{\beta}} = Ce^{\frac{E_a}{K \cdot T}} \left[-\ln(1-p)\right]^{\frac{1}{\beta}}$$

$$= 0.0458 e^{\frac{0.5585}{8.617 \times 10^{-5} \cdot T}} \cdot \left[-\ln(1-p)\right]^{\frac{1}{2.6269}}$$

β = 2.6269 (형상 모수)
C = 0.0458
E_a = 0.5585

KIMM 한국기계연구원 　　　　— 101 —　　　　 신뢰성평가센터

9.10) 아레니우스 모형으로부터 예측된 결과와 시험 결과와의 비교

시험 조건		시험 결과의 특성 수명 (η)	아레니우스 모형의 예측된 특성 수명	추정 오차 (%)	시험 결과의 B_{10} 수명	아레니우스 모형의 예측된 B_{10} 수명	추정 오차 (%)
압력 (bar)	온도 (℃)						
6.3	23	1.9637×10^7	1.4641×10^8	645	8.7006×10^6	6.2165×10^7	614
	80	3.9298×10^6	4.2804×10^6	9	2.3765×10^6	1.8173×10^6	24
	100	1.7596×10^6	1.6005×10^6	10	6.9398×10^5	6.7957×10^5	3
	110	9.0300×10^5	1.0171×10^6	8	3.8234×10^5	4.3187×10^5	12

9.11) Company A의 시험 시간 (온도 및 압력 스트레스)

압력의 규격 한계 : 12 bar
온도의 규격 한계 : 80 ℃

스트레스 수준		Company A	
온도	압력	Cycles	Days
80 ℃	12 bar	3.3×10^6	47
	16 bar	2.4×10^6	35
100 ℃	16 bar	2.2×10^6	30
110 ℃	12 bar	1.2×10^6	24
	14 bar	1.1×10^6	22
	16 bar	1.0×10^6	14

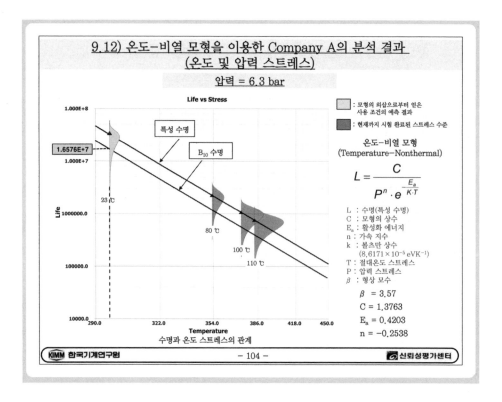

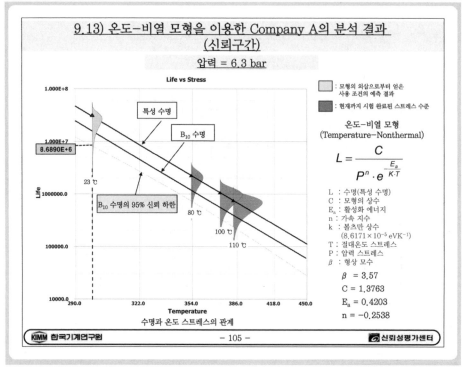

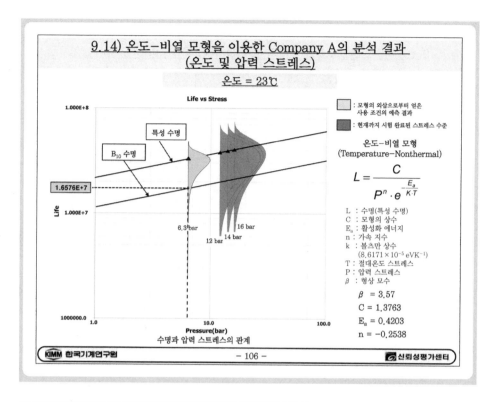

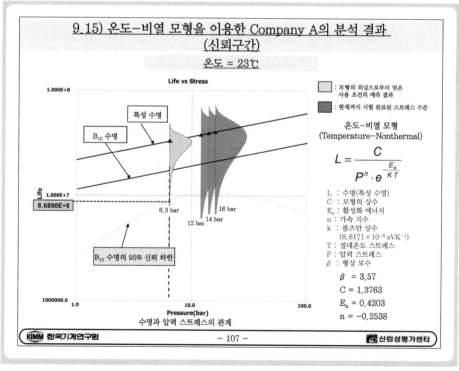

9.16) 각 스트레스 수준에서의 가속성 확인(온도-비열 모형) (1/2)

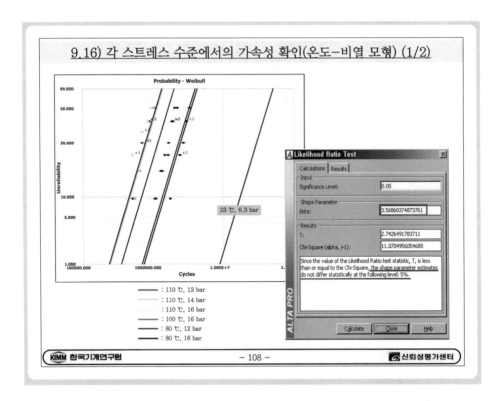

9.16) 각 스트레스 수준에서의 가속성 확인(온도-비열 모형) (2/2)

시험 조건		형상 모수 (β)	척도 모수 (η)	B_{10} 수명
압력 (bar)	온도 (℃)			
12	80	9.01	2.8542×10^6	2.2234×10^6
	110	5.06	8.5470×10^5	5.4772×10^5
14	110	5.75	8.3961×10^5	5.6761×10^5
16	80	5.77	1.8820×10^6	1.2738×10^6
	100	6.01	1.7759×10^6	1.2212×10^6
	110	4.51	7.4259×10^5	4.5106×10^5
공통 형상 모수		3.57		

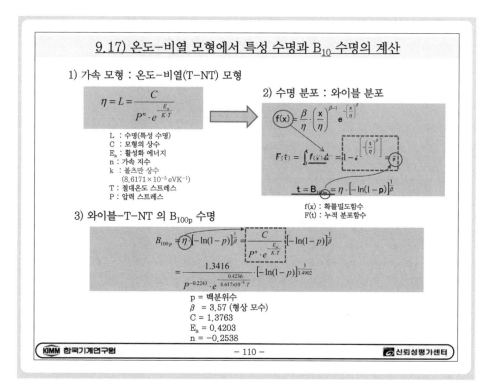

9.17) 온도−비열 모형에서 특성 수명과 B_{10} 수명의 계산

1) 가속 모형 : 온도−비열(T−NT) 모형

$$\eta = L = \frac{C}{P^n \cdot e^{\frac{E_a}{K \cdot T}}}$$

L : 수명(특성 수명)
C : 모형의 상수
E_a : 활성화 에너지
n : 가속 지수
k : 볼츠만 상수
  $(8.6171 \times 10^{-5}\,eVK^{-1})$
T : 절대온도 스트레스
P : 압력 스트레스

2) 수명 분포 : 와이블 분포

$$f(x) = \frac{\beta}{\eta} \cdot \left(\frac{x}{\eta}\right)^{\beta-1} \cdot e^{-\left(\frac{x}{\eta}\right)^\beta}$$

$$F(t) = \int f(x)dx = 1 - e^{-\left[\left(\frac{t}{\eta}\right)^\beta\right]} = p$$

$$t = B_{100p} = \eta \cdot \left[-\ln(1-p)\right]^{\frac{1}{\beta}}$$

f(x) : 확률밀도함수
F(t) : 누적 분포함수

3) 와이블−T−NT 의 B_{100p} 수명

$$B_{100p} = \eta \cdot \left[-\ln(1-p)\right]^{\frac{1}{\beta}} = \frac{C}{P^n \cdot e^{\frac{E_a}{K \cdot T}}} \cdot \left[-\ln(1-p)\right]^{\frac{1}{\beta}}$$

$$= \frac{1.3416}{P^{-0.2243} \cdot e^{\frac{0.4236}{8.617 \times 10^{-5} \cdot T}}} \cdot \left[-\ln(1-p)\right]^{\frac{1}{3.4902}}$$

p = 백분위수
β = 3.57 (형상 모수)
C = 1.3763
E_a = 0.4203
n = −0.2538

9.18) 온도−비열 모형으로부터 예측된 결과와 시험 결과와의 비교

시험 조건		시험 결과의 특성 수명 (η)	T−NT 모형의 예측된 특성 수명	추정 오차 (%)	시험 결과의 B_{10} 수명	T−NT 모형의 예측된 B_{10} 수명	추정 오차 (%)
압력 (bar)	온도 (℃)						
6.3	23	1.9637×10^7	3.1142×10^7	59	8.7006×10^6	1.6576×10^7	91
12	80	2.8912×10^6	2.6006×10^6	10	2.0787×10^6	1.3647×10^6	34
	110	8.5470×10^5	8.7445×10^5	2	5.4772×10^5	4.5890×10^5	16
14	110	8.3961×10^5	9.0521×10^5	7	5.6761×10^5	4.7504×10^5	16
16	80	1.8820×10^6	2.7739×10^6	47	1.2738×10^6	1.4557×10^6	14
	100	1.7759×10^6	1.3154×10^6	25	1.2212×10^6	6.9034×10^5	43
	110	7.4259×10^5	9.3274×10^5	25	4.5106×10^5	4.8948×10^5	8

9.19) 공기압 실린더 수명에 영향을 주는 인자

$$f(Xs) = f(x_1, x_2, x_3, x_4, x_5, x_6, x_7)$$

$f(Xs)$: 공기압 실린더의 수명

x_1 : 씰 설계

x_2 : 씰 재료

x_3 : 쿠션 유형

x_4 : 장착 방향

x_5 : 부하율

x_6 : 작동 압력

x_7 : 공기압 실린더 주변 온도

9.20) 공기압 실린더 각 모형의 수식 및 추정 오차

모형	수 식	추정 오차
역승 모형	$B_{100p} = \dfrac{1}{1.6559 \times 10^{-9} \cdot P^{1.7989}} \cdot [-\ln(1-p)]^{\frac{1}{2.5503}}$	±12 %
아레니우스 모형	$B_{100p} = 0.0458 e^{\frac{0.5585}{8.617 \times 10^{-5} \cdot T}} \cdot [-\ln(1-p)]^{\frac{1}{2.6269}}$	±645 %
온도-비열 모형	$B_{100p} = \dfrac{1.3763}{p^{-0.2538} \cdot e^{\frac{0.4203}{8.6171 \times 10^{-5} \cdot T}}} \cdot [-\ln(1-p)]^{\frac{1}{3.5686}}$	±91 %

10. 결 론

1) 공기압 실린더를 사용하는 고객은 카탈로그에 명시된 온도와 압력 범위 내의 특정 조건에서 사용하고 있으며, 해당 조건에서의 실린더 수명에 관심을 가지고 있다.

2) 한국기계연구원 신뢰성평가센터는 공기압 실린더의 가속 시험 데이터를 활용하여 다양한 가속 모형에 적용하였으며, 가속 모형 식을 제시하였다.

3) 공기압 실린더의 수명에 온도와 압력이 영향을 줄 수 있지만, 가속 모형은 온도를 고려한 아레니우스 모형보다는 압력을 고려한 역승 모형의 예측 결과가 더 좋았다. 또한 온도와 압력을 모두 가속한 복합 모형의 분석 결과에서 압력의 가속 지수가 음수가 나와서 물리적인 설명이 어렵다.

4) 현재까지의 온도 가속 시험은 고온에서만 실시하였다. 하지만 카탈로그에 명시된 영하의 온도 (−20℃)에서도 시험이 필요할 것으로 생각된다.

해답

2.1 해답

a) 등급화

우선 고장 시간을 순서대로 정렬하는 것이 좋다(LC＝부하 사이클).

$t_1 = 59,000$ LC,	$t_2 = 66,000$ LC,	$t_3 = 69,000$ LC,	$t_4 = 80,000$ LC,
$t_5 = 87,000$ LC,	$t_6 = 90,000$ LC,	$t_7 = 97,000$ LC,	$t_8 = 98,000$ LC,
$t_9 = 99,000$ LC,	$t_{10} = 100,000$ LC,	$t_{11} = 107,000$ LC,	$t_{12} = 109,000$ LC,
$t_{13} = 117,000$ LC,	$t_{14} = 118,000$ LC,	$t_{15} = 125,000$ LC,	$t_{16} = 126,000$ LC,
$t_{17} = 132,000$ LC,	$t_{18} = 158,000$ LC,	$t_{19} = 177,000$ LC,	$t_{20} = 186,000$ LC

계급 수는 식 (2.3)을 활용하여 계산한다. $n_C \approx \sqrt{n} = \sqrt{20} = 4.5$

분포 형태를 잘 표현하기 위해 계급 수는 5개로 정한다.

계급 크기(간격) 계산은 아래와 같다.

$$\Delta_C = \frac{t_{20} - t_1}{n_C} = \frac{186,000 \text{ load cycles} - 59,000 \text{ load cycles}}{5} = 26,000 \text{ load cycles}$$

짧은 고장 시간순으로 계급을 정하면 아래와 같다.

Class 1 :	59,000 load cycles	...	85,000 load cycles,
Class 2 :	85,000 load cycles	...	111,000 load cycles,
Class 3 :	111,000 load cycles	...	137,000 load cycles,
Class 4 :	137,000 load cycles	...	163,000 load cycles,
Class 5 :	163,000 load cycles	...	189,000 load cycles

b) (확률)밀도함수

식 (2.2)에 따라 각 계급에 대한 고장 수와 상대빈도는 아래와 같다.

Class 1 :	고장 4개,	$h_{rel,1}$	=	4/20	=	20%,
Class 2 :	고장 8개,	$h_{rel,2}$	=	8/20	=	40%,
Class 3 :	고장 5개,	$h_{rel,3}$	=	5/20	=	25%,
Class 4 :	고장 1개,	$h_{rel,4}$	=	1/20	=	5%,
Class 5 :	고장 2개,	$h_{rel,5}$	=	2/20	=	10%

고장 빈도와 경험적 밀도 함수 $f^*(t)$의 히스토그램은 다음 페이지 왼쪽 그림과 같다.

c) 고장 확률

누적 빈도와 경험적 고장 확률 $F^*(t)$의 히스토그램은 식 (2.8)과 같이 고장 빈도를 포함하여 계산한다.

Class 1 :	누적 빈도	H_1	=	$h_{rel,1}$	=	20%	=	20%,
Class 2 :	누적 빈도	H_2	=	$H_1 + h_{rel,2}$	=	20% + 40%	=	60%,
Class 3 :	누적 빈도	H_3	=	$H_2 + h_{rel,3}$	=	60% + 25%	=	85%,
Class 4 :	누적 빈도	H_4	=	$H_3 + h_{rel,4}$	=	85% + 5%	=	90%,
Class 5 :	누적 빈도	H_5	=	$H_4 + h_{rel,5}$	=	90% + 10%	=	100%

누적 빈도와 경험적 고장 밀도 $F^*(t)$의 히스토그램은 아래 오른쪽 그림과 같다.

d) 신뢰도

신뢰도를 계산하는 가장 간단한 방법은 식 (2.11)을 이용하는 것이며, 고장 확률의 여사건이다.

Class 1 :	신뢰도	R_1^*	=	$100\% - H_1$	=	100% − 20%	=	80%,
Class 2 :	신뢰도	R_2^*	=	$100\% - H_2$	=	100% − 60%	=	40%,
Class 3 :	신뢰도	R_3^*	=	$100\% - H_3$	=	100% − 85%	=	15%,
Class 4 :	신뢰도	R_4^*	=	$100\% - H_4$	=	100% − 90%	=	10%,
Class 5 :	신뢰도	R_5^*	=	$100\% - H_5$	=	100% − 100%	=	0%

신뢰도와 경험적 신뢰도 $R^*(t)$의 히스토그램은 다음 페이지 왼쪽 그림과 같다.

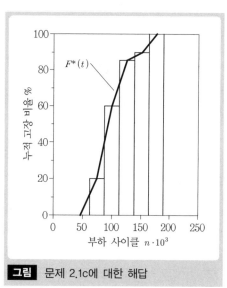

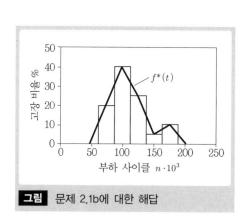

그림 문제 2.1b에 대한 해답

그림 문제 2.1c에 대한 해답

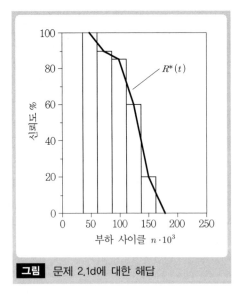

그림 문제 2.1d에 대한 해답

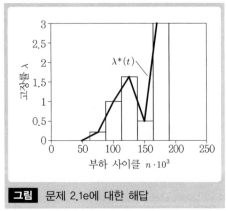

그림 문제 2.1e에 대한 해답

e) 고장률

고장률은 이미 계산된 상대 고장 빈도와 신뢰도를 이용할 수 있다. 식 (2.12)와 같이 고장률은 이러한 두 값의 비로 구한다.

Class 1 :	고장률	λ_1	$=$	$h_{rel,1}/R_1^*$	$=$	20% / 80%	$=$	0.25,
Class 2 :	고장률	λ_2	$=$	$h_{rel,2}/R_2^*$	$=$	40% / 40%	$=$	1.00,
Class 3 :	고장률	λ_3	$=$	$h_{rel,3}/R_3^*$	$=$	25% / 15%	$=$	1.67,
Class 4 :	고장률	λ_4	$=$	$h_{rel,4}/R_4^*$	$=$	5% / 10%	$=$	0.50,
Class 5 :	고장률	λ_5	$=$	$h_{rel,5}/R_5^*$	$=$	10% / 0%	$=$	∞

고장률과 경험적 고장률 $\lambda^*(t)$의 히스토그램은 위의 오른쪽 그림과 같다.

2.2 해답

a) 평균, 중앙값, 최빈값(중심 경향의 측도)

식 (2.14)에 따라 경험적 산술평균은 아래와 같다.

$$t_m = \frac{t_1 + t_2 + \ldots + t_n}{n} = \frac{59 + 66 + \ldots + 186}{20} \cdot 10^3 \text{부하 사이클} = 110{,}000\text{부하 사이클}$$

중앙값은 누적 빈도 50%가 되는 고장 시간이며, 경험적 고장 확률 $F^*(t)$를 이용하여 쉽게 계산할 수 있다. 따라서 시험 샤프트의 중앙값은 $t_{median} \approx 95{,}000\text{부하 사이클}$이 된다.

    최빈값 t_{mode}는 확률밀도함수의 최댓값에 해당하는 고장 시간이며, 2.1a 문제의 결과로부터 얻을 수 있다. 시험 샤프트의 최빈값은 $t_{\text{mode}} = 98,000$부하 사이클이 된다.

b) 분산과 표준편차(통계적 변동)

    시험 데이터에 대한 분산은 식 (2.15)를 이용하여 계산된다.

$$s^2 = \frac{1}{n-1}\sum_{i=1}^{n}(t_i - t_m)^2$$
$$= \frac{1}{19}\left[(59-110)^2 + (66-110)^2 + \ldots + (186-110)^2\right]\cdot 10^6 \text{load cycles}^2$$
$$= 1,170,400,000 \text{부하 사이클}^2$$

표준편차는 분산의 제곱근이다.

$$s = \sqrt{s^2} = 34,200 \text{부하 사이클}$$

2.3 해답

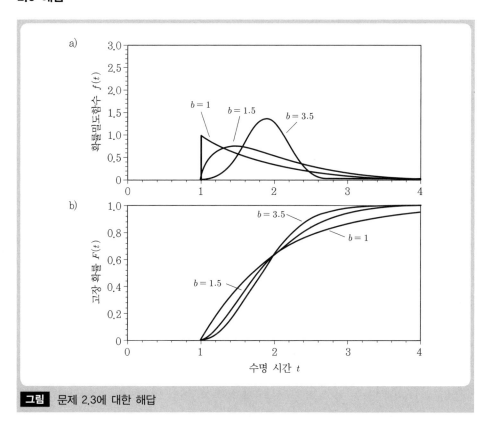

그림 문제 2.3에 대한 해답

2.4 해답

변환 표를 이용하여 계산한다.

$$F(t) = \int_0^t f(\tau) \cdot d\tau \stackrel{a \leq t \leq b}{=} \int_a^t \frac{1}{b-a} \cdot d\tau = \frac{\tau}{b-a}\Big|_a^t = \frac{t}{b-a} - \frac{a}{b-a} = \frac{t-a}{b-a}$$

$$F(t) = \begin{cases} 0, & t < a \\ \dfrac{t-a}{b-a}, & a \leq t \leq b \\ 1, & t > b \end{cases}$$

$$R(t) = 1 - F(t) \stackrel{a \leq t \leq b}{=} 1 - \frac{t-a}{b-a} = \frac{b-a+a-t}{b-a} = \begin{cases} 1, & t < a \\ \dfrac{b-t}{b-a}, & a \leq t \leq b \\ 0, & t > b \end{cases}$$

$$\lambda(t) = \frac{f(t)}{R(t)} = \begin{cases} \dfrac{1}{b-t}, & a \leq t \leq b \\ 0, & \text{기타} \end{cases} \qquad (\equiv \text{쌍곡선})$$

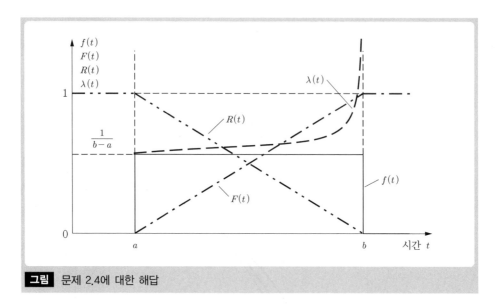

그림 문제 2.4에 대한 해답

2.5 해답

레일리(Rayleigh) 분포는 형상 모수 $b = 2.0$이며, 특성 수명 $T = \dfrac{1}{\lambda}$인 2모수 와이블 분포

에 해당한다. 신뢰성 관련 함수들은 변환 표를 활용하여 계산된다.

$$F(t) = 1 - R(t) = 1 - \exp\left(-(\lambda \cdot t)^2\right) \qquad t \geq 0$$

$$f(t) = \frac{dF(t)}{dt} \overset{chain\ rule}{=} \frac{d\left(-(\lambda \cdot t)^2\right)}{dt} \cdot \frac{dF(t)}{d(-(\lambda \cdot t)^2)} =$$

$$= -2 \cdot (\lambda \cdot t) \cdot \lambda \cdot \left(-\exp(-(\lambda \cdot t)^2)\right) = 2 \cdot \lambda^2 \cdot t \cdot \left(\exp(-(\lambda \cdot t)^2)\right)$$

$$\lambda(t) = \frac{f(t)}{R(t)} = 2 \cdot \lambda^2 \cdot t \qquad \text{(선형 증가형 고장률)}$$

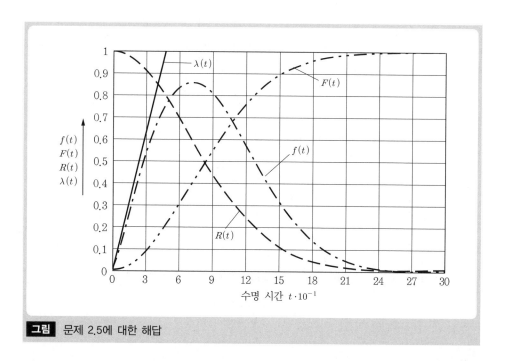

그림 문제 2.5에 대한 해답

2.6 해답

a) 정규 확률지를 이용하여 나타낸다.

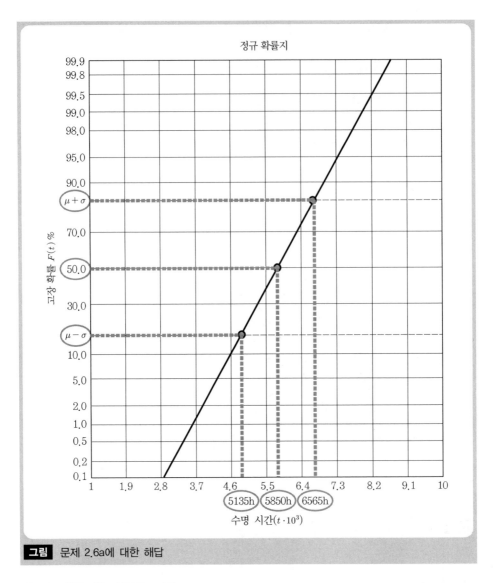

그림 문제 2.6a에 대한 해답

정규분포 확률지를 이용하는 절차

    1) μ를 그린다. $t = 5,850$시간, $F = 50\%$

    2) $\mu + \sigma$를 그린다. $t = 5,850$시간$+715$시간$= 6,565$시간, $F = 84\%$

    3) $\mu - \sigma$를 그린다. $t = 5,850$시간-715시간$= 5,135$시간, $F = 16\%$

    4) 3개의 점을 연결하는 직선을 그린다.

b) $P(t > t_1) = 1 - P(t \le t_1) = 1 - F(t_1) = R(t_1)$을 찾는다.

$$x_1 = \frac{t_1 - \mu}{\sigma} = \frac{4,500\text{시간} - 5,850\text{시간}}{715\text{시간}} = -1.8882\text{로 변환한다.}$$

$F(t_1)$의 값은 표에서 구한다.

$$F(t_1) = \phi(-1.8882) = 1 - \phi(1.8882) = 1 - 0.9699 = 0.0301 \approx 3\%$$

$$R(t_1) = 1 - F(t_1) = 0.9699 \fallingdotseq 96.99\%$$

c) $P(t \leq t_2) = F(t_2)$를 찾는다.

$$x_2 = \frac{t_2 - \mu}{\sigma} = \frac{6,200 - 5,850}{715} = 0.4895 \text{ 로 변환한다.}$$

$$F(t_2) = \phi(0.4895) = 0.6879 \fallingdotseq 68.8\%$$

d) $\mu + \sigma = 6,565 = t_u$ $\qquad \mu - \sigma = 5,135 = t_0$

$$P(t_u \leq t \leq t_0) = F(t_0) - F(t_u) = P(5,135 \leq t \leq 6,565) = F(6,565) - F(5,135) \text{ 를 찾는다.}$$

$$x_u = \frac{t_u - \mu}{\sigma} = \frac{5,135 - 5,850}{715} = -1 \quad \text{and} \quad x_0 = \frac{t_0 - \mu}{\sigma} = \frac{6,565 - 5,850}{715} = 1 \text{ 로 변환한다.}$$

$$P(t_u \leq t \leq t_0) = \phi(x_0) - \phi(x_u) = \phi(x_0) - (1 - \phi(-x_u)) = \phi(1) - 1 + \phi(1)$$
$$= 2 \cdot \phi(1) - 1 = 2 \cdot 0.8413 - 1 = 0.6826 \fallingdotseq \underline{68.26}$$

e) 필요조건 : $P(t_3 < t) = 1 - F(t_3) \overset{!}{=} 0.9$; 이와 같이 x_3가 필요하며, t_3는 역변환으로 계산한다.

표에서 $\phi(x_3) = 0.1$? 표에 존재하지 않음!

아래 식을 이용함.

$$\phi(x_3) = 1 - \phi(-x_3) = 0.1 \Rightarrow \phi(-x_3) = 0.9 \Rightarrow -x_3 = 1.28 \Rightarrow x_3 = -1.28$$

역변환 : $t_3 = x_3 \cdot \sigma + \mu = -1.28 \cdot 715 + 5,850 = 4,934.8$시간

2.7 해답

a) 대수 정규분포 변수에 대해서 아래 내용이 필요함.

$$t_{0.5} = \exp(\mu) \quad \text{및} \quad t_{\mu \pm \sigma} = \exp(\mu \pm \sigma)$$

따라서

$$t_{0.5} = \exp(\mu) = \exp(10.1) = 24,343, \quad F = 50\%$$
$$t_{\mu + \sigma} = \exp(\mu + \sigma) = \exp(10.1 + 0.8) = 54,176.4, \quad F = 84\%$$
$$t_{\mu - \sigma} = \exp(\mu - \sigma) = \exp(10.1 - 0.8) = 10,938, \quad F = 16\%$$

직선을 그린다(대수 정규분포 확률지 참조).

b) $P(t_1 < t) = 1 - P(t_1 \geq t) = 1 - F(t_1) = R(t_1)$ 를 찾는다.

$x_1 = \dfrac{\ln(t_1) - \mu}{\sigma} = \dfrac{\ln(10{,}000\text{h}) - 10.1}{0.8} = -1.112$로 변환한다.

$\phi(x_1) = 1 - \phi(-x_1) = 1 - \phi(1.112) = 1 - 0.8665 = 0.1335 \fallingdotseq 13.35\%$

따라서 $\underline{\underline{R(t_1) = 1 - F(t_1) = 86.55\%}}$ 이다.

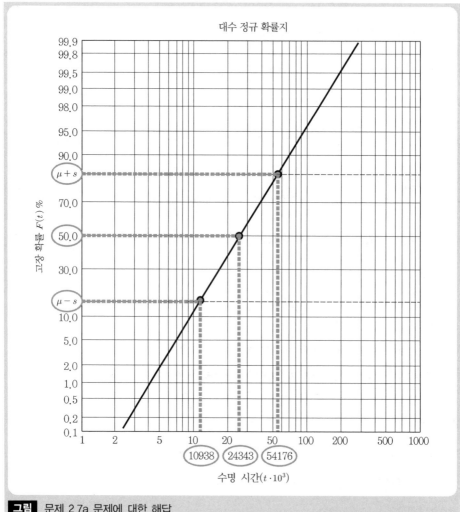

그림 문제 2.7a 문제에 대한 해답

c) $P(t_2 \geq t) = F(t_2)$를 찾는다.

$$x_2 = \frac{\ln(t_2) - \mu}{\sigma} = \frac{\ln(35,000) - 10.1}{0.8} = 0.4538$$로 변환한다.

$$\phi(x_2) = \phi(0.4538) = 0.6736 \simeq 67.36\%, \text{ 따라서 } F(t_2) = 67.36\%$$

d) $P(t_1 \leq t \leq t_2) = F(t_2) - F(t_1) = 0.6736 - 0.1335 = 0.5401 \simeq 54.01\%$를 찾는다.

e) 필요조건 : $P(t_3) = 1 - F(t_3) \overset{!}{=} 0.9 \Rightarrow F(t_3) = 0.1$

따라서 x_3가 필요하며, t_3는 역변환으로 계산한다.

표에서 $\phi(x_3) = 0.1$?

표에는 없지만, $\phi(x_3) = 1 - \phi(-x_3) = 0.1$은 알고 있다.

따라서 $\phi(-x_3) \overset{!}{=} 0.9 \Rightarrow -x_3 = 1.28 \Rightarrow x_3 = -1.28$

역변환 : $t_3 = \exp(\mu + x_3 \cdot \sigma) = \exp(10.1 - 1.28 \cdot 0.8) = 8,742.92$시간

2.8 해답

a) $P(t_1 \leq t) = 1 - F(t_1) = R(t_1) = \exp(-\lambda \cdot t_1) = \exp(-\frac{200}{500}) = 0.6703 \simeq 67.03\%$를 찾는다.

b) $P(t_2 \geq t) = F(t_2) = 1 - \exp(-\lambda \cdot t_2) = 1 - \exp(-\frac{100}{500}) = 0.1813 \simeq 18.13\%$를 찾는다.

c) $P(t_3 \leq t \leq t_4) = F(t_4) - F(t_3) = 1 - \exp(-\lambda \cdot t_4) - 1 + \exp(-\lambda \cdot t_3)$

$$= -\exp(-\frac{300}{500}) + \exp(-\frac{200}{500}) = -0.5488 + 0.6703 = 0.1215$$
$$\simeq 12.15\%$$를 찾는다.

d) 필요조건 :

$$P(t_5 < t) = 1 - P(t_5 \geq t) = 1 - P(t_5 \geq t) = 1 - F(t_5)$$
$$= R(t_5) = \exp(-\lambda \cdot t_5) \overset{!}{=} 0.9$$

$$\Rightarrow t_5 = -\frac{\ln(0.9)}{\lambda} = -\ln(0.9) \cdot 500 = 52.68$$시간

$t \leq t_5$인 모든 시간은 적어도 90%의 신뢰도를 가짐.

e) 필요조건 : $P(50 \le t) = R(50) = \exp(-\lambda \cdot 50) \overset{!}{=} 0.9$

$$\Rightarrow \underline{\underline{\lambda}} = -\frac{\ln(0.9)}{50\text{시간}} = \underline{\underline{+0.0021072\%}}$$

2.9 해답

힌트 : 기댓값에 대한 변환 : $\int t \cdot f \to \int R$

$$E(t) = \int_0^\infty t \cdot f(t) \cdot dt = \int_0^\infty t \cdot \frac{dF(t)}{dt} \cdot dt \,, \qquad \frac{dF(t)}{dt} = -\frac{dR(t)}{dt}$$

$$\Rightarrow E(t) = \int_0^\infty t \cdot f(t) \cdot dt = -\int_0^\infty t \cdot \frac{dR(t)}{dt} \cdot dt$$

부분 적분 활용 : $\displaystyle\int_a^b u' \cdot v \cdot dx = u \cdot v\big|_a^b - \int_a^b u \cdot v' \cdot dx$

결론 : $\underline{\underline{E(t)}} = \underbrace{\left[-t \cdot R(t)\right]_0^\infty}_{\to 0} + \int_0^\infty R(t) \cdot dt = \underline{\underline{\int_0^\infty R(t) \cdot dt}}$

(유도 과정에 대한 정보일 뿐 이 문제에 대한 해답으로는 필요하지 않음)

기댓값(평균) : $E(t) = \int_0^\infty t \cdot f(t) \cdot dt = \int_0^\infty R(t) \cdot dt$

3모수 와이블 분포 :

$$f(t) = \frac{b}{T - t_0} \cdot \left(\frac{t - t_0}{T - t_0}\right)^{b-1} \cdot \exp\left[-\left(\frac{t - t_0}{T - t_0}\right)^b\right]$$

$f(t)$ 대입 : $E(t) = \displaystyle\int_0^\infty \frac{t \cdot b}{T - t_0} \cdot \left(\frac{t - t_0}{T - t_0}\right)^{b-1} \cdot \exp\left[-\left(\frac{t - t_0}{T - t_0}\right)^b\right] \cdot dt$

치환 : $t' = \dfrac{t - t_0}{T - t_0}, \qquad \dfrac{dt'}{dt} = \dfrac{1}{T - t_0}$

$$\Rightarrow t = t' \cdot (T - t_0) + t_0, \qquad dt = dt' \cdot (T - t_0)$$

대입 : $E(t) = \displaystyle\int_0^\infty \frac{t' \cdot (T - t_0) \cdot b + t_0 \cdot b}{T - t_0} \cdot (t')^{b-1} \cdot \exp(-(t')^b) \cdot (T - t_0) \cdot dt'$

다시 치환 : $x = (t')^b$, $\qquad \dfrac{dx}{dt'} = b \cdot (t')^{b-1}$

$\Rightarrow t' = x^{1/b}$, $\qquad dt' = \dfrac{dx}{b \cdot (t')^{b-1}}$

따라서 $E(t) = \displaystyle\int_0^\infty \left(x^{1/b} \cdot (T-t_0) \cdot b + t_0 \cdot b \right) \cdot (t')^{b-1} \cdot \exp(-x) \cdot \dfrac{dx}{b(t')^{b-1}}$

단순화 :

$E(t) = \displaystyle\int_0^\infty x^{1/b} \cdot (T-t_0) \cdot \exp(-x) \cdot dx + \underbrace{\int_0^\infty t_0 \cdot \exp(-x) \cdot dx}_{t_0}$

감마함수와 비교 $\Gamma(z) = \displaystyle\int_0^\infty \exp(-y) \cdot y^{z-1} \cdot dz$ (표)

$x = y$, $\qquad \dfrac{1}{b} = z\text{-}1 \;\Rightarrow\; z = \dfrac{1}{b} + 1$

평균 : $\underline{\underline{E(t) = \left(T - t_0 \right) \cdot \Gamma\left(1 + \dfrac{1}{b} \right) + t_0}}$

유사하게 : $VAR(t) = \left(T - t_0 \right)^2 \cdot \left[\Gamma\left(1 + \dfrac{2}{b} \right) - \Gamma^2\left(1 + \dfrac{1}{b} \right) \right]$ 는 분산임

a) $b = 1.0$, $T = 1{,}000$시간, $t_0 = 0$

$\underline{\underline{MTBF = E(t) = 1{,}000 \cdot \Gamma\left(1 + \underbrace{\dfrac{1}{1}}_{2} \right) = 1{,}000 \cdot 1 = 1{,}000}}$ 시간

(지수분포와 비교 : $E(t) = \dfrac{1}{\lambda} = T$)

b) $b = 0.8$, $T = 1{,}000$시간, $t_0 = 0$

$\underline{\underline{E(t)}} = 1{,}000 \cdot \Gamma\left(1 + \dfrac{1}{0.8} \right) = 1{,}000 \cdot \Gamma(2.25) = 1{,}000 \cdot 1.25 \cdot \Gamma(1.25)$

$= 1{,}000 \cdot 1.25 \cdot 0.906402477 = \underline{\underline{1{,}133.00}}$ 시간

c) $b = 4.2$, $T = 1{,}000$시간, $t_0 = 100$시간

$$MTBF = E(t) = (1{,}000 - 100) \cdot \Gamma\left(1 + \frac{1}{4.2}\right) + 100$$

$$= 900 \cdot \Gamma\left(\underbrace{1.238}_{1.24}\right) + 100 = 900 \cdot 0.908521 + 100 = \underline{\underline{917.67 \text{시간}}}$$

d) $b = 0.75$, $T = 1{,}000$시간, $t_0 = 100$시간

$$\underline{\underline{MTBF}} = E(t) = (1{,}000 - 200) \cdot \Gamma\left(1 + \frac{1}{0.75}\right) + 200$$

$$= 800 \cdot \Gamma\left(2.3\overline{3}\right) + 200 = 800 \cdot 1.3\overline{3} \cdot \Gamma\left(1.3\overline{3}\right) + 200$$

$$= 800 \cdot 1.3\overline{3} \cdot 0.89337 + 200 = \underline{\underline{1150.54 \text{시간}}}$$

2.10 해답

a)
$$B_{10} = \cfrac{B_y}{(1 - f_{tB}) \cdot \sqrt[b]{\cfrac{\ln(1 - y)}{\ln(1 - 0.1)}} + f_{tB}} \overset{y=50\%}{=} \cfrac{6{,}000{,}000}{(1 - 0.25) \cdot \sqrt[1.11]{\cfrac{\ln(1 - 0.5)}{\ln(1 - 0.1)}} + 0.25}$$

$$= \underline{\underline{1{,}381{,}265.5 \text{부하 사이클}}}$$

b) $\underline{t_0} = B_{10} \cdot f_{tB} = 1{,}381{,}265.5 \cdot 0.25 = \underline{\underline{345{,}316.4 \text{ 부하 사이클}}}$

$$F(B_{50}) = 0.5$$

$$\Rightarrow \underline{\underline{T}} = t_0 + \frac{B_{50} - t_0}{\sqrt[b]{-\ln(1 - 0.5)}} = 345{,}316.4 + \frac{6{,}000{,}000 - 345{,}316.4}{\sqrt[1.11]{-\ln 0.5}}$$

$$= \underline{\underline{8{,}212{,}310 \text{ 부하 사이클}}}$$

c) $P(t_1 \le t \le t_2) = F(t_2) - F(t_1)$

$$= 1 - \exp\left(-\left(\frac{9{,}000{,}000 - 345{,}316.4}{8{,}212{,}310 - 345{,}316.4}\right)^{1.11}\right) - 1 + \exp\left(-\left(\frac{2{,}000{,}000 - 345{,}316.4}{8{,}212{,}310 - 345{,}316.4}\right)^{1.11}\right)$$

$$= -0.3289 + 0.8376 = 0.508 \cong 50.8\%$$

d) $P(t_3 > t) = R(t_3) \overset{!}{=} 0.99 = \exp\left(-\left(\frac{t - t_0}{T - t_0}\right)^b\right) \Rightarrow \ln(0.99) = -\left(\frac{t_3 - t_0}{T - t_0}\right)^b$

$$\Rightarrow \sqrt[b]{-\ln(0.99)} = \frac{t_3 - t_0}{T - t_0}$$

$$\Rightarrow t_3 = (T - t_0) \cdot \sqrt[b]{-\ln(0.99)} + t_0$$

$$= (8,212,310 - 345,316.4) \cdot \sqrt[1.1]{-\ln(0.999)} + 345,316.4$$

$$= 470,046.6 \text{ 부하 사이클}$$

e) $P(5,000,000 > t) = R(5,000,000) \overset{!}{=} 0.5$

$$R(t) = \exp\left(-\left(\frac{t - t_0}{T - t_0}\right)^b\right)$$

$$\Rightarrow \ln(R(t)) = -\left(\frac{t - t_0}{T - t_0}\right)^b \Rightarrow \ln(-\ln(R(t))) = b \cdot \ln\left(\frac{t - t_0}{T - t_0}\right)$$

$$\Rightarrow \underline{\underline{b}} = \frac{\ln(-\ln(R(t)))}{\ln\left(\frac{t - t_0}{T - t_0}\right)} = \frac{\ln(-\ln(0.5))}{\ln\left(\frac{5,000,000 - 345,316.4}{8,212,310 - 345,316.4}\right)} = \underline{\underline{0.698}}$$

2.11 해답

최빈값에 대한 필요조건 : $\tilde{t} : \dfrac{df(\tilde{t})}{dt} \overset{!}{=} 0$

$$\frac{df(t)}{dt} = \frac{d}{dt}\left(\frac{b}{T - t_0} \cdot \left(\frac{t - t_0}{T - t_0}\right)^{b-1} \cdot \exp\left(-\left(\frac{t - t_0}{T - t_0}\right)^b\right)\right)$$

$$\overset{(a \cdot b)' = a' \cdot b + a \cdot b'}{=} \frac{b}{T - t_0} \cdot \left(\frac{d}{dt}\left(\frac{t - t_0}{T - t_0}\right)^{b-1} \cdot R(t) - \left(\frac{t - t_0}{T - t_0}\right)^{b-1} \cdot f(t)\right)$$

$$= \frac{b}{T - t_0}\left(\left(\frac{b-1}{T - t_0}\right) \cdot \left(\frac{t - t_0}{T - t_0}\right)^{b-2} \cdot R(t) - \left(\frac{t - t_0}{T - t_0}\right)^{b-1} \cdot f(t)\right)$$

$$= \frac{b \cdot (b-1)}{(T - t_0)^2} \cdot \left(\frac{t - t_0}{T - t_0}\right)^{b-2} \cdot \exp\left(-\left(\frac{t - t_0}{T - t_0}\right)^b\right) - \frac{b^2}{(T - t_0)^2} \cdot \left(\frac{t - t_0}{T - t_0}\right)^{2b-2} \cdot \exp\left(-\left(\frac{t - t_0}{T - t_0}\right)^b\right)$$

여기서 : $\dfrac{df(\tilde{t})}{dt} \overset{!}{=} 0$　치환 : $\tilde{x} = \dfrac{\tilde{t} - t_0}{T - t_0}$

$$0 \overset{!}{=} e^{-x} \cdot \frac{b}{(T - t_0)^2} \cdot \left((b-1) \cdot \tilde{x}^{b-2} - b \cdot \tilde{x}^{2b-2}\right)$$

$$\Rightarrow (b-1) \cdot \tilde{x}^{b-2} = b \cdot \tilde{x}^{2b-2}$$

필요조건 : $\dfrac{b-1}{b} > 0 \Rightarrow b > 1$ (이 경우에만 최빈값이 존재함)

$$\ln\left(\frac{b-1}{b}\right)+(b-2)\cdot\ln\widetilde{x}=(2b-2)\cdot\ln\widetilde{x}$$

$$\ln\left(\frac{b-1}{b}\right)=(2b-2-b+2)\cdot\ln\widetilde{x}$$

$$\ln\widetilde{x}=\frac{1}{b}\cdot\ln\left(\frac{b-1}{b}\right)$$

$$\widetilde{x}=\left(\frac{b-1}{b}\right)^{\!1\!/\!b}$$

$$\widetilde{t}=(T-t_0)\cdot\left(\frac{b-1}{b}\right)^{\!1\!/\!b}+t_0 \quad\left(b>1\:!\right)$$

$b=1.8$, $T=1000$시간, $t_0=500$시간인 와이블 분포에 대한 연습문제 계산 :

$$\widetilde{t}=(1000-500)\cdot\left(\frac{0.8}{1.8}\right)^{\!1\!/\!1.8}+500=\underline{818.64}시간$$

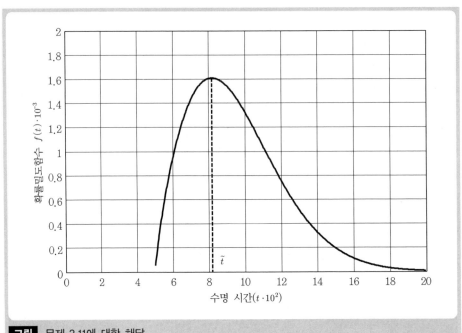

그림 문제 2.11에 대한 해답

가능한 조건 : $f(800) < f(\tilde{t}) \;\wedge\; f(850) < f(\tilde{t})$

$$f(800) = \frac{1.8}{500} \cdot \left(\frac{300}{500}\right)^{0.8} \cdot \exp\left(-\left(\frac{300}{500}\right)^{1.8}\right) = 0.0016057$$

$$f(850) = \frac{1.8}{500} \cdot \left(\frac{350}{500}\right)^{0.8} \cdot \exp\left(-\left(\frac{350}{500}\right)^{1.8}\right) = 0.001599$$

$$f(818.64) = \frac{1.8}{500} \cdot \left(\frac{318.64}{500}\right)^{0.8} \cdot \exp\left(-\left(\frac{318.64}{500}\right)^{1.8}\right) = 0.0016097$$

2.12 해답

주어진 조건 : $t_1,\, x_1,\, t_2,\, x_2$

필요조건 : $\quad x_1 = 1 - \exp\left(-\left(\frac{t_1}{T}\right)^b\right) \;\wedge\; x_2 = 1 - \exp\left(-\left(\frac{t_2}{T}\right)^b\right)$

변환 :

$$\ln(1 - x_i) = -\left(\frac{t_i}{T}\right)^b \quad\Rightarrow\quad \ln\left(-\ln\left(1 - x_i\right)\right) = b \cdot \ln\left(\frac{t_i}{T}\right)$$

$$b \text{를 풀이} \Rightarrow b = \frac{\ln\left(-\ln\left(1 - x_1\right)\right)}{\ln(t_1) - \ln(T)} \overset{!}{=} \frac{\ln\left(-\ln\left(1 - x_2\right)\right)}{\ln(t_2) - \ln(T)} \quad (*)$$

치환 : $\Lambda_i = \ln\left(-\ln\left(1 - x_i\right)\right)$

$$\frac{\ln(t_1) - \ln(T)}{\Lambda_1} = \frac{\ln(t_2) - \ln(T)}{\Lambda_2}$$

$$\ln(T) \cdot \left(\frac{1}{\Lambda_2} - \frac{1}{\Lambda_2}\right) = \frac{\ln(t_2)}{\Lambda_2} - \frac{\ln(t_1)}{\Lambda_1}$$

$$\Rightarrow T = \exp\left(\frac{\left(\dfrac{\ln(t_2)}{\Lambda_2} - \dfrac{\ln(t_1)}{\Lambda_1}\right) \cdot \Lambda_2 \cdot \Lambda_1}{\Lambda_1 - \Lambda_2}\right) = \exp\left(\frac{\dfrac{\left(\Lambda_1 \cdot \ln(t_2) - \Lambda_2 \cdot \ln(t_1)\right) \cdot \Lambda_1 \cdot \Lambda_2}{\Lambda_1 \cdot \Lambda_2}}{\Lambda_1 - \Lambda_2}\right)$$

$$\Rightarrow T = \exp\left(\frac{\ln\left(-\ln\left(1 - x_1\right)\right) \cdot \ln(t_2) - \ln\left(-\left(\ln\left(1 - x_2\right)\right)\right) \cdot \ln(t_1)}{\ln\left(-\ln\left(1 - x_1\right)\right) - \ln\left(-\left(1 - x_2\right)\right)}\right)$$

$\ln(T)$를 $(*)$ 수식에 대입

$$b = \frac{\ln\left(-\ln\left(1 - x_1\right)\right)}{\ln(t_1) - \dfrac{\ln\left(-\ln\left(1 - x_1\right)\right) \cdot \ln(t_2) - \ln\left(-\ln\left(1 - x_2\right)\right) \cdot \ln(t_1)}{\ln\left(-\ln\left(1 - x_1\right)\right) - \ln\left(-\ln\left(1 - x_2\right)\right)}}$$

2.13 해답

a) $R_S = R_3 \cdot R_E$

$R_E = 1 - (1 - R_1) \cdot (1 - R_2)$
$\Rightarrow \underline{R_S = R_3 \cdot (1 - (1 - R_1) \cdot (1 - R_2))}$

b) $R_{p1} = 1 - (1 - R_1) \cdot (1 - R_2)$

$R_{p2} = 1 - (1 - R_3) \cdot (1 - R_4)$
$\Rightarrow R_S = R_{p1} \cdot R_{p2}$
$\Rightarrow \underline{R_S = (1 - (1 - R_1) \cdot (1 - R_2)) \cdot (1 - (1 - R_3) \cdot (1 - R_4))}$

c) $R_S = 1 - (1 - R_E) \cdot (1 - R_3)$

$R_E = R_1 \cdot R_2$
$\Rightarrow \underline{R_S = 1 - (1 - R_1 \cdot R_2) \cdot (1 - R_3)}$

d) $R_E = 1 - (1 - R_2) \cdot (1 - R_3) \cdot (1 - R_4)$

$\underline{\underline{R_S = R_1 \cdot R_E \cdot R_5}} = \underline{R_1 \cdot R_5 \cdot (1 - (1 - R_2) \cdot (1 - R_3) \cdot (1 - R_4))}$

e) $R_S = 1 - (1 - R_{E1}) \cdot (1 - R_{E3})$

$R_{E1} = R_1 \cdot R_2$
$R_{E3} = R_{E2} \cdot R_5$
$R_{E2} = 1 - (1 - R_3) \cdot (1 - R_4)$

치환 :
$\underline{\underline{R_S = 1 - (1 - R_1 \cdot R_2) \cdot (1 - R_5 \cdot (1 - (1 - R_3) \cdot (1 - R_4)))}}$

2.14 해답

아래의 수식은 직렬 구조에서 유효하다(n =부품 수).

$R_S(t) = \prod_{i=1}^{n} R_i(t) \qquad F_i(t) = 1 - R_i(t), \qquad F_S(t) = 1 - R_S(t)$

$\Rightarrow 1 - F_S(t) = \prod_{i=1}^{n} (1 - F_i(t)) \Rightarrow \underline{\underline{F_S(t) = 1 - \prod_{i=1}^{n} (1 - F_i(t))}}$

확률밀도함수 $f_S(t) = ?$

$$f_S(t) = \frac{dF_S(t)}{dt} = \frac{d(1 - R_S(t))}{dt} = -\frac{dR_S(t)}{dt} = \frac{d}{dt}\left(\prod_{i=1}^{n} R_i(t)\right) \rightarrow 미분하기 \ 어려움$$

$\rightarrow$ 로그를 취하면 곱은 합으로 변함 : $\log(a \cdot b) = \log a + \log b$

$$\Rightarrow \ln(R_S(t)) = \sum_{i=1}^{n} \ln(R_i(t))$$

$$\Rightarrow \frac{d}{dt}(\ln(R_S(t))) = \sum_{i=1}^{n} \frac{d}{dt}(\ln(R_i(t)))$$

로그 미분을 이용해서 :

일반적으로 ($f = $함수) : $\dfrac{d}{dt}(\ln(f(t))) = \dfrac{df(t)}{dt} \cdot \dfrac{1}{f(t)}$

$$\Rightarrow \frac{dR_S(t)}{dt} \cdot \frac{1}{R_S(t)} = \sum_{i=1}^{n} \frac{dR_i(t)}{dt} \cdot \frac{1}{R_i(t)}$$

$$\Rightarrow -f_S(t) = R_S(t) \cdot \sum_{i=1}^{n} \underbrace{-f_i(t) \cdot \frac{1}{R_i(t)}}_{=\lambda_i(t)}$$

직렬 구조에 대한 시스템의 확률밀도함수 :

$$\boxed{f_S(t) = R_S(t) \cdot \sum_{i=1}^{n} \lambda_i(t)}$$

직렬 구조에 대한 시스템 고장률 :

$$\boxed{\lambda_S(t) = \frac{f_S(t)}{R_S(t)} = \sum_{i=1}^{n} \lambda_i(t)}$$

(= 시스템 구성품의 고장률 합)

2.15 해답

a) 시스템 구조를 요약하면 :

$$R_o = R_{21} \cdot R_{31} \cdot R_{41} \cdot R_{51} \cdot R_{61} = \prod_{i=2}^{6} R_{i1};$$

$$R_u = R_{22} \cdot R_{32} \cdot R_{42} \cdot R_{52} \cdot R_{62} = \prod_{i=2}^{6} R_{i2}$$

$$R_E = 1 - (1 - R_o) \cdot (1 - R_u) = 1 - \left(1 - \prod_{i=2}^{6} R_{i1}\right) \cdot \left(1 - \prod_{i=2}^{6} R_{i2}\right)$$

$$\underline{\underline{R_S}} = R_1 \cdot R_E$$
$$= R_1 - R_1 \cdot (1 - R_{21} \cdot R_{31} \cdot R_{41} \cdot R_{51} \cdot R_{61}) \cdot (1 - R_{22} \cdot R_{32} \cdot R_{42} \cdot R_{52} \cdot R_{62})$$

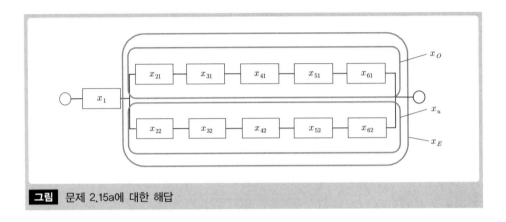

그림 문제 2.15a에 대한 해답

b) 모든 구성품은 지수분포를 따른다.

$$R_i = \exp-(\lambda_i \cdot t) \qquad \prod R_i = \prod \exp-(\lambda_i \cdot t) = \exp-\left(\sum \lambda_i \cdot t\right)$$

$$R_S = \exp(-\lambda_1 \cdot t) - \exp(-\lambda_1 \cdot t) \cdot \left(1 - \exp\left(-\underbrace{\frac{(\lambda_{21} + \lambda_{31} + \lambda_{41} + \lambda_{51} + \lambda_{61})}{\lambda^*} \cdot t}{} \right) \right) \cdot$$

$$\left(1 - \exp\left(-\underbrace{\frac{(\lambda_{22} + \lambda_{32} + \lambda_{42} + \lambda_{52} + \lambda_{62})}{\lambda^*} \cdot t}{} \right) \right)$$

$$\lambda^* = (7 + 5 + 0.2 + 1.5 + 0.3) \cdot 10^{-3} \cdot \frac{1}{a} = 14 \cdot 10^{-3} \frac{1}{a}$$

$$\underline{\underline{R_S}} = \exp(-\lambda_1 \cdot t) - \exp(-\lambda_1 \cdot t) \cdot (1 - \exp(-\lambda^* \cdot t)) \cdot (1 - \exp(-\lambda^* \cdot t))$$

$$= \underline{\underline{\exp(-\lambda_1 \cdot t) \cdot (1 - (1 - \exp(-\lambda^* \cdot t))^2)}}$$

$$\underline{\underline{R_S(10a)}} = \exp(-4 \cdot 10^{-3} \cdot 10a) \cdot \left(1 - (1 - \exp(-14 \cdot 10^{-3} \cdot 10a))^2 \right)$$

$$= 0.944 \cong \underline{\underline{94.4\%}}$$

$$F_S(10a) = 1 - R(10a) = 0.0556 \cong 5.56\%$$

100개 중 5개의 ABS 시스템이 고장 난다.

c) $R_S = \exp(-\lambda_1 \cdot t) - \exp(-\lambda_1 \cdot t) \cdot \left(1 - \exp(-\lambda^* \cdot t)\right)^2$

$$= \exp(-\lambda_1 \cdot t) - \exp(-\lambda_1 \cdot t) \cdot \left(1 - 2 \cdot \exp(-\lambda^* \cdot t) + \exp(-\lambda^* \cdot 2 \cdot t)\right)$$
$$= \exp(-\lambda_1 \cdot t) - \exp(-\lambda_1 \cdot t) + 2 \cdot \exp\left(-\left(\lambda^* + \lambda_1\right) \cdot t\right) - \exp\left(-\left(2 \cdot \lambda^* + \lambda_1\right) \cdot t\right)$$

$$\underline{MTBF} = \int_0^\infty R_S(t) \cdot dt = \int_0^\infty \left(2 \cdot \exp\left(-\left(\lambda^* + \lambda_1\right) \cdot t - \exp\left(-\left(2 \cdot \lambda^* + \lambda_1\right) \cdot t\right)\right)\right) dt$$

$$= -\left[\frac{-2}{\lambda_1 + \lambda^*} + \frac{1}{2 \cdot \lambda^* + \lambda_1}\right] = \frac{2}{\lambda_1 + \lambda^*} - \frac{1}{2 \cdot \lambda^* + \lambda_1}$$

$$= \frac{2 \cdot a}{18 \cdot 10^{-3}} - \frac{1 \cdot a}{(28+4) \cdot 10^{-3}} = \underline{\underline{79.86a}}$$

d) 반복 계산 → 뉴턴 절차 :

$$x_{i+1} = x_i - \frac{f(x_i)}{f'(x_i)} \quad \text{여기서} : x \stackrel{\wedge}{=} B_{10}$$

조건 : $F_S(B_{10}) = 0.1 = 1 - 2 \cdot \exp\left(-\left(\lambda^* + \lambda_1\right) \cdot B_{10}\right) + \exp\left(-\left(2 \cdot \lambda^* + \lambda_1\right) \cdot B_{10}\right)$

$$\Rightarrow f(B_{10}) \stackrel{!}{=} 0 = 0.9 - 2 \cdot \exp\left(-\left(\lambda^* + \lambda_1\right) \cdot B_{10}\right) + \exp\left(-\left(2 \cdot \lambda^* + \lambda_1\right) \cdot B_{10}\right)$$

$$f'(B_{10}) = 2 \cdot \left(\lambda^* + \lambda_1\right) \cdot \exp\left(-\left(\lambda^* + \lambda_1\right) \cdot B_{10}\right) - \left(2 \cdot \lambda^* + \lambda_1\right) \cdot \exp\left(-\left(2 \cdot \lambda^* + \lambda_1\right) \cdot B_{10}\right)$$

따라서 : $B_{10}^{i+1} = B_{10}^i - \dfrac{0.9 - 2 \cdot \exp\left(-\left(\lambda^* + \lambda_1\right) \cdot B_{10}^i\right) + \exp\left(-\left(2 \cdot \lambda^* + \lambda_1\right) \cdot B_{10}^i\right)}{2 \cdot \left(\lambda^* + \lambda_1\right) \cdot \exp\left(-\left(\lambda^* + \lambda_1\right) \cdot B_{10}^i\right) - \left(2 \cdot \lambda^* + \lambda_1\right) \cdot \exp\left(-\left(2 \cdot \lambda^* + \lambda_1\right) \cdot B_{10}^i\right)}$

시작 값 : $R(10a) = 94.4\% \rightarrow F(10a) = 5.56\% < 10\% \rightarrow B_{10}^0 = 12a$ 선택함

e) 아래의 식은 일반적으로 시스템이 t_1시점에 생존한 상태(사전 지식)에서 t시간까지 시스템이 고장 나지 않을 신뢰도를 의미한다(조건부 확률).

$$P\left(t > 10 \mid t > t_1\right) = \frac{P\left(t > 10\right)}{P\left(t > t_1\right)} = \frac{R_S(10)}{R_S(t_1)} = R_S\left(10 \mid R_S(t_1)\right),$$

시스템뿐만 아니라 구성품들의 경우에도 다음과 같다.

$$R_S(10) = 0.944$$
$$R_S(t_1 = 5) = 2 \cdot \exp\left(-18 \cdot 10^{-3} \cdot 5\right) - \exp\left(-32 \cdot 10^{-3} \cdot 5\right) = 0.97572$$
$$\underline{\underline{R_S\left(10 \mid R_S(5)\right)}} = \frac{0.944}{0.975} = 0.9682 \stackrel{\wedge}{=} \underline{\underline{96.82\%}}$$

2.16 해답

a) 시스템 수식을 먼저 구한다.

$$R_{E1} = 1 - (1 - R_2) \cdot (1 - R_3) = 1 - (1 - R_3 - R_2 + R_3 \cdot R_2) = R_2 + R_3 - R_3 \cdot R_2$$
$$R_{E2} = R_{E1} \cdot R_4 = R_2 \cdot R_4 + R_3 \cdot R_4 - R_2 \cdot R_3 \cdot R_4$$
$$R_S = 1 - (1 - R_1) \cdot (1 - R_{E2}) = R_1 + R_{E2} - R_1 \cdot R_{E2}$$
$$= R_1 + R_2 \cdot R_4 + R_3 \cdot R_4 - R_2 \cdot R_3 \cdot R_4 - R_1 \cdot R_2 \cdot R_4$$
$$- R_1 \cdot R_3 \cdot R_4 + R_1 \cdot R_2 \cdot R_3 \cdot R_4$$

분포를 적용하고, 멱법칙을 이용함.

$$R_S = \exp(-\lambda_1 \cdot t) + \exp(-(\lambda_2 + \lambda_4) \cdot t) + \exp(-(\lambda_3 + \lambda_4) \cdot t)$$
$$- \exp(-(\lambda_2 + \lambda_3 + \lambda_4) \cdot t) - \exp(-(\lambda_1 + \lambda_2 + \lambda_4) \cdot t)$$
$$- \exp(-(\lambda_1 + \lambda_3 + \lambda_4) \cdot t) + \exp(-(\lambda_1 + \lambda_2 + \lambda_3 + \lambda_4) \cdot t)$$

$\lambda_2 = \lambda_3$ 이며 부품 고장률을 대체하여 요약하면,

$$R_S = \exp(-\lambda_1 \cdot t) + 2 \cdot \exp\left(-\underbrace{(\lambda_2 + \lambda_4)}_{\lambda_b} \cdot t\right) - \exp\left(-\underbrace{(\lambda_2 + \lambda_3 + \lambda_4)}_{\lambda_c} \cdot t\right)$$
$$- 2 \cdot \exp\left(-\underbrace{(\lambda_1 + \lambda_2 + \lambda_4)}_{\lambda_d} \cdot t\right) + \exp\left(-\underbrace{(\lambda_1 + \lambda_2 + \lambda_3 + \lambda_4)}_{\lambda_e} \cdot t\right)$$

$$\lambda_a = \lambda_1 = 2.2 \cdot 10^{-3} \, \text{h}^{-1},$$
$$\lambda_b = (4 + 3.6) \cdot 10^{-3} \, \text{h}^{-1} = 7.6 \cdot 10^{-3} \, \text{h}^{-1},$$
$$\lambda_c = (4 + 4 + 3.6) \cdot 10^{-3} \, \text{h}^{-1} = 11.6 \cdot 10^{-3} \, \text{h}^{-1},$$
$$\lambda_d = (2.2 + 4 + 3.6) \cdot 10^{-3} \, \text{h}^{-1} = 9.8 \cdot 10^{-3} \, \text{h}^{-1},$$
$$\lambda_e = (2.2 + 8 + 3.6) \cdot 10^{-3} \, \text{h}^{-1} = 13.8 \cdot 10^{-3} \, \text{h}^{-1}.$$

$$R_S(t) = \exp(-\lambda_a \cdot t) - 2 \cdot \exp(-\lambda_b \cdot t) - \exp(-\lambda_c \cdot t)$$
$$- 2 \cdot \exp(-\lambda_d \cdot t) + \exp(-\lambda_e \cdot t)$$

요구사항 :

$$P(t > 100) = R_S(t = 100)$$
$$= \exp(-0.22 \cdot 1) + 2 \cdot \exp(-0.76 \cdot 1) - \exp(-1.16) - \exp(-0.98) + \exp(-1.38)$$
$$= 0.9253 \cong \underline{92.53\%}$$

b) $F_S(100) = 1 - R_S(100) = 0.0746$; $n_f = N \cdot F_s(t) = 250 \cdot 0.0746 = 18.66 \Rightarrow 18$개의 시스템

c) $\text{MTBF}_S = \displaystyle\int_0^\infty R_S(t) dt$

$$= \int_0^\infty (\exp(-\lambda_a \cdot t) + 2 \cdot \exp(-\lambda_b \cdot t) - \exp(-\lambda_c \cdot t) - 2 \cdot \exp(-\lambda_d \cdot t) + \exp(-\lambda_d \cdot t)) dt$$

$$
= \left[-\frac{1}{\lambda_a} \cdot \exp(-\lambda_a \cdot t) - \frac{2}{\lambda_b} \cdot \exp(-\lambda_b \cdot t) + \frac{1}{\lambda_c} \cdot \exp(-\lambda_c \cdot t) \right.
$$

$$
\left. + \frac{2}{\lambda_d} \cdot \exp(-\lambda_d \cdot t) - \frac{1}{\lambda_e} \exp(-\lambda_d \cdot t) \right]_0^\infty
$$

$$
= 0 - \left[-\frac{1}{\lambda_a} - \frac{2}{\lambda_b} + \frac{1}{\lambda_c} + \frac{2}{\lambda_d} - \frac{1}{\lambda_e} \right] = \underline{\underline{\frac{1}{\lambda_a} + \frac{2}{\lambda_b} - \frac{1}{\lambda_c} - \frac{2}{\lambda_d} + \frac{1}{\lambda_e}}}
$$

$$
\underline{\underline{\text{MTBF}}} = 10^3 \cdot \left[\frac{1}{2.2} + \frac{2}{7.6} - \frac{1}{11.6} - \frac{2}{9.8} + \frac{1}{13.8} \right] = 499.8 \approx \underline{\underline{500 \text{ 시간}}}
$$

d) 조건: $F_S(B_{10}) \overset{!}{=} 0.1 \Rightarrow f(B_{10}) = F_S(B_{10}) - 0.1$

$$
F_S(t) = 1 - R_S(t)
$$
$$
= 1 - \exp(-\lambda_a \cdot t) - 2 \cdot \exp(-\lambda_b \cdot t) + \exp(-\lambda_c \cdot t) + 2 \cdot \exp(-\lambda_d \cdot t) - \exp(-\lambda_e \cdot t)
$$
$$
f_S(t) = \frac{dF_S(t)}{dt} \hat{=} f'(B_{10})
$$
$$
= 0 + \lambda_a \cdot \exp(-\lambda_a \cdot t) + 2 \cdot \lambda_b \cdot \exp(-\lambda_b \cdot t) - \lambda_c \cdot \exp(-\lambda_c \cdot t)
$$
$$
- 2 \cdot \lambda_d \cdot \exp(-\lambda_d \cdot t) + \lambda_e \cdot \exp(-\lambda_e \cdot t)
$$

반복 계산 ⟶ 뉴턴 절차:

$$
B_{10}^{i+1} = B_{10}^i - \frac{f(B_{10}^i)}{f'(B_{10}^i)} =
$$
$$
= \underline{\underline{B_{10}^i - \frac{0.9 - e^{(-\lambda_a \cdot B_{10}^i)} - 2 \cdot e^{(-\lambda_b \cdot B_{10}^i)} + e^{(-\lambda_c \cdot B_{10}^i)} + 2 \cdot e^{(-\lambda_d \cdot B_{10}^i)} - e^{(-\lambda_e \cdot B_{10}^i)}}{\lambda_a e^{(-\lambda_a \cdot B_{10}^i)} + 2 \cdot \lambda_b \cdot e^{(-\lambda_b \cdot B_{10}^i)} - \lambda_c \cdot e^{(-\lambda_c \cdot B_{10}^i)} - 2 \cdot \lambda_d \cdot e^{(-\lambda_d \cdot B_{10}^i)} + \lambda_e \cdot e^{(-\lambda_e \cdot B_{10}^i)}}}}
$$

시작 값: $R(100) = 0.92 \Rightarrow F(100) = 8\% \Rightarrow$ 시작 값 $\underline{\underline{B_{10}^0 = 105 \text{ 시간}}}$

2.17 해답

직렬 구조: $R_S(t) = \prod_{i=1}^{n} R_i(t) \overset{!}{=} [R_i(t)]^n$ (*)

⬆ n개 모두 동일한 경우

T를 포함하여 계산.

$$
R_S(B_{10S}) = 1 - F(B_{10S}) = 1 - 0.1 = 0.9
$$

시스템:

$$0.9 = \left[\exp\left(-\left(\frac{B_{10S} - t_0}{T - t_0} \right)^b \right) \right]^n \quad (= R_S(t))$$

$$\sqrt[n]{0.9} = \exp\left(-\left(\frac{B_{10S} - t_0}{T - t_0} \right)^b \right)$$

$$-\ln\left(\sqrt[n]{0.9}\right) = +\left(\frac{B_{10S} - t_0}{T - t_0} \right)^b$$

$$\sqrt[b]{-\ln\left(\sqrt[n]{0.9}\right)} = \frac{(B_{10S} - t_0)/B_{10}}{(T - t_0)/B_{10}}, \qquad\qquad f_{tB} = \frac{t_0}{B_{10}} = 0.85$$

$$\sqrt[b]{-\ln\left(\sqrt[n]{0.9}\right)} = \frac{\dfrac{B_{10S}}{B_{10}} - f_{tB}}{\dfrac{T}{B_{10}} - f_{tB}}$$

$$\frac{T}{B_{10}} - f_{tB} = \frac{\dfrac{B_{10S}}{B_{10}} - f_{tB}}{\sqrt[b]{-\ln\left(\sqrt[n]{0.9}\right)}}$$

$$T = B_{10} \cdot \left(\frac{\dfrac{B_{10S}}{B_{10}} - f_{tB}}{\sqrt[b]{-\ln\left(\sqrt[n]{0.9}\right)}} + f_{tB} \right) \qquad (**)$$

$B_{10} = ?$ (기어 휠)

(*)수식에서: $R_S(B_{10S}) = R_i(B_{10S})^n$
$\Rightarrow R_i(B_{10S}) = \sqrt[n]{R_S(B_{10S})} = \sqrt[n]{0.9} = 0.98836$
$\Rightarrow x = 1 - R_i(B_{10S}) = 0.0116385) = F_i(B_{10s})$

기어 휠 :

$$B_{10} = \frac{B_x (= B_{10S}!)}{(1 - f_{tB}) \cdot \sqrt[b]{\dfrac{\ln(1-x)}{\ln(0.9)}} + f_{tB}} = \frac{100,000}{0.15 \cdot \sqrt[1.8]{\dfrac{\ln(0.98836)}{\ln(0.9)}} + 0.85} = 111,824.6 \text{부하 사이클}$$

(**)

$$T = 111,824.6 \cdot \left(\frac{\dfrac{100,000}{111,824.6} - 0.85}{\sqrt[1.8]{-\ln\left(\sqrt[9]{0.9}\right)}} + 0.85 \right)$$

$$\Rightarrow \underline{\underline{T = 153,613.09}} \text{부하 사이클}$$

$$t_0 = f_{tB} \cdot B_{10} = \underline{\underline{95,050.91}} \text{부하 사이클}$$

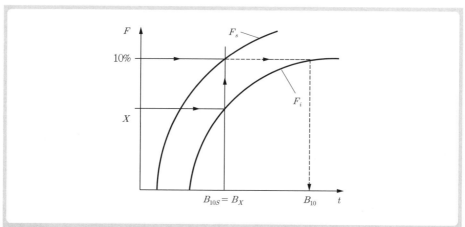

그림 문제 2.17에 대한 해답

5.1 해답

$$y = (x_1 \wedge x_2) \vee (x_3 \wedge \overline{x_4})$$
$$\rightarrow \underline{R_S = 1 - (1 - R_1 R_2) \cdot (1 - R_3 \underbrace{(1 - R_4)}_{F_4})}$$

부정(negate)과 드 모르간의 법칙 적용 :

$$\overline{y} = \overline{(x_1 \wedge x_2) \vee (x_3 \wedge \overline{x_4})}$$
$$\overline{y} = \overline{(x_1 \wedge x_2)} \wedge \overline{(x_3 \wedge \overline{x_4})}$$
$$\overline{y} = (\overline{x_1} \vee \overline{x_2}) \wedge (\overline{x_3} \vee \overline{\overline{x_4}})$$

결함 나무 :

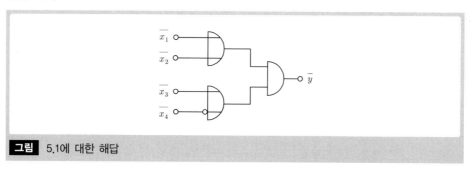

그림 5.1에 대한 해답

5.2 해답

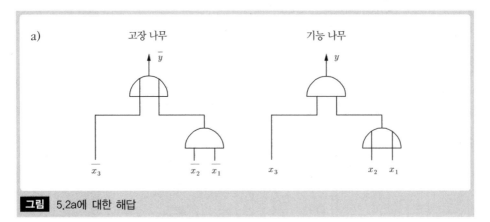

그림 5.2a에 대한 해답

$$\overline{y} = \overline{x_3} \vee \left(\overline{x_1} \wedge \overline{x_2}\right)$$

$$F_S = 1 - \left(1 - F_3\right) \cdot \left(1 - F_1 \cdot F_2\right)$$

$$F_S = 1 - R_3 \cdot \left(1 - \left(1 - R_1\right) \cdot \left(1 - R_2\right)\right)$$

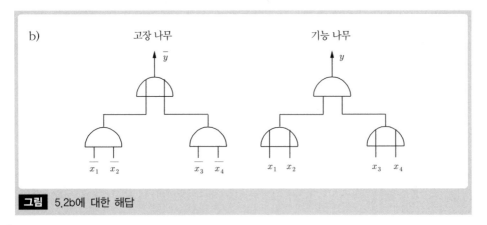

그림 5.2b에 대한 해답

$$\overline{y} = \left(\overline{x_1} \wedge \overline{x_2}\right) \vee \left(\overline{x_3} \wedge \overline{x_4}\right)$$

$$F_S = 1 - \left(1 - F_1 \cdot F_2\right) \cdot \left(1 - F_3 \cdot F_4\right)$$

$$F_S = 1 - \left(1 - \left(1 - R_1\right) \cdot \left(1 - R_2\right)\right) \cdot \left(1 - \left(1 - R_3\right) \cdot \left(1 - R_4\right)\right)$$

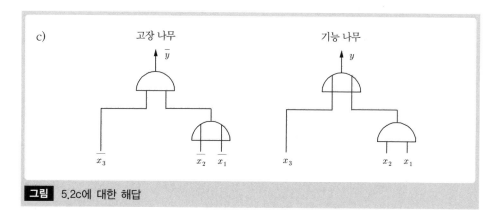

그림 5.2c에 대한 해답

$$\overline{y} = \overline{x_3} \wedge \left(\overline{x_1} \vee \overline{x_2} \right)$$

$$F_S = F_3 \cdot \left(1 - \left(1 - F_1 \right) \cdot \left(1 - F_2 \right) \right)$$

$$F_S = \left(1 - R_3 \right) \cdot \left(1 - R_1 \cdot R_2 \right)$$

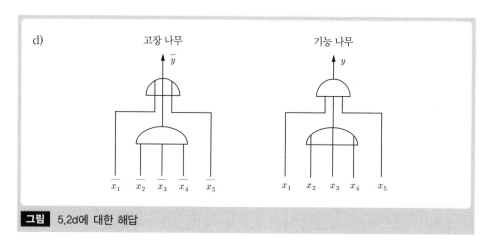

그림 5.2d에 대한 해답

$$\overline{y} = \overline{x_1} \vee \left(\overline{x_2} \wedge \overline{x_3} \wedge \overline{x_4} \right) \vee \overline{x_5}$$

$$F_S = 1 - \left(1 - F_1 \right) \cdot \left(1 - F_2 \cdot F_3 \cdot F_4 \right) \cdot \left(1 - F_5 \right)$$

$$F_S = 1 - R_1 \cdot \left(1 - \left(1 - R_2 \right) \cdot \left(1 - R_3 \right) \cdot \left(1 - R_4 \right) \right) \cdot R_5$$

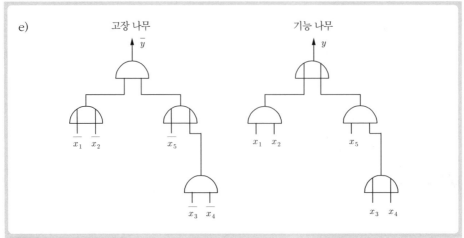

e) 고장 나무 $\bar{y}$ 기능 나무 y

그림 5.2e에 대한 해답

$$\bar{y} = \left(\bar{x_1} \vee \bar{x_2}\right) \wedge \left(\bar{x_5} \vee \left(\bar{x_3} \wedge \bar{x_4}\right)\right)$$

$$F_S = F_a \cdot F_b \quad \& \quad F_a = 1 - \left(1 - F_1\right) \cdot \left(1 - F_2\right)$$

$$F_b = 1 - \left(1 - F_5\right) \cdot \left(1 - F_3 \cdot F_4\right)$$

$$F_S = \left(1 - \left(1 - F_1\right) \cdot \left(1 - F_2\right)\right) \cdot \left(1 - \left(1 - F_5\right) \cdot \left(1 - F_3 \cdot F_4\right)\right)$$

$$F_S = \left(1 - R_1 \cdot R_2\right) \cdot \left(1 - R_5 \cdot \left(1 - \left(1 - R_3\right) \cdot \left(1 - R_4\right)\right)\right)$$

5.3 해답

a) 시스템 설명과 기능 스케치로부터 결함 나무 작성

b) '이착륙 장치' 시스템 고장에 대한 부울 시스템 함수를 결정한다.

a)에서 $\bar{y} = \bar{V} \vee \bar{T} \vee \bar{H}$

$$\bar{V} = \bar{x}_{V1} \wedge \bar{x}_{V2}$$

$$\bar{T} = \bar{T}_L \vee \bar{T}_R$$

$$\bar{T}_L = \overset{4}{\underset{i=1}{\wedge}} \bar{x}_{TLi} \, , \quad \bar{T}_R = \overset{4}{\underset{i=1}{\wedge}} \bar{x}_{TRi} \, , \quad \bar{H} = \bar{H}_L \wedge \bar{H}_R$$

$$\bar{H}_L = \overset{4}{\underset{i=1}{\wedge}} \bar{x}_{HLi} \, , \quad \bar{H}_R = \overset{4}{\underset{i=1}{\wedge}} \bar{x}_{HRi} \, .$$

위 식을 포함하면 다음과 같다.

$$\overline{y} = \left(\overline{x}_{V1} \wedge \overline{x}_{V2}\right) \vee \left(\left(\overset{4}{\underset{i=1}{\wedge}} \overline{x}_{TLi}\right) \vee \left(\overset{4}{\underset{i=1}{\wedge}} \overline{x}_{TRi}\right)\right) \vee \left(\left(\overset{4}{\underset{i=1}{\wedge}} \overline{x}_{HLi}\right) \wedge \left(\overset{4}{\underset{i=1}{\wedge}} \overline{x}_{HRi}\right)\right)$$

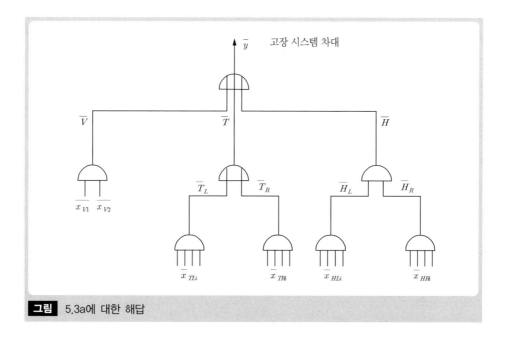

그림 5.3a에 대한 해답

c) 고장 확률 F_S에 대한 시스템 식을 결정한다. 추가적인 주석을 이용.

$$F_S = 1 - \left(1 - F_V\right) \cdot \left(1 - F_T\right) \cdot \left(1 - F_H\right)$$

$$F_V = F_{V1} \cdot F_{V2} \;,\;\; F_T = 1 - \left(1 - \prod_{i=1}^{4} F_{TLi}\right) \cdot \left(1 - \prod_{i=1}^{4} F_{TRi}\right)$$

$$F_H = \prod_{i=1}^{4} F_{HLi} \cdot \prod_{i=1}^{4} F_{HRi}$$

d) 이착륙 장치 신뢰도의 부울 시스템 함수를 결정한다.

b)의 시스템 함수의 양쪽을 부정한다.

$$\overline{\overline{y}} = \overline{\overline{V} \vee \overline{T} \vee \overline{H}}$$

드 모르간 적용 : $y = V \wedge T \wedge H \;,\;\; V = x_{V1} \vee x_{V2}$

$$T = T_L \wedge T_R \;,\;\; T_L = \overset{4}{\underset{i=1}{\vee}} x_{TLi} \;,\;\; T_R = \overset{4}{\underset{i=1}{\vee}} x_{TRi}$$

$$H = H_L \vee H_R \;,\;\; H_L = \overset{4}{\underset{i=1}{\vee}} x_{HLi} \;,\;\; H_R = \overset{4}{\underset{i=1}{\vee}} x_{HRi}$$

$$\Rightarrow y = \left(x_{V1} \vee x_{V2}\right) \wedge \left(\left(\bigvee_{i=1}^{4} x_{TLi}\right) \wedge \left(\bigvee_{i=1}^{4} x_{TRi}\right)\right) \wedge \left(\left(\bigvee_{i=1}^{4} x_{HLi}\right) \vee \left(\bigvee_{i=1}^{4} x_{HRi}\right)\right)$$

e) i. 시스템 신뢰도 R_S를 결정한다.

$R_S = R_V \cdot R_T \cdot R_H$ (자료 참고 혹은 $R = 1 - F$)

$R_V = 1 - \left(1 - R_{V1}\right) \cdot \left(1 - R_{V2}\right)$,

$$R_T = \left(1 - \prod_{i=1}^{4}\left(1 - R_{TLi}\right)\right) \cdot \left(1 - \prod_{i=1}^{4}\left(1 - R_{TRi}\right)\right)$$

$$R_H = 1 - \left(1 - \left(1 - \prod_{i=1}^{4}\left(1 - R_{HLi}\right)\right) \cdot \left(1 - \left(1 - \prod_{i=1}^{4}\left(1 - R_{HRi}\right)\right)\right)\right)$$

ii. 해당하는 블록 다이어그램을 작성한다.

('이착륙 장치' 시스템 작동에 대한 부울 시스템 함수로부터)

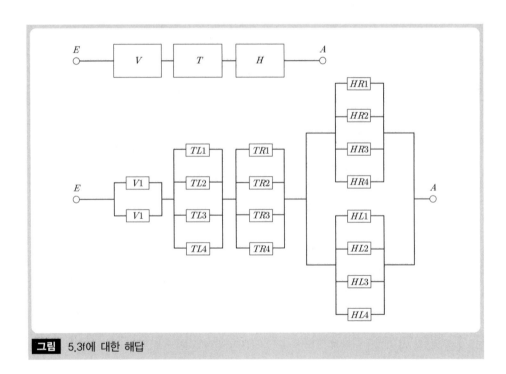

그림 5.3f에 대한 해답

5.4 해답

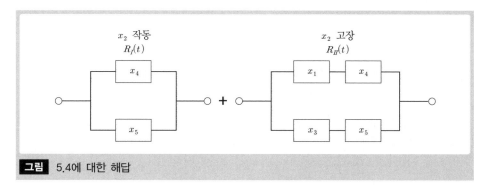

그림 5.4에 대한 해답

$$R = R_2 \cdot R_I + (1 - R_2) \cdot R_{II}$$

$$R_I = 1 - (1 - R_4) \cdot (1 - R_5)$$

$$R_{II} = 1 - (1 - R_1 \cdot R_4) \cdot (1 - R_3 \cdot R_5)$$

$$R = R_2 (1 - (1 - R_4) \cdot (1 - R_5)) + (1 - R_2) \cdot (1 - (1 - R_1 \cdot R_4) \cdot (1 - R_3 \cdot R_5))$$

5.5 해답

a) 제어 장치 고장에 대한 부울 시스템 함수를 결정하시오.

$$\overline{y} = \overline{x_1} \vee \overline{x_2} \vee \overline{x_{34}} \vee \overline{x_5} \vee \overline{x_{69}} \vee \overline{x_{10}}$$

$$\overline{x_{34}} = \overline{x_3} \wedge \overline{x_4}$$

$$\overline{x_{69}} = \overline{x_{68}} \wedge \overline{x_9}$$

$$\overline{x_{68}} = \overline{x_6} \vee \overline{x_7} \vee \overline{x_8}$$

$$\overline{y} = \overline{x_1} \vee \overline{x_2} \vee \left(\overline{x_3} \wedge \overline{x_4}\right) \vee \overline{x_5} \vee \left(\left(\overline{x_6} \vee \overline{x_7} \vee \overline{x_8}\right) \wedge \overline{x_9}\right) \vee \overline{x_{10}}$$

b) 시스템의 고장 확률을 계산하시오.

$$F_S = 1 - (1 - F_1) \cdot (1 - F_2) \cdot (1 - F_{34}) \cdot (1 - F_5) \cdot (1 - F_{69}) \cdot (1 - F_{10})$$

$$F_{34} = F_3 \cdot F_4$$

$$F_{69} = F_{68} \cdot F_9$$

$$F_{68} = 1 - (1 - F_6) \cdot (1 - F_7) \cdot (1 - F_8)$$

$$F_S = 1 - (1 - F_1) \cdot (1 - F_2) \cdot (1 - F_3 F_4) \cdot (1 - F_5)$$
$$\cdot (1 - [1 - (1 - F_6) \cdot (1 - F_7) \cdot (1 - F_8)] \cdot F_9) \cdot (1 - F_{10})$$

c) 제어 장치의 운용성에 대한 시스템 함수를 결정하시오.

부정(negation)에 이어 드 모르간의 법칙을 적용한다.

$$\overline{y} = \overline{x_1} \vee \overline{x_2} \vee \overline{x_{34}} \vee \overline{x_5} \vee \overline{x_{69}} \vee \overline{x_{10}}$$

$$y = x_1 \wedge x_2 \wedge x_{34} \wedge x_5 \wedge x_{69} \wedge x_{10}$$

$$x_{34} = x_3 \vee x_4$$

$$x_{69} = x_{68} \vee x_9$$

$$x_{68} = x_6 \wedge x_7 \wedge x_8$$

$$y = x_1 \wedge x_2 \wedge \left(x_3 \vee x_4\right) \wedge x_5 \wedge \left(\left(x_6 \wedge x_7 \wedge x_8\right) \vee x_9\right) \wedge x_{10}$$

d) 블록 다이어그램을 작성하시오.

운용성에 대한 시스템 함수 → 블록 다이어그램

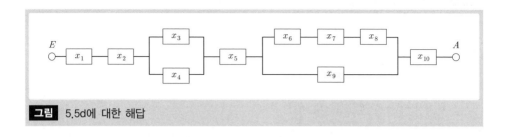

그림 5.5d에 대한 해답

6.1 해답

a) 평균 : $\quad \bar{t} = \dfrac{1}{n}\sum_{i=1}^{n} t_i \quad$ 여기서 : $n = 8$

$$\bar{t} = \frac{1}{8} \cdot \left(69 + 29 + 24 + 52,5 + 128 + 60 + 12,8 + 98\right) \cdot 10^3 = 59{,}162.5 \text{ km}$$

표준편차 : $s = \sqrt{\dfrac{1}{n-1}\sum_{i=1}^{n}\left(t_i - \bar{t}\right)^2}$

$$s = \sqrt{\frac{1}{8-1} \cdot \left[\left(69 - 59.162\right)^2 + \left(29 - 59.162\right)^2 + \dots + \left(98 - 59.162\right)^2\right] \cdot 10^6}$$

$$s = 39068.65 \text{ km}$$

범위 : $\quad r = t_{\max} - t_{\min}$

$$r = \left(128 - 12.8\right) \cdot 10^3 = 115{,}200 \text{ km}$$

b) 순위 평균 : $t_i \leq t_{i+1} \qquad i = 1, 2, \dots, n-1$

값들을 오름차순으로 정렬한다.

| 표 | 분석 결과

i	순위 t_i [km]	고장 확률 $F_i = \dfrac{i-0.3}{n+0.4}$	고장 확률 (표에서 구한 값)
1	12,800	0.083 = 8.3%	8.3%
2	24,000	0.202 = 20.2%	20.1%
3	29,000	0.321 = 32.1%	32.0%
4	52,000	0.440 = 44.0%	44.0%
5	60,000	0.559 = 55.9%	55.9%
6	69,000	0.678 = 67.8%	67.9%
7	98,000	0.797 = 79.7%	79.9%
8	128,000	0.916 = 91.6%	91.7%

고장 확률 :

계산 $F_i = \dfrac{i-0.3}{n+0.4}$ (중앙값)

표에서 구함 : $F_i = f(i, n)$

c) 와이블 확률지에 작성한다.

직선을 그린다. → 2모수

$b = 1.43, \quad T = 66{,}000 \text{ km}$

d) 확률지로부터 확인한다.

$B_{10} = F^{-1}(0.1) = 14{,}000 \text{ km}$

$t_{50} = F^{-1}(0.5) = 52{,}000 \text{ km}$

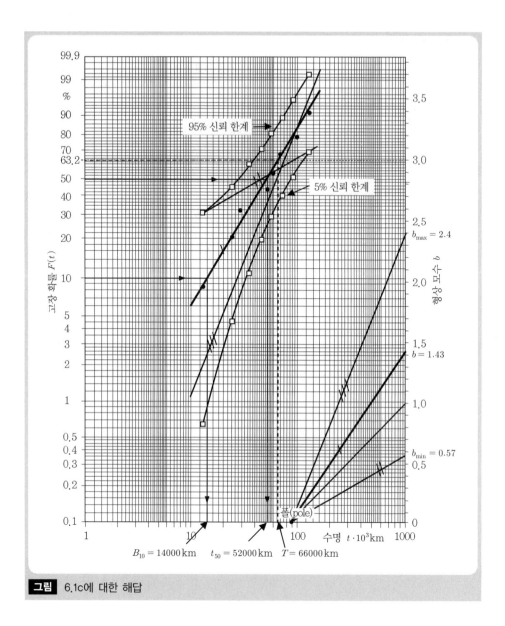

그림 6.1c에 대한 해답

e) $R(t_1 = 70,000) = 1 - F(t_1)$를 찾는다.

$F(t_1 = 70,000) \approx 66\% \quad \rightarrow \quad \underline{\underline{R(t_1) = 34\%}}$

f) 표에서 5%와 95% 신뢰 한계에 해당하는 값을 구해서 그래프에 작성한다. 이와 같이 신뢰구간이 결정된다.

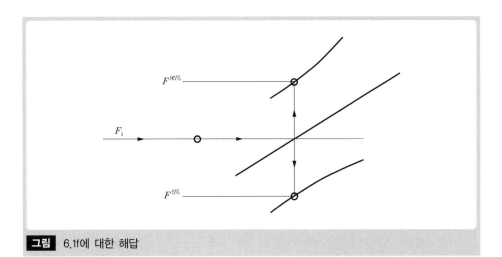

그림 6.1f에 대한 해답

g) 형상 모수 b :

계산 : 식 (6.16)

$$\underline{\underline{b_{5\%}}} = \frac{b_{median}}{1 + \sqrt{\dfrac{1.4}{n}}} = \frac{1.43}{1 + \sqrt{\dfrac{1.4}{8}}} = \underline{\underline{1.008}}$$

$$\underline{\underline{b_{95\%}}} = b_{median} \cdot \left(1 + \sqrt{\dfrac{1.4}{n}}\right) = 1.43 \cdot \left(1 + \sqrt{\dfrac{1.4}{8}}\right) = \underline{\underline{2.028}}$$

그래프 :

$b_{min} \approx 0.57, \quad b_{max} \approx 2.4$

특성 수명 T :

계산 : 식 (6.14)

$$\underline{\underline{T_{5\%}}} = T \cdot \left(1 - \frac{1}{9n} + 1.645 \cdot \sqrt{\frac{1}{9n}}\right)^{-\frac{3}{b}}$$

$$= 66,000 \cdot \left(1 - \frac{1}{9 \cdot 8} + 1.645 \cdot \sqrt{\frac{1}{9 \cdot 8}}\right)^{-\frac{3}{1.43}} = \underline{\underline{46,640.3 \text{ km}}}$$

$$\underline{\underline{T_{95\%}}} = T \cdot \left(1 - \frac{1}{9n} - 1.645 \cdot \sqrt{\frac{1}{9n}}\right)^{-\frac{3}{b}}$$

$$= 66,000 \cdot \left(1 - \frac{1}{72} - 1.645 \cdot \sqrt{\frac{1}{72}}\right)^{-\frac{3}{1.43}} = \underline{\underline{107,578.5 \text{ km}}}$$

그래프 :

$T_{5\%} \approx 37,000 \text{ km}, \qquad T_{95\%} \approx 110,000 \text{ km}$

6.2 해답

a) $n = 10$: 데이터는 이미 오름차순으로 정렬되어 있다.

→ 순위 F_i는 〈표 A.2〉로부터 얻는다.

|표| 분석 결과

순위 i	순위화 t_i	F_i(중앙값) %
1	470	6.7
2	550	16.2
3	600	25.9
4	800	35.5
5	1080	45.2
6	1150	54.8
7	1450	64.5
8	1800	74.1
9	2520	83.8
10	3030	93.3

데이터를 그래프에 타점한다. → 그래프의 점들에 의해 형성된 곡선은 무고장 시간을 암시한다.

→ 추정 값 t_0 : $t_0 \approx 400$ 회

$t_i = t_i - t_0$ 를 가지고 다시 분석한다.

|표| t_0를 가지고 분석한 결과

i	$t_i - t_0$	F_i %
1	70	6.7
2	150	16.2
3	200	25.9
4	400	35.5
5	680	45.2
6	750	54.8
7	1,050	64.5
8	1,400	74.1
9	2,120	83.8
10	2,630	93.3

새로운 와이블 확률지에 값들을 입력한다. → 직선에 근사하게 작성된다.

→ 무고장 시간이 존재하는 것을 확인한다.

모수 값을 읽는다.

$\underline{\underline{b = 0.95}}$, $\underline{\underline{t_0 = 400}}$

$T - t_0 = 930 \quad \rightarrow \quad \underline{\underline{T = 930 + 400 = 1{,}330}}$ 회

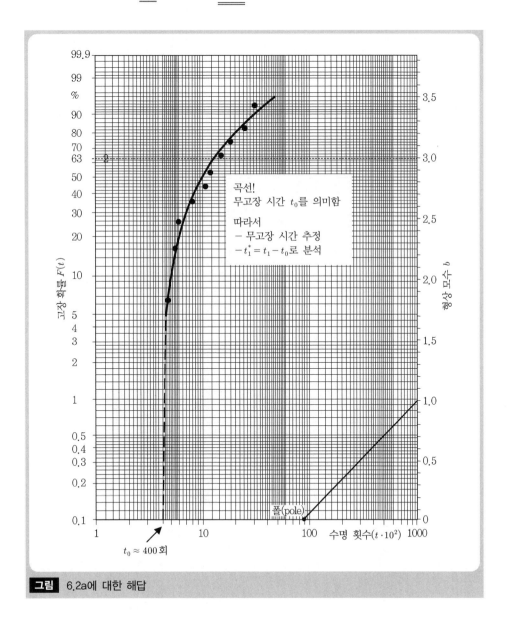

곡선!
무고장 시간 t_0를 의미함

따라서
− 무고장 시간 추정
− $t_1^* = t_1 - t_0$로 분석

고장 확률 $F(t)$

형상 모수 b

풀(pole)

수명 횟수 $(t \cdot 10^2)$

$t_0 \approx 400$ 회

그림 6.2a에 대한 해답

b) 그래프로부터 읽는다.

$$B_{10} - t_0 = 90 \quad \rightarrow \quad \underline{\underline{B_{10} = 90 + t_0 = 490 \, 회}}$$

$$t_{50} - t_0 = 640 \quad \rightarrow \quad \underline{\underline{t_{50} = 640 + 400 = 1{,}040 \, 회}}$$

c) 그래프에 작성한다 : 와이블 확률지 참조.

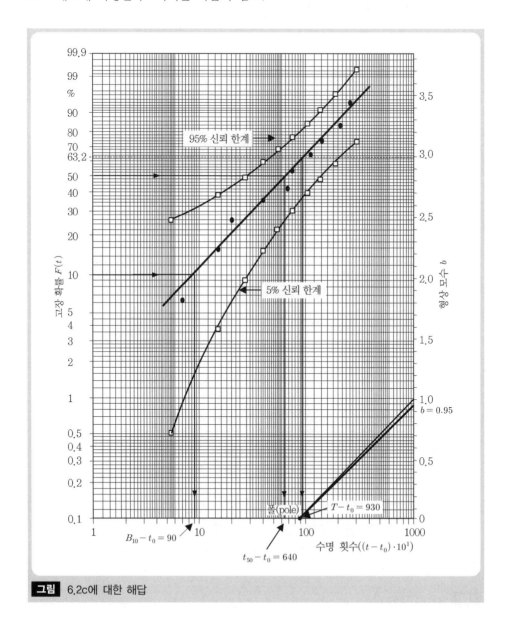

그림 6.2c에 대한 해답

| 표 | 분석 결과

i	$t_i - t_0$	$F_i^{5\%}$	F_i(중앙값)	$F_i^{95\%}$
1	70	0.5116	6.7	25.8866
2	150	3.6771	16.2	39.4163
3	200	8.7264	25.9	50.6901
4	400	15.0028	35.5	60.6624
5	680	22.2441	45.2	69.9493
6	750	30.3537	54.8	77.7559
7	1,050	39.3376	64.5	84.9972
8	1,400	49.3099	74.1	91.2736
9	2,120	60.5836	83.8	96.3229
10	2,630	74.1134	93.3	99.4884

6.3 해답

데이터를 정렬하여 고장 확률을 구한다.

| 표 | 분석 결과

i	$t_i[\cdot 10^3$ 부하 사이클]	$F_i = \dfrac{i-0.3}{n+0.4}$
1	166	6.7%
2	198	16.3%
3	208	26.0%
4	222	35.6%
5	242	45.2%
6	264	54.8%
7	380	64.4%
8	382	74.0%
9	434	83.7%
10	435	93.3%

작성 : 입력된 데이터는 직선도, 무고장 시간을 가지는 곡선도 나타내지 않는다. 분포가
혼합된 것처럼 보인다.

그럼에도, 2모수 와이블 분포로 분석함 → $t_0 = 0$

확률지로부터 모수 확인 : $b = 3.4$, $T = 340,000$부하 사이클

신뢰구간을 표시한다.

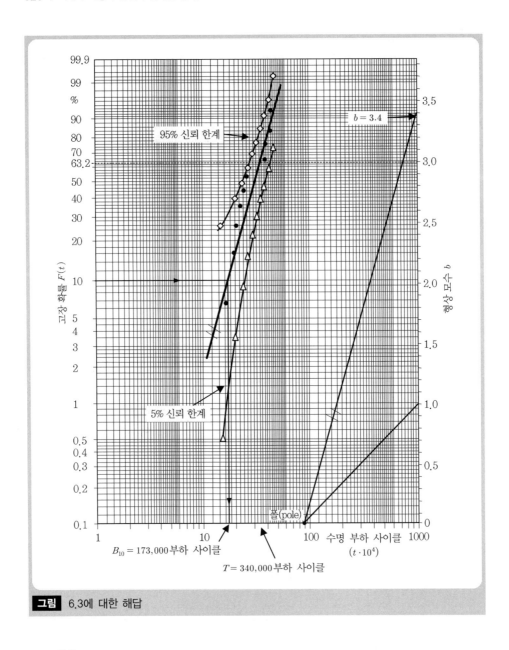

그림 6.3에 대한 해답

6.4 해답

샘플 크기 : $n = 8$

고장 수 : $r = 5$ $\Bigg\}$ $n \neq r \rightarrow$ 관측 중단

전체 샘플에 대한 시험을 병행하며 5번째 고장 이후에 중단 → Type 2 관측 중단

|표| 분석 결과

i	순위 $t_i[h]$	중앙값 F_i	5% $F_i^{5\%}$	95% $F_i^{95\%}$
1	102	8.3%	0.6%	31.2%
2	135	22.1%	4.6%	47.0%
3	167	32.0%	11.1%	60.0%
4	192	44.0%	19.2%	71.1%
5	214	56.0%	29.0%	80.7%

$n = 8$, $i = 5$를 이용하여 표로부터 값을 찾음

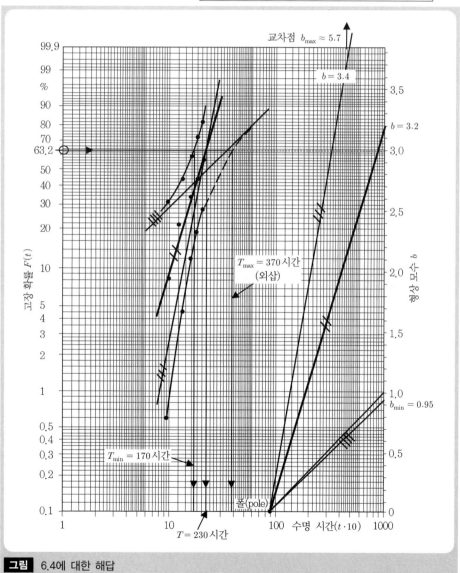

그림 6.4에 대한 해답

그래프에 작성하고 b와 T를 확인한다(T는 외삽). → $b = 3.2$, $T = 230$시간

신뢰구간을 작성하고 외삽하여 구한다.

→ 그래프에서 확인한다. $b_{\min} = 0.95$, $b_{\max} = 5.7$, $T_{\min} = 170$시간, $T_{\max} = 370$시간

6.5 해답

a) 데이터는 이미 정렬되어 있음 → 순위화

$n = 1,075$ ≙ 샘플 크기

$n_f = r = 10$ ≙ 고장 수

검사 로트 크기 :

$$k = \frac{n-r}{r+1} + 1 = \frac{1,075-10}{10+1} + 1 = 97.8 \approx 98$$

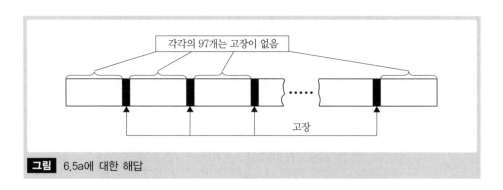

그림 6.5a에 대한 해답

각 고장 사이에 약 97개의 트랙터는 고장 나지 않는다.

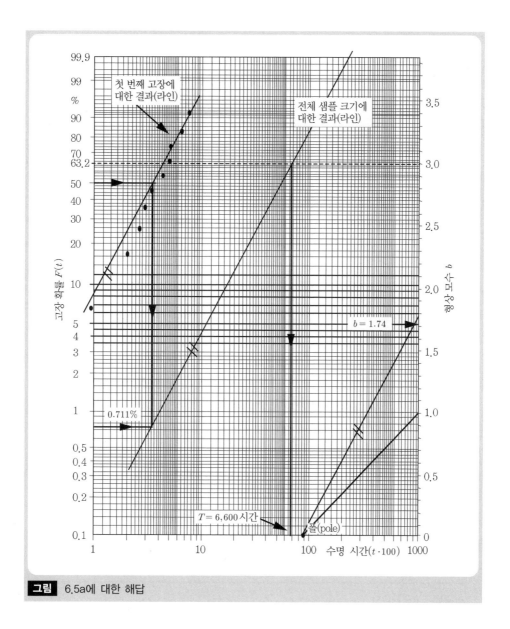

그림 6.5a에 대한 해답

전체 수 : $97 \cdot 11 + 10 = 1{,}077 \approx 1{,}075$ ✓

첫 번째 고장들에 대한 직선을 그린다. $n = 10$일 때 표에서 F_i 값을 얻는다.

직선을 이동시킨다 : 첫 번째 고장들에 대한 직선의 50% 값을 고장 확률 $F(t_{50}) =$

$\dfrac{1 - 0.3}{k + 0.4} = \dfrac{0.7}{98.4} = 0.711\%$ 에 배치한다. 기울기 b는 변하지 않는다. 따라서 직선만 이

동시킨다 → 전체 샘플에 대한 직선이 된다.

모수를 확인한다 : $b = 1.74,\ T = 6,600$ 시간

b) 가상 순위 :

$$j_i = j_{i-1} + N_i \qquad j_0 = 0$$

$$N_i = \frac{n+1-j_{i-1}}{1+n-\text{이전 부품 수}} \qquad F(t_i) = \frac{j_i - 0.3}{n + 0.4}$$

'서든데스'의 경우, '중간(in-between)'에 있는 값이 일정하기 때문에 '이전 부품 수' 값이 계산될 수 있다.

여기서, $N_i = \dfrac{n+1-j_{i-1}}{1+n-\left(i \cdot k + (i-1)\right)}$, $i = 1,\ 2,\ ...,\ r$

중간 부분   이전에 고장 난

Note : 실험 분석을 위해 $N_i = \dfrac{n+1-j_{i-1}}{1+n-(i-1) \cdot (k+1)}$

|표| 가상 순위

i	t_i	이전 부품 수	N_i	j_i	F_i[%]
1	99	97	1.099	1.099	0.075
2	200	195	1.22	2.32	0.189
3	260	293	1.37	3.69	0.315
4	300	391	1.56	5.25	0.461
5	340	489	1.82	7.07	0.630
6	430	587	2.18	9.25	0.833
7	499	685	2.72	11.97	1.086
8	512	783	3.62	15.59	1.423
9	654	881	5.41	21.00	1.926
10	760	979	10.76	31.76	2.930

$r = 10,\ n = 1,075$

그래프에서 구한다 : $b = 1.77,\ T = 6,800$ 시간

그래프 방법으로 비교 :

- 양쪽 방법은 서로 동일하다!
- 차이는 단지 그림의 부정확성 때문이다!

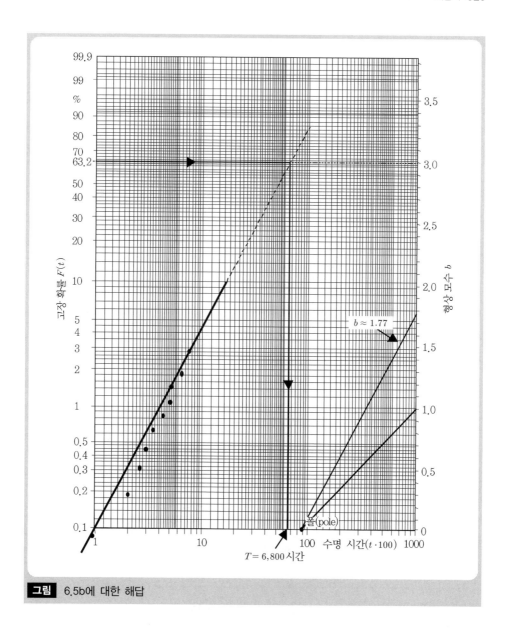

그림 6.5b에 대한 해답

6.6 해답

a) $n_f = 8$ (f는 '고장'을 의미함)

$n_s = 12$ [s는 '살아 있음'(관측 중단)을 의미함]

$n = 20$ ≙ 샘플 크기

고장 없는 부품을 고려하여 분석 ⇒ 가상 순위!

$$j_0 = 0 \qquad j_i = j_{i-1} + N_i \qquad i = 1, 2, ..., n_g$$

$$N_i = \frac{n+1-j_{i-1}}{1+(n-\text{이전 부품 수})} \qquad F_i = \frac{j_i - 0.3}{n + 0.4}$$

→ 표 참고

|표| 가상 순위

i	시간 10^3 km	관측 중단	고장	이전 부품 수	N_i	j_i	F_i[%]
	5	X					
	6	X					
1	7		X	2	1.10	1.10	3.92
	19	X					
2	24		X	4	1.17	2.28	9.68
3	29		X	5	1.17	3.45	15.42
	32	X					
	39	X					
	40	X					
4	53		X	9	1.46	4.91	22.59
5	60		X	10	1.46	6.37	29.76
	65	X					
6	69		X	12	1.62	8.00	37.73
	70	X					
	76	X					
	85	X					
7	100		X	16	2.60	10.60	50.48
8	148		X	17	2.60	13.20	63.23
	157	X					
	160	X					

$$n_s = 12 \qquad n_f = 8$$

$$n = n_s + n_f = 20$$

→ 그래프에 작성하고 모수 값을 찾는다 : $b = 1.15$, $T = 150 \cdot 10^3$ km

b) 신뢰 수준 → 두 가지 가능성

표를 이용한 보간법 V_q 절차(6.5절)

1) $n = 20$인 경우 5%와 95%에 해당하는 표를 가지고 보간법 적용.

   절차 :

    ● 전체 순위 m_i를 구한다. $m_i < j_i < m_{i+1}$

- 증분량을 계산한다. $\Delta j_i = j_i - m_i$

- 표에서 값을 읽는다. $F^{5\%}(m_i)$, $F^{5\%}(m_{i+1})$, $F^{95\%}(m_i)$, $F^{95\%}(m_{i+1})$

- 보간법

$$F^{5\%}(j_i) = \left(F^{5\%}(m_{i+1}) - F^{5\%}(m_i)\right)\cdot \Delta j_i + F^{5\%}(m_i)$$
$$F^{95\%}(j_i) = \left(F^{95\%}(m_{i+1}) - F^{95\%}(m_i)\right)\cdot \Delta j_i + F^{95\%}(m_i)$$

- 그래프에 작성한다.

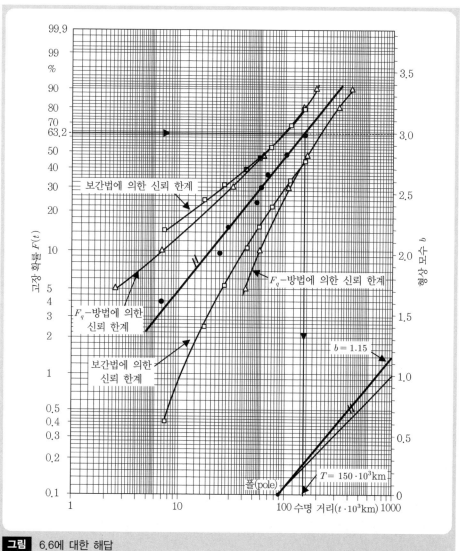

그림 6.6에 대한 해답

|표| 보간법

i	j_i	m_i	Δj_i	$F^{5\%}(m_i)$	$F^{5\%}(m_{i+1})$	$F^{5\%}(j_i)$	$F^{95\%}(m_i)$	$F^{95\%}(m_{i+1})$	$F^{95\%}(j_i)$
1	1.10	1	0.10	0.256	1.807	0.41	13.911	21.611	14.67
2	2.28	2	0.28	1.807	4.217	2.48	21.611	28.262	23.47
3	3.45	3	0.45	4.217	7.135	5.53	28.262	34.366	31.00
4	4.91	4	0.91	7.135	10.408	10.11	34.366	40.103	39.59
5	6.37	6	0.37	13.956	17.731	15.35	45.558	50.781	47.49
6	8.00	8	1.00	21.707	--	21.707	55.804	--	55.804
7	10.60	10	0.60	30.196	34.692	32.89	65.308	69.804	68.01
8	13.20	13	0.20	44.196	49.219	45.20	78.293	82.269	79.06

(시간 소모가 많은 계산)

이러한 열을 그래프에 포함한다.

2) V_q 절차

$n = 20 \rightarrow t_5$에서 시작하여 작성될 수 있음($b = 1.15$)

|표| V_q 절차

q	$t_q \cdot 10^3 km$	V_q	$t_{qo} = t_q \cdot V_q$	$t_{qu} = t_q / V_q$
5	10.8	4	43.2	2.7
10	20.5	2.9	59.5	7.1
30	59	1.8	106.2	32.8
50	106	1.6	169.6	66.3
80*	215	1.5	322.5	143.3
90*	290	1.49	432.1	194.6

*외삽

이러한 열을 그래프에 포함한다.

(더 나은 방법)

모수 신뢰구간 : 그래프에 그려서 찾는다.

6.7 해답

샘플 크기 : $n = 178$

고장 수 : $r = 7$

→ 고장 나지 않은 변속기 수 $n_s = n - r = 171$

고장 나지 않은 변속기의 분배는 운용 성능 분포를 통해서 달성된다.

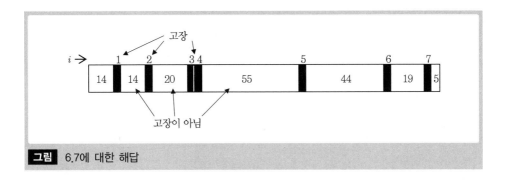

그림 6.7에 대한 해답

| 표 | 운용 성능 분포에 의한 고장 확률

i	t_i	발생 확률 $L(t_i)$	각 빈도 $\Delta L_i = L(t_i) - L(t_{i-1})$	'중간에 있는' 변속기 수 $n_s(t_i) = \Delta L \cdot n_s$
1	18,290	8%	8%	14
2	35,200	16%	8%	14
3	51,450	28%	12%	20
4	51,450	28%	0%	0
5	89,780	60%	32%	55
6	130,580	86%	26%	44
7	160,770	97%	11%	19
	>160,770		3%	5
				$\sum 171$

반올림하여 값이 결정됨

| 표 | 가상 순위에 대한 고장 확률

i	t_i	$n_s(t_i)$	이전 부품 수	N_i	j_i	F_i [%]
1	18,290	14	14	1.08	1.08	0.6
2	35,200	14	29	1.20	2.28	1.11
3	51,450	20	50	1.37	3.65	1.87
4	51,450	0	51	1.37	5.02	2.65
5	89,780	55	107	2.41	7.44	4.00
6	130,580	44	152	6.86	14.30	7.85
7	160,770	19	172	32.93	47.23	26.3

와이블 확률지에 이 값들을 포함한다.

확률지에서 값을 찾는다 : $b = 1.55$, $T = 600,000$km

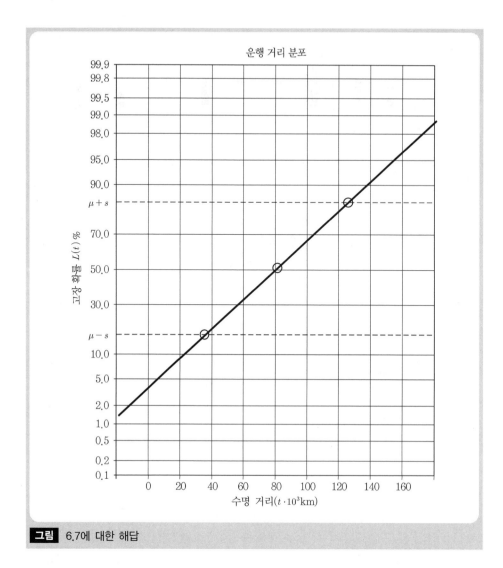

그림 6.7에 대한 해답

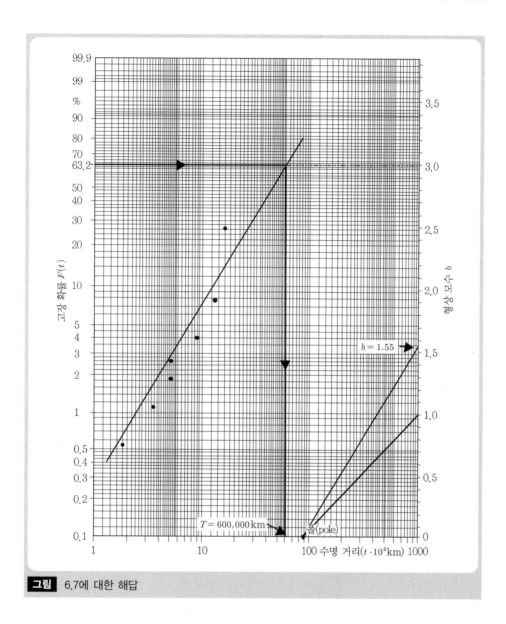

그림 6.7에 대한 해답

6.8 해답

관측 중단 없음 = 완전 데이터 → $n = r = 4$

a) 회귀분석 + 와이블 → 식 (6.70)과 식 (6.71)

$$\bar{x} = \frac{1}{n}\sum_{i=1}^{n}\ln(t_i)$$

$$\bar{y} = \frac{1}{n}\sum_{i=1}^{n}\ln\left(-\ln(1 - F_i)\right)$$

결과 : $b = 2.63$, $T = 83.84$시간

b) $K_{Wei} = 0.98958$

c) $\ln(L) = -18.380$

6.9 해답

a) 2모수 → 1차/2차 적률로 충분함

경험적 표본 적률 :

$$\bar{t} = \frac{1}{n}\sum_{i=1}^{n} t_i \quad (1) \qquad s^2 = \frac{1}{n-1}\sum_{i=1}^{n}\left(t_i - \bar{t}\right)^2 \quad (2)$$

이론적 적률 :

와이블 분포와 비교

$$b = 1, \quad \lambda = \frac{1}{T - t_0} \quad \rightarrow \quad T = \frac{1}{\lambda} + t_0$$

$$E(t) = \underbrace{(T - t_0)}_{\doteq \frac{1}{\lambda}} \cdot \underbrace{\Gamma\left(1 + \frac{1}{b}\right)}_{\substack{= 2 \\ \doteq 1}} + t_0 \qquad\qquad 참조 : \Gamma(n) = (n-1)!, \quad n = 정수$$

$$\underline{\underline{E(t) = \frac{1}{\lambda} + t_0}}$$

$$\underline{\underline{Var(t)}} = \underbrace{(T - t_0)^2}_{\doteq \frac{1}{\lambda^2}} \cdot \left[\underbrace{\Gamma\left(1 + \frac{2}{b}\right)}_{\substack{= 3 \\ = 2}} - \underbrace{\Gamma^2\left(1 + \frac{1}{b}\right)}_{= 1}\right] \underline{\underline{= \frac{1}{\lambda^2}}}$$

적률 추정법 :

$$\bar{t} = E(t) = \frac{1}{\lambda} + t_0, \qquad s^2 = Var(t) = \frac{1}{\lambda^2} \quad \Rightarrow \quad \underline{\underline{\lambda = \frac{1}{s}}}$$

$$\bar{t} = \frac{1}{\lambda} + t_0 = s + t_0 \quad \rightarrow \quad \underline{\underline{t_0 = \bar{t} - s}}$$

b) 최대 우도법

$$L(t_i, \lambda, t_0) = \prod_{i=1}^{n} f(t_i, \lambda, t_0) = \prod_{i=1}^{n}\left(\lambda \cdot e^{-\lambda(t_i - t_0)}\right)$$

로그 취함 : $\ln(L) = \sum_{i=1}^{n} \ln\left(\lambda \cdot e^{-\lambda(t_i - t_0)}\right)$

미분 : $\dfrac{\partial \ln(L)}{\partial \lambda} = 0 \qquad \dfrac{\partial \ln(L)}{\partial t_0} = 0$

일반적으로 로그 미분법을 사용 :

$$\frac{\partial \ln(L)}{\partial \Psi_i} = \sum \frac{1}{f\left(t_i, \vec{\Psi}\right)} \cdot \frac{\partial f\left(t_i, \vec{\Psi}\right)}{\partial \Psi_i}$$

$$\frac{\partial f}{\partial \lambda} = e^{-\lambda(t_i - t_0)} + \lambda \cdot \left(-(t_i - t_0)\right) \cdot e^{-\lambda(t_i - t_0)} = \left(1 - \lambda \cdot (t_i - t_0)\right) \cdot e^{-\lambda(t_i - t_0)}$$

$$\frac{\partial \ln(L)}{\partial \lambda} \overset{!}{=} 0 = \sum_{i=1}^{n} \frac{1}{\lambda \cdot e^{-\lambda(t_i - t_0)}} \cdot \left(1 - \lambda \cdot (t_i - t_0)\right) \cdot e^{-\lambda(t_i - t_0)}$$

$$\rightarrow \quad 0 = \sum_{i=1}^{n} \frac{\left(1 - \lambda \cdot (t_i - t_0)\right)}{\lambda} = \frac{n}{\lambda} - \sum_{i=1}^{n} (t_i - t_0)$$

$$\rightarrow \quad = \frac{n}{\lambda} - \underbrace{\sum_{i=1}^{n} t_i}_{= n \cdot \bar{t}} + \underbrace{\sum_{i=1}^{n} t_0}_{= n \cdot t_0}$$

$$\rightarrow \quad 0 = \frac{n}{\lambda} - n \cdot \bar{t} + n \cdot t_0$$
$$\lambda \cdot \left(n \cdot \bar{t} - n \cdot t_0\right) = n$$

$$\rightarrow \quad \lambda = \frac{n}{n \cdot \bar{t} - n \cdot t_0} = \frac{1}{\bar{t} - t_0}$$

$$\frac{\partial f(t_i, b, t_0)}{\partial t_0} = \lambda^2 \cdot e^{-\lambda(t_i - t_0)}$$

$$\frac{\partial \ln(L)}{\partial t_0} = \sum_{i=1}^{n} \frac{1}{\lambda \cdot e^{-\lambda(t_i - t_0)}} \cdot \lambda^2 \cdot e^{-\lambda(t_i - t_0)} = 0$$

$$0 = \sum_{i=1}^{n} \lambda = n \cdot \lambda \quad \text{모순} \Rightarrow \text{추정값 } t_0 = t_1$$

c) 회귀분석 :

$$f(t) = \lambda \cdot \exp\left(-\lambda \cdot (t - t_0)\right)$$
$$\Rightarrow \quad F(t) = 1 - e^{-\lambda(t - t_0)} \quad \Rightarrow \quad 1 - F(t) = e^{-\lambda(t - t_0)}$$

변환 :

$$\underbrace{\ln(1 - F(t))}_{y(x(t))} = -\lambda \cdot (t - t_0) = -\lambda \cdot t + \lambda \cdot t_0$$

$$m(\lambda) \qquad c(\lambda, t_0)$$

$$x(t) = t$$

변환된 고장 확률 :

$$y_i = \ln\left(1 - \frac{i - 0.3}{n + 0.4}\right)$$

부록으로부터 :

$$m = \frac{\sum_{i=1}^{n}(x_i - \bar{x}) \cdot (y_i - \bar{y})}{\sum_{i=1}^{n} x_i^2 - n \cdot \bar{x}}$$

$$c = \bar{y} - m \cdot \bar{x}$$

여기서, $x_i = t_i$ $\quad \bar{x} = \bar{t}$

$$y_i = \ln\left(1 - \frac{i - 0.3}{n + 0.4}\right) \quad \bar{y} = \frac{1}{n}\sum_{i=1}^{n} y_i$$

$$\rightarrow \underline{\underline{\lambda = -m}} \qquad \underline{\underline{t_0 = \frac{c}{\lambda}}}$$

8.1 해답

a) $B_{10} = 250,000\,\text{km}$

$\longrightarrow$ 고장 확률 $F(t = B_{10}) = 10\%$

$\rightarrow$ 요구 신뢰도 $R(t = B_{10}) = 90\%$

신뢰 수준 $P_A = 95\%$

95% 신뢰 수준에 대한 표에서 $i = 1$이고, 10% 이내인 n을 조사 $\Rightarrow \underline{\underline{n}}$

| 표 | 95% 신뢰 수준에서 추출

	$n = 27$	$n = 28$	$n = 29$	$n = 30$
$i = 1$	10.502	10.147	9.814	9.503
$i = 2$	16.397	15.851	15.340	14.859

따라서 $\underline{\underline{n = 29}}$

b) $R(t) = \left(1 - P_A\right)^{\frac{1}{n}}$

$\ln\left(R(t)\right) = \dfrac{1}{n}\ln\left(1 - P_A\right)$

$\underline{\underline{n}} = \dfrac{\ln\left(1 - P_A\right)}{\ln\left(R(t)\right)} = \dfrac{\ln\left(1 - 0.95\right)}{\ln\left(0.\right)} = 28.43 = \underline{\underline{29}}$

[a) 결과와 매우 유사함!]

c) $t_{test\,max} = 150{,}000$ km , $t_{soll} = 250{,}000$ km

$\left(\dfrac{t_{test}}{t}\right)^b = L_v^b = \left(\dfrac{150{,}000}{250{,}000}\right)^{1.5} = 0.46$

$R(t) = \left(1 - P_A\right)^{\frac{1}{L_v^b \cdot n}}$

$\ln\left(R(t)\right) = \dfrac{1}{L_v^b \cdot n} \cdot \ln\left(1 - P_A\right)$

$n = \dfrac{1}{L_v^b} \cdot \dfrac{\ln\left(1 - P_A\right)}{\ln\left(R(t)\right)} = \dfrac{1}{0.46} \cdot \underbrace{\dfrac{\ln\left(1 - P_A\right)}{\ln\left(R(t)\right)}}_{} = \dfrac{28.43}{0.46} = 61.17$

$\underline{\underline{n_{erf} = 62}}$개 변속기!

d) $n = 15$, $t_{test} = ?$ $t_{test} = L_v \cdot t_{soll}$

$R(t) = \left(1 - P_A\right)^{\frac{1}{L_v^b \cdot n}}$

$\rightarrow \quad L_v^b = \dfrac{1}{n} \cdot \dfrac{\ln\left(1 - P_A\right)}{\ln\left(R(t)\right)} = \left(\dfrac{t_p}{t_{soll}}\right)^b$

$\rightarrow \quad t_{test} = t_{soll} \cdot \sqrt[b]{\dfrac{1}{n} \cdot \dfrac{\ln\left(1 - P_A\right)}{\ln\left(R(t)\right)}} = 250{,}000 \cdot \sqrt[1.5]{\dfrac{1}{15} \cdot \dfrac{\ln\left(1 - 0.95\right)}{\ln\left(0.9\right)}}$

$\underline{\underline{t_{test} = 382{,}909.3}}$ km

e) 라르손 노모그램 : $P_A = 0.95$, $n = 30$, $x = 3 \rightarrow \underline{\underline{R = 76\%}}$

f) 라르손 노모그램 : $R = 0.9$, $n = 30$, $x = 3 \rightarrow \underline{\underline{P_A = 31\%}}$!

g) 라르손 노모그램 : $P_A = 0.95$, $R = 0.9$, $x = 3$

$\rightarrow \underline{\underline{n_{notw} = 80}} \rightarrow \underline{\underline{n^* }} = n_{notw} - n = 80 - 30 = \underline{\underline{50}}$

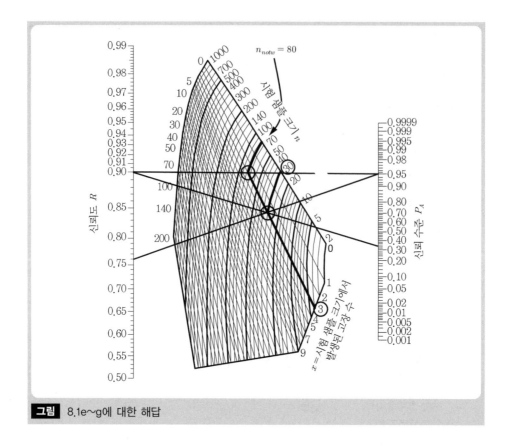

그림 8.1e~g에 대한 해답

h) Beyer/Lauster에 따르면 사전 지식 $R_0 = 0.9$를 알고 있음

(신뢰 수준 63.2%) :

$$n = \frac{1}{L_v^b} \cdot \left[\frac{\ln(1-P_A)}{\ln(R)} - \frac{1}{\ln\left(\dfrac{1}{R_0}\right)} \right] \quad (*)$$

$$= \frac{1}{1^{1.5}} \left[\frac{\ln(1-0.95)}{\ln(0.9)} - \frac{1}{\ln\left(\dfrac{1}{0.9}\right)} \right] = 28.43 - 9.49 = 18.93 \approx 19$$

i) h)의 수식 (*)으로부터 풀이한다. $t_{test} = L_v \cdot t$:

$$\underline{\underline{t_{test}}} = t \cdot \left(\frac{1}{n} \cdot \left[\frac{\ln(1-P_A)}{\ln(R)} - \frac{1}{\ln\left(\frac{1}{R_0}\right)} \right] \right)^{\frac{1}{b}} = 250{,}000\text{km} \cdot \left(\frac{1}{12} \cdot \left[\frac{\ln(1-0.95)}{\ln(0.9)} \right] - \frac{1}{\ln\left(\frac{1}{0.9}\right)} \right)^{\frac{1}{1.5}}$$

$$= 338{,}781.43\text{km} \approx \underline{\underline{340{,}000 \text{ km}}}$$

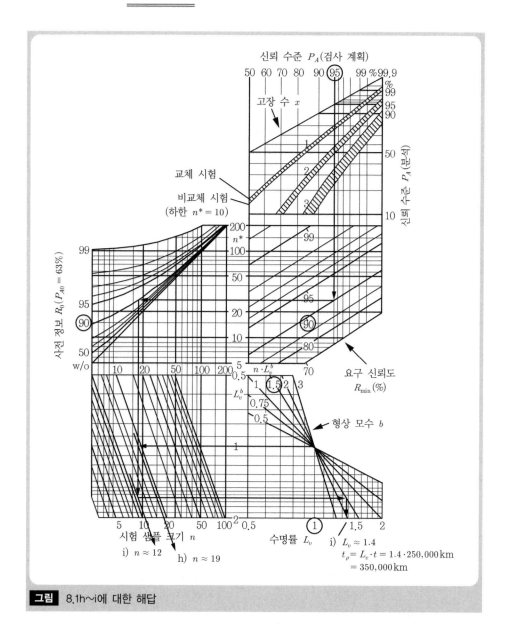

그림 8.1h~i에 대한 해답

8.2 해답

$n = 2$, $x = 1$

시험 동안 고장 → 일반화 이항 접근법

$P_A = 1 - R^n - n \cdot (1-R) \cdot R^{n-1}$ ($x = 1$인 경우)

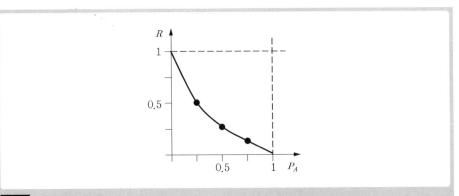

그림 8.2에 대한 해답

$$P_A = 1 - R^2 - 2 \cdot (1-R) \cdot R$$
$$= 1 - R^2 - 2 \cdot R + 2 \cdot R^2$$
$$= 1 - 2 \cdot R + R^2$$
$$= (1-R)^2$$
$$\sqrt{P_A} = \pm(1-R)$$
$$\Rightarrow R_1 = \sqrt{P_A} + 1$$

모순 $\notin [0,1]$

$$\Rightarrow R_2 = R = 1 - \sqrt{P_A}$$

8.3 해답

$$F(T) = 63.2\% \qquad \rightarrow \qquad R(T) = 36.8\%$$
$$L_V = \sqrt[b]{\frac{1}{n} \cdot \frac{\ln(1-P_A)}{\ln(R(T))}} = \frac{t_{test} - t_0}{T - t_0} \quad \leftarrow t_0 \text{ 때문에}$$
$$\rightarrow t_{test} = (T - t_0) \sqrt[b]{\frac{1}{n} \cdot \frac{\ln(1-P_A)}{\ln(R(T))}} + t_0 = (12-2) \cdot 10^5 {}^{,1.4}\sqrt{\frac{1}{8} \cdot \frac{\ln(0.1)}{\ln(0.368)}} + 2 \cdot 10^5$$
$$= 610,925 \text{ 부하 사이클}$$

8.4 해답

주어진 조건 : $B_{10} = 250{,}000 \text{ km} \rightarrow R(B_{10}) = 90\%$

a) $t_{test} = B_{10} \cdot \sqrt[b]{\dfrac{1}{n} \cdot \dfrac{\ln(1-P_A)}{\ln(R(B_{10}))}} = 250{,}000 \cdot \sqrt[1.5]{\dfrac{1}{23} \cdot \dfrac{\ln(0.05)}{\ln(0.9)}}$

$\rightarrow \quad \underline{\underline{t_{test} = 287{,}964 \text{ km}}}$

b) 사전 지식 : $T = 1.5 \cdot 10^6 \text{ km}$

베이어/로스터 : 사전 지식 $R_0(B_{10})$가 필요함 !

$\underline{\underline{R_0(B_{10}) = e^{-\left(\frac{B_{10}}{T}\right)^b} = e^{-\left(\frac{250}{1500}\right)^{1.5}} = 0.9342 \cong 93.4\%}}$

$\underline{\underline{t_{test}}} = B_{10} \cdot \sqrt[b]{\dfrac{1}{n} \cdot \left[\dfrac{\ln(1-P_A)}{\ln(R(B_{10}))} - \dfrac{1}{\ln\left(\dfrac{1}{R_0}\right)} \right]}$

$= 250{,}000 \cdot \sqrt[1.5]{\dfrac{1}{23} \cdot \left[\dfrac{\ln(0.05)}{\ln(0.9)} - \dfrac{1}{\ln\left(\dfrac{1}{0.9342}\right)} \right]} = \underline{\underline{177{,}339.66 \text{ km}}}$

10.1 해답

$A_{Di} = \dfrac{MTTF}{MTTF + MTTR} = \dfrac{1}{1 + \dfrac{MTTR}{MTTF}}$

$\Rightarrow \quad MTTR = \left(\dfrac{1}{A_D} - 1\right) \cdot MTTF = \left(\dfrac{1}{0.99} - 1\right) \cdot 5{,}000 = \underline{\underline{50.51\text{시간}}}$

10.2 해답

각 구성품의 정상 가용도 :

$A_{Di} = \dfrac{MTTF}{MTTF + MTTR} = \dfrac{1}{1 + \dfrac{MTTR}{MTTF}}$

아래의 식은 3개의 동일한 구성품에 대해 유효하다.

$$A_{DS} = A_{Di}^{\ \ 3} = \left(\frac{1}{1 + \dfrac{MTTR}{MTTF}} \right)^{3}$$

$$\Rightarrow \quad MTTR = \left(\frac{1}{\sqrt[3]{A_{DS}}} - 1 \right) \cdot MTTF = \left(\frac{1}{\sqrt[3]{0.9}} - 1 \right) \cdot 1,500 = \underline{\underline{53.62}} \text{ 시간}$$

10.3 해답

$$A_{DS} = 1 - \left(1 - A_{Di} \right)^{3}$$

$$\Rightarrow \quad A_{Di} = 1 - \sqrt[3]{1 - A_{DS}} = 1 - \sqrt[3]{1 - 0.999} = \underline{\underline{90\,\%}}$$

10.4 해답

$$A_{DS} = 1 - \left(1 - A_{Di} \right)^{3}$$

아래의 식은 하나의 구성품에 대해 유효하다.

$$1 - A_{Di} = 1 - \frac{MTTF}{MTTF + MTTR} = \frac{MTTR}{MTTF + MTTR} = \frac{1}{\dfrac{MTTF}{MTTR} + 1}$$

$\Rightarrow$ 3개의 동일한 구성품의 경우에는 아래의 관계식이 유효하다.

$$A_{DS} = 1 - \left(\frac{1}{\dfrac{MTTF}{MTTR} + 1} \right)^{3} \quad \Rightarrow \quad MTTR = \frac{MTTF}{\dfrac{1}{\sqrt[3]{1 - A_{DS}}} - 1} = \frac{1,500}{\dfrac{1}{\sqrt[3]{1 - 0.99}} - 1} = \underline{\underline{411.91}} \text{ 시간}$$

10.5 해답

a) $A_{DS} = A_{D1} \cdot \left(1 - \left(1 - A_{D2} \right) \cdot \left(1 - A_{D3} \right) \right), \quad A_{D2} = A_{D3}$

$$\Rightarrow \quad A_{D1} = \frac{A_{DS}}{1 - \left(1 - A_{D2} \right)^{2}} = \underline{\underline{95.96\,\%}}$$

b) $MTTR = \left(\dfrac{1}{A_{D1}} - 1 \right) \cdot MTTF = \underline{\underline{42.1}} \text{ 시간}$

10.6 해답

a) $S(t) = t$시점에서 재고

$I = $ 초기 재고

$$S(t) = I - \overset{\wedge}{H_1}(t)$$

$$S(t) = I - \left(\frac{t}{MTTF + MTTR} + \frac{Var(\tau_1) + Var(\tau_0) + MTTR^2 - MTTF^2}{2 \cdot (MTTF + MTTR)^2} \right)$$

b) I에 대해 구한다.

$$I = S(t) + \left(\frac{t}{MTTF + MTTR} + \frac{Var(\tau_1) + Var(\tau_0) + MTTR^2 - MTTF^2}{2 \cdot (MTTF + MTTR)^2} \right)$$

$$Var(\tau_1) = \frac{1}{\left(0.002 \frac{1}{h}\right)^2} = 250,000 \text{시간}^2, \qquad MTTF = \frac{1}{\lambda} = 500 \text{시간}$$

$$Var(\tau_0) = \frac{1}{\left(0.1 \frac{1}{h}\right)^2} = 100 \text{시간}^2, \qquad MTTR = \frac{1}{\mu} = 10 \text{시간}$$

$$S(8,760) = 0$$

$$I = 17.18 \quad \Rightarrow \quad \underline{\underline{18}}$$

10.7 해답

a) $MTTF = \frac{1}{\lambda} = 33.3 \text{시간}$

$MTTR = \frac{1}{\mu} = 5 \text{ 시간}$

$$\Rightarrow \quad A_D = \frac{MTTF}{MTTF + MTTR} = \underline{\underline{86.96\,\%}}$$

b) $A(t) = \frac{\mu}{\mu + \lambda} + \frac{\lambda}{\mu + \lambda} \cdot e^{-(\lambda + \mu) \cdot t}$

$$A(2.1) = \underline{\underline{95\,\%}}$$

10.8 해답

a) $MTTF = \dfrac{1}{\lambda} = 100$ 시간, $MTTR = \dfrac{1}{\mu} = 100$ 시간

$$A_D = \frac{MTTF}{MTTF + MTTR} = \underline{\underline{90.91\%}}$$

b) $A(t) = \dfrac{\mu}{\mu + \lambda} + \dfrac{\lambda}{\mu + \lambda} \cdot e^{-(\mu + \lambda) \cdot t}$

$$\Rightarrow \ t = \frac{\ln\left(\dfrac{(\mu + \lambda) \cdot A(t)}{\lambda} - \dfrac{\mu}{\lambda} \right)}{-(\mu + \lambda)}$$

$A(t^*) = 95\,\%$ $\Rightarrow t^* = \underline{\underline{7.26 \text{시간}}}$

부록

| 표 A.1 | 5% 신뢰 한계{$F(t_i)_{5\%}$}

| 표 A.1.1 | 순위 i와 샘플 크기 $n(1 \leq n \leq 10)$에 대한 5% 신뢰 한계(고장 확률 %)

	$n=1$	2	3	4	5	6	7	8	9	10
$i=1$	5.0000	2.5321	1.6952	1.2742	1.0206	0.8512	0.7301	0.6391	0.5683	0.5116
2		22.3607	13.5350	9.7611	7.6441	6.2850	5.3376	4.6389	4.1023	3.6771
3			36.8403	24.8604	18.9256	15.3161	12.8757	11.1113	9.7747	8.7264
4				47.2871	34.2592	27.1338	22.5321	19.2903	16.8750	15.0028
5					54.9281	41.8197	34.1261	28.9241	25.1367	22.2441
6						60.6962	47.9298	40.0311	34.4941	30.3537
7							65.1836	52.9321	45.0358	39.3376
8								68.7656	57.0864	49.3099
9									71.6871	60.5836
10										74.1134

| 표 A.1.2 | 순위 i와 샘플 크기 $n(11 \leq n \leq 20)$에 대한 5% 신뢰 한계(고장 확률 %)

	$n=11$	12	13	14	15	16	17	18	19	20
$i=1$	0.4652	0.4265	0.3938	0.3657	0.3414	0.3201	0.3013	0.2846	0.2696	0.2561
2	3.3319	3.0460	2.8053	2.5999	2.4226	2.2679	2.1318	2.0111	1.9033	1.8065
3	7.8820	7.1870	6.6050	6.1103	5.6847	5.3146	4.9898	4.7025	4.4465	4.2169
4	13.5075	12.2851	11.2666	10.4047	9.6658	9.0252	8.4645	7.9695	7.5294	7.1354
5	19.9576	18.1025	16.5659	15.2718	14.1664	13.2111	12.3771	11.6426	10.9906	10.4081
6	27.1250	24.5300	22.3955	20.6073	19.0865	17.7766	16.6363	15.6344	14.7469	13.9554
7	34.9811	31.5238	28.7049	26.3585	24.3727	22.6692	21.1908	19.8953	18.7504	17.7311
8	43.5626	39.0862	35.4799	32.5028	29.9986	27.8602	26.0114	24.3961	22.9721	21.7069
9	52.9913	47.2674	42.7381	39.0415	35.9566	33.3374	31.0829	29.1201	27.3946	25.8651
10	63.5641	56.1894	50.5350	45.9995	42.2556	39.1011	36.4009	34.0598	32.0087	30.1954
11	76.1596	66.1320	58.9902	53.4343	48.9248	45.1653	41.9705	39.2155	36.8115	34.6931
12		77.9078	68.3660	61.4610	56.0216	51.5604	47.8083	44.5955	41.8064	39.3585
13			79.4184	70.3266	63.6558	58.3428	53.9451	50.2172	47.0033	44.1966
14				80.7364	72.0604	65.6175	60.4358	56.1118	52.4203	49.2182
15					81.8964	73.6042	67.3807	62.3321	58.0880	54.4417
16						82.9251	74.9876	68.9738	64.0574	59.8972
17							83.8434	76.2339	70.4198	65.6336
18								84.6683	77.3626	71.7382
19									85.4131	78.3894
20										86.0891

|**표 A.1.3**| 순위 i와 샘플 크기 $n(21 \leq n \leq 30)$에 대한 5% 신뢰 한계(고장 확률 %)

	$n = 21$	22	23	24	25	26	27	28	29	30
$i=1$	0.2440	0.2329	0.2228	0.2135	0.2050	0.1971	0.1898	0.1830	0.1767	0.1708
2	1.7191	1.6397	1.5674	1.5012	1.4403	1.3842	1.3323	1.2841	1.2394	1.1976
3	4.0100	3.8223	3.6515	3.4953	3.3520	3.2199	3.0978	2.9847	2.8796	2.7816
4	6.7806	6.4596	6.1676	5.9008	5.6563	5.4312	5.2233	5.0308	4.8520	4.6855
5	9.8843	9.4109	8.9809	8.5885	8.2291	7.8986	7.5936	7.3114	7.0494	6.8055
6	13.2448	12.6034	12.0215	11.4911	11.0056	10.5597	10.1485	9.7682	9.4155	9.0874
7	16.8176	15.9941	15.2480	14.5686	13.9475	13.3774	12.8522	12.3669	11.9169	11.4987
8	20.5750	19.5562	18.6344	17.7961	17.0304	16.3282	15.6819	15.0851	14.5322	14.0185
9	24.4994	23.2724	22.1636	21.1566	20.2378	19.3960	18.6220	17.9077	17.2465	16.6326
10	28.5801	27.1313	25.8243	24.6389	23.5586	22.5700	21.6617	20.8243	20.0496	19.3308
11	32.8109	31.1264	29.6093	28.2356	26.9853	25.8424	24.7934	23.8271	22.9340	22.1059
12	37.1901	35.2544	33.5148	31.9421	30.5130	29.2082	28.0120	26.9111	25.8944	24.9526
13	41.7199	39.5156	37.5394	35.7564	34.1389	32.6642	31.3139	30.0725	28.9271	27.8669
14	46.4064	43.9132	41.6845	39.6785	37.8622	36.2089	34.6972	33.3090	32.0296	30.8464
15	51.2611	48.4544	45.9544	43.7107	41.6838	39.8424	38.1613	36.6197	35.2005	33.8893
16	56.3024	53.1506	50.3565	47.8577	45.6067	43.5663	41.7069	40.0044	38.4392	36.9948
17	61.5592	58.0200	54.9025	52.1272	49.6359	47.3838	45.3360	43.4645	41.7464	40.1629
18	67.0789	63.0909	59.6101	56.5309	53.7791	51.3002	49.0522	47.0021	45.1235	43.3945
19	72.9448	68.4087	64.5067	61.0861	58.0480	55.3234	52.8608	50.6211	48.5730	46.6914
20	79.3275	74.0533	69.6362	65.8192	62.4595	59.4646	56.7698	54.3269	52.0988	50.0561
21	86.7054	80.1878	75.0751	70.7727	67.0392	63.7405	60.7902	58.1272	55.7064	53.4927
22		87.2695	80.9796	76.0199	71.8277	68.1758	64.9380	62.0330	59.4034	57.0066
23			87.7876	81.7108	76.8960	72.8098	69.2374	66.0598	63.2004	60.6053
24				88.2654	82.3879	77.7107	73.7261	70.2309	67.1127	64.2991
25					88.7072	83.0169	78.4700	74.5830	71.1628	68.1029
26						89.1170	83.6026	79.1795	75.3861	72.0385
27							89.4981	84.1493	79.8439	76.1402
28								89.8534	84.6608	80.4674
29									90.1855	85.1404
30										90.4966

| 표 A.2 | 중앙값 순위{F(t$_i$)$_{50\%}$}

| 표 A.2.1 | 순위 i와 샘플 크기 $n(1 \leq n \leq 10)$에 대한 중앙값 순위 %

	$n=1$	2	3	4	5	6	7	8	9	10
$i=1$	50.0000	29.2893	20.6299	15.9104	12.9449	10.9101	9.4276	8.2996	7.4125	6.6967
2		70.7107	50.0000	38.5728	31.3810	26.4450	22.8490	20.1131	17.9620	16.2263
3			79.3700	61.4272	50.0000	42.1407	36.4116	32.0519	28.6237	25.8575
4				84.0896	68.6190	57.8593	50.0000	44.0155	39.3085	35.5100
5					87.0550	73.5550	63.5884	55.9845	50.0000	45.1694
6						89.0899	77.1510	67.9481	60.6915	54.8306
7							90.5724	79.8869	71.3763	64.4900
8								91.7004	82.0380	74.1425
9									92.5875	83.7737
10										93.3033

| 표 A.2.2 | 순위 i와 샘플 크기 $n(11 \leq n \leq 20)$에 대한 중앙값 순위 %

	$n=11$	12	13	14	15	16	17	18	19	20
$i=1$	6.1069	5.6126	5.1922	4.8305	4.5158	4.2397	3.9953	3.7776	3.5824	3.4064
2	14.7963	13.5979	12.5791	11.7022	10.9396	10.2703	9.6782	9.1506	8.6775	8.2510
3	23.5785	21.6686	20.0449	18.6474	17.4321	16.3654	15.4218	14.5810	13.8271	13.1474
4	32.3804	29.7576	27.5276	25.6084	23.9393	22.4745	21.1785	20.0238	18.9885	18.0550
5	41.1890	37.8529	35.0163	32.5751	30.4520	28.5886	26.9400	25.4712	24.1543	22.9668
6	50.0000	45.9507	42.5077	39.5443	36.9671	34.7050	32.7038	30.9207	29.3220	27.8805
7	58.8110	54.0493	50.0000	46.5147	43.4833	40.8227	38.4687	36.3714	34.4909	32.7952
8	67.6195	62.1471	57.4923	53.4853	50.0000	46.9408	44.2342	41.8226	39.6603	37.7105
9	76.4215	70.2424	64.9837	60.4557	56.5167	53.0592	50.0000	47.2742	44.8301	42.6262
10	85.2037	78.3314	72.4724	67.4249	63.0330	59.1774	55.7658	52.7258	50.0000	47.5421
11	93.8931	86.4021	79.9551	74.3916	69.5480	65.2950	61.5313	58.1774	55.1699	52.4580
12		94.3874	87.4209	81.3526	76.0607	71.4114	67.2962	63.6286	60.3397	57.3738
13			94.8078	88.2978	82.5679	77.5255	73.0600	69.0793	65.5091	62.2895
14				95.1695	89.0604	83.6346	78.8215	74.5288	70.6780	67.2048
15					95.4842	89.7297	84.5782	79.9762	75.8457	72.1195
16						95.7603	90.3218	85.4190	81.0115	77.0332
17							96.0047	90.8494	86.1729	81.9450
18								96.2224	91.3225	86.8526
19									96.4176	91.7490
20										96.5936

|표 A.2.3| 순위 i와 샘플 크기 $n(21 \leq n \leq 30)$에 대한 중앙값 순위 %

	$n = 21$	22	23	24	25	26	27	28	29	30
$i = 1$	3.2468	3.1016	2.9687	2.8468	2.7345	2.6307	2.5345	2.4451	2.3618	2.2840
2	7.8644	7.5124	7.1906	6.8952	6.6231	6.3717	6.1386	5.9221	5.7202	5.5317
3	12.5313	11.9704	11.4576	10.9868	10.5533	10.1526	9.7813	9.4361	9.1145	8.8141
4	17.2090	16.4386	15.7343	15.0879	14.4925	13.9422	13.4323	12.9583	12.5166	12.1041
5	21.8905	20.9107	20.0147	19.1924	18.4350	17.7351	17.0864	16.4834	15.9216	15.3968
6	26.5740	25.3844	24.2968	23.2986	22.3791	21.5294	20.7419	20.0100	19.3279	18.6909
7	31.2584	29.8592	28.5798	27.4056	26.3241	25.3246	24.3983	23.5373	22.7350	21.9857
8	35.9434	34.3345	32.8634	31.5132	30.2695	29.1203	28.0551	27.0651	26.1426	25.2809
9	40.6288	38.8102	37.1473	35.6211	34.2153	32.9163	31.7123	30.5932	29.5504	28.5764
10	45.3144	43.2860	41.4315	39.7292	38.1613	36.7125	35.3696	34.1215	32.9585	31.8721
11	50.0000	47.7620	45.7157	43.8375	42.1075	40.5089	39.0271	37.6500	36.3667	35.1679
12	54.6856	52.2380	50.0000	47.9458	46.0537	44.3053	42.6847	41.1785	39.7749	38.4639
13	59.3712	56.7140	54.2843	52.0542	50.0000	48.1018	46.3423	44.7071	43.1833	41.7599
14	64.0566	61.1898	58.5685	56.1625	53.9463	51.8982	50.0000	48.2357	46.5916	45.0559
15	68.7416	65.6655	62.8527	60.2708	57.8925	55.6947	53.6577	51.7643	50.0000	48.3520
16	73.4260	70.1408	67.1366	64.3789	61.8386	59.4911	57.3153	55.2929	53.4084	51.6480
17	78.1095	74.6156	71.4202	68.4868	65.7847	63.2875	60.9729	58.8215	56.8167	54.9441
18	82.7911	79.0894	75.7032	72.5944	69.7305	67.0837	64.6304	62.3500	60.2251	58.2401
19	87.4687	83.5614	79.9853	76.7014	73.6759	70.8797	68.2877	65.8785	63.6333	61.5361
20	92.1356	88.0296	84.2657	80.8076	77.6209	74.6754	71.9449	69.4068	67.0415	64.8320
21	96.7532	92.4876	88.5425	84.9121	81.5650	78.4706	75.6017	72.9349	70.4496	68.1279
22		96.8984	92.8094	89.0132	85.5075	82.2649	79.2581	76.4627	73.8574	71.4236
23			97.0313	93.1048	89.4467	86.0578	82.9136	79.9900	77.2650	74.7191
24				97.1532	93.3769	89.8474	86.5677	83.5166	80.6721	78.0143
25					97.2655	93.6283	90.2187	87.0417	84.0784	81.3091
26						97.3693	93.8614	90.5639	87.4834	84.6032
27							97.4655	94.0779	90.8855	87.8959
28								97.5549	94.2798	91.1859
29									97.6382	94.4683
30										97.7160

| 표 A.3 | 95% 신뢰 한계{$F(t_i)_{95\%}$}

| 표 A.3.1 | 순위 i와 샘플 크기 $n(1 \leq n \leq 10)$에 대한 95% 신뢰 한계(고장 확률 %)

	$n=1$	2	3	4	5	6	7	8	9	10
$i=1$	95.0000	77.6393	63.1597	52.7129	45.0720	39.3038	34.8164	31.2344	28.3129	25.8866
2		97.4679	86.4650	75.1395	65.7408	58.1803	52.0703	47.0679	42.9136	39.4163
3			98.3047	90.2389	81.0744	72.8662	65.8738	59.9689	54.9642	50.6901
4				98.7259	92.3560	84.6839	77.4679	71.0760	65.5058	60.6624
5					98.9794	93.7150	87.1244	80.7097	74.8633	69.6463
6						99.1488	94.6624	88.8887	83.1250	77.7559
7							99.2699	95.3611	90.2253	84.9972
8								99.3609	95.8977	91.2736
9									99.4317	96.3229
10										99.4884

| 표 A.3.2 | 순위 i와 샘플 크기 $n(11 \leq n \leq 20)$에 대한 95% 신뢰 한계(고장 확률 %)

	$n=11$	12	13	14	15	16	17	18	19	20
$i=1$	23.8404	22.0922	20.5817	19.2636	18.1036	17.0750	16.1566	15.3318	14.5868	13.9108
2	36.4359	33.8681	31.6339	29.6734	27.9396	26.3957	25.0125	23.7661	22.6375	21.6106
3	47.0087	43.8105	41.0099	38.5389	36.3442	34.3825	32.6193	31.0263	29.5802	28.2619
4	56.4374	52.7326	49.4650	46.5656	43.9785	41.6572	39.5641	37.6679	35.9425	34.3664
5	65.0188	60.9137	57.2620	54.0005	51.0752	48.4397	46.0550	43.8883	41.9120	40.1028
6	72.8750	68.4763	64.5201	60.9585	57.7444	54.8347	52.1918	49.7828	47.5797	45.5582
7	80.0424	75.4700	71.2951	67.4972	64.0435	60.8989	58.0295	55.4046	52.9967	50.7818
8	86.4925	81.8975	77.6045	73.6415	70.0013	66.6626	63.5991	60.7845	58.1935	55.8034
9	92.1180	87.7149	83.4341	79.3926	75.6273	72.1397	68.9171	65.9402	63.1885	60.6415
10	96.6681	92.8130	88.7334	84.7282	80.9135	77.3308	73.9886	70.8799	67.9913	65.3069
11	99.5348	96.9540	93.3950	89.5953	85.8336	82.2234	78.8092	75.6039	72.6054	69.8046
12		99.5735	97.1947	93.8897	90.3342	86.7889	83.3638	80.1047	77.0279	74.1349
13			99.6062	97.4001	94.3153	90.9748	87.6229	84.3656	81.2496	78.2931
14				99.6343	97.5774	94.6854	91.5355	88.3574	85.2530	82.2689
15					99.6586	97.7321	95.0102	92.0305	89.0093	86.0446
16						99.6799	97.8682	95.2975	92.4706	89.5919
17							99.6987	97.9889	95.5535	92.8646
18								99.7154	98.0967	95.7831
19									99.7304	98.1935
20										99.7439

| **표 A.3.3** | 순위 i와 샘플 크기 $n(21 \leq n \leq 30)$에 대한 95% 신뢰 한계(고장 확률 %)

	$n = 21$	22	23	24	25	26	27	28	29	30
$i = 1$	13.2946	12.7306	12.2123	11.7346	11.2928	10.8830	10.5019	10.1466	9.8145	9.5034
2	20.6725	19.8122	19.0204	18.2893	17.6121	16.9831	16.3975	15.8507	15.3392	14.8596
3	27.0552	25.9467	24.9249	23.9801	23.1040	22.2893	21.5300	20.8205	20.1561	19.5326
4	32.9211	31.5913	30.3637	29.2273	28.1723	27.1902	26.2739	25.4170	24.6139	23.8598
5	38.4408	36.9091	35.4932	34.1807	32.9608	31.8242	30.7627	29.7691	28.8372	27.9615
6	43.6976	41.9800	40.3899	38.9139	37.5405	36.2595	35.0620	33.9402	32.8873	31.8971
7	48.7389	46.8494	45.0975	43.4692	41.9520	40.5354	39.2098	37.9670	36.7995	35.7009
8	53.5936	51.5456	49.6435	47.8728	46.2209	44.6767	43.2302	41.8728	40.5966	39.3947
9	58.2801	56.0868	54.0456	52.1423	50.3642	48.6998	47.1391	45.6731	44.2936	42.9934
10	62.8099	60.4844	58.3155	56.2893	54.3933	52.6162	50.9478	49.3789	47.9012	46.5073
11	67.1891	64.7456	62.4607	60.3215	58.3162	56.4337	54.6640	52.9979	51.4270	49.9439
12	71.4200	68.8737	66.4853	64.2436	62.1378	60.1576	58.2931	56.5355	54.8765	53.3086
13	75.5005	72.8687	70.3906	68.0579	65.8611	63.7911	61.8387	59.9956	58.2536	56.6055
14	79.4250	76.7276	74.1757	71.7645	69.4871	67.3358	65.3028	63.3803	61.5608	59.8371
15	83.1824	80.4437	77.8364	75.3611	73.0147	70.7918	68.6861	66.6909	64.7996	63.0052
16	86.7552	84.0059	81.3656	78.8434	76.4414	74.1576	71.9880	69.9275	67.9704	66.1108
17	90.1156	87.3966	84.7520	82.2040	79.7622	77.4300	75.2066	73.0889	71.0728	69.1536
18	93.2193	90.5891	87.9785	85.4313	82.9696	80.6039	78.3383	76.1728	74.1056	72.1331
19	95.9901	93.5404	91.0191	88.5089	86.0525	83.6718	81.3780	79.1757	77.0660	75.0474
20	98.2809	96.1776	93.8324	91.4115	88.9944	86.6226	84.3181	82.0923	79.9504	77.8941
21	99.7560	98.3603	96.3485	94.0992	91.7709	89.4404	87.1478	84.9149	82.7535	80.6691
22		99.7671	98.4326	96.5047	94.3437	92.1014	89.8515	87.6331	85.4678	83.3674
23			99.7772	98.4988	96.6480	94.5688	92.4064	90.2318	88.0831	85.9815
24				99.7865	98.5597	96.7801	94.7767	92.6886	90.5845	88.5013
25					99.7950	98.6158	96.9022	94.9692	92.9506	90.9126
26						99.8029	98.6677	97.0153	95.1480	93.1944
27							99.8102	98.7159	97.1204	95.3145
28								99.8170	98.7606	97.2184
29									99.8233	98.8024
30										99.8292

| 표 A.4 | 표준 정규분포표

아래 표는 $x \geq 0$인 경우에 대해 표준 정규분포 $\phi(x) = NV(\mu = 0, \ \sigma = 1)$ 값을 포함한다. $x < 0$인 경우에는 $\phi(-x) = 1 - \phi(x)$를 이용한다.

정규분포의 변환 : $x = \dfrac{t - \mu}{\sigma}$

대수 정규분포의 변환 : $x = \dfrac{\ln(t - t_0) - \mu}{\sigma}$

x	+0.00	+0.01	+0.02	+0.03	+0.04	+0.05	+0.06	+0.07	+0.08	+0.09
0.0	0.5000	0.5040	0.5080	0.5120	0.5160	0.5199	0.5239	0.5279	0.5319	0.5359
0.1	0.5398	0.5438	0.5478	0.5517	0.5557	0.5596	0.5636	0.5675	0.5714	0.5753
0.2	0.5793	0.5832	0.5871	0.5910	0.5948	0.5987	0.6026	0.6064	0.6103	0.6141
0.3	0.6179	0.6217	0.6255	0.6293	0.6331	0.6368	0.6406	0.6443	0.6480	0.6517
0.4	0.6554	0.6591	0.6628	0.6664	0.6700	0.6736	0.6772	0.6808	0.6844	0.6879
0.5	0.6915	0.6950	0.6985	0.7019	0.7054	0.7088	0.7123	0.7157	0.7190	0.7224
0.6	0.7257	0.7291	0.7324	0.7357	0.7389	0.7422	0.7454	0.7486	0.7517	0.7549
0.7	0.7580	0.7611	0.7642	0.7673	0.7704	0.7734	0.7764	0.7794	0.7823	0.7852
0.8	0.7881	0.7910	0.7939	0.7967	0.7995	0.8023	0.8051	0.8078	0.8106	0.8133
0.9	0.8159	0.8186	0.8212	0.8238	0.8264	0.8289	0.8315	0.8340	0.8365	0.8389
1.0	0.8413	0.8438	0.8461	0.8485	0.8508	0.8531	0.8554	0.8577	0.8599	0.8621
1.1	0.8643	0.8665	0.8686	0.8708	0.8729	0.8749	0.8770	0.8790	0.8810	0.8830
1.2	0.8849	0.8869	0.8888	0.8907	0.8925	0.8944	0.8962	0.8980	0.8997	0.9015
1.3	0.9032	0.9049	0.9066	0.9082	0.9099	0.9115	0.9131	0.9147	0.9162	0.9177
1.4	0.9192	0.9207	0.9222	0.9236	0.9251	0.9265	0.9279	0.9292	0.9306	0.9319
1.5	0.9332	0.9345	0.9357	0.9370	0.9382	0.9394	0.9406	0.9418	0.9429	0.9441
1.6	0.9452	0.9463	0.9474	0.9484	0.9495	0.9505	0.9515	0.9525	0.9535	0.9545
1.7	0.9554	0.9564	0.9573	0.9582	0.9591	0.9599	0.9608	0.9616	0.9625	0.9633
1.8	0.9641	0.9649	0.9656	0.9664	0.9671	0.9678	0.9686	0.9693	0.9699	0.9706
1.9	0.9713	0.9719	0.9726	0.9732	0.9738	0.9744	0.9750	0.9756	0.9761	0.9767
2.0	0.9772	0.9778	0.9783	0.9788	0.9793	0.9798	0.9803	0.9808	0.9812	0.9817
2.1	0.9821	0.9826	0.9830	0.9834	0.9838	0.9842	0.9846	0.9850	0.9854	0.9857
2.2	0.9861	0.9864	0.9868	0.9871	0.9875	0.9878	0.9881	0.9884	0.9887	0.9890
2.3	0.9893	0.9896	0.9898	0.9901	0.9904	0.9906	0.9909	0.9911	0.9913	0.9916
2.4	0.9918	0.9920	0.9922	0.9925	0.9927	0.9929	0.9931	0.9932	0.9934	0.9936
2.5	0.9938	0.9940	0.9941	0.9943	0.9945	0.9946	0.9948	0.9949	0.9951	0.9952
2.6	0.9953	0.9955	0.9956	0.9957	0.9959	0.9960	0.9961	0.9962	0.9963	0.9964
2.7	0.9965	0.9966	0.9967	0.9968	0.9969	0.9970	0.9971	0.9972	0.9973	0.9974
2.8	0.9974	0.9975	0.9976	0.9977	0.9977	0.9978	0.9979	0.9979	0.9980	0.9981
2.9	0.9981	0.9982	0.9982	0.9983	0.9984	0.9984	0.9985	0.9985	0.9986	0.9986
3.0	0.9987	0.9987	0.9987	0.9988	0.9988	0.9989	0.9989	0.9989	0.9990	0.9990

| 표 A.5 | 감마 함수

감마 함수는 2차 Euler 적분에 의해 정의된다 : $x > 0$인 실수의 경우

$$\Gamma(x) = \int_0^\infty e^{-t} \cdot t^{x-1} \cdot dt$$

아래의 수식들 또한 유효하다.

$$\Gamma(x=1) = 1,\ \ \Gamma(x+1) = x \cdot \Gamma(x),\ \ \Gamma(x) = \frac{\Gamma(x+1)}{x},\ \ \Gamma(x) = (x-1) \cdot \Gamma(x-1)$$

x	$\Gamma(x)$	x	$\Gamma(x)$	x	$\Gamma(x)$	x	$\Gamma(x)$
1.00	1	1.25	0.906402477	1.50	0.886226925	1.75	0.919062527
1.01	0.994325851	1.26	0.904397118	1.51	0.886591685	1.76	0.921374885
1.02	0.988844203	1.27	0.902503064	1.52	0.887038783	1.77	0.923763128
1.03	0.983549951	1.28	0.900718476	1.53	0.887567628	1.78	0.926227306
1.04	0.978438201	1.29	0.899041586	1.54	0.888177659	1.79	0.92876749
1.05	0.973504266	1.30	0.897470696	1.55	0.888868348	1.80	0.931383771
1.06	0.968743649	1.31	0.896004177	1.56	0.889639199	1.81	0.934076258
1.07	0.964152042	1.32	0.894640463	1.57	0.890489746	1.82	0.936845083
1.08	0.959725311	1.33	0.893378053	1.58	0.891419554	1.83	0.939690395
1.09	0.955459488	1.34	0.892215507	1.59	0.892428214	1.84	0.942612363
1.10	0.95135077	1.35	0.891151442	1.60	0.893515349	1.85	0.945611176
1.11	0.947395504	1.36	0.890184532	1.61	0.894680608	1.86	0.948687042
1.12	0.943590186	1.37	0.889313507	1.62	0.895923668	1.87	0.951840185
1.13	0.93993145	1.38	0.888537149	1.63	0.897244233	1.88	0.955070853
1.14	0.936416066	1.39	0.887854292	1.64	0.89864203	1.89	0.958379308
1.15	0.933040931	1.40	0.887263817	1.65	0.900116816	1.90	0.961765832
1.16	0.929803067	1.41	0.886764658	1.66	0.901668371	1.91	0.965230726
1.17	0.926699611	1.42	0.88635579	1.67	0.903296499	1.92	0.968774309
1.18	0.923727814	1.43	0.886036236	1.68	0.90500103	1.93	0.972396918
1.19	0.920885037	1.44	0.885805063	1.69	0.906781816	1.94	0.976098907
1.20	0.918168742	1.45	0.88566138	1.70	0.908638733	1.95	0.979880651
1.21	0.915576493	1.46	0.885604336	1.71	0.91057168	1.96	0.98374254
1.22	0.913105947	1.47	0.885633122	1.72	0.912580578	1.97	0.987684984
1.23	0.910754856	1.48	0.885746965	1.73	0.914665371	1.98	0.991708409
1.24	0.908521058	1.49	0.885945132	1.74	0.916826025	1.99	0.99581326
						2.00	1

예제 :

a) $\Gamma(1.35) = 0.891151442$

b) $\Gamma(0.8) = \dfrac{\Gamma(1.8)}{0.8} = \dfrac{0.931383771}{0.8} = 1.16497971375$

c) $\Gamma(3.2) = 2.2 \cdot \Gamma(2.2) = 2.2 \cdot 1.2 \cdot \Gamma(1.2) = 2.2 \cdot 1.2 \cdot 0.918168742 = 2.42397$

V_q-절차에 따른 신뢰구간 결정을 위한 그래프 :

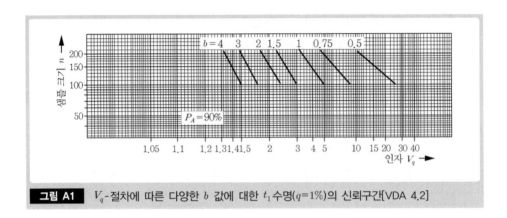

그림 A1 V_q-절차에 따른 다양한 b 값에 대한 t_1수명($q=1\%$)의 신뢰구간[VDA 4.2]

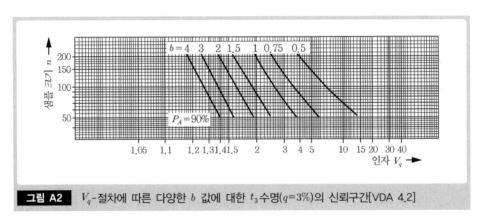

그림 A2 V_q-절차에 따른 다양한 b 값에 대한 t_3수명($q=3\%$)의 신뢰구간[VDA 4.2]

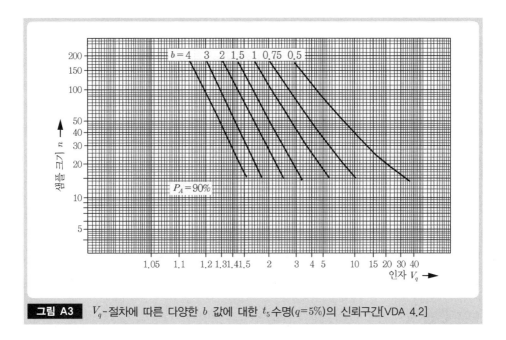

그림 A3 V_q-절차에 따른 다양한 b 값에 대한 t_5 수명(q=5%)의 신뢰구간[VDA 4.2]

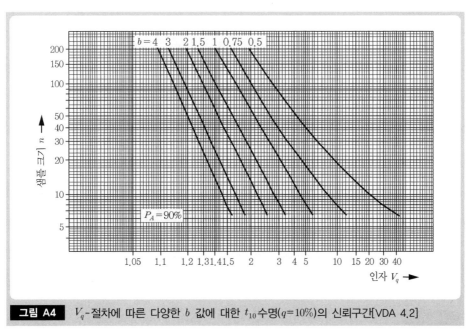

그림 A4 V_q-절차에 따른 다양한 b 값에 대한 t_{10} 수명(q=10%)의 신뢰구간[VDA 4.2]

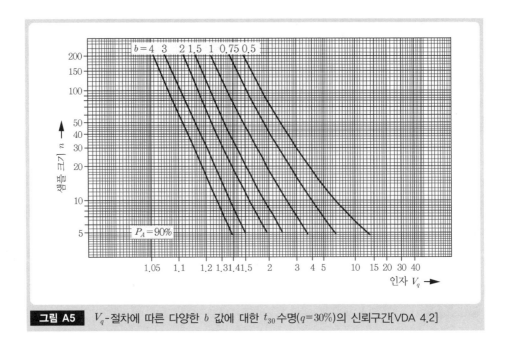

그림 A5 V_q-절차에 따른 다양한 b 값에 대한 t_{30}수명($q=30\%$)의 신뢰구간[VDA 4.2]

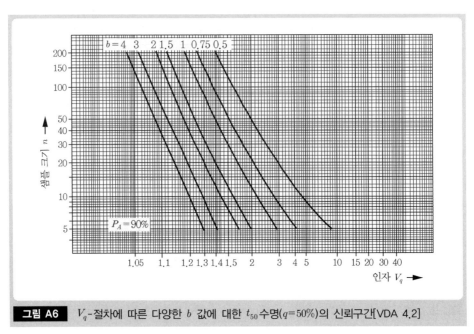

그림 A6 V_q-절차에 따른 다양한 b 값에 대한 t_{50}수명($q=50\%$)의 신뢰구간[VDA 4.2]

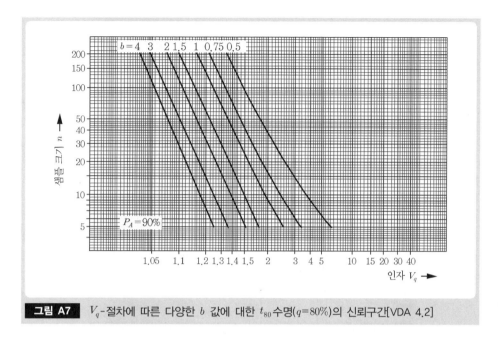

그림 A7 V_q-절차에 따른 다양한 b 값에 대한 t_{80}수명($q{=}80\%$)의 신뢰구간[VDA 4.2]

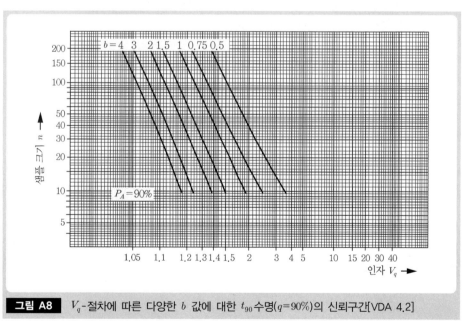

그림 A8 V_q-절차에 따른 다양한 b 값에 대한 t_{90}수명($q{=}90\%$)의 신뢰구간[VDA 4.2]

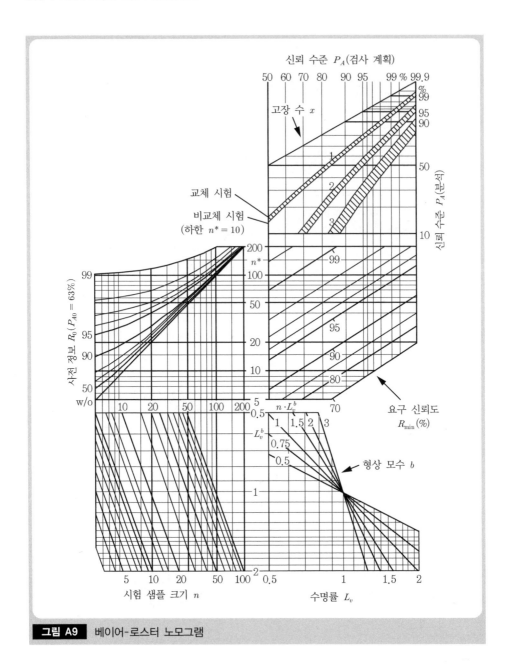

그림 A9 베이어-로스터 노모그램

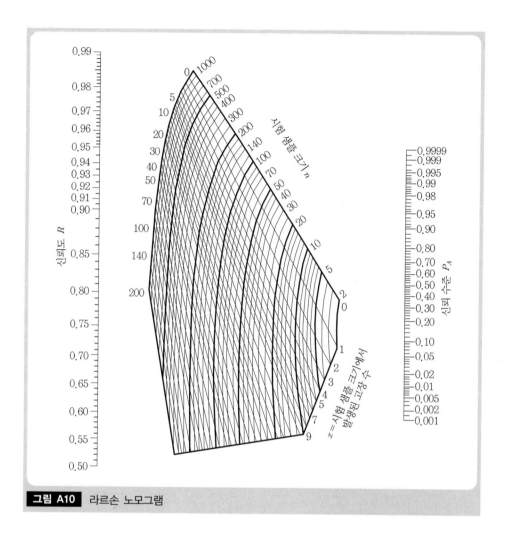

그림 A10 라르손 노모그램

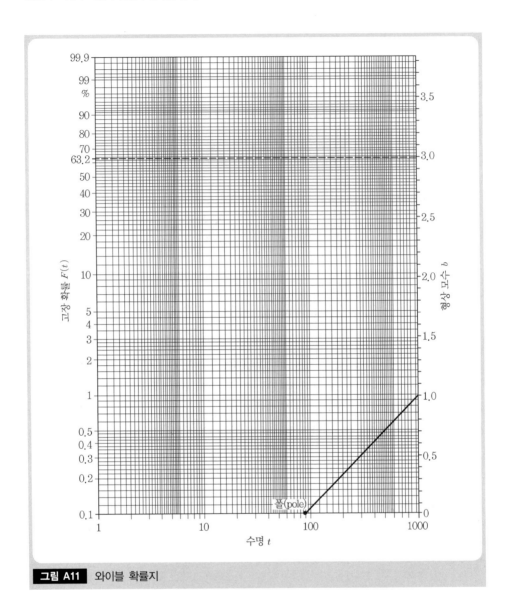

그림 A11 와이블 확률지

찾아보기

【ㄱ】

가속 계수 268
가속 수명 시험 268
가용도 338
감마 분포 57
감마 함수 57
감지도 130
감지 방법 130
경험적 (확률)밀도함수 14
계급 수 14
계급 폭 14
계단 스트레스 270
고유 가용도 339
고장률 23, 33
고장 모드 121, 125, 153
고장 분석 121
고장 영향 123, 125
고장 원인 123, 125
고장 확률 18
공급 지연 시간 334
관측 중단 시험 252
교대 재생 과정 360
기능과 기능 구조 118
기능 블록 다이어그램 83

【ㄴ】

내구 강도 280, 304
누적 빈도 205

누적 손상 308
누적 손상 가설 285

【ㄷ】

다중 관측 중단 207
대수정규분포 54
등급화(classification) 13

【ㄹ】

라르손 노모그램 261
레벨 크로싱 카운팅(level crossing counting) 294
레인 플로우 카운팅 299
로짓 분포(Logit Distribution) 66

【ㅁ】

마모 고장 24
마코프 모델 346
몬테카를로 시뮬레이션 373
무고장 시간 41, 92, 199, 248

【ㅂ】

발생도 129
발생 확률 107, 129
범위 카운팅(range counting) 295
범위 페어 카운팅(range pair counting) 295
범위 페어-평균 카운팅 298
범위 평균 카운팅 298

베이어/로스터 262

베이어/로스터의 노모그램 264

베이지안 방법 262

베타 분포 188, 265

병렬 시스템 72

보전 322

보전도 335

보전율 335

보전 지연 시간 334

뵐러 곡선 306

부하 287

부하 스펙트럼 292

분산(Variance) 29

불 대수 161

불-마코프 모델 354

불 모델링 159

불완전(관측 중단) 시험 184

불 이론 68

브릿지(Bridge) 구조 165

블랙박스 112, 119

【ㅅ】

사인 분포 65

사전 분포 262

사후 보전 325

사후 분포 262

상관계수 230

상태 기반 보전 323

상태 지시 함수 333

상태 함수 333

서든데스(Sudden Death) 시험 208

설계 FMEA 98

세미 마코프 과정(SMP) 368

수명률 L_V 257

수명 분포 36

수명 주기 비용 329

순서 통계량 54, 184

순위 185

시료 크기 35

시스템 구조 115

시스템 수송 이론 369

시스템 신뢰도 68

시스템 요소 115

시험 샘플 크기 253, 255

신뢰구간 196

신뢰도 22

신뢰도(함수) 21

신뢰성 관리 382

신뢰성 그래프 170

신뢰성 보증 프로그램 382

신뢰성 블록도 69

심각도 128

【ㅇ】

얼랑 분포 60

열화 시험 273

예방 보전 323

예방 조치 129

와이블 분포 41

완전 시험 184, 252

왜도 226

요르트 분포 62

욕조 곡선(bathtub curve) 24

우도 함수 233

우발 고장 24

운용 가용도 340

운용 부하 289

운용 한계 272

위험우선순위 131

이항분포 255

일반 재생 과정 356

【ㅈ】

재생 밀도 함수 357

재생 방정식 359

재생 함수 357

적률 추정법 225

전이 행렬에서 From-To 카운팅 298

정규분포 36

정상 가용도 338

정상 해 349

정수 관측 중단 205

정시 관측 중단 204

중앙값(Median) 30

지수분포 39

지식 인자 265

직렬 시스템 71

【ㅊ】

초기 고장 24

최대 우도법 232

최빈값(Mode) 30

최소경로집합 167

최소절단집합 166

최소 제곱법 228

【ㅋ】

클라이너 265

【ㅌ】

특성 수명 245

【ㅍ】

파괴 한계 272

파레토 분포 67

팜그렌-마이너 310

평균(Mean) 29

평균 가용도 338

표준편차(Standard Deviation) 30

피로 강도 284, 304

【ㅎ】

하이(Haigh) 그래프 314

형상 모수 243

확률 33

확률밀도함수 12

회귀분석 228

히스토그램 12

【기타】

ABC 분석 86

AND 연산 154

B_x 수명 33, 247

FMEA(Failure Mode and Effects Analysis) 96

FTA(Fault Tree Analysis, 결함 나무/고장 나무 분석) 152

f_{tB} 248

HALT(초가속 수명 시험) 271

MTBF 32

MTTF 31

MTTM 336

MTTPM 337

MTTR 337

NOT 연산 154

OR 연산 154

S_B 존슨 분포 68

success run 255

TOP 사건 156

Type I 관측 중단 204

Type II 관측 중단 205

t_q 223

V_q 223

저자 소개

Bernd Bertsche 교수는 슈투트가르트대학에서 기계공학 박사 학위를 받았다. 이후 메르세데스 -벤츠 AG 자동차 개발 부서에서 근무하였으며, 알프슈타트-지그마링겐 응용과학대학의 교수로 재직하였다. 이후에 슈투트가르트대학에서 근무하고 있으며, 2001년 이후 슈투트가르트대학의 기계 부품 연구소장으로도 재직 중이다.

역자 소개

한국기계연구원(KIMM) 신뢰성평가센터는 정부로부터 지정받은 국내 유일의 기계류 부품 분야 신뢰성인증기관으로, 세계수준의 신뢰성평가(성능, 내환경성, 안전성, 수명) 시스템 구축 및 기술 지원을 통하여 국산 기계류 및 메카트로닉스 부품의 품질향상과 국제 경쟁력 강화를 위해 최선을 다하고 있습니다.

1999년부터 축적한 신뢰성기술, 첨단 평가 장비, 전문 인력 등을 바탕으로 국내 기업의 신뢰성 기술 보급과 확산을 위해 항상 노력하고 있으며, 신뢰성 문제 해결을 지원하기 위하여 시험평가, 분석, 인증에 이르기까지 다음과 같은 종합기술지원 서비스를 제공하고 있습니다.

- 신뢰성 인증
  - 신뢰성 평가기준 개발
  - 신뢰성 평가 · 인증(R-Mark)
  - 국제 상호인증 지원
- 기술 지원
  - 고장원인 분석 및 해석
  - 가속시험법 개발
  - 신뢰성 평가장비 개발
  - 제품설계 지원 등

- 시험 평가
  - 수명(가속수명) 시험
  - 내환경성 시험
  - 성능/안전성 시험
  - 정밀 측정 등
- R&D 사업
  - 신뢰성평가기반구축사업
  - 소재 · 부품기술개발사업
  - 신뢰성기술확산사업
  - 기업 위탁사업 등

한국기계연구원 신뢰성평가센터
주소 : 대전광역시 유성구 가정북로 156한국기계연구원 신뢰성평가센터(연구9동)
Tel : 042-868-7308
Fax : 042-868-7082
E-mail : test@kimm.re.kr
Homepage : http://rac.kimm.re.kr